Toxikologie und Hygiene der technischen Lösungsmittel

Herausgeber: K. B. Lehmann und F. Flury

Reprint

Springer-Verlag Berlin Heidelberg New York 1975

ISBN-13: 978-3-642-65608-8   e-ISBN-13: 978-3-642-65607-1
DOI: 10.1007/978-3-642-65607-1

© Copyright 1938 by Julius Springer in Berlin
Library of Congress Catalog Card Number 73-2113
Softcover reprint of the hardcover 1st edition 1938

Toxikologie und Hygiene der technischen Lösungsmittel

Im Auftrage des

Ärztlichen Ausschusses der Deutschen Gesellschaft für Arbeitsschutz

unter Mitarbeit von

H. Engel · W. Estler · W. Frieboes · E. Gross · O. Jordan
O. Klimmer · H. Prillwitz · W. Schulze · H. H. Weber

herausgegeben von

K. B. Lehmann und F. Flury

mit einem Geleitwort von

Professor Dr. H. Reiter
Präsident des Reichsgesundheitsamts

Mit 45 Abbildungen

Berlin
Verlag von Julius Springer
1938

Zum Geleit.

Die Technik der gewerblichen und industriellen Verwendung organischer Lösungsmittel hat in den letzten 25 Jahren eine Entwicklung genommen, der die gewerbe-toxikologische Forschung nur zum Teil folgen konnte. Mit der Zunahme neuer synthetischer Lösungsmittel und mit der Ausbildung ganz neuartiger Verfahren der Lackier- und Überzugstechnik vergrößerte sich diese Spanne zusehends.

Da in dieser Entwicklung die Entstehung von Arbeitsstoffen eine große Rolle spielte, deren physiologische Auswirkungen nur zum Teil genügend erkannt waren, entstand immer mehr das Bedürfnis, durch wissenschaftliche Forschung und eine zentralisierte Sammlung aller praktischen Betriebserfahrungen der Gewerbehygiene neue wissenschaftlich durchgeprüfte Unterlagen zu schaffen.

Mit dieser Aufgabe wurde im Jahre 1928 der ärztliche Ausschuß der Deutschen Gesellschaft für Arbeitsschutz betraut, der für dieses Studium einen besonderen Unterausschuß einsetzte. Dieser sah neben der Sammlung der Ergebnisse wissenschaftlicher Untersuchungen und Betriebserfahrungen aus dem Schrifttum eigene systematische experimentelle Untersuchungen über toxische Wirkung und gesundheitliche Eigenschaften der wichtigsten organischen Lösungsmittel vor. Außerdem sollte die Einrichtung einer zentralen Untersuchungs- und Auskunftsstelle beim Reichsgesundheitsamt die Mitarbeit bei der ätiologischen Klärung von Erkrankungsfällen und Gesundheitsschädigungen bei Beschäftigung mit organischen Lösungsmitteln auf dem Weg der Arbeitsstoffanalyse gewährleisten und gleichzeitig der laufenden Unterrichtung über einschlägige Beobachtungen dienen.

Durch Gewährung von Forschungsstipendien der Deutschen Notgemeinschaft der Wissenschaft an geeignete Mitarbeiter und von Mitteln für sachliche Erfordernisse wurde es möglich, an einer Reihe von Universitätsinstituten (Hygienisches und Pharmakologisches Institut der Universität Würzburg, Dermatologische Klinik der Universität Breslau) und in dem gewerbehygienischen Laboratorium des Reichsgesundheitsamtes experimentelle Untersuchungen durchzuführen. Hierfür sei an dieser Stelle dem damaligen Präsidenten der Notgemeinschaft, Exzellenz Staatsminister Dr. Dr. SCHMIDT-OTT und dem zuständigen Referenten Herrn Professor Dr. STUCHTEY der besondere Dank ausgesprochen.

Zum Teil sind die wichtigsten Ergebnisse dieser Untersuchungen in der allgemeinen und gewerbehygienischen Fachliteratur niedergelegt. Nachdem nunmehr ein planmäßiger, wenn auch nicht endgültiger Abschluß dieser Arbeiten vorliegt, scheint der Zeitpunkt für eine monographische Darstellung gekommen zu sein, um diese für die weitere industrielle Entwicklung wichtigen Untersuchungsergebnisse weitesten Kreisen der Praxis und Wissenschaft zugängig zu machen.

Besonderer Dank gebührt dem Verlag wie Herrn Professor FLURY, die beide sich in außerordentlicher Weise um die Förderung des Werkes bemühten, das nunmehr zur Tagung des in diesem Jahre in Frankfurt a. M. stattfindenden

Internationalen Kongresses für Unfallmedizin und Berufskrankheiten der Öffentlichkeit vorgelegt wird. Möge es seine Aufgabe, die seitherigen Ergebnisse der wissenschaftlichen Forschung dem praktischen Gesundheitsschutz nutzbar zu machen und Anregung zu weiterer Forschung mit dem gleichen Ziele zu geben, erfüllen.

Berlin, den 10. September (Scheiding) 1938.

Der Leiter des Ärztlichen Ausschusses
der Deutschen Gesellschaft für Arbeitsschutz
Professor Dr. H. REITER,
Präsident des Reichsgesundheitsamts.

Vorwort.

Das vorliegende Werk ist im Auftrage des Ärztlichen Ausschusses der Deutschen Gesellschaft für Arbeitsschutz geschrieben worden, um den derzeitigen Stand unserer medizinischen Kenntnisse über das täglich wachsende Gebiet der technischen Lösungsmittel einheitlich zusammenzufassen. Es verfolgt den Zweck, die wissenschaftlichen Grundlagen darzustellen, die notwendig sind, um die mit der Verwendung dieser Stoffe verbundenen mannigfaltigen Gefahren für die menschliche Gesundheit zu erkennen und richtig zu beurteilen, und soll davon ausgehend die Mittel und Wege zeigen, diesen Gefahren zweckmäßig und wirksam zu begegnen. Außer den experimentellen Untersuchungen an Menschen und Tieren stützt es sich dabei auf die bisher vorliegenden Erfahrungen aus der Praxis über gesundheitliche Schädigungen von Menschen. Der Inhalt des Buches, das ein Gegenstück zur „Chemischen Technologie der Lösungsmittel" von JORDAN bildet, ist ganz überwiegend medizinischer Natur. Es ist aber keineswegs nur für den Gebrauch des Arztes geschrieben, sondern es soll vielmehr jedem, der irgendwie in Berührung mit dem hier behandelten Gebiet kommt, ein Hilfsmittel bei seiner Arbeit sein.

Die technischen Lösungsmittel nehmen unter den gewerblichen Giften nach vielen Richtungen hin eine eigenartige Sonderstellung ein. Die Entwicklung des ganzen Gebietes befindet sich noch in vollem Fluß und unterliegt einem fortdauernden Wechsel. Unsere Kenntnisse auf diesem Gebiet sind nach mancher Richtung noch lückenhaft, viele Unklarheiten in der Beurteilung müssen noch beseitigt werden. Aus dieser Erkenntnis heraus wurde eine Arbeitsgemeinschaft gebildet, deren Mitgliedern bestimmte, besonders vordringlich erscheinende Teilaufgaben zugewiesen wurden. So wurden mit Unterstützung der Deutschen Forschungsgemeinschaft bearbeitet die Kohlenwasserstoffe der Benzin- und Benzolreihe in der Gewerbehygienischen Abteilung des Reichsgesundheitsamtes (Leiter: Oberregierungsrat Dr. ENGEL) von Reg.-Rat Dr. ESTLER, Reg.-Rat Dr. WEBER, Dr. E. W. ENGELHARDT, Dr. W. GUEFFROY, Dr. W. KOCH und Dr. F. HAUCK, die wichtigsten Chlorkohlenwasserstoffe im Hygienischen Institut der Universität Würzburg von Geh. Rat Professor K. B. LEHMANN, Prof. L. SCHMIDT-KEHL, Assistent Dr. O. RUF mit 15 jüngeren Mitarbeitern, die Alkohole, Ester und verwandte Stoffe im Pharmakologischen Institut der Universität Würzburg von Professor F. FLURY, Dozent Dr. WOLFGANG WIRTH, Dozent Dr. WILHELM NEUMANN, Assistent Dr. O. KLIMMER mit einer größeren Zahl von weiteren Mitarbeitern, die Glykolgruppe und sonstige Lösungsmittel im Gewerbehygienischen Laboratorium der I G. Farbenindustrie A.G. in Wuppertal-Elberfeld von Prof. E. GROSS und Dr. F HELLRUNG.

Diese experimentell-toxikologischen Untersuchungen bilden zusammen mit dem ärztlichen Schrifttum über die Lösungsmittel den Kern des Buches, um den sich ergänzend und abrundend die Beiträge von Dr. O. JORDAN über die Chemie und Technologie, sowie von Reg.-Rat Dr. WEBER über die chemische Analyse, von Prof. FRIEBOES und Dr. SCHULZE über die Hautschädigungen, von Oberregierungsrat Dr. ENGEL und Dr. PRILLWITZ über Gesundheitsgefahren und

Gesundheitsschutz und von Oberregierungsrat Dr. Engel über behördliche Vorschriften gruppieren.

Für die wirksame Förderung und vielseitige Unterstützung unserer Arbeiten sind wir zu Dank verpflichtet in erster Linie dem Vorsitzenden des Ärztlichen Ausschusses der Deutschen Gesellschaft für Arbeitsschutz, Herrn Prof. Dr. Reiter, Präsident des Reichsgesundheitsamtes, dann dem Vorstand der Deutschen Gesellschaft für Arbeitsschutz, der Deutschen Forschungsgemeinschaft und allen Mitarbeitern. Bei der Fertigstellung des Buches haben sich neben Dr. O. Klimmer noch die Herren Prof. Dr. Steidle, Dozent Dr. W. Neumann, Dr. H. Osswald, Dr. F. Wegener und Dr. K. Beyer in Würzburg große Verdienste erworben.

Nicht zuletzt gebührt unser Dank der Verlagsbuchhandlung Julius Springer und der Universitätsdruckerei H. Stürtz A. G. in Würzburg. Sie haben es unter Überwindung zahlreicher Schwierigkeiten ermöglicht, das Buch in der vorliegenden Ausstattung noch zum VIII. Internationalen Kongreß für Unfallmedizin und Berufskrankheiten in Frankfurt a. M. herauszugeben.

Würzburg, September 1938.

K. B. Lehmann   F. Flury.

Inhaltsverzeichnis.

I. Chemie, Technologie, Herstellung und Verwendung der Lösungsmittel.

Von

OTTO JORDAN-Mannheim.

1. Der Begriff Lösungsmittel.

Als technische organische Lösungsmittel bezeichnet man flüssige flüchtige organische Verbindungen, mit deren Hilfe organische Stoffe, welche bei Zimmertemperatur nicht oder nur sehr schwer flüchtig sind, in technisch verwertbare Lösungen gebracht werden können, ohne daß sie chemisch durch das Lösungsmittel eine Veränderung erfahren.

Solche Lösungsmittel gewinnen seit Jahren steigende Bedeutung in den verschiedensten Zweigen der Industrie, des Gewerbes und des täglichen Lebens. Zu den wichtigsten Anwendungsgebieten zählen:

Lacke und Anstrichmittel aller Art, Klebstoffe, Abbeizmittel, plastische Massen, Kunstleder und Kunststoffe, Imprägniermittel und Kautschukverarbeitung, Vervielfältigungsgewerbe (Druck- und Tiefdruckfarben), Extraktion von Fetten, Ölen und Riechstoffen, Chemische Reinigung durch Waschen und Entfetten, Schuhcreme, Bohnermassen, Poliermittel und ähnliche Zubereitungen.

Hinzu kommt die Verwendung im chemischen und medizinischen Laboratorium. Auf allen diesen Gebieten gehen die Anforderungen an ein Lösungsmittel sehr weit auseinander. Allgemein wird gefordert, daß die Lösungsmittel farblos, lagerbeständig und frei von Alkali und Säure sein sollen.

2. Die zu lösenden Stoffe.

Die gewerblich in organischen Lösungsmitteln aufgelösten Stoffe zählen nur in den seltensten Fällen zu den Krystalloiden. Meist sind es natürliche Öle und Fette oder hochmolekulare Kolloide. Die letzteren nennt man, weil sie im Gegensatz zu vielen anderen Kolloiden löslich sind, *lyophile Kolloide*. Sie werden häufig auch als „Bindemittel" oder „Filmbildner" bezeichnet. Ihr Aufbau ist Gegenstand zahlreicher Untersuchungen.

Die nachstehenden Produkte sind von besonderer technischer Bedeutung für die Verarbeitung mit Lösungsmitteln:

Cellulosederivate. Dazu zählen vor allem die *Collodiumwollen* oder *Nitrocellulosen* mit 10,7—12,3% N, ferner die *Acetylcellulosen* und *Celluloseacetobutyrate*, endlich die *Celluloseäther*, wie *Methyl-*, *Äthyl-* und *Benzylcellulose*. Man verwendet sie für Lacke, Anstrichmittel aller Art, Klebstoffe, Abbeizmittel, Kunstleder und plastische Massen, Vervielfältigungszwecke und Imprägnierungen.

Kautschukprodukte. Hierher gehören natürlicher *Kautschuk*, *Guttapercha*, *Balata* sowie *künstliche Kautschuke* wie Buna, welche hauptsächlich in der Gummiindustrie beispielsweise für die verschiedensten Arten der Behandlung von Textilgeweben, für Imprägnierungen aller Art, Formkörper und als Klebemittel gebraucht werden. Ferner zählt hierzu der *Chlorkautschuk,* welcher durch Chlorierung von Kautschuken entsteht und in seinen Eigenschaften völlig den Kautschukcharakter verloren hat. Er findet Verwendung für Lacke und Anstrichmittel aller Art sowie zum Tränken und Abdichten.

Polymere Vinylverbindungen. Darunter fallen alle Körper, welche durch Polymerisation von die Gruppe CH = CH$_2$ enthaltenden Verbindungen erhalten werden. Es sind dies vor allem *Polyvinylacetate, Polyacrylsäureester* und deren Homologe, *Polyvinylchlorid, Polystyrol* und andere polymere Vinylkohlenwasserstoffe sowie *Polyvinyläther.* Dank der großen Verschiedenheit der Eigenschaften finden diese Stoffe Verwendung für plastische Massen, Kunststoffe, Kunstleder, Lacke, Imprägnierungsmittel, Klebstoffe der verschiedensten Art.

Natürliche und künstliche Harze. Sie umfassen das Colophonium und seine Abkömmlinge, Bernstein und die Naturkopale, welche meist erst durch einen Ausschmelzprozeß löslich werden, Dammar, Schellack und ähnliche natürlich vorkommende Harze, ferner von künstlich hergestellten Produkten die Harze aus Phenolen und Formaldehyd *(Phenoplaste),* aus Harnstoff und Formaldehyd *(Aminoplaste),* die *Alkydharze,* welche aus Phthalsäure, Glycerin und meist einer einwertigen, den trocknenden oder nicht trocknenden Ölen entstammenden Fettsäure bestehen, die *Cumaronharze,* ferner die Kondensationsprodukte aus *cyclischen Ketonen* u. a. m. Diese Produkte finden vielseitige Verwendung in Lacken und Anstrichmitteln aller Art, Klebstoffen, Kunststoffen, Kunstledern, Imprägniermitteln, Druck- und Tiefdruckfarben, Kautschukmischungen, Boden-, Wand- und Dachbelagstoffen und für andere Zwecke.

Wachse, Bitumina und Peche. Hierzu zählen die *natürlichen* und *künstlichen Wachse,* welche vor allem für Schuhcreme, Bohnermassen, Polier- und Pflegemittel, Durchschreibepapiere gebraucht werden, ferner die natürlichen *Asphaltbitumina,* Peche und Teerpechprodukte, welche in ihren Eigenschaften sehr verschieden sind und neben ferner abliegenden Verwendungen teils zum Abdichten, Imprägnieren und Isolieren, teils auch für Tiefdruckfarben und Anstrichmittel verschiedenster Art Verwendung finden.

3. Theorie der Löslichkeit.

Die Löslichkeit der einzelnen Stoffe in organischen Lösungsmitteln ist sehr verschieden, und es gibt kein Universallösungsmittel für alle Stoffe und Zwecke. Krystalline Verbindungen haben in der Regel eine begrenzte, meist mit steigender Temperatur ansteigende Löslichkeit in Lösungsmitteln. Ganz anders verhalten sich gewöhnlich Öle und lyophile Kolloide, bei denen Lösungsmittel und gelöster Stoff in allen Verhältnissen miteinander mischbar sind. Lyophile Kolloide vermögen nahezu unbegrenzte Mengen Lösungsmittel aufzusaugen und man erhält dann je nach der Konzentration dünnflüssige bis ganz zähe Lösungen, bei denen zwischen fester und flüssiger Phase kaum noch eine Grenze besteht. Praktisch arbeitet man aber mit Lösungen, deren Viscosität noch eine leichte Verarbeitung zuläßt.

Um die Verschiedenheit des Lösevermögens zu erklären, sind vor allem von WALDEN, LANGMUIR-HILDEBRAND, DEBYE, K. H. MEYER, STAUDINGER und anderen Forschern Anschauungen entwickelt worden, welche diese Vorgänge dem Verständnis nahebringen.

Man unterscheidet zwischen organischen Verbindungen, in deren Molekel die einzelnen Atome sich gut absättigen und keine elektrischen Gegensätze oder Unterschiede in der frei verfügbaren Valenzenergie vorhanden sind (beispielsweise Kohlenwasserstoffe) und solchen, in denen einzelne Atome oder Atomgruppen einen erheblichen Spannungs- oder Energieunterschied (Dipolmoment) gegenüber dem übrigen Teil der Molekel aufweisen.

Zu letzteren zählen vor allem sauerstoffhaltige Verbindungen und als Extremfall Wasser. Man nennt diese Art von Stoffen *polare*, während die Kohlenwasserstoffe als *nichtpolare* Verbindungen bezeichnet werden.

Die Erfahrung lehrt, daß nichtpolare Stoffe besonders gut in nichtpolaren Lösungsmitteln löslich sind, während polare Stoffe von polaren Lösungsmitteln gut gelöst werden.

In nichtpolaren Lösungsmitteln treten keine Dipolmomente auf, und es sind bei den einzelnen Molekeln nur ganz geringe Mengen freier Energie vorhanden, welche einen Einfluß auf benachbarte Molekeln ausüben können. Nichtpolare Lösungsmittel neigen daher nicht zu Assoziationen der Molekeln und verdunsten schneller als vergleichbare polare Verbindungen.

Bei polaren Lösungsmitteln dagegen bleiben an bestimmten Stellen der Molekel Energieüberschüsse frei verfügbar, welche nicht von den übrigen Atomen abgesättigt werden. Die Molekel kann man dadurch zerlegt denken in einen aktiven (+) und einen nichtaktiven (—) Teil, beispielsweise (—) C_2H_5——OH (+). Treffen nun mehrere Molekeln polarer Stoffe aufeinander, so suchen die einzelnen aktiven Gruppen ihre Energie gegenseitig abzusättigen, um nach außen möglichst wenig freie Energie zu zeigen; dadurch treten Molekelassoziationen auf, welche je nach der Stärke dieser Kräfte verschieden groß sind. Da die Wärmebewegung dieser Neigung entgegenwirkt, wird sie mit steigender Temperatur geringer.

Diese zwischen polaren Molekeln wirksamen Kräfte heißen VAN DER WAALSsche Kohäsionskräfte oder nach K. H. MEYER und H. MARK *Molkohäsion*. Sie sind verantwortlich für zahlreiche physikalische Eigenschaften der Lösungsmittel, wie Dampfdruck, Flüchtigkeit, und haben große Bedeutung für die Wechselbeziehungen zwischen Lösungsmittel und zu lösendem Stoff, also für die Löslichkeit. Die Molkohäsion ist am größten bei der Hydroxylgruppe und der Hydroxyl enthaltenden Carbonsäuregruppe. Alkohole und Carbonsäuren haben in der Tat den am stärksten polaren Charakter.

Während nun die einzelnen Molekeln oder Molekelassoziationen polarer Lösungsmittel im Innern der Flüssigkeit unter dem Einfluß der Wärmebewegung dauernd wechselnde Stellungen zueinander einnehmen können, treten an der Oberfläche und an Grenzflächen gegen andere Körner besondere Verhältnisse auf. Wahrscheinlich ist an den Grenzflächen die aktive Gruppe der polaren Molekeln nach dem Flüssigkeitsinneren und der nichtaktive Teil nach außen gekehrt. Dies ist beispielsweise auch in wässerigen Seifenlösungen der Fall. Trifft nun auf die Oberfläche ein anderer organischer Stoff, so suchen dessen aktive Gruppen die energiereichen Gruppen des Lösungsmittels an sich zu ziehen und ebenso suchen die Kohlenwasserstoffteile einander. Liegen nun in dem Lösungsmittel, beispielsweise in Wasser oder Methanol, keine oder nur schwache Kohlenwasserstoffgruppen vor, in dem zu lösenden oder zu benetzenden Stoff dagegen wie z. B. in Benzinkohlenwasserstoffen keine polaren Gruppen, so erfolgt gegenseitige Abstoßung, und eine Auflösung kann nicht eintreten. Liegen dagegen geeignete polare Verbindungen vor wie beim Zusammentreffen von Methanol und Butanol, so erfolgt Lösung, wobei Molekelassoziationen (Solvate) entstehen. Löst man eine große Molekel im Lösungsmittel auf, so vermag sie durch Solvatbildung sehr viele Lösungsmittelmolekeln so zu binden, daß diese kinetisch nicht mehr unabhängig sind.

Die angeführten Beispiele zeigen, daß für das Lösevermögen das Verhältnis $\frac{\text{Kohlenwasserstoffrest}}{\text{sauerstoffhaltiger Rest}}$ oder auch $\frac{\text{Molekulargewicht}}{\text{aktive Gruppe}}$ von großer Bedeutung ist; d. h. in homologen Reihen von polaren Lösungsmitteln nimmt das Lösevermögen für polare Stoffe mit steigendem Molekulargewicht oder Kohlenwasserstoffrest ab.

Es ist dadurch erklärlich, daß Öle, Fette und Kautschuk am besten in Kohlenwasserstoffen und Chlorkohlenwasserstoffen, Kollodiumwollen dagegen in Estern, Ketonen und Ätheralkoholen löslich sind. Für eine ausführliche Darstellung der Ursachen für das Lösevermögen muß auf O. JORDAN verwiesen werden.

4. Einteilung der Lösungsmittel nach chemischen Gruppen[1].

Unter Berücksichtigung des oben Gesagten ordnet man die Lösungsmittel in folgende Gruppen ein:

a) Kohlenwasserstoffe. Sie bestehen nur aus Kohlenstoff und Wasserstoff, sind daher elektrisch weitgehend ausgeglichen und nichtpolar. Dementsprechend sind sie lipophil (fettlösend), aber hydrophob (wasserabweisend). In homologen Reihen ändert sich das Lösevermögen nur graduell, nicht aber grundsätzlich.

Allgemein sind aromatische Kohlenwasserstoffe bessere Lösungsmittel als die aliphatischen Benzine. Alle Kohlenwasserstoffe sind brennbar und gute Dielektrika.

Die Kohlenwasserstoffe sind Lösungsmittel für hydrophobe, nicht oder nur wenig polare Stoffe. Solche sind vor allem Fette, Öle, Bitumina, Kautschuk, manche Harze, wie Dammar, Cumaronharz, manche Kunstkopale. Bei höherer Temperatur lösen sich ferner Paraffin und Wachse. Die aromatischen Kohlenwasserstoffe lösen auch gewisse Celluloseäther, Chlorkautschuk und viele Polymere, wie Polystyrol, Polyvinylacetate, Polyacrylsäureester und manche Polyvinyläther.

Stärker polare und hydrophile Stoffe dagegen, wie z. B. Schellack, Celluloseester und hydrolysierte Celluloseäther, werden von Kohlenwasserstoffen nicht gelöst, doch werden für diese Stoffe Mischungen polarer Lösungsmittel mit billigen Kohlenwasserstoffen in großen Mengen verwendet.

Die Hauptverwendung finden Kohlenwasserstoffe nicht zuletzt aus Preisgründen außerdem als Lösungsmittel für Kautschuk, bituminöse und Öllacke, ferner für Extraktionszwecke, für die chemische Reinigung und in Lösungsmittelseifen, in denen sie sich um die Kohlenwasserstoffkette der Seife gruppieren und deren Lösevermögen für fettige Schmutzteile erhöhen.

Die wichtigsten Handelsprodukte sind

Aliphatisch: Benzine. Für die einzelnen Verwendungsgebiete werden Benzine mit verschiedenen Siedegrenzen in großem Umfange verwendet. Man unterscheidet hauptsächlich: Extraktionsbenzine, Siedepunkt von 60—100° bis 110—145° C, Zaponbenzine, Siedepunkt zwischen etwa 60 und 125° C, spez. Gewicht um 0,74, Lackbenzine (vgl. RAL Nr. 848 E), Siedepunkt etwa 135—200° C, spez. Gewicht um 0,79.

Die Benzine werden in der Industrie vorwiegend angetroffen bei der Extraktion von Ölen und Fetten, in der chemischen Wäscherei und Reinigung, in Schuhcreme, Bohnermassen und anderen Wachskompositionen, manchen Poliermitteln, ferner in Öllacken, Kunstharzlacken, Sikkativen, Einheitslackfirnis, in Zubereitungen von Kautschuk und einigen kautschukähnlichen Kunststoffen und dergleichen; Zaponbenzine sind häufig ein Bestandteil von Nitrocelluloselacken und Klebstoffen, seltener und dann meist in geringeren Mengen in Lacken aus Celluloseäthern, Acetylcellulose, Chlorkautschuk und Vinylharzen.

In vielen derartigen Zubereitungen nehmen Benzine heute die Stellung ein, welche früher dem *Terpentinöl* (Siedepunkt 155—175° C, spez. Gewicht 0,86—0,88, Flammpunkt über 30° C) vorbehalten war. Dieses wird in vielen

---

[1] Außer den in diesem Abschnitt genannten Lösungsmitteln befinden sich noch zahlreiche weitere im Handel, deren Verwendung aber von ganz untergeordneter Bedeutung ist oder sich auf einzelne Spezialgebiete beschränkt, so daß ihre Besprechung hier zu weit führen würde.

Ländern noch für Wachszubereitungen und Öllacke gebraucht. Für ähnliche Zwecke, wie auch in Kunstharzlacken findet man zuweilen auch die bei der Campherherstellung unverwendbaren Bestandteile des Terpentinöles wie *Dipenten* (Siedepunkt etwa 170—185° C, D 20/4 etwa 0,86), *Mittel L* 30 (Siedepunkt 165—200° C, D 20/4 etwa 0,88) und ähnliche Produkte, welche schon am Geruch erkennbar sind.

Aromatisch: Benzol, C_6H_6, Siedepunkt 80—81° C, D 20/4 = 0,873, Flammpunkt —8° (Reinbenzol).

ferner die weniger reinen Typen:

sog. 90er Benzol Siedepunkt bis 100° C 90%, D 20/4 etwa 0,881, Flammpunkt —15° C

sog. 50er Benzol Siedepunkt bis 100° C 50%, D20/4 etwa 0,875—0,887, Flammpunkt etwa —9,5° C.

Benzol findet eine äußerst vielseitige Verwendung, vor allem in der Form des von sauren und alkalischen Bestandteilen gereinigten 90er Benzols, welches noch kleine Mengen von Toluol und Xylol enthält. In Handelsprodukten trifft man es u. a. in Celluloselacken, Lösungen von Asphalten, Bitumina, Kautschuk, Chlorkautschuk und Kunststoffen, selten in Öllacken, Kunstharzlacken und dgl. Im allgemeinen tritt auf diesen Gebieten seine Verwendung zugunsten von Toluol und anderen Lösungsmitteln zurück, besonders gilt dies auch für Abbeizmittel, welche heute vorteilhaft ohne Benzol hergestellt werden können.

Toluol. $C_6H_5 \cdot CH_3$ Siedepunkt 109,5—110,5° C, D 20/4 0,864, Flammpunkt + 7° C (Reintoluol),

ferner sog. gereinigtes Toluol Siedepunkt bis 120° C 90%.

Toluol findet in fast allen Ländern in größtem Umfange Verwendung in Celluloselacken, für welche es das wichtigste Verschnittmittel ist; es findet sich auch in Kunstharzlacken, sowie solchen aus Chlorkautschuk und Vinylpolymerisaten und in Lösungen der Bitumina und Harze, insbesondere für Tiefdruckfarben, dagegen wenig in Öllacken, Extrakten und dgl. Es wird angestrebt, als Lösungsmittel ein möglichst mild riechendes, benzolfreies Toluol zu verwenden.

Xylol. $C_6H_4 (CH_3)_2$ Siedepunkt 137—139° C, D 20/4 0,857, Flammpunkt + 23° C (Reinxylol),

ferner sog. gereinigtes Xylol Siedepunkt bis 145° C — 90%.

Die Verwendungsgebiete sind die gleichen wie für Toluol.

Wesentlich geringere Bedeutung hat

Cymol. (p-Methylisopropylbenzol), Siedepunkt 174—177° C, D 20/4 0,865, Flammpunkt + 100° C, das nur gelegentlich in Lacken anzutreffen ist.

Hydroaromatisch: Tetrahydronaphthalin (Tetralin) Siedepunkt 205° C, D 20/4 0,975, Flammpunkt etwa + 80° C.

Dekahydronaphthalin (Dekalin) Siedepunkt 180—190° C, D 20/4 0,890, Flammpunkt + 57° C.

Von diesen Produkten geht die Verwendung des *Tetralins*, das viel für Wachszubereitungen, Abbeizmittel und Lacke verwendet wurde, immer mehr zurück, während Dekalin ähnliche Verwendungen findet wie Lackbenzin.

b) **Chlorkohlenwasserstoffe.** Sie zeigen ein den aromatischen Kohlenwasserstoffen ähnliches Lösevermögen, sind schwach polar und völlig lipophil, dementsprechend wirken sie quellend auf einzelne Cellulosederivate, z. B. auf Cellulosetriacetat; einige Chlorkohlenwasserstoffe neigen bei Gegenwart von Metallen oder von Licht und Feuchtigkeit zur Salzsäureabspaltung, während andere völlig beständig sind.

Die meisten Chlorkohlenwasserstoffe sind unbrennbar; deshalb erfreuen sie sich für Extraktions- und Reinigungszwecke steigender Beliebtheit. Für

Lacke und insbesondere Celluloselacke werden sie fast nicht, zum Lösen von Kautschuk und Harzen nur in kleinerem Ausmaße gebraucht. Dagegen ist Methylenchlorid eines der wichtigsten Lösungsmittel in Abbeizmitteln. Die bekanntesten Produkte sind:

Methylenchlorid CH_2Cl_2 Siedepunkt 39—41° C D 20/4 1,323—1,328, technische Ware Siedepunkt 40—60°, D 20/4 1,369—1,375.

Methylenchlorid findet weitgehend an Stelle von Benzol Anwendung in Lackentfernungs- und in Abbeizmitteln, ferner in schnell trocknenden Klebstoffen und dgl. Auch in Lacken aus organischen Cellulosederivaten und Polymerisaten findet man es gelegentlich, wo es auf schnellste Trocknung ankommt.

Chloroform $CHCl_3$ Siedepunkt 61° C, D 15/4 1,49—1,50.

Chloroform findet als solches heute nur noch vereinzelt als technisches Lösungsmittel Verwendung.

Tetrachlorkohlenstoff CCl_4 (Tetra, Asordin) Siedepunkt 76—77° C, D 20/4 1,594.

Tetrachlorkohlenstoff findet ausgedehnte Verwendung als Entfettungs- und Reinigungsmittel für Textilien sowie für Leder und Pelzwerk; es wird auch in der chemischen Wäsche sowie zum Entfetten von Metallen gebraucht. Für solche Verwendungen werden vielfach geschlossene Spezialapparate verwendet. Außerdem dient Tetrachlorkohlenstoff zur Verwendung in Fleckenwassern, in unbrennbaren Tiefdruckfarben sowie in der Gummiindustrie. Bekannt ist seine bedeutende Verwendung in Feuerlöschern. In Lacken wird Tetrachlorkohlenstoff kaum gebraucht.

Äthylenchlorid (Äthylendichlorid) $CH_2Cl \cdot CH_2Cl$, Siedepunkt 81—87°, D 20/4 1,23—1,25 Flammpunkt + 14,5° C.

Äthylenchlorid findet vor allem im Auslande vielfach Verwendung als Extraktionsmittel, für die Wollwäsche und Lösungsmittelseifen, mitunter auch in Acetylcelluloselacken und Abbeizmitteln. In Deutschland ist seine Verwendung nur gering.

Trichloräthylen (Tri) $CHCl = CCl_2$, Siedepunkt 85—87° C, D 20/4 1,471.

Obwohl Trichloräthylen gegen Wasserdampf im Licht nicht ganz beständig ist, findet es ausgedehnte Verwendung bei der Verarbeitung von Kautschuk, Wachsen, Fetten und Ölen sowie insbesondere zur Extraktion und zum Entfetten von Textilien und Metallen. Für manche Zwecke stehen geschlossene Spezialapparaturen in Gebrauch. In Lacken wird Trichloräthylen kaum angetroffen, dagegen gelegentlich in Abbeizmitteln.

Symm. Dichloräthylen $CHCl=CHCl$ in zwei stereoisomeren Formen.

cis-Dichloräthylen Siedepunkt 48,35°, D 15/4 1,265
trans-Dichloräthylen Siedepunkt 60;25° C, D 15/4 1,291. Diese finden vor allem Verwendung zum Extrahieren.

Monochlorbenzol Siedepunkt 130—131° C, D 20/4 1,104.·

Monochlorbenzol hat als Lösungsmittel ähnliche Eigenschaften wie Xylol, hat aber in Deutschland nur Bedeutung für Spezialzwecke.

c) **Alkohole.** Die Alkohole sind die am stärksten polaren Lösungsmittel. Für ihr Lösevermögen ist maßgebend, wie groß der Anteil der Hydroxylgruppe an der Gesamtmolekel ist; die niederen Alkohole sind wasserlöslich und lösen gut stark polare Stoffe, wie einige Nitrocellulosen, Harze und Farbstoffe, während Fette, Öle, Kohlenwasserstoffharze und Bitumina erst von höhermolekularen Alkoholen gelöst werden, welche mehr lipophil und wasserunlöslich sind.

Ähnliche, wenn auch weniger starke Änderungen des Lösevermögens mit steigendem Molekulargewicht in homologen Reihen beobachtet man auch bei den folgenden polaren Lösungsmittelgruppen. Zusätze der niedrigmolekularen

Alkohole zu nichtpolaren Lösungsmitteln werden oft verwendet, um deren Löse-vermögen dem polaren Charakter des zu lösenden Stoffes anzupassen.

Die gebräuchlichen Alkohole sind:

Methanol rein CH_3OH, Siedepunkt 64—65° C, D 20/4 0,796, Flammpunkt + 6,5° C.

Als Lösungsmittel hat Methanol Bedeutung zum Umkrystallisieren in Labora-torium und Technik; es ist in nur kleinen Mengen in zahlreichen leichtflüchtigen Lösungsmitteln für Celluloselacke enthalten.

Äthylalkohol 96%, C_2H_5OH Siedepunkt 78° C, meist vergällt mit Toluol (D 20/4 0,804, Flammpunkt etwa + 18° C), Terpentinöl (besonders für Lacke), mit Schellack (für Polituren), mit Pyridin (Brennsprit) oder Tieröl, im Auslande meist mit Holzgeist (Methanol).

Die vielseitigen Anwendungen sind hinreichend bekannt.

Isopropylalkohol $(CH_3)_2CHOH$ Siedepunkt 79,5—81,5° C, D 20/4 0,808, Flamm-punkt + 18—20° C.

Isopropylalkohol hat hauptsächlich Bedeutung für die Extraktion einiger Duftstoffe, sowie für die Herstellung von Riechmitteln, kosmetischen Präparaten, Massagemitteln (ausgenommen Franzbranntwein) und als Händedesinfektions-mittel. In Celluloselacken ist die Verwendung recht unbedeutend. Das ent-sprechende Acetat wird vor allem im Auslande in Celluloselacken verwendet.

n-Propylalkohol $CH_3—CH_2—CH_2OH$, Siedepunkt 96—98° C, D 20/4 0,804, Flammpunkt + 22° C.

Das Produkt findet sich vereinzelt selbst oder in Form seines Acetats in Celluloselacken.

n-Butanol C_4H_9OH Siedepunkt 114—118° C, D 20/4 0,812, Flammpunkt + 34° C.

n-Butanol ist ein wichtiger Bestandteil der meisten Nitrocelluloselacke und findet sich auch in manchen Harzlacken und Kunstharzlösungen sowie in Polier-mitteln und Rostentfernungspräparaten. Butanolfeuchte Kollodiumwolle ist ein wichtiger Handelsartikel.

Isobutylalkohol $(CH_3)_2 \cdot CH \cdot CH_2OH$ Siedepunkt 104—107° C, D 20/4 0,802, Flammpunkt + 22° C.

Isobutylalkohol findet die gleichen Verwendungen wie n-Butanol, besonders in Lacken, ist aber seltener anzutreffen.

Gärungsamylalkohol (Haupts. $(CH_3)_2 \cdot CH \cdot CH_2 \cdot CH_2OH$) Siedepunkt 130 bis 131° C, D 20/4 etwa 0,810—0,815, Flammpunkt + 46° C.

Gärungsamylalkohol hat die gleichen Anwendungsgebiete wie n-Butanol.

Cyclohexanol (Hexahydrophenol) $C_6H_{11}OH$ Siedepunkt 115—165 ° C, D 20/4 0,945, Flammpunkt + 68° C.

Cyclohexanol (Hexalin) findet ebenso wie das Gemisch der 3 isomeren Methylcyclohexanole Verwendung in Lösungsmittelseifen.

Diacetonalkohol $(CH_3)_2—CHOH—CH_2—CO—CH_3$, Siedepunkt 150—165° C, D 20/4 0,930, Flammpunkt + 45/46° C.

Das Produkt findet in begrenztem Umfange Verwendung für Celluloselacke und zeigt gleichzeitig Ketoncharakter.

Glykol (Äthylenglykol) $CH_2OH—CH_2OH$, Siedepunkt 191—200° C, D 20/4 1,111, Flammpunkt 117° C.

Glykol findet Verwendung als Gefrierschutzmittel für Autokühlflüssigkeiten (Glysantin). Für Lacke wird es nicht verwendet.

1,3—Butylenglykol $CH_3—CHOH—CH_2—CH_2OH$ Siedepunkt 185—195° C, D 20/4 1,02.

Das Produkt ist ein wichtiges Ausgangsmaterial bei der Herstellung von Buna und findet gelegentlich Verwendung an Stelle von Glycerin.

d) Ketone. Die in den Ketonen an zwei verschiedene Kohlenstoffatome gebundene CO-Gruppe ist schwächer polar als die Hydroxylgruppe. Nur die niedersten Glieder der Reihe sind wasserlöslich und lösen die üblichen hydroxylhaltigen Acetylcellulosen. Die höheren Ketone zeigen gutes Öllösevermögen, die meisten sind ferner ausgezeichnete Löser für Kollodiumwollen; hierfür werden sie hauptsächlich verwendet, Aceton auch in großem Maße für Dissousgas und in der Sprengstoffabrikration.

Größere technische Bedeutung haben

Aceton, CH_3—CO—CH_3, Siedepunkt 55—56° C, D 20/4 0,791, Flammpunkt — 17° C.

Aceton findet namentlich im Gemisch mit anderen leichtflüchtigen Lösungsmitteln ausgedehnte Verwendung in Celluloselacken und wasserfesten Klebstoffen, vereinzelt auch zum Extrahieren von Ölen. Es ist ein wichtiges Quellmittel bei der Herstellung rauchloser Pulver aus hochnitrierter Nitrocellulose und findet große Verwendung zum Lösen von Acetylen (Dissousgas) für Schweißzwecke.

Methyläthylketon CH_3—CH_2—CO—CH_3, Siedepunkt 78° C, D 15/4 0,810, findet gelegentlich besonders im Auslande Verwendung in Celluloselacken.

Methylcyclohexanon $C_7H_{12}O$ Siedepunkt 165—171° C, D 20/4 0,919, Flammpunkt 45—60° C (Gemisch der drei Isomeren).

Das Produkt findet hauptsächlich in Kollodiumdecklacken für die Lederindustrie Anwendung und dient auch als Rostlockerungsmittel.

e) Ester. Die Ester enthalten die Gruppierung R—CO—OR_1, worin R und R_1 Kohlenwasserstoffreste bedeuten; sie sind gleichfalls schwächer polar als die Alkohole, und nur die Anfangsglieder der Reihe lösen sich in Wasser. Die meisten Ester haben ein ziemlich gutes Lösevermögen für Öle und Harze, vor allem aber sind sie ausgezeichnete Löser für Cellulosederivate und namentlich für Kollodiumwollen. Zu ihnen zählen deshalb die wichtigsten Lösungsmittel für Lacke aus Cellulosederivaten und ähnlichen Bindemitteln, ferner für Klebstoffe, Steifen, Kunstleder, Abbeizmittel und einige plastische Massen.

Die Ester können unter entsprechenden Bedingungen in die entsprechenden Säuren und Alkohole gespalten werden. Unter normalen Verarbeitungsbedingungen ist aber die Neigung zur Verseifung äußerst gering. Am wichtigsten sind:

Methylacetat CH_3COO CH_3 Siedepunkt 56—62° C. D 20/4 0,932 Flammpunkt — 13° C.

Äthylacetat $C_2H_5 \cdot COOCH_3$ Siedepunkt 74—77° C.

Beide Produkte finden Verwendung in Celluloselacken und wasserfesten Klebstoffen und Kunstlederauftragsmassen, bilden neben Aceton den Hauptbestandteil von zahlreichen unter Phantasienamen gehandelten leichtsiedenden *Mischlösungsmitteln,* welche außerdem noch kleine Mengen von Acetalen, Methanol oder höhersiedenden Produkten enthalten und für die speziellen Bedürfnisse der Verbraucher eingestellt sind. Sie finden ferner Verwendung als Extraktions-, Reinigungs- und Entfettungsmittel sowie zum Einweichen (Dunsten) von Steifkappen in der Schuhindustrie.

n-Propylacetat $CH_3 \cdot COO \cdot C_3H_7$ Siedepunkt 97—101° C, D 20/4 0,891, Flammpunkt + 12° C und

Isopropylacetat $CH_3 \cdot COO$—$CH\text{<}^{CH_3}_{CH_3}$ Siedepunkt 84—93° C, D 20/4 0,869, Flammpunkt 0° C finden in kleinem Ausmaße Verwendung in Celluloselacken.

n-Butylacetat C_4H_9COO CH_3, Siedepunkt 121—127° C D 20/4 0,870, Flammpunkt + 25° C.

Gewöhnlich im Handel als 85%ige Ware mit 15% Butanol, Siedepunkt 110—132° C.

Butylacetat ist das wichtigste mittelflüchtige Lösungsmittel für Nitrocelluloselacke und findet sich auch in manchen Kunstharzlacken und Lösungen von Chlorkautschuk und Vinylpolymerisaten.

Isobutylacetat i—$C_4H_9COOCH_3$, Siedepunkt 106—117° C, D 20/4 0,858, Flammpunkt + 18—22° C.

Amylacetat, vorzugsweise Gärungsamylacetat. Siedepunkt 105—142° C D 20/4 0,87, Flammpunkt etwa + 23° C.

Außerdem sind Mischungen vorzugsweise von Acetaten der C_4- und C_5-Alkohole im Handel.

Alle diese Produkte finden in den gleichen Lacken Anwendung wie n-Butylacetat.

Milchsäureäthylester $CH_3 \cdot CHOH—COOC_2H_5$, Siedepunkt 145—155° C, D 20/4 1,037, Flammpunkt + 48° C.

Das Produkt findet man in Celluloselacken, besonders in Acetylcelluloselacken.

Ester der Glykoläther siehe unter f) Äther.

f) Äther. Da in den Äthern zwei Kohlenwasserstoffreste durch eine Sauerstoffbrücke miteinander verknüpft sind, ist ihr polarer Charakter recht schwach ausgeprägt. Schon beim Diäthyläther findet man ein sehr starkes Lösevermögen für wenig polare Stoffe wie Fette, Öle und Riechstoffe, dagegen werden Celluloseester wie Kollodiumwolle erst auf Zusatz von Alkohol gelöst, der für sich allein die meisten Kollodiumwollen ebenfalls nicht löst.

Eine besondere Stellung nehmen die *Glykoläther* ein, in deren Molekel gleichzeitig Äthersauerstoff und Hydroxylgruppe enthalten sind. Sie stellen die wichtigsten Vertreter der sog. *Zweityplösungsmittel* dar, d. h. solcher Lösungsmittel, deren Molekel zwei aktive polare Gruppen enthält. Dadurch werden die hydrophilen Eigenschaften und das Lösevermögen für Celluloseester erhöht, während die Verdunstungsgeschwindigkeit sinkt und das Lösevermögen für Harze und Öle oft vermindert wird; gleichzeitig sind die meisten Zweityplösungsmittel von nur geringem Geruch oder geruchlos, was für manche Lacke besonders erwünscht ist. Die wichtigsten Äther sind:

Diäthyläther (Schwefeläther, Äther) $C_2H_5 \cdot O \cdot C_2H_5$, Siedepunkt 34—35° C, D 15/4 0,722, Flammpunkt — 40° C.

Schwefeläther findet sich in mehreren nach dem Reinheitsgrad verschiedenen Sorten im Handel; bei einzelnen geht das spez. Gewicht durch den Gehalt an Wasser und Alkohol bis auf 0,728 hinauf, während die DAB 6-Ware ein spez. Gewicht von 0,713 hat.

Äther dient zur Herstellung des medizinischen Kollodiums und von Filmgießlösungen sowie als Extraktionsmittel für Fette und zahlreiche Chemikalien. Wegen seiner Feuergefährlichkeit ist seine Verwendung in Lacken auf Spezialfälle beschränkt.

Methylglykol (Glykolmonomethyläther) $CH_2OH—CH_2—O—CH_3$, Siedepunkt 115—130° C, D 20/4 0,967, Flammpunkt + 36° C.

Das Produkt findet zum Lösen von Acetylcellulose und von Farbstoffen Verwendung.

Äthylglykol (Glykolmonoäthyläther) $CH_2OH—CH_2—O—C_2H_5$, Siedepunkt 126—138° C, D 20/4 0,932, Flammpunkt + 40° C.

Äthylglykol ist ein wichtiges geruchschwaches Lösungsmittel für Celluloselacke und Kunstharzlacke.

Ähnliche Eigenschaften hat *n-Propylglykol*, Siedepunkt 148—152° C und *Äthylpropylenglykol* (1.2-Propylenglykolmonoäthyläther) Siedepunkt 129 bis 136° C.

Butylglykol (Glykolmonobutyläther) CH_2OH—CH_2—O—C_4H_9, Siedepunkt 164—182° C, D 20/4 0,907, Flammpunkt + 60° C.

Das Produkt findet in kleinerem Ausmaße die gleiche Verwendung.

Äthylpolyglykol (Polyglykoläther), Siedepunkt etwa 190—200° C, D 20/4 1,008, Flammpunkt + 93° C.

Äthylpolyglykol wird in einigen Holzbeizen und bei der Verarbeitung von ätherischen Ölen und Essenzen gebraucht.

Methylglykolacetat (Acetat des Methylglykols) $\begin{array}{l} CH_2{-}CH_2{-}O{-}CH_3 \\ | \\ O \cdot CO \cdot CH_3 \end{array}$, Siedepunkt 138—152° C, D 20/4 1,001, Flammpunkt + 44° C.

Methylglykolacetat dient für die Herstellung spezieller Acetylcelluloselacke.

Äthylglykolacetat (Acetat des Äthylglykols) $\begin{array}{l} CH_2{-}CH_2{-}O{-}C_2H_5 \\ | \\ O \cdot CO \cdot CH_3 \end{array}$, Siedepunkt 149—160° C, D 20/4 0,971, Flammpunkt + 47° C.

Acetat des Methyl-1,3-Butylenglykols (Butoxyl)
$\begin{array}{l} CH_3{-}CH{-}CH_2{-}CH_2{-}OCOCH_3 \\ | \\ OCH_3 \end{array}$, Siedepunkt 167—171° C, D 20/4 0,956, Flammpunkt + 60° C.

Diese beiden Produkte finden als geruchschwache Lösungsmittel in Celluloselacken und Kunstharzlacken Verwendung. Auch *Äthylpropylenglykolacetat* Siedepunkt 155—158° C kann den gleichen Zwecken dienen.

Dioxan (Diäthylendioxyd) $[(CH_2)_2] \cdot \begin{array}{c} O \\ \diagdown \\ O \end{array}\!\!\!> (CH_2)_2$, Siedepunkt 94—110° C, D 20/4 1,030, Flammpunkt + 5° C.

Dioxan wird heute als technisches Lösungsmittel kaum noch verwendet, hat dagegen für Laboratoriumszwecke Interesse.

Tetrahydrofuran $\begin{array}{c} CH_2{-}CH_2 \\ | \quad\quad | \\ CH_2 \quad CH_2 \\ \diagdown \;\; O \diagup \end{array}$, Siedepunkt 64—65° zeichnet sich durch ein ungewöhnlich hohes Lösevermögen für die verschiedenartigsten Bindemittel aus.

g) Acetale. Die Acetale entsprechen dem Schema $R{-}CH\!\!\begin{array}{c} O{-}R_1 \\ \diagup \\ \diagdown \\ O{-}R_1 \end{array}$ und sind dementsprechend etwas stärker polar als die gewöhnlichen Äther, deshalb sind die niedersten Glieder der Reihe auch ohne Zusatz von Alkohol Lösungsmittel für Celluloseester. Solche Acetale sind in geringen Mengen in zahlreichen leichtflüchtigen Mischlösungsmitteln enthalten, werden dagegen für sich allein nicht gehandelt.

Außerdem hat nur noch Bedeutung der *Schwefelkohlenstoff* CS_2, Siedepunkt 46,3° C, für dessen Verwendung sehr strenge Vorschriften bestehen und der überwiegend bei der Herstellung von Viscose für Spinnfasern, Schwämme und Cellulosefolien verwendet wird.

5. Wichtige physikalische Eigenschaften von Lösungsmitteln.

a) Siedepunkt. Eine der wichtigsten Konstanten der technischen Lösungsmittel ist der *Siedepunkt*, d. h. die Temperatur, bei welcher der *Dampfdruck* den der Atmosphäre von 760 mm Quecksilbersäule erreicht. Technische Lösungsmittel sind selten so rein, daß sie innerhalb eines einzigen Grades sieden. Man bestimmt deshalb die „Siedegrenzen" in der Normalapparatur nach HOLDE.

Aus praktischen Gründen unterscheidet man vielfach: leichtsiedende Lösungsmittel, Siedepunkt unter etwa 100°C, mittelsiedende Lösungsmittel, Siedepunkt etwa 100—150° C, hochsiedende Lösungsmittel, Siedepunkt über 150° C.

Letztere leiten über zu den bei gewöhnlicher Temperatur nicht mehr nennenswert flüchtigen sog. Weichmachungsmitteln.

b) Dampfdruck. Diese Einteilung nach dem Siedepunkt ist für manche Verwendungen weniger zweckmäßig als die nach dem *Dampfdruck* oder nach der Verdunstungsgeschwindigkeit bei Zimmertemperatur.

Es zeigt sich, daß zwei Lösungsmittel, welche den gleichen Siedepunkt haben, meist bei darunter liegenden Temperaturen einen ganz verschiedenen Dampfdruck aufweisen; dies liegt vor allem in dem verschiedenen chemischen Aufbau und in der Assoziation der Molekeln begründet. Ermittelt man den Dampfdruck verschiedener Lösungsmittel bei verschiedenen Temperaturen und zeichnet die entsprechenden *Dampfdruckkurven* auf, so findet man, daß diese ganz verschieden verlaufen. So steigen die Kurven sauerstoffhaltiger polarer Lösungsmittel mit zunehmender Temperatur zunächst langsam, später stärker an; diese bei Zimmertemperatur stark assoziierten Lösungsmittel sind daher bei gewöhnlicher Temperatur relativ langsam flüchtig. Die Dampfdrucke der Kohlenwasserstoffe, welche leichter verdunsten, sind dagegen bei Zimmertemperatur schon ziemlich hoch und steigen mit zunehmender Temperatur langsamer an, so daß sie die Kurven von stark polaren Lösungsmitteln, besonders von Alkoholen, mitunter oberhalb oder auch unterhalb des Siedepunktes schneiden. Ebenso schneiden sich oft die Kurven der Alkohole und der zugehörigen Acetate. In homologen Reihen dagegen schneiden sich die Dampfdruckkurven niemals.

Mischt man zwei miteinander mischbare Lösungsmittel, so können zwei praktisch wichtige Fälle eintreten:

Im ersten Falle tritt keine Assoziation oder gegenseitige Beeinflussung der Molekeln ein; dann läßt sich der *Dampfdruck* (p) der *Lösung* (l) aus dem Dampfdruck der Einzelbestandteile (a und b) bei gegebener Temperatur bezeichnen:

$$p_l = \frac{p_a \cdot m_a + p_b \cdot (100 - m_a)}{100},$$

worin *m* die Molprozente der Komponente angibt.

Dampfdruck und Siedepunkt solcher Gemische liegen zwischen denen der reinen Komponenten, die Dampfdruckkurven schneiden sich nicht, und die Mischung kann durch Destillation leicht in ihre Bestandteile zerlegt werden. Das gilt vor allem für homologe Reihen oder Methanol-Wasser-Gemische.

Im zweiten Falle tritt gegenseitige Beeinflussung der Mischungsbestandteile unter Assoziation auf; dann läßt sich der Dampfdruck nicht aus dem der Einzelkomponenten errechnen, ist vielmehr in der Regel erniedrigt oder erhöht. Im letzteren Falle destilliert aus der Lösung zunächst eine Fraktion von ganz bestimmter Zusammensetzung, welche sich im Siedepunkt wie ein einheitlicher Stoff verhält, bis die eine Komponente verbraucht ist, und man erhält dann den Überschuß der zweiten Komponente. Beispielsweise destilliert aus beliebigen wäßrigen Lösungen von Äthylalkohol ein sog. konstant siedendes Gemisch von etwa 96% Alkohol und 4% Wasser, bis der gesamte Alkohol abgetrieben ist. Dieses Gemisch siedet tiefer als der reine Äthylalkohol (sog. Minimumsiedepunkt) und zeigt somit einen höheren, sog. Maximumdampfdruck. Umgekehrt bilden beispielsweise Chloroform und Aceton Gemische von Minimumdampfdruck und Maximumsiedepunkt. Derartige konstant siedende Gemische nennt man nach *M. Lecat* „*Azeotropische Gemische*" oder auch je nach der Zahl der das Gemisch bildenden Bestandteile „binäre, ternäre oder quaternäre

Gemische". Sie können bei der Analyse von Lacken und Lösungsmitteln eine wichtige Rolle spielen.

Von binären Gemischen sind mehrere hundert bekannt, von ternären und höheren wesentlich weniger, weil sie sich nur bilden können, wenn jede Komponente mit jeder anderen ein binäres Gemisch zu bilden vermag; diese Forderung erfüllen nur wenige Lösungsmittel.

Aus der Zusammensetzung azeotropischer Gemische beim Siedepunkt lassen sich noch keine Schlüsse ziehen auf die Zusammensetzung beim Verdunsten dieser Gemische bei Zimmertemperatur, wie sie bei der technischen Bearbeitung die Regel ist. Über die hierbei eintretenden Abweichungen ist vorerst wenig bekannt.

c) **Flüchtigkeit.** Da die Bestimmung des Dampfdruckes nicht ganz einfach ist, wird diese Konstante bei technischen Lösungsmitteln trotz ihrer Bedeutung für die Destillation sonst praktisch weniger verwendet. Um so größere Betrachtung schenkt man der *Verdunstungsgeschwindigkeit* oder *Flüchtigkeit* der Lösungsmittel bei Zimmertemperatur. Sie hängt nicht allein vom Dampfdruck ab, sonst würden z. B. Toluol und Wasser, deren Dampfdrucke bei 20°C sehr nahe beieinander liegen, auch annähernd gleich schnell verdunsten. Die genauen Gesetze der Verdunstungsgeschwindigkeit sind noch nicht bekannt. Die Verdunstung erfolgt unter Aufnahme von Wärme aus der Umgebung, wobei die spezifische Wärme, die latente Verdampfungswärme, das Wärmeleitvermögen und, durch diese bedingt, die Verdunstungskälte eine Rolle spielen.

Nach A. BLOM, I. G. PARK, M. B. HOPKINS und H. JORES sind logarithmische Verdunstungskurven aufgestellt worden. Praktisch begnügt man sich indessen meist damit, die Flüchtigkeit nach einfachen, wenn auch nicht wissenschaftlich genauen Methoden zu bestimmen und sie auf eine beliebige Einheit, z. B. die Flüchtigkeit von Äther = 1 zu beziehen. Nach der einfachsten Methode der *I. G. Farbenindustrie-Aktiengesellschaft* läßt man 0,5 ccm Lösungsmittel aus einer Pipette auf Filtrierpapier (Nr. 598 von Schleicher & Schüll, Düren) aufträufeln und bestimmt die Zeit, in welcher das Lösungsmittel völlig verdunstet ist.

Die nach dieser oder verfeinerten Methoden erhaltenen Werte gelten nur für die reinen Lösungsmittel; aus Lösungen lyophiler Kolloide erfolgt die Verdunstung in der Regel langsamer, zumal da fast stets gegenseitige Beeinflussung der Komponenten der Lösung eintritt und die letzten Lösungsmittelreste nur mehr oder weniger langsam abgegeben werden. Für alle die Anwendungsgebiete, auf denen die Flüchtigkeit bei Zimmertemperatur wichtiger ist als die Siedepunkte, teilt man die Lösungsmittel entsprechend ein in schnellflüchtige Lösungsmittel: relative Flüchtigkeit unter etwa 7, mittelflüchtige Lösungsmittel: relative Flüchtigkeit etwa 7—35, schwerflüchtige Lösungsmittel: relative Flüchtigkeit über 35 (Äther = 1).

d) **Brennbarkeit.** Von wenigen Produkten, vor allem einigen Chlorkohlenwasserstoffen, abgesehen, sind alle technischen Lösungsmittel brennbar und mehr oder weniger feuergefährlich. Zur Erkennung der praktischen Gefahren dienen der Flammpunkt als wichtigste Konstante und Angaben über die Selbstentzündung von Lösungsmitteldämpfen sowie über die Explosionsgrenzen von Lösungsmitteldampf-Luft-Gemischen.

α) *Flammpunkt.* Der Flammpunkt oder Entflammungspunkt ist diejenige Temperatur, bei welcher die in einem Prüfungsapparat verdunstenden Dämpfe des Lösungsmittels in der über der Flüssigkeit stehenden Luft eine so hohe Konzentration erreicht haben, daß sie sich an einer offenen Flamme entzünden. Der Flammpunkt ist somit eine Funktion des Dampfdruckes; daneben haben Verbrennungswärme, spez. Wärme und spez. Volumen darauf Einfluß. Die gemessene Temperatur ist stark abhängig von der Art der Bestimmungsapparatur. In Deutschland hat man sich daher auf den Apparat von ABEL-PENSKY festgelegt.

Nach dem Flammpunkt und der Wasserlöslichkeit teilt man die Lösungsmittel und Lösungen für Aufbewahrung, Lagerung und Versand in mehrere Gefahrenklassen ein. Dabei ist zu beachten, daß Lösungsmittelmischungen, welche azeotropische Gemische zu bilden vermögen, mitunter einen niedrigeren Flammpunkt zeigen als die Einzelkomponenten und deshalb in eine andere Gefahrenklasse fallen können. Der Flammpunkt kann in einzelnen Fällen durch Zusatz von Chlorkohlenwasserstofen erhöht werden. Hochviscose Lösungen zeigen mitunter infolge schlechten Wärmeaustausches im Apparat eine etwas niedrigere Lage des Flammpunktes an, die sich durch entsprechend sorgfältige Bestimmung unter Rühren meist berichtigen läßt.

β) Selbstentzündungstemperatur. Man versteht darunter die Temperatur, bei welcher die Dämpfe des Lösungsmittels sich an der Luft von selbst entzünden können. Sie ist abhängig von der Natur der Zündfläche und durchweg sehr hoch. Am niedrigsten liegen die Selbstentzündungstemperaturen von Schwefelkohlenstoff (unter etwa 150° C) und Äther (etwa 190° C).

γ) Explosionsgrenzen. Viele Lösungsmitteldämpfe bilden mit Luft Gemische, welche innerhalb bestimmter Grenzen bei Einwirkung genügend hoher Temperaturen an irgendeiner Stelle explodieren, indem eine rasche Verbrennung des Lösungsmitteldampfes durch den Luftsauerstoff stattfindet. Die einmal eingeleitete Reaktion überträgt sich mit größter Schnelligkeit als „Explosionswelle" auf die ganze Mischung. Zur Auslösung der Reaktion genügen Funken, offene Flammen oder glimmende und glühende Gegenstände. Solche Explosionen erfolgen aber nur bei bestimmten Konzentrationen zwischen einer „unteren Explosionsgrenze", d. h. der Konzentration des Lösungsmitteldampfes, unterhalb deren noch keine Entzündung eintritt und einer „oberen Explosionsgrenze", d. h. einer Konzentration des Lösungsmitteldampfes, bei deren Überschreitung keine Explosion oder Entzündung mehr erfolgt. Der explosionsgefährliche Bereich ist deshalb für jedes System von Lösungsmitteldampf und Luft scharf umrissen. Durch Zufügen einer dritten Komponente, z. B. des Dampfes eines weiteren Lösungsmittels, werden die Grenzen verändert und mitunter bei azeotropischen Gemischen von Maximumdampfdruck erweitert. Eine Erweiterung tritt auch bei steigender Temperatur ein. Diese unteren Explosionsgrenzen lassen sich nach LE CHATELIER annähernd ermitteln durch die Gleichung

$$\text{Untere Grenze } G = \frac{100}{\dfrac{p^1}{N_1} + \dfrac{p^2}{N_2} + \dfrac{p^3}{N_3} + \cdots}$$

worin N_1, N_2, N_3 die Konzentration bei der unteren Explosionsgrenze der brennbaren Bestandteile für sich mit Luft in Prozenten bedeutet, und p_1, p_2, p_3 die Prozente der Bestandteile in der Mischung, wobei $p_1 + p_2 + p_3 + \cdots = 100$ ist.

Zahlreiche Lösungsmittel bilden mit Luft bei Zimmertemperatur kein explosives Gemisch mehr, weil ihre maximal erreichbare Dampfkonzentration unter der unteren Explosionsgrenze bleibt; einen Anhalt dafür gibt der Dampfdruck. Beispiel: Alkohole vom Siedepunkt über etwa 115° C. Da die Formel von LE CHATELIER additiv ist, können aber Mischungen solcher Lösungsmittel sehr wohl bei Zimmertemperatur explosive Gemische mit Luft bilden.

Es ist deshalb für die Verarbeitung von Lösungsmitteln allgemein wichtig, durch Absaugung und Erneuerung der Luft im Arbeitsraum die Konzentration der Lösungsmitteldämpfe mit Sicherheit unterhalb der unteren Explosionsgrenze zu halten. Praktisch ist dies unschwer möglich.

e) Dampfdichte, spez. Gewicht, Brechungsindex. Die *Dampfdichte*, bezogen auf Luft, ist von Bedeutung, um die Verteilung der Dämpfe im Arbeitsraum zu überblicken, weil sich hiernach die Art der Absaugung richten muß. Die Dampfdichte wird errechnet nach der Formel

$$G = \frac{\text{Mol}}{22{,}42 \cdot 1{,}293} \quad \text{oder rund} \quad \frac{\text{Mol}}{29}.$$

Alle Lösungsmitteldämpfe sind schwerer als Luft und sinken, falls keine Wärmezirkulation erfolgt, zu Boden; dort müssen sie deshalb vorzugsweise abgesaugt werden.

Das *spez. Gewicht* der flüssigen Lösungsmittel dient der Identifizierung und der Kontrolle der Reinheit. Gewöhnlich gibt man es an bei 20⁰ C — bezogen auf Wasser von 4⁰ C — als D 20/4. Es schwankt bei Lösungsmitteln zwischen etwa 0,66 für Leichtbenzine und 1,65 für schwere Chlorkohlenwasserstoffe.

Der *Brechungsindex* ist eine sehr empfindliche Kontrolle für die Reinheit und wird vor allem mit dem ABBÉschen Refraktometer bestimmt. Gewöhnlich wird er bei 20⁰ C für die D-Linie (Natriumlinie) des Spektrums gemessen und als $n \, 20/D$ oder n^{20} bezeichnet. Bei den technischen Lösungsmitteln sind Toleranzen erforderlich.

6. Verarbeitung der Lösungsmittel zu technisch wichtigen Lösungen.

In der großen Zahl der eingangs erwähnten Verwendungsgebiete der Lösungsmittel haben diejenigen eine besondere Bedeutung, bei welchen lyophile Kolloide aufgelöst werden sollen. Unter diesen zeichnen sich wieder die Cellulosederivate, insbesondere Nitrocellulose und die daraus durch Auflösen in Lösungsmitteln erhaltenen Lacke, durch große Wichtigkeit und Vielseitigkeit der Zusammensetzung und der Eigenschaften aus. Aus den besonderen Eigenschaften der Celluloseester erklärt es sich, daß hierfür eine so große Anzahl verschiedenartigster Lösungsmittel unentbehrlich geworden ist.

Die für Anstrichzwecke gebrauchten trocknenden Öle, wie Leinöl und Holzöl, bilden bekanntlich den Anstrichfilm dadurch, daß sie unter Aufnahme von Sauerstoff aus der Luft, also durch den chemischen Vorgang der Oxydation innerhalb mehrerer Stunden allmählich aus dem flüssigen in einen mehr oder weniger festen, harten und elastischen Zustand übergehen. Im Gegensatz dazu entsteht ein Film aus einer Lösung eines lyophilen Kolloides lediglich durch den meist in viel kürzerer Zeit verlaufenden physikalischen Vorgang der Verdunstung des Lösungsmittels. Die Abkürzung der Trockenzeit ist für viele Verwendungen in der Industrie von entscheidender Bedeutung. Alle für den jeweiligen Verwendungszweck erforderlichen Unterschiede in den Eigenschaften des Filmes müssen durch Zusätze von Harzen oder Weichmachungsmitteln erzielt werden, welche der Lösung des lyophilen Kolloides, z. B. der Kollodiumwolle, vor der Verarbeitung als Lack zugesetzt werden. Hierfür steht eine große Zahl von Harzen und Weichmachungsmitteln zur Verfügung; letztere sind dabei meist als hochsiedende, bei Zimmertemperatur nicht nennenswert flüchtige Lösungsmittel zu betrachten.

Die Verarbeitung der Lösungen lyophiler Kolloide erfolgt in der Regel nicht mit dem bei Ölfarben und Öllacken üblichen Pinsel, sondern viel häufiger durch Spritzen mit Hilfe von Spritzpistolen oder durch Tauchen und Aufgießen; in einigen Fällen kommt auch ein Drucken mittels Walzen von Lackier- und Druckmaschinen sowie Streichen mit Pinseln, Bürsten oder Streichmaschinen in Betracht.

Je nach der Art der Auftragstechnik muß die Trockenzeit der Lacklösungen verschieden sein; sie kann im wesentlichen nur durch die zweckmäßige Auswahl von Lösungsmitteln oder Lösungsmittelgemischen geregelt werden. Daraus ergibt sich die Notwendigkeit, die Lösungsmittel für Lackzwecke, insbesondere für Celluloselacke, nach ihrer Flüchtigkeit in die im vorigen Abschnitt genannten 3 Gruppen einzuteilen.

Die Auflösung von lyophilen Kolloiden. Überschichtet man ein Cellulosederivat mit einem seinem polaren Charakter nach geeigneten Lösungsmittel, so wird das vorher faserige oder körnige Produkt in eine gelatinöse Masse übergeführt, welche unbegrenzt lange am Boden des Gefäßes liegenbleibt. Durch Schütteln oder Rühren verteilt sie sich gleichmäßig und man erhält eine homogene dickliche kolloide Lösung, auch *Sol* genannt. Der Grad der Zähigkeit hängt außer von der Natur des Lösungsmittels vor allem von der Natur des Cellulosederivates ab. Wie oben gezeigt, faßt man die Cellulosederivate wie überhaupt die meisten lyophilen Kolloide als große Molekeln auf, die nur in einer bevorzugten Richtung durch Hauptvalenzketten zusammengehalten werden und Makromoleküle oder Hauptvalenzketten heißen. Ein solches Makromolekül vermag durch die VAN DER WAALSschen Kräfte eine große Zahl von Lösungsmittelmolekeln um sich herum zu binden und ihrer freien Beweglichkeit zu berauben; diese Erscheinung heißt Solvatation und ist die wichtigste Ursache für die Viscosität solcher Lösungen. Die Viscosität steigt mit zunehmender Größe des Makromoleküls und mit dessen steigender Konzentration. Sie wird auch durch die Natur des Lösungsmittels beeinflußt, jedoch in geringerem Maße. Als Regel gilt, daß Lösungsmittel mit kleiner Molekel die Viscosität herabsetzen, und man betrachtet dasjenige Lösungsmittel als das besser lösende, welches Lösungen von geringerer Viscosität liefert. Damit wird die Bestimmung der Viscosität zu einem Maßstab für das Lösevermögen. Diese Viscositätsmessung erfolgt nach verschiedenen Methoden, von welchen die wichtigsten die Methode nach COCHIUS und die deutsche und amerikanische *Fallkugelmethode,* für wissenschaftliche Zwecke neuerdings auch das HÖPPLER-Viscosimeter sind.

Hiernach könnte man annehmen, daß die Verwendung leicht flüchtiger Lösungsmittel besonders zweckmäßig sei. Solche Lösungsmittel zeigen aber eine hohe Verdunstungskälte, welche es bewirkt, daß sich im trocknenden Film Wasser aus der Luft niederschlägt und den Film weißlich trübt. Man ist deshalb darauf angewiesen, durch Zusatz höhersiedender Produkte diese Erscheinung zu vermeiden.

Ein weiteres Maß für das Lösevermögen ergibt sich aus der Tatsache, daß Lösungen von lyophilen Kolloiden, namentlich aber solche von Cellulosederivaten, innerhalb gewisser von der Art der in der Lösung vorhandenen und zugesetzten Stoffe und von der Konzentration abhängigen Grenzen solche flüchtigen Flüssigkeiten, welche das lyophile Kolloid nicht lösen, aufzunehmen vermögen, ohne daß Trübung oder Ausfällung eintritt. Solche nichtlösenden Flüssigkeiten nennt man Strecker, Verdünnungs- oder Verschnittmittel. In Celluloseesterlacken verwendet man als solche hauptsächlich Toluol, Benzin und Äthylalkohol, oder deren Homologe. Abgesehen von ihrem billigen Preise verändern sie auch den polaren Charakter der Lösungen, ihre Aufnahmefähigkeit für Harze und andere Zusatzstoffe; sie können auch auf andere wichtige Eigenschaften der Lacke einen großen Einfluß haben wie z. B. Butanol auf die Vermeidung von Trübungen beim Trocknen. Mitunter sind auch Gemische von Nichtlösern, welche verschiedenen chemischen Gruppen angehören, brauchbare Lösungsmittel.

Die genannten Verdünnungsmittel dürfen nicht verwechselt werden mit den sog. „Verdünnern" des Handels, welche den Zweck haben, hochkonzentrierte Lacke auf eine verarbeitungsfähige Konsistenz zu verdünnen. Sie bestehen oft aus Mischungen von Estern, z. B. Butylacetat, ferner Butanol oder Sprit und größeren Mengen an Kohlenwasserstoffen wie Toluol oder Benzin.

Die geschilderten Verhältnisse machen es erforderlich, daß namentlich die Celluloseesterlacke und die dazu gelieferten Verdünner stets Mischungen mehrerer Lösungsmittel enthalten, welche ganz verschiedenen chemischen Gruppen angehören und eine ganz unterschiedliche Flüchtigkeit besitzen. Feste Regeln für die Zusammensetzung anzugeben, ist daher nicht möglich.

In großen Zügen kann man feststellen, daß dort, wo in geschlossenen Apparaten lackiert werden kann, z. B. auf den Streichmaschinen der Kunstlederindustrie, leichtflüchtige Lösungsmittel allein, allenfalls mit kleinen Zusätzen höhersiedender Produkte genügen, während für Spritzzwecke nur kleinere Mengen leicht-flüchtiger neben größeren Mengen mittelflüchtiger und gegebenenfalls noch ge-ringe Mengen schwerflüchtige Produkte im Lösungsmittelgemisch enthalten sind. In manchen Streichlacken wiederum, wo mit Pinseln oder Bürsten gestrichen wird und der Lack tief in die Unterlage eindringen soll, wird man neben kleineren Mengen leicht- und mittelflüchtiger überwiegend schwerflüchtige Lösungsmittel antreffen.

Einen gewissen Anhaltspunkt für die Zusammensetzung und den Verwendungs-zweck eines Lackes gibt daher die Siedekurve.

Schrifttum.

BIANCHI-WEIHE: Celluloseesterlacke. Berlin: Julius Springer 1930. — I. G. Farben-industrie Aktiengesellschaft, Broschüre Lösungsmittel und Weichmachungsmittel.

DESPARMET, E.: Le Cuir technique, p. 56, 1928. Ref. Farbenztg 36, 461.

Eisenbahnverkehrsordnung, Anlage C, Kl. III a.

HOLDE: Kohlenwasserstofföle und Fette, 6. Aufl., S. 101. Berlin: Julius Springer 1924. Auch in JORDAN a. a. O., S. 18.

JORDAN: Chemische Technologie der Lösungsmittel u. a. S. 32, 35, 70f., 315f. Berlin: Julius Springer 1932.

MEYER, K. H. u. H. MARK: Der Aufbau der hochpolymeren Naturstoffe. Leipzig 1930.

Polizeiverordnung des Preußischen Ministers für Handel und Gewerbe vom 26. Nov. 1930.

STAUDINGER: Die hochmolekularen organischen Verbindungen, 1932.

II. Chemische Analyse der Lösungsmittel.

Von

HANS H. WEBER-Berlin.

Voraussetzung für die toxikologische und hygienische Bewertung eines Lösungs-mittels ist — abgesehen von besonderen Fällen — die Kenntnis seiner chemischen Zusammensetzung und seiner wichtigsten physikalischen Konstanten. Nur in einem Teil der praktisch vorkommenden Fälle sind indessen diese Daten von vornherein bekannt oder mit Hilfe der zutreffend angegebenen chemischen Be-zeichnung leicht zu ermitteln; weit häufiger wird es sich ereignen, daß bei einem zur Beurteilung vorliegenden Lösemittel (oder Lösungsmittelgemisch) nur ein Deck- oder Phantasiename genannt wird, da die Hersteller derartiger Stoffe — und dies gilt ganz besonders für die Lösungsmittelgemische in fertigen Lacken, Verdünnern und dergleichen — aus wirtschaftlichen Gründen häufig genaue Auskünfte zu geben nicht in der Lage sind. In solchen Fällen muß daher, ehe eine toxikologische und hygienische Beurteilung erfolgen kann, zuvor durch eine eingehende Analyse eine möglichst weitgehende Klärung des Tatbestandes angestrebt werden.

Die hier dem analytischen Chemiker erwachsenden Aufgaben sind je nach Lage des Falles zuweilen einfacher, oft aber auch recht schwieriger Natur. Liegt lediglich ein chemisch einheitlicher, an sich bekannter Stoff vor, so ist meist schon mit Hilfe physikalischer und chemischer Konstanten wie Siedepunkt, Dichte, Brechungsindex bzw. Hydroxyl- und Verseifungszahl eine eindeutige Feststellung zu erreichen. Handelt es sich um ein technisch neues, aber einheitliches Produkt, so ist meist mit den bewährten Methoden der qualitativen und quantitativen Elementaranalyse, gegebenenfalls in Verbindung mit den üblichen Verfahren der Konstitutionsaufklärung organischer Substanzen wie Abbau- und Spaltungsreaktionen, Oxydation, Reduktion, Überführung in bekannte andere Verbindungen usw., die Identifizierung des Stoffes möglich, an die sich dann die Ermittlung der in toxischer und hygienischer Hinsicht wichtigsten physikalischen Eigenschaften anschließt. Liegt dagegen ein *Gemisch* verschiedener Lösemittel, wie in den meisten Mischungen und Lacken, vor, so kann man mit den bereits genannten Methoden im allgemeinen nicht viel beginnen; in solchem Falle ist zunächst erst eine möglichst weitgehende Zerlegung des Gemisches in seine Bestandteile erforderlich.

Aus dem Gesagten geht hervor, daß man zur Analyse von Lösungsmitteln physikalische und chemische Verfahren anzuwenden hat. Auf die hier üblichen Methoden kann im Rahmen des vorliegenden Werkes nur in beschränktem Umfange eingegangen werden; im Einzelfalle ist es empfehlenswert, auf die einschlägige Literatur zurückzugreifen. Wie bei der Aufarbeitung von Lösungsmitteln und Lösungsmittelgemischen zu verfahren ist, soll nunmehr im allgemeinen Umriß geschildert werden. Da trotz zahlreicher Arbeiten über dieses Gebiet — angesichts der übergroßen Zahl als Lösungsmittel in Betracht kommender Stoffe und des Umstandes, daß fast täglich neu eingeführte synthetische Verbindungen den Umfang des Gebietes erweitern — ein für *alle* denkbaren Fälle gültiger Analysengang bisher noch nicht aufgestellt worden ist, empfiehlt es sich, nach durchgeführter Analyse eine Mischung aus den ermittelten Bestandteilen herzustellen und deren Eigenschaften mit denen der Probe zu vergleichen. Ergeben sich hierbei Unterschiede, so ist dies im allgemeinen ein Zeichen dafür, daß die Analyse noch nicht erschöpfend war. Jedoch wird ein solches Kontrollverfahren nur dann möglich sein, wenn man über vergleichbare Ausgangsstoffe verfügt, was hinsichtlich handelsüblicher Benzin- und Benzolfraktionen, nur technisch reiner Stoffe, Terpentinölersatzmitteln und dergleichen häufig auf Schwierigkeiten stößt.

A. Allgemeine Maßnahmen.

Die zu untersuchende Probe wird zunächst auf einen etwaigen Gehalt an nichtflüchtigen Stoffen hin (Lacke, Klebemittel usw.) durch Abdunstenlassen einiger Kubikzentimeter des Lösungsmittels (im Trockenschrank bei 105°) in einem flachen Schälchen in dünner Schicht geprüft. Findet sich hierbei ein schwer- oder nichtflüchtiger Rückstand, so trennt man das Lösungsmittel vom nichtflüchtigen Anteil. Dies erfolgt am einfachsten durch Abdestillieren einer gewogenen Menge des Lösungsmittels auf dem Wasser-, Sand-, Luft-, Öl- (Trikresylphosphat)· oder Metallbad (ROSES Metall); sind die leichter flüchtigen Anteile übergegangen, so legt man nach Auswechselung der Vorlage Vakuum (Kühlung!) an. Die Temperatur wird dabei stets allmählich gesteigert in dem Maße, wie die Destillation fortschreitet. Bei Anwesenheit von Nitrocellulose darf die Badtemperatur 140° nicht übersteigen. Man kann diese Schwierigkeit umgehen indem man vor der Destillation die Nitrocellulose durch Zusatz von genügend Benzol oder Benzin ausfällt und die filtrierte Lösung, falls sie noch andere

nicht flüchtige Stoffe (Harze usw.) enthält, nun bei beliebiger Temperatur
der Destillation unterzieht. In manchen Fällen kann auch (z. B. bei Seifenlösungen, Emulsionen usw.) die Destillation mit Wasserdampf (gegebenenfalls
nach Ansäuern, Alkalischmachen oder Neutralisieren der Lösung) Vorteile
gegenüber der normalen Destillation haben. Das durch Destillation gewonnene Lösungsmittel ist entweder einheitlich oder setzt sich aus mehreren
Bestandteilen zusammen.

B. Analyse einheitlicher Lösungsmittel.

Ob ein Lösungsmittel einheitlich ist, kann häufig aus dem Verlauf der Siedekurve, der Übereinstimmung von Dichte und Brechungsindex mit bekannten
einheitlichen Stoffen, der Verseifungs- und der Hydroxylzahl sowie der Löslichkeit in verschiedenen Lösungsmitteln usw. unschwer ermittelt werden. Bestehen
Zweifel an der Einheitlichkeit, so behandelt man das Produkt nach der unter C
gegebenen Anweisung. Handelt es sich um einen einheitlichen Stoff, der durch
Siedepunkt, Dichte und Brechungsindex nicht zu identifizieren ist, so stellt man
nach C, a fest, zu welcher Stoffklasse er gehört. Mittels der verschiedenen bekannten Methoden der qualitativen und quantitativen Elementaranalyse werden
hierauf seine Bestandteile (Kohlen-, Wasser-, Sauerstoff und gegebenenfalls
andere Elemente wie Chlor, Schwefel, Stickstoff usw.) nach Art und Menge
sowie das Molekulargewicht bestimmt.

Durch Überführung in andere — bekannte — Verbindungen und Derivate
kann die endgültige Identifizierung erfolgen, falls nicht schon vorher genügend
Anhaltspunkte hierfür vorlagen.

C. Analyse von Lösungsmittelgemischen.

1. Qualitative Analyse.

a) Das rückstandfreie Lösungsmittel wird zunächst einer Reihe von *Vorproben* unterzogen; man prüft den Geruch, das Aussehen, die saure, neutrale
oder alkalische Reaktion, sowie (mit einem Gemisch von Kaliumcarbonat und
wasserfreiem Kupfersulfat) auf das Vorhandensein von Wasser. Ferner stellt
man die physikalischen Konstanten der Probe fest, von denen besonders Dichte,
Brechungsindex und Siedekurve wichtige Aufschlüsse geben können. Weiter
prüft man in der nötigenfalls mit Kaliumcarbonat wasserfrei gemachten Probe
mittels der Beilsteinprobe auf Halogene, mit Ammoniumkobaltorhodanid auf
die Anwesenheit der Körperklassen der Alkohole, Ketone, Äther und Ester
(Blaufärbung), mit festem Methylorange auf die der Alkohole und Ketone (Gelbfärbung). Mit Phenolphthalein und einem Tropfen Alkali weist man Ester durch
die eintretende Verseifung nach, mit o-Nitrobenzaldehyd Ketone, mit Fuchsin-
bisulfit Aldehyde und Acetale, mit Bromcyan und Anilin die Anwesenheit von
Pyridin, mit Jodkalistärke Terpentinöl und terpentinölartige Stoffe, schließlich
mit ammoniakalischer Bleiacetatlösung Schwefelkohlenstoff. Ferner ermittelt man
die Löslichkeit der Probe in 85%iger Schwefel- und in 25%iger Salzsäure sowie
in Wasser. Hat man diese Vorproben ausgeführt, so ist man (je nach ihrem Ausfall) in der Lage zu entscheiden, welche Stoffklassen (1. Alkohole, Ketone,
Ester, 2. aliphatische, hydrocyclische, aromatische und gechlorte Kohlenwasserstoffe, 3. Terpentinöl und Terpentinölersatzstoffe, 4. vegetabilische und mineralische Öle) in der zu untersuchenden Probe vorliegen und welche Untersuchungs-
gänge (b für die Stoffklassen 1 und 2; c für die Stoffklasse 3; d für die

Stoffklasse 4) zum Zwecke der weiteren Aufarbeitung und Identifizierung anzuwenden sind.

b) Die Analyse esterhaltiger Lösungsmittelgemische erfolgt am besten in der Weise, daß man die Probeflüssigkeit mit wäßriger 20%iger Kalilauge verseift und hierauf die alkalische Schicht vom Unverseiften abtrennt. Aus der wäßrigen alkalischen Lösung destilliert man nun alle in diese übergegangenen wasserlöslichen Alkohole, Ketone usw. ab; da diese in die Vorlage meist zusammen mit Wasser übergehen, so salzt man sie aus der wäßrigen Lösung mit Kaliumkarbonat aus. Das Unverseifte wird zur Entfernung wasserunlöslicher Alkohole, Ketone usw. zuerst mit 25%iger Salzsäure und dann mit *wenig* 85%iger Schwefelsäure ausgeschüttelt; der Schwefelsäureauszug wird mit Wasser verdünnt, mit dem Salzsäureauszug vereinigt und beide zusammen alkalisch gemacht. Man destilliert nunmehr die Alkohole, Ketone, Glykolderivate usw. ab, behandelt das Destillat wie oben angegeben mit Kaliumkarbonat und vereinigt beide (wasserlösliche und -unlösliche Alkohole, Ketone usw.) Destillate. Der auf diese Weise gewonnene Lösungsmittelanteil wird — nach sorgfältiger Trocknung mit Kaliumkarbonat — nunmehr fraktioniert destilliert, wobei in Fraktionen von 10 zu 10 Grad abgetrennt wird; in diesen werden mit geeigneten spezifischen Reaktionen (vgl. die unten angegebene Literatur) die einzelnen Stoffe dieser Klassen nachgewiesen.

Aus der Verseifungslauge werden nach Ansäuern mit Schwefelsäure die organischen Säuren abdestilliert; das Destillat wird mit Natronlauge neutralisiert und dann zur Trockne eingedampft. Das so gewonnene Salz prüft man auf Anwesenheit der in Frage kommenden Säuren.

Die Stoffe der Stoffklasse 2 (aliphatische, aromatische, hydrocyclische und gechlorte Kohlenwasserstoffe) bilden, wenn sie anwesend sind, den Rest des Unverseifbaren und in Mineralsäuren Unlöslichen. Dieser Teil der Probe wird nunmehr in zwei Hälften geteilt; die eine wird mit rauchender Schwefelsäure behandelt, wobei die aromatischen Kohlenwasserstoffe in Lösung gehen. Bleibt ein unlöslicher Rest, so kann dieser aus aliphatischen, hydrocyclischen oder geschlorten Kohlenwasserstoffen bestehen; man unterwirft diese Substanzmenge der fraktionierten Destillation und identifiziert die einzelnen Komponenten des Gemisches durch chemische Reaktionen oder durch ihre physikalischen Daten. In der anderen Hälfte identifiziert man, ebenfalls nach fraktionierter Destillation, in gleicher Weise die aromatischen Kohlenwasserstoffe.

c) Die Analyse von Terpentinöl und Terpentinölersatzstoffen wird zweckmäßigerweise zunächst mit der Feststellung der Dichte, des Brechungsexponenten und der Essigsäureanhydridzahl nach H. WOLFF begonnen. Aus den Werten dieser drei Kennzahlen lassen sich an Hand geeigneter Tabellen (vgl. die unten angegebene Literatur) ausreichend sichere Schlüsse auf die Art der vorliegenden Probe ziehen. Kienöl kann mittels der Berlinerblaureaktion nachgewiesen werden. Die weitere Aufarbeitung erfolgt durch Nitrierung mit rauchender Salpetersäure in der Kälte nach MARCUSSON; die ungesättigten Verbindungen werden hierbei gelöst, die aromatischen in Nitroverbindungen übergeführt, während die aliphatischen und gechlorten Kohlenwasserstoffe im wesentlichen unangegriffen bleiben und wie unter b angegeben identifiziert werden können. Hydrocyclische Kohlenwasserstoffe werden mehr oder weniger stark (Dekalin z. B. zu etwa 20%) gelöst.

d) Die Analyse der Öle setzt zunächst die Ermittlung voraus, ob in der gegebenen Probe fette oder mineralische Öle oder Mischungen beider vorliegen. Als Hilfsmittel hierfür stehen die Fluorescenzerscheinungen im filtrierten Quarz-

lampenlicht, das Verhalten gegenüber 85%iger Schwefelsäure sowie die Ver-
seifungsreaktionen mit Natrium oder Natriumhydroxyd und Jodzahlbestim-
mungen zur Verfügung. Je nach dem Ausfall dieser Reaktionen richtet sich die
weitere Behandlung der Substanz; fette Öle werden verseift, das Unverseifbare
wird abgetrennt und nach den oben gegebenen Anweisungen weiter verarbeitet.

2. Quantitative Analyse.

Zur quantitativen Bestimmung der einzelnen Lösungsmittel und ihrer Bestandteile sind, insbesondere für Spezialfälle, eine sehr große Anzahl von Verfahren ausgearbeitet und angegeben worden, deren Darlegung an dieser Stelle
unterbleiben muß; es sei hier nur auf einige der wichtigsten allgemeineren Methoden hingewiesen:

1. Von sehr vielseitiger Anwendbarkeit sind meist die physikalischen Methoden
der Mengenbestimmung aus Werten der Dichte, des Brechungsexponenten,
des optischen Drehungsvermögens, der Dielektrizitätskonstanten usw. So kann
z. B. in einem Gemisch zweier qualitativ bekannter Stoffe mit genügend verschiedenen Brechungsexponenten (oder Dichten usw.) der Gehalt an beiden leicht
gefunden werden, wenn man den Brechungsexponenten der Mischung n_m bestimmt, aus einer Tabelle diejenigen der beiden Komponenten n_a und n_b ($n_a > n_b$)
entnimmt und in folgende Formel einsetzt:

$$\frac{n_m - n_b}{n_a - n_b} \cdot 100 = a$$

a ist dann der gesuchte Prozentsatz der Komponente mit dem Brechungsexponenten n_a.

Diese Methode kann auch mit chemischen Verfahren kombiniert werden,
indem man in geeigneter Weise durch Sulfurierung, Verseifung und andere
Maßnahmen die Zusammensetzung des Gemisches in definierter Weise ändert
und die damit Hand in Hand gehende Änderung der physikalischen Konstanten
der Mischung rechnerisch auswertet.

2. Die Menge vorhandener Ester oder Alkohole bzw. auch deren Mischungsverhältnisse lassen sich (mit Ausnahme der Isomeren) durch Bestimmung der Ver-
seifungs- und Acetylierungszahl ermitteln. Unter Verseifungszahl versteht man
die Anzahl mg KOH, die 1 g eines Esters zur Verseifung verbraucht; sie gibt also
ein Mittel an die Hand, entweder die Menge eines qualitativ bekannten Esters
im Gemisch mit nicht verseifbaren Lösungsmitteln zu bestimmen oder aber,
wenn die Menge des Esters bekannt ist, aus der Verseifungszahl (siehe die unten
genannte Literatur) eine qualitative Identifizierung vorzunehmen. Wiegt man
a g Substanz ein, fügt b ccm n/2 alkoholische Kalilauge zu und titriert nach der
Verseifung mit c ccm n/2 Salzsäure zurück, so ist die Verseifungszahl (VZ)
folgendermaßen zu berechnen:

$$\frac{28,05\,(b-c)}{a} = \text{VZ}.$$

Die Acetylierungs- oder Hydroxylzahl gibt die Anzahl mg KOH an, die der
Säuremenge äquivalent ist, welche von 1 g Alkohol bei der Veresterung gebunden
wird. Zu ihrer Bestimmung acetyliert man den Alkohol mit Essigsäureanhydrid,
verseift — nach Neutralisation der aus überschüssigem Essigsäureanhydrid
stammenden Essigsäure — den entstandenen Ester wie oben und titriert zurück.
Die Berechnung ist die gleiche wie bei der Verseifungszahl.

3. Die quantitative Bestimmung von Benzin-, Benzol- und Chlorkohlenwasserstoffen im Gemisch mit Estern, Alkoholen, Ketonen usw. erfolgt folgendermaßen:

In einer in $^1/_{10}$ ccm geteilte Schüttelbürette werden einige ccm des Lösungsmittels mit der $2^1/_2$fachen Menge 85%iger Schwefelsäure vorsichtig — eventuell unter Kühlung — durch Umschwenken $^1/_2$ Stunde lang gemischt. Man läßt absitzen, liest das Volumen des Ungelösten ab, läßt die Schwefelsäureschicht ablaufen, füllt neue Säure zu, schwenkt (am besten maschinell) wiederum $^1/_2$ Stunde usw. bis nur mehr eine ganz unwesentliche Volumenabnahme des Ungelösten stattfindet. Man findet weniger Ungelöstes als tatsächlich vorhanden war und muß deshalb mit Hilfe einer Eichkurve eine Korrektur des Ergebnisses vornehmen.

4. Die quantitative Bestimmung aromatischer Verbindungen in Benzin erfolgt durch Behandlung des Gemisches mit rauchender Schwefelsäure (20% Anhydrid) in der Schüttelbürette wie unter 3) angegeben. Aus dem Brechungsindex der Mischung, dem des ungelösten Benzins und dem der aromatischen Verbindung (deren Art durch qualitativen Nachweis ermittelt wird) läßt sich der Aromatengehalt nach 1 berechnen.

5. Die vorstehend beschriebene Methode ist nicht anwendbar bei Gegenwart größerer Mengen ungesättigter Verbindungen; liegen solche vor, so entfernt man sie zunächst durch Verseifung, oder, wenn dies wie bei den Terpenen nicht möglich ist, nitriert man mit rauchender Salpetersäure, am besten nach der bekannten Methode von MARCUSSON. Hierbei werden die Terpene und Aromaten in Verbindungen übergeführt, die in konz. Salpetersäure löslich sind, während das Benzin sich als Schicht über der Säure abscheidet. Die aromatischen Nitroverbindungen können aus der Säureschicht wiedergewonnen und bestimmt werden.

6. Die vorstehend beschriebene Methode läßt sich auch mit einigen Modifikationen zur Bestimmung von aliph. Chlorkohlenwasserstoffen im Gemisch mit Benzin und Aromaten verwenden. In diesem Falle nitriert man zur Bestimmung der Aromaten nicht mit rauchender, sondern mit 85%iger Salpetersäure und entzieht der unangegriffenen Benzin-Chlorkohlenwasserstoffschicht die gelösten Nitrokörper mit konzentrierter Schwefelsäure. In einem anderen Teil der Probe zerstört man die Halogenkohlenwasserstoffe durch Kochen mit Alkali bei Gegenwart eines Katalysators, behandelt das Ungelöste nach 4) weiter und bestimmt zuletzt den Brechungsindex des allein übrig gebliebenen Benzins. Die Berechnung der Zusammensetzung erfolgt in der oben angegebenen Weise unter Einbeziehung des volumetrisch gefundenen Aromatengehalts.

7. Kurz hingewiesen sei noch auf folgende Methoden:

Ketone bestimmt man am besten durch Umsetzung mit Hydroxylaminchlorhydrat und Titrierung der freiwerdenden Salzsäure; Aceton kann mit Jodlösung in Jodoform übergeführt und die überschüssige Jodlösung zurücktitriert werden. Trichloräthylen in anderen Chlorkohlenwasserstoffen bestimmt man durch Schütteln mit alkalischer Quecksilbercyanidlösung; es bildet sich Mercuritrichloräthylenid, das nach Abdampfen der nicht umgesetzten anderen Chlorkohlenwasserstoffe ausgewogen werden kann.

Schrifttum.

JORDAN: Chemische Technologie der Lösungsmittel. Berlin: Julius Springer 1932.
WEBER: Praktische Lösungsmittelanalyse. Systematischer Analysengang unter Berücksichtigung gewerbehygienischer Gesichtspunkte. Leipzig 1936.

III. Einige orientierende Bemerkungen zur Gewerbehygiene der Lösungsmittel.

Von

K. B. LEHMANN-Würzburg.

Wer in langjähriger Berufsarbeit die Entwicklung der Gewerbehygiene erlebt hat, kann auf eine große Reihe von Umwälzungen und Neuerscheinungen zurückblicken, er wird aber kein Gebiet finden, das sich so eigenartig und überraschend entwickelt und ausgedehnt hat wie das der organischen Lösungsmittel. Um die Wende des Jahrhunderts kannten wir kaum ein Dutzend solcher Stoffe, die in größerem Maßstab technische Verwendung gefunden hatten, Substanzen der Benzin- und Benzolreihe, einige wenige Alkohole und Ester und verwandte Verbindungen, wie z. B. Aceton. Die Frage der Giftigkeit trat gegenüber der Feuers- und Explosionsgefahr in den Hintergrund. Heute zählen die Lösungsmittel der Technik bereits nach Hunderten, fortdauernd erscheinen neue Stoffe von mehr oder weniger großer Giftigkeit, die nicht nur in gut organisierten Großbetrieben Verwendung finden, sondern ihren Weg auch in die kleinen Werkstätten und bis in die Stube des Heimarbeiters nehmen. Den größten technischen Fortschritt bedeutet die Einführung der nicht feuergefährlichen Lösungsmittel.

Mit dieser schnellen, oft geradezu überstürzten technischen Entwicklung hat die wissenschaftliche Forschung, besonders auf medizinischem Gebiet, nicht immer Schritt halten können. Noch heute kommt es vor, daß neue Chemikalien und neue technische Verfahren in die Praxis eingeführt werden, ohne daß vorher an ihre Gefahren, an die gewerbemedizinische Seite gedacht wird. Erst wenn Schädigungen der Gesundheit auftreten, holt man, oft viel zu spät, die Untersuchungen über die unerläßlichen hygienischen Voraussetzungen und Grundlagen nach.

Die Lösungsmittel gehören zu den gewerblichen Giften, also zu den Stoffen, die im Gewerbe, im Klein- und Großbetrieb die Gesundheit des Menschen bei den üblichen Methoden der Arbeit bedrohen. Sie nehmen aber unter den Gewerbegiften eine Sonderstellung ein, die sich auf sehr verschiedenartige Umstände gründet. Letzten Endes entspringt diese aus ihren hervorstechendsten Eigenschaften in physikalischer Hinsicht, der Flüchtigkeit und dem spezifischen Lösungsvermögen für gewisse biologisch und technisch wichtige Stoffe. Diese bedingen auch die physiologische Sonderstellung. Hier sind es in erster Linie die Eigentümlichkeiten des luftförmigen Zustandes, in dem sie zur Wirkung auf den menschlichen Organismus gelangen. Durch ihre Aufnahme mit der Atmung unterscheiden sie sich grundlegend von anderen, besonders den altbekannten gewerblichen Giften, die vorwiegend durch Mund und Magen in den Körper eindringen. Die Aufnahme erfolgt ohne willkürliche Beteiligung des Betroffenen, gewissermaßen automatisch und zwangsläufig, unter ganz anderen zeitlichen Umständen, oft kaum beachtet oder gänzlich unbemerkt. Bei dieser Art der Zufuhr ist der Mechanismus der Giftwirkung ganz anders, die Wirksamkeit weit höher als beim Verschlucken. Die Unsichtbarkeit der eingeatmeten Gifte trägt zur Vergrößerung der Gefährlichkeit bei. Alle diese Umstände berechtigen uns, den organischen Lösungsmitteln vom medizinischen Standpunkt aus eine besondere Stellung unter den Gewerbegiften zuzuweisen. Ihre Haupteigenschaften, Flüchtigkeit und Lösungsvermögen, sind aber auch die Voraussetzung für ihre Sonderstellung in technischer Hinsicht. So wirkt sich die Flüchtigkeit auch bei der Verwendung in bemerkenswerter Weise aus. Als flüchtige Stoffe treten sie nur vorübergehend in den Arbeitsgang ein und verlassen den Werkstoff wieder. Dabei entweichen sie luftförmig in die Umgebung, in den Arbeitsraum, wo sie eine große Gefahr für den Menschen bilden. Eine große Zahl von Umständen trägt dazu bei, die gesundheitlichen Gefahren noch weiter zu vermehren und zu vergrößern.

Hierher gehört vor allem die außerordentliche Unkenntnis weiter Kreise, auch der „gebildeten", über die einfachsten Vorgänge bei der Atmung, über das Wesen von Gasen und Dämpfen, vor allem das geringe Wissen über chemische Dinge. Dazu treten noch die besonderen überaus mannigfaltigen Verhältnisse in den Betrieben, die fortschreitende Entwicklung der Technik, die Einführung neuer Methoden, der häufige Wechsel, die Umstellung der Arbeitsverfahren und das Fehlen von Erfahrungen über die noch unbekannten neuen Chemikalien und die Unterlassung von entsprechenden zweckmäßigen Schutzmaßnahmen, also eine Fülle von ständig neu auftauchenden Gefahrenquellen.

Dazu kommen bestimmte Mißstände im Handel und Verkehr mit solchen Stoffen. Eine völlig willkürliche Namengebung, die weitverbreitete Bezeichnung mit nichtssagenden sog. Phantasienamen, die Verwendung von nicht oder nicht genügend deklarierten Gemischen, die absichtliche Verschleierung der Zusammensetzung stellen alle, die an der Auffindung der Gefahren, an der Aufklärung der Schädigungen und dem Schutz des schaffenden Menschen arbeiten, vor die größten Schwierigkeiten.

Daraus erwachsen die Aufgaben für die Wissenschaft, in erster Linie die Schaffung der Grundlagen für die Klarstellung der Zusammenhänge. Nachteilige Erfahrungen an Arbeitern in der Praxis sind vielfach der erste Ausgangspunkt. So groß auch die Unsicherheit sein mag, die mit derartigen Beobachtungen verbunden ist, so wertvoll sind doch die Fingerzeige, die sich aus ihnen für die experimentelle Bearbeitung der Fragen ergeben. Für die wissenschaftliche Verfolgung der Zusammenhänge ist alles, was über die Entstehung, den Verlauf von Unglücksfällen, von Erkrankungen, über die Befunde bei der Sektion bekannt wird, von hohem Wert. Es bedarf aber der Ergänzung durch den wissenschaftlichen Versuch, das planmäßige Experiment. Am besten geeignet wäre der exakte Versuch am Menschen unter genau bekannten Bedingungen. Er ist aber nur in beschränktem Umfang durchführbar, da die damit verbundenen Gefahren für Leib und Leben bestimmte, ziemlich enge Grenzen setzen. Er erscheint uns aber — innerhalb dieser Grenzen — unumgänglich notwendig, weil ein tiefergehendes Urteil nur durch die Erfahrung am eigenen Leibe möglich ist. Aus diesem Grunde haben wir Selbstversuche, soweit sie durchführbar und zulässig erschienen, in größerem Umfang auch bei den Lösungsmitteln angestellt. Dabei hatten wir uns, ähnlich wie bei langjährigen Untersuchungen über andere Gewerbegifte, der hingebenden Unterstützung opferfreudiger Mitarbeiter zu erfreuen. Diese Versuche an Menschen liefern wertvolle Anhaltspunkte für die Aufstellung von Grenzwerten für die Praxis. Sie bedürfen aber der Ergänzung und Vertiefung durch den Versuch am Tier. Wenn der Tierversuch auch nur ein Notbehelf, gewissermaßen ein Ausweg ist, so halten wir ihn doch für absolut unentbehrlich zur Sicherung unserer Erkenntnisse. Wir opfern hier Tiere, um Menschenleben schützen und retten zu können. Gerade mit den Versuchen an narkotisch wirkenden Giften sind auch keine besonderen Qualen und Schmerzen verbunden.

Die von uns in jahrzehntelanger Arbeit ausgebaute Methodik der Untersuchung von Gasen und Dämpfen gründet sich auf die klassischen Untersuchungen von PETTENKOFER und VOIT über die Physiologie der Atmung. Wir betrachten die genaue zahlenmäßige Bestimmung als eines der wichtigsten

Ziele der Versuche. Deshalb haben wir, wo es anging, ähnlich wie andere, besonders auch englische und amerikanische Autoren, bei unseren Untersuchungen die in den Versuchsräumen wirklich vorhandenen Konzentrationen analytisch festgestellt. Besonders günstig lagen hier die Verhältnisse bei den gechlorten Kohlenwasserstoffen, wo genaue und verhältnismäßig leicht und schnell durchführbare Methoden zur Verfügung stehen. Durch die analytische Kontrolle war es möglich, manche ältere Versuchsergebnisse richtig zu stellen. Für den anschaulichen Vergleich verschiedener Lösungsmittel sind graphische Darstellungen der Ergebnisse größerer Versuchsreihen in Form von Wirkungskurven besonders wertvoll. Dabei lassen sich auch die verschiedenen Grade der Wirkungsstärke, z. B. der narkotischen Wirkung, für „Liegenbleiben", leichte und tiefe Narkose, übersichtlich wiedergeben. Über die Einzelheiten der Versuchsergebnisse ist auf die betreffenden Kapitel in diesem Buch zu verweisen. Das vorliegende Werk hat nicht den Zweck, Anleitungen zur Ausführung von Tierversuchen zu geben, ebensowenig wie es die Methodik der chemischen Analyse und der klinischen Untersuchungsmethoden beschreiben will. Näheres findet sich in der Originalliteratur, die in reichem Maße den einzelnen Abschnitten beigefügt ist.

Die Methodik des Tierversuches ist zweifellos noch weiteren Ausbaues fähig. Insbesondere fehlen noch bei sehr vielen Stoffen langdauernde Versuche mit kleinen Mengen, und zwar zur Gewinnung zuverlässiger Werte an einer möglichst großen Zahl von Tieren. Hier standen bisher vor allem äußere Gründe im Wege, die Begrenztheit unserer Mittel, die Einrichtung unserer Institute, Mangel an Hilfspersonal. Besondere Schwierigkeiten entstehen aber auch dadurch, daß chronische Vergiftungen, die den Verhältnissen der Praxis bei der menschlichen Berufsarbeit entsprechen, bei Tieren nicht leicht und oft überhaupt nicht zu erzeugen sind. Dringend erwünscht ist ferner der Ausbau der klinischen Untersuchungsmethoden und Funktionsprüfungen, besonders der Leber.

Als bestes Versuchstier hat sich wie bei anderen gewerbehygienischen Untersuchungen die Katze bewährt. Sie steht — abgesehen vom Hund — unter allen Laboratoriumstieren dem Menschen nach ihrer Lebensweise, ihren Nahrungsbedürfnissen, ihrer Empfindlichkeit gegen Schädigungen durch Gifte am nächsten. Die Einwände gegen den Tierversuch und seine Nachteile sind uns wohl bekannt und sollen nicht bestritten werden. Daß Tiere eben keine Menschen sind, daß sie keine Auskunft geben können und ihre Empfindlichkeit im Verhältnis zum Menschen eine verschiedene ist, ist selbstverständlich. Andererseits ist nicht zu leugnen, daß wir durch die übereinstimmenden Versuchsergebnisse verschiedener Forscher auch für die Beurteilung am Menschen brauchbare und zu strengen Schlüssen verwendbare Unterlagen erhalten können.

Im Anschluß an die experimentelle Erforschung der naturwissenschaftlichen und medizinischen Grundlagen eröffnen sich für die Gewerbehygiene weitere dankbare und wichtige Aufgaben von mehr praktischer Art. Zunächst ist es notwendig, die Ergebnisse in bezug auf Schädigungen und Gefahren für die Allgemeinheit verständlich darzustellen, und weiter, die Nutzanwendung und die Schlußfolgerungen aus der wissenschaftlichen Vorarbeit zu ziehen. Diese muß hier vor allem ihren Beitrag zur großen Aufklärungsarbeit liefern im Kampf gegen Unkenntnis, Irrtümer und falsche Vorstellungen, um Klarheit zu bringen in die verwirrende Fülle von Erscheinungen mit dem letzten Ziel, durch die wissenschaftliche Durchdringung der Arbeitsbedingungen in den verschiedenen Gewerben. durch Auffindung von Verbesserungen, durch Abänderung von bedenklichen Methoden, überhaupt durch ihr Wissen und ihren daraus geschöpften Rat zu helfen, die Gefahren für die Gesundheit auszuschalten. Durch sachverständige Ergänzung von Theorie und Praxis muß sie die Zusammenarbeit fördern und einen Ausgleich schaffen zwischen den oft widerstrebenden Wünschen der verschiedenen Berufskreise. Sie hat damit auch soziale und moralische Aufgaben, nicht zuletzt in der Schärfung des Verantwortungsbewußtseins.

Zu jeder Darstellung von Schädigungen gehört auch der Hinweis auf die Möglichkeiten zur Verhütung, hier also die Frage: Wie kann und wie soll man den Arbeiter vor den Gefahren der Lösungsmittel schützen?

Die Maßnahmen zum Schutz sind in einem besonderen Abschnitt von ENGEL und PRILLWITZ im einzelnen aufgeführt. Hier seien nur einige damit zusammenhängende Gedanken ausgesprochen.

1. Am sichersten wäre die Verwendung von Stoffen, die eine möglichst geringe Giftigkeit und Flüchtigkeit besitzen. Letztere Forderung ist allerdings in vielen Fällen unerfüllbar, in denen der technische Zweck gerade eine möglichst hohe Flüchtigkeit des Lösungsmittels verlangt. Solange ideale Lösungsmittel für jeden Zweck noch nicht aufgefunden sind, können wir nicht auf die mannigfaltigen technischen, zum Teil sehr unbequemen und auch kostspieligen Schutzmittel verzichten.

2. Wünschenswert wäre ein Verbot, mit neuen chemischen Substanzen zu arbeiten, die nicht vorher einer wissenschaftlichen Untersuchung auf Giftigkeit unterzogen sind. Große Werke haben eigene Forschungsstätten, kleinere finden leicht sachverständige Bearbeiter ihrer Aufgaben. Die Entschuldigung eines Betriebsleiters, er habe die Giftigkeit einer Substanz nicht gekannt, sollte vor Gericht im allgemeinen nicht gelten.

3. Auch die schon länger bekannten Stoffe sollten noch weiter studiert werden; Eintrittswege, Wirkung gleichzeitiger Alkoholaufnahme, zweiphasische Giftigkeit u. dgl. bieten hier noch viele Fragen.

4. Ausbau der Untersuchung erkrankter Arbeiter in geeigneten Gewerbekliniken.

5. Ersatz giftiger durch ungiftigere Lösungsmittel. Auswahl der hygienisch und technisch am besten geeigneten nach sorgfältigem Studium.

6. Möglichst weitgehende Verwendung geschlossener Apparaturen, ventilierter Trockenöfen, von mechanischer Entleerung, Entstaubung usw.

7. Besondere Vorsicht bei Versuchsanlagen und bei Reparaturen.

8. Überströmung des Kopfes mit frischer Luft aus einem lose über den Kopf gezogenen gefensterten Luftsack kann in vielen Fällen, besonders bei Reparaturen, die üblichen, auf die Dauer stets lästigen verschiedenen Arten von Atemschützern oder Gasmasken ersetzen.

9. Bessere Unterrichtung von Betriebsführern und Gefolgschaften in den Grundzügen der Gewerbehygiene. Wo mit giftigen Lösungsmitteln gearbeitet wird, muß überall auf ihre Gefahr ebenso aufmerksam gemacht werden, wie es jetzt schon bei Gefährdung durch elektrischen Strom, durch bewegte Maschinenteile usw. geschieht.

Schrifttum.

FLURY, F.: Die großen Probleme der modernen Gewerbetoxikologie. Vortrag auf der Ersten Internationalen Tagung für Pathologie und Organisation der Arbeit. Paris 1937. Ref. Reichsarb.bl. **1937**, Nr 23. — FLURY, F. u. H. ZANGGER: Lehrbuch der Toxikologie. Berlin 1928. — FLURY, F. u. F. ZERNIK: Schädliche Gase. Berlin 1931.

LEHMANN, K. B.: Kurzes Lehrbuch der Arbeits- und Gewerbehygiene. Leipzig 1919. — LEHMANN, K. B. u. L. SCHMIDT-KEHL: Die 13 wichtigsten Chlorkohlenwasserstoffe der Fettreihe vom Standpunkt der Gewerbehygiene. Arch. f. Hyg. **116**, 131 (1936).

ZANGGER, H.: Einführung. Arch. Gewerbepath. 1, 1 (1930). — Schweiz. med. Wschr. **1936** II. — Über Gründe von diagnostischen und Gutachter-Schwierigkeiten bei atypischen Vergiftungsbildern (besonders gewerbetoxikologischer Art). Arch. Gewerbepath. **8**, 223 (1938).

IV. Allgemeine Toxikologie der Lösungsmittel.

Von

FERDINAND FLURY-Würzburg.

1. Aufgaben und Ziele.

Die erste *Aufgabe der Toxikologie* ist die Analyse. Sie muß die oft sehr verwickelten Vergiftungsbilder zergliedern, die Angriffspunkte der Gifte aufsuchen, den Wirkungsmechanismus aufklären. Die letzten und größten Ziele ihrer Arbeit sind die Ermittlung der Gefahren durch chemische Stoffe, die Vorbeugung und Verhütung, die Erkennung und die Behandlung chemischer Schädigungen. Die toxikologische Analyse muß von den *reinen* Substanzen ausgehen. Dadurch liefert sie die exakten Grundlagen für die weiteren Aufgaben, vor allem die Beurteilung der in der Praxis verwendeten technischen Erzeugnisse, die gewöhnlich noch andere, von der Darstellung, der Aufbewahrung, von nachträglichen Zersetzungsprodukten herrührende fremde Beimengungen enthalten. Weitaus die meisten technisch verwendeten Produkte sind keine reinen Stoffe, sondern Gemische verschiedener Substanzen, vor allem Mischungen verschiedener Lösungsmittel.

Bei der Analyse der Giftwirkungen und dem Aufsuchen der Angriffspunkte beginnt man zweckmäßig mit der Untersuchung des Elementarorganismus, der Zelle, und der einfachsten Lebensvorgänge. Einige der hierhergehörigen Stoffe, wie Alkohol, Äther, Chloroform sind in ihren Grundwirkungen bereits sehr eingehend erforscht. Sie können daher auch als Typen dienen. Im übrigen ist aber bei den einzelnen Lösungsmitteln noch viel Aufklärungsarbeit zu leisten. Die Zellgiftwirkung der einzelnen Lösungsmittel ist sehr vielgestaltig und schwankt in weiten Grenzen. Ihre Erforschung nach der qualitativen und quantitativen Seite ist nur durch das Experiment am lebenden Organismus möglich.

Tierversuche. Zu der in der Praxis, aber auch in der gewerbehygienischen Literatur häufig anzutreffenden abfälligen Kritik der Tierversuche muß folgendes ausgesprochen werden. Das biologische Experiment ist für die Untersuchung und Beurteilung der Wirkungen der Lösungsmittel unentbehrlich. Nur der Tierversuch gestattet genauere zahlenmäßige Vergleiche zwischen einzelnen Stoffen und ermöglicht die genauere Erkenntnis der Eigenart jedes Stoffes. Dadurch liefert er wichtige Beiträge und Unterlagen für die Beurteilung in der Praxis. Hier ist aber große Vorsicht geboten, wenn man nicht schwere Irrtümer begehen will. Man muß sich stets über die Beweiskraft solcher Experimente und über ihre zahlreichen Fehlerquellen im klaren sein. Daß die Ergebnisse je nach der Tierart, der Methode und den fast unübersehbaren Faktoren im einzelnen stark auseinander gehen können, ist jedem Kundigen klar. Tierversuche sind nicht ohne weiteres auf den Menschen übertragbar. Es ist völlig abwegig, aus Versuchen an Fischen, ausgeschnittenen Kaltblüterherzen oder einem einzelnen Organ oder an Blutkörperchen, Hefe, Bakterien, einen zahlenmäßigen Schluß auf die Praxis der Gewerbehygiene zu ziehen. Sie besitzen aber doch einen gewissen wenn auch relativen Wert. In ihrer Gesamtheit zeigen die Ergebnisse solcher Untersuchungen manche Eigentümlichkeiten und Gesetzmäßigkeiten auf, die auch für die Beurteilung der Wirkung am Menschen wichtig sind. Das gleiche gilt für die Einspritzungen solcher Stoffe bei Tieren. Die Einspritzung in das Blut steht der Einatmung am nächsten, die Einspritzung unter die Haut der Aufnahme durch Hautresorption. Bei Eingabe in den Magen sind die Wege in den Organismus natürlich ganz anderer Art (Leber und Pfortaderkreislauf). Solche Versuche geben aber Aufschluß über lokale Wirkungen auf die Schleimhäute, über Resorptionsbedingungen und nicht zuletzt die allgemeine Giftigkeit.

Immer wieder taucht die Frage auf, wie sich der Mensch in dieser Hinsicht vom Tier unterscheidet und wie sich die Tiere untereinander gegen Gifte verhalten. Bei den Lösungsmitteln liegt ein selten günstiger Fall für die Beantwortung dieser Frage vor, weil wir hier, wenigstens für einige typische Vertreter, sehr viele zahlenmäßige Grundlagen für den Vergleich besitzen. Die narkotischen Konzentrationen und besonders ihre Grenzwerte sind beim Menschen und bei Tieren für Äther, Chloroform u. dgl. durch zahlreiche und sehr genaue Messungen bekannt. Es ergibt sich hieraus, daß viele Tierarten sich gegen Narkotica ganz ähnlich verhalten wie der Mensch. Die Zahlen weichen wohl mehr oder weniger voneinander ab, sie liegen aber meistens in der gleichen Größenordnung.

Anders sind die Verhältnisse bei den fast unübersehbaren sonstigen Giftwirkungen nicht narkotischer Natur. Hier läßt sich kein allgemein gültiges Urteil abgeben. Die Frage der relativen Giftempfindlichkeit muß von Fall zu Fall geprüft werden. Hierbei sind zahlreiche Umstände zu berücksichtigen. Auch beim Tier ist der individuelle Faktor von hoher Bedeutung, dazu kommen die Einflüsse von Alter, Körpergröße, Geschlecht, Ernährung. Pflanzenfresser verhalten sich anders als Fleischfresser, wie schon die ersten klassischen Versuche von WALTER über die verschiedene Wirkung von Säuren zeigen. Bekannte Beispiele sind die hohe Resistenz der Ratten gegen Herzgifte, der Kaninchen gegen Atropin. Es ist bekannt, daß die einzelnen Tierarten, unter ihnen auch die verschiedenen Rassen, oft ein sehr verschiedenes Verhalten zeigen. Dies beruht nicht zuletzt auf Abweichungen im Stoffwechsel und in der Zusammensetzung des Blutes und der Organe, es sei nur an die Hippursäurebildung beim Pferd und anderen Säugetieren, die Ornithursäure bei den Vögeln, die Kynurensäure des Hundes, die Chenocholsäure in der Gänsegalle erinnert. Selbst innerhalb der Hunderassen sind feinere Unterschiede im Purinstoffwechsel festgestellt worden. Bestimmend ist auch die Art der Ernährung. Kaninchen reagieren bei Grünfütterung anders auf gewisse Gifte als bei Trockenfütterung.

Manche Tierarten weisen auch bemerkenswerte Unterschiede im Gehalt und Bedarf an den einzelnen Vitaminen auf. Auch im Blutbild finden wir Abweichungen. Die roten Blutkörperchen beim Vogel sind kernhaltig. Die Zahlen, Größen, Formen und Eigenschaften der Blutzellen wechseln bei den Haus- und Laboratoriumstieren, bei Jungen und Erwachsenen, bei Männchen und Weibchen. Noch deutlicher als bei den roten sind die Unterschiede bei den weißen Blutkörperchen, deren Zahl beim Tier fast durchweg höher ist als beim Menschen. Bei einigen Tierarten sind die Lymphocyten reichlicher als beim Menschen. Bei Kaninchen, Meerschweinchen, Ratten, Mäusen finden sich auch besondere Leukocytenformen. Daher kann es nicht wundernehmen, daß mehr oder weniger große Unterschiede auch in der Giftempfindlichkeit auftreten. Dies zeigt sich auch bei lokal wirkenden Giften. Das Pferd ist gegen gewisse Hautgifte, z. B. Dichloräthylsulfid, empfindlicher als der Mensch. Im übrigen sind aber die gebräuchlichen Laboratoriumstiere wohl etwas resistenter als der Mensch. Bei den Vögeln treten besonders große Unterschiede auf. So ist das Huhn gegen Reizgase außerordentlich empfindlich und übertrifft darin alle Säugetiere, während die Taube sich überaus resistent, jedenfalls weit weniger empfindlich als die üblichen Laboratoriumstiere gezeigt hat. Katzen und Hunde sind gegen flüchtige Reizstoffe empfindlicher als Kaninchen. Meerschweinchen sind meist sehr widerstandsfähig, Mäuse sind in der Regel etwas empfindlicher als höhere Nagetiere. Nagetiere können also in dieser Hinsicht nicht ohne weiteres untereinander gleichgestellt werden.

Auch gegen resorptiv wirkende flüchtige Gifte verhalten sich die einzelnen Tierarten verschieden. Kleine Tiere und Vögel sind gegen Blausäure und Kohlenoxyd hoch empfindlich. Sie gehen bei Konzentrationen zugrunde, die beim Menschen kaum wirksam sind. Bei den Untersuchungen von K. B. LEHMANN waren Mäuse stets empfindlicher gegen gechlorte Kohlenwasserstoffe als Katzen. Jede Tierart liefert also ein Problem für sich.

Abgesehen von einzelnen Ausnahmen ist zu sagen, daß sich die Säugetiere, insbesondere Hunde und Katzen, ähnlich wie der Mensch verhalten. Beim Hund wirken die beträchtlichen Verschiedenheiten der Körpergröße und der einzelnen Rassen erschwerend für vergleichende Untersuchungen.

Aus diesen Gründen hat K. B. LEHMANN und seine Schule an Stelle des sehr bequem zu haltenden Kaninchens die Katze in größtem Umfange herangezogen. Ihre Brauchbarkeit hat sich bei den ausgedehnten Untersuchungen von FLURY und Mitarbeitern an einem sehr großen Material von Katzen bestätigen lassen. Gegen die akute Wirkung von Lösungsmitteln reagieren Mäuse qualitativ ähnlich wie Katzen, in quantitativer Hinsicht sind Katzen aber etwas weniger empfindlich. Die Maus ist insbesondere für große vergleichende Reihenuntersuchungen sehr brauchbar. Dagegen erscheinen für das Studium chronischer Vergiftungen die kleinen Nagetiere weniger empfehlenswert, da sie im allgemeinen eine leichtere und schnellere Regenerationsfähigkeit besitzen als die größeren Säugetiere und wohl auch der Mensch.

2. Aufnahme, Verteilung, Ausscheidung.

Die erste Vorbedingung für die Entfaltung der Wirkung eines Lösungsmittels ist *die Aufnahme in den Säftestrom* des Körpers. Diese erfolgt vor allem durch physikalische Prozesse, durch die Bewegung der Moleküle, durch Wanderungen in Richtung von Konzentrationsgefällen, durch Diffusionsprozesse durch Membranen, durch osmotische Vorgänge — also im wesentlichen in Abhängigkeit von der Löslichkeit und Permeabilität, d. h. von dem Durchdringungsvermögen. Die beherrschenden Kräfte der Permeabilität sind Osmose, Diffusion und elektrostatische Ladung. Je nach den in Frage kommenden Organen sind besondere anatomische und funktionelle Eigentümlichkeiten zu berücksichtigen.

Bei den Lösungsmitteln bilden die Atmungsorgane die wichtigsten Orte für die Aufnahme.

Die Aufnahme der Lösungsmitteldämpfe durch die Lunge ist abhängig von den Löslichkeitsverhältnissen, vor allem ihrer Löslichkeit in Wasser, bzw. Blut, dann von der Durchlässigkeit der Lunge, der Größe der Atmung und des Blutstroms in der Lunge, von der Aufnahmegeschwindigkeit, nicht zuletzt von dem Unterschied der Konzentration der Dämpfe in der eingeatmeten Luft und dem Blut. Das Gefälle der Konzentration bestimmt den Austausch in bezug auf Richtung und Schnelligkeit. Je größer die Spannung der Dämpfe in der Luft ist, um so schneller steigt der Gehalt im Blut. Die Aufnahmegeschwindigkeit und der Grad der Löslichkeit sind für die Beurteilung der Giftwirkung von hohem praktischen Interesse.

Schwerer lösliche Dämpfe führen schneller zu Vergiftung als leicht lösliche. Deshalb wirkt Chloroform schneller als Äther, dieser wieder schneller als Alkohol.

Bei Muskelarbeit steigt die Atmung, dadurch kommt es zu schneller Sättigung des Blutes mit dem betreffenden Lösungsmittel und früher zur Vergiftung als in der Ruhe. Körperliche Arbeit steigert auch die Menge des durch die Lungen fließenden Blutes und damit also noch weiter die Vergiftungsgefahr.

Bei Aufnahme in Form von Nebeln oder Tröpfchen kommen die Lungen mit dem Lösungsmittel nicht wie bei Gasen in ihrer Gesamtheit in Berührung. Die größeren Teilchen werden in den oberen Atemwegen abgefangen, nur die kleinen gelangen in die Tiefe der Lunge.

Die Aufnahme der Lösungsmittel durch die Haut ist ein auch praktisch wichtiges Problem. Sie hängt von der Permeabilität, der Menge, der Konzentration, der Zeit, der Resorptionsgeschwindigkeit in das Blut, nicht zuletzt von der Adsorption, der Bindung und etwaigen Umwandlung der Lösungsmittel in der Haut, den Durchblutungsverhältnissen der Gewebe ab.

Als Schutzorgan ist die Haut im allgemeinen wenig durchlässig für chemische Substanzen, besonders für Wasser, wäßrige Lösungen, und für Elektrolyte. Am leichtesten dringen lipoidlösliche Stoffe, also auch die Lösungsmittel, durch. Maßgebend ist aber nicht die Löslichkeit in Fetten und fettähnlichen Stoffen schlechthin, sondern das Verhältnis der Lipoidlöslichkeit zur Löslichkeit in Wasser. Es ist also stets auch eine gewisse Wasserlöslichkeit Voraussetzung für das Eindringen in die Haut. Petroleum und Vaseline werden so gut wie gar nicht resorbiert, Benzin in geringem Maße, Äther sehr stark. Dagegen dringt das wasserlösliche Aceton ebenso wie Alkohol nur langsam in die Haut ein. Bei wasserlöslichen Stoffen ist die Aufnahme durch die Haut auch stark abhängig von der Konzentration. Hierüber liegen eingehendere Beobachtungen beim Äthylalkohol vor. Außer der Löslichkeit spielen hier noch andere Umstände, insbesondere Eiweißfällung, eine Rolle.

Gechlorte Kohlenwasserstoffe werden durch die Haut besser und schneller resorbiert als die Kohlenwasserstoffe, die Vergiftungsgefahr wird durch ihre höhere Toxizität noch gesteigert.

Die in der Haut und Schleimhaut liegenden Nervenendigungen können durch manche resorbierte Lösungsmittel geschädigt werden. Dies ist wahrscheinlich auch der Fall beim Trichloräthylen. (Sensible Lähmung des Trigeminus, Degeneration der Zungennerven, Schleimhauterkrankungen im Mund, Schädigungen des Geruchs- und Geschmackssinnes.) Auch bei anderen Lösungsmitteln kommen Sensibilitätsstörungen der Haut und Schleimhaut vor.

Die Aufnahme der Lösungsmittel durch den *Magen* ist gewerbehygienisch nur von untergeordneter praktischer Bedeutung. Die ganz andersartige Beschaffenheit der Wandungen des Verdauungskanals, der Epithelien und Zotten des Darms und die Unterschiede der einzelnen Abschnitte bieten besondere Vorbedingungen für die Resorption. Die lipoidlöslichen Stoffe werden im Gegensatz zu Wasser vom Magen aus verhältnismäßig leicht aufgenommen. Im Darm werden flüssige Lösungsmittel, ebenso wie Gase und Dämpfe, vor allem entsprechend ihrer Löslichkeit in Wasser, gut resorbiert. Für das weitere Schicksal ist der Weg durch das Pfortadersystem, die Leber, von entscheidender Bedeutung.

Verteilung. Die besondere Stellung der Lösungsmittel unter den gewerblichen Giften ergibt sich auch aus den besonderen Wegen, die sie im Organismus gehen.

Die Aufnahme durch die Lungen führt zu einer schnellen, gleichmäßigen Verteilung im Blut. Die höchsten Konzentrationen werden zunächst im arteriellen Blut erreicht. Die Verteilung bei Resorption durch die Haut verläuft ganz anders als bei der Aufnahme durch die Atmungsorgane. Es werden dabei zunächst nur einzelne Bezirke des Körpers betroffen. Der Abtransport in die Lymphe und das Blut ist von zahlreichen Umständen abhängig. Die Verteilung ist daher auch sehr ungleichmäßig. Die Bedeutung der Lymphbahnen für die Resorption von Lösungsmitteln im Vergleich zum Blut ist, abgesehen von der Haut, gering. Im Blut werden sie vor allem von den geformten Bestandteilen der Blutkörperchen aufgenommen, die Blutflüssigkeit enthält, je nach der Löslichkeit

in Wasser bzw. Plasma nur einen geringen Teil. Vom Blut werden sie zu
den einzelnen Organsystemen transportiert. Hierbei gelangt ein überwiegender
Anteil früher oder später in die fett- und lipoidhaltigen Zellen, nicht nur in das
Gehirn und das übrige Nervensystem, sondern auch in das übrige Körperfett.
Bei den stark wasserlöslichen Lösungsmitteln erfolgt die Verteilung ganz anders,
so z. B. beim Methylalkohol, wo zeitweilig die Verteilung auf die Organe nach
Maßgabe ihres Wassergehaltes stattfindet. Die Wirkung der Lösungsmittel
betrifft aber auch die übrigen Zellbestandteile. Hier spielt außer der Wasserlöslichkeit die Adsorbierbarkeit, nicht zuletzt das Verhalten gegen Eiweiß
eine Rolle, also keineswegs nur die Lipoidlöslichkeit.

Die Verteilung der Lösungsmittel im Körper erfolgt in erster Linie rein physi-
kalisch entsprechend ihrer Löslichkeit. Sie strebt einem Gleichgewichtszustand
zu. Man muß hier unterscheiden zwischen den ersten Vorgängen nach der
Aufnahme des Lösungsmittels, also dem *Transport* in die einzelnen Organe und
dem Endzustand, bei dem diese mit dem Lösungsmittel mehr oder weniger
gesättigt sind. Die Erforschung der damit zusammenhängenden Umstände ist
nicht zuletzt wegen der Frage nach dem Angriffspunkt der Lösungsmittel wichtig.
Diese haben zum größten Teil eine elektive Wirksamkeit, die mit der starken
Affinität zum Nervensystem zusammenhängt. Daneben kommen aber auch
andere Organsysteme in Betracht. Zunächst *das Blut,* dessen Zellen ebenfalls
reich an Lipoiden sind. Wir sehen im Blut bei steigender Zufuhr von Lösungsmitteln eine Anhäufung von Fett, die dann mit der allmählichen Abgabe an die
verschiedenen Organe wieder zurückgeht. Da die Verteilungsvorgänge dem
dauernden Anfluten und Abebben eines Stromes, noch dazu in entgegengesetzter
Richtung entsprechen, kommt es zu keinem vollkommenen bleibenden Gleich-
gewicht. Man beobachtet daher einen außerordentlichen Wechsel im Gehalt
der Organe an Lösungsmitteln. Es finden dauernde Umladungen von Lösungsmitteln, wie auch von transportierten Fetten statt.

Die bei den Analysen der Organe gefundenen Zahlen können daher nur ein
Bild jeweiliger, also vorübergehender Zustände, einen zeitlichen Ausschnitt
geben. Viele Widersprüche in der Literatur finden dadurch ihre Erklärung.

Im allgemeinen läßt sich aber sagen, daß die Hauptmenge der Lösungsmittel
sich ganz bevorzugt im Nervensystem und im Körperfett ansammelt. Für das
Zustandekommen der Vergiftungen in der Praxis ist aber noch beachtenswert,
daß die *Leber* ein Hauptspeicherungsorgan für viele Lösungsmittel bildet.
Diese Feststellung erklärt besonders die schweren Störungen an diesem Zentral-
organ für den gesamten Stoffwechsel. Außerdem ist die verstärkte Aufnahme
in das fettreiche Knochenmark, die Hauptstätte der Blutbildung, von hoher
toxikologischer Bedeutung. Hier werden die Lösungsmittel in erhöhtem Maße
festgehalten und vorübergehend gespeichert. Hier ist der Zellreichtum und die
Durchblutung der einzelnen Organe von wesentlichem Einfluß. Beim Zentralnervensystem zeigt sich der Unterschied zwischen den einzelnen Bezirken,
z. B. zwischen Hirn und Gehirnrinde, in auffallendem Maße. In der ersten
Stufe der Verteilung werden diese Gebiete bevorzugt, dann erfolgt ein Ausgleich. Schließlich werden aber diese am reichsten mit Blut versorgten Gebiete
am frühesten giftfrei.

Im Gegensatz zu anderen gewerblichen Giften, wie Metalle, z. B. Blei, auch
Arsen, sind die Bedingungen für eine länger dauernde Anhäufung der Lösungsmittel im Körper im allgemeinen nicht günstig. Sie werden größtenteils je nach
ihrer Flüchtigkeit und Löslichkeit mehr oder weniger schnell durch die Lungen ausgeschieden. Immerhin gibt es Lösungsmittel, die mehrere Tage lang unverändert
im Organismus festgehalten werden. Eine solche vorübergehende Speicherung
findet statt besonders bei Stoffen, die in Wasser bzw. in Blut und in den Körper-

flüssigkeiten leicht löslich oder völlig damit mischbar sind, z. B. Aceton, niedere Alkohole. Nicht zuletzt auch wegen ihrer verhältnismäßig großen chemischen Reaktionsträgheit (z. B. Methylalkohol) werden manche Lösungsmittel sehr langsam abgebaut und zum Teil unverändert ausgeschieden. Bei den Estern, die in ihrer Löslichkeit dem Äther nahestehen, kommt es trotz der hohen Wasserlöslichkeit der Dämpfe nicht zu längerer Anhäufung im Körper. Sie werden leicht verseift, wobei Säuren und Alkohole entstehen, die verhältnismäßig langsam ausgeschieden werden.

Hier ist noch auf einen besonderen Umstand hinzuweisen, der im folgenden noch eingehender zu behandeln ist. Viele, darunter gerade die giftigsten Lösungsmittel, erfahren im Organismus eine *chemische Umwandlung*. Dabei entstehen Stoffe, die sich in chemischer und in physikalischer Hinsicht grundsätzlich von den ursprünglich aufgenommenen Lösungsmitteln unterscheiden. Sie sind reaktionsfähiger als diese, von stärkerer Polarität, von ganz anderem elektrischen Verhalten, damit anderen Flüchtigkeits-, Verteilungs-, Adsorptions- und Löslichkeitsverhältnissen. Dadurch ändert sich auch von Grund auf das Verhalten dieser Umwandlungsprodukte in den Organen, den Zellen und den Körperflüssigkeiten. Häufig sind diese weniger flüchtig. Infolge der höheren Wasserlöslichkeit verweilen sie länger im Organismus. Diese meist durch hydrolytische, oxydative, reduktive Prozesse, Hydrierung, entstehenden Produkte sind in der Regel weniger giftig. Zuweilen sind sie aber giftiger als die ursprünglichen Verbindungen.

Die Giftigkeit eines Lösungsmittels wird also keineswegs nur durch die Eigenschaften des Lösungsmittels selbst bestimmt (vgl. Wirkungsmechanismus).

Die **Ausscheidung** der flüchtigen Lösungsmittel erfolgt in erster Linie aus dem Blut durch die Lungen, indem sie hier ähnlich wie aus wäßriger Lösung verdampfen. Es entsteht dabei durch die ständig erneuerte Einatmungsluft ein Gefälle der Konzentrationen gegenüber dem relativ hohen Gehalt des dauernd zufließenden Blutes an Lösungsmittel. Für die Ausscheidung aus der Lunge sind daher auch die durchströmende Blutmenge und die Größe der Atmung wichtig. Weiter hängt diese natürlich von der Flüchtigkeit bzw. dem Siedepunkt und dem Dampfdruck und der Konzentration des Lösungsmittels im Blut ab. Die Geschwindigkeit der Ausscheidung ist vor allem eine Funktion der Konzentration des Lösungsmittels im Blut, dann auch der Flüchtigkeit, weniger der Löslichkeit. Äther wird daher auch schneller ausgeschieden als Chloroform, die Gasnarkotica Acetylen und Äthylen treten besonders schnell aus dem Blut und den Lungen aus. Die Ausscheidung der letzten Reste von Alkohol aus dem Blut erfolgt sehr langsam.

Die quantitativen Verhältnisse bei der Einatmung und Ausscheidung flüchtiger Stoffe sind bei den Inhalationsnarkoticis, besonders bei Chloroform und Äther sehr eingehend studiert worden. Hierüber liegt ein ausgedehntes Schrifttum vor, auf das hier verwiesen werden muß. Für die technischen Lösungsmittel hat K. B. LEHMANN mit zahlreichen Mitarbeitern die ersten Grundlagen in dieser Hinsicht geschaffen. Sie sind von großer praktischer Bedeutung, weil aus dem Verhältnis von Aufnahme und Ausscheidung die Konzentration, die ein Lösungsmittel im Körper erlangen kann, gefunden wird. Die Schnelligkeit dieser Vorgänge ist grundlegend für die Beurteilung des allgemeinen Wirkungscharakters. Lösungsmittel, die schnell ausgeschieden werden, sind im allgemeinen weniger gefährlich als solche, die lange im Körper verweilen.

Der gesamte Ausscheidungsvorgang aus der Lunge, der aus drei Vorgängen, der Abgabe aus dem Blut an die Alveolarwände, dem Durchtritt durch die Alveolarwand, der Abgabe von den Alveolen an die Außenluft besteht, läßt sich nach WIDMARK durch eine Konstante, die Eliminationskonstante ausdrücken.

Das Studium dieser Verhältnisse, die vor allem bei der Frage des Blutalkohols untersucht wurden, dürfte auch für die Gewerbemedizin von Bedeutung werden. Man kann dadurch Schlüsse auf den Gehalt von Lösungsmitteln im Blut und auf die Gefährdung im Laufe der Arbeit und den kritischen Grenzwert ziehen (BAADER).

Die Ausscheidung der Lösungsmittel durch die Niere ist in quantitativer Hinsicht von untergeordneter Bedeutung. Nur wenige von ihnen erscheinen unverändert im Harn, wie es z. B. bei Alkohol, Äther, Chloroform, Aceton, bei Kohlenwasserstoffen der Fall ist. Beim Alkohol entspricht die Konzentration im Harn annähernd der jeweiligen Konzentration im Blut. Die Ausscheidung durch die Niere ist aber von Wichtigkeit für den Wirkungsmechanismus. Außer der Lunge und der Niere kommen als Ausscheidungsorgane noch die Haut, der Darm, die Leber in Frage. Für viele flüchtige Stoffe sind diese Wege bereits nachgewiesen, es sei nur an Arzneimittel, wie Alkohol, ätherische Öle, erinnert. Viele organische Verbindungen, auch Aldehyde und Halogenderivate, werden durch die Leber in die Galle und damit in den Darm ausgeschieden.

Für die meisten Lösungsmittel fehlen noch eingehendere Untersuchungen. Eine praktische Bedeutung haben diese Fragen kaum, ebensowenig wie die Ausscheidung durch den Schweiß, den Speichel, die Milch.

3. Wirkungsweise.

Bei der Wirkungsweise der Lösungsmittel muß man zunächst unterscheiden zwischen lokalen und resorptiven Wirkungen.

Die *lokalen*, d. h. die am Ort der ersten Einwirkung entstehenden Erscheinungen hängen ab von der Konzentration, der Dauer, von der Größe der betroffenen Oberfläche, der Tiefe des Eindringens, den Eigenschaften des Lösungsmittels und der beteiligten Gewebselemente. Hier spielen unter den physikalischen Eigentümlichkeiten besonders die Löslichkeitsverhältnisse eine Rolle. Für die Stärke der lokalen Reizwirkung ist keineswegs eine besonders große chemische Reaktionsfähigkeit notwendig. Gerade die chemisch indifferenten gesättigten Kohlenwasserstoffe des Benzins reizen viel stärker als die meisten übrigen Lösungsmittel (OETTEL). Es ist von Interesse, daß die Reizwirkung auf die Haut keineswegs parallel geht mit der Wirkung auf die Schleimhäute. Bei den primären Erscheinungen der lokalen Wirkung der Lösungsmittel handelt es sich weniger um eine chemische Beeinflussung als um Entfettung, Wasserentziehung, Eiweißfällung. Vgl. Abschnitt VI: Hautschädigungen.

Die *resorptiven Wirkungen* unterscheiden sich von den örtlichen Wirkungen, bei denen nur ein geringer Durchtritt in die oberflächlichen Zellen stattfindet dadurch, daß hier das Lösungsmittel in die Tiefe des Organismus eindringt und dort mit entfernt liegenden Zellen und Organen in Reaktion tritt. Für das Zustandekommen der resorptiven Wirkung ist die Aufnahme in den Blut-Säftestrom des Körpers Voraussetzung.

Von *akuter* Vergiftung spricht man, wenn die Zufuhr des Lösungsmittels nur einmal bzw. in verhältnismäßig kurzem Zeitraum erfolgt und bald abklingt. Die Ausscheidung und Entgiftung vollzieht sich dabei häufig regelmäßig und ungestört. Hier kann man ähnlich wie bei dauernder regelmäßiger Zufuhr den Vergiftungsverlauf in seinen einzelnen Abschnitten leicht verfolgen.

Wesentlich verwickelter aber werden die Beziehungen zwischen der Giftzufuhr und den Vergiftungsfolgen, wenn das Lösungsmittel unregelmäßig, in wechselnder Konzentration, mit zeitlichen Unterbrechungen, oft nicht einmal bemerkbar, auf den Organismus einwirkt. Kommt es zu erneuter Zufuhr, bevor noch die verbliebenen Reste aus dem Körper entfernt sind, so können kumulative Wirkungen zustande kommen.

Bei der *chronischen* Vergiftung handelt es sich um eine längere Zeit hindurch fortgesetzte Zufuhr des Giftes. Wesentlich ist also die wiederholte Giftaufnahme, und zwar in der Regel von kleinen, für sich allein nicht oder kaum wirksamen Dosen.

Eine chronische Vergiftung kommt keineswegs bei allen, sondern nur bei bestimmten Giften zustande. Dies beruht darauf, daß durch eine dauernde und hinreichende Entgiftung, durch Zerstörung, Umwandlung, Paarung, Ausscheidung, keine Anhäufung, „Kumulation", „Summation" des Giftes oder keine Dauerschädigung von Organfunktionen eintritt.

In der Gewerbehygiene spricht man vielfach von „chronischer Vergiftung" durch Lösungsmittel. Es fragt sich aber, ob es sich hierbei wirklich immer um echte chronische Wirkungen in streng wissenschaftlichem Sinne handelt. Nicht zu verwechseln mit chronischer Vergiftung sind jedenfalls die *Nachkrankheiten* oder *Folgezustände*, die nach einmaliger „akuter", auch nach wiederholter Zufuhr größerer Giftmengen auftreten.

Eine sehr eigentümliche Erscheinung bei Vergiftungen durch gewisse Lösungsmittel ist die *Latenzzeit*, ein symptomloses Intervall zwischen der Giftaufnahme und dem Auftreten von Vergiftungssymptomen. Sehr ausgesprochen ist diese Erscheinung bei den schweren Stoffwechselschädigungen, die besonders deutlich an der gestörten Leberfunktion zu erkennen sind. Unter den gechlorten Kohlenwasserstoffen sind es besonders das Tetrachloräthan, das Pentachloräthan, das Trichloräthylen, die sehr schwere Krankheitsfälle liefern. Es kommt dabei zu dem sog. „zweiten Kranksein". Der Verlauf erinnert in mancher Hinsicht an die Vergiftung durch Phosphor und Knollenblätterpilze.

Quantitative Beziehungen. Konzentration. Zeit. Die quantitativen Zusammenhänge sind für die theoretische und praktische Beurteilung der Lösungsmittel von überragender Bedeutung. Gerade bei Gasen und Dämpfen sind unsere Kenntnisse noch recht lückenhaft, daher kann es nicht wunder nehmen, daß in Kreisen von Nichtfachleuten, aber auch bei Chemikern, Technikern und sogar bei Ärzten große Unsicherheit und Unklarheit im Wissen über diese Beziehungen herrscht. Es gibt hier nicht wie bei festen und flüssigen Substanzen schärfer bestimmte Maximaldosen, toxische Dosen, tödliche Dosen. Die Dosierung ist technisch umständlich und schwierig. Die Einverleibung erfolgt aus einem Überschuß des Giftes in der Luft nicht in abgemessenen Dosen, sondern in zeitlich aufeinanderfolgenden Schüben, gewissermaßen in rhythmischen Stößen, ungleichmäßig und in Unterbrechungen. Die Bedeutung der absoluten Menge tritt vielfach gegenüber der Konzentration stark in den Hintergrund, dagegen sind die zeitlichen Faktoren von stärkerem Einfluß als bei anderen Giften. Alle Angaben über die Mengen sind als Annäherungswerte aufzufassen, wenn nicht genaue quantitative Analysen zugrunde gelegt werden können.

Ein ausgezeichnetes Mittel zur Erzielung größerer Klarheit und leichter Übersicht ist die graphische Darstellung. Wenn man die narkotische oder tödliche Wirkung von Lösungsmitteldämpfen in einem geometrischen Koordinatensystem darstellt, das die zwei wichtigsten Größen, die Konzentration c und die Einwirkungszeit t umfaßt, erhält man vergleichbare Werte, die man in Zahlen oder Flächen wiedergeben kann. Am einfachsten ist die Berechnung der Produkte aus Konzentration c und Zeit t. Diese ct-Werte lassen sich auch als einfache Felder in Rechteckform wiedergeben. Auf Anregung von Fritz Haber hat Flury 1916 mit zahlreichen Mitarbeitern die Bedeutung dieser Zusammenhänge in ausgedehnten Versuchsreihen untersucht. Dabei hat sich ergeben, daß man verschiedene Gruppen von Gasen und Dämpfen unterscheiden kann, solche,

bei denen das c t-Produkt, wenigstens innerhalb gewisser Grenzen, eine konstante Größe darstellt, nämlich die lokal wirkenden Reizgase vom Phosgentypus, andererseits solche mit nicht konstanten c t-Werten.

Die Lösungsmittel gehören wie alle Inhalationsnarkotica zur zweiten Gruppe.
Bei ihrer Wirkung ist ganz überwiegend die Konzentration für die Wirkung ausschlaggebend. Für die sog. „Konzentrationsgifte" ist das Wirkungsprodukt W,
das man für die Reizschwelle, den Beginn der Narkose, den Verlust der Reflexe,
die Stadien der Lähmung, für den tödlichen Ausgang eintragen kann, etwa gleich
der Konzentration c. Hier gilt für die dauernde Aufrechterhaltung eines bestimmten Wirkungsgrades, z. B. leichter Narkose, wo also die Zeit praktisch
keine Rolle mehr spielt, annähernd die einfache Beziehung W = c. Zum Unterschied von dieser Gruppe kann man eine andere als „Reizmengengifte" bezeichnen. Bei ihnen ist ausschlaggebend die absolute Menge, die in dem Produkt c t
ausgedrückt ist. Hier gilt die Beziehung W = c t. Eine dritte Gruppe läßt sich
noch bilden, die sog. Potentialgifte, bei denen die Wirkung von Konzentrationsgefällen beim Eintritt in den Organismus bzw. die Zelle und beim Austritt das
Wesentliche ist (W. STRAUB). Hier gilt die Beziehung W = c/t bzw. W = dc/dt.

Bei den Lösungsmitteln handelt es sich um die sog. zeitlosen Giftwirkungen
im Sinne HEUBNERs. Vgl. hierüber S. LOEWE 1928.

Bei Lösungsmitteln und anderen Narkoticis gibt es gewisse Konzentrationen,
die, theoretisch gesprochen, unbegrenzte Zeit hindurch, ohne erkennbare Schädigung und ohne tödliche Endwirkung eingeatmet werden können. Die möglichst
exakte Bestimmung dieser Werte, gewissermaßen als *höchst zulässige Grenzkonzentrationen*, ist für die gewerbehygienische Praxis von allergrößter Bedeutung.
Hier ist aber noch viel Arbeit zu leisten, wobei der Tierversuch die ersten Grundlagen zu liefern hat. Bei den resorptiv wirkenden Lösungsmitteln kommt im
Gegensatz zu den vorwiegend lokal wirkenden Reizgasen vom Typus der chemischen Kampfstoffe nur ein Teil zur Wirkung, der Rest geht durch Wiederausscheidung, Zerstörung, Umwandlung im Organismus zu Verlust. Für die
Lösungsmittel läßt sich aber dieser Verlust durch eine Korrektur der Formel
ausdrücken. Wir erhalten dann W = (c—a) . t, in der a als „Entgiftungsfaktor"
bezeichnet werden kann. Für jedes Lösungsmittel lassen sich bestimmte Kurven
für die Wirkungsweise aufstellen.

K. B. LEHMANN hat bei gechlorten Kohlenwasserstoffen diese zahlenmäßigen
Verhältnisse untersucht und in zahlreichen Kurven niedergelegt, ebenso FLURY
und Mitarbeiter bei Alkoholen, Estern u. dgl. Vgl. die betr. Abschnitte in diesem
Buch und die graphischen Schemata von Arzneiwirkungen in der pharmakologischen Spezialliteratur.

K. B. LEHMANN und SCHMIDT-KEHL errechneten die Entgiftungsfaktoren a und
konnten daraus interessante Vergleiche der einzelnen Lösungsmittel anstellen.
Der Entgiftungsfaktor bedeutet nach LEHMANN diejenige Konzentration, die
selbst in langer Zeit keine Narkose erzeugt, weil der Organismus diese Giftmengen
laufend zu zerstören bzw. auszuscheiden vermag. Der Entgiftungsfaktor ist
ein Abzugsfaktor, ein „Entgiftungssubtrahend". Er ist klein für die giftigen
bzw. stark narkotischen Stoffe, dagegen groß für die ungiftigen, bzw. narkotisch
schwach wirksamen Stoffe und kann als Maßstab für die Giftigkeit, bzw. narkotische Wirksamkeit verwendet werden.

Bis zu einem gewissen Grad ist die graphische Darstellung auch für chronische
Vergiftungen anwendbar. Beim gewerblichen Unfall ist das Produkt c t durch
einen hohen Wert für c, durch einen kleinen Wert für t charakterisiert, bei der
chronisch gewerblichen Vergiftung ist das Umgekehrte der Fall. In der Praxis
sind die Verhältnisse aber viel verwickelter und viel weniger leicht zu überblicken

wie im Experiment, bei dem beliebige einfache Versuchsbedingungen gewählt werden können.

Die Beziehungen zwischen Konzentration bzw. absoluter Menge, Zeit und Wirkung der Lösungsmittel sind vor allem durch Tierversuche bei allen wichtigeren Stoffen studiert worden. Ihre Kenntnis bildet eine wichtige Unterlage für die Beurteilung der Giftigkeit und die Gefährlichkeit bei der technischen Verwendung. Hierbei werden die Konzentrationen zahlenmäßig bestimmt, die einen bestimmten Vergiftungsgrad, z. B. ein bestimmtes Stadium der Narkose oder den Tod herbeiführen. Die mittlere tödliche Dosis ist der Wert, bei dem die Mortalität 50% beträgt. Die genaue Ermittlung der gesetzmäßigen Beziehungen zwischen Konzentration und Wirkung ist von großer Bedeutung für den Vergleich verschiedener Lösungsmittel. Man muß sich darüber klar sein, daß die bisher vorliegenden Versuche noch lange nicht genügen, um ein völlig klares Bild zu erhalten. Es handelt sich meistens nur um annähernd genaue Messungen. Einen großen Fortschritt zur Ausschaltung der zahlreichen Fehlerquellen bildet die quantitative Analyse, die auch von K. B. LEHMANN bei seinen Untersuchungen durchgeführt worden ist.

Quantitative Messungen am Menschen sind nur in sehr beschränktem Maße möglich. Deshalb ist zur Schaffung von wenigstens annähernden Werten der Tierversuch nicht zu entbehren. Dabei ist, wie oben erwähnt, zu berücksichtigen, daß jede Übertragung von Ergebnissen vom Versuch am Tier auf den Menschen mit einer großen Zahl von unsicheren Faktoren verknüpft ist. Der Mensch kann im allgemeinen als etwas empfindlicher als das Tier angesehen werden. Trotzdem lassen sich aus Tierversuchen wertvolle quantitative Schlüsse auch auf den Menschen ziehen, ebenso wie hinsichtlich des allgemeinen Charakters von Giftwirkungen.

Gleichzeitige Wirkung verschiedener Stoffe. Kombinierte Giftwirkungen. In der Technik werden verhältnismäßig selten chemisch ganz reine Substanzen verwendet. Die technischen Produkte sind häufig Gemische, außerdem enthalten sie in der Regel gewisse Verunreinigungen, die unabsichtlich bei der Herstellung, Verarbeitung, Lagerung und Aufbewahrung in die Lösungsmittel gelangen. Diese Verunreinigungen sind teils harmloser Natur, wenn es sich um geringere Mengen handelt, teils Träger neuer Gefahren. Es ist grundsätzlich damit zu rechnen, daß sie die Wirkungen der verschiedenen Bestandteile auch gegenseitig beeinflussen können, daß also Wechselwirkungen, unter Umständen auch verstärkte Wirkungen, auftreten, ebenso wie auch eine Entgiftung durch antagonistische Wirkung denkbar ist. In der Pharmakologie sind zahlreiche Erfahrungen über Addition, Summation, „Potenzierung", d. h. über die Addition hinausgehende Wirkungsverstärkung bekannt. Ein besonderer Fall der Wechselwirkung ist die gegenseitige Sensibilisierung zweier Wirkstoffe, wobei es ebenfalls zu Steigerung der Wirkungen kommen kann.

Die Verhältnisse bei kombinierten Wirkungen liegen außerordentlich verwickelt, da sehr viele physikalische, chemische und physiologische Faktoren zusammenwirken. Auf dem Gebiet der Gase und Dämpfe, auch bei den Lösungsmitteln, liegen bereits eine Reihe von Untersuchungen vor, die aber noch weiter ausgebaut werden müssen. Notwendig ist dabei die Auffindung geeigneter Teste und die Durchführung einer hinreichenden Zahl von Versuchen. Von hohem Interesse sind die Versuche über kombinierte Lösungsmittelwirkungen von LUCE. Sie haben gezeigt, daß im allgemeinen eine „Potenzierung" nicht eintritt. LAZAREW, der Gemische von verschiedenen Benzinen untersuchte, fand bei Mäusen im allgemeinen nur eine Addition der Wirkung.

Ebenso konnte LUCE bei ausgedehnten Versuchen an Mäusen bei Gemischen von Benzol, Schwefelkohlenstoff, Chlorkohlenwasserstoffen, Aceton, Estern nur einen additiven Effekt bei der akuten narkotischen Wirkung finden. In besonderen Fällen kann es bei bestimmten Mischungsverhältnissen sogar zu Abschwächung, ja zu Entgiftung kommen. Dies konnte bei Gemischen von Benzol und Essigsäureester gezeigt werden (BAADER u. LUCE).

Auch bei Mischnarkosen treten keine Potenzierungswirkungen auf. Hierüber liegen zahlreiche Erfahrungen vor.

Kombinierte Lösungsmittelvergiftungen kommen in der Praxis wahrscheinlich weit häufiger vor als bekannt ist. Deshalb wären weitere Mitteilungen und experimentelle systematische Untersuchungen hierüber sehr wertvoll. Eine Zusammenstellung aus jüngster Zeit von Fällen mit kombinierten Schädigungen stammt z. B. von HELMUT SCHÜTZ. Dabei handelte es sich um Mischungen von Benzol und Toluol mit Butylacetat, von Tetrachloräthan, Butylalkohol und Aceton, von Amyl- und Butylalkohol, von Amyl- und Butylacetat, von Amylacetat und Aceton, von Benzol und Tetrachlorkohlenstoff. Die Zahl der bis jetzt veröffentlichten und genauer beschriebenen Fälle von kombinierten Vergiftungen durch gewerbliche Lösungsmittel ist danach nicht sehr groß. Über weitere Fälle berichten auch: E. KRÜGER (Augenerkrankungen), WEBER und GUEFFROY (Allgemeinstörungen), PIETRUSKY (Allgemein- und Blutschädigungen) und BURGER und STOCKMANN. SCHÜTZ berichtet weiter über Vergiftungen mit Methylenchlorid-Alkohol-Dekalingemischen, mit einem Benzin-Benzolgemisch, über eine akute Massenvergiftung durch Butylacetat-Xylol, über akute Vergiftungen durch Trichloräthylen-Äthylacetat, Äthylendichlorid, die im BAADERschen Institut in Berlin ausgewertet wurden. Die Fälle ließen zum Teil deutlich erkennen, daß durch die besondere Zusammensetzung der Gemische der Eintritt, der Verlauf und das Ausmaß der Vergiftung stark beeinflußt werden können. Die Diagnose stößt dabei oft auf große Schwierigkeiten, weil die Vergiftungsbilder starken Variationen unterworfen sind.

Jedenfalls liegen die Zusammenhänge noch nicht klar. Man wird trotz der negativen experimentellen Befunde gut tun, stets mit der Möglichkeit von gesteigerten und geänderten Giftwirkungen zu rechnen. Dafür spricht nicht zuletzt die Verschlimmerung der Wirkungen durch Alkohol, über die sehr viele experimentelle Versuche und praktische Erfahrungen vorliegen.

Ein weites Gebiet umfassen die Kombinationswirkungen, bei denen noch gewerbliche Gifte anderer Art, Kohlenoxyd, Blei usw. in Frage kommen.

Spritzverfahren. Gemischte Schädigungen sind auch ins Auge zu fassen beim Spritzverfahren. In der Literatur findet sich häufig die Angabe, die beim Spritzverfahren verwendeten Wachse. Harze u. dgl. hätten keine toxikologische Bedeutung, ebensowenig wie die Farben, natürlich mit Ausnahme des Bleis.

Nach unseren Erfahrungen, auch an Tierversuchen, sind solche Behauptungen nur mit Vorsicht aufzunehmen. Vor allem sind die vielfach verwendeten Kunstharze keineswegs generell als ungiftig zu bezeichnen. Besonders manche Kondensationsprodukte aus Phenol und Formaldehyd, die Bakelite u. dgl., können bei Aufnahme durch die Atemwege recht erhebliche Reizungen, Lungenschädigungen, auch nervöse Symptome, Kopfweh, Mattigkeit, Schlafsucht, weiter Appetitlosigkeit und Magendarmstörungen verursachen.

Von den übrigen Kunststoffen sind noch gechlorte Naphthaline und Diphenyl zu nennen, bei deren Verwendung mit gesundheitlichen Schädigungen zu rechnen ist (vgl. DRINKER und Mitarbeiter).

Verunreinigungen. In den Besprechungen über die Gefahren der Lösungsmittel spielen die Verunreinigungen eine große Rolle. Es handelt sich zweifellos um ein noch wenig bekanntes Gebiet, das noch gründlicher bearbeitet werden muß. Bisher liegt noch nicht viel praktisch verwendbares Material vor. Man gewinnt den Eindruck, als ob die Gefahren doch vielfach stark überschätzt würden. Jedenfalls ist es bisher nur in recht wenigen Fällen gelungen, derartige zunächst sehr mysteriöse Verunreinigungen aufzufinden. Man muß hier an die Geschichte der Narkoseschädigungen denken. Ein Jahrhundert lang ist immer wieder versucht worden, die schweren Narkosezufälle, insbesondere den Chloroformtod auf Verunreinigungen zurückzuführen. Heute weiß man, daß auch das reinste Chloroform solche unerwünschte „Nebenwirkungen" besitzt. Bei den Lösungsmitteln begegnet man der gleichen Sachlage. Allenthalben finden sich z. B. falsche Angaben über die Methylalkoholwirkung. Obwohl einwandfrei feststeht, daß auch synthetisch hergestellter reiner Methylalkohol schwerste Vergiftung und Tod herbeiführen kann, wird immer noch an unbekannte giftige Verunreinigungen gedacht. Das gleiche wird irrtümlich behauptet vom Benzol, vom Trichloräthylen und seinen Verwandten. Auf dem Gebiet der Verunreinigungsfrage ist noch viel Aufklärungsarbeit zu leisten, einerseits um die wirklich vorhandenen Gefahren zu erkennen und zu verhüten, andererseits aber um die ins Uferlose gehenden Spekulationen einzudämmen.

Der Zustand des Körpers und seiner Organe. Die *Reaktionsbereitschaft* des Organismus ist von einer großen Zahl innerer und äußerer Umstände abhängig. Zu den inneren Faktoren gehören die sog. individuelle Konstitution, das Alter und Geschlecht, der Zustand der Organe, Gewöhnung, Überempfindlichkeit. Die äußeren Faktoren umfassen die Art der Ernährung, die Bedingungen der Arbeit, die physikalischen Einflüsse von Temperatur, Klima, Licht, die gleichzeitige Einwirkung sonstiger gewerblicher Gifte, Mißbrauch von Alkohol und Nicotin usw.

Die Wirkung der Lösungsmittel ist also nicht nur durch ihre Eigenschaften und die Umstände ihrer Einverleibung bedingt. Von großer Bedeutung ist in erster Linie der individuelle Faktor, die gesamte *Konstitution* des Organismus, die überaus verwickelte, durch zahlreiche körperliche und geistige Faktoren bedingte Zustandsform des Menschen. Das Aussehen, die Größe, das Alter, die Muskelentwicklung beweisen nichts oder wenig für die Empfindlichkeit gegen Gifte. Hier spielen vielfach Eigenschaften eine Rolle, die nicht im äußeren Habitus in Erscheinung treten, z. B. angeborene Erbanlage, Überempfindlichkeit, Gewöhnung. Die außerordentlich wechselnde Widerstandskraft äußert sich in der Reaktion der *einzelnen Organe* und Funktionen auf die Schädigungen.

Daß erkrankte Organe anders reagieren als gesunde, ist jedem Arzt wohlbekannt. Bei den Lösungsmitteln zeigt sich dies im weitesten Umfang, es sei nur an die Empfindlichkeit Kreislauf- und Herzkranker gegen die Chloroformwirkung, an die schweren Leberschädigungen bei bestehenden Stoffwechselkrankheiten, an die Empfindlichkeit der Tuberkulösen und der Diabetiker gegen Gifte, an die Bedeutung des Alkoholismus erinnert.

Daß auch der Ernährungszustand, die Art der Nahrung, Ermüdung, körperliche Anstrengungen, ungünstige Arbeitsbedingungen hier zu berücksichtigen sind, kann als bekannt vorausgesetzt werden. Ein besonderes Gebiet umfaßt Alter und Geschlecht, vor allem Jugendliche und Frauen.

Alter und Geschlecht. Es ist eine alte toxikologische Erfahrung, daß der jugendliche, noch im Wachsen befindliche Organismus gegen viele Gifte, aber durchaus nicht gegen alle, empfindlicher ist als der erwachsene Organismus. Deshalb ist grundsätzlich damit zu rechnen, daß junge Individuen auch durch Lösungsmittel stärker geschädigt werden können. Beim Alkohol liegen hierüber reiche Erfahrungen vor, auch bei anderen Gewerbegiften, z. B. beim Blei. Im Experiment beobachtet man z. B. bei jüngeren Tieren stärkeren Reiz auf Blutbildungsstätten durch Benzol. Auch gegen chlorierte Kohlenwasserstoffe und gegen Schwefelkohlenstoff sind wachsende Tiere besonders empfindlich. Diesen Befunden im Experiment entsprechen auch die ungünstigen Erfahrungen über

gewerbliche Schädigungen toxischer Natur bei Jugendlichen in allen Industrieländern. Das geht z. B. auch aus den von JORDI beobachteten Störungen der
Gesundheit bei Jugendlichen durch Farbspritzarbeit mit Lösungsmittelgemischen
hervor. Vor allem wurden hier Blutschädigungen, Leukopenie, Neutropenie,
Thrombopenie, wahrscheinlich infolge von Benzolwirkung, festgestellt, weiter
aber nervöse und geistige Störungen, Vergeßlichkeit, Herabsetzung der allgemeinen Leistung und der psychischen Spannkraft, ähnlich wie nach Alkohol,
Äther, chlorierten Kohlenwasserstoffen, Schwefelkohlenstoff.

Ob die Empfindlichkeit des weiblichen Geschlechtes gegen Lösungsmittel
ganz allgemein größer ist, wie vielfach behauptet wird, ist noch nicht befriedigend
geklärt. Dagegen kann mit Sicherheit gesagt werden, daß nachteilige Einwirkungen auf die Menstruation, die Schwangerschaft und das Stillgeschäft auch
bei diesen Gewerbegiften vorkommen (Benzol, Tetrachloräthan, Schwefelkohlenstoff). Vor allem sind Schwangere infolge ihrer erhöhten allgemeinen
Empfindlichkeit durch alle Lösungsmittel, die stärkere Blut- und Stoffwechselschädigungen auslösen, gefährdet. Hier spielt, wie überhaupt beim weiblichen
Geschlecht, der zeitweilig stark gesteigerte Bedarf an Vitaminen eine wichtige
Rolle. Im Tierversuch tritt häufig im Laufe schwererer Vergiftungen Abort ein.
Auch hier kann Mangel an Vitamin die Ursache sein. Weiter ist festgestellt,
daß technische Lösungsmittel ebenso wie Alkohol, Äther, Chloroform, durch
die Placenta auf den Fetus übergehen können. Die Verteilung von Lösungsmitteln zwischen den Organen des Muttertieres und des Fetus ist ähnlich oder
gleich gefunden worden (vgl. Geschlechtsorgane).

Gewöhnung. Bei vielen Lösungsmitteln wird eine allmähliche Gewöhnung
beobachtet. Diese Erscheinung kann als eine veränderte Giftempfindlichkeit, und
zwar als eine besondere Form der gesteigerten Widerstandskraft des Körpers
angesehen werden. Sie äußert sich in einer geringer werdenden Empfindlichkeit
der Schleimhäute gegen die lokale Reizwirkung der Dämpfe oder in einer Abschwächung einzelner Organreaktionen, auch in einer Abstumpfung des gesamten
Organismus, also wohl aller Zellen gegen das betreffende Lösungsmittel. Von
einer absoluten Giftfestigkeit einzelner Personen gegen Gifte kann aber nicht
die Rede sein. In den anfänglichen Erscheinungen der Gewöhnung muß man
stets auch die ersten Zeichen für den Beginn einer länger dauernden Schädigung,
also der chronischen Vergiftung befürchten. Am bekanntesten ist die Gewöhnung
an Alkohol. Ähnlich wie dieser lösen auch andere narkotische Lösungsmittel
angenehme Gefühle, gesteigertes Wohlbefinden, „Euphorie", und Rauschzustände aus. Es entstehen die *Giftsuchten*, zumal bei Stoffen, die im Organismus
bei wiederholter Aufnahme an Wirkung einbüßen.

Im Gegensatz zu den körperlichen Erscheinungen der Gewöhnung sind die
Giftsuchten seelisch bedingt. Der Organismus verlangt dabei in mehr oder
weniger heftiger Art nach wiederholter Zufuhr. Gewöhnung und Sucht erstrecken
sich oft auch auf andere ähnliche, chemisch und pharmakologisch verwandte
Substanzen. Gewerbehygienische Bedeutung besitzt außer dem Alkoholismus
vor allem die Äthersucht, die Benzinsucht, die Tri-Sucht bei Trichloräthylen.
Auch bei Benzol soll Gewöhnung und Sucht vorkommen.

Überempfindlichkeit. Atypische Reaktionsformen. Nach länger dauernder Einwirkung von Lösungsmitteln treten bei gewissen Menschen, abgesehen
von der soeben besprochenen Gewöhnung, noch andere abnorme Reaktionen
ein. Es handelt sich dabei um erworbene Überempfindlichkeiten, „allergische"
Reaktionen, Idiosynkrasien, die sich besonders an bestimmten Organen äußern.
Am bekanntesten sind die Erscheinungen an der Haut und den Schleimhäuten
(vgl. Abschnitt VI: Hautschädigungen — FRIEBOES und SCHULZE). Gewisse
Lösungsmittel führen zu Asthma, wie z. B. Aldehyde und Ester, andere zu

Katarrhen und Entzündungen der Nase, der Luftröhre und der tieferen Atemwege, der Augenschleimhaut, wieder andere zu nervösen Störungen, Jucken,
Kribbeln (Parästhesien), zu Migräne. Möglicherweise liegen auch bei den häufigen Störungen des Magendarmkanals Überempfindlichkeitserscheinungen, vor.
Anlaß zu allergischen Reaktionen geben unter anderem Benzol, Phenole, Chlorverbindungen.

Resistenz gegen Infektionen, Immunitätsreaktionen. Hier liegen reiche
Erfahrungen bei Alkoholvergiftung vor. Wenn auch der Vergleich zwischen
chronischen gewerblichen Vergiftungen und dem Alkoholismus, bei dem ganz
andere Mengen und ein anderer Einverleibungsweg vorliegen, nicht ohne
weiteres gezogen werden darf, so gibt dieser doch wertvolle Hinweise auf die
möglicherweise auch bei technischen Lösungsmitteln bestehenden Zusammenhänge. Bei Alkohol ist am Menschen und durch Tierversuche die herabgesetzte
Resistenz gegen Infektionen verschiedener Art, besonders gegen Pneumonie
und Tuberkulose sicher nachgewiesen. Wohl alle natürlichen Abwehrvorrich-
tungen, Bildung von Antikörpern und Schutzstoffen, Phagocytose usw. werden
durch die Alkoholvergiftung gehemmt.

Bei den technischen Lösungsmitteln sind eingehendere Untersuchungen nur
bei wenigen Stoffen durchgeführt, vor allem bei der Benzolvergiftung. Hier
ist die herabgesetzte Resistenz und die Hemmung der Schutzvorrichtungen,
der Antikörperbildung, der Phagocytose, vor allem die Leukocytenschädigung,
außer jedem Zweifel. Bei Benzolvergiftung ist auch der Gehalt an Vitamin C
herabgesetzt. Im übrigen ist nach ärztlichen Erfahrungen bei jeder chronischen
Schädigung durch Gifte mit geschwächter Widerstandskraft gegen Infektions-
krankheiten zu rechnen.

Funktionssteigerungen. Bei den Vergiftungen durch Lösungsmittel kommt
es keineswegs, wie es nach den bisherigen Ausführungen scheinen könnte, nur
zu Herabsetzung der Organfunktionen. Im Gegenteil beobachtet man vielfach,
besonders im allererstem Stadium der Giftwirkung, gewissermaßen als Abwehrreaktion gegen den körperfremden Eindringling, auch Steigerungen der Lebensvorgänge. Als solche können die lokalen Reizerscheinungen der Nerven und
Drüsen, mehr oder weniger auch die der Narkose vorausgehenden psychischen
und motorischen Erregungssymptome, die Erregung der Atmung, die gesteigerte
Herztätigkeit, die anfängliche Zunahme des Blutdrucks angesehen werden.
Hier ist an Wirkungen von körpereigenen Stoffen, z. B. Adrenalin, Histamin usw.
zu denken.

Bei den Stoffwechselgiften kommt es zunächst zu einer Zunahme der Lebertätigkeit, zu einer Überfunktion, die aber nur von kurzer Dauer ist und mehr
oder weniger schnell in eine Verminderung der Leistung übergeht. Das be-
kannteste Beispiel ist die anfängliche Zunahme der Harnstoffproduktion. Sie
kann als eine Folge von Reizwirkungen aufgefaßt werden, die aber nicht nur
auf das zugeführte Lösungsmittel, sondern vielleicht auch auf die körpereigenen
Zerfallsprodukte der Zellen zurückgeführt werden müssen. Dies ist wohl auch
der Fall bei der Reizung der blutbildenden Organe, die ja schon bei schwerer
Arbeit auftritt.

Todesursachen. Wenn die Dämpfe eines Lösungsmittels fortgesetzt
eingeatmet werden, kommt es schließlich, wie bei allen narkotischen Giften,
zu Lähmung des Atemzentrums. In hoher Konzentration eingeatmet, können
diese aber ebenso wie beim Chloroformtod durch plötzliche Überschwemmung
des linken Herzens zum akuten Herztod führen.

Manche Lösungsmittel, besonders solche mit starker lokaler Gefäßwirkung.
verursachen, ähnlich wie Reizgase, akutes tödliches Lungenödem. Hierher
gehören Benzin, Benzol, Schwefelkohlenstoff, gechlorte Kohlenwasserstoffe,

besonders Tetrachlorkohlenstoff. Lungenödem ist auch häufig bei Methylalkohol die Todesursache. Das akute toxische Ödem ist nicht zu verwechseln
mit dem terminalen Ödem bei Kreislauf- und Herzschwäche. Es steht nach seiner
Genese dem Ödem des Gehirns nahe. Akute Hirnschwellungen sind sicher viel
häufiger, als gewöhnlich angenommen wird. Sie treten wahrscheinlich bei allen
Gefäßgiften auf. Überraschende plötzliche Todesfälle durch Lösungsmittel, wie
Benzol, gechlorte Kohlenwasserstoffe, dürften auch eine Erklärung finden durch
gesteigerte Adrenalinausschüttung, die zu Herzflimmern infolge des Zusammen-
wirkens von zwei Giften führt.

Das Versagen des Kreislaufes durch Lösungsmittel äußert sich vor allem
durch die Blutüberfüllung und Stauungserscheinungen in allen Organen. Das
Bild des Erstickungstodes bildet die Regel, man findet Blutaustritte in allen
Schleimhäuten, den serösen Häuten, den Organen, besonders auch im Gehirn
in Form von punktförmigen Blutungen (Purpura cerebri), das Blut im Herzen
und den großen Gefäßen ist flüssig, es besteht allgemeine Blausucht (Cyanose).
Der pathologisch-anatomische Sektionsbefund nach akuter Vergiftung durch die
verschiedenartigen Lösungsmittel hat also keine besonders charakteristischen
Merkmale, abgesehen von den Hautfärbungen nach Benzin- oder Benzolvergiftung u. dgl. Er ist unspezifisch.

Bei chronischen Vergiftungen stehen die Zeichen der Anämie, der Stoffwechselschädigung, insbesondere der Leber, der Nierenschädigung im Vordergrund.
Die Haut der Leichen ist blaß, oft ikterisch, häufig finden sich kleine Hautblutungen als Zeichen der toxischen Gefäßschädigung. Auch hier fehlen charakteristische Merkmale, aus denen auf bestimmte Gifte geschlossen werden könnte.
Die Befunde sind die gleichen wie bei entsprechenden Erkrankungen, bei
Nephritis, Urämie, Coma renale, Coma hepaticum. Das gleiche gilt für die spät
eintretenden Todesfälle durch Gefäßerkrankungen, Angina pectoris, Coronar-
sklerose, Apoplexien. Diese Schädigungen haben nichts mehr zu tun mit den
Lösungsmitteln selbst. Sie sind nicht zuletzt auf Wirkungen körpereigener
Gifte zu beziehen.

4. Schädigung einzelner Organe und ihrer Funktionen.

Im folgenden soll eine kurze Zusammenstellung zeigen, an welchen Organsystemen die Lösungsmittel besonders auffallende Störungen auslösen. Wie
andere Gifte wirken sie auf alle Zellen, mit denen sie in Berührung kommen.
Im Krankheitsbild und bei pathologisch-anatomischen Untersuchungen treten
aber die Funktionsstörungen und Gewebsschädigungen vor allem an den empfindlicheren Organen in den Vordergrund.

Nervensystem. Alle Lösungsmittel sind mehr oder weniger starke Gifte für
das Nervensystem. Es ist das giftempfindlichste Organsystem. Seinen Schädigungen kommt bei den Lösungsmitteln eine ganz besonders wichtige Rolle zu.

Dies geht schon aus ihrer Grundwirkung hervor, der *Narkose*, einer allmählich fortschreitenden Lähmung des Zentralnervensystems, die sich in Verlust
des Bewußtseins, der willkürlichen Bewegungen, der aufrechten Körperhaltung,
der Reflexe äußert. Dabei bleiben aber Herztätigkeit, Kreislauf, Atmung und
vegetative Funktionen erhalten. Je nach der Eigenart der Lösungsmittel sehen
wir aber die größten Unterschiede in quantitativer, auch in qualitativer Hinsicht. Man braucht nur an den zeitlichen Ablauf eines lang dauernden Alkohol-
rausches mit anschließender tiefer Betäubung und an eine kurze Äther- oder
Chloroformnarkose denken.

Außer der vorübergehenden, ohne schwerere Folgen bleibenden narkotischen Wirkung treten aber vielfach schwere und bleibende Schädigungen der

Gehirnfunktionen auf, die sicher organische Gewebsschädigungen zur Grundlage haben. Sie werden als sog. Nachkrankheiten und bei chronischer Vergiftung beobachtet. Hier sind es besonders die seelischen und geistigen Erkrankungen, Halluzinationen, Reizbarkeit, Ängstlichkeit, Dämmerzustände, Melancholie und manische Zustände, Psychosen, Verblödung, z. B. nach Schwefelkohlenstoff, der wohl nach dieser Richtung hin das gefährlichste Lösungsmittel darstellt.

Bei dieser Vergiftung sind schwere Gehirnveränderungen, besonders fettige Degeneration der Ganglien, histologisch nachgewiesen. Auch im Rückenmark finden sich derartige Zellschädigungen. Ähnlich schwere Störungen bis zu epileptiformen Zuständen und förmlichen Geisteskrankheiten kommen auch bei gechlorten Kohlenwasserstoffen vor, z. B. bei Trichloräthylen und Tetrachloräthan.

Auch das vegetative Nervensystem wird mehr oder weniger stark in Mitleidenschaft gezogen. Wie bei jeder Narkose, z. B. der Chloroformnarkose, sind typische Veränderungen an der Iris, den Drüsen, den Gefäß- und Herznerven zu beobachten. Alle Organe mit rhythmischer und peristaltischer Bewegung werden durch Chloroform und seine Verwandten im Sinne einer Herabsetzung der Funktion beeinflußt. Magen, Darm, Uterus erschlaffen und stellen ihre Bewegungen vorübergehend ein.

Zahlreiche Symptome bei chronischen Vergiftungen sprechen für eine toxische Schädigung des vegetativen Systems. Hierher gehören die häufig beobachteten gastrointestinalen Erscheinungen, die, angefangen von einfachen Verdauungsstörungen bis zu schwersten, an Bleikolik erinnernden Krampfzuständen, in verschiedensten Formen auftreten, ferner die Erkrankungen der Kreislauforgane, die pathologischen Stoffwechselvorgänge, die Änderungen des Blutbildes, die Störungen im Wärmehaushalt und sonstiger vegetativer Regulationen.

Die Wirkungen auf die peripheren Nerven zeigen sich in den örtlichen Reizerscheinungen, in den Parästhesien und Anästhesien der Haut, den Atmungsreflexen. Viele Lösungsmittel, auch die Alkohole, wirken örtlich betäubend. Am eindrucksvollsten zeigt sich diese Wirkung an den sensiblen Nerven bei Trichloräthylen. Die motorischen Nerven sind weit weniger empfindlich als die sensiblen Nerven. Sie werden bei direkter Berührung durch Alkohol, Äther, Chloroform, ebenso wie durch alle Lösungsmittel gelähmt. Fälle von Polyneuritis durch Lösungsmittel sind besonders bei Schwefelkohlenstoff, Trichloräthylen, Tetrachloräthan bekannt geworden. Hier ist auch an die Polyneuritis bei Alkoholikern zu erinnern. Wie die sensiblen Nerven im engeren Sinne, werden auch die Nerven der Sinnesorgane schon bei akuten Lösungsmittelvergiftungen, besonders aber bei chronischer Einwirkung, schwer betroffen. Hier stehen die *Störungen des Sehorgans* im Vordergrund. Sie sind allgemein bekannt bei dem vielgestaltigen Bild der chronischen Alkoholvergiftung, bei der *Vergiftung* durch Methylalkohol und bei anderen Methylverbindungen; sie kommen aber bei jeder Gruppe von Lösungsmitteln vor, besonders intensiv bei einigen Chlorkohlenwasserstoffen und bei Schwefelkohlenstoff. Sie treten hier vielfach nicht isoliert auf, sondern verbunden mit Störungen des *Geruchs-* und *Geschmackssinnes.*

Eine Sonderstellung unter den Lösungsmitteln, die zu Sehstörungen führen, nehmen das Dichloräthan und das Dichloräthylen ein. Besonders das erstere führt nach Einatmung, auch nach Einspritzung unter die Haut, also sicher auf resorptivem Wege, zu Endothelnekrose an der hinteren Seite der Hornhaut und zu schweren Hornhauttrübungen.

Verhältnismäßig selten sind Störungen des Gehörssinnes. Sie werden aber auch beobachtet z. B. bei Neuritis und Degeneration des Hörnerven durch Trichloräthylen oder Methylalkohol.

Herz und Kreislauf. Alle Lösungsmittel vermögen das *Herz* zu schädigen, wenn auch in sehr verschiedenem Ausmaß. Dadurch kommt es zu mangelhafter Versorgung der Gewebe mit Blut und Sauerstoff, zu gestörter Blutverteilung, zu Überfüllung der venösen Gefäßgebiete und der Blutspeicher. Äußere Zeichen sind die blaue Färbung der Haut und Schleimhäute, die Cyanose und die Atemnot. Die Schädigungen erstrecken sich auf den Herzmuskel selbst und auf die nervösen Elemente. Blutungen im Herzen kommen vor allem bei Benzol und Benzin vor. Im Herzmuskel und in den Herzhäuten finden sich aber fast bei jeder mit Erstickung einhergehenden Vergiftung Blutungen, die uncharakteristisch sind.

Die Chloroformschädigungen am Herzen sind sehr gut bekannt. Hier handelt es sich vor allem um fettige Degeneration der Muskelfasern. Ungewöhnliche Verfettungen sind charakteristisch für die chronischen Vergiftungen durch viele Chlorkohlenwasserstoffe. Hierbei finden sich auch entzündliche rückschrittliche Veränderungen, Nekrose, Zerfall, Verkalkungsherde.

Gefäße. Wie im Herzen finden sich auch in den Gefäßen schwere Schädigungen. Die Gefäße der Lunge bilden *den ersten Angriffspunkt* bei der Einatmung. Zahlreiche Lösungsmittel, Benzol, Benzin, Ester, Äther, Methylalkohol, Chlorkohlenwasserstoffe, Chloroform, Schwefelkohlenstoff, Terpentin, führen hier zu schweren anatomischen Schädigungen, vor allem entzündlicher Natur, ferner zu Endothelverfettungen, Blutaustritten. Blutungen in allen Organen, also auch der Haut und Schleimhäute, der Drüsen, sind besonders charakteristisch für Benzol und auch für Benzin. Sie hängen nicht zuletzt mit den Veränderungen des Blutes, seiner chemischen Zusammensetzung, der Gerinnbarkeit, den Schädigungen der einzelnen Blutzellen, besonders der Thrombocyten, der Bildung von Zerfallsprodukten zusammen. Über die Beziehungen der Blutungsbereitschaft zum Vitamingehalt vgl. Kapitel Vitamine und Hormone. Thrombosen und Embolien nach Einwirkung von Lösungsmitteln sind oft beobachtet. Im ersten Reizstadium beobachtet man, wie bei den Leukocyten, auch eine Zunahme der Thrombocyten. Die hämorrhagische Diathese scheint aber nur beim Benzol eine größere Rolle zu spielen. Schwere Gefäßstörungen mit Thrombosen finden sich im Laufe von chronischen Vergiftungen, z. B. durch Tetrachloräthan. Im allgemeinen dürften sie aber bei leichten Vergiftungen selten sein.

Die Frage der arteriosklerotischen Veränderungen ist noch wenig geklärt. Zu beachten sind die apoplektischen Zustände bei schweren chronischen Vergiftungen durch gechlorte Kohlenwasserstoffe, die Fälle von Angina pectoris nach Trichloräthylen (GERBIS).

Blut und blutbildende Organe. Das Blut ist ein feiner Indicator nicht nur für Gesundheit und Wohlbefinden, sondern auch für Störungen aller Art. Es reagiert auch leicht auf die Einwirkung von Lösungsmitteln. Dies zeigt sich schon in den Änderungen der Reaktion des Blutes, die auf Herabsetzung der Alkalireserve beruhen. Fast stets findet sich Azidose.

Alle Lösungsmittel sind imstande, das Blut zu schädigen, nicht zuletzt, weil sie an den Lipoiden des Blutes angreifen. Als eigentliches Blutgift im strengeren Sinne des Wortes ist aber nur das Benzol zu bezeichnen. Benzin wirkt ähnlich wie Benzol, aber schwächer, es greift jedoch mehr das rote Blutbild an. Auch Trichloräthylen wirkt ähnlich. Im allgemeinen führen alle lipoidlöslichen Stoffe durch Änderung der Permeabilität der Blutzellen zur Hämolyse, z. B. Alkohole, Äther, Glycerin. Die hämolytische Wirkung schwankt in weiten Grenzen. Manche Lösungsmittel, die an sich im Glase keine Hämolyse bewirken, führen zu solchen Blutschädigungen, wenn sie im Serum gelöst mit Blutkörperchen zusammengebracht werden. Auffälligerweise sollen manche stark giftige Lösungsmittel überhaupt keine direkte hämolytische Wirkung besitzen. Diese Frage bedarf noch weiterer experimenteller Klärung. Änderungen des Blutfarbstoffes spielen bei der Lösungsmittelvergiftung keine große Rolle. Insbesondere ist Methämoglobinbildung selten beobachtet. Die Angaben hierüber sind widerspruchsvoll. Bei reduzierenden Stoffen, wie Aldehyden oder bei der Entstehung von Umwandlungsprodukten von Phenolcharakter ist aber damit zu rechnen. Von praktischer Bedeutung ist auch die Löslichkeit im Blut. Sie entspricht keineswegs der Löslichkeit in Wasser oder physiologischen Salzlösungen. Hierüber liegen zahlreiche Untersuchungen vor. Wie BAADER und LUCE neuerdings gezeigt haben, bewegt sich z. B. der Löslichkeitskoeffizient bei gechlorten Kohlenwasserstoffen aufsteigend in der Reihe Wasser—Kochsalzlösung—Serum—Erythrocytenbrei. Im allgemeinen sind wohl die meisten flüchtigen Lösungsmittel im Blut viel stärker löslich als im Wasser. Eine Sonderstellung nehmen die wasserlöslichen Alkohole und Äther ein. Die Löslichkeit des Äthers in den genannten Flüssigkeiten ist etwa gleich. Äther verteilt sich auch zwischen Blutkörperchen und Blutserum zu gleichen Teilen (NICLOUX). Dadurch unterscheidet er sich von den in Wasser schwer löslichen technischen Lösungsmitteln, die sich stärker in den lipoidhaltigen Blutkörperchen anreichern.

Das Blut wird durch die Lösungsmittel primär entfettet. Sekundär wird aber infolge der Fettverschiebungen und der Verfettung der Organe dem Blut wieder Fett zugeführt. Alle Narkotica führen zu mehr oder weniger starker Anhäufung von Fett im Blut. Auffällig hoher Fettgehalt des Blutes ist bei Lösungsmittelvergiftungen nicht selten. „Lipämie" ist besonders bei Säufern ein bekannter Blutbefund. Bei manchen Lösungsmittelvergiftungen kann der Fettgehalt des Blutes geradezu „ungeheuer" werden, bei Tetrachlorkohlenstoff wurden 64% im Gesamtblut gefunden (PETRI). Die Resistenz der roten Blutkörperchen wird herabgesetzt. Wie es scheint, spielen die Veränderungen der Blutzellen im strömenden Blut durch Hämolyse u. dgl. eine geringere bzw. nur eine untergeordnete Rolle.

Ein Hauptangriffspunkt der Lösungsmittel liegt im *Knochenmark*. Vielfach kommt es nur zu Hyperämie und vermehrter Zellbildung, zu einer vorübergehenden Hyperplasie. Wenn aber die Schädigung überwiegt und zunimmt, tritt die Unfähigkeit, regelrecht Blut zu bilden, immer deutlicher, besonders ausgeprägt in Form der aplastischen Anämie, in Erscheinung. Im Knochenmark, ebenso in der Milz und den Lymphknoten, zeigen sich dann auch eingreifendere organische Veränderungen.

Das Blutbild ist bei Lösungsmittelvergiftungen im allgemeinen sehr verwickelt und nur selten ganz typisch. Es gibt keine für bestimmte Stoffe streng spezifischen Veränderungen. Um zu einer klaren Beurteilung zu kommen, muß man die verschiedenen Stadien der Giftwirkung und des Krankheitsverlaufes auseinanderhalten.

Bei Beginn stehen die unspezifischen Reizerscheinungen der blutbildenden Stätten, vor allem des Knochenmarkes, im Vordergrund. Es kommt zu Hyperplasie und Leistungssteigerung und damit zu gehäufter Ausschwemmung junger, kernhaltiger, überschnell gebildeter und deshalb unreifer und leicht zerfallender Zellen. Das Reizstadium leitet die weiteren Veränderungen ein. Erst allmählich verschiebt sich dann das Blutbild, wenn nicht eine Anpassung und ein stationärer Zustand eintritt.

Entscheidend für die weitere Entwicklung ist die Fähigkeit zur Rückbildung der Schädigungen. Mit dem Einsetzen der *Regeneration* wechselt das Bild. Wo die Regeneration gestört ist, treten pathologische Formen und basophile getüpfelte rote Zellen auf. Die Reparationsvorgänge können auch über das Maß hinausschießen, so daß aus der Hypoplasie eine Hyperplasie werden kann. Dies ist bei Benzol und gechlorten Kohlenwasserstoffen beobachtet. Die Schädigungen können sich aber auch weiter fortentwickeln und verstärken.

Manchmal treten diese erst auf, wenn die direkte Einwirkung des Giftes schon aufgehört hat. Im Stadium der Erholung findet sich gewöhnlich eine relative Lymphocytose. Das Blutbild wird allmählich wieder normal.

Der Hämoglobingehalt und die Zahl der roten Blutzellen sind im Anfangsstadium der Vergiftungen bisweilen erhöht. Hyperglobulien finden sich besonders bei dem Blutgift Benzol. Sie sind wohl als Folge der durch toxische Einflüsse gestörten Sauerstoffversorgung aufzufassen.

Neben der gesteigerten Blutbildung geht gewöhnlich bereits ein vermehrter Zerfall einher. Dabei treten auch basophil getüpfelte und polychromatophile Zellen auf, die Anämie hat einen stark hyperchromen Charakter (Tetrachloräthan, Benzol). Bei Benzol und Benzin ist der Reichtum an eosinophilen Zellen auffallend hoch. Der erhöhte Blutumsatz zeigt sich auch im Pigmentstoffwechsel. Jeder größere Blutzerfall führt zu verstärkter Pigmentablagerung in den Organen, Leber, Milz, Lunge.

Vermehrung der weißen Blutkörperchen ist besonders im ersten Stadium bei vielen Lösungsmitteln festzustellen. Schädigungen der weißen Blutkörperchen sind vor allem typisch für die Benzolvergiftung. Auch bei anderen Lösungsmitteln tritt, soweit Beobachtungen vorliegen, zunächst eine Leukocytose als Folge des Reizes und darauf eine mehr oder weniger starke Leukopenie auf. Echte Leukämien sind bisher nicht festgestellt.

Blutuntersuchungen bei Vergiftungen von Menschen und Tieren durch Lösungsmittel sind in sehr großer Zahl angeführt und veröffentlicht. Auffällige und besonders charakteristische Unterschiede bei einzelnen Stoffen, abgesehen von der Sonderstellung des Benzols, sind dabei jedoch nicht festgestellt worden, insbesondere lassen sich aus den Befunden keine weitergehenden vergleichenden Schlüsse innerhalb der verschiedenen Stoffgruppen ziehen. Vgl. hierzu z. B. die zahlreichen Untersuchungen K. B. LEHMANNs und seiner Schüler bei den gechlorten Kohlenwasserstoffen.

Anämien sind bei chronischen Vergiftungen häufig. Als Ursachen kommen hier in Frage die Giftwirkungen auf die Bildungsstätten des Blutes und toxische Schädigungen der Blutkörperchen in der Blutbahn, also Schädigungen des Knochenmarkes, der Leber, der Milz, dann der Blutzellen selbst, außerdem aber noch allgemeine Ernährungsstörungen, wie sie bei jeder chronischen Vergiftung auftreten.

Ob und wieweit eine *perniziöse* Anämie auf Lösungsmittelwirkungen zurückgeführt werden kann, ist unsicher. Bei Trichloräthylen sind Fälle von solchen Anämien angeblich beobachtet worden. Vgl. auch Kapitel Benzol und Chlorbenzol.

Bei der toxikologischen Beurteilung von Blutbefunden ist daran zu denken, daß auch *physikalische* Einflüsse sowie viele Erkrankungen zu Schädigungen des Blutes führen können. Die Einflüsse von Arbeit, Ermüdung, Erschöpfung, mechanische, thermische und elektrische, klimatische Faktoren, Strahlenwirkungen, Licht, Lärm, Staub, wirken sich in überaus wechselndem Grade auf die Beschaffenheit und die Zusammensetzung des Blutes aus.

In der *Milz* zeigen sich vor allem die Folgeerscheinungen des vermehrten Blutzerfalls in starker Ablagerung von Hämosiderin und Blutpigmenten. Blut- und Gefäßgifte führen zu Hyperplasien des gesamten reticuloendothelialen Systems, zu Blutaustritten, zu Metaplasien mit Anzeichen von Regeneration, zu Vermehrung von Bindegewebe und schließlich zu Aplasie mit mannigfaltigen Veränderungen aller zelligen Elemente. Typische Beispiele kommen bei der Benzolvergiftung vor. Über Milzveränderungen durch die einzelnen Lösungsmittel ist wenig bekannt. Die Störungen des Fettstoffwechsels finden auch in der Milz ihren Ausdruck in Anreicherung von Fett, die des Wasser- und Mineralstoffwechsels durch Schwellung und Vergrößerung des ganzen Organs. Die sehr häufig zu beobachtende Milzstauung ist eine Begleiterscheinung der allgemeinen Kreislaufschädigungen.

Die *Lymphdrüsen* zeigen ebenfalls Blutungen, Ablagerung von Pigment, Hyperplasie, Verminderung des lymphoiden Gewebes.

Atmung und Atmungsorgane. Durch die Lösungsmittel wird die Atmung wie durch alle Narkotica schließlich herabgesetzt. Es kann aber durch zentrale Einflüsse und die Reflexe der Atmung vorübergehend zu recht erheblicher Steigerung der Atemgröße kommen, wie z. B. bei den Estern, bei Äther, Aceton, gechlorten Kohlenwasserstoffen. Auch hier wird jedoch bei längerer Einatmung stets im ganzen weniger Luft aufgenommen als normalerweise (W. WIRTH). Jede Narkose führt bei Weiterführung bis zum Tode zu Lähmung des Atemzentrums.

Über die Atemfrequenz bei gechlorten Kohlenwasserstoffen liegen zahlreiche Beobachtungen von K. B. LEHMANN und Mitarbeitern vor. Dabei zeigten sich gewisse Unterschiede zwischen den hochchlorierten und nur 1- oder 2fach chlorierten. Bei letzteren ist die Frequenz stark gesteigert, wohl infolge der stärkeren lokalen Reizwirkungen.

Narkotica setzen auch ganz allgemein die Zellatmung, z. B. die Atmung von roten Blutkörperchen, herab. Hierüber liegen zahlreiche Untersuchungen vor.

Über die Einwirkung auf die Gewebe der Atemwege ist folgendes zu sagen: Viele Lösungsmittel führen durch lokale Berührung zu Reizerscheinungen und organischen Schädigungen der Atmungsorgane. Dabei treten in der Nase, dem Kehlkopf, der Luftröhre und ihren Ästen, Entzündungen verschiedenen Grades, Blutüberfüllung, Blutaustritte, ödematöse Schwellungen, selbst „Verätzungen", Geschwüre, Nekrosen, auf.

In den *Lungen* kommt es zu Entzündungsvorgängen mit Gefäßveränderungen, Wandschädigungen, fettiger Degeneration der Endothelien, Blutaustritten, auch Thrombosen, zu Fettablagerungen in der Umgebung der Gefäße, Fettembolien, zu Emphysem und Cirrhose.

Lungenödem ist eine der häufigsten Begleiterscheinungen schwerer akuter Vergiftung und ein nicht seltener Sektionsbefund. Es kommt entweder als Folge der direkten toxischen Gefäßschädigung oder durch allgemeines Versagen des Kreislaufes zustande und findet sich bei der Vergiftung durch Alkohole, Ester, Chlorverbindungen, Benzin und Benzol usw.

Wärmehaushalt. Jede Narkose führt zur Senkung der Körpertemperatur, und zwar durch Lähmung des Wärmezentrums, durch periphere Gefäßerweiterung, durch die Einschränkung von chemischen Prozessen im ganzen Organismus. Bei Lösungsmitteln kommen aber auch erhebliche Steigerungen der Temperatur vor, besonders bei den schweren Stoffwechsel- und Lebergiften, z. B. Tetrachlorkohlenstoff und nahestehenden Verbindungen. Dies ist auch von Wichtigkeit wegen der Differentialdiagnose gegenüber den zahlreichen fieberhaften infektiösen Erkrankungen, die unter ähnlichem oder gleichem Bild verlaufen können (Leberkrankheiten, infektiöse Magendarmerkrankungen).

Temperaturen von 39 und 40° sind bei Vergiftungen durch Lösungsmittel nicht selten, ohne daß bakterielle Infektionen bestehen bzw. nachzuweisen sind.

Stoffwechsel. Alle Narkotica wirken auf den *Stoffwechsel*. Dies zeigt sich zunächst in der Azidose, der vermehrten *Säurebildung*, die jede Narkose begleitet. Die reichen Erfahrungen bei Chloroform und anderen narkotischen Stoffen lassen sich auch auf die verwandten Gruppen von Lösungsmitteln übertragen. Am auffallendsten und sichtbarsten ist die Störung des *Lipoidstoffwechsels*. Je nach der lösenden Kraft, der Menge und Dauer der Einwirkung, nicht zuletzt nach dem Zustand der Organe, schwindet das Fett an gewissen

Stellen, so daß es zur Verarmung der Fettspeicher kommt, dafür wird Fett an anderer Stelle, oft in geradezu ungeheueren Mengen abgelagert. Außer diesen quantitativen Änderungen kommt es zu qualitativen Verschiebungen und zu Entmischungen der Fette und fettähnlichen Stoffe. Das Verhältnis von Neutralfett zu freien Säuren, Seifen, Gesamtlipoiden ändert sich. Auch die Phosphatide werden besonders durch die chemisch aktiven, z. B. säureabspaltenden Lösungsmittel, umgewandelt. Die Fettverschiebungen lassen sich in allen Organen und Zellen nachweisen, im Blut und den Körpersäften, im Gehirn, den parenchymatösen Organen, im Herz und den Gefäßen, der Lunge, Leber, Milz, im Muskel und Knochen, auch in den Drüsen, z. B. der Nebennierenrinde. Fett findet sich abnormerweise in der Umgebung der Gefäße. Auch Fettembolien durch Blutfett werden in den Organen beobachtet. In den einzelnen Zellen (Gehirn, Leber, Nebenniere) kommt es zu Entmischungen, Wanderungen und Verschiebungen des Fettes, zu Aufspaltung, Zersplitterung in Tröpfchen, Übergang in Randstellung.

Die Störung des *Kohlehydratstoffwechsels* gibt sich zu erkennen in der Abnahme bzw. dem völligen Schwund des Glykogens in Leber und anderen Organen, in der Hyperglykämie (Erhöhung des Blutzuckers), in der Glykosurie (Zuckerausscheidung im Harn). Vorübergehend findet sich auch Verminderung des Blutzuckers. Die Produkte der Azidose, Aceton, Säuren, entstehen wenigstens zum Teil infolge des verstärkten und abnormen Kohlehydratabbaus.

Auf Störungen des *Eiweißstoffwechsels* können vielleicht auch die soeben genannten bei schwerer Vergiftung auftretenden Aceton- und Ketokörper, Acetessigsäure usw. zurückgeführt werden. Weiter sind in den Störungen der Lebertätigkeit sichere Beweise dafür zu erblicken. Ganz besonders deutlich sind die abnormen Befunde im Harn: die vermehrte Ausscheidung von Gesamtstickstoff, Aminosäuren-Stickstoff, Harnstoff, Kreatinin, Harnsäure, von Chlor, Phosphor, Schwefel. Auch das gegenseitige Verhältnis der einzelnen Werte ist oft in charakteristischer Weise geändert, der Säuregrad des Harns ist wohl stets gesteigert. Toxischer Eiweißzerfall ist bei vielen Lösungsmittelvergiftungen vorhanden. Dafür spricht auch, daß es in schweren chronischen Fällen zu Abmagerung, Kachexie, urämischen Erscheinungen und Koma kommt. Die Wirkungen der Lösungsmittel auf den Stoffwechsel sind, wie aus Obigem hervorgeht, überaus mannigfaltig. Sie dürfen nicht nur an einzelnen Teilgebieten betrachtet werden, sondern sind auch nach den großen Zusammenhängen zu beurteilen. Dabei spielt die innige Verknüpfung aller Vorgänge im Organismus, natürlich auch der Mineral- und Wasserhaushalt, eine Rolle. Im Mineralhaushalt sind wichtig die vereinzelt nachgewiesenen Änderungen des Kalkstoffwechsels, z. B. in der Glykolreihe durch die Oxalsäurebildung, des Schwefelstoffwechsels beim Benzol durch die Paarungen mit Schwefelsäure, des Chlorstoffwechsels bei den Chlorkohlenwasserstoffen.

Daß auch der *Wasserhaushalt* Eingriffe erleidet, zeigt sich vor allem in den lokalen Störungen der Wasserverteilung, den Quellungserscheinungen und Ödemen des Gehirns, der Leber, Milz, Niere, Lunge, sowie in den vielgestaltigen Entzündungserscheinungen.

Auch der *intermediäre Stoffwechsel* erfährt, wie zahlreiche Einzelbefunde besonders im Stickstoffhaushalt der Leber zeigen, die verschiedenartigsten Störungen, vor allem bei den schweren chronischen Vergiftungen. Bemerkenswert ist die wiederholt festgestellte Steigerung der Ausscheidung von Kreatin, das als Index des endogenen Stoffwechsels angesehen wird. Die Azotämie, die Vermehrung des Stickstoffs im Blut, zeigt die Anhäufung von Eiweißzerfallsprodukten an.

. **Pigmentstoffwechsel.** Von toxikologischer Bedeutung für die Beurteilung der Stoffwechselstörungen sind die Farbstoffe des Blutes, der Galle und ihre Derivate. Die Blutfarbstoffe sind im Kapitel „Blut" besprochen. Das *Urobilinogen*, ein Derivat des Gallenfarbstoffes, findet sich vor allem bei Störungen der Leberfunktion in größerer Menge im Harn. Ein anderes Derivat, das *Urobilin*, ist physiologisch und toxikologisch ähnlich zu bewerten wie das Urobilinogen. Es entsteht in vermehrter Menge, wenn stärkerer Blutzerfall stattfindet. Wir finden es daher auch im Blut vermehrt bei Vergiftung durch Lösungsmittel, besonders bei Benzol und Benzin, bei höheren Alkoholen, wie Butyl- und Amylalkohol, auch bei gechlorten Kohlenwasserstoffen, vor allem Trichloräthylen und Tetrachloräthan. Vermehrte Ausscheidung von Gallenfarbstoff ist häufig und begleitet gewöhnlich den Ikterus. Neuere Bestimmungsmethoden der Farbstoffe in der einschlägigen Literatur (RONA, HINSBERG und LANG; VANNOTTI). Ebenso wie Schädigungen der Leber lassen sich, wie besonders VANNOTTI gezeigt hat, Schädigungen des Knochenmarks und des Reticuloendothels an der Vermehrung des Porphyrins erkennen. Es gibt verschiedene Porphyrine. Das Studium des Porphyrinstoffwechsels gibt tiefere Einblicke in den Verlauf und das Wesen der Lösungsmittelvergiftungen, nicht zuletzt gestattet es auch eine genauere Lokalisierung der krankhaften Vorgänge. Toxische Schädigungen des Knochenmarks können einerseits durch Hemmung der Bildung von Blutzellen (Agranulocytose), andererseits durch Hemmung der Eisenverwertung bei der Synthese des Hämoglobins zu vermehrter Bildung von Porphyrinen führen (VANNOTTI 1937). Erhöhter Gehalt an Porphyrin im Harn findet sich bei zahlreichen Lösungsmittelvergiftungen, bei Benzol, Toluol, Xylol, bei den Chlorkohlenwasserstoffen, z. B. Chloroform, Tetrachlorkohlenstoff, Trichloräthylen, auch bei vielen Narkoticis, die den Lösungsmitteln nahestehen, z. B. Paraldehyd, Amylenhydrat und zahlreichen anderen Schlafmitteln; weiter, was für die Benzolvergiftung bedeutsam ist, auch bei Phenolen, besonders bei Hydrochinon.

Die **Leber** steht im Mittelpunkt des Stoffwechsels. Wenn dieses wichtigste Entgiftungsorgan geschädigt wird, erfahren alle damit zusammenhängenden Funktionen eine mehr oder weniger starke Beeinträchtigung und Abschwächung. Die Abbaureaktionen, die zahlreichen synthetischen Fähigkeiten zur Paarung und Komplexbildung werden gestört. Dazu kommt die verstärkte Autolyse, der fermentative Zerfall der Leberzellen. Deshalb finden sich in der Leber bei schweren Lösungsmittelvergiftungen allerlei Eiweißabbauprodukte, freie Aminosäuren, Peptone, Polypeptide, verringerter Gehalt an Phosphatiden, Schwankungen im Cholesteringehalt u. dgl. m.

Jede Chloroformnarkose vermag die Leistung der Leber zu schädigen, besonders wenn bereits Funktionsstörungen dieses Organs vorlagen. Das hat auch für andere Lösungsmittel Geltung. Die Schädigungen lassen sich am einfachsten erkennen durch die klinischen Funktions- und Belastungsproben, Ausscheidungsfähigkeit für gewisse Stoffe, wie Phenoltetrachlorphthalein, Toleranz für Lävulose und Galaktose, auf die hier nicht näher eingegangen werden kann (vgl. Kap. „Erkennung").

Krankhafte Veränderungen der Leber lassen sich auch durch die soeben erwähnten Störungen im Pigmentstoffwechsel, insbesondere durch die Vermehrung der Porphyrinausscheidung im Harn und durch die Erhöhung des Porphyringehaltes im Blut erkennen. Zahlreiche Gewerbegifte führen zu gestörtem Abbau des Hämoglobins. Dadurch kommen auch die Ablagerungen von eisenhaltigen Pigmenten in Leber, Milz, Lymphdrüsen, Knochenmark, Lunge und anderen Organen zustande.

Als besonders schwere Lebergifte haben sich gewisse Chlorverbindungen erwiesen. So führen vor allem das Tetrachloräthan, das Trichloräthylen, der Tetrachlorkohlenstoff, zu Degenerationserscheinungen, Verfettung, Nekrosen, Glykogenverlust, Gefäßschädigung und Blutaustritten. Die Speicherung und Infiltration von Fett darf nicht ohne weiteres mit der fettigen Degeneration gleichgestellt oder gar verwechselt werden. Es kann auch zu starker, intercellulärer Fettspeicherung kommen, ohne daß eine pathologische Verfettung der Leberzellen vorliegt (Hypertrophische Fettleber). Auch bei der Leberschädigung durch Lösungsmittel sind Regenerationsvorgänge, vor allem Neubildung von Leberzellen, häufig festgestellt. Es kann dadurch zur Ausheilung kommen. In späteren Stadien treten Bindegewebswucherungen, Schrumpfungsprozesse, Nekrosen und Degenerationen ein. Lebercirrhose läßt sich im Tierversuch durch Chloroform und seine Verwandten erzeugen. Sie ist bei chronischen Vergiftungen von Menschen nicht selten, es sei nur an die Alkoholvergiftung erinnert. Das Problem der Lebercirrhose ist neuerdings viel umstritten, insbesondere wird die Richtigkeit der Diagnose in den statistischen Zusammenstellungen vielfach angezweifelt. Eines der bekanntesten Zeichen der Leberschädigung ist die gelbe Hautfarbe, der Ikterus, der besonders oft bei den Lösungsmitteln auftritt, die den gesamten Stoffwechsel und das Blut schädigen. Sie kann unter Umständen als erstes Frühsymptom auftreten; und ist, abgesehen von den Chlorkohlenwasserstoffen, häufig auch bei Methylalkohol und Schwefelkohlenstoff. In der Regel wird sie erst bei chronischen Schädigungen beobachtet. Außer Schädigungen der Leberzellen kommen für die Entstehung noch andere Ursachen in Frage, z. B. eine Vermehrung der Bilirubinbildung außerhalb der Leber, pathologische Veränderungen der Milz, des Reticuloendothels, Hindernisse in den Transportwegen. Auch durch verschiedenartige Pigmentablagerungen in der Haut entstehen gelbe, an Ikterus erinnernde Hautverfärbungen. Häufig finden sich gleichzeitig kleine Hautblutungen. Wichtig ist, daß trotz sicher vorliegender Leberschädigung Ikterus auch fehlen kann.

Die **Verdauungsorgane** werden keineswegs nur dann geschädigt, wenn Lösungsmittel „innerlich" durch den Magen aufgenommen werden. Daß dabei schwere lokale Reizerscheinungen, „Ätzwirkungen", Blutungen, blutige Durchfälle auftreten können, ist ohne weiteres verständlich. Die toxikologische Literatur ist reich an Vergiftungsfällen durch Verschlucken von Benzin, Benzol und sonstigen hierhergehörigen Stoffen, Fleckwasser u. dgl., auch Arzneimitteln. Für die Frage der gewerblichen Vergiftung haben solche Vorkommnisse nur indirekte Bedeutung; sie tragen aber zur Aufklärung über den Wirkungscharakter und die Giftigkeit des betreffenden Stoffes bei. Zu beachten ist noch, daß auch bei der Einatmung von Lösungsmitteldämpfen kleinere Mengen mit verschlucktem Speichel und Mundsekreten in den Magen gelangen können. Endlich ist noch daran zu erinnern, daß die Lösungsmittel, wenn auch in beschränktem Maße, nach der Resorption aus dem Blut durch die Leber bzw. die Galle und die Drüsen der Magendarmwandung in den Verdauungskanal ausgeschieden werden können.

Viel wichtiger ist das Auftreten gastrointestinaler Störungen im Laufe der chronischen Vergiftung durch gewisse Lösungsmittel, besonders der Stoffwechselgifte der Halogenreihe. Hier sind oft gerade die wenig charakteristischen Störungen von seiten des Magens und Darmes als erste Anzeichen der Azidosis und resorptiven Schädigung bedeutsam. Sie bilden daher wichtige Anhaltspunkte für die Erkennung, besonders die Frühdiagnose und führen oft erst auf den richtigen Weg.

Die Erkrankungen der **Niere** hängen vielfach mit den Lebererkrankungen und den sonstigen Stoffwechselstörungen zusammen. Die Niere ist aber gewöhnlich resistenter als die Leber. Bei manchen Krankheitsbildern kann man geradezu von „renalen Formen" sprechen, weil die Nierenschädigungen das Ganze beherrschen (Tetrachloräthan). Die Niere wird durch alle Säuren, besonders in höheren Konzentrationen geschädigt. Verschiedene gechlorte Kohlenwasserstoffe, auch Benzol und seine Homologe führen zu stärkerer Nierenschädigung. Ganz besonders aber finden sich in der *Glykolgruppe* (auch bei Dioxan) schwere Nierengifte (Oxalsäurebildung, Kalkinfarkte) (POHL, WILEY, E. GROSS, FLURY und KLIMMER).

Bei den Glykolen sind besonders stark auch die Glomeruli geschädigt. Wie es scheint, können alle Lösungsmittel zu Fettspeicherungen in der Niere führen, die aber kaum als schwere Schädigungen zu betrachten sind. Pathologisch-anatomisch finden sich alle Grade der Entzündung bis zu schwerster Verfettung und Degeneration der Nierenepithelien, parenchymatöse und interstitielle Nephritis, Ödeme, Blutaustritte. Reizungserscheinungen wechselnden Grades, auch Blutungen, finden sich zuweilen im ganzen Bezirk der Urogenitalorgane, z. B. Blasenblutungen. Viele nierenschädigende Lösungsmittel machen starke Beschwerden bei der Harnentleerung.

Gewerbehygienisch ist es von Bedeutung, daß manche Lösungsmittel in der Praxis keine oder nur geringe Schädigungen der Niere auslösen. Hierher gehören vor allem Äthylalkohol, Aceton, manche Ester. Nierenschädigungen treten im allgemeinen bei akuter Lösungsmittelvergiftung, außer durch Glykole, selten auf. Auch unter den Chlorkohlenwasserstoffen tritt bei sonst sehr giftigen Vertretern die Nierenwirkung zurück, z. B. bei Trichloräthylen. Im übrigen bilden sich die Schädigungen wie bei der Leber oft auffallend leicht zurück.

Bei Vergiftungen durch die schweren Stoffwechselgifte der Chlorkohlenwasserstoffreihe erfolgt der Tod unter urämischen Symptomen im Koma.

Harn. Die mannigfaltigen Giftwirkungen auf das Blut, den Stoffwechsel, den Mineral- und Wasserhaushalt, die Leber und nicht zuletzt die Niere finden ihren Ausdruck in der Beschaffenheit und Zusammensetzung des Harns. Die Harnmenge ist bei der Retention von Wasser durch Ödeme, bei der gestörten Ausscheidung und Regulation, der herabgesetzten Konzentrationsfähigkeit zunächst stark vermindert, es besteht oft Oligurie, sogar Anurie. Bei eintretender Besserung tritt oft eine mächtige Polyurie auf. Der Gewebszerfall bei den Leber- und Stoffwechselschädigungen wirkt sich im Auftreten pathologischer und pathologisch vermehrter Substanzen aus. Lipoid- und Fettgehalt ist vermehrt, es kommt zu gesteigerter Ausfuhr von allerlei Pigmenten aus Blut und Galle, Porphyrinen, Bilirubin, Indican, Abbauprodukten von Eiweiß, Harnsäure, Aminosäuren, Leucin und Tyrosin („Peptonurie", „Aminacidurie"), Aceton, Ketokörpern, Milchsäure, Ameisensäure. Phenole sind bei Eiweißzerfall, auch bei Benzolvergiftung vermehrt. Die Nierenschädigungen führen zu Ausscheidung von Eiweiß, Zucker (Chloroform und Verwandte, auch Ester), Blut, Zylindern und Epithelzellen verschiedener Art. Die Hämaturie und Hämoglobinurie sind wohl meistens durch direkte Gefäßschädigungen der Niere oder durch Einwirkung von toxischen Zerfallsprodukten auf die schon vorher geschädigten Nieren bedingt. Hämorrhagische Nephritis bei Glykolen. Tetrachlorkohlenstoff und Verwandten. Auf die stark wechselnden Störungen der Mineralstoffausscheidung sei nur kurz hingewiesen. Von diagnostischer Bedeutung sind Chlor, Calcium, Phosphor, Schwefel, insbesondere die Störungen im Verhältnis der einzelnen Ionen, der freien und gepaarten Schwefelsäuren. Die Hyposthenurie, die Bildung eines nur sehr dünnen Harns, ist eines der wichtigsten Zeichen für die geschwächte Nierenfunktion. Bei solchen Vergiftungen sind manche normale Bestandteile des Harns stark vermindert, vor allem der Harnstoff, bis zu 0,2%. Hier wirken die Herabsetzung der Harnstoffbildung in der Leber und die behinderte Ausscheidung durch die Niere zusammen.

Geschlechtsorgane. Die Keimdrüsen sind ebenso wie das Nervensystem in hohem Grade empfindlich gegen toxische Einflüsse. Hierüber liegen besonders reiche Erfahrungen bei Alkoholikern vor. Wie bei anderen chronischen Erkrankungen finden sich auch bei den Lösungsmitteln Störungen der verschiedensten Art, bei Männern Herabsetzung der Libido und der Potenz, bei Frauen vor allem Menstruationsanomalien und Beschwerden in der Schwangerschaft. Die Wirkungen auf den Uterus bestehen in Lähmung, d. h. in Herabsetzung der automatischen Bewegungen. Bei Benzol und Benzin finden sich schwere Uterusblutungen. Von Bedeutung ist auch die Feststellung, daß die Lösungsmittel, ähnlich wie Alkohol und Narkotica, durch die Placenta durchzudringen vermögen. Daß es dadurch zu Schädigung der Nachkommenschaft kommen kann, ist nicht zu bezweifeln.

Im Tierversuch ist Atrophie und Degeneration der männlichen Keimdrüsen durch Alkohol, Schwefelkohlenstoff, Äthylenglykol (WILEY u. a.) nachgewiesen. Auch Benzin führt zu Schädigung der Keimdrüsen. Chlorierte Kohlenwasserstoffe finden sich in den Hoden in besonders hohen Konzentrationen (SCHIFFERLI). Im übrigen sind unsere Kenntnisse in dieser Hinsicht, nicht zuletzt über hormonale Schädigungen noch sehr spärlich (vgl. Alter und Geschlecht, S. 37).

Die **Drüsentätigkeit** hängt aufs engste mit dem vegetativen Nervensystem zusammen. Wie die glatte Muskulatur werden auch alle *Drüsen* ohne Ausnahme mehr oder weniger betroffen. Vielfach ist zunächst eine Steigerung der Sekretion, vermutlich auch durch die lokale Einwirkung, festzustellen. Im Laufe einer Narkose geht die Sekretion der Verdauungsdrüsen zurück. Dies dürfte daher auch für Lösungsmittel, die ja zu den narkotischen Giften gehören, der Fall sein. Die Schädigungen der Leber und der Niere sind bereits besprochen.

Von den Drüsen mit *innerer Sekretion* sind die funktionellen und organischen Schädigungen vor allem bei den Nebennieren genau studiert (Chloroform, Tetrachlorkohlenstoff). Weiter ist aber wenig Sicheres über die Wirkungen auf diese Organe festgestellt. Vereinzelte Beobachtungen liegen vor über Schädigungen, besonders Hyperämie, Blutungen, Ödeme, Nekrose, Atrophie, Bindegewebszunahme bei der Thymus (Chloroform, Benzol), der Hypophyse, der Schilddrüse (Chloroform).

Fermente.. Systematische Untersuchungen über die Einwirkung der technischen Lösungsmittel auf *Fermente* liegen nur spärlich vor. Aus der Analogie vieler dieser Stoffe mit Alkohol, Chloroform usw. lassen sich aber Schlüsse in dieser Hinsicht ziehen. Bei den Wirkungen auf die Fermente spielen auch die Änderungen der Reaktion, also das p_H und die unspezifischen Wirkungen auf das Substrat der Fermente z. B. Eiweißfällung, eine Rolle. Alle Narkotica beeinträchtigen die Zellatmung, also sicher auch die Wirkung der Atemfermente.

Die übrigen Fermente werden je nach der Konzentration gefördert oder abgeschwächt, Chloroform schädigt mehr oder weniger stark die in den Organzellen und Körperflüssigkeiten, z. B. den Verdauungssäften und Drüsensekreten, enthaltenen Fermente, auch gewisse Aktivatoren und Katalysatoren. Dies ist bei allen Verdauungsfermenten, den esterspaltenden Fermenten der Organe, Leber, Niere, den zuckerspaltenden Fermenten experimentell festgestellt. Kleine Konzentrationen können auch zu Steigerungen führen. Die Wirkung der autolytischen Fermente wird im allgemeinen beschleunigt. Genauere Untersuchungen liegen beispielsweise beim Tetrachlorkohlenstoff vor. Hier wurde eine auffallend starke Vermehrung der Serumesterase festgestellt (TANAKA, OKANO). Die Fermente sind auch wesentlich beteiligt bei den Leberschädigungen durch dieses Lösungsmittel, z. B. die Verminderung der Harnstoffbildung, der Desaminierungsfähigkeit.

Das Studium der Phosphatasen hat in den letzten Jahren eine wachsende Bedeutung erlangt, weil diese für gewisse Lebensvorgänge, vor allem für den Energiehaushalt des Körpers, von höchster Wichtigkeit sind. Sie spalten Phosphorsäure aus organischen Verbindungen ab und regulieren dadurch besonders den Kohlehydratabbau. Hier übt die Jodessigsäure ebenso wie das Fluor typische Hemmungswirkungen aus. Wie die übrigen Halogenfettsäuren, vor allem die chlorierten, auf diese Fermente wirken, ist noch nicht systematisch geprüft. Höchstwahrscheinlich spielen aber derartige Reaktionen beim Zustandekommen der Vergiftung durch technische Lösungsmittel eine große Rolle.

Die direkte Schädigung der Fermente durch die technischen Lösungsmittel ist im allgemeinen nicht so intensiv wie durch die eigentlichen Fermentgifte. Zu diesen letzteren gehören aber manche Stoffe, die aus den Lösungsmitteln durch sekundäre Umwandlung entstehen, z. B. die Phenole aus Benzol, Formaldehyd und Ameisensäure aus Methylverbindungen, Chlorfettsäuren u. dgl. aus den Chlorkohlenwasserstoffen.

Vitamine und Hormone. Unsere Kenntnisse über die Beziehungen dieser Stoffe zu den Vergiftungen durch Lösungsmittel stehen noch in den ersten Anfängen. Es kann aber kein Zweifel sein, daß Vitamine und Hormone, besonders Mangel und gestörte Zusammenarbeit, eine hohe Bedeutung bei der Giftempfindlichkeit und Überempfindlichkeit des Individuums, bei der Resistenz, der zeitlichen Disposition, der Bereitschaft für abnorme und atypische Reaktionen besitzen. Dafür sprechen nicht zuletzt pharmakologische und toxikologische Erfahrungen mit Insulin, dem, zumal in Gemeinschaft mit Zucker, eine ausgesprochene antitoxische Wirkung zukommt oder mit Adrenalin, das die Wirkung zahlreicher Gifte, z. B. Chloroform, Benzol, außerordentlich verstärken kann. Derartige körpereigene Stoffe, auch die schwefelhaltigen Verbindungen, wie Glutathion, Cystin u. dgl. m. vermögen die für Giftwirkungen ausschlaggebenden Oxydations- und Reduktionsprozesse auf das stärkste im günstigen und ungünstigen Sinne zu beeinflussen. Änderungen im Gehalt an diesen Stoffen sind bei Vergiftungen durch Lösungsmittel festgestellt.

Auf etwas besser gesicherten Grundlagen stehen unsere Kenntnisse über die Zusammenhänge zwischen gewissen Vitaminen, besonders C-Vitamin und den antihämorrhagischen Faktoren, wie K-Vitamin, P-Vitamin, den Flavonen zu den Gefäßschädigungen. Das Auftreten von Blutungen, insbesondere auch die ungleiche und wechselnde Neigung zu Blutungen, hängt mit Störungen des biologischen Zusammenspiels dieser Stoffe zusammen. Genauere Untersuchungen hierüber liegen vor allem beim Benzol vor (vgl. Kap. Benzol, S. 93). Der Gehalt an C-Vitamin ist bei Benzolvergiftung herabgesetzt.

Hier liegen zweifellos sehr enge Beziehungen zur inneren Sekretion, den Drüsenschädigungen, den Umstimmungen des vegetativen Systems vor. Von hoher Bedeutung ist die weitere Untersuchung dieser Verhältnisse für die Erkennung und Beurteilung, Vorbeugung und Behandlung gewerblicher Schädigungen. Auf die wichtige, damit eng verknüpfte Frage der Ernährung wird bei der Besprechung in den einschlägigen Kapiteln noch näher eingegangen werden. Im übrigen wird auf die Spezialliteratur, insbesondere auf die zahlreichen Veröffentlichungen und Vorträge ZANGGERs, der mit größtem Nachdruck die Wichtigkeit der Vitamin- und Hormonlage bei gewerblichen Vergiftungen betont, hingewiesen.

Haut. Zwischen den einzelnen Lösungsmitteln bestehen sehr deutliche Unterschiede der Hautwirkung. Bei den Untersuchungen von OETTEL, bei denen die Flüssigkeiten eine Stunde lang mit der Haut in Berührung standen, war Schwefelkohlenstoff am stärksten reizend, dann folgten die Paraffine (Benzin), die Olefine, die Cycloparaffine. Bei diesen 3 Reihen war die Verbindung mit

7 C-Atomen am wirksamsten. Bei den Chlorderivaten der Kohlenwasserstoffe lag das Optimum bei 5 C-Atomen, in der Benzolreihe beim Äthylbenzol. Unter den gechlorten Verbindungen nahm die Wirksamkeit von Dichloräthan über Chloroform zu Tetrachlorkohlenstoff ab. Im allgemeinen waren höher molekulare Verbindungen weniger wirksam. Wahrscheinlich spielen bei den optimal wirksamen Stoffen die physikalischen Eigenschaften eine Rolle, z. B. die mit der Molekülgröße ansteigende Lipoidlöslichkeit, vielleicht auch die mit der Molekülgröße absinkende Beweglichkeit des Moleküls, ein bestimmter Verteilungsgrad, der Löslichkeitsquotient. Es kommen aber wohl auch chemische Faktoren in Frage, besonders bei den später eintretenden Nachwirkungen.

Von den *gesättigten aliphatischen Kohlenwasserstoffen* und *aromatischen Kohlenwasserstoffen*, deren Hauptvertreter die *Benzine*, das *Benzol* und seine *Homologen* sind, ist es seit langem bekannt, daß sie vor allem bei länger dauernder Einwirkung, z. B. bei mit Benzol oder Petroleum durchnäßter Kleidung, bei lang dauerndem Arbeiten in gefüllten Wannen ohne Hautschutz, Hautentzündungen, Ekzeme und typische Blasenbildung wie bei Verbrennungen 2. Grades hervorrufen können. Dasselbe gilt für *Terpentinöle* und *Terpentinersatzmittel*.

Solche Hautschäden sind nach *halogenierten Kohlenwasserstoffen* nicht so häufig, da ihre im Vordergrund stehenden narkotischen und resorptiven Wirkungen (hohe Verdunstungsgeschwindigkeit) die Verwendung in der Technik nicht in dem Maße und unter den Bedingungen, wie bei den gesättigten aliphatischen und aromatischen Kohlenwasserstoffen zulassen. Auch *Chloroform* und seine Verwandten können bei langer Berührung mit der Haut, z. B. unter einem Schutzverband oder beim Tragen von durchtränkten Handschuhen, zur Blasenbildung führen. Über Wirkungsunterschiede zwischen bromierten und chlorierten Kohlenwasserstoffen scheint bis jetzt wenig bekannt zu sein. Bromderivate sind stärker wirksam. Trotz der sehr starken Hautreizwirkung von *Schwefelkohlenstoff* kommt es verhältnismäßig selten zu Hautschädigungen.

Alkohole führen auch nach längerer Einwirkungsdauer im wesentlichen nur zur Hautentfettung, *Äther, Ketone und Ester* der aliphatischen Reihe auch bei länger dauernder Einwirkung kaum zu Hautschädigungen.

Neben der individuellen Empfindlichkeit des Betroffenen spielen noch andere Faktoren bei der Stärke der Hautwirkung eine Rolle: Einwirkungsart, Benetzungsdauer, Lipoidlöslichkeit, Wasserlöslichkeit, insbesondere der Verteilungskoeffizient und Flüchtigkeit. Es ist auf alle Fälle damit zu rechnen, daß Stoffe, die bei kurzdauernder Einwirkung auf die Haut harmlos erscheinen, bei länger dauernder Benetzung der Haut starke Schädigungen hervorrufen können.

Näheres über Hautwirkungen im Kap. FRIEBOES und SCHULZE, Hautschädigungen.

Antiseptische Wirkungen. Die Kohlenwasserstoffe, wie Benzin, Benzol u. dgl. haben keine besondere Desinfektionskraft. Aus Benzin und Äther lassen sich sogar Sporen züchten. Über die Wirkungen des Alkohols liegen sehr ausgedehnte Untersuchungen und Erfahrungen vor. Die Wirkung der primären Alkohole steigt mit dem Molekulargewicht. Sekundäre Alkohole wirken schwächer, am geringsten wirken die tertiären Alkohole (TILLEY, zit. nach KOCHMANN). Die optimale keimtötende Wirkung des Äthylalkohols liegt bei einer Konzentration von 60—70%. Ebenso besitzen Methylalkohol und Isopropylalkohol eine optimale Konzentration der Wirkung bei 30—50%. Die desinfizierende Wirkung des Acetons ist schon von ROBERT-KOCH festgestellt worden. Es gehört zu den schwach wirkenden Desinfektionsmitteln und ist weniger wirksam als Alkohol. Aceton verbessert die Alkoholwirkung bei bestimmten Konzentrationen. Sehr interessant und von praktischer Bedeutung ist die Feststellung, daß die bakterientötende Wirkung des Alkohols, besonders in gewisser Verdünnung, durch Zusätze von chlorhaltigen Lösungsmitteln erheblich gesteigert werden kann. So erwies sich Trichloräthylen bei Zusatz zu 48%igem Alkohol als höchst wirksames Desinfektionsmittel (M. KNORR und Mitarbeiter). Geringere Steigerung bewirken auch Methylenchlorid und Äthylenchlorid (GREWELING), ferner Perchloräthylen. Gechlorte Kohlenwasserstoffe sind im allgemeinen von geringer keimtötender Kraft, in wäßrigen Lösungen, besonders in Emulsion, sind sie jedoch weit wirksamer. Äthylglykolacetat und Methylglykol wirken im allgemeinen verschlechternd (BREUSTEDT). Dioxan ist als Desinfektionsmittel von geringer Wirkung (FUNKE).

Vergleichende Untersuchungen über verschiedene Lösungsmittel, besonders der Chlorkohlenwasserstoffgruppe, sind von SALKOWSKI, GABBANO und von JOACHIMOGLU angestellt worden. Dabei haben sich bemerkenswerte Abhängigkeiten und Gesetzmäßigkeiten zwischen der antiseptischen Wirkung und der Wasser- und Lipoidlöslichkeit, der Hämolyse, der Zahl der Chloratome, dem Molekulargewicht ergeben. Die Reihenfolgen stimmen aber nicht mit der Giftigkeit bei Warmblütern überein.

5. Wirkungsmechanismus.

Die organischen Lösungsmittel gehören größtenteils zur pharmakologischen Gruppe der Narkotica im weiteren Sinne. Unter ihnen sind aber auch Stoffe, die sich von den typischen Vertretern, dem Alkohol und Chloroform stark entfernen, vor allem der Schwefelkohlenstoff.

Im Vordergrund ihrer Wirksamkeit steht also die fortschreitende *Lähmung des Zentralnervensystems,* die Narkose, die auf die Gesamtheit der physikalischen, bzw. physikalisch-chemischen Eigenschaften der Stoffe zurückgeführt wird. Diese bedingen den Weg, die Adsorption an die Zellen, bzw. die Grenzflächen, die Änderungen der Durchlässigkeit, die Resorptionsgeschwindigkeit, die Aufnahme in die Zelle, die Verteilung, die Ausscheidung aus dem Körper.

Die vor allem medizinisch verwendeten Stoffe dieser Art werden schlechthin als *indifferente Narkotica* bezeichnet. Dabei geht man von der Vorstellung aus, daß das Hauptgewicht ihrer Wirkung auf den physikalischen und physikalisch-chemischen Eigenschaften liege und daneben die chemische Reaktionsfähigkeit zurücktrete. Diese heute fast allgemein verbreitete Ansicht besteht nicht zu Recht. Streng genommen ist kein einziges Narkoticum ,,indifferent''. Dieser Satz gilt auch für alle Lösungsmittel.

Es wird fast durchweg übersehen, daß die physikalischen Eigenschaften in erster Linie nur für den Transport zum Wirkungsort und für die Verteilung im Körper, also für die ersten Stufen der Einwirkung maßgebend sind. Hier sind besondere Löslichkeitsverhältnisse, keineswegs nur die Lipoidlöslichkeit, sondern noch weit mehr die relative Wasserlöslichkeit, ferner die Adsorbierbarkeit an die Transportmittel und die Zellstruktur maßgebend. Eine, wenn auch geringe Wasserlöslichkeit ist die Voraussetzung für die Wirksamkeit. Alle Narkotica sind adsorbierbar. Wieweit bei der narkotischen Wirkung Lösung oder Adsorption entscheidend ist, ist noch ungeklärt und stark umstritten. Die Vorgänge der Lösung sind durch eine gerade Linie, die Adsorptionsvorgänge durch eine Exponentialkurve darstellbar. Eine scharfe Abgrenzung ist, zumal bei verschiedenen Konzentrationen, nicht immer durchführbar. Über die Theorie der Narkose muß auf die reiche Spezialliteratur verwiesen werden.

Der Transport darf nicht, wie es meistens geschieht, mit der Wirkung der Narkotica verquickt werden. Die Theorie der Aufnahme und Verteilung hat nichts zu tun mit der Theorie des eigentlichen Wirkungsmechanismus. Letzterer

umfaßt die besonderen Reaktionen des Giftes mit der Zelle. Es muß also scharf
unterschieden werden zwischen dem Anmarsch, der Berührung und der chemischen Auseinandersetzung, dem Kampf.

Für den letzteren spielt weniger die Zahl und Menge, als die Stärke, die
chemische Reaktionsfähigkeit, die Hauptrolle.

Die chemische Reaktionsfähigkeit der Narkotica schwankt in weiten Grenzen.
Am geringsten ist sie bei den Kohlenwasserstoffen, die aber wohl auch im Organismus eine Oxydation erfahren dürften. Viel reaktionsfähiger sind ihre Abkömmlinge. Keineswegs indifferent sind beispielsweise die Alkohole, ihre Hydroxylgruppe ist leicht durch andere Radikale und Atome austauschbar. Toxikologisch kommen gewisse Abbauprodukte in Betracht, Aldehyde, Ketone,
Säuren, darunter auch Ameisensäure, die auch bei der Oxydation höherer Alkohole entsteht.

Der Geruch der nach Alkoholgenuß ausgeatmeten Luft beruht im wesentlichen auf Aldehyd. Wie die Alkohole sind auch die Ester sehr reaktionsfähig.
Durch Verseifung und Oxydation entstehen außer den Alkoholen und Säuren
auch die Abbau- und Umwandlungsprodukte ihrer Komponenten. Bedeutungs-
voll ist toxikologisch die Entstehung von Aldehyden, besonders Formaldehyd.
und von Ameisensäure. In der Glykolreihe ist die Bildung von Oxalsäure sichergestellt. Außerdem kommen hier aber noch zahlreiche weitere Umsetzungs-
produkte, besonders solche saurer Natur in Frage. Sie erklären zwanglos die
hohe Giftigkeit dieser Gruppe für die Niere.

Wir müssen annehmen, daß jedes Lösungsmittel im Organismus chemische
Umwandlungen erfährt, mögen diese auch noch so gering sein, wie bei den
schwer angreifbaren Paraffinkohlenwasserstoffen. Kein Lösungsmittel wird,
soweit die vorliegenden Untersuchungen zeigen, restlos aus dem Körper ausgeschieden. Selbst bei den beständigsten verschwinden stets einige Prozent.
Man kann entgegenhalten, daß dies auf methodischen Fehlern beruhe. Es ist
darin kein Gegenbeweis zu sehen, gerade der Rest, die ,,fehlenden Prozente'',
liefern oft die Erklärung für die besondere Natur der Giftwirkung.

Nach Versuchen von K. B. LEHMANN und Mitarbeitern verschwinden beim
Menschen aus der Inspirationsluft von den verschiedenen gechlorten Kohlenwasserstoffen 51—73%, von Benzol 30—40%, dagegen werden von wasserlöslichen
Gasen und Dämpfen bei der Einatmung etwa 90—100% zurückgehalten,
namentlich wenn der Gehalt in der Luft nicht groß ist. Von Salzsäure wurden
beispielsweise 90%, von Nicotindämpfen 95% resorbiert.

Die **narkotische Wirksamkeit** der Lösungsmittel ist sicher von hoher Bedeutung vor allem für die akute Vergiftung, bei Arbeiten in Behältern und
geschlossenen Räumen. Sie spielt ferner eine große Rolle für die Arbeitsleistung
und hinsichtlich der allgemeinen Betriebssicherheit. Daß der Rausch, den die
meisten Lösungsmittel herbeiführen können, eine Gefahr für den Arbeiter und
seine Umwelt, die Betriebsführung und nicht zuletzt die Mitarbeiter bedeutet,
bedarf keiner Erwähnung. Aber auch die dem Rausch vorausgehenden ersten,
oft nur geringfügigen Einwirkungen sind bedenklich, weil sie, wie beim Alkohol,
gerade die feineren geistigen und psychischen Funktionen, die Aufmerksamkeit
und Umsicht. die ruhige Überlegung, die Unterscheidungsfähigkeit, nicht zuletzt
die Geschicklichkeit beeinträchtigen.

Mit Nachdruck ist jedoch darauf hinzuweisen, daß die *narkotische Wirkungsstärke nicht mit der allgemeinen Giftigkeit gleichgesetzt werden darf*. Sie geht wohl
innerhalb gewisser Gruppen von Lösungsmitteln einigermaßen mit der Giftwirkung parallel. aber fast durchweg finden sich auch Ausnahmen von dieser
Regelmäßigkeit.

Hundertfältige Erfahrungen im Tierversuch und bei gewerblichen Schädigungen zeigen, daß schwere, auch tödlich endende Erkrankungen eintreten können, ohne daß es vorher überhaupt zu einer erkennbaren narkotischen Wirkung gekommen ist.

Besonders eindrucksvoll zeigt sich dies bei der Glykolgruppe, in der die narkotische Wirksamkeit sehr schwach ist, aber eine intensive Nierenschädigung eintreten kann, wenn solche Stoffe in den Organismus gelangen. Hierher gehören auch die Spättodesfälle, die vielfach nach längerer Einwirkung schwacher Lösungsmittelkonzentrationen eintreten. Ein Überblick über die Kasuistik der gewerblichen Vergiftungen lehrt, daß gerade die chronischen Schädigungen, die ja weitaus die Mehrzahl der gewerblichen Vergiftungen ausmachen, dadurch gekennzeichnet sind, daß sie sich verhältnismäßig selten an eine vorausgehende Bewußtlosigkeit anschließen und entwickeln.

Ganz überwiegend häufig sind die Fälle, bei denen die chronische Vergiftung ganz allmählich und schleichend zur Ausbildung kommt.

Die narkotische Wirkung auf das Nervensystem kann man als *unspezifische Wirkung* bezeichnen. Zu dieser kommt nun bei den einzelnen Narkoticis noch eine weitere, die man als *spezifische* Wirkung der erstgenannten gegenüberstellen kann. Sie beruht auf der chemischen Natur des betreffenden Stoffes, seiner Zusammensetzung, seinem Aufbau, seiner Reaktionsfähigkeit.

Die Unterschiede der Wirkung sind demnach von zweierlei Art, einerseits die betäubende Wirkung auf das Großhirn und andererseits die übrigen Wirkungen auf den Organismus. Die letzteren treten gewöhnlich erst im Anschluß an die primäre narkotische Wirkung als Nachkrankheiten oder Spätschäden, besonders aber bei wiederholter und chronischer Zufuhr deutlich in Erscheinung.

Schicksale im Körper. Sie dürften am einfachsten zu erklären sein, wenn man die im Organismus zu erwartenden Umsetzungen ins Auge faßt. Dies soll an einigen Beispielen gezeigt werden.

Die *aliphatischen gesättigten Kohlenwasserstoffe* sind chemisch schwer angreifbar und werden größtenteils unverändert ausgeschieden. Ungesättigte Kohlenwasserstoffe dagegen sind leichter zersetzlich. Reines Benzin, das im wesentlichen aus gesättigten Verbindungen besteht, gehört zu den verhältnismäßig wenig giftigen Lösungsmitteln. Die höhere Giftigkeit technischer Benzinsorten ist auf den Gehalt an sehr verschiedenartigen Beimengungen zurückzuführen.

Die Cyclohexanderivate (gesättigte, ringförmige Verbindungen) stehen in der Mitte zwischen den Kohlenwasserstoffen der Fettreihe und der Benzolreihe. Ringförmig gebaute ungesättigte Kohlenwasserstoffe sind erheblich weniger beständig als die gesättigten kettenförmigen Kohlenwasserstoffe. Sie sind chemisch reaktionsfähiger und deshalb auch vielfach von höherer Giftigkeit.

Daß Benzol im tierischen Organismus zu verschiedenen Phenolen oxydiert wird, ist lange bekannt (SCHULTZEN und NAUNYN 1867). Dadurch entstehen die eigentlichen Blutgifte, außer dem Phenol vor allem Hydrochinon und Brenzcatechin, möglicherweise noch andere höhere Phenole (HEUBNER und Schüler). Die geringere Giftwirkung des Toluols erklärt sich durch die Überführung in die wenig wirksame Benzoesäure, des Xylols in die Toluylsäure.

Alle Phenole, insbesondere die zweiwertigen, sind Blutgifte. Neuere Untersuchungen haben gezeigt, daß Brenzcatechin ähnliche Blutveränderungen hervorruft, wie die chronische Benzolvergiftung. Es kommt zunächst zu einem Abfall des Hämoglobins, während sich die Zahl der roten Blutkörperchen nicht wesentlich ändert. Ihre Resistenz wird aber stark und lange Zeit hindurch herabgesetzt. Weiter fallen die Leukocyten schnell ab (H. DIETERING).

Die für Benzol charakteristische Leukopenie findet sich auch bei Hydro-
chinonvergiftung. Diese zeigt unter anderem einen beschleunigten Blutzerfall,
Hämolyse, Anämie, zuweilen mit Ikterus. Nach H. OETTEL (1937) sind die
Giftwirkungen des Hydrochinons auf den Co-Fermentcharakter des Systems
Hydrochinon-Chinon zurückzuführen. Es handelt sich um Störungen der
Oxydations- und Reduktionsprozesse, um Schädigung der Blutbildungsstätten
und toxischen Blutzerfall. Durch diese Feststellungen wird die Blutgiftwirkung
des Benzols verständlich.

Alkohole werden zu Aldehyden, Säuren, Kohlensäure und Wasser verbrannt.
Von besonderer Bedeutung ist der Abbau des Methylalkohols und gewisser
Methylverbindungen. Hier entstehen der besonders giftige Formaldehyd und
Ameisensäure. Bei Chlormethyl, das auch als Chlorwasserstoffester des Methyl-
alkohols aufgefaßt werden kann, dürfte ein analoger Abbau die besondere Gift-
wirkung erklären.

Auch bei den organischen *Estern*, die zunächst in Alkohole und Säuren zerfallen, kommt den Methylverbindungen eine besondere Giftigkeit zu, die wohl
mit der Entstehung von Formaldehyd und Ameisensäure zusammenhängt.

Die Oxydation führt bei den *Glykolen*, die zweiwertige Alkohole sind, zu einer
großen Zahl von Produkten, entweder mit zwei gleichartigen, sehr reaktions-
fähigen Atomgruppen, Dialdehyden, Diketonen, Dicarbonsäuren oder zu Verbindungen mit zwei verschiedenen Atomgruppen und damit zu Stoffen, die die
typischen Eigenschaften von verschiedenen Körperfamilien aufweisen. Solche
gemischte Verbindungen können Aldehydalkohole, Ketonalkohole, Aldehyd-
ketone, Oxysäuren, Aldehydsäuren und Ketonsäuren sein. Ist schon bei Abbau
der einfachen Glykole mit 10 verschiedenen Stoffklassen zu rechnen, so treten
bei ihren Derivaten noch weitere Umwandlungsprodukte dazu. Als Abkömmlinge
der Glykole können auch gewisse Chlorderivate der Äthanreihe angesehen werden,
z. B. das Dichloräthan als Ester des Äthylenglykols mit Chlorwasserstoffsäure,
das Äthylenchlorhydrin, der Dichloräthyläther. Diese Verbindungen liefern eine
noch größere Zahl von weiteren Umwandlungs- und Zersetzungsprodukten. Am
wichtigsten ist die bereits von POHL (1896) festgestellte Bildung von Oxalsäure.

Auch die *Äther* erfahren im Organismus gewisse Umwandlungen. Sie sind
allerdings ziemlich indifferent, weil alle Wasserstoffatome an Kohlenstoff gebunden sind. Bei der Oxydation entstehen die gleichen Produkte wie bei den
entsprechenden Alkoholen, von denen sie sich ableiten. Genauer studiert sind
die Reaktionsprodukte des Äthyläthers. Schon bei Berührung mit Luft entstehen Vinylalkohol und Oxydationsprodukte, Acetaldehyd, organische Peroxyde,
bei Anwesenheit von Wasser Wasserstoffsuperoxyd.

Die *chlorhaltigen Kohlenwasserstoffderivate* sind erheblich giftiger als die
halogenfreien Stammsubstanzen. Sie sind auch viel reaktionsfähiger als diese und
werden nicht so vollständig ausgeschieden. Es ist anzunehmen, daß sie alle im
Organismus eine mehr oder weniger weitgehende Zersetzung erleiden. Zunächst
ist mit hydrolytischen Spaltungen zu rechnen. Dabei können Chlorwasserstoff
(Salzsäure) und sonstige Chlorverbindungen entstehen. Durch Oxydation kann
der Wasserstoff durch Sauerstoff ersetzt werden, so daß in der Methanreihe
Chlorderivate der Kohlensäure bzw. der Chlorameisensäure, besonders das
hochgiftige Phosgen, in der Äthanreihe neben Chlorwasserstoff Verbindungen
der Chloressigsäure. Chlorderivate dieser Säure, z. B. Dichloracetylchlorid aus
Trichloräthylen, auch Oxalsäure entstehen können. Je nach dem Bau der
einzelnen Verbindungen ist also die Entstehung von sehr verschiedenen Zersetzungsprodukten möglich, außer den Halogenverbindungen noch Alkohole,
Aldehyde. Ketone. Säuren und gemischte Verbindungen, wie z. B. Oxysäuren.
Aldehydsäuren. Ketosäuren.

Die durch Zersetzung von Chlorkohlenwasserstoffen entstehenden chlorierten Fettsäuren gehören zu einer Gruppe von überaus wichtigen, erst neuerdings (LUNDSGAARD 1930) wieder bekannter gewordenen Giften, als deren wichtigster Vertreter die *Jodessigsäure* anzusehen ist. Die halogenierten Fettsäuren greifen in bestimmte lebenswichtige Stoffwechselvorgänge, vor allem den Kohlehydratabbau ein. Sie stören gewisse energieliefernde Abbau- und Spaltungsreaktionen von Phosphorsäureestern. Sie sind durchweg stark wirksame Zellgifte, die auch die Atmungsprozesse der Zelle beeinträchtigen, den katalytisch bedeutungsvollen Sauerstoffüberträger Glutathion in den Zellen unwirksam machen und fermentative Prozesse, z. B. die Phosphatasewirkung, im Blut hemmen. Die Jodessigsäure hemmt den intermediären Stoffwechsel da, wo das gelbe Atmungsferment wirkt. Die weitere Verfolgung dieser Zusammenhänge eröffnet für den tieferen Einblick in den Wirkungsmechanismus der halogenhaltigen Lösungsmittel weite Möglichkeiten.

Komplexbildung mit Metallen. Ein Gebiet, das wenig beachtet, aber vermutlich von größter Bedeutung für die Aufklärung des Wirkungsmechanismus ist, umfaßt die Reaktionen der Lösungsmittel und ihrer Umwandlungsprodukte mit Metallen. Von besonderem Interesse sind Eisen und Kupfer, auch Mangan, Zink, Magnesium, deren katalytische Funktionen durch solche Reaktionen beeinträchtigt werden können. Die Komplexe zeigen bekanntlich ganz andere Reaktionen wie die Ionen der Metalle. Es ist lange bekannt, daß organische Sauerstoffverbindungen, wie z. B. Alkohole und Äther, Komplexverbindungen mit Metallsalzen eingehen. Besonders das dreiwertige Eisen hat große Neigung, Komplexe zu bilden. Durch derartige Komplexbildung mit dem Eisen des Hämoglobins erfahren die katalytischen Fähigkeiten des Blutfarbstoffes eine Beeinträchtigung. Beim Methylalkohol und bei Äthylalkohol ist nachgewiesen, daß Oxydationsprozesse, die bei Anwesenheit von Ferro-Ionen ablaufen, verzögert und auch gänzlich aufgehoben werden können (EGG). Außer dem Hämoglobin kommt auch eine Schädigung anderer eisenhaltiger Komplexe in Frage. So ist das in allen Zellen gefundene Atmungsferment eisenhaltig (WARBURG). Auch ungesättigte Kohlenwasserstoffe, Acetylen, Äthylen und ihre Derivate bilden Komplexe mit Metallen, besonders mit Kupfer, auch mit Eisen.

Alle Hydroxylverbindungen können bei solchen Reaktionen das Wasser ersetzen und dadurch in Komplexe eintreten, nicht nur die Alkohole und ihre Verwandten, die Äther, Ester, Aldehyde, Ketone, auch die organischen Säuren und ihre Abkömmlinge, die Oxysäuren.

Glykole bilden Kupferverbindungen, wie andere mehrwertige Alkohole. Eine Sonderstellung nehmen auch in der Komplexchemie die Ameisensäure und die Oxalsäure ein. Sie besitzen gewissermaßen eine Doppelnatur, weil bei ihnen die beiden Sauerstoffatome in der Hydroxylgruppe und in der Ketogruppe Haupt- und Nebenvalenzen äußern können. Mit Komplexbildung hängt auch die tiefrote Farbe der Ferriverbindungen der niederen Fettsäuren zusammen. Über dieses Gebiet liegt eine reiche Spezialliteratur vor. Weniger bekannt sind die Komplexe der organischen Halogenverbindungen, z. B. mit chlorierten Essigsäuren. Auch Chloroform vermag sich an Metallsalze anzulagern. Die Affinitätsfelder werden bei den obengenannten Stoffen meistens durch die Sauerstoffatome, in einigen Fällen, wie beim Kohlenoxyd und den ungesättigten Kohlenwasserstoffen, wohl auch bei den Phenolen, durch das ungesättigte Kohlenstoffatom geliefert. Von besonderer Bedeutung sind die Hydroxyl- und die Keto- (Carbonyl-) gruppen.

Die Kohlenoxydkomplexe mit Metallen, auch mit Eisen, sind genau studiert, es sei nur an das Hämoglobinproblem erinnert. Kohlenoxyd findet sich unter den

Abbauprodukten der Chlorkohlenwasserstoffe, so z. B. im Blut bei der Chloroformnarkose (NICLOUX).

Körpereigene Stoffe. Die spät auftretenden Symptome, die Nachkrankheiten, insbesondere die Stoffwechselgiftwirkungen, können nicht mehr auf die ursprünglich einwirkenden Lösungsmittel zurückgeführt werden. Diese lösen nicht zuletzt durch ihre Umwandlungsprodukte eine Kette von Störungen aus, die sich besonders in der *Azidosis* von Blut und Geweben äußern. Hier kommen, wie z. B. bei Diabetes, die Wirkungen *körpereigener giftiger Zerfallsprodukte* in Frage. An solche muß man auch bei den urämischen Symptomen, dem terminalen Koma, das bei den Stoffwechselgiften der Chlorkohlenwasserstoffreihe, aber auch bei gewissen Methylverbindungen, bei giftigen Estern auftritt, denken (FLURY-WIRTH).

Es kommt jedenfalls hier auch zu schweren Störungen des intermediären Stoffwechsels. Schon die länger bleibende Rötung der Haut durch lokale Reize wird auf das Entstehen von abnormen Stoffwechselprodukten zurückgeführt. In diesem Zusammenhang ist noch zu erwähnen, daß bei Einwirkung von Reizstoffen auf Haut, Lunge und wohl auch andere Organe Histamin und verwandte Stoffe in Freiheit gesetzt werden (HEUBNER und Mitarbeiter, OETTEL). An der Lunge ist dies für das Hexan, Heptan, Benzol und seine Homologen, und für viele andere Reizstoffe von STEINER, BARTOSCH, HEUBNER und GARAN 1937 nachgewiesen worden.

Chemische Konstitution und Wirkung. Die Beziehungen zwischen dem chemischen Bau eines Stoffes und seinen Wirkungen sind rätselhaft und nur in beschränktem Maß der Untersuchung zugänglich. Aus den chemischen Formeln kann nicht allzu viel herausgelesen werden. Die vielen Spekulationen, die vor allem bei der Auffindung neuer Heilmittel auf die hier in Betracht kommenden Beziehungen angestellt worden sind, haben nur selten zu praktischen Erfolgen geführt. Denn gerade die physikalischen Faktoren, die durch die Formel nicht wiedergegeben werden, spielen für die Arznei- und Giftwirkung oft die ausschlaggebende Rolle. Dagegen lassen sich innerhalb bestimmter Stoffklassen gewisse Voraussetzungen machen, die sich aber auf vorhergehende empirische und experimentelle Feststellungen gründen. Auch bei den Lösungsmitteln bestehen solche Gesetzmäßigkeiten. Nach der RICHARDSONschen Regel steigt die narkotische Wirkung der Alkohole in bestimmtem Verhältnis zum Molekulargewicht. Später sind diese Gesetzmäßigkeiten weiter untersucht und ausgebaut worden (FÜHNER, H. H. MEYER, OVERTON, TRAUBE, WARBURG).

In vielen Fällen hat sich bei den Lösungsmitteln ein gewisser Zusammenhang zwischen der chemischen Konstitution und den pharmakologischen Wirkungen besonders auch den physikalischen Eigenschaften und Konstanten nachweisen lassen.

Beispiele dieser Art liefern auch die Chlorkohlenwasserstoffe, bei denen die Wirkung von der Zahl und Bindung der Chloratome, vom Molekulargewicht, Siedepunkt, Dampfdruck, von der Oberflächenspannung, Löslichkeit, dem Teilungskoeffizienten Öl zu Wasser, abhängig ist und gesetzmäßige Veränderungen erfährt. Das gleiche ist der Fall bei den Estern, bei denen auch die Verseifungsgeschwindigkeit eine Rolle spielt (FLURY und W. WIRTH).

In den homologen Reihen ändern sich mit zunehmender Länge der Kohlenstoffketten zahlreiche Eigenschaften und damit auch ziemlich gesetzmäßig der Grad der Wirkung. Dies läßt sich sehr genau durch Versuche an Einzelzellen, Blutkörperchen, an isolierten Organen, z. B. dem ausgeschnittenen weiterschlagenden Herzen, an Fischen und anderen Wassertieren verfolgen. Die Ergebnisse solcher Versuche dürfen aber nicht ohne weiteres auf die Wirksamkeit am Menschen übertragen werden.

Näheres im Kapitel V, E „*Vergleichende Übersicht*".

Zusammenfassung. Bei dem Wirkungsmechanismus der Lösungsmittel muß man demnach unterscheiden:

1. Die Wirkung des ursprünglich vorhandenen, unveränderten Lösungsmittels. Sie besteht, abgesehen von örtlichen Wirkungen, im wesentlichen in der Narkose.

2. Die Wirkung der im Körper entstehenden Umwandlungsprodukte. Durch Oxydation, Hydrolyse, Hydrierung, Paarung und Synthesen kann es zu Entgiftung, aber auch zu einer Steigerung der Giftwirkung, zur sog. „sekundären Giftung" kommen.

3. Die Wirkung der frei werdenden körpereigenen Stoffe. Hier ist vor allem an die infolge der primären Reizwirkung ausgelöste Bildung von *Histamin* und ähnlichen Stoffen, an die Ausschüttung von Adrenalin, an Acetylcholin, Adenosin und andere kreislaufwirksame Stoffe, an Hormone und innere Sekrete zu denken.

4. Die Wirkung der Produkte des toxischen Gewebszerfalls. Hierher gehören die zahlreichen, im Laufe der Spätschädigung und im weiteren Verlaufe der Erkrankung auftretenden, vorwiegend sauren Verbindungen (Azidose-, Urämie-Gifte, Acetonkörper).

Überblickt man das, was über den Wirkungsmechanismus auf Grund der Tatsachen feststeht, so kann man sich folgende Vorstellungen machen.

Alle narkotischen Stoffe ohne Ausnahme führen zu einer Allgemeinerkrankung, deren Grad in den weitesten Grenzen schwankt. Wie der Alkoholrausch, so ist jede Narkose, selbst durch die am wenigsten giftigen Gasnarkotica Acetylen und Äthylen, mit einer wenn auch geringfügigen Schädigung wohl aller Organe und Funktionen des Körpers verbunden. In diesen leichtesten Fällen kommt es aber in der Regel zu schneller Rückbildung und Wiederherstellung. Je stärker narkotisch ein Stoff wirkt, um so intensiver sind im allgemeinen auch die übrigen chemischen Schädigungen, um so größer also die „Giftigkeit"

Der feinere Wirkungsmechanismus der verschiedenen Lösungsmittel bleibt jedoch mehr oder weniger unverständlich, solange man lediglich die narkotische Wirksamkeit dieser Stoffe ins Auge faßt. Erst wenn man die Betrachtung auch auf die sekundären Umsetzungen im Körper ausdehnt, wird das Bild klarer und einheitlicher. Man kann dann daraus auch eine Einteilung der Lösungsmittel nach biologischen Gesichtspunkten ableiten.

Wir können nämlich mehr oder weniger scharf verschiedene Wirkungstypen voneinander abtrennen, wenn wir die pathologisch-anatomischen Veränderungen mit den zeitlichen Faktoren der Wirkung in Beziehung bringen.

Dann ergeben sich bei der Einatmung in erster Linie folgende Möglichkeiten:

1. Schädigung des Systems der *Giftaufnahme*, hier der Atmungsorgane, vor allem der überaus empfindlichen *Lunge*. Zu den stärksten Schädigungen führen die lokal reizenden Stoffe. Im Vordergrund stehen unter den Lösungsmitteln die *Ester*, die sehr schnell verseift werden und dabei *Säuren* abspalten. Die gefährlichsten Stoffe sind die Ester der *Ameisensäure* und die Methylverbindungen, die ja auch, abgesehen von dem sehr giftigen Formaldehyd, zu Ameisensäure abgebaut werden. Sie bewirken, ebenso wie die „Reizgase", akutes Lungenödem. Von hoher Giftigkeit sind auch die Ester der leicht und schnell verseifbaren anorganischen Säuren, Dimethylsulfat, Dimethylsulfit, Methylchlorid.

2. Schädigung des *Transportsystems.* Für den Transport und die Verteilung im Organismus kommen in Betracht vor allem das *Blut* und die *Blutgefäße.* Sie bilden zusammen mit den Organen der Blutbildung eine physiologische Einheit. Den stärksten Schädigungen des Blutes begegnen wir beim Benzol bzw. dessen Oxydationsprodukten, die als typische Blutgifte bekannt sind, Phenole, Brenzcatechin, Hydrochinon (Redoxsystem Chinon-Hydrochinon!). Die Blutgifte schädigen nicht nur die Transportmittel, die Blutzellen, sondern

auch die zum Transport erforderlichen Einrichtungen der Strombahn, das Gefäßsystem.

Nicht zuletzt ist diese toxische Schädigung der Wandungen aller Blutgefäße von grundlegender Bedeutung für das Zustandekommen der Wirkung.

3. Schädigung des *Stoffumsatzes* im Körper. Hier kommen als schädigende Stoffe vor allem diejenigen in Betracht, deren Zersetzung langsamer vor sich geht, und die ausgeprägte *Stoffwechselgifte* sind. Hierher gehören vor allem die chlorierten Kohlenwasserstoffe. Sie führen zur Bildung von Halogenfettsäuren u. dgl., die, wie die Jodessigsäure auf das stärkste in die intermediären, energieliefernden Stoffwechselvorgänge, vor allem den Abbau der Kohlehydrate, aber keineswegs allein in diesen, eingreifen. Im Mittelpunkt stehen die Schädigungen der Leber.

4. Schädigung der *Ausscheidungsprozesse*. Auch hier handelt es sich um Stoffe, deren Abbau langsamer erfolgt. Zu den Umwandlungsprodukten der Lösungsmittel kommen aber außerdem noch die infolge der Stoffwechselstörungen vermehrt oder abnorm gebildeten körpereigenen Zellzerfallsprodukte. Als wichtigstes Ausscheidungsorgan wird durch alle diese Stoffe die *Niere* geschädigt. Die stärksten Nierengifte unter den Lösungsmitteln finden wir in der *Glykolgruppe*. Hier ist die *Oxalsäure* das schädigende Agens. Ihre Wirkungen sind nicht nur auf Kalkfällung beschränkt, sie nimmt ebenso, wie die Ameisensäure und die Halogenfettsäuren, eine Sonderstellung unter den organischen Säuren ein.

6. Toxikologische Einteilung der Lösungsmittel.

Wir kommen also zu folgender *toxikologischer Einteilung der Lösungsmittel.*

I. Allgemeine Nervengifte ohne sonstige ausgeprägte spezifische Giftwirkungen. Hierher gehören die einwertigen Alkohole mit Ausnahme des Methylalkohols, die Äther, Aldehyde, Ketone und gewisse Ester, auch das Benzin.

II. Lungengifte. Hauptvertreter sind die Ester der Methylreihe und der Ameisensäure. Sie erinnern an die Reizgase und chemischen Kampfstoffe und erzeugen akutes Lungenödem. („Pulmonale Formen.")

III. Blut- und Blutgefäßgifte. Hauptvertreter ist das Benzol.

IV. Stoffwechselgifte, besonders Lebergifte. Hierher gehören vor allem die gechlorten Kohlenwasserstoffe.

V. Nierengifte. Die Hauptvertreter sind, wenigstens im Tierversuch, Glykol und seine Verwandten. „Renale Formen" finden sich auch bei Tetrachloräthan. Zwischen diesen Gruppen finden wir Übergänge aller Art.

Weiter könnte man noch die *spezifischen Nervengifte* abtrennen, z. B. Schwefelkohlenstoff, Trichloräthylen usw.

Die Analyse des Wirkungsmechanismus bei der Einatmung von Lösungsmitteln läßt besonders bei akuter Vergiftung eine Reihe von hintereinander geschalteten Vorgängen erkennen. Wie sehr auch die Krankheitsbilder im einzelnen wechseln, so ergeben sich doch im Grunde einige gemeinsame Züge.

Die Lösungsmittel vermögen infolge ihrer besonderen physikalischen Eigenschaften mehr oder weniger leicht in die Zelle einzudringen. Im Inneren der Zelle kommt es zu einer Wechselwirkung ihrer Zersetzungsprodukte mit dem Protoplasma. Die wasserlöslichen Umwandlungsprodukte können hier Wirkungen von ganz besonderer Intensität äußern, weil sie intracellulär entstehen und gewissermaßen in statu nascendi reagieren. Normalerweise werden diese Substanzen, z. B. die Säuren und sauren Produkte, in der Zelle gebunden, durch Puffersysteme abgefangen, neutralisiert, durch Eiweißfällung und Reaktionen mit Lecithin und sonstigen Zellbestandteilen unwirksam gemacht. Durch die nun eintretenden chemischen Reaktionen in wäßriger Lösung kommt es zu sehr mannigfaltigen, im Grunde aber doch gleichartigen Vorgängen. Die Wechselwirkung der eingedrungenen Gifte mit der Zelle führt zunächst zu *Reizung* mit vorübergehenden Funktionssteigerungen und zu sonstigen biologischen Abwehrreaktionen, die wir unter dem Begriff der *Entzündung* zusammenfassen.

Zu ihren Begleiterscheinungen gehören stoffliche Umsetzungen aller Art, Säurebildung, Quellung durch lokale Störungen im Wasser- und Mineralhaushalt, die sog. Ödeme. Die Ödeme der verschiedenen Organe, der Lunge, des Gehirns, der Gefäßwände, der Leber, Milz und Niere beruhen, wie die Quaddel- und Blasenbildung der Haut, auf ähnlichen Ursachen. Die erhöhte Durchlässigkeit führt bald zu Mangel an Sauerstoff. Das weitere Schicksal der Zelle entscheidet sich, je nachdem, ob eine Rückbildung eintritt oder nicht. In letzterem Falle führen die Schädigungen der Zelle schließlich zur endgültigen *Erstickung*, zur Degeneration, zu Nekrose, zum Zelltod. Die Anhäufung von Zerfallsprodukten, besonders die gesteigerte örtliche Säurebildung, die Entstehung von Zellgiften aller Art, schädigt allmählich alle Organe, wenn auch die Schädigungen in sehr verschiedenem Maße auftreten und nicht überall deutlich erkennbar sind. Isolierte Prozesse sind dann nur schwierig voneinander abzugrenzen. Am deutlichsten ausgeprägt sind sie an den lebenswichtigen und den besonders giftempfindlichen Organsystemen. Durch das gestörte Wechselspiel der Reaktionen und aller Regulationsvorgänge wird schließlich der Gesamtorganismus als biologische Einheit so schwer geschädigt, daß er zugrunde geht.

7. Beurteilung, Erkennung und Behandlung von Vergiftungsfällen.

Bei der Erkennung und Beurteilung von Schädigungen durch Lösungsmittel ergeben sich ungewöhnlich zahlreiche Schwierigkeiten. Diese haben ihren Grund zunächst in den besonderen physikalischen und chemischen *Eigenschaften der flüchtigen Stoffe* überhaupt. Es handelt sich um zahlreiche neue, unter sich oft sehr ähnliche, unsichtbare, flüchtige chemische Verbindungen, die sich oft leicht zersetzen und im Körper umwandeln. Ihre Erkennung ist nicht so einfach wie bei anderen, besonders festen Giften, die leichter nachzuweisen sind, weil sie länger im Körper verweilen. Meistens ist eine stoffliche, also chemische Untersuchung überhaupt nicht mehr möglich.

Ein weiteres Gebiet der Unsicherheit umfaßt die *Verwendung* dieser Stoffe, die durch die rasche Entwicklung und ständige Umstellung der Technik häufig wechseln und schnell durch andere und bessere ersetzt werden. Dazu kommt noch, daß vielfach wechselnde komplizierte Gemische verwendet werden, so daß die Zusammensetzung der einzelnen Produkte nicht gleich bleibt. Häufig wechseln auch die Bezeichnungen. Die Bestandteile werden überhaupt nicht oder nicht richtig, oft auch bewußt irreführend deklariert. Der ärztliche Gutachter stößt bei seiner Arbeit oft auf Unkenntnis, Interesselosigkeit, Ungläubigkeit und sonstige Widerstände, auch wirtschaftlicher Art.

Weiter tragen die besonderen Umstände, die in den *physiologischen Vorgängen* der Aufnahme durch die Atmung und den eigenartigen *toxikologischen Wirkungen* begründet sind, zur Unsicherheit und zur Erschwerung der Aufklärungstätigkeit bei.

Nicht nur in Laienkreisen herrscht heute noch große Unkenntnis der Eigentümlichkeiten des luftförmigen Zustandes und seiner Beziehungen zum menschlichen Leben, der damit verbundenen Gefahren für die Gesundheit, der Gasvergiftungen, von chemischen Dingen nicht zu reden. Vielfach bestehen falsche

Vorstellungen über Abhängigkeit der Giftwirkung vom Geruch. Gase und Dämpfe, die keine warnende Geruchs- oder Reizwirkung oder keine sofortige Giftwirkungen auslösen, werden als unschädlich angesehen.

Große Unsicherheiten entstehen für den Arzt nicht nur durch die genannten Erkennungs- und Nachweisschwierigkeiten und durch Unsicherheit über die quantitativen Verhältnisse, sondern auch bei der Deutung der Vergiftungserscheinungen. Diese sind oft sehr uncharakteristisch und entsprechen mehr oder weniger sonstigen Erkrankungen. Hier verursachen die Latenzzeit, das verspätete Auftreten der schweren Symptome, die zunächst ohne äußerlich wahrnehmbare Krankheitszeichen verlaufenden zeitlichen Zwischenperioden („symptomfreies Intervall") neue Schwierigkeiten.

Durch alle diese bisher nur wenig bekannten Umstände ist es oft schwer, in vielen Fällen überhaupt unmöglich, die Sachlage zu klären und eine zusammenhängende Beweiskette zu erbringen, wenn nicht äußere Umstände, Anamnese, Erforschung der Arbeitsbedingungen und ähnliche Beweismittel zu Hilfe kommen.

Daraus ergibt sich die Notwendigkeit der Zusammenarbeit, der weitergehenden Aufklärung von Fachleuten und Laien, überhaupt aller verantwortlichen Kreise über die Grundlagen der wissenschaftlichen Forschung und über die besonderen Betriebsgefahren.

Letzteres gilt in erster Linie für die Techniker, Chemiker und Arbeiter. Auf dem Gebiet der Gesundheitsführung, der Gesetzgebung und Verwaltung harren hier noch viele Probleme der Inangriffnahme und befriedigenden Lösung. Vgl. hierüber besonders die zahlreichen Schriften und Vorträge von H. ZANGGER.

Erkennung durch den Arzt. Bei der außerordentlich großen Übereinstimmung der Vergiftungserscheinungen ist die Erkennung einer Vergiftung durch Lösungsmittel für den auf diesem Gebiet nicht erfahrenen Arzt sehr schwierig, zumal, wenn bestimmte Anhaltspunkte fehlen. Dies gilt schon für akute Formen, weit mehr noch für chronische. Bei den ersteren lassen die Symptome in der Regel nur allgemein auf das Vorliegen eines narkotischen Giftes schließen.

Die chronischen Vergiftungen beginnen oft mit wenig charakteristischen und unbestimmten Erscheinungen subjektiver Art, wie sie im Leben bei Störungen der Gesundheit alltäglich sind, z. B. Kopfschmerzen, Übelkeit, Mattigkeit, Schwindel, Appetitlosigkeit, Brechreiz. Sie sind Zeichen der Azidosis. Dagegen fehlen meistens typische Frühsymptome objektiver Natur. Für die Frühdiagnose wichtig sind auffallende nervöse, zuweilen unvermittelt auftretende Beschwerden, „Nervosität", gesteigerte Erregbarkeit, Schlaflosigkeit, Verdauungsstörungen, Appetitlosigkeit und sonstige Klagen, zumal wenn sie gehäuft in gewerblichen Betrieben auftreten.

Objektive Anzeichen, die für die Frühdiagnose verwertbar sind, ergeben sich vor allem aus dem *Blut*. Das Blutbild ist nach zahlreichen Erfahrungen auch bei den Lösungsmittelvergiftungen der feinste Indicator für die ersten Störungen und Gefährdungen (V. SCHILLING, KOELSCH, BAADER, S. MEYER u. a.).

Nötig sind hier laufende Kontrolluntersuchungen. Gehäuftes Auftreten pathologischer Zellformen und sonstiger abnormer Blutbefunde, insbesondere Anzeichen von Reizwirkung auf die blutbildenden Organe sind stets verdächtig, z. B. hohe Zahl von Netzstrukturen, Reticulocyten, Vermehrung der Vitalgranulierten, Leukocytose, Lymphocytose. Wichtig ist die Beurteilung des gesamten Blutbildes. Bezüglich der Grenzzahlen besteht noch große Unklarheit.

Für die Frühdiagnose läßt sich auch das Ergebnis der Prüfung der Gefäßfunktionen, insbesondere der Durchlässigkeit und Blutungsbereitschaft verwerten.

Auch der *Harn* ist ein wichtiger Indicator für Gesundheitsstörungen durch Gifte. Seine Untersuchung liefert wertvolle frühzeitige Hinweise auf beginnende Schädigungen des Blutes, des Stoffwechsels, der Ausscheidungsvorgänge. Verdächtig ist zunächst eine stark saure Reaktion des Harns. Abgesehen von der allgemeinen Säuerung des Organismus, der Azidose, stehen saure Verbindungen aller Art unter den Umwandlungsprodukten der Lösungsmittel an erster Stelle. Vermehrte Säurebildung ist charakteristisch für jede Stoffwechselstörung. Saurer Harn findet sich aber nicht regelmäßig. Unter Umständen findet sich sogar stark alkalische Reaktion. Im Harn zeigen sich weiter auch die Störungen des Pigmentstoffwechsels. Als empfindlichstes Zeichen einer Störung der Leberfunktionen ist der veränderte Umsatz der Porphyrine zu nennen. Die modernen Untersuchungsmethoden gestatten nicht nur den Nachweis, sondern auch die Lokalisation von krankhaften Vorgängen im Körper (VANNOTTI). Die Untersuchung des Umsatzes läßt nicht nur eine vermehrte Bildung der normalen Porphyrine, sondern auch Störungen der Hämoglobinbildung im Knochenmark, des Hämoglobinabbaues und abnorme Synthesen von Porphyrinen in Knochenmark und Leber erkennen.

Weiter lassen sich, wie neuere Untersuchungen zeigen, Störungen des Vitaminhaushaltes durch die Harnuntersuchung feststellen. Vorläufig beschränken sich unsere Kenntnisse auf das C-Vitamin, das bei Benzolvergiftung vermindert ist. Wie es scheint, sind aber die Methoden noch nicht genügend gesichert (FRIEMANN, HAGEN u. a., vgl. Kap. Benzol von ESTLER, S. 93).

Beim chemischen Nachweis der Vitamine bestehen allerlei Schwierigkeiten, weil auch mit anderen ähnlich reagierenden Substanzen, vor allem mit reduzierenden Stoffen, gerechnet werden muß.

Bei der Erkennung und Beurteilung von Störungen des Mineralhaushaltes ist ebenfalls große Vorsicht am Platze. Dies gilt für das Chlor als Indicator der Vergiftung durch Chlorkohlenwasserstoffe. Die Chlorausscheidung ist bei allen Vergiftungen, die mit Störung des Wasserhaushaltes einhergehen, großen Schwankungen unterworfen. Reichliche Wasserzufuhr steigert die Chlorausscheidung. Diese ist auch stark von der Nahrung abhängig. Alle Stoffwechselstörungen finden ihren Ausdruck auch im Chlorgehalt des Harns. Die Azidose ist eine Abwehrreaktion des Körpers. Im Laufe der Gegenregulation kann die Azidose in eine Alkalose umschlagen.

Ebenso ist Vorsicht nötig bei der Beurteilung der freien und gepaarten Schwefelsäuren, z. B. bei der Benzolvergiftung. Auch hier bestehen mancherlei Abhängigkeiten von der Nahrung, von der Muskelarbeit und anderen Umständen. Starker Eiweißzerfall steigert die Sulfatausfuhr. Die Phenolschwefelsäuren können auch aus den normalen Phenolen und Kresolen stammen. Bei pathologischen Zuständen treten sie in größeren Mengen auf. Deshalb sind geringe Steigerungen nicht beweisend. Bei schweren Vergiftungen findet sich aber gewöhnlich eine sehr erhebliche Vermehrung, bis auf das 50- und 100fache der Norm.

Viele Lösungsmittel führen frühzeitig zu Störungen des Kalkstoffwechsels, die im Harn nachgewiesen werden können.

Über den chemischen Nachweis körpereigener und körperfremder organischer Verbindungen im Harn, der Lösungsmittel selbst, dann der gepaarten Glykuronsäuren (mit ungesättigten Kohlenwasserstoffen, aliphatischen Alkoholen, Glykolen, Aldehyden, Ketonen, cyclischen Kohlenwasserstoffen, Terpenen), weiter von vermehrter Oxalsäure bei Glykolvergiftungen und von sonstigen Zersetzungsprodukten, von verschiedenen reduzierenden Stoffen liegen viele Erfahrungen vor. Es gibt auch unter den Lösungsmitteln bzw. ihren Abbauprodukten viele, die im Organismus mit Glucuronsäure, Glykokoll, Schwefelsäure gepaart werden. Im großen ganzen ist jedoch bei Lösungsmitteln, abgesehen von den narkotischen Arzneimitteln, Schlafmitteln usw. noch verhältnismäßig wenig sichergestellt. Vor allem fehlen noch experimentelle Unterlagen und Erfahrungen aus der gewerbeärztlichen Praxis über das Schicksal und die Ausscheidung der neueren Lösungsmittel im Harn.

Zum Nachweis von *Leberschädigungen* dienen die verschiedenen, noch recht spärlich zur Verfügung stehenden Funktionsprüfungen. Hier kommt in Frage zunächst die einfache Prüfung, ob die verschiedenen Zuckerarten genügend verwertet werden. Leberkranke scheiden Lävulose und Galaktose unverändert im Harn aus, wo sie durch Reagenzien nachgewiesen werden können. Auch durch Vergleich der Blutzuckerkurven nach Zuckerbelastung lassen sich Leberschädigungen erkennen. Andere Methoden beruhen auf Feststellung des Ausscheidungsvermögens für körpereigene und körperfremde Farbstoffe, für Bilirubin, Phenoltetrachlorphthalein, Indigocarmin, auf die Bestimmung der Aminosäuren im Harn. Urobilinurie läßt schon geringfügige Leberschädigungen erkennen. Vermehrung des Urobilinogens, der farblosen Vorstufe des Bilirubins, und stärkere Ausscheidung des normalen Gallenfarbstoffes Bilirubin sprechen in gleichem Sinne.

Behandlung der Vergiftungen. Die erste Aufgabe umfaßt die *Rettungsmaßnahmen*. Dabei sind die Gefahren für den Retter nicht zu übersehen. Die Methoden der ersten Hilfeleistung sollten heute auch jedem Laien bekannt sein. Hier seien nur einige kurze Hinweise für den Arzt gegeben. Die Behandlung *akuter Vergiftungen* erfolgt nach den bekannten Regeln, wie bei anderen betäubenden Giften. Bei Erstickungsgefahr, Atemnot und Atemstillstand ist künstliche Atmung und Sauerstoffeinatmung, am besten kombiniert mit Kohlensäure, das Wesentlichste. Ferner ist Lobelin bei Atemlähmung sehr wirksam. Außer den reflektorischen Reizmitteln, Hautreizen und Riechmitteln Behandlung mit den bekannten Excitantien und Analepticis Coffein, Cardiazol, Coramin, Neospiran usw. Derartige Arzneimittel wirken auch als Weckmittel bei Bewußtlosigkeit. Zur Wiederbelebung sind am besten geeignet die Kombinationsanaleptica, die zentral und gleichzeitig peripher angreifen, wie z. B. Cardiazol, Coramin und ähnliche Präparate, kombiniert zusammen mit Ephedrin oder Sympatol, Lobelin mit Sympatol, ,,Lobesym" u. dgl. m.

Herzmittel, wie Strophanthin, werden vielfach angewendet. Diese Mittel sind jedoch in erster Linie Arzneien für das kranke Herz, weniger wirksam bei Unfällen mit Herzschwäche oder plötzlichem Herzstillstand. Für die direkte Einspritzung in das Herz, die nur im letzten Notfall angezeigt ist, sind sehr verschiedenartige Mittel empfohlen worden. Am aussichtsvollsten erscheint noch die intrakardiale Adrenalineinspritzung. THIEL (1937) empfiehlt 1—2 Tropfen der Lösung 1:1000 in Verdünnung mit Blut. Bei Bewußtlosen und Vergifteten darf die Zufuhr von Wärme und der Schutz gegen Wärmeverlust nicht vergessen werden. (Wollene Decken.) Bei Lungenödem darf keine künstliche Atmung gemacht werden. Aderlaß dürfte bei Lösungsmittelvergiftungen kaum in Frage kommen.

Die Ansichten über die besten *Ernährungsformen* bei Lösungsmittelvergiftungen gehen stark auseinander. Dies gilt vor allem für die Frage nach der Zufuhr von Fetten. Sie werden zum Teil auf das wärmste, gewissermaßen als Schutz- und Gegenmittel, empfohlen. Fettzufuhr soll gegen die Fettverluste schützen. Andererseits liegen Erfahrungen vor, daß Fette die Resorption, allerdings besonders bei Vergiftungen durch den Mund und Magen, begünstigen und dadurch den Zustand verschlimmern, z. B. bei Chlorkohlenwasserstoffen, Tetrachlorkohlenstoff, Trichloräthylen. Im Experiment wirken vielfach Fette, Öle und auch Milch, bei verschiedenen Lösungsmitteln ungünstig, ebenso wie Alkohol. Über die Nützlichkeit der Milch besteht noch keine einheitliche Auffassung. Hier käme als günstiger Faktor noch der Kalkgehalt in Betracht, der bei den Kalkverlusten durch Stoffwechselschädigungen von Nutzen sein kann. Bei Vergiftungen durch Ester, Methylverbindungen, Chlorkohlenwasserstoffe, auch bei Benzin- und Benzolvergiftung, überhaupt bei jeder Gefäßschädigung, ist, wie bereits erwähnt, an Kalktherapie zu denken. Wichtiger als Fett und Eiweiß erscheint die Zufuhr von reichlichen Kohlehydratmengen, besonders in Form von Traubenzucker und Lävulose. Hier ist aber im Einzelfall sorgfältig abzuwägen, besondere Vorsicht empfiehlt sich bei starker Azidose. Zufuhr von großen Eiweißmengen ist bedenklich, besonders aber bei Nierenschädigungen zu vermeiden. Vor Fleisch, Fett, überhaupt vor saurer Kost wird vielfach gewarnt, dagegen werden frische Gemüse, Mehlspeisen, Schleimsuppen u. dgl. empfohlen. Von Hormonen kommt in erster Linie bei den schweren Stoffwechselgiften und bei Leberschädigungen das Insulin als Heilmittel in Betracht. Insulin beeinflußt anscheinend jede Form von Azidose günstig. Aber auch andere Hormonpräparate dürften sich bei den verschiedenen Vergiftungen empfehlen, wenn auch unsere Kenntnisse noch sehr lückenhaft sind. Gegen die Anämien sind Leberpräparate angezeigt. Antianämische Faktoren finden sich auch in den verschiedenen Wachstumsvitaminen. Leberpräparate, auch ganze Leber, werden übrigens auch gegen Chlorkohlenwasserstoffe, z. B. Trichloräthylen, empfohlen. Ein Versuch mit Nebennierenrindenhormon, das sich bei anderen Intoxikationen nützlich erwiesen hat, erscheint besonders bei Stoffwechselgiften ratsam. Im Experiment liegen bei Jodessigsäurevergiftungen, die nahe Beziehungen zu den Chlorkohlenwasserstoffschädigungen aufweisen, günstige Erfahrungen mit Hormonen vor. Bei Tieren hat sich das Vitamin B_2 (gelbes Atemferment, Lactoflavin der Milch) von Nutzen erwiesen (VERZÀR). Es findet sich besonders reichlich in der Leber und enthält den Alloxanring. Ähnliche Verbindungen, wie Xanthin-Natrium, auch Nucleinsäure und einige Purine, die den Pyridinanteil enthalten, schützen nach NEALE und WINTER die Leber gegen Vergiftung durch Chloroform und Tetrachlorkohlenstoff (vgl. auch Abschnitt VII von ENGEL).

Ein anderer biologisch wichtiger Schutzstoff ist die Nicotinsäure. Sie setzt die bei Vergiftungen häufige Porphyrinurie herab.

Endlich sind auch Lecithin und verwandte lipotrope Stoffe zum Leberschutz geeignet.

Vitaminreiche Kost erscheint auf alle Fälle empfehlenswert, denn chronische Vergiftungen sind gleichzeitig auch Mangelkrankheiten. Bei Benzol ist die Wirksamkeit erwiesen, hier ist eine C-Hypovitaminose einwandfrei festgestellt, aber auch bei anderen Lösungsmitteln ist mit Herabsetzung des Vitaminbestandes zu rechnen. C-Vitamin wirkt günstig vor allem gegen die erhöhte Blutungsbereitschaft der Gefäße und auch auf die blutbildenden Organe. Im übrigen ist die Vitamintherapie noch wenig fundiert (vgl. ESTLER: Benzol, S. 93).

Gegen die neuritischen Symptome dürfte sich ein Versuch mit dem antineuritischen Vitamin B_1 empfehlen.

Ob und wieweit die übrigen Vitamine, wie z. B. das antihämorrhagische Vitamin K oder das Permeabilitätsvitamin P, die nicht identisch mit Vitamin C sind, auch beim Menschen therapeutisch verwendet werden können, muß die Zukunft lehren. Jedenfalls eröffnen sich auch hier zahlreiche Möglichkeiten zur Behandlung der verschiedenen Störungen des Stoffwechsels und der nervösen Funktionen durch eine geeignete Zufuhr von Vitaminen.

Zu empfehlen ist weiter ganz allgemein die *Alkalitherapie*, da fast stets Azidose besteht. Sie kann in Form von Alkalisalzen, Natriumbicarbonat, Ammoncarbonat, auch von organischen Säuren, Citronensäure, Salzen organischer Säuren, die zu Carbonat verbrannt werden, von alkalischen Mineralwässern, auch den gleichzeitig abführenden alkalisch-salinischen Wässern geübt werden. Überdosierung von Alkalien führt zu Alkalose und ihren nachteiligen Folgen. Diese Therapie hat sich bei zahlreichen Vergiftungen, z. B. durch Methylalkohol und Chlorkohlenwasserstoffe, gut bewährt. Wichtig scheint, wie bereits erwähnt, für alle Fälle die Zufuhr von *Kalk*. Hier liegen günstige Erfahrungen vor bei Tetrachlorkohlenstoff, Tetrachloräthan, Trichloräthylen, Glykolen.

Infusionen von physiologischen Salzlösungen verbessern Kreislauf, Stoffwechsel- und Ausscheidungsverhältnisse.

Im übrigen gelten die allgemeinen ärztlichen Regeln, wie bei jeder Vergiftung. Die bedrohlichen Symptome werden symptomatisch bekämpft. An die Entfernung der Gifte und an die Steigerung ihrer Ausscheidung ist auch hier zu denken, da bei gewissen Lösungsmitteln ein längeres Verweilen im Körper möglich ist. Für die Behandlung der überaus verschiedenartigen nervösen Störungen, der Magendarmerscheinungen, lassen sich hier keine allgemein gültigen Richtlinien geben. Von Wichtigkeit ist endlich die *seelische Behandlung* des Erkrankten durch den Arzt und die Umgebung. Da bei jeder Vergiftung die gesamte Vitalität geschädigt ist, müssen alle weiteren Schädigungen abgehalten werden. Hierbei stehen Sorge für Ruhe, Wärme, frische Luft, Befreiung von allen Hindernissen der Atmung, nicht an letzter Stelle.

Schrifttum.

A. Lehrbücher, Handbücher und Monographien.

BERGER, H.: Gewerbliche Unfälle und Erkrankungen durch chemische Wirkungen. Arbeitsmedizin, H. 3. Leipzig 1936. — BROWNING, E.: Toxicity of Industrial organic Solvents. London: His Majesty's Stationary Office 1937.

DURRANS, T.: Solvents. London: Chapman & Hall 1933.

FLURY u. ZANGGER: Lehrbuch der Toxikologie. Berlin 1928. — FLURY u. ZERNIK: Schädliche Gase. Berlin 1931.

HAMILTON, A.: Industrial Toxicology. New York u. London 1934. — HENDERSON and HAGGARD: Noxious Gases. New York 1927. — HEUBNER, W.: HEFFTER-HEUBNERs Handbuch der experimentellen Pharmakologie, Bd. III, Teil 2. Berlin 1934. — HINSBERG, K. u. K. LANG: Medizinische Chemie. Berlin u. Wien 1938.

I. G. Farbenindustrie A.G.: Lösungsmittel. Frankfurt a. M. 1930.

JORDAN, O.: Chemische Technologie der Lösungsmittel. Berlin 1932.

KOCHMANN, M.: HEFFTER-HEUBNERs Handbuch der experimentellen Pharmakologie, Bd. 1. 1923 u. Erg.-Werk, Bd. 2. 1936. — KOELSCH, F.: Handbuch der Berufskrankheiten, Bd. II. Jena 1935.

LEHMANN, K. B.: Kurzes Lehrbuch der Arbeits- und Gewerbehygiene. Leipzig 1919. — LEWIN, L.: Gifte und Vergiftungen. Berlin 1929. OVERTON, E: Studien über die Narkose. Jena 1901.

PETRI, E.: Pathologische Anatomie und Histologie der Vergiftungen. Berlin 1930.

RAMBOUSEK: Gewerbliche Vergiftungen. Berlin 1911. — RONA, P.: Praktikum der physiologischen Chemie. Berlin 1926—1929.

SCHILLING, V.: Blut und Trauma. Berlin 1932. — STARKENSTEIN-ROST-POHL: Lehrbuch der Toxikologie. Berlin u. Wien 1929.

ZERNIK, F.: Erg. Hyg. 14 (1933).

B. Einzelveröffentlichungen.

BAADER, E. W.: Arch. Gewerbepath. 7, 597 (1937). — BARTOSCH, R.: Naunyn-Schmiedebergs Arch. 181, 176 (1936). — BARTOSCH, R., W. FELDBERG u. E. NAGEL: Pflügers Arch. 230, 129, 674 (1932). — BREUSTEDT, E.: Diss. Würzburg 1937. — BURGER, E. C. u. B. H. STOCKMANN: Zbl. Gewerbehyg., N.F. 9, 29 (1932).

DIETERING, H.: Naunyn-Schmiedebergs Arch. 188, 493 (1938). — DRINKER, C. K., M. F. WARREN and G. A. BENNETT: J. ind. Hyg. 19, 283 (1937).

EGG, C.: Schweiz. med. Wschr. 1927 I, 5.

FLURY, F.: Z. exper. Med. 13, 1 (1921). — FLURY, F. u. O. KLIMMER: Unveröffentlichte Versuche. — FLURY, F. u. W. WIRTH: Arch. Gewerbepath. 5, 1 (1934). — FRIEMANN: Arch. Gewerbepath. 7, 278 (1937). — FÜHNER, H.: Naunyn-Schmiedebergs Arch. 51, 1 (1903); 52, 69 (1904). — FÜHNER, H. u. F. PIETRUSKY: Slg Vergiftfälle 5 (1934). — FUNKE, H.: Diss. Würzburg 1936.

GABBANO: Z. Hyg. **109**, 183 (1929). — GARAN, RESCHAD SAMI: Heubner-Festschrift 1937, Naunyn-Schmiedebergs Arch. **188**, 250 (1938). — GERBIS, H.: Arch. Gewerbepath. **7**, 421 (1937). — GREWELING, M.: Diss. Würzburg 1937. — GROSS, E.: Vgl. Kapitel „Glykole".
HAGEN, J.: Arch. Gewerbepath. **8**, 541 (1938). — HEUBNER, W.: Naunyn-Schmiedebergs Arch. **72**, 239 (1913).
JOACHIMOGLU, G.: Biochem. Z. **124**, 130 (1921). — JORDI: Helvet. med. Acta. **4**, H. 6 (1937).
KNORR, M.: Siehe Diss. GREWELING, BREUSTEDT, FUNKE (Würzburg). — KOELSCH, F.: Arch. Gewerbepath. **7**, 607 (1937). — KRÜGER, E.: Arch. Gewerbepath. **3**, 798 (1932).
LAZAREW, N. W.: Naunyn-Schmiedebergs Arch. **141**, 19 (1929). — LEHMANN, K. B. u. L. SCHMIDT-KEHL: Arch. f. Hyg. **116**, 131 (1936). — LOEWE, S.: Erg. Physiol. **27**, 47 (1928). — LUCE, F.: Arch. Gewerbepath. **7**, 437 (1937). — LUNDSGAARD, E.: Biochem. Z. **217**, 162 (1930); **227**, 51 (1930).
MEYER, S.: Arch. Gewerbepath. **2**, 526 (1931). — MOHR, L.: Dtsch. med. Wschr. **1902** I, 73. Zit. nach E. PETRI, S. 310.
NEALE, C. R. and H. C. WINTER: J. of Pharmacol. **62**, 127 (1938). — NICLOUX, M.: In DESGREZ u. NICLOUX: C. r. Acad. Sci. Paris **125**, 973 (1897); **126**, 758 (1898).
OETTEL, H.: Naunyn-Schmiedebergs Arch. **183**, 641 (1936). — OKANO, M.: Jap. J. med. Sci., Trans. IV. Pharmacol. **4**, 167 (1929).
PIETRUSKY: Slg Vergiftsfälle **5**, (1934). — POHL, J.: Naunyn-Schmiedebergs Arch. **37**, 413 (1896).
SALKOWSKI, E.: Biochem. Z. **107**, 191 (1920). — SCHIFFERLI: Schweiz. Z. Unfallmed. **29**, 1 (1935). — SCHÜTZ, H.: Arch. Gewerbepath. **7**, 452 (1937). — SCHULTZEN-NAUNYN: Reichert u. Du Bois' Arch. **1867**, 340. — STEINER, P. E.: J. of Immun. **27**, 525 (1934). — STRAUB, W.: Pflügers Arch. **119**, 127 (1907).
TANAKA, M.: Mitt. med. Akad. Kioto **13**, 479 (1935). — THIEL, K.: Draeger-Hefte **189**, 3447 (1937); **190**, 3502 (1937). — TILLEY, F. W. and J. M. SCHAFFER: J. Bacter. **12**, 303 (1926). — TRAUBE, J.: Pflügers Arch. **105**, 541 (1904).
VANNOTTI, A.: Arch. Gewerbepath. **8**, 240 (1938). — VERZÀR, F.: XVI. internat. Physiol.-Kongr. Zürich 1938.
WALTER, F.: Naunyn-Schmiedebergs Arch. **7**, 148 (1877). — WEBER u. GUEFFROY: Schr. Gewerbehyg. **40**, 38 (1932). — WIDMARK: Biochem. Z. **148**, 325 (1924). — WILEY, F. H., W. C. HUEPER, D. S. BERGEN and F. R. BLOOD: J. ind. Hyg. **20**, 269 (1938). — WIRTH, W.: Siehe FLURY-WIRTH.
ZANGGER, H.: Arch. Gewerbepath. **1**, 1 (1930). — Arbeitsunfälle und Arbeitergefährdung bei der Arbeit im Innern von geschlossenen Behältern (Reservoiren, Tanks, Transportwagen usw.). Arch. Gewerbepath. **4**, 117 (1933). — Neuere Formen von Schädigungen durch Atemgifte. Schweizerische Z. Unfallmed. u. Berufskrkh. **1936**, Nr IV. — Gerichtsmedizinische, gewerbemedizinische und versicherungsmedizinische Erfahrungen mit neuen technischen flüssigen und flüchtigen Stoffen. Budapest 1937. — Vitamin- und Hormonlage als Grundlage von Verschiebungen besonderer Giftauswirkungen. Zürich 1937 (DAPPLES-Festschr.). — Über die Gründe von diagnostischen und Gutachterschwierigkeiten bei atypischen Vergiftungsbildern. Arch. Gewerbepath. **8**, 223 (1938).

V. Die einzelnen Lösungsmittel.

A. Kohlenwasserstoffe.

Lösungsmittel aus der Gruppe des Benzins und des Benzols.

Von

W. ESTLER-Berlin.

1. Aliphatische und alicyclische Kohlenwasserstoffe (Gruppe der Benzine).

Im Schrifttum wird, insbesondere in den älteren Veröffentlichungen, häufig nicht scharf zwischen Benzin und Benzol unterschieden. In den älteren Arbeiten wird Benzol öfters als Steinkohlenbenzin bezeichnet, mit der Zeit ist ein Teil dieser Arbeiten dann in die Benzinliteratur eingegangen. Auch die französische Bezeichnung „benzène" für Benzol hat mehrfach zu der irrigen Übersetzung

Benzin Anlaß gegeben. Da im allgemeinen über die französische Nomenklatur „benzène", „benzol" und „benzine" Unklarheit herrscht, sei hier kurz erwähnt, daß unter „benzène" die chemische Verbindung C_6H_6, also das chemisch reine Benzol, zu verstehen ist, während „benzol" etwa unserem Rohbenzol entspricht, es kann sonach ein höher siedendes „benzol" — etwa dem Solventnaphtha entsprechend — frei von Benzol sein. Der Ausdruck „benzine" wird gelegentlich an Stelle von essence de pétrole für Benzin gebraucht (DANIELOPOLU, MARCOU, PETRESCO und GINGOLD; Hygiène du Travail, Genf 1919). Eine gewisse Unsicherheit in der ursächlichen Deutung der Kasuistik und der Beurteilung der experimentellen Beobachtungen ist auch dadurch bedingt, daß die Benzine des Handels nicht einheitlicher Zusammensetzung sind und zum Teil mehr oder minder erhebliche Benzolbeimengungen enthalten (insbesondere die russischen Benzine) und auch (namentlich die amerikanischen Benzine) mit Benzol verschnitten werden.

Für die Verursachung gewerblicher Vergiftungen kommt fast ausschließlich die *Aufnahme* dampfförmigen Benzins durch die Atmung in Betracht. Die Aufnahme flüssigen Benzins durch die Haut ist praktisch von geringer Bedeutung, der Aufnahme dampfförmigen Benzins durch die Haut kommt nur theoretisches Interesse zu (Hygiène du Travail, Genf 1919; LAZAREW, BRUSSILOWSKAJA, LAWROW, LIFSCHITZ; LAZAREW, BRUSSILOWSKAJA und LAWROW[1, 2]). Vergiftungen vom Magen aus sind fast immer durch Selbstmordversuche bedingt.

Das aufgenommene Benzin wird zum größten Teil unverändert aus dem Organismus wieder ausgeschieden. *Ausscheidungsorgane* sind die Lungen — auch bei Aufnahme durch die Haut (LAZAREW, BRUSSILOWSKAJA, LAWROW und LIFSCHITZ) —, daneben die Verdauungswege (JAFFÉ). Nach klinischen Beobachtungen dürfte auch ein geringer Anteil des aufgenommenen Benzins den Organismus durch die Harnwege verlassen. Bei kurzfristigen Einatmungsversuchen mit 10, 5 und 2 mg/l bei Hunden konnten 92,3, 99,3 und 100% in der Ausatmungsluft wieder nachgewiesen werden (GUEFFROY).

Örtlich entfaltet das Benzin eine starke *Reizwirkung* (OETTEL, LAZAREW, BRUSSILOWSKAJA, LAWROW und LIFSCHITZ), die sich — besonders bei verhinderter Abdunstung — an der äußeren Haut bemerkbar macht. So sind bei der Verwendung von Benzin zur Hautdesinfektion mehrfach Hautreizungen bis zur Nekrose beobachtet worden (PÜRCKHAUER; LEVY; HÖRRMANN; SEHWALDT). Bei peroraler Benzinaufnahme wurden Reizungen der Magenschleimhaut wohl häufig, jedoch nicht regelmäßig festgestellt, auch bei Infusionen selbst großer Benzinmengen in den Magen von Versuchstieren wurden erheblichere Entzündungen oder gar Verätzungen von einzelnen Beobachtern vermißt (JAFFÉ). Offenbar spielt der jeweilige Füllungszustand eine wesentliche Rolle (KLARE). Diese Reizwirkung kommt auch bei der Ein- und Ausatmung von Benzin an der Lunge zur Geltung. Mit JAFFÉ kann man zwei Formen der Lungenveränderungen unterscheiden: starke und ausgedehnte Gewebsblutungen ohne entzündliche Reaktionen als Folge sehr schnell verlaufender Benzinvergiftungen und ausgedehnte entzündlich-nekrotisierende Vorgänge als Folge eines mehr langsamen Vergiftungsverlaufes. Es ist bemerkenswert, daß diese Lungenveränderungen auch bei Benzinaufnahme vom Magen und Darm aus auftreten können, und zwar — wie im Tierversuch nachgewiesen wurde — auch dann, wenn ein Eindringen oder eine Aspiration flüssigen Benzins in die Luftwege mit Sicherheit vermieden wurde (JAFFÉ). Veränderungen der Lungen wurden auch bei Injektionsversuchen mit Benzinmotoren-Abgaskondensaten beobachtet (KEESER, FROBOESE, TURNAU, GROSS, KUSS, RITTER und WILKE). Auch Blutextravasate in den Brusthöhlen wurden tierexperimentell (FELIX) und bei menschlichen Benzinvergiftungen (BURGL) gesehen.

Praktisch schwerer wiegend als die örtliche Reizwirkung ist die wohl zum großen Teile durch die Lipoidlöslichkeit zu erklärende starke Wirkung auf das *Nervensystem*. Das Benzin verursacht zuerst eine Erregung, dann eine Lähmung (Narkose). Wie bei anderen narkotisch wirkenden Mitteln sind im allgemeinen organische Veränderungen am Nervensystem kaum vorhanden. Hyperämie der Hirn- und Hirnhautgefäße wurde mehrfach beobachtet (KLARE; FELIX; BURGL; BÖHME und KÖSTER; ZÖRNLEIB). BRACK erwähnt das Vorkommen von freiem Fett in den perivasculären Lymphräumen der Hirnarteriolen.

Im *Tierversuch* verursacht die Einatmung von Benzindämpfen zuerst leichte örtliche Reizerscheinungen: Schnuppern, Ausfluß aus der Nase, Tränen- und Speichelfluß, Nießen, Nasen- und Augenreiben, Lidkrämpfe, Rötung der Augenbindehäute. Die Atmung erscheint häufig anfangs beschleunigt. Die Tiere sind im allgemeinen erregt, laufen viel und planlos in den Käfigen herum, werden aber bald matt und schläfrig; die Bewegungen werden langsam und unsicher, dabei werden zuerst die Hinterbeine, später auch die Vorderbeine ergriffen. Häufig zeigen die Tiere ein Zittern des ganzen Körpers. Dieses allgemeine Zittern ist neben Krämpfen der Muskulatur auch für die akute Benzinvergiftung des Menschen besonders charakteristisch, es wird als Folge einer vasomotorischen Störung gedeutet. Gelegentlich zeigen Mäuse, die schon einige Zeit fast bewegungslos gelegen haben, plötzlich einsetzende heftige Drehbewegungen um die Körperachse. Bei weiterer Einwirkung der Benzindämpfe fallen die Tiere zumeist in Seitenlage oder richten sich, in Seitenlage gebracht, spontan nicht wieder auf. Die Atmung wird bald unregelmäßig und deutlich verlangsamt. Häufig treten klonische Krämpfe einzelner Extremitäten oder auch koordinierte Laufkrämpfe auf, entsprechend den von GRAHAM BROWN als ,,Fortbewegungsbewegungen in der Narkose" beschriebenen Extremitätenbewegungen (BROWN). Gelegentlich treten auch tetanische Zustände der Nackenmuskulatur auf. Häufig werden auch plötzlich einsetzende epileptoide Krämpfe beobachtet. Die Reflexe bleiben verhältnismäßig lange erhalten, sie erlöschen zumeist erst kurz vor dem Tode. Zumeist wird eine völlige Narkose überhaupt nicht erreicht, da der Tod infolge Atemlähmung vorher eintritt. Mitunter kommt es schon frühzeitig zu plötzlichen Todesfällen, die als Atemlähmung bei erhaltener oder erhöhter Erregbarkeit des Rückenmarks aufgefaßt werden (KRAWKOW). Mit zunehmender Narkose sinkt die Körpertemperatur, zumeist ganz erheblich, ab.

Im allgemeinen sind die Erscheinungen bei der akuten Benzinvergiftung des *Menschen* entsprechende. Bei der Einatmung geringer Benzinmengen tritt eine deutliche Änderung der Stimmungslage ein, dieser Benzinrausch wird von vielen Personen als ausgesprochen lustbetont empfunden, so ist auch die hin und wieder beobachtete Benzinsüchtigkeit zu erklären. Diese Rauschzustände sind zumeist schwerer als der Alkoholrausch. Der Benzinrausch geht mitunter sehr rasch in tiefe Bewußtlosigkeit über. Totale Anästhesie und Analgesie ist beobachtet worden (KORBSCH). Verhältnismäßig früh können sich vasomotorische Störungen, so z. B. Akrocyanose, bemerkbar machen (WICHERN).

Von besonderem Interesse sind Versuche, die FELIX an Insassen des Zentralgefängnisses in Bukarest mit Petroläther, Ligroin und Benzin durchgeführt hat. Es handelte sich durchweg um gesunde Männer, denen nach Art der Narkose auf in einer Tüte befindliche Watte getropftes Benzin vor Mund und Nase gehalten wurde. Es zeigte sich eine vorübergehende Erhöhung der Pulsfrequenz. Eine Einatmung der Dämpfe von 5—15 g Benzin innerhalb von 7—12 Minuten erzeugte Schwindel, Übelkeit, Brechreiz, starke Durchblutung der Augenbindehäute, bisweilen Hustenreiz, Brennen auf der Brust und Schläfrigkeit. Die Dämpfe von 20—40 g während 8—20 Minuten eingeatmet, verursachten völlige Anästhesie und 2—8 Minuten während Betäubung mit nachfolgender

Übelkeit, Schwindel, Abgeschlagenheit, Kopfschmerz und Schläfrigkeit. Der Puls war stark verlangsamt und wurde erst nach 10—20 Minuten wieder normal frequent. Von einzelnen Personen wurden die Dämpfe von 50 und 55 g Benzin ohne andauernde Störungen zu erzeugen, eingeatmet.

Soweit nicht alsbald der Tod eintritt, geht die akute Benzinvergiftung fast regelmäßig in völlige Heilung über. Nachkrankheiten und länger anhaltende organische Schädigungen sind zwar vereinzelt mitgeteilt worden, der ursächliche Zusammenhang mit einer Benzineinwirkung dürfte aber doch in den meisten Fällen strittig bleiben. Nach 5—6 Wochen durchgeführtem, täglich ein bis zweimaligem Trinken von Benzin zur Selbstbehandlung einer alten Gonorrhöe sah SCHWARZ bei einem Patienten sich eine schwere Polyneuritis mit erheblichen Muskelatrophien entwickeln. PETERS stellte als Ursache einer Neuritis retrobulbaris eines 14jährigen Mädchens eine chronische Benzineinwirkung fest, die durch eine starke Sucht des Mädchens an Benzinflaschen und an mit Benzin getränkten Lappen zu riechen, erklärt wurde. Als Beweis für die Richtigkeit der ätiologischen Diagnose Intoxikationsamblyopie wird die rasche Rückbildung der Skotome angeführt, die eintrat nachdem verhindert wurde, daß das Kind seiner Sucht weiter frönte. DORNER beschrieb aus der STRÜMPELLschen Klinik eine disseminierte, auf das Rückenmark beschränkte Strangerkrankung bei einem Manne, der 1912 in einen Rohbenzin enthaltenden Tank eingestiegen war. Dieser Kranke wurde in späteren Jahren mehrfach nachuntersucht und nach seinem 1937 erfolgten Tode obduziert. Auf Grund der klinischen Entwicklung der Erkrankung und auf Grund des Sektionsergebnisses ist nicht daran zu zweifeln, daß es sich um eine gewöhnliche multiple Sklerose gehandelt hat. Eine ursächliche Bedeutung der Benzinvergiftung für die multiple Sklerose ist nicht erwiesen und unwahrscheinlich (QUENSEL). POTT sah bei einem mit Tankfüllen mit Benzin beschäftigten Kraftwagenführer eine als Encephalitis infolge chronischer Benzineinwirkung gedeutete Erkrankung.

Von geringer praktischer Bedeutung sind die Veränderungen durch Benzineinwirkung an anderen Organen und deren Folgeerscheinungen. Am häufigsten und verbreitetsten werden Hyperämien und Blutaustritte gefunden. Entzündliche und degenerative Nierenveränderungen wurden bei Versuchstieren mehrfach beobachtet (KLARE; BÖHME und KÖSTER; KOLESNIKOV; ADLER-HERZMARK 1929; LEWIN; HEITZMANN). Seitens der Leber wurde Fettinfiltration beschrieben (KOLESNIKOV; LEWIN). Von LEWIN wird auf eine Reizung des reticuloendothelialen Systems hingewiesen, die sich in Hypertrophie der Reticulumzellen und des Sinusendothels der Milz, in geringerem Maße in Hypertrophie der Endothelzellen der Capillaren des Knochenmarks und der Nebennieren dokumentiert. Es sei noch erwähnt, daß im Tierversuch nach einmaliger Einatmung größerer Benzinmengen nach vorübergehender Erhöhung des Hämoglobingehalts um 5—6% eine Abnahme um etwa 20% und eine Herabsetzung der Zahl der roten Blutkörperchen um 500000—800000 und mehr, gewöhnlich mit vorübergehender Neutrophilie und meist auch über einige Stunden anhaltender Leukocytose beobachtet wurden (BRÜLLOWA, BRUSSILOWSKAJA, LAZAREW, LÜBIMOWA und STALSKAJA; BRÜLLOWA und LÜBIMOWA). Hier ist auch die Frage zu erörtern, ob das Benzin hämolytisch oder methämoglobinbildend wirkt. Eine Verfärbung des Blutes, ein Flüssigbleiben des Blutes in der Leiche und Verfärbungen einzelner Organe sind mehrfach berichtet worden, wobei kein Zweifel bestehen kann, daß es sich tatsächlich um Benzinvergiftungen gehandelt hat (FELIX; BURGL; BÖHME und KÖSTER). BÖHME und KÖSTER sahen bei einem Vergiftungsfall hämolytische Pleuraergüsse, ZÖRNLEIB bei einem nach Benzingenuß verstorbenen Knaben hellrote Totenflecke, FELIX weist auf eine kirschrote Verfärbung des Blutes bei Versuchstieren und RACINE auf eine solche und auf Rotfärbung einzelner Organe hin. Burgl fand eine rosarote Verfärbung der Aortenklappen und der Sehnenfäden der Mitralis und hämolysierte Pleuraergüsse von weichselroter Farbe. Bei einem von Böhme und Köster beobachteten Fall wurde noch intra vitam ein braunroter Harn ausgeschieden, der sich als konzentrierte Methämoglobinlösung erwies. Hämoglobinämie oder Methämoglobinämie hatte nicht bestanden. Während Klare in vitro eine hämolytische Wirkung des Benzins nicht fand, konnten Böhme und Köster eine solche nachweisen, wobei aber, da die Hämolyse nur langsam eintritt, eine gewisse Einwirkungszeit erforderlich ist. Auch kondensierte Abgase technischer Benzine zeigten im Reagensglas eine hämolytische und methämoglobinbildende Wirkung, jedoch zeigten Versuchstiere in Einatmungs- und Injektionsversuchen niemals eine abweichende Blutfarbe und spektroskopisch immer ein typisches Oxyhämoglobinspektrum, nie aber das des Methämoglobins (Keeser, Froboese, Turnau, Gross, Kuss, Ritter und Wilke).

Wenigstens zum Teil dürften die beschriebenen hellroten Verfärbungen des Blutes und der bluthaltigen Gewebe wie auch das Flüssigbleiben des Blutes in der Leiche nicht auf chemischen Umsetzungen beruhen, vielmehr auf rein physikalischem Wege zustande kommen. Theoretisch fehlen für eine Methämoglobinbildung alle Voraussetzungen.

Über die *wirksamen Dosen* geben Selbstversuche von K. B. Lehmann und Mitarbeitern Aufschluß, wonach ein Gehalt von 10 mg/l bei einer Versuchsdauer von 15 Minuten nicht wirksam war, 20 mg/l in 20 Minuten keine nennenswerten Reizsymptome an den Nasenschleimhäuten verursachten, aber doch eine gewisse cerebrale Wirkung erkennen ließen (K. B. Lehmann, Weissenberg, v. Wojciechowski, Luig und Gundermann).

Für den männlichen Hund fand Haggard als Teile auf 10000 berechnet bei etwa 75 Teilen Zeichen gestörten Befindens, bei etwa 100 Teilen Krämpfe und bei etwa 160 Teilen Bewegungslosigkeit, bei etwa 230 Teilen Anästhesie und bei etwa 240 Teilen Tod. Bei Verwendung eines reinen, niedrig siedenden Benzins sahen Engelhardt und Estler bei mehrstündiger Einwirkung von 50 und 100 mg/l bei Kaninchen keinerlei Störungen, bei 150 mg/l Zittern, Taumeln und Liegenbleiben, bei 200 mg/l mitunter leichte Narkose. Katzen erwiesen sich als empfindlicher, sie zeigten schon bei 50 mg/l besonders aber bei 100 mg/l deutliche Störungen wie Taumeln, Zittern, Speichelfluß. 100 mg/l verursachten bei einzelnen Tieren schon leichte Narkose, 200 mg/l führten in Einzelfällen zu tiefer Narkose. Dasselbe Benzin bewirkte nach Versuchen von Estler bei weißen Mäusen in den Konzentrationen von 5 und 10 mg/l keine erheblicheren Störungen. Bamesreiter fand in Inhalationsversuchen mit weiblichen Katzen bei Verwendung eines handelsüblichen Benzins in 6 Stunden unter etwa 40 mg/l kein Liegenbleiben, unter 60 mg/l keine leichte Narkose und unter etwa 75 mg/l keine schwere Narkose. Das ist eine erhebliche stärkere Wirkung als sie K. B. Lehmann und Mitarbeiter in ihren 1912 veröffentlichten Versuchen angaben. Lehmann konnte damals mit Leichtbenzin eine tiefe Narkose bei Katzen im allgemeinen nicht erreichen, obschon er bis über 400 mg/l 3 Stunden einwirken ließ. Leichte Narkose trat erst bei Verwendung von Konzentration von über 95 mg/l auf. Schwerbenzin erwies sich dabei als toxischer. Es ist bei der Beurteilung dieser Angaben in Betracht zu ziehen, daß von den einzelnen Forschern Benzine verschiedener Herkunft, Reinheit und Zusammensetzung verwendet wurden, mithin den Beobachtungen über die Wirkung bestimmter Konzentrationen keine Allgemeingültigkeit zugesprochen werden kann.

Die infolge der wechselnden chemischen Zusammensetzung der Benzine nicht einheitliche toxische Wirkung gab den Anlaß auch einzelne im Benzin vorkommende Kohlenwasserstoffe gesondert biologisch zu prüfen.

Die *narkotische Wirksamkeit der niederen gesättigten aliphatischen Kohlenwasserstoffe* kann aus einer Tabelle von FÜHNER über die isonarkotischen Mengen auf Grund von Inhalationsversuchen an Mäusen im ruhenden Gasgemisch ersehen werden (s. Tabelle).

	Molekulargewicht	g/l	Mol/l
Pentan . . .	72	0,377	0,0052
Hexan . . .	86	0,147	0,0017
Heptan . . .	100	0,064	0,00064
Oktan . . .	114	0,037	0,00032
Äther	74	0,092	0,0012
Benzol . . .	78	0,038	0,00049
Chloroform .	119	0,038	0,00032

Pentan und Hexan erzeugen im allgemeinen das gleiche Vergiftungsbild wie Benzin, nur ist ihre erregende Wirkung weniger ausgesprochen. Während Pentan sich als schwaches Narkoticum erwies, trat bei Oktan verhältnismäßig rasch eine vollständige Narkose ein. Auffällig ist, was schon aus den Versuchen von ELFSTRAND hervorgeht, daß Pentan Atmungsstillstand bereits erzeugt, wenn die Reflexe noch nicht erloschen sind; sowohl bei Kaninchen wie insbesondere bei Katzen hörten die Atembewegungen gleichzeitig mit dem Erlöschen des Hornhautreflexes auf. Die FÜHNERschen Mäuseversuche bestätigen die Beobachtung, daß Pentan vorzeitig die Atmung beeinträchtigt und daß bei frequenter Atmung plötzlich der Tod eintreten kann, was auch beim Hexan zutrifft. Pentan verändert die Frequenz des Herzschlages nicht, senkt aber die arterielle Spannung (ELFSTRAND). Bei Einatmungsversuchen mit Dämpfen von Paraffinen und Cycloparaffinen wurde das Herz bei Mäusen, die Atemstillstand zeigten, manchmal noch 40 Minuten schlagen gesehen (LAZAREW [1]).

In bezug auf die physiologische Wirkung zeigen die *Cycloparaffine* im allgemeinen eine große Ähnlichkeit mit den Paraffinkohlenwasserstoffen; auch sie wirken anfangs erregend auf die Gehirnzentren, dann aber lähmend, während das Rückenmark lange ungelähmt bleibt. Jedoch sind die Cycloparaffine stärker wirksam; bei Cyclohexan* genügt z. B. eine halb so schwache Konzentration wie bei Hexan um Seitenlage zu erzeugen; dasselbe trifft auch für Methylcyclohexan und Methylhexan zu. Isoparaffine erwiesen sich weniger giftig als die Paraffine normaler Struktur, ähnliche Vergiftungsbilder rufen auch die Dämpfe der *ungesättigten Kohlenwasserstoffe* der Fettreihe, also die Olefine, Diolefine, die Kohlenwasserstoffe der Acetylenreihe und der cyclischen Reihe mit einer (Cyclohexen) oder zwei Doppelbindungen (Cyclohexadien) hervor. Auch bei Cyclohexen und Cyclohexadien bleibt das Rückenmark lange ungelähmt, erst 1—2 Minuten vor dem Tode schwinden die Reflexe. Das Cyclopentan und seine Homologen stehen ihrer narkotischen Wirkung nach den normalen Kohlenwasserstoffen der Methanreihe mit einer gleichen Zahl von Kohlenwasserstoffatomen nahe, ihrer letalen auf das Atemzentrum gerichteten Wirkung nach stehen sie aber zwischen den Kohlenwasserstoffen der Methanreihe einerseits und dem Cyclohexan und seinen Homologen andererseits (LAZAREW und KREMNEWA).

In einigen Fällen erfolgt der Tod rasch; plötzlich setzen klonische Krämpfe ein, die in allgemeinen Tetanus übergehen. FÜHNER sah Todesfälle im ,,Streckkrampf" bei Benzin, Pentan, Hexan nur ausnahmsweise, bei Heptan dagegen häufig, nie aber bei Oktan. Im übrigen beobachtete er bei synthetischem Hexan plötzliche Todesfälle nicht, er ist deshalb geneigt, die Ursache in Verunreinigungen dieser Kohlenwasserstoffe zu suchen. Dem widerspricht aber LAZAREW [1], der den Tod im Streckkrampf durch Hexan, Heptan, Isoheptan (2-Methylhexan), Methylcyclopentan, Äthylcyclopentan, Cyclohexan, Methylcyclohexan und Dimethylcyclohexan, nicht aber durch Pentan, Oktan, Isooktan (2,5-Dimethylhexan), Äthylcyclohexan und Propylcyclopentan beobachtete.

---

* Über die Ergebnisse von Stoffwechselversuchen zur Dehydrierung des Cyclohexanringes berichtet BERNHARD.

Tabelle 1. Gesättigte Kohlenwasserstoffe.

| | | Molekulargewicht | Siedepunkt in °C | Minimale Konzentrationen der Dämpfe, welche hervorrufen | | | | | |
| | | | | Seitenlage | | Verlust der Reflexe | | Tod | |
				in mg auf 1 Liter	in Molen auf 1 Liter	in mg auf 1 Liter	in Molen auf 1 Liter	in mg auf 1 Liter	in Molen auf 1 Liter
A. Paraffine.									
Pentan	$CH_3(CH_2)_3CH_3$	72,09	36,2	200—300	0,00347	nicht bestimmt			
Hexan	$CH_3(CH_2)_4CH_3$	86,11	69,0	100	0,00116	nicht bestimmt, da die Reflexe häufig fast bis zum Tode erhalten blieben		120—150	0,00157
Heptan	$CH_3(CH_2)_5CH_3$	100,12	98,4	40	0,00040			75	0,00075
2,Methylhexan	$(CH_3)_2CH(CH_2)_3CH_3$	100,12	90,4	50	0,00050			70—80	0,00075
Oktan	$CH_3(CH_2)_6CH_3$	114,14	124,6	35	0,00031	50	0,00044	infolge geringer Dampfspannung keine letale Konzentration	
2,5-Dimethylhexan	$(CH_3)_2CH(CH_2)_2CH(CH_3)_2$	114,14	109,2	70—80	0,00066	50	nicht genau bestimmt		
2.7-Dimethyloktan	$(CH_3)_2CH(CH_2)_4CH(CH_3)_2$	142,17	160,0	Infolge von niedriger Dampfspannung gelang es nicht einmal Seitenlage zu erzielen					
B. Cycloparaffine.									
Cyclopentan	C_5H_{10}	72,08	49,5	110	0,00152	110	0,00152	110	0,00152
Methylcyclopentan	$C_5H_9 \cdot CH_3$	84,09	72,5	120	0,00143	120	0,00143	95—120	0,00128
Äthylcyclopentan	$C_5H_9 \cdot C_2H_5$	98,11	103,5	40	0,00041	nicht bestimmt		45	0,00046
Propylcyclopentan	$C_5H_9 \cdot C_3H_7$	112,12	129,5—130	30	0,00028	35	0,00031	50	0,00045
Cyclohexan	C_6H_{12}	84,09	81,4	50	0,00059	nicht bestimmt, da die Reflexe häufig fast bis zum Tode erhalten blieben		60—70	0,00077
Methylcyclohexan	$CH_3 \cdot C_6H_{11}$	98,11	100,8	30—40	0,00036			40—50	0,00046
Dimethylcyclohexan (Mischung von Isomeren)	$(CH_3)_2 \cdot C_6H_{10}$	112,12	120,5—129,4	20—25	0,00020			25—30	0,00025
Äthylcyclohexan	$C_2H_5 \cdot C_6H_{11}$	112,12	128,0	15	0,00013	15	0,00013	35	0,00031

Anmerkung: Hier, wie auch in den folgenden Tabellen, sind alle Konstanten den „International critical tables of numerical data" New York-London 1926—1928, vol. I entnommen.

Tabelle 2. Ungesättigte Kohlenwasserstoffe.

	Molekulargewicht	Siedepunkt °C	Minimale Konzentrationen der Dämpfe, welche hervorrufen					
			Seitenlage		Verlust der Reflexe		Tod	
			in mg auf 1 Liter	in Molen auf 1 Liter	in mg auf 1 Liter	in Molen auf 1 Liter	in mg auf 1 Liter	in Molen auf 1 Liter
A. Fettreihe.								
Penten, eine Mischung von Isomeren, hauptsächlich 3-Methyl-β-Buten und etwas β-Penten $(CH_3)_2C:CHCH_3$, $CH_3CH_2CH:CH \cdot CH_3$	70,08	36,4 bis 38,4	100—120	0,00157	100—120	0,00157	140—275	0,00296
α-Hexen $CH_3(CH_2)_3CH:CH_2$	84,09	64,1	100	0,00119	nicht bestimmt ?		130—150	0,00167
α-Hepten $CH_3(CH_2)_4CH:CH_2$	98,11	98,5	60	0,00061	nicht bestimmt			
3-Methyl-α,β-Butadien $(CH_3)_2C:C:CH_2$	68,06	40,5	120	0,00176	120	0,00176	nicht bestimmt bis 200 mg kein Todesfall	
3-Methyl-α-Butin $(CH_3)_2CHC::CH$	68,06	29,3	150	0,00221	150	0,00221	250	0,00367
B. Cyclische.								
Cyclohexen	82,08	83,0	30	0,00037	die Reflexe sind fast bis zum Tode erhalten		45—50	0,00058
Cyclohexadien, eine Mischung von Isomeren	80,06	78,5 bis 85,5	25	0,00031	die Reflexe sind fast bis zum Tode erhalten		45	0,00056

Eine Übersicht über die Wirkung dieser Kohlenwasserstoffe geben die auf S. 73 und 74 stehenden Tabellen von Lazarew [1]) und Lazarew und Kremnewa.

Bezogen auf die Giftigkeit des Hexans ergeben sich nach Molkonzentrationen, welche Seitenlage hervorrufen, folgende entsprechende Zahlen für die anderen Kohlenwasserstoffe (Lazarew und Kremnewa):

n-Pentan	0,33	Cyclopentan	0,8	Cyclohexan	2
n-Hexan	1	Methylcyclopentan	0,8	Methylcyclohexan	3,2
n-Heptan	2,9	Äthylcyclopentan	2,8	Äthylcyclohexan	8,9
n-Oktan	3,8	Propylcyclopentan	4,1	Dimethylcyclohexan	5,8

Für die letalen Konzentrationen ergeben sich dagegen folgende Zahlen:

n-Pentan	< 0,4	Cyclopentan	1	Cyclohexan	2
n-Hexan	1	Methylcyclopentan	1,2	Methylcyclohexan	3,4
n-Heptan	2,1	Äthylcyclopentan	3,4	Äthylcyclohexan	5,1
n-Oktan	< 3	Propylcyclopentan	3,5	Dimethylcyclohexan	6,3

Aus den Untersuchungen über die toxische Wirkung der einzelnen Kohlenwasserstoffe kann man mit Lazarew [1, 2, 3]) folgern, daß die Giftigkeit der Benzine hinsichtlich der akuten Vergiftung hauptsächlich von dem Mengenverhältnis der in dem Benzin enthaltenen Paraffine und Cycloparaffine und aromatischen Kohlenwasserstoffe abhängt und zwar ist nach Lazarew bei geringem Gehalt an Benzol und dessen Homologen die Giftigkeit des Benzins bei gleicher Siedetemperatur um so größer, je mehr Cycloparaffine und je weniger Paraffine darin enthalten sind. In gewissem Grade kann das spezifische Gewicht bei solchen Benzinen einen Anhalt für die Giftigkeit geben.

Die nach dem Bergius-Verfahren hergestellten Benzine, die sich in ihrer Zusammensetzung den natürlichen Benzinen Rußlands nähern, fand Lazarew auch in ihrer toxischen Wirkung diesen ähnlich.

Die *chronische Einwirkung* von kleinsten Mengen dampfförmigen Benzins scheint von geringerer praktischer Bedeutung zu sein. Soweit Schädigungen beschrieben wurden, sind sie in ihrer ursächlichen Deutung unsicher oder strittig, zumeist dürften sie durch Benzolbeimengungen zu erklären sein. Als Symptome chronischer Benzinvergiftung werden genannt: neurasthenische Beschwerden, häufige Katarrhe der oberen Luftwege und Augenbindehautreizungen, Störungen der Geruchsempfindung, Anämie, Neigung zu Hauterkrankungen auch infektiöser Art wie Furunkulose; häufig wird auch über ein Gefühl der Berauschung, über Schwindelanfälle, Schläfrigkeit oder Schlaflosigkeit und ähnliche Erscheinungen unspezifischer Natur geklagt. Der ursächliche Zusammenhang dieser Symptome und Beschwerden mit einer Benzineinwirkung muß aber in den meisten Fällen durchaus offenbleiben. Hinsichtlich der Versuche, durch Erhebungen zu einer Symptomatologie der chronischen Benzinvergiftung zu kommen (Vigdortschik), muß der Einwand geltend gemacht werden, daß es nicht zulässig scheint, aus einem Vergleich der Häufigkeit von Beschwerden und objektiv feststellbaren Einzelsymptomen bei willkürlich gewählten Arbeiterkategorien derartige Folgerungen abzuleiten. Umstritten und nicht spruchreif ist auch die besonders von russischen Forschern erörterte Frage einer den Organismus entfettenden Benzinwirkung. Diese Frage ist auch mit der von verschiedenen Forschern angenommenen Benzinangewöhnung verknüpft worden. Schustrow und Mitarbeiter schienen zwar tierexperimentell den Nachweis einer entfettenden Benzinwirkung führen zu können, die Ergebnisse ihrer Versuche sind aber von anderer Seite weder experimentell noch in klinischen Erhebungen bestätigt worden (Schustrow und Salistowskaja [1, 2]); Schustrow und Letawet; Mahlow und Micheew; Zacharov; Lazarew [1, 2, 3, 5]); Lazarew, Brüllowa, Kremnowa, Larionow, Lübbimowa und Stalskaja; Nikulin und Hetman). Alle hierauf begründeten Erörterungen über Zweckmäßigkeit oder Schädlichkeit einer Fetternährung oder des Genusses von Milch sind verfrüht und tragen nur spekulativen Charakter.

Ganz zweifelhaft und umstritten sind auch die vielfach behaupteten Schädigungen des Blutes und der Blutbildungsstätten durch chronische Benzineinwirkung. Sie dürften zum großen Teile auf benzolische Beimengungen zum Benzin zurückzuführen sein. Diese angebliche Blutschädigung ist auch Gegenstand tierexperimenteller Untersuchungen gewesen. LAZAREW und Mitarbeiter fanden bei über 1 Jahr durchgeführten Benzineinatmungen bei Versuchstieren keine charakteristischen Blutveränderungen (LAZAREW[4]); BRÜLLOWA, BRUSSILOWSKAJA, LAZAREW, LÜBBIMOWA, STALSKAJA). In Versuchen des Reichsgesundheitsamtes wurden Katzen und Kaninchen während mehrerer Wochen einer täglichen Benzineinatmung ausgesetzt, wobei Konzentrationen von 25—200 mg/l zur Anwendung kamen (ENGELHARDT[1]). Es wurde hierzu das Petroleumbenzin D.A.B. VI benutzt, das größtenteils aus Hexan besteht. Erythrocytenzahl, Hämoglobingehalt und dementsprechend auch der Färbeindex blieben zumeist konstant. Die Leukocytenzahl, die bei 25 mg/l unverändert blieb, stieg bei den höheren Konzentrationen an. Ein Kaninchen erreichte 28000, eine Katze 32000 Leukocyten, in der Regel blieben die Leukocytensteigerungen aber in mäßigeren Grenzen, Untersuchungen des Knochenmarkes dieser Tiere zeigten entsprechende leukocytäre Proliferation (HEITZMANN). Im Differentialbild wurde in einigen Fällen eine geringe Linksverschiebung sowie bei den hohen Dosen meist eine relative Lymphopenie gefunden. Das lymphatische Gewebe ließ bei diesen Tieren eine Schädigung erkennen, die bei längerer Versuchsdauer zumeist zu einem starken Schwund des lymphatischen Gewebes der Milz führte. SCHUSTROW und SALISTOWSKAJA[1]) fanden bei 1—3 Monate durchgeführten Einatmungsversuchen mit technischem und offizinellem Benzin in einer Dosierung von 100—200 mg/l verhältnismäßig große Schwankungen der Zahl der geformten Elemente des Blutes. Sie glauben die tatsächlichen Verhältnisse am besten dadurch beurteilen zu können, daß sie aus der Summe der Einzelergebnisse das arithmetische Mittel berechnen — ein Verfahren, dem nicht zugestimmt werden kann. Sie gelangen so zu einer Anämie und Leukopenie, an der auch die Lymphocyten beteiligt sind. Da sich die Hämoglobinwerte nur wenig ändern, hat die Anämie hyperchromen Charakter.

Es findet sich in den Ausstrichen eine Zunahme der Polychromatophilen und der Normoblasten, seitens der Leukocyten tritt eine Vermehrung der stabkernigen Neutrophilen auf. Pathologisch-anatomisch wurde bei diesen Tieren eine verstärkte Tätigkeit des Knochenmarkes gefunden. Die Feststellungen von Eisenablagerungen in Leber und Milz schienen die aus den klinischen Daten anzunehmende hämolytische Entstehung der Anämie zu bestätigen. Jedoch muß gegen diese Folgerung eingewendet werden, daß von anderer Seite auch bei nicht vergifteten Kaninchen ebenfalls bedeutende Eisenmengen in der Milz gefunden wurden (SCHILOWA), so daß doch offenbleiben muß, inwieweit aus den Eisenablagerungen irgendwelche Schlüsse auf hämolytische Vorgänge gezogen werden können. Auch LADISCHEW bestätigt die exogene hämolytische Anämie hyperchromen Charakters, die er mit einer relativen Lymphocytose verbunden fand. SCHMIDTMANN verwendete zu Inhalationsversuchen verschiedene Treibstoffe, nämlich Shell, Strax, Leuna, Dapolin und Motalin, außerdem „gewöhnliches" Benzin. Sie fand unmittelbar nach jedem Versuch einen Reizzustand, der nach 24 Stunden, mitunter erst auch 48 Stunden abklang. Werden jedoch die Ruhewerte berücksichtigt, so zeigten die meisten Versuchstiere anfangs ein geringes Absinken der Leukocytenwerte, dem häufig ein längere Zeit bestehenbleibender Anstieg der Leukocyten folgt, der wiederum von einem Granulocytenabfall abgelöst wird. Einzelne Tiere können Wochen und

Monate im Versuch bleiben, ohne daß das Blutbild irgendwelche Änderungen erfährt. Andererseits zeigten besonders junge Kaninchen oft eine starke Reaktion seitens des Blutbildes. Das rote Blutbild zeigt hierbei kaum irgendwelche erheblichen Veränderungen. Auch SCHMIDTMANN konnte ganz ungewöhnliche Eisenablagerungen in der Milz feststellen, also ohne sonstige Zeichen hämolytischer Vorgänge.

In einem russischen Betrieb, in dem Gummimäntel hergestellt werden, wurde bei Arbeitern eine Verminderung des Hämoglobingehaltes, der Zahl der roten Blutkörperchen und eine Abnahme des Färbeindex festgestellt. Es fand sich Anisocytose in 80%, Polychromasie in 40% und basophile Tüpfelung der Erythrocyten in 53,3 der Fälle. Die Leukocytenzahl war mäßig erhöht bei einer Abnahme der Neutrophilen und Zunahme der Lymphocyten — auch bei Ausschluß aller chronisch Kranken (FRUMINA und FAINSTEIN). Bei russischen Gummischuharbeiterinnen wurde Anämie mit Polychromasie, Linksverschiebung der Leukocyten und Lymphopenie und Neigung zu Eosinophilie gefunden. Polychromasie und Lymphopenie waren besonders bei Schwangeren stark ausgesprochen (RABINOWITSCH).

Die oft auch für andere Lösungsmittel behauptete besondere Anfälligkeit Jugendlicher und Frauen, insbesondere schwangerer Frauen, kann aus der praktischen Erfahrung weder bestätigt noch verneint werden, es bedarf hier noch weiterer Beobachtungen. Immerhin wird es geboten sein, Schwangere auch im Hinblick auf eine mögliche Gefährdung des werdenden Kindes, besonders zu schützen.

2. Aromatische Kohlenwasserstoffe (Gruppe des Benzols).

Die gewerblichen Benzolvergiftungen sind fast ausschließlich auf die Einatmung dampfförmigen Benzols zurückzuführen. Abgesehen von der peroralen *Aufnahme* flüssigen Benzols ist theoretisch noch die Möglichkeit einer Vergiftung durch wiederholte Aufnahme von Benzol durch die Haut in Betracht zu ziehen. Der Nachweis der Aufnahme dampfförmigen oder flüssigen Benzols durch die Haut konnte im Tierversuch zwar erbracht werden (LAZAREW, BRUSSILOWSKAJA, LAWROW, LIFSCHITZ; LAZAREW, BRUSSILOWSKAJA, LAWROW [2]) es gelang aber nicht eine klinisch nachweisbare Vergiftung auf diesem Wege zu erzeugen. Die Aufnahme von Benzoldämpfen durch die Haut wird im Verhältnis zu der gleichzeitigen Aufnahme durch die Atmung stets praktisch bedeutungslos bleiben, zumal sie infolge des viel besseren Austausches (Aufnahme und Ausscheidung) durch die Lungen nur bis zu dem durch die Konzentration in der Atemluft gegebenen Gleichgewichtszustand erfolgen kann.

Auch bei Einatmung von Benzoldämpfen wird ein erheblicher Teil wieder durch die Atmung *ausgeschieden*. Bei im Reichsgesundheitsamt durchgeführten Tierversuchen konnten nach Einatmung von 2 mg/l Benzol 77,2%, nach Inhalation von 5 mg/l 77,3% und nach Einatmung von 10 mg/l Benzol 85,1% in der Ausatmungsluft wieder gefunden werden (GUEFFROY). Die Ausatmung unveränderten Benzols erstreckt sich über mehrere Stunden. Beim Kaninchen wurde eine Ausatmungszeit von 3—4 Stunden festgestellt (K. B. LEHMANN), es ist aber nicht unwahrscheinlich, daß noch nach 5—6 Stunden Benzol ausgeatmet wurde. In dieser Zeitspanne wurden etwa 40—50% des ursprünglich aufgenommenen Benzols wieder ausgeatmet. Menschen sollen in der ersten halben Stunde etwa 80—85%, Kaninchen 37—54,5% des eingeatmeten Benzols resorbieren. Bei längerer Einatmung blieb die Resorptionsgröße wohl bei einigen Tieren konstant, bei anderen Tieren sank sie aber im Laufe des Versuches erheblich ab.

Ein Teil des in den Organismus aufgenommenen Benzols erfährt einen *oxidativen Abbau*. Schon 1876 konnten SCHULTZEN und NAUNYN die Bildung von Phenol nachweisen, eine Beobachtung, die mehrfache Bestätigung erfuhr (GUEFFROY; BAUMANN und HERTER; NENCKI und GIACOSA; NENCKI und SIEBER; JUVALTA; BREWER und WEISKOTTEN; JOST). Das Phenol wird im Harn als Ätherschwefelsäure und auch mit Glucuronsäure gepaart ausgeschieden. Neben Phenol findet man im Harn nach Benzoleinwirkung auch Hydrochinon, Brenzcatechin — in der gleichen Weise gepaart — und Muconsäure (JAFFÉ; FUCHS und v. SOOS). Phenol konnte auch im Blut nachgewiesen werden, sowohl bei Einatmung als auch bei subcutanen Benzolinjektionen und in geringer Menge auch bei peroralen Benzolgaben (GADASKIN). Der Phenolnachweis im Blut gelingt erst wesentlich später als der Benzolnachweis im Blut.

Im Tierversuch ist der oxydative Abbau im Hinblick auf die damit verbundenen Giftungs- und Entgiftungsvorgänge quantitativ in den erwähnten Untersuchungen des Reichsgesundheitsamts (GUEFFROY) verfolgt worden.

Wo sich im Organismus der Benzolabbau vollzieht, ist bisher nicht sicher feststehend. Die isolierte Leber vermag im Durchströmungsversuch aus Benzol Phenol zu bilden, aber bei entleberten Fröschen konnte nach Benzolinjektionen eine Phenolbildung noch nachgewiesen werden (TSCHERNIKOW, GADASKIN und GUREWITSCH). Das Ausmaß des oxydativen Benzolabbaus scheint sowohl bei den einzelnen Tierarten als auch bei den einzelnen Individuen verschieden zu sein. Beim Menschen wurden nach peroraler Gabe von 2 g Benzol etwa 0,6 bis 0,9 g Phenol ausgeschieden (NENCKI und SIEBER).

Dem oxydativen Abbau des Benzols kommt nämlich deshalb besondere Bedeutung zu, weil die zunächst entstehenden Produkte (mit Ausnahme der Muconsäure?) für den Organismus giftig sind. Die Ähnlichkeit mancher Erscheinungen der Benzolvergiftung mit solchen der Phenolvergiftung, das gilt insbesondere für die Krämpfe, hat verschiedentlich dazu geführt, die Vergiftungserscheinungen, wenigstens zum Teil, auf das gebildete Phenol zu beziehen (BAGLIONI; SATO). Schon 1897 hat SANTESSON diese Frage erörtert, aber in den Blutungen ein nicht durch Phenolwirkung zu erklärendes Symptom gesehen. Von russischer Seite (TSCHERNIKOFF) ist versucht worden, die Frage durch analytische Verfolgung der Phenolbildung während der Benzolvergiftung zu klären. Da aber die Krämpfe im allgemeinen auftreten, ehe Phenol im Blut nachweisbar wird, wurde die Phenolgenese der Krämpfe abgelehnt, wobei allerdings die mutmaßliche Wirkung intracellulär entstandener Oxydationsstufen nicht berücksichtigt ist. Auch der Umstand, daß unter der Einwirkung von Toluol und Xylol, deren Vergiftungsbild der akuten Benzolvergiftung ähnelt, dem Phenol entsprechende Hydroxylverbindungen — Kresole usw. — nicht auftreten (GUEFFROY; BAUMANN und HERTER), spricht gegen eine Verursachung der Krämpfe bei Benzolvergiftung durch Phenol.

Der von JAFFÉE zuerst nachgewiesene weitere Abbau zu Muconsäure vollzieht sich in wesentlich geringerem Maßstab. Aus dem Harn eines Leukämiekranken, der zu therapeutischem Zwecke 71 g Benzol erhalten hatte, konnten 0,08 g reine Muconsäure isoliert werden (FUCHS und v. SOOS). Bei langsamerer Resorption scheint die Muconsäure ihrerseits mehr oder weniger vollständig oxydiert zu werden (THIERFELDER und KLENK), sie ist deshalb bei chronischen Vergiftungen nicht zu erwarten.

Benzol   Hydrochinon   Brenzcatechin   Muconsäure

Es ist neuerdings geprüft worden, ob die im Verlauf des Benzolabbaus auftretende erhöhte Ausscheidung von Ätherschwefelsäuren im Harn einen Indicator für die Benzolaufnahme gibt (YANT, SCHRENK, SAYERS, HORVARTH und REINHART). Unter physiologischen Verhältnissen werden etwa 85—95% des Gesamtsulfats in Form anorganischer Sulfate (Sulfatschwefelsäure) und nur 5—15% an organische Verbindungen gebunden (Ätherschwefelsäure) ausgeschieden. Das Verhältnis Sulfatschwefelsäure zu Ätherschwefelsäure erfährt durch die Ausscheidung der Benzolabbauprodukte eine Verschiebung zugunsten der Ätherschwefelsäure, und zwar in direktem Verhältnis zur Benzolaufnahme. Es kann deshalb der Prozentgehalt der Sulfatschwefelsäure vom Gesamtsulfat als Indicator für die Aufnahme von Benzoldämpfen dienen. Der Tierversuch zeigte, daß Benzolaufnahmen, die eine Anämie oder Leukopenie noch nicht zur Folge hatten, bereits eine deutliche Erniedrigung dieses Verhältnisses bewirkten. Unter Versuchsbedingungen, die zu einer Benzolvergiftung mit Anämie, Leukopenie und sonstigen Erscheinungen der Benzolvergiftung führten, lag dieser Prozentgehalt bereits Wochen und Monate niedrig, ehe die anderen genannten Erscheinungen festgestellt werden konnten. Diese, zunächst durch den Tierversuch gewonnenen Erkenntnisse fanden auch durch Untersuchungen von Benzol gefährdeten Arbeitern eine Bestätigung (YANT, SCHRENK und PATTY; VIGLIANI und GIAMINI).

Benzol wirkt örtlich *reizend*, zentral *narkotisch* und resorptiv *giftig*. Die örtliche Reizwirkung ist verhältnismäßig stark. Die Hautschädigungen durch Benzol stehen hier nicht zur Diskussion, es soll aber erwähnt werden, daß der Grad der lokalen Reaktion außer von der Einwirkungsdauer und Konzentration des Benzols auch von der individuellen Empfindlichkeit abhängig ist. Konzentrationen von mehr als 75% Benzol in Olivenöl rufen als Hauttest auf die menschliche Haut gebracht, auch beim Normalempfindlichen Reaktionen hervor (R. L. MAYER), nämlich Brennen, Rötung, Blasenbildung. In Benzol getauchte Kaninchenohren reagierten mit Entzündung, scharf ausgeprägtem Ödem, nachfolgender Eiterung und in einem Falle mit vollständiger Mumifizierung (LAZAREW, BRUSSILOWSKAJA, LAWROW und LIFSCHITZ). Blasenbildung wird besonders bei solchen Personen gefunden, die, durch das Benzol betäubt, in Lachen verschütteten Benzols gefallen waren. Die örtliche Reizwirkung tritt auch an den Atemwegen — bei nicht auf Einatmung beruhenden Vergiftungen durch die Benzolausscheidung durch die Lungen bedingt — in Erscheinung als Lungenödem, Lungenanschoppung. Blutungen in den Lungen sind häufige, fast regelmäßige Befunde (SURY-BIENZ).

Die *akute Benzolvergiftung* wird durch die narkotische Wirkung des Benzols beherrscht. In seinem Wirkungsmechanismus kann das Benzol mit den indifferenten lipoidlöslichen Inhalationsnarkotica verglichen werden. Die besondere Affinität des Benzols zu den Lipoiden des Gehirns und Rückenmarks zeigt deutlich der Nachweis des eingeatmeten Benzols in verschiedenen Körperorganen. Bei Katzen wurden in je 100 g Organsubstanz gefunden: im Gehirn 64—79 mg, in der Leber 23—28 mg, im Blut 11—13 mg, im Fettgewebe 1,5 mg, in der Milz nicht nachweisbare Mengen (JOACHIMOGLU). Mit den genannten Inhalationsnarkotica hat das Benzol auch die Verursachung eines rauschartigen Erregungszustandes gemeinsam, der sich in Euphorie, gesteigertem Selbstvertrauen, Heiterkeit bei gerötetem Gesicht und in Hypermotilität äußert und zumeist mit ziemlich plötzlichem Umschlag in Müdigkeit, Schläfrigkeit, Mattigkeit übergeht. Bei weiterer Benzoleinwirkung folgt Benommenheit, Koma und schließlich der Tod. Bei Einatmung konzentrierter Benzoldämpfe kann innerhalb weniger Sekunden schlagartig Bewußtlosigkeit einsetzen; in solchen Fällen tritt der Tod meist schon wenige Minuten nach Beginn der Einatmung ein. Die pathologisch-

anatomisch feststellbaren Veränderungen am Hirn sind geringfügig und un-
charakteristisch. Das Hirn pflegt blutreich zu sein, oft sind Hirn und Hirn-
häute ödematös, an der Hirnoberfläche — wie auch den Schleimhäuten und serösen
Überzügen anderer Organe — findet man zumeist mehr oder minder erhebliche
Blutaustritte. Häufig, aber nicht in allen Fällen, konnte ein Benzolgeruch des
Hirns und der Körperhöhlen festgestellt werden.

Auch das klinische Bild der akuten Benzolvergiftung ist ziemlich uncharak-
teristisch. Auf den initialen Rauschzustand ist schon hingewiesen worden.
Es folgen Mattigkeit, Gliederschwere, Schläfrigkeit, Schwindel, Kopfschmerz,
Bewegungsunsicherheit, Blässe und plötzliches Erröten, Engegefühl auf der
Brust, Pulsbeschleunigung, Atemnot, Darmstörungen — im Tierversuch fällt
oft eine erhebliche Auftreibung des Leibes auf — Zittern, bei fortgeschrittener
Einwirkung maniakalische und deliröse Zustände, Muskelzuckungen, die sich
bis zu tonisch-klonischen Krämpfen steigern können, Blausucht, Lagophthalmus,
Pupillenerweiterungen, Erlöschen der Lichtreaktion und der Sehnen-Periost-
reflexe, Bewußtlosigkeit, Kollapserscheinungen. Schließlich erfolgt der Tod
unter den Zeichen einer Atemlähmung. Beim Versuchstier sinkt die Körpertemperatur während der Benzoleinatmung ganz erheblich ab, bei Katzen wurde
z. B. ein Absinken der Rectaltemperatur von 38^0 bis auf 31^0 beobachtet.

Soweit die akuten Benzolvergiftungen nicht alsbald tödlich enden, pflegen
sie ohne erhebliche Nachwirkungen und Folgeerscheinungen rasch abzuklingen.
Im Schrifttum finden sich zwar einige Berichte über Nachkrankheiten, doch
ist hierbei im allgemeinen nicht ohne weiteres abzugrenzen, inwieweit andere
chemische Stoffe ursächlich dafür verantwortlich zu machen sind und inwieweit
es sich um sekundäre Erkrankungen wie Schluckpneumonien gehandelt hat.
Als Nachkrankheiten sind unter anderen Herz- und Kreislaufstörungen, zum
Teil nervöser Art, beschrieben worden; auch entzündliche Veränderungen der
Lungen werden mehrfach erwähnt.

Bei *tierexperimentellen* akuten Benzolvergiftungen kommt es gelegentlich bei
einzelnen Tieren bereits bei der Einatmung niederer Konzentrationen und nach
verhältnismäßig kurzer Zeit zu überraschenden plötzlichen Todesfällen (WEISSEN-
BERG). LEHMANN und Mitarbeiter vermuteten auf Grund ihrer Beobachtungen einen plötzlichen Atemstillstand als Ursache dieser Todesfälle, sie konnten
in einigen Fällen noch sichere Herzaktion bei Atemstillstand feststellen. Nach
anderen neueren auf elektrokardiographische Untersuchungen gestützten Anschauungen dürfte der plötzliche Tod zu Beginn der narkotischen Wirkung oder
während der Erholungszeit ein Herztod durch Herzflimmern sein. Versuche an
Normaltieren und decerebrierten Tieren lassen auf gesteigerte Adrenalinausschüttung bei erhöhter Adrenalinempfindlichkeit des Herzens schließen (NAHUM
und HOFF).

Die Wirkung des Benzols auf Atmung und Kreislauf bzw. das Vasomotoren-
system ist schon frühzeitig Gegenstand besonderer Untersuchungen gewesen.
BÉNECH bezeichnet das Benzol als Vasodilatator. Er beobachtete beim curari-
sierten Hund eine kurze Erregungsperiode mit leichter Erhöhung des Blutdruckes,
dann Abfall des Druckes in den Schlagadern und Druckzunahme in den Blutadern.
Die Änderung des Venendruckes konnte von anderer Seite nicht bestätigt werden
(TSCHERNIKOFF, GADASKIN, KOWSCHAR). Die vorübergehende Blutdrucksteigerung bei Benzoleinatmung dürfte — da sie bei tracheotomierten Tieren
(DAUTREBANDE[1]) und nach Benzolinjektion (SATO) nicht eintritt — wohl durch
Reizung der sensiblen Trigeminusfasern vermittelt werden. Dagegen tritt die
Blutdrucksenkung in allen Fällen ein, sie ist brüsk und kann erhebliche Aus-
maße annehmen, nur bei Krampfanfällen steigt der Blutdruck vorübergehend
an. Nach neueren Untersuchungen scheint das Benzol an den Muskelfasern der

Gefäße selbst anzugreifen, wie aus dem Ausfall oder der Wirkungsabschwächung nach Injektion blutdrucksteigernder, peripher angreifender Arzneimittel und dem Fehlen einer Blutdrucksteigerung bei dem Carotisdruckversuch geschlossen werden kann (DAUTREBANDE [2, 3]). Wesentlich ist aber[1], daß die Herztätigkeit trotz auftretender ventrikulärer Extrasystolen (NAHUM und HOFF) während der Vergiftung befriedigend bleibt.

STEINER beobachtete bei wiederholten intramuskulären Benzolinjektionen bei Meerschweinchen und Ratten plötzliche Todesfälle infolge von Bronchospasmus. Lungenstarre konnte auch durch intravenöse Injektion wie auch durch Benzolinhalationen hervorgerufen werden. Xylol, Toluol und Petroläther riefen ebenfalls Bronchospasmus hervor. Nach STEINER handelt es sich dabei nicht um echte anaphylaktische Reaktionen. Weitere Klärungen brachten indessen Versuche von BARTOSCH, der im Durchströmungsversuch mit Meerschweinchenlungen durch Einspritzen von je 0,02 ccm Benzol, Toluol, Xylol, Hexan, Heptan, Oktan oder Petroläther in die Trachealkanüle eine Lungenstarre auslösen konnte, wobei die während der Ausbildung der Lungenstarre oder kurz nachher abfließende Durchströmungsflüssigkeit bei biologischer Prüfung eine histaminartige Wirkung ausübte: sie rief am Meerschweinchendünndarm und am virginellen Meerschweinchenuterus eine starke Kontraktion hervor, senkte den Blutdruck von Katzen vor und nach Atropin und bewirkte eine Ausschüttung von Adrenalin aus den Nebennieren von Katzen. Nach Hexan, Heptan und Oktan entsprachen die einzelnen Proben im allgemeinen einer Histaminlösung von 1:10 bis 1:5 Millionen, nach Benzol, Toluol, Xylol und Petroläther dagegen einer Histaminlösung bis zu 1:900000. RESCHAD SAMI GARAN führte weitere Untersuchungen in gleicher Richtung wie BARTOSCH durch und wertete die aus den Lungenvenen abströmende Flüssigkeit am Meerschweinchendarm gegenüber bekannten Histaminlösungen aus. Beatmungen mit Benzol, Toluol, Xylol, Hexan, Heptan verursachten Bronchospasmus; in der abströmenden Flüssigkeit konnte Histamin nachgewiesen werden. Xylol erwies sich als besonders wirksam, es zeigte sich eine deutliche Abschwächung der Wirksamkeit über das Toluol zum Benzol. Es wurden dabei Histaminkonzentrationen von 0,01—0,1 mg-% (1:10 bis 1:1 Millionen) erreicht. Es darf hier darauf hingewiesen werden, daß auch bei der Einwirkung auf die Haut das Histamin wahrscheinlich für die akute Wirkung in Betracht zu ziehen ist (OETTEL).

Was nun die *akut wirksamen Dosen* betrifft, so können verständlicherweise die vorliegenden Angaben — soweit es sich um eine Einwirkung auf den Menschen handelt — nur etwaige Anhaltspunkte ergeben. Neben individueller Empfindlichkeit sind auch die Reinheitsgrade bzw. die Verunreinigungen des Benzols ausschlaggebend. K. B. LEHMANN fand im Selbstversuch, daß etwa 16 mg/l nicht nur leichte Reizungen der Luftröhre verursachen, sondern auch bereits nach 10 Minuten etwas Schwindel und Hitzegefühl erregen, Erscheinungen, die nach 15 Minuten bereits so erheblich sind, daß die Versuchsperson nur unter Aufwendung besonderer Energie den Versuch noch weiterhin mit der erforderlichen Aufmerksamkeit fortführen konnte.

Im Tierversuch verursachten 5 mg/l reinsten Benzols bei Mäusen nur geringfügige Erregung, 10 mg/l führten nach initialer Erregung zu Apathie, wobei sich bereits ataktische Störungen an den Hinterbeinen bemerkbar machten, Seitenlage aber im allgemeinen nicht erreicht wurde (ESTLER). Im ruhenden Gasgemisch wurde Seitenlage bei 23 mg/l erzielt (FÜHNER), in anderen Versuchen erwiesen sich die Mäuse als noch empfindlicher (MEYER und HOPF). Bei Mäusen tritt unter Benzoleinwirkung schon bei 10 mg/l eine charakteristische S-förmige Haltung des Schwanzes auf. Ein halbstündiger Aufenthalt in einem Gemisch von 16 mg/l Benzol in Luft blieb bei Meerschweinchen bis auf Zittern ohne merkliche Wirkung, bei 26,5 mg/l traten Ataxie und bei 35 mg/l auch Lähmungen ein (FLURY-ZERNIK). Noch widerstandsfähiger sind Kaninchen. Je nach Reinheit des verwendeten Benzols sind die Angaben verschieden, auch scheint bei diesen Tieren die individuelle Empfindlichkeit besonders ausgeprägt zu sein. Bei Verwendung reinsten Benzols im strömenden Gasgemisch trat tiefe Narkose erst bei $^1/_2$—1stündiger Einatmung von 75 mg/l auf, wohingegen Liegenbleiben bei einigen Tieren schon bei längerer Einatmung von 25 mg/l erzielt werden konnte und 50 mg/l in 2—3 Stunden zur leichten Narkose führen konnten (ENGELHARDT und ESTLER). Katzen erwiesen sich im allgemeinen als empfindlicher als Kaninchen. Nach mehrmaligen Benzoleinatmungen sterben die Katzen zum großen Teil an Lungenentzündungen, ein Teil der Katzen geht auch unter septischen Erscheinungen ein. Unter den gleichen Bedingungen wie bei den erwähnten Kaninchenversuchen wurde bei Katzen zumeist nach spätestens zweistündiger Einatmung von 25 mg/l Benzol ein Liegenbleiben erreicht, 50 mg/l riefen im allgemeinen nach 18—90 Minuten leichte, in 2 Fällen auch tiefe Narkose hervor. Bei Einatmung von 75 mg/l waren die Tiere nach etwa 40 Minuten in tiefer Narkose. Bei Hunden wurde tiefe Narkose bei 30 mg/l Reinbenzol nach 429 Minuten und bei 146 mg/l bereits nach 30 Minuten beobachtet (LUIG).

Bei 50 mg/l fällt das Meerschweinchen nach etwa 5 Minuten in Seitenlage, zu dieser Zeit beträgt der Benzolgehalt im Blut 2,6 mg%, bei 20 mg/l fällt das Meerschweinchen nach 17—18 Minuten in Seitenlage, der Benzolgehalt im Blut beträgt dann etwa 2,75 mg-%; es darf mithin ein solcher Wert als nötig erachtet werden, um Seitenlage bei akuter Benzolvergiftung des Meerschweinchens zu erzeugen (PÉRONNET).

Von den *Homologen des Benzols* haben besonders das Toluol und das Xylol eine gewerbehygienische Bedeutung gewonnen. Für die Verursachung akuter Vergiftungen kommen diese beiden Stoffe wegen ihrer geringen Flüchtigkeit kaum in Betracht.

Das Toluol erfährt im Organismus einen oxydativen Abbau zu Benzoesäure (GUEFFROY; SCHULTZEN und NAUNYN; NENCKI und GIACOSA; KNOOP und GEHRKE), die im Harn mit Glykokoll gepaart als Hippursäure (Benzoylaminoessigsäure) ausgeschieden wird. Die Benzoesäure ist nun in den hier in Betracht kommenden Mengen für den Organismus nicht giftig, der Toluolabbau stellt also gegensätzlich zur Benzoloxydation einen reinen Entgiftungsvorgang dar, worauf schon ENGEL hingewiesen hat. Kresol wird hierbei nicht gebildet (GUEFFROY; BAUMANN und HERTER). Die Oxydation des Toluols vollzieht sich nur langsam (wenn auch anscheinend rascher und ausgiebiger als diejenige des Benzols); der Umstand, daß im Durchströmungsversuch am isolierten überlebenden Organ Benzoesäure nicht nachgewiesen werden konnte (SCHMIEDEBERG), spricht deshalb nicht gegen die Benzoesäurebildung im Organismus. Über die Größenordnung der im Organismus oxydierten

	mg/l	im Körper verblieben %	ausgeatmet
Benzol	10	14,9 (80 mg)	85,1 (457 mg)
	5	22,7 (57 mg)	77,3 (194 mg)
	2	22,8 (23 mg)	77,2 (78 mg)
Toluol	10	34,0 (151 mg)	66,0 (294 mg)
	5	22,2 (56 mg)	77,8 (196 mg)
	2	14,6 (24 mg)	85,4 (141 mg)

Toluol   Benzoesäure   Metaxylol   Toluylsäure

Anteile Benzol und Toluol unterrichteten vorstehende Ergebnisse von im Reichsgesundheitsamt durchgeführten Einatmungsversuchen (GUEFFROY).

Xylol wird zu Toluylsäure oxydiert und mit Glykokoll gepaart als Tolursäure im Harn ausgeschieden (SCHULTZEN und NAUNYN). Es treten also nach Xylolaufnahme physiologisch nicht vorkommende Substanzen im Harn auf. Bei Tiefdruckarbeitern, die der chronischen Einwirkung von Benzol, Toluol und Xylol ausgesetzt waren, konnte JOST diese Oxydations- und Ausscheidungsprodukte des Xylols im Harn zwar nicht nachweisen, wohl aber eine weit über die physiologischen Grenzen gesteigerte Ausscheidung von gepaarten Schwefelsäuren und Glykuronsäuren, Phenolen und von Hippursäure.

Experimentell erzeugte akute Toluol- und Xylolvergiftungen stimmen im wesentlichen mit dem klinischen Bild der akuten Benzolvergiftung überein, nur treten stärkere Reizerscheinungen an den Schleimhäuten auf, die sich nicht nur in Reizungen der Augenbindehäute und der Nasenschleimhaut äußern, sondern häufig auch schwerere Lungenerscheinungen zur Folge haben.

Die Angabe von RAMBOUSEK [2]), daß Benzol und Toluol sich hinsichtlich ihrer akuten Wirkung wesentlich unterschieden, indem das erstere Zuckungen, Krämpfe, rasche Erholung, letzteres allmähliche Narkose und langsamere Erholung bewirke, kann in diesem Ausmaß auf Grund neuerer Versuche nicht aufrecht erhalten werden. K. B. LEHMANN und seine Schüler fanden bei den Homologen raschere Narkose und langsamere Erholung als bei Benzol, sie konnten aber bei den mit Homologen vergifteten Tieren ebenfalls Zuckungen und Krämpfe feststellen. Im Reichsgesundheitsamt durchgeführte Versuche brachten hierfür eine Bestätigung (ESTLER; ENGELHARDT und ESTLER).

Die Beurteilung der relativen Giftigkeit des Benzols und seiner Homologen ist nicht einheitlich. Das findet seine Erklärung in den verschiedenen Versuchsbedingungen, insbesondere in den verschiedenen Anforderungen, die an die Reinheit der geprüften Kohlenwasserstoffe gestellt wurden. Bei intraperitonealer Anwendung beim Meerschweinchen wurden folgende Werte gefunden (CHASSEVANT und GARNIER):

Substanz	Molekular-gewicht	Giftigkeit pro Tier in			Klinisch
		ccm	g	g/mol	
Benzol	78	0,73	0,656	0,0084	Zuckungen
Toluol	92	0,50	0,441	0,0047	Hypothermie
o-Xylol	106	2,2	1,9824	0,01870	,,
m-Xylol	106	1,65	1,428	0,01347	,,
p-Xylol	106	1,36	1,196	0,0128	,,

Toluol erwies sich demnach als giftiger als Benzol und dieses wiederum als giftiger als die Xylole.

In Einatmungsversuchen fand K. B. LEHMANN Xylol ungiftiger als Toluol, aber beide Homologe giftiger als das Benzol (K. B. LEHMANN, WEISSENBERG, v. WOJCIECHOWSKI, LUIG und GUNDERMANN). Die erste Wirkung, das „Liegenbleiben" trat bei reinem Benzol eher etwas früher ein als bei den Homologen, dagegen verursachte Toluol wesentlich früher als Xylol Narkose; Xylol seinerseits rief früher als Benzol Narkose hervor. Die zur Narkosewirkung erforderliche Zeit ist nach K. B. LEHMANN bei Xylol etwa $^1/_5$, bei Toluol etwa $^2/_5$ kürzer als bei Benzol.

Inhalationsversuche, die im Reichsgesundheitsamt durchgeführt wurden, brachten etwas abweichende Ergebnisse (ESTLER; ENGELHARDT und ESTLER). Bei niederen Konzentrationen wurde eine leichte Narkose durch die Homologen früher hervorgerufen als durch das Benzol, die Homologen erwiesen sich also in niederen Konzentrationen giftiger als Benzol. Bei Konzentrationen von 100 mg/l erwies sich jedoch Benzol giftiger als Toluol, das seinerseits wieder giftiger als Xylol schien. Für eine vergleichende Beurteilung waren Versuche mit weißen Mäusen günstiger als die erstgenannten Versuche mit Kaninchen und Katzen, weil die Mäuse schon gegen relativ geringe Konzentrationen empfindlich sind, bei denen die niedere Dampfspannung des Xylols sich nicht störend bemerkbar macht. In diesen Mäuseversuchen ergab sich folgende absteigende Reihenfolge der Giftigkeit: Xylol, Toluol, Benzol. Während z. B. bei 10 mg/l Benzol nur Erregungszustände beobachtet wurden, zeigten Mäuse bei Einatmung von 10 mg/l Toluol viel häufiger und nachhaltiger Seitenlage, bei 10 mg/l Xylol traten auch Lähmungserscheinungen auf. Die höhere Giftigkeit des Toluols und mehr noch des Xylols kam auch sinnfällig in der hohen Zahl der Todesfälle zum Ausdruck. Bei beiden Homologen starben von 10 Tieren je 7, die Todesfälle durch Xylol traten früher ein als die durch Toluol.

Die höheren Homologen des Benzols sind von geringer gewerbehygienischer Bedeutung.

Solventnaphtha, die bei 160° zu 90% überdestillierte und wenig Toluol, hauptsächlich Xylol, Cumol bzw. Pseudocumol enthielt, bewirkte bei Einatmung gleicher Konzentrationen viel später als Toluol eine allmähliche Narkose mit sehr langwährender Erholungszeit. Solventnaphtha, die bei 175° zu 90% überging, und neben Xylol hauptsächlich Cumol, Pseudocumol und Mesitylen enthielt, verursachte bei Kaninchen nach Einatmung überhaupt keine klinischen Erscheinungen, bei der Katze trotz langer Einatmung nur geringfügige Reaktionen und beim Hunde allmähliche Narkose nach 1stündiger Einatmung von Luft, in der 0,48 ccm Solventnaphtha je Liter Luft verdampft waren (RAMBOUSEK [1]).

Cumol (Isopropylbenzol) erwies sich in einer Luft, in der je Liter 0,06 bis 0,07 ccm verdampft waren, innerhalb einer Stunde unschädlich (RAMBOUSEK). Als minimale Konzentration der Dämpfe, welche bei der weißen Maus Seitenlage hervorruft, werden 20 mg/l (0,00017 Mol/l) und für den Verlust der Reflexe 25 mg/l (0,00021 Mol/l) angegeben (LAZAREW [1]). Kohlenwasserstoffe mit einer verzweigten Seitenkette sollen im allgemeinen weniger giftig sein als solche mit einer geraden Seitenkette (LAZAREW [1]). Im Verfütterungsversuch am Hund erwies sich, daß nur ein geringer Anteil des Isopropylbenzols in die Oxyverbindung übergeführt wird und daß im Harn eine Zunahme der gepaarten Schwefelsäuren auftritt (NENCKI und GIACOSA).

Noch ungiftiger ist das *Pseudocumol* (1.2.4-Trimethylbenzol), das nicht unter 40 mg/l (0,00033 mol/l) Seitenlage bei der Maus verursacht (LAZAREW [1]).

Mesitylen (1.3.5-Trimethylbenzol) ist etwas giftiger, 25—35 mg/l (0,00025 Mol/l) können bei der Maus Seitenlage bewirken (LAZAREW [1]). Bei Mensch und Ratte geht das Mesitylen in Mesitylensäure über, die zum großen Teil mit Glykokoll gepaart wird (NENCKI und GIACOSA; FILIPPI).

Tiophen ist bei Mäusen — wenigstens akut — giftiger als Benzol und verursacht bei Kaninchen Leukocytose. Sein Gehalt in Handelsbenzolen ist jedoch praktisch ohne Bedeutung (RAMBOUSEK [1]), HULTGREN [3]), FLURY und ZERNIK [2]), THIEME, WEIDIG).

Die nachstehende Tabelle von LAZAREW gibt einen Überblick über die relative Giftigkeit verschiedener aromatischer Kohlenwasserstoffe.

Gewerbehygienisch von weittragenderer Bedeutung als die akute Benzolvergiftung ist die *chronische Benzolvergiftung*, die fast ausschließlich auf wiederholter Einatmung kleiner Benzolmengen beruht. Führende und wesentlichste Erscheinungen der chronischen Benzolvergiftung sind in erster Linie die *Veränderungen des Blutes* und die Schädigung der *Blutbildungsstätten*; Leukopenie, Anämie, Haut- und Schleimhautblutungen sind deren Kennzeichen.

Trotz vielseitiger Forschung liegt der Mechanismus der chronischen Benzolvergiftung nicht eindeutig klar. Während einige Forscher eine primäre Schädigung der blutbildenden Organe annehmen, wird von anderer Seite auch eine primäre Schädigung der Zellen des strömenden Blutes und erst sekundär eine Schädigung der Blutbildungsstätten behauptet. Eine Schädigung der im Blut kreisenden Zellen ist wohl nicht von der Hand zu weisen, auch Versuche an Zellkulturen sprechen in diesem Sinne (LARIONOW), eine gleichzeitige Schädigung der hämopoetischen Organe ist aber doch offenbar das Wesentliche.

Einer besonderen Erwähnung bedürfen die von russischen Forschern aufgestellten Hypothesen, die in dem Fettlösungsvermögen des Benzols die Ursache der Blutveränderungen sehen. Diese Theorien haben sogar zu weitgehenden Schlußfolgerungen über Prophylaxe und Therapie der Benzolvergiftung verleitet. NIKOLAJEW und SCHPARO glauben, daß das in das Blut übergehende Benzol von der Erythrocytenmembran absorbiert werde und daß diese Erythrocyten dann in besonderem Maße von den reticuloendothelialen Zellen aufgenommen und dort

Tabelle 3. Aromatische Kohlenwasserstoffe.

| | | Molekulargewicht | Siedepunkt in °C | Minimale Konzentrationen der Dämpfe, welche hervorrufen | | | | | |
| | | | | Seitenlage | | Verlust der Reflexe | | Tod | |
				in mg auf 1 Liter	in Molen auf 1 Liter	in mg auf 1 Liter	in Molen auf 1 Liter	in mg auf 1 Liter	in Molen auf 1 Liter
Benzol	C_6H_6	78,05	79,6	15	0,00019	—	—	45	0,00058
Toluol	$CH_3 \cdot C_6H_5$	92,06	110,5	10—12	0,00012	—	—	30—45	0,00035
Äthylbenzol	$CH_3 \cdot CH_2 \cdot C_6H_5$	106,08	136,5	15	0,00014	—	—	45	0,00042
o-Xylol	$o\text{-}(CH_3)_2 \cdot C_6H_4$	106,08	144,0	15—20	0,00016	—	—	30	0,00022
m-Xylol	$m\text{-}(CH_3)_2 \cdot C_6H_4$	106,08	139,0	10—15	0,00010	15?	0,00014	50	0,00047
p-Xylol	$p\text{-}(CH_3)_2 \cdot C_6H_4$	106,08	137,7	10	0,00009	—	—	15—35	0,00024
Propylbenzol	$CH_3 \cdot CH_2 \cdot CH_2 \cdot C_6H_5$	120,09	157,5	10—15	0,00010	15	0,00013	20	0,00017
Isopropylbenzol (Cumol)	$(CH_3)_2CH \cdot C_6H_5$	120,09	153,4	20	0,00017	25	0,00021	nicht bestimmt	
p-Methyläthylbenzol	$p\text{-}CH_3 \cdot C_6H_4 \cdot CH_2CH_3$	120,09	162,0	15	0,00013	40—45?	0,00035		
1.2.4-Trimethylbenzol (Pseudocumol)	$1.2.4\text{-}(CH_3)_3 \cdot C_6H_3$	120,09	169,8	40	0,00033	35—45?	0,00033	nicht erreicht	
1.3.5-Trimethylbenzol (Mesithylen)	$1.3.5\text{-}(CH_3)_3 \cdot C_6H_3$	120,09	164,6	25—35	0,00025	—	—		
Butylbenzol	$CH_3 \cdot CH_2 \cdot CH_2 \cdot CH_2 \cdot C_6H_5$	134,11	180,0	15	0,00011	—	—		
p-Diäthylbenzol	$p\text{-}(CH_3 \cdot CH_2)_2 \cdot C_6H_4$	134,11	183,0	>30	>0,00022	—	—		
p-Methylpropylbenzol	$p\text{-}CH_3 \cdot C_6H_4 \cdot CH_2CH_2 \cdot CH_3$	134,11	179,5—180,0	50	0,00037	—	—		

Anmerkung: Außer den in dieser Tabelle angeführten wurde noch die Wirkung der Dämpfe des Amylbenzols, p-Methylisopropylbenzols (Cymol) und des p-Äthylpropylbenzols untersucht. Doch gestattet die niedrige Dampfspannung nicht einmal eine solche Konzentration zu erreichen, welche Seitenlage des Tieres hervorruft.

aufgelöst würden. Dank der starken Regeneration ändere sich die Zahl der
roten Blutkörperchen wenig, da aber die reticuloendothelialen Zellen stark mit
der Bildung der Erythrocyten befaßt seien, vermindere sich in entsprechen-
dem Maße die Leukopoiese, wobei die unitarische Blutgenese aus einem
Mesenchymzellentyp vorausgesetzt werden muß. Ähnliche Vorstellungen entwickelte SCHUSTROW, nämlich, daß Benzol bei der Aufnahme durch die
Lungen in erster Linie die roten Blutkörperchen zerstören müsse, während
bei der Aufnahme per os das Benzol in die lymphatischen Wege gelange und so
besonders auf die weißen Blutkörperchen einwirken könne. Diese Annahme steht
aber nicht mit den Ergebnissen der tierexperimentellen Forschung und den
Beobachtungen der Klinik in Einklang. Auch bei der auf fortgesetzter Einatmung
von Benzol beruhenden Vergiftung ist die Leukocytenverminderung das führende
klinische Symptom und die bei einer Hämolyse zu erwartende Erhöhung der
Serumbilirubinwerte ist selbst bei hochgradiger Benzolanämie (z. B. bei 24%
Hämoglobin und Erythrocytenwerten zwischen 1 000 000 und 1 500 000) nicht
bestätigt worden (MITNIK und GENKIN). Auch Untersuchungen über etwaige
Veränderungen der Erythrocytenresistenz ließen kein gesetzmäßiges abweichendes
Verhalten erkennen (ENGELHARDT[1]). Nur die von einigen Forschern, besonders
in der Milz gefundenen Pigmentablagerungen weisen auf einen gesteigerten
Untergang der Erythrocyten hin (NEUMANN; LIGNAC[1,2]; HEITZMANN).

Ob und in welchem Umfange die Abbauprodukte des Benzols für die Blutschädigungen verantwortlich zu machen sind, muß vorläufig unbeantwortet
bleiben. Es mag jedenfalls erwähnt werden, daß bei Züchtungsversuchen mensch-
licher Leukocyten unter Benzolzusatz weder ein Reizzustand der Kulturen
noch ein Schwund oder eine Zerstörung der Leukocyten beobachtet wurde
(WALLBACH[8]). Allerdings ist von anderer Seite auch eine Schädigung der Leuko-
cytenkulturen festgestellt worden (LARIONOW).

Auch über den Mechanismus der Haut- und Schleimhautblutungen besteht
keine einheitliche Auffassung. In erster Linie werden als Ursache der Blutungsbereitschaft Veränderungen des Blutes selbst angenommen. Als solche kommen
insbesondere die zumeist beobachteten und häufig sehr erheblichen Verminde-
rungen der Blutplättchenzahl, der im Tierversuch oft eine vorübergehende
Thrombocytose vorangeht (WEISSKOTTEN, WYATT und GIBBS; HULTGREN[1]);
MÜLLER; SCHILOWA; BEYER; DUKE), in Betracht (SELLING; BRÜCKEN; GENOVA;
ROHNER, BALDRIDGE und HANSMANN). Diese Thrombocytenpenie wird durch
eine Schädigung der Thrombocyten im strömenden Blut und durch eine Schädigung der Megakaryocyten des Knochenmarks erklärt (MÜLLER).

Eine Verminderung der Blutplättchenzahl muß nicht zwangsläufig hämorrhagische Erscheinungen zur Folge haben (NIKULINA und TITOWA), auch bei
klinischen Beobachtungen gingen Blutungen und Purpura nicht immer mit
Thrombopenie parallel (MITNIK und GENKIN), das gilt auch für die Fibrinogen-
und Thrombinwerte. Untersuchungen über die Veränderungen des Gehalts
an Prothrombin, Thrombin, Antithrombin und Fibrinogen lassen keine Folgerungen zu (HURWITZ und DRINKER). Blutungszeit und in vielen Fällen auch
Gerinnungszeit wurden in Übereinstimmung mit dem Tierversuch bei chronischen
Benzolvergiftungen erheblich verlängert gefunden (BRÜCKEN; MITNICK und
GENKIN; LANDÉ und KALINOWSKI; FAURE-BEAULIEU und LÉVY-BRUHL).

Neben diesen Blutveränderungen ist noch eine Schädigung der Gefäßendo-
thelien als Ursache der Blutungen in Betracht zu ziehen, wofür namentlich das
bei Benzolvergiftungen oft und häufig stark positiv gefundene RUMPEL-LEEDEsche
Phänomen spricht. Schon SANTESSON hat bereits 1897 eine solche Erklärung
erörtert und durch Nachweis einer Fettdegeneration der Endothelzellen ge-
stützt.

Capillarmikroskopisch wurden Vasoneurosen mit längeren Stasen beobachtet (MITNIK und GENKIN).

Die Mehrzahl aller pathologisch-anatomischen Untersuchungen bei tierexperimentellen Benzolvergiftungen sind an solchen Tieren ausgeführt worden, die verhältnismäßig rasch in einen leukopenischen Zustand gebracht wurden, es handelt sich dabei überwiegend um Injektionsversuche. Pathologisch-anatomische Untersuchungen der blutbildenden Organe nach verhältnismäßig chronischer Benzoleinwirkung in Injektions- und Inhalationsversuchen liegen von HEITZMANN vor, der die Versuchstiere ENGELHARDTs untersuchte. Diese Tiere zeigten erhebliche degenerative Veränderungen der Leukocyten, der Myelocyten und Megakaryocyten im Knochenmark, dessen Parenchym schließlich bis auf vereinzelte kleine Rundzellen geschwunden war. Der Zerfall der Leukocyten tritt übrigens als Kernschädigung auch an den Zellen des strömenden Blutes in Erscheinung. Schwund der MALPIGHIschen Körperchen und Pulpastränge der Milz weist auf Schädigung des lymphatischen Systems hin, die allerdings — wie auch die Schädigung der Erythropoiese — gegenüber der Leukocytenzerstörung zurücktritt. Der vermehrte Erythrocytenabbau wird durch massenhafte Hämosiderinablagerungen in der Milz offenbar gemacht.

Grundlegende Untersuchungen über die Veränderungen der blutbildenden Organe bei verhältnismäßig rasch verlaufenden Vergiftungen durch subcutan injiziertes Benzol führte SELLING aus. Kaninchen, die 1—9 Injektionen erhalten hatten und 24 Stunden nach der letzten Einspritzung getötet wurden oder 2—5 Tage nach 5—10 Injektionen starben oder nach 4—9 Injektionen eine Knochenmarkshyperplasie auf Grund der Leukocytenwerte des strömenden Blutes erwarten ließen und in der Regenerationsperiode getötet wurden, ließen folgende Veränderungen unter der Benzoleinwirkung erkennen: Während nach der ersten Injektion eine allgemeine Hyperplasie aller Zellen des Knochenmarks vorherrschte, traten nach der 2. Injektion bereits degenerative Veränderungen auf, die besonders die eosinophilen und amphophilen Myelocyten und die·großen Lymphocyten, zum geringeren Teil auch die eosinophilen und amphophilen Polymorphkernigen und die kernhaltigen roten Blutkörperchen ergriffen. Noch nach 5 Injektionen herrschten bei verminderter Gesamtzahl der Zellen im hyperplastischen Mark die amphophilen Myelocyten vor, während die an sich weniger empfindlichen Polynukleären offenbar ins strömende Blut ausgeschwemmt waren. Nach der 7. Einspritzung aber überwucherten die zerstörenden Prozesse die proliferativen stark. Die am reichlichsten vorhandenen polynukleären Amphophilen zeigten größtenteils Degenerationserscheinungen. Nach 9 Injektionen schwanden auch diese Zellen, das Mark zeigte das Bild einer völligen Aplasie, wobei sich nur zwei normalerweise spärlich vorhandene Zellarten, kleine Lymphocyten und Polyblasten, reichlich fanden. Diese Zellen wurden auch von einigen anderen Beobachtern gesehen (NEUMANN; SKLAWUNOS), von anderen wiederum nicht (WALLBACH [1]). Am widerstandsfähigsten gegen Benzol erwiesen sich die kleinen Lymphocyten, es folgen in absteigender Reihe Erythrocyten, Riesenzellen, große Lymphocyten, Myelocyten und polynukleäre Granulocyten. Die Leukocyten selbst zeigen typische Zerstörungsformen (BEYER), Zerfall des Zellkerns, schlechte Färbbarkeit des Plasmas (WORONOW), Basophilie oder basophile Granulierung (ENGELHARDT [1]); SILBERBERG). Das Vorkommen und die Bedeutung von Hyperämie und Pigmentanhäufungen im Knochenmark ist umstritten (NEUMANN; LIGNAC [1, 2]); HEITZMANN; MÜLLER; SCHILOWA; SILBERBERG; WORONOW; DIECKHOFF).

Die Angaben über das Ausmaß der Schädigungen der Zellen des lymphatischen Systems sind nicht einheitlich, zumeist wurde das lymphatische Parenchym der Milz und der Lymphknoten nur wenig beeinflußt gefunden (SKLAWUNOS;

SILBERBERG; WORONOW; BRUNI), zum Teil fand sich sogar ein gewisser funktioneller Reizzustand. Diese widersprechenden Befunde dürften — wenigstens
zum Teil — eine Erklärung darin finden, daß beim Kaninchen Rassenunterschiede die Empfindlichkeit gegen Benzol und das Ausmaß der Reaktion weitgehend beeinflussen können (SKLAWUNOS; PAPPENHEIM). Eindeutig steht aber
fest, daß die Lymphocyten in viel geringerem Grade betroffen werden als die
Granulocyten und deren Vorstufen. Auch SELLING hebt das ausdrücklich hervor,
er fand sowohl in den Follikeln wie in den Marksträngen der Lymphdrüsen eine
Zerstörung der Lymphocyten. Schon nach einer Einspritzung trat innerhalb
24 Stunden Karyolyse und Karyorhexis auf, überall im Gewebe fanden sich
Chromatinpigmente. Diese Degenerationserscheinungen waren aber nach
weiteren Injektionen weniger ausgeprägt. Nach 3 Injektionen nahm die Zahl
der Follikelzellen merklich ab, die follikuläre Zone erschien daher abgeflacht.
Schließlich blieb nur das Reticulum übrig. Die Markstränge waren weniger
betroffen als die Follikularzonen. Auch im Blinddarm führten zerstörende
Prozesse zu einer vorgeschrittenen Aplasie der Lymphknötchen. Entsprechende
Befunde zeigte auch die Milz, jedoch fanden sich Kerndegenerationen weniger
häufig als in den Lymphknoten, zumeist wurden Kerndegenerationen in den
Zellen der MALPIGHIschen Körperchen gefunden. Anfangs traten die Keimzentren ungewöhnlich hervor. Die Lymphocyten schwanden in den MALPIGHIschen Körperchen zuerst peripher, mit fortschreitender Vergiftung allmählich
auch zentralwärts. Gleichzeitig wurden auch die Parenchymzellen in den Marksträngen zerstört. Lymphocyten, große mononukleäre Pulpazellen und Polynukleäre schwanden allmählich, so daß die Zellen des Reticulums und des
Endothels mehr hervortraten. Später wurden auch die Erythrocyten ausgeschwemmt. Wenn die Aplasie der MALPIGHIschen Körperchen eine völlige
geworden war, zeigten auch die Markstränge völlige Aplasie. Die Eisenspeicherung wird von den Sinusendothelien übernommen (MÜLLER). Auch bei
klinischen Benzolvergiftungen kann sich schwerste Schädigung des Parenchyms
an Milz und Lymphknoten finden, wie die von SZÉKELY mitgeteilten Obduktionsbefunde lehren.

Auch die Erythrocytenbildung wird im allgemeinen nur in erheblich geringerem Ausmaße als die Leukopoiese betroffen. In SELLINGs Versuchen zeigten
schon nach 2 Benzolinjektionen viele der kernhaltigen roten Zellen Kerndeformierung, geschrumpfte, pyknotische und unregelmäßige Kerne, andere zeigten
partielle Chromatinauflösung. Nach 5 Injektionen fanden sich kernhaltige
Erythrocyten nicht mehr zahlreich, sie lagen zumeist in kleinen unregelmäßig
versprengten Gruppen oder einzeln und wiesen häufig Degenerationserscheinungen auf. BRUNI hebt die besondere Widerstandsfähigkeit der Erythroblasten
hervor, die er im Knochenmark selbst dann noch reichlich fand, wenn das übrige
spezifische Gewebe schon verschwunden und durch Bindegewebe ersetzt war.

Der tierexperimentellen Benzolvergiftung fehlt im allgemeinen der für die
menschliche chronische Benzolintoxikation eigentümliche fortschreitende Verlauf der Schädigung auch nach Ausschluß weiterer Benzoleinwirkung. Es kommt
daher beim Tier zu weitgehender Regeneration, nur in den Lymphfollikeln fand
SELLING häufig keine vollständige Regeneration, sondern ein Granulationsgewebe, welches eine ausgesprochene Fibrose zur Folge hatte. Im Knochenmark führte dagegen die Regeneration häufig zur Hyperplasie.

Die Auswirkungen dieser Veränderungen der blutbildenden Organe treten
schon frühzeitig als quantitative und qualitative Veränderungen der geformten
Elemente des Blutes sinnfällig in Erscheinung.

Bei einer Beurteilung der Ergebnisse von Tierversuchen darf nicht außer
acht gelassen werden, daß Knochenmark und morphologisches Blutbild sich nicht

bei allen Tierspezies entsprechen und daß auch die einzelnen Tierarten dem Benzol gegenüber durchaus verschiedene Reaktionen zeigen. So soll Benzol bei Meerschweinchen, weißen Mäusen und Hühnern die sonst regelmäßig auftretende Leukocytenverminderung nicht verursachen (WALLBACH [4]), auch sollen Ratten eine besondere Resistenz gegen Benzol aufweisen (POLICARD und BERNHEIM), was allerdings auf Grund der Versuchsergebnisse anderer Forscher bestritten werden kann, das gilt übrigens auch für weiße Mäuse (WORNER). Als geeignetste Versuchstiere für die Untersuchungen der Blutveränderungen bei Benzolvergiftungen sind die Kaninchen zu benennen, obschon auch bei diesen Tieren gewisse Rassen besondere Resistenz zeigen können (PAPPENHEIM).

Wiederholte Injektionen relativ kleiner Benzolmengen (0,01 g/kg Kaninchen) haben zumeist eine Steigerung der Leukocytenzahlen zur Folge (BEYER); auch bei Einspritzung größerer Mengen (0,5—2,0 ccm/kg Kaninchen) (SELLING) und bei Inhalationsversuchen (ENGELHARDT [1]) tritt häufig zunächst eine Leukocytose auf. So wurde bei Kaninchen nach Injektion von 0,5—1,0 ccm Benzol eine deutlich ausgesprochene Hyperleukocytose durch Vermehrung der reifen, polynukleären amphooxyphilen Spezialzellen und Mastzellen bei relativer Abnahme der Lymphocyten und Fehlen der Eosinophilen beobachtet (PAPPENHEIM). Auch bei gewerblichen chronischen Benzolvergiftungen dürfte — zumindest bei einer gewissen Zahl von Fällen — zunächst eine Reizung der neutrophilen Leukocyten auftreten, die aus verständlichen Gründen nur bei Reihenuntersuchungen oder Zufallsuntersuchungen aufgedeckt werden kann. MEYER und SCHNEIDER fanden z. B. unter 61 Benzolarbeitern in 11 Fällen Leukocytenwerte zwischen 10 000 und 10 600 und in 16 Fällen Werte zwischen 8000 und 10 000. DIMMEL sah bei Arbeiterinnen einer Gummifabrik nach 8wöchiger Arbeitszeit 11 500, nach 15tägiger Arbeitszeit 14 000, einmal nach 4¹/₂monatiger Arbeit 10 000 und bei zwei weiteren Arbeiterinnen 11 000—12 000 Leukocyten. Die Feststellung des ursächlichen Zusammenhangs der Leukocytenvermehrung mit einer Benzoleinwirkung wird natürlich immer unsicher sein.

Nach über längere Zeit fortgesetzten Injektionen von 0,001 ccm Benzol je Maus (etwa 0,05 ccm/kg) sah LIGNAC [2]) bei 8 von 54 Mäusen Leukämie oder ihr verwandte KUNDRATsche Lymphosarkomatosis entstehen. Es muß bei der Beurteilung dieser Befunde darauf hingewiesen werden, daß bei der Maus die Lymphocyten die Polynukleären im strömenden Blut erheblich überwiegen* und daß die weiße Maus oder wenigstens gewisse weiße Mäuse eine Leukämiebereitschaft zeigen und auch an spontanen Leukämien, Pseudoleukämien oder Lymphosarkomen erkranken können. Die Deutung der pathologisch-anatomischen Befunde LIGNACs ist von WALLBACH [6]) einer ablehnenden Kritik unterzogen worden. Die Versuche müssen aber doch erwähnt werden, weil mehrmals menschliche leukämische Erkrankungen als Folge einer Benzoleinwirkung gedeutet worden sind. Ungewöhnlich hohe Leukocytenwerte wurden während des Krieges bei Arbeiterinnen eines Cellitbetriebes beobachtet und auf Benzol bezogen (FLORET). DELORE und BORGOMANO führten einen Fall akuter Lymphoblastenleukämie auf Benzoleinatmung bei der Pyramidonherstellung zurück. Dieser in seiner ätiologischen Deutung keineswegs gesicherte Fall wird für die Begründung einer von PIERRE-EMILE WEIL als Benzolintoxikation angesprochenen atypisch verlaufenden myeloischen Leukämie, die nur vorübergehend hyperleukämischen, sonst überwiegend aleukämischen Charakter hatte, angezogen. Ein weiterer hierhergehöriger Krankheitsfall, der von MARTLAND beobachtet wurde, wird von A. HAMILTON mitgeteilt. Klinisch war die Diagnose

---

* KLIENEBERGER gibt in seiner Monographie für das Schwanzblut einen Gehalt von 31,5—88%, für das Blut der Arteria femoralis einen solchen von 72—91% Lymphocyten an.

chronische Benzolvergiftung gestellt worden, bei der Autopsie fand man eine
atypische Form der gastrointestinalen Leukämie mit nicht leukämischem Blutbild. Ein benzolischer Ursprung wurde im Hinblick auf entsprechende Radium-
wirkungen für möglich erachtet. LEDERER beobachtete eine Morbus Gaucher
ähnliche Erkrankung, bei der ein ursächlicher Zusammenhang mit einer wahr-
scheinlichen Benzolvergiftung vermutet wurde. Bei den hier mitgeteilten
Beobachtungen handelt es sich nicht um Erkrankungen einheitlicher Art, der
ursächliche Zusammenhang konnte nur vermutet und in keinem Falle sichergestellt werden. Auf Grund des Fehlens aller Erfahrungen über besonders häufiges
Auftreten solcher Erkrankungen in Benzolbetrieben und auch auf Grund der
Ergebnisse der experimentellen Forschung muß die Annahme einer derartigen
Benzolwirkung als unwahrscheinlich oder zumindest sehr zweifelhaft bezeichnet
werden.

Von weittragender Bedeutung ist die *Benzolleukopenie*, die bis zur Aleukie
führen kann. Auch im Tierversuch können bei fortgesetzter Benzolzufuhr
Werte von 100—30 Leukocyten im Kubikmillimeter erreicht werden. Als
Grenzwert, unterhalb dessen eine leukocytenvermindernde Benzolwirkung beim
Kaninchen nicht mehr eintritt, fand WALLBACH [6]) 0,2 ccm Benzol (Injektionsversuche). Diese Verminderung der Leukocyten ist durch einen Schwund der
neutrophilen Granulocyten bedingt; wobei im Differentialblutbild eine mehr oder
minder ausgesprochene Linksverschiebung bemerkt wird und — insonderheit
bei den Injektionsversuchen — auch Degenerationsformen auftreten können.
Häufig findet sich eine relative Lymphocytose, nur bei einem Teil der Versuchstiere zeigen auch die Lymphocyten einen stärkeren Schwund. Es ist
erstaunlich, daß sich Tiere selbst dann noch wieder erholen können, wenn die
Leukocytenzahl bis auf 200—800 Zellen im Kubikmillimeter gefallen war,
vorausgesetzt, daß von weiteren Benzolinjektionen Abstand genommen wird.
Gegensätzlich hierzu pflegen die chronischen Benzolvergiftungen des Menschen
durch einen stetig fortschreitenden Verlauf ausgezeichnet zu sein, der auch nach
Ausschluß weiterer Benzolaufnahme anhält. Auch beim Menschen nehmen unter
Benzoleinwirkung die neutrophilen Leukocyten stetig ab. Schon bei leichten
subjektiven Beschwerden findet man bei Reihenuntersuchungen häufig Neutropenie mit entsprechender Lymphocytose oft erheblichen Grades. Die Neutrophilen können dabei bis auf 20% absinken, ohne daß zunächst die Gesamtleukocytenzahl vermindert ist, da die Lymphocyten eine absolute Vermehrung
erfahren können. Auf eine Reizung der Lymphocytenbildungsstätten weist
das Auftreten von zahlreichen großen Formen der Lymphocyten mit breitem
Protoplasmasaum und großem hellen Kern hin; es dürfte sich also um eine Ausschwemmung nicht voll ausgereifter Lymphocyten handeln, wofür auch Vakuolen,
Doppelkerne und Kernteilungen sprechen (MEYER und SCHNEIDER; MEYER).
In diesem Sinne kann auch das Auftreten von Plasmazellen im strömenden Blut
gewertet werden. Die Lymphocytose ist von TELEKY und WEINER auf Grund
von Reihenuntersuchungen als Frühsymptom gewertet worden. Lymphocytose
ist aber als charakteristisches Frühsymptom so vieler Erkrankungen beschrieben
worden — auf gewerblichem Gebiet sei nur die Silikose (NICOL), die chronische
Bleivergiftung, die chronische Kohlenoxydvergiftung, schwere körperliche Arbeit
bei erhöhter Raumtemperatur genannt — man wird also gut tun, sich bei der
ätiologisch-diagnostischen Auswertung der Lymphocytose größte Zurückhaltung
aufzuerlegen. Als Frühsymptom ist auch Eosinophilie angegeben worden, von
anderer Seite wird aber das Vorkommen einer Eosinophilenvermehrung geleugnet.

Auch wenn die Gesamtleukocytenzahl abnimmt, wird zumeist eine starke
Verschiebung des Verhältnisses Granulocyten zu Lymphocyten und Mono-
nukleären zugunsten der beiden letzteren gefunden. Schon SELLING hebt in

seinen kasuistischen Mitteilungen eine relative Verminderung der polymorph-kernigen Elemente auf 43% bzw. 18% und eine relative Vermehrung der mono-nukleären Zellformen auf 55 bzw. 81% hervor. Die Polymorphkernigen können sogar völlig fehlen (CABOT; FLANDIN·und ROBERT). Jugendformen, Myelocyten und selbst Myeloblasten treten gelegentlich im strömenden Blut auf (HUNTER und HANFLIG). Die Mehrzahl der verbleibenden Blutzellen sind im allgemeinen Lymphocyten; in einigen Fällen treten die kleinen Lymphocyten gegenüber den mittleren und großen Mononukleären zurück (FAURE-BEAULIEU und LÉVY-BRUHL). Selten erreicht die Zahl der großen Monocyten so hohe Werte wie 85% (LAIGNEL-LEVASTINE und DESOILLE), mehr oder minder erhebliche Vermehrung der Monocyten und Übergangsformen ist aber doch häufig.

Bei Komplikationen durch infektiöse und septische Prozesse werden ge-legentlich auch relative Leukocytosen beobachtet. Auf eine Beobachtung von A. R. SMITH sei als Beispiel verwiesen. Bei einer benzolvergifteten Frau stiegen die Polynukleären, als sich ein Absceß entwickelte, von 39% über 49,65% auf 77%, währenddem die Zahl der Lymphocyten von 54% auf 18% sank. Die Gesamtzahl der Leukocyten war aber nur 2400 auf 3800 gestiegen. Die letzten Zahlen wurden 10 Tage vor dem Tode ermittelt. Die Erythrocyten und der Hämoglobingehalt hatten während dieser Zeit stetig abgenommen.

Demgegenüber stehen Fälle, bei denen eine absolute Vermehrung der weißen Blutkörperchen von den Lymphocyten und Monocyten getragen wird. So beobachteten ROHNER, BALDRIGDE und HANSMANN in einem Falle chronischer beruflicher Benzolvergiftung mit terminaler Sepsis bei 14000 Leukocyten ein Blutbild mit 13% Polynukleären, 48% Lymphocyten und 39% Monocyten.

Die von den geschilderten Blutbefunden abweichenden Beobachtungen DIMMELs können nicht nur durch Sekundärinfektionen erklärt werden. Denn DIMMEL fand gerade bei leichteren Benzolschädigungen häufig Lymphopenie bei normaler oder leicht herabgesetzter Leukocytenzahl. Das zeigen z. B. 2 Fälle: Leukocyten 7500, Erythrocyten 4100000, Polynukleäre 73, Stabkernige 1, Eosinophile 1, Basophile 2, Monocyten 8, Lymphocyten 15 (Fall 57) und Leukocyten 7000, Erythrocyten 4800000, Polynukleären 80, Stabkernige 1, Eosinophile, 1 Monocyten 7, Lymphocyten 11 (Fall 60). DIMMEL weist im übrigen mit Recht darauf hin, daß die Lymphopenie manchmal durch ein stärkeres Absinken der Neutrophilen überdeckt sei, so daß scheinbar eine leichte Lymphocytose vorhanden sei, die wahren Verhältnisse aber erst bei Berück-sichtigung der absoluten Werte offenbar würden. Eine Erklärung für das ver-schiedene Verhalten der Lymphocyten sieht DIMMEL in den verschiedenen zur Einatmung bzw. Einwirkung kommenden Benzolkonzentrationen; er glaubt, daß eine chronische gleichmäßige Benzoleinwirkung Lymphocytose hervorrufe. Dagegen handelt es sich bei den Fällen DIMMELs um stärkere Vergiftungen bei relativ kurzer Arbeitszeit.

Neben Haut- und Schleimhautblutungen und Leukopenie ist der chronischen Benzolvergiftung eine *Anämie* eigentümlich. Im Tierversuch tritt die Schädigung der Erythrocyten und der Erythropoiese zumeist etwas zurück, weil die über-wiegende Zahl der Tierversuche zu kurzfristig gestaltet wurde; wie schon bei der Schilderung der pathologisch-anatomischen Befunde erwähnt wurde, erwies sich der erythropoietische Markanteil widerstandsfähiger als der granulo-poietische. In einigen Fällen konnten primäre Erythrocytosen leichteren Grades festgestellt werden, die dann bei fortgesetzter Benzolgabe von einem allmählichen Absinken der Erythrocytenwerte abgelöst werden. Oft bleibt die Erythrocyten-zahl auch nach Abbruch der Benzoldarreichung für längere Zeit erniedrigt. Selbst bei Injektionsversuchen mit sehr geringen Benzolmengen (0,01 g/kg)

sanken die Erythrocytenwerte und der Hämoglobingehalt ab (BEYER). HULT-
GREN[1, 4]) sah unabhängig von der gewählten Art der Darreichung des Benzols
— subcutan, peroral, rectal — eine Erythrocytenverminderung etwa gleichen
Ausmaßes (33%), dagegen fand ENGELHARDT[1]) bei Injektionsversuchen wohl eine
langsame Verminderung der Zahl der roten Blutkörperchen bei ziemlich hohem
Färbeindex, in den Einatmungsversuchen aber eher eine Neigung zur Zunahme
bei ziemlich gleichbleibendem Färbeindex.

    Bei der chronischen Benzolvergiftung des Menschen tritt die Anämie später
auf als die Veränderungen der empfindlicheren weißen Blutkörperchen, die Verminderung der Erythrocyten nimmt aber häufig lebensgefährliche Ausmaße an,
so daß im Verein mit der Verminderung der weißen Blutzellen und der Blutplättchen das Bild der ausgesprochenen Panmyelophthise entstehen kann. Die
Anämie geht mit Anisocytose, Poikilocytóse, Polychromasie, gelegentlich auch
mit Auftreten von kernhaltigen roten Blutkörperchen im strömenden Blut
einher. Der Färbeindex liegt zumeist über 1.

    Es erscheint ohne weiteres verständlich, daß mit der erheblichen Ver-
minderung der Leukocytenzahl auch eine Schwächung der Reaktionsfähigkeit
gegen Infektionen verbunden ist. Namentlich von amerikanischer Seite sind
die immunbiologischen Vorgänge bei durch Benzol leukocytenarm gemachten
Tieren untersucht worden (RUSK; SCHIFF; SIMMONDS und JONES; HEKTOEN,
WINTERNITZ und HIRSCHFELDER; WHITE und GAMMON; CAMP und BAUM-
GARTNER; BONAMONO). Es ist nicht überraschend, daß benzolgeschädigte, leuko-
cytenarme Kaninchen artifiziellen Pneumokokkenpneumonien wesentlich früher
erlagen als normaler Kontrolltiere (WINTERNITZ und HIRSCHFELDER), und daß
durch Benzolinjektionen auf einem Leukocytenstand von etwa 500 im Kubikmillimeter gebrachte Kaninchen nach subcutanen Rotlaufinfektionen eine
hemmungslose Ausbreitung der Bakterien über den Organismus zeigten und
rascher zugrunde gingen als nicht benzolvergiftete Kontrolltiere (WALLBACH).
Die leukocytenarm gemachten Kaninchen zeigen schon klinisch eine sehr starke
Hinfälligkeit und recht ausgesprochene Apathie, auf Coliinjektionen bleibt die
Leukocytenzahl starr, es tritt weder eine zahlenmäßige Veränderung der Gesamt-
leukocyten noch eine Verschiebung im Differentialblutbild auf und die Tiere
erliegen rasch der Infektion (WALLBACH[7]). Aber auch wenn solche leukopenischen Tiere noch mit einer erheblichen Leukocytose reagieren können,
wobei zur Abwehr (z. B. bei Staphylokokkeninfekten) massenhaft unreife Leukocytenformen in die Blutbahn geworfen werden, fehlen lokal alle zelligen Abwehrvorgänge (SILBERBERG; CAMP und BAUMGARTNER). Diese Versuche bestätigen
nur die Erfahrung, daß schwere chronische Benzolvergiftungen häufig mit einer
terminalen Sepsis endigen, bei der alle Abwehrmaßnahmen fehlen.

    Dagegen ist der Behauptung, daß chronische Benzoleinwirkung die Wider-
standsfähigkeit des Organismus bereits schwäche, ehe es zu erheblicheren quantitativen Veränderungen der Blutzellen gekommen ist oder daß Infekte bei
nicht sinnfällig benzolvergifteten Personen leicht zu agranulocytären Zuständen
führen, mit größter Skepsis zu begegnen. Bei den bisher veröffentlichten Fällen,
bei denen eine solche Einwirkung des Benzols angenommen worden ist, handelt
es sich durchweg um Einzelerkrankungen. Es fehlt bisher noch der Beweis, daß
schwere septische Erkrankungen und Agranulocytose bei benzolgefährdeten
Personen besonders häufig zu beobachten sind. Ohne daß die Ergebnisse des
Tierversuchs überwertet werden sollen, sei doch auf eine Reihe tierexperimentell
gewonnener Beobachtungen hingewiesen WALLBACH[2, 3, 5, 7]): Bei Kaninchen,
denen ohne besondere aseptische Kautelen intramuskulär Benzol in Olivenöl —
der üblichen Applikationsart — eingespritzt worden war, und bei denen sich an
den Injektionsstellen eitrige Abscesse entwickelt hatten, nahmen die Leukocyten

nur bis zu einem gewissen Zeitabstand und bis zu einer gewissen Tiefe zahlenmäßig ab, stiegen dann aber trotz weiterer Injektionen erneut an. Die Leukopenien waren hierbei durch eine relative Lymphocytose und das Ausbleiben der sonst üblichen Linksverschiebung gekennzeichnet. Auch bei Benzoltieren mit einer Leukopenie mittleren Grades (3500 Leukocyten, 40% Lymphocyten) vermag eine intravenöse Injektion abgetöteter Bakterien (z. B. Proteus X 19) noch eine vorübergehende entzündliche Leukocytose durch Vermehrung der granulierten Zellen — Segmentierte und Stabkernige — hervorzurufen. Dasselbe zeigen auch Infektionsversuche mit anderen Bakterien. Selbst bei tiefergreifenden Benzolschädigungen, d. h. bei Leukopenien von etwa 2000, besitzt der tierische Organismus noch eine gewisse Reaktivität hinsichtlich einer zahlenmäßigen Veränderung seiner Blutzellen, wobei die Tiere sich verschieden verhalten, je nachdem die Bakterien erstmalig injiziert werden oder die Tiere mit Bakterien vorbehandelt wurden. Es scheint allerdings, als ob der Tod bei den Benzoltieren frühzeitiger erfolge als unter anderen Umständen zu erwarten wäre. In dieser Hinsicht verdient auch eine Beobachtung von WEISKOTTEN und STEENSLAND Beachtung, wonach ruhende oder latente Infektionen durch Benzolininjektionen vermutlich manifest werden können. Daß auch der benzolvergiftete Mensch selbst bei erheblicher Blutschädigung noch Abwehrvorgänge zeigt, die allerdings bei schwersten Schädigungen unvollkommen und unzureichend sind oder ganz fehlen, wurde bereits erwähnt. Die der menschlichen Benzolvergiftung eigentümlichen oft erheblichen Schwankungen der Leukocytenwerte können leicht zu Mißdeutungen Anlaß geben.

Gewisse Ähnlichkeiten der klinischen Erscheinungen der chronischen Benzolvergiftung mit dem Skorbut veranlaßten FRIEMANN und A. MEYER die Frage eines etwaigen Zusammenhanges zwischen Benzolwirkung und Vitamin C-Stoffwechsel zu prüfen. FRIEMANN konnte tatsächlich bei Arbeitern, die dem Benzol ausgesetzt waren, eine verminderte Ausscheidung reduzierender Substanzen, die auf Vitamin-C-Ausscheidung bezogen wird, im Harn nachweisen. BORMANN, der diese Angaben nachprüfte, konnte eine sichere Störung des Vitamin C-Stoffwechsels durch Untersuchung des 24-Stunden-Harns auf Askorbinsäure nicht bestätigen; er fand jedoch bei Arbeitern, die Anzeichen einer Benzolschädigung boten oder bei denen eine solche Schädigung anzunehmen war, einen erniedrigten Askorbinsäurespiegel im Blut und zwar mit einer Ausnahme dem Grade der Schädigung entsprechend, so daß Zusammenhänge zwischen Benzolwirkung und Vitamin C-Stoffwechsel angenommen werden dürfen. GUEFFROY und LUCE fanden die Bestimmung der Askorbinsäure bzw. der reduzierenden Substanzen im Harn nicht dafür geeignet, als Test für eine gewerbliche Exposition gegenüber den Dämpfen des Benzols und seiner Homologen zu dienen. Auch HAGEN kommt zu dem Schluß, daß die einmalige Bestimmung der Harnausscheidungswerte von Askorbinsäure nicht die gewünschte frühdiagnostische Methode zur Erfassung einer beginnenden Benzolschädigung sein kann. Die Feststellung einer Störung der Vitamin C-Ausscheidung durch FRIEMANN regte zu Prüfungen an, ob durch Zufuhr von Vitamin C die Benzolvergiftung verhütet oder eine bereits bestehende Vergiftung im Verlauf günstig beeinflußt werden kann (FRIEMANN; BORMANN). Zur Klärung dieser Fragen wurde auch der Tierversuch herangezogen. Die bisherigen Ergebnisse lassen aber ein abschließendes Urteil nicht zu und bedürfen noch weiterer Prüfungen.

Durch regelmäßige Überwachung der benzolgefährdeten Personen und durch periodische Blutuntersuchungen ist eine Möglichkeit gegeben, *frühzeitig* Personen mit stärkerer Benzoleinwirkung und beginnende Vergiftungen zu *erkennen*. Personen, die ein Absinken der Leukocytenwerte zeigen, sind von weiterer Benzolarbeit auszuschließen, als Grenzwert dürften 5000 Leukocyten auzunehmen sein. Die amerikanische Benzolkommission (Subcommittee on Benzol of the Committee on Industrial Poisoning of the National Safety Council) (GREENBURG) empfiehlt, jeden Arbeiter von Benzolarbeit auszuschließen, dessen Leukocytenzahl um 25% des bei der Einstellung ermittelten Normalwertes gesunken ist, darüber hinaus soll unter keinen Umständen eine Weiterbeschäftigung erlaubt werden, wenn die Leukocytenzählung Werte unter 5000 ergibt. Ebenso sollen eine Verminderung der Erythrocyten um 25% des Einstellungswertes, Hämoglobinwerte unter 70%, Hämorrhagien der Schleimhäute der Nase, des Mundes oder anderer Organe einen Ausschluß bedingen. Es bedarf hier aber noch der Erwähnung, daß bei chronischen Benzolvergiftungen der Ausbruch oft ganz plötzlich beginnt und daß chronische Benzolvergiftungen oft katastrophenartig als Massenvergiftungen auftreten, offenbar durch gewisse Änderungen der Betriebsverhältnisse, der Arbeitsweisen usw. ausgelöst. Derartig akut einsetzende Zusammenbrüche dürften auch durch öfters durchgeführte Blutuntersuchungen kaum vorauszusehen und zu verhüten sein. Auch im Verlauf der Vergiftung zeigen die Leukocytenzahlen häufig erhebliche Schwankungen, nicht so selten täuschen Remissionen eine scheinbare Heilung vor, nur sehr eingehende Blutuntersuchungen decken dann meist noch ein Symptom der schweren Blutschädigung auf (GLIBERT).

Die Behauptung, daß Frauen, insbesondere Schwangere, besonders benzolanfällig seien, ist bisher nicht bewiesen. Benzolvergiftung und Schwangerschaft können sich aber ungünstig beeinflussen, man wird deshalb Schwangere besonders schützen müssen. Die besondere Rolle, die dem Körperfett bei der Benzolvergiftung zugeschrieben wird, gehört ebenso wie die Bedeutung, die dem Genuß von Fett und Milch zugesprochen wird, durchaus in das Gebiet unbewiesener und strittiger Theorien. Die neuerdings angeschnittene Frage, ob Beziehungen zwischen Zugehörigkeit zu bestimmten Blutgruppen und Disposition zu schweren Blutschädigungen durch Benzoleinwirkung bestehen, muß noch geklärt werden.

Die Frage, welche Benzolkonzentrationen als unschädlich und welche Benzolmengen als gefährlich hinsichtlich der chronischen Schädigung anzusehen sind, läßt sich mit Sicherheit nicht beantworten. Die erwähnte amerikanische Benzolkommission (GREENBURG) glaubt, daß noch weniger als 100 Teile Benzol in 1000000 Teilen Luft (0,01 Vol.-%) schädlich wirken können.

Bei der Aufklärung von schweren und auch tödlichen Benzolvergiftungen mußte immer wieder die Erfahrung gemacht werden, daß bei Betriebsführern und Gefolgschaftmitgliedern, die mit Benzol umgehen, die Kenntnis der Gefährlichkeit des Benzols nicht genügend verbreitet ist. Mehrere Vergiftungen, die sich bei der Verwendung benzolhaltiger Klebelösungen ereignet hatten, gaben Anlaß zur Aufstellung eines Benzolmerkblatts, mit dessen Bearbeitung das Reichsgesundheitsamt vom Reichs- und Preußischen Arbeitsministerium beauf-tragt wurde:

Deutsches Reich. *Erlaß des Reichs- und Preußischen Arbeitsministers*, betr. *Benzolmerkblatt.* Vom 2. Oktober 1937 — III a 18677/37. (Reichsarbeitsblatt Teil III, S. III 236 — Reichsgesundheitsblatt S. 771.)

Die zunehmende Verwendung von Benzol als Lösemittel für Farben, Lacke, Klebstoffe usw. bringt vermehrte Gefahren für die Gefolgschaftsmitglieder beim Umgang mit diesen Stoffen mit sich. Verschiedene schwere und auch tödliche Vergiftungen haben gezeigt, daß bei den Betriebsleitern und den Gefolgschaftsmitgliedern die Kenntnis der Gefährlichkeit des Benzols noch nicht so verbreitet ist, wie es zur Durchführung eines wirksamen Schutzes erforderlich ist. Ich habe deshalb das Reichsgesundheitsamt veranlaßt, zur Unterrichtung der Beteiligten das anliegende Benzolmerkblatt aufzustellen.

Ich bitte, die Gewerbeaufsichtsämter anzuweisen, für eine möglichst weite Verbreitung des Benzolmerkblattes bei den Betriebsleitern und Gefolgschaftsmitgliedern — z. B. durch Verteilung bei Betriebsbesichtigungen, durch Beilage zu amtlichen Schreiben, durch besondere Versendung und durch Bekanntgabe in der örtlichen Tagespresse — zu sorgen.

I. A.: Dr. MANSFELD.

Benzolmerkblatt.

Aufgestellt im Auftrage des Reichs- und Preußischen Arbeitsministeriums vom Reichsgesundheitsamt.

I. Schädigt Benzol die Gesundheit?

Benzol und benzolhaltige Arbeitsstoffe geben bereits bei gewöhnlicher Temperatur Dämpfe ab, deren Einatmung Gesundheitsschädigungen hervorruft.

In großen Mengen eingeatmet, wirkt Benzol betäubend und unter Umständen sogar tödlich. Der Betäubung geht zumeist ein rauschartiger Zustand mit trügerischem Wohlbefinden, Heiterkeit und Rötung des Gesichts voran.

In kleineren, an sich geringfügigen Mengen lange Zeit hindurch eingeatmet schädigt Benzol — oft erst nach wochen- und monatlanger Beschäftigung — die Blutbildung. Diese Schädigung kann zu schwerster, das Leben bedrohender Erkrankung führen, wenn sie nicht rechtzeitig erkannt und ärztlich behandelt wird.

Die schleichende Vergiftung äußert sich neben allgemeinen Beschwerden (Kopfschmerzen, Müdigkeit, Abgeschlagenheit, Schwindel und Störungen der Eßlust) in zunehmender Blässe und Blutarmut und weiterhin in Blutungen der Schleimhäute und punktförmigen bis größeren Hautblutungen.

Verdacht einer Benzolvergiftung besteht insbesondere, bei Zahnfleischblutungen, wiederholten Nasenblutungen, verstärkten und unregelmäßigen Regelblutungen der Frauen, Neigung zum Auftreten blauer Flecke schon nach leichtem Stoß.

Bei solchen Erscheinungen muß unverzüglich der Arzt aufgesucht und auf die Beschäftigung mit Benzol aufmerksam gemacht werden, sonst können die schlimmsten Folgen für Gesundheit und Leben eintreten.

II. Wie kann der Betrieb Benzolvergiftungen verhüten?

Bei der Arbeit entstehende Benzoldämpfe sind an Ort und Stelle abzusaugen; die abgesaugte Luft muß durch reichlich zugeführte, in der kalten Jahreszeit vorgewärmte Frischluft ersetzt werden. Benzoldämpfe sind schwerer als Luft und sinken zu Boden; dieser Tatsache ist bei der Einrichtung allgemeiner Raumentlüftungen durch Absaugeöffnungen am Boden oder in Bodennähe Rechnung zu tragen. In den Arbeitspausen und nach Beendigung der Arbeitszeit ist der Arbeitsraum gründlich zu durchlüften.

Mit benzolhaltigen Lösungen — Klebemitteln, Farben, Lacken usw. — behandelte Arbeitsstücke dürfen nur dann neben dem Arbeitsplatz abgehängt oder abgelegt werden, wenn eine wirksame Abführung der absinkenden Benzoldämpfe gewährleistet ist. Das Trocknen soll in entlüftbaren Trockenschränken oder in besonderen entlüftbaren Trockenräumen erfolgen.

Benzol enthaltende Gefäße dürfen nicht offen stehen bleiben. Bei Arbeitsgefäßen mit benzolhaltigen Lösungen, die während der Arbeit nicht verschlossen werden können, sind die Öffnungen möglichst klein zu halten (z. B. durch Einhängen trichterartiger Einsätze).

Die Unfallverhütungs- und Krankheitsverhütungsvorschriften sind zu beachten und für ihre Befolgung ist Sorge zu tragen.

Der Betrieb soll sich stets über den Benzolgehalt seiner Arbeitsstoffe unterrichten und soweit irgend möglich, benzolfreie oder benzolarme Stoffe verwenden.

III. Wie kann sich das Gefolgschaftsmitglied vor Benzolvergiftung schützen?

Durch eigene Achtsamkeit und entsprechendes Verhalten kann jedes Gefolgschaftsmitglied zur Verhütung der Benzolgefährdung wesentlich beitragen, wenn es folgende Ratschläge beachtet:

1. Überzeuge dich selbst, daß die Absaugevorrichtungen gut arbeiten und nicht verdeckt oder verstopft sind! Benutze Atemschutzgeräte dort, wo sie vorgeschrieben sind!

2. Achte selbst darauf, daß bewegliche Absaugeanlagen an den jeweiligen Arbeitsplatz mitgeführt und eingeschaltet werden!

3. Halte die Arbeitsstücke stets über den Abzug und möglichst weit vom Gesicht entfernt!

4. Sorge selbst dafür, daß bei Beendigung der täglichen Arbeit und bei Arbeitsunterbrechungen alle benzolenthaltenden Gefäße gut verschlossen werden!

5. Wasche deine Hände nicht mit Benzol!

6. Verbringe die Pausen nicht im Arbeitsraum, sondern im Aufenthaltsraum und, wenn es die Witterung irgend erlaubt, im Freien!

7. Lebe gesundheitsgemäß und sorge für ausreichende Erholung durch Schlaf! Beachte, daß auch Gemüse und Obst, Milch und Milcherzeugnisse zu einer vernünftigen Ernährungsweise gehören!

8. Beginne die Arbeit nicht mit leerem Magen, sondern frühstücke ausreichend, etwa eine Suppe!

9. Meide Alkohol und übermäßigen Nicotingenuß!

10. Suche dich durch Aufenthalt im Freien und durch sportliche Betätigung körperlich zu ertüchtigen und gesund zu erhalten!

11. Beuge Zahn- und Munderkrankungen durch regelmäßige Zahnpflege und rechtzeitige Zahnbehandlung vor!

12. Suche beim Eintreten der ersten Anzeichen einer Benzolvergiftung sofort den Arzt auf!

Hinsichtlich der *Homologen des Benzols* liegen wesentlich weniger experimentelle Untersuchungen über chronische Giftwirkungen vor als über Benzol. Die Erfahrungen der Praxis geben insofern wenig Aufschluß, als die technischen Toluole und Xylole immer mehr oder weniger Benzol enthalten und die auf die Homologen bezogenen Schädigungen wohl überwiegend durch diese Benzolbeimengungen verursacht sein dürften. Der leukopenische Effekt des Benzols scheint weder dem Toluol noch dem Xylol zuzukommen, eher dürften die genannten Homologen in umgekehrtem Sinne wirken. Die schädigende Einwirkung auf die Erythrocyten und deren Bildungsstätten dürfte dagegen den Homologen ebenso wie dem Benzol eigen sein, wenn auch in weniger ausgeprägtem Maße.

Mehrtägige **Toluolinjektionen** rufen beim Kaninchen eine leichte Thrombocytenvermehrung hervor, ohne daß eine gleichzeitige Beeinflussung der Zahlen der roten und weißen Blutkörperchen offenbar wird (HULTGREN [2]). In Untersuchungen, die dem Bericht der genannten amerikanischen Benzolkommission zugrunde gelegt wurden, fand BATCHELOR selbst nach 16 Einspritzungen von je 1 ccm Toluol keine Verminderung der Leukocytenzahl; auch bei während einer Woche durchgeführten Inhalationen von täglich 18—20 Stunden Dauer vermochten Luftgemische mit 2,3, 4,1 und 4,7 mg/l Toluol nur geringfügige Leukocytenverminderungen hervorzuheben. Ebenso konnten H. F. SMYTH und H. F. SMYTH bei Meerschweinchen nach 35tägiger Einatmung von 3,8 mg/l Toluol keine wesentlichen Schädigungen feststellen, wobei allerdings in Betracht gezogen werden muß, daß Meerschweinchen von anderer Seite als benzolresistent beurteilt werden (WALLBACH [4]). Bei Einspritzungen größerer Toluolmengen — 3,0 ccm in 2 Dosen von je 1,5 ccm — wurde beim Kaninchen eine primäre Leukocytenverminderung mit sekundärer Leukocytose festgestellt (WORONOW). Unter dem Einfluß des Toluols schwanden die segmentierten Zellen mit rötlich gefärbten Granula während basophil gekörnte Zellen bis zu 50% und darüber auftraten. Ob sich lediglich die Färbbarkeit der Granula geändert hat, muß dahin gestellt bleiben. Auch die Monocytenzahl stieg bis 30% und 5000 Zellen im Kubikmillimeter. Der lymphatische Apparat spielt dabei keine wesentliche Rolle. Bei im Reichsgesundheitsamt durchgeführten Versuchen (ENGELHARDT [2]) wurde im Injektionsversuch beim Kaninchen ein Absinken der Erythrocytenwerte und des Hämoglobingehalts festgestellt, die Leukocyten zeigten dagegen nie eine erheblichere Abnahme, mehrfach aber eine vorübergehende Vermehrung, die mit geringfügiger Linksverschiebung und starker Degeneration der Polynukleären verbunden war. Zumeist bestand auch relative Lymphocytose. Bei Einatmung von 10 oder 25 mg/l Toluol zeigten Kaninchen und Katzen — letztere waren im allgemeinen empfindlicher und starben zum großen Teil an Lungenentzündungen — im allgemeinen noch geringfügigere Veränderungen der Blutzellen als in den Injektionsversuchen. Nur bei den höheren Dosen trat eine leichte Verminderung der roten Blutkörperchen ein, der Hämoglobingehalt neigte dagegen eher zur Erhöhung. Auch die Leukocyten zeigten vielfach eine Tendenz zur Vermehrung, insbesondere bei den Katzen, bei denen die Leukocytose wohl in Zusammenhang mit den Lungenerscheinungen zu bringen ist. Nur in einigen Fällen bestand eine Linksverschiebung. Degenerationsformen wurden bei den Katzen nie, bei den Kaninchen nur selten gesehen. Nach der ersten Inhalation konnte in der Regel eine relative Lymphocytose festgestellt werden. Das Knochenmark kann Hyperplasie zeigen (KLINE und WINTERNITZ).

WORONOW glaubt auf Grund seiner Versuche mit verschiedenen Methylverbindungen des Benzols, daß die CH_3-Gruppe spezifisch auf die Leukocyten und blutbildenden Organe einwirkte und für die dem Benzol entgegengesetzte Wirkung verantwortlich zu machen sei.

Bei den Berichten über betriebliche Toluolvergiftungen ist neben, einer etwaigen Benzoleinwirkung auch zu berücksichtigen, daß die Angaben der Betriebe über die Art der verwandten Lösungsmittel oft unzutreffend sind. So erwies sich in einem Falle ein Xylol bezeichnetes Lösungsmittel als reines Toluol (STOCKÉ). Bei Reihenuntersuchungen in einer Toluol verwendenden Tiefdruckerei wurden zumeist erhöhte Leukocytenzahlen und häufig relative Lymphocytose festgestellt (STOCKÉ). Bei Arbeitern und Arbeiterinnen, die gewerblich mit Lösungsmitteln und zwar vorwiegend mit Toluol in Berührung kamen, wurde häufig eine Verminderung der Erythrocytenzahl beobachtet (ADLER-HERZMARK und SELINGER; ADLER-HERZMARK), die Leukocytenwerte lagen nur in einigen Fällen niedrig, relativ oft fanden sich hohe Leukocytenwerte und Leukocytosen mäßigen Grades. Relativ oft wurden auch Lymphocytenwerte über 30% festgestellt.

Wiederholte Xylolinjektionen verursachen beim Kaninchen geringfügige vorübergehende Leukopenien, Thrombopenien und sekundäre Thrombocytosen (HULTGREN [2]). Nach anderen Versuchen sank die Erythrocytenzahl nach 10 Xylolinjektionen um etwa 10% ohne daß die Leukocyten eine Verminderung erlitten (BATCHELOR). Auch mehrtägige intensive Xyloleinatmungen von 2,64, 4,2 und 6,9 mg/l waren ohne Einfluß auf die Leukocytenzahl. In gleichem Sinne wurden Einatmungen von 1,3 mg/l Xylol ohne wesentliche Schädigungen vertragen (H. F. SMYTH und H. F. SMYTH). Nach mehrtägigen Injektionen von täglich 2—3 ccm Xylol sanken bei Kaninchen in der Regel die Leukocyten in den ersten 4—5 Tagen, stiegen dann aber bis auf Werte von 20—30 000 an, wobei frühzeitig stabkernige Neutrophile auftraten. Charakteristisch war eine Vermehrung der Monocyten bis auf 40% und 13 000, wobei diese Zellen gleichzeitig eine Umwandlung des Protoplasmas — eine Anhäufung basophiler Körnchen — zeigten. Auch die sog. Neutrophilengranula nahmen frühzeitig basische Farbstoffe an (WORONOW). Knochenmarksuntersuchungen ließen bei Beginn des Leukocytenanstiegs neben Karyokinese auch Vermehrung durch amitotische Teilung vermuten. Überhaupt erwies sich das Mark dieser Tiere stark hypertrophisch.

In Versuchen des Reichsgesundheitsamtes (ENGELHARDT [2]) wurden bei Kaninchen nach 11 Xyloleinspritzungen derartige Leukocytenvermehrungen vermißt, die Leukocyten hielten sich vielmehr während des ganzen Versuchs auf annähernd gleicher Höhe, zeigten aber deutliche Linksverschiebung. Dagegen erlitten die Erythrocyten eine deutliche Abnahme. Die Angaben über das Auftreten toxischer Granulierung der Leukocyten wurden bestätigt, da aber nach Terpentininjektionen ebenfalls völlige Degeneration der Polynukleären erhalten wurde, dürften diese Veränderungen unspezifischer Art sein. Auch bei Xylolinhalationen fand sich bei Konzentrationen von 25 mg/l zumeist eine Abnahme der Erythrocyten. Der Hämoglobingehalt war nicht einheitlichem Verhalten unterworfen, bei einigen Tieren sanken die Werte ab, zeigten aber bei anderen

Tieren eine Zunahme. Die Zahl der weißen Blutkörperchen war vorübergehend vermehrt, gerade die ausgesprochensten Leukocytosen waren mit Lymphopenie verbunden. Linksverschiebung wurde fast ganz vermißt.

Bei im Tiefdruck arbeitenden und mit Xylol in Berührung kommenden Personen fielen die häufigen morphologischen Veränderungen der roten Blutkörperchen besonders auf (ADLER-HERZMARK und SELINGER; ADLER-HERZMARK), in erster Linie wurde Anisocytose, daneben auch Poikilocytose und Hyperchromasie beobachtet.

Sowohl Toluol als auch Xylol müssen hinsichtlich ihrer gesundheitsschädlichen Eigenschaften wesentlich günstiger als Benzol beurteilt werden, da sie die der chronischen Benzolvergiftung eigentümlichen Schädigungen des Blutes und der Blutbildungsstätten nicht verursachen. Soweit solche Schädigungen beim Umgang mit Toluol und Xylol auftreten, müssen sie offenbar auf die in technischem Toluol und Xylol vorhandenen benzolischen Verunreinigungen bezogen werden.

Schrifttum.

ADLER-HERZMARK: Zbl. Gewerbehyg. 16, 97—101 (1929). — Arch. Gewerbepath. 1, 763—790 (1930/31). — ADLER-HERZMARK u. SELINGER: Arch. Gewerbepath. 4, 486—490 (1933).

BAGLIONI: Z. allg. Physiol. 3, 313—358 (1904). — BAMESREITER: Arch. f. Hyg. 108, 129—134 (1932). — BARTOSCH: Arch. f. exper. Path. 181, 176 (1936). — BATCHELOR: Amer. J. Hyg. 7, 276—298 (1927). — BAUMANN u. HERTER: Z. physiol. Chem. 1, 265, 266 (1877/78). — BENÉCH: Rec. Mém. méd. chir. pharm. mil. Paris, III. s. 35, 81—90 (1879). — BERNHARD: Z. physiol. Chem. 248, 256—276 (1937). — BEYER: Z. exper. Med. 91, 410 bis 416 (1933). — BÖHME u. KÖSTER: Arch. f. exper. Path. 81, 1—14 (1917). — BONAMONO: Pathologia (Genova) 23, 159—161 (1931). Ref. Kongreßzbl. inn. Med. 61, 731 (1931). — BORMANN: Arch. Gewerbepath. 8, 194—205 (1937). — BRACK: Z. Neur. 118, 526—531 (1929). — BREWER and WEISKOTTEN: J. med. Res. 35, 71—78 (1916/17). — BROWN: Erg. Physiol. 13, 279—453 (1913); 15, 480—790 (1916). — BRÜCKEN: Dtsch. med. Wschr. 1923 II, 1120, 1121. — BRÜLLOWA, BRUSSILOWSKAJA, LAZAREW, LÜBIMOWA u. STALSKAJA: Arch. f. Hyg. 104, 226—238 (1930). — BRÜLLOWA u. LÜBIMOWA: Gig. Truda 1928, Nr 11, 35. — BRUNI: Ref. Dtsch. Z. gerichtl. Med. 3, 290, 291 (1924). — BURGL: Münch. med. Wschr. 1906 I, 412—414.

CABOT: Boston med. J. 197, 521—524 (1927). — CAMP and BAUMGARTNER: J. of exper. Med. 22, 174—193 (1915). — CHASSEVANT et GARNIER: C. r. Soc. Biol. Paris 55, 1255—1257 (1903).

DANIELOPOLU, MARCOU, PETRESCO et GINGOLD: Bull. mens. Off. internat. Hyg. Publ. 28, 699—722 (1936). — DAUTREBANDE: [1]) Arch. internat. Pharmacodynamie 44, 394—413 (1932/33). — [2]) Festschr. ZANGGER, Bd. 2, S. 846—849. 1935. — [3]) C. r. Soc. Biol. Paris 119, 314—316 (1935). — DELORE et BORGOMANO: J. Méd. Lyon 1928, No 199, 227—233. — DIECKHOFF: Arch. Gewerbepath. 3, 549—554 (1932). — DIMMEL: Arch. Gewerbepath. 4, 414—464 (1933). — DORNER: Dtsch. Z. Nervenheilk. 54, 66—73 (1916). — DUKE: Arch. int. Med. 11, 100—120 (1913).

ELFSTRAND: Arch. f. exper. Path. 43, 435—455 (1900). — ENGEL: Vortrag. Jahrestagung der Arbeitsgemeinschaft der amtlichen deutschen Gewerbeärzte, 13. Mai 1932. — ENGELHARDT: [1]) Arch. Gewerbepath. 2, 479—514 (1931). — [2]) Arch. f. Hyg. 114, 219—234 (1935). — ENGELHARDT u. ESTLER: Arch. f. Hyg. 114, 249—260 (1935). — ESTLER: Arch. f. Hyg. 114, 261—271 (1935).

FAURE-BEAULIEU et LÉVY-BRUHL: Bull. Soc. méd. Hôp. Paris 46, 1466—1474 (1922). — FELIX: Dtsch. Vjschr. öff. Gesdh.pfl. 4, 226—232 (1872). — FILIPPI: Zit. bei HEFFTER: Handbuch der experimentellen Pharmakologie, Bd. 1, S. 882. 1923. — FLANDIN et ROBERT: Bull. Soc. méd. Hôp. Paris 46, 58—65 (1922). — FLORET: Zbl. Gewerbehyg. 14, N. F. 4, 371 (1927). — FLURY-ZERNIK: [1]) Schädliche Gase, S. 283. Berlin 1931. — FLURY-ZERNIK: [2]) Chemiker Ztg. 56, 149 (1932). — FRIEMANN: Arch. Gewerbepath. 7, 278—283 (1936). — Reichsarb.bl. 18, III 5, III 6 (1938). — FRUMINA u. FAINSTEIN: Zbl. Gewerbehyg. 21, N. F. 11, 161—165 (1934). — FUCHS u. v. SOOS: Z. physiol. Chem. 98, 11—13 (1916). — FÜHNER: Biochem. Z. 115, 235—261 (1921).

GADASKIN: Biochem. Z. 198, 149—156 (1928). — GENOVA: Ann. Ostetr. 44, 352—366 (1922). Ref. Dtsch. Z. gerichtl. Med. 3, 81, 82 (1924. — GLIBERT: Rev. Path. Physiol. trav. 12, 413—446 (1936). — GREENBURG: Publ. Health Rep. 41 II, 1357—1375, 1410—1431, 1516—1539 (1927). — GUEFFROY: Inhalationsversuche an Tieren zur Bestimmung des

oxydativen Abbaus von eingeatmetem Benzol und Toluol. Diss. Hannover 1934. — GUEFFROY u. LUCE: Arch. Gewerbepath. 8, 426—440 (1937).
HAGEN: Arch. Gewerbepath. 8, 541—569 (1938). — HAGGARD: J. of Pharmacol. 16, 401—404 (1921). —HAMILTON: Arch. of Path. 11, 627 (1931). — HEITZMANN: Arch. Gewerbepath. 2, 515—525 (1931). — HEKTOEN: J. inf. Dis. 19, 69 (1916). Zit. bei HAMILTON: Arch. of Path. 11, 627 (1931). — HÖRRMANN: Münch. med. Wschr. 1911 II, 1339—1440. — HULTGREN: C. r. Soc. Biol. Paris 95 II, [1]) 1060—1063, [2]) 1066—1068, [3]) 1068—1070, [4]) 1063—1065 (1926). — HUNTER and HANFLIG: Boston med. J. 197, 292—299 (1927). — HURWITZ and DRINKER: J. of exper. Med. 21, 401—424 (1915).
JAFFÉ: Münch. med. Wschr. 1914 I, 175—180. — Z. physiol. Chem. 98, 11—13 (1916). — JOACHIMOGLU: Biochem. Z. 70, 93—104 (1915). — JOST: Arch. Gewerbepath. 3, 791—797 (1932). — JUVALTA: Z. physiol. Chem. 13, 26—31 (1889).
KEESER, FROBOESE, TURNAU, GROSS, KUSS, RITTER u. WILKE: Toxikologie und Hygiene des Kraftfahrwesens (Auspuffgase und Benzin). Schr. ges. Geb. Gewerbehyg., N. F. 1930, H. 29. — KLARE: Ärztl. Sachverst. ztg 1907, 93—96, 116—120. — KLIENEBERGER: DieBlutmorphologie der Laboratoriumstiere, 2. Aufl. Leipzig 1927. — KLINE and WINTERNITZ: J. of exper. Med. 18, 50—60 (1913). — KNOPP u. GEHRKE: Z. physiol. Chem. 146, 63—71 (1925). — KOLESNIKOV: Gig. Truda 1931, Nr 2, 32. — KORBSCH: Münch. med. Wschr. 1920 II, 990, 991. —KRAWKOW: Russk. Wratsch 15, 338 (1916). Zit nach LAZAREW: Arch. f. exper. Path. 143, 223—233 (1929).
LADISCHEW: Klin. Med. (russ.) 1931, 17/18. Ref. Dtsch. med. Wschr. 1931 II, 1520. — LAIGNEL-LEVASTINE et DESOILLE: Bull. Soc. méd. Hôp. Paris 52, 1264 (1928). — LANDÉ u. KALINOWSKY: Med. Klin. 1928 I, 655—658. — LARIONOW: Arch. exper. Zellforsch. 19, 16—32 (1936). — LAZAREW: [1]) Arch. f. exper. Path. 143, 223—233 (1929). — [2]) Arch. f. Hyg. 102, 227—239 (1929). — Gig. Truda 1930, [3]) Nr 5, 29; [4]) Nr 8/9, 45; [5]) Nr 12, 41. —LAZAREW, BRÜLLOWA, KREMNOWA, LARIONOW, LÜBBIMOWA u. STALSKAJA: Arch. f. exper. Path. 159, 345—358 (1931). — LAZAREW, BRUSSILOWSKAJA u. LAWROW: Biochem. Z. 242, 377—384 (1931). — Arch. Gewerbepath. 2, 641—663 (1931). — LAZAREW, BRUSSILOWSKAJA, LAWROW u. LIFSCHITZ: Arch. f. Hyg. 106, 112—122 (1931). — LAZAREW u. KREMNEWA: Arch. f. exper. Path. 149, 116—118 (1930). — LEDERER: Arch. Gewerbepath. 3, 535—548 (1932). — LEHMANN, K. B.: Arch. f. Hyg. 72, 307—326 (1910). — LEHMANN, K. B., WEISSENBERG, v. WOJCIECHOWSKI, LUIG u. GUNDERMANN: Arch. f. Hyg. 75, 1—119 (1912). — LEVY: Münch. med. Wschr. 1911 I, 302. — LEWIN: Arch. Gewerbepath. 3, 340—347 (1932). — LIGNAC: Krkh.forsch. 6, 97—130 (1928); 9, 403—453 (1932). — LUIG: Diss. Würzburg 1913.
MAHLOW u. MICHEEW: Gig. Truda 1930, Nr 8/9, 48. — MAYER, R. L.: Das Gewerbeekzem. Pathogenese, Diagnose, versicherungsrechtliche Stellung. Schr. ges. Geb.Gewerbehyg., N. F. 30 (1930). — MEYER: J. ind. Hyg. 10, 29—55 (1928). — MEYER, A.: Z. Vitaminforsch. 6, 83—86 (1937). — MEYER, S.: Arch. Gewerbepath. 2, 526—557 (1931). — MEYER u. HOPF: Z. physiol. Chem. 126, 292 (1923). — MEYER u. SCHNEIDER: Arch. Gewerbepath. 4, 414—464 (1933). — MITNIK u. GENKIN: Arch. Gewerbepath. 2, 457—478 (1931). — MÜLLER: Beitr. path. Anat. 86, 273—286 (1931).
NAHUM and HOFF: J. of Pharmacol. 50, 336—345 (1934). — NENCKI u. GIACOSA: Z. physiol. Chem. 4, 325—338 (1880). — NENCKI u. SIEBER: Pflügers Arch. 31, 319—349 (1883). — NEUMANN: Dtsch. med. Wschr. 1915 I, 394—396. — NIKOLAJEW u. SCHPARO: Virchows. Arch. 272, 123—150 (1929). — NIKULIN u. HETMAN: Arch. Gewerbepath. 4, 653—664 (1933). — NIKULINA u. TITOWA: Arch. Gewerbepath. 5, 201—207 (1934).
OETTEL: Arch. f. exper. Path. 183, 641—696 (1936).
PAPPENHEIM: Z. exper. Path. u. Ther. 15, 39—85 (1914). — PÉRONNET: J. Pharmacie, VIII. s. 21, 505—513 (1935). — PETERS: Dtsch. med. Wschr. 1900 I (Vereinsbeil. Nr 41), 249. POLICARD et BERNHEIM: Lyon méd. 134, 302, 303 (1924). — POTT: Zit. bei DORNER. — PÜRCKHAUER: Münch. med. Wschr. 1910 II, 2186.
QUENSEL: Dtsch. Z. Nervenheilk. 146, 15—19 (1938).
RABINOWITSCH: Gig. Truda 1925, Nr 9, 55. — RACINE: Vjschr. gerichtl. Med. III 22, 63—76 (1901). —RAMBOUSEK: [1]) Concordia (Berl.) 17, 448—453 (1910). —[2]) Gewerbliche Vergiftungen, S. 261. Leipzig 1911. — RESCHAD SAMI GARAN: Arch. f. exper. Path. 188, 250—254 (1938). — ROHNER, BALDRIDGE and HANSMANN: Proc. Soc. exper. Biol. a. Med. 23, 223—225 (1925/26). — RUSK: Univ. California Publ. Path. 2, 139—145 (1914).
SANTESSON: Arch. f. Hyg. 31, 336—376 (1897). — SATO: Jap. J. med. Sci., Trans. IV. Pharmacol. 3, 1—51 (1929). — SCHIFF: Z. Immun.forsch. I Orig. 23, 61—65 (1915). — SCHILOWA: Fol. haemat. (Lpz.) 42, 297—309 (1930). — SCHMIDTMANN: Kraftverkehr und Volksgesundheit. Gibt es chronische Autoabgasschäden? Experimentelle Untersuchungen am Benzinmotor. Jena: Gustav Fischer 1904. — SCHMIEDEBERG: Arch. f. exper. Path. 14, 288—312 (1881). — SCHULTZEN u. NAUNYN: Arch. f. (Anat. u.) Physiol. 1867, 349 bis 357. — SCHUSTROW u. LETAWET: Dtsch. Arch. klin. Med. 154, 180—194 (1927). — SCHUSTROW u. SALISTOWSKAJA: Dtsch. Arch. klin. Med. 150, 271—276, 277—284 (1926). — SCHWARZ: Dtsch. med. Wschr. 1932 I, 449, 450. — SEHWALDT: Dtsch. med. Wschr. 1913 I, 318. —

SELLING: Beitr. path. Anat. **51**, 576—631 (1911). — SILBERBERG: Virchows Arch. **267**, 483—550 (1928). — SIMONDS and JONES: J. med. Res. **33**, 197 (1915). — SKLAWUNOS: Krkh.forsch. **1**, 507—545 (1925). — SMITH: J. ind. Hyg. **10**, 79, 80 (1928) (Fall 33). — SMYTH, H. F. and H. F. SMYTH: J. ind. Hyg. **10**, 261—271 (1928). — STEINER: J. of Immun. **27**, 525—530 (1934). — STOCKÉ: Zbl. Gewerbehyg. **16**, N. F. **6**, 355—359 (1929). SURY-BIENZ: Vjschr. gerichtl. Med. **49**, 138—142 (1888). — SZÉKELY: Beitr. gerichtl. Med. **13**, 70—84 (1935).

THIEME: Diss. Würzburg 1935. — THIERFELDER u. KLENK: Z. physiol. Chem. **141**, 30—32 (1924). — TSCHERNIKOFF, GADASKIN u. KOWSCHAR: Arch. f. exper. Path. **161**, 214—228 (1931). — TSCHERNIKOW, GADASKIN u. GUREWITSCH: Arch. f. exper. Path. **154**, 222—227 (1930).

VIGLIANI e GIANNINI: Rass. Med. appl. Lav. ind. **8**, 376 (1937). Ref. Zbl. Gewerbehyg. **25**, 145 (1938). — VIGDORTSCHIK: Vrač. Delo (russ.) **15**, 597—602 (1932). Ref. Dtsch. Z. gerichtl. Med. **21**, 226 (1933). — Zbl. Gewerbehyg. **20**, N. F. **10**, 219—222 (1933).

WALLBACH: [1]) Z. exper. Med. **68**, 621—655 (1929). — [2]) Fol. haemat. (Lpz.) **43**, 340—381 (1931). — [3]) Z. exper. Med. **82**, 40—52, [4]) 53—70 (1932). — [5]) Fol. haemat. (Lpz.) **49**, 241—267 (1933). — [6]) Z. exper. Med. **87**, 340—358, [7]) 359—381 (1933). — [8]) Strahlenther. **46**, 675—696 (1933). — WEIDIG: Diss. Würzburg 1938. — WEIL, PIERRE-EMILE: Bull. Soc. méd. Hôp. Paris **48/5**, 193—198 (1932). — WEISKOTTEN and STEENSLAND: J. med. Res. **37**, 215—223 (1917/18). — WEISKOTTEN, WYATT and GIBBS: J. med. Res. **44**, 593—599 (1923/24). — WEISSENBERG: Diss. Würzburg 1904. — WERNER: Diss. Tübingen 1934. — WHITE and GAMMON: Trans. Assoc. amer. Physicians **29**, 332—337 (1914). — WICHERN: Münch. med. Wschr. **1909 I**, 11—13. — WINTERNITZ and HIRSCHFELDER: J. of exper. Med. **17**, 660—662 (1913). — WORONOW: Virchows Arch. **271**, 173—190 (1929). — WÖRNER: Diss. Tübingen 1934.

YANT, SCHRENK and PATTY: J. ind. Hyg. **18**, 349—356 (1936). — YANT, SCHRENK, SAYERS, HORVÁRTH and REINHART: J. ind. Hyg. **18**, 69—88 (1936).

ZACHAROV: Fiziol. Ž. **16**, 872—877 (1933). Zit. nach Ber. Physiol. **77**, 699 (1934). — ZÖRNLEIB: Wien. med. Wschr. **1906 I**, 365—370.

B. Gechlorte Kohlenwasserstoffe.

Von

K. B. LEHMANN und F. FLURY-Würzburg.

Allgemeines.

Durch Ersatz von Wasserstoffatomen in Kohlenwasserstoffverbindungen durch Chloratome lassen sich zahlreiche gasförmige, flüssige und feste Verbindungen herstellen, von denen ein großer Teil medizinische und technische Bedeutung erlangt hat. Als Lösungsmittel kommen in erster Linie die flüssigen Chlorderivate von Kohlenwasserstoffen der Fettreihe, des Methans, des Äthans un l des Äthylens in Betracht. Da die meisten unter ihnen nicht brennbar und nicht explosionsgefährlich sind, außerdem aber noch ein ausgezeichnetes Lösungsvermögen für viele technisch wichtige Stoffe besitzen, sind sie als Ersatz für Benzin, Benzol u. dgl. in die Technik eingeführt worden, in besonders großem Umfang der Tetrachlorkohlenstoff und das Trichloräthylen. Die Flüchtigkeit aller dieser Verbindungen schwankt in weiten Grenzen. In chemischer Hinsicht sind sie von wechselnder Beständigkeit. Viele von ihnen sind durch Wasser, besonders bei Gegenwart von Luft, Licht, Metallen leicht zersetzbar, wobei Salzsäure abgespalten wird. Durch Oxydation in der Hitze bilden sich unter Umständen Phosgen und verwandte giftige Stoffe. Eine Sonderstellung nimmt das Monochlormethan ein, da es in Methylalkohol und Salzsäure zerlegbar ist.

Nach ihrer pharmakologischen Wirkung gehören sie wie ihr bekanntester Vertreter, das Chloroform, zur Gruppe der Narkotica. Sie sind aber weit stärker narkotisch und auch allgemein viel giftiger als die entsprechenden Kohlenwasserstoffe. In ihrer akuten Wirksamkeit sind alle Vertreter ähnlich und vom Chloroform nicht wesentlich verschieden. Sie zeigen, wenn auch quantitativ in wechselndem Grade, lokale Reizwirkung auf die Schleimhäute und lähmen das Zentralnervensystem. In der Praxis spielen aber diese akuten Wirkungen nur eine untergeordnete Rolle gegenüber den schweren Schädigungen, die einige von ihnen besonders nach wiederholter Einwirkung auslösen. Bei chronischer Vergiftung kommt es unter Umständen zu schweren Stoffwechselschädigungen, besonders zu Erkrankungen der Leber, ferner auch zu spezifischen Nervenschädigungen. Da dies vorzugsweise bei den technisch wertvollsten Verbindungen der Fall ist, stößt die Auswahl für praktische Zwecke auf große Schwierigkeiten, zumal auch der Grad der Flüchtigkeit und der Giftwirkung außerordentlich stark wechselt. Die Flüchtigkeit muß dabei besonders berücksichtigt werden, da beim offenen Verdunsten die flüchtigsten Stoffe in der Regel auch am gefährlichsten sind. Mit diesen Fragen hat sich besonders K. B. LEHMANN mit zahlreichen Mitarbeitern seit Jahren beschäftigt. Eine gewisse Klärung ist durch die letzten umfangreichen Untersuchungen an den 11 wichtigsten Vertretern der Reihe erreicht worden. Näheres hierüber in den folgenden Abschnitten und im Kapitel „Vergleichende Übersicht".

Monochlormethan.
Methylchlorid.

Formel: CH_3Cl.
Molekulargewicht: 50,48.
Allgemeine Eigenschaften: Farbloses Gas. Kp. — 24°; D. 20° 0,922.
Löslichkeit: 280 ccm in 100 ccm Wasser, 3500 ccm in 100 ccm Alkohol, 4000 ccm in 100 ccm Eisessig.
Brennbarkeit: Mischungen mit Luft sind bei 10—15% Methylchlorid brennbar. Bildet an offenen Flammen und bei Erhitzung Phosgen.
Geruch: Schwach, nicht unangenehm.

Methylchlorid ist als Gas kein Lösungsmittel, wird aber in der Kälteindustrie in flüssiger Form verwendet. Es soll hier wegen seiner Zugehörigkeit zu den gechlorten Kohlenwasserstoffen, unter denen es eine Sonderstellung einnimmt, besprochen werden.

Allgemeiner Charakter der Wirkung. Die lokale Reizwirkung ist gering, keine Hornhautschädigung. Bei der Kälteanästhesie kann es zu Blasenbildung kommen. Ebenso ist die narkotische Wirkung sehr gering, dagegen ist die allgemeine Giftwirkung sehr stark. Nach scheinbarer Erholung tritt im Anschluß an die Narkose oft der Tod ein. Bei der Gesundheitsschädigung spielt die narkotische Wirkung praktisch eine geringe Rolle, dagegen die infolge der Zersetzung im Organismus auftretende schwere Spätschädigung.

Allgemeine Giftwirkung. Resorption erfolgt sehr schnell. Methylchlorid wird langsamer ausgeschieden wie seine höheren Homologen, dadurch wird die Giftwirkung begünstigt. Die Erholung erfolgt nach länger dauernder Einwirkung langsam. Charakteristisch sind die Nachkrankheiten. Spättod kann auch ohne vorausgehende schwere Vergiftungssymptome eintreten (SAYERS und Mitarbeiter 1929). SCHWARZ (1926) beobachtete bei Meerschweinchen bei wiederholter Einatmung zunächst schnelle Erholung, später aber Todesfälle. Verzögerte Giftwirkung ist nur bei Hunden beobachtet (MERZBACH 1928). K. B. LEHMANN und Mitarbeiter (1936) sahen bei Kaninchen und Katzen nach scheinbarer Erholung stets den Tod eintreten.

Tierversuche. Mäuse sind widerstandsfähiger als Menschen. Kaninchen nehmen eine Mittelstellung ein (SCHWARZ 1926).

Narkotische Grenzkonzentration: bei Mäusen 7 Vol.-% (MERZBACH), bei Kaninchen 3,25 Vol.-% (KIONKA 1900), bei Meerschweinchen 0,5 Vol.-%, Erholung, nach 2—2,5 Vol.-% 2 Stunden lang, Tod in 48 Stunden (NUCKOLLS 1933), bei

Katzen 6 Vol.-% (LEHMANN), bei Hunden 36 mg/l = 1,7 Vol.-%, Ataxie und
Schlaf (BAKER 1927).

Kleinste tödliche Konzentrationen. Bei Meerschweinchen 75 Teile in 1 Million
Luft = 0,0075 Vol.-% bei 72 Stunden langer Einwirkung (WHITE und SOMERS
1931), bei Hunden 4,6 Vol.-% (BAKER 1927). Der Blutdruck sinkt weniger als
nach Chloroform (KIONKA 1900).

Der Tod erfolgt durch Atemlähmung.

Akute Versuche mit Inhalation haben SAYERS, YANT, THOMAS und BER-
GER 1929 vorgenommen. Einige Beispiele sind hier wiedergegeben.

Tabelle 4. Meerschweinchen. (SAYERS und Mitarbeiter.)

mg/l	Dauer des Versuchs in Min.	Wirkung am Ende dieser Zeit	Nachwirkung
200	12	Unfähig zu gehen	Tod in 1—2 Tagen
105	50	Bauchlage	Tod
35	30	Gesund	Überlebt
35	90	„Gesund"	Die meisten starben
15	420	3 von 6 Tieren sterben im Versuch	Die 3 überlebenden sterben nachträglich
12	540	Beschleunigte Atmung, Mattigkeit	Nach 15 Std. alle tot

Nach der tiefen Narkose Wiederkehr der Cornealreflexe innerhalb 20 Minuten,
der Gehfähigkeit innerhalb von 31 Minuten. Alle Tiere starben einige Stunden
nach der scheinbaren Erholung.

Die Atemfrequenz war bis zum Liegenbleiben von etwa 25 auf 40—80,
vermehrt und hielt sich auf dieser Höhe bis zur tiefen Narkose, nur ganz
vereinzelt war sie nach dem Liegen-
bleiben stark herabgesetzt.

Chronische Versuche an Mäusen
und Meerschweinchen sind von
SCHWARZ ausgeführt worden. Häufig
wiederholte Einatmung von 6 mg/l
führte zum Tode.

Die akute lähmende Wirkung auf
das Meerschweinchen erscheint nach
SAYERS und Mitarbeitern stärker als
in LEHMANNs Katzenversuchen — es
ist aber möglich, daß „Liegenbleiben"
nicht gleichmäßig aufgefaßt ist.

Tabelle 5. Katzen. (K. B. LEHMANN und
SCHMIDT-KEHL).

Gehalt mg/l	Gleich-gewichts-störungen nach Min.	Liegen-bleiben nach Min.	Leichte Narkose nach Min.	Tiefe Narkose nach Min.
128	3	150	Nicht erreicht	Nicht erreicht
226	3	17	155	190
280	2	7	12	38
351	1	6	12	42
371	3	2	4	6
371	Sofort	2	4	6

SAYERS hat vorwiegend mit kleineren Dosen gearbeitet und dabei sehr starke
Nachwirkung, meist Tod, schon von 11—15 mg im Liter an beobachtet, wobei
allerdings der Versuch 7—12 Stunden ausgedehnt wurde. Die Organveränderungen waren schwächer bei den Tieren, die nach kurzer Einwirkung höherer
Dosen im Versuch oder wenige Stunden nachher starben. Bei 5—7 Stunden
langer Einwirkung niederer Konzentrationen und Tod nach 12—24 Stunden
waren sie stärker. Besonders häufig waren Blutergüsse in die Hirnhaut, die
Nebennieren und den Darmkanal. Hatten die Tiere noch länger vor dem Tode
gelebt, so waren die pathologischen Erscheinungen oft schon im Abklingen.

Vergiftungsbild beim Menschen. Akute Vergiftung: Anfangs Kopfschmerzen,
Übelkeit, Mattigkeit, Erbrechen, Schwindel, Tremor, unsicherer Gang, Benommenheit, Blutdrucksenkung, Pulsbeschleunigung, in schweren Fällen Cyanose, Krämpfe, Koma.

Später auftretende subakute und chronische Vergiftungen: Außer den genannten Störungen noch Appetitlosigkeit, Leibschmerzen, Durchfälle, Gewichtsverlust, Anämie, Schlaflosigkeit, schwere psychische Störungen, Delirien.

Ein nicht seltenes Symptom bilden Sehstörungen.

Tod im Koma unter Herzschwäche.

Organschädigungen. *Nervensystem.* Gehirn mit Blut überfüllt, Ödem. Degenerative Zellveränderungen in den Vorderhörnern des Rückenmarks (SCHWARZ). Psychische Veränderungen.

Kreislaufstörungen. Herz erweitert, punktförmige Blutungen im Epikard, Endokard, Herzmuskel, Gefäßschädigungen und Blutungen in verschiedenen Organen, Gefäßen, Lunge, Leber, Niere. Gefäße, erweitert und stark gefüllt.

Stoffwechsel. Azidose. Über die Frage der Leberschädigungen bestehen starke Widersprüche. Sie sind aber bei Menschen und Tieren beobachtet (SAYERS und Mitarbeiter 1929, KEGEL und Mitarbeiter 1929).

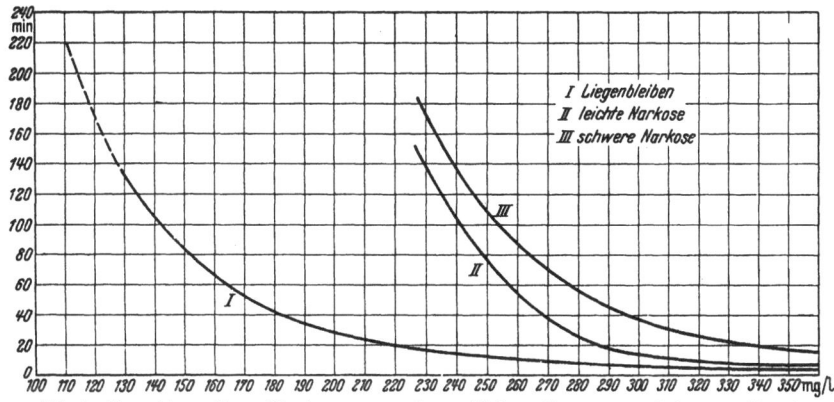

Abb. 1. Monochlormethan. Einatmungsversuche an Katzen (LEHMANN und SCHMIDT-KEHL).

Koma von mehrtägiger Dauer, Abmagerung bei chronischer Vergiftung. Harn bald sauer, bald alkalisch, enthält größere Mengen Ameisensäure, Eiweiß, Aceton, Geruch typisch für Diagnose, „Leichengeruch".

Nieren. Vergrößert, akute Nephritis, Degeneration. Im Harn Eiweiß und Zylinder. Anurie.

Lunge. Hyperämie, Bronchitis, Lungenödem. Blutaustritte, subpleurale Blutungen.

Sehstörungen. Diplopie, Amblyopie, Strabismus, Nystagmus, Ptosis.

Gewerbliche Vergiftungen. Schwere, auch tödliche Vergiftungen bei Menschen sind in großer Zahl bekannt. So berichten über 2 gewerbliche Fälle mit langsamer Erholung in 2—3 Wochen GERBIS (1914), über 10 Vergiftungsfälle durch undichte Kühleinrichtungen ROTH (1923), über 9 Vergiftungsfälle bei Arbeitern, darunter 1 Todesfall nach zweimaliger Einwirkung, SCHWARZ und ZANGGER (1926).

Die meisten Kranken in den Fällen von SCHWARZ wurden in 1—2 Wochen wieder gesund. Ein Kranker starb unter Konvulsionen. 1927 hat BAKER 21 ähnliche Fälle beschrieben, bei denen Sehstörungen als etwas Ungewöhnliches auffielen. KEGEL, MCNALLY und POPE haben 1928 29 Fälle mit 10 Todesfällen beobachtet. Von diesen waren die meisten Erkrankten in Kühlräumen beschäftigt, die Vergiftungen waren chronisch. Im Beginn Schläfrigkeit, Verwirrung, Stumpfheit, Schwäche, dann Übelkeit, Leibschmerzen und Erbrechen, bei den schweren Fällen Konvulsionen und Cyanose mit Koma, später Delirien und

Schlaflosigkeit. Bei vielen Kranken traten Muskelzittern und Schlucken im akuten Stadium auf, bei 6 Personen schweres Kopfweh in den ersten Tagen, es verschwand aber später und fehlte bei anderen ganz. Einige wurden wegen psychischer Störungen fachärztlicher Behandlung zugeführt. Von 11 Personen wurde über Schwindel, Schwachsichtigkeit geklagt, Puls bis 150. Harnverminderung, Anurie bis 48 Stunden. Einige Male kamen erheblich erhöhte Temperaturen vor. Vor dem Tod trat immer starke Betäubung (Koma) ein, gewöhnlich tonische, von tiefer Cyanose begleitete Krämpfe. Todesursache Atemlähmung. Der VAN DEN BERGH-Test war von 0,1—0,5 auf 2,2 erhöht. Die roten Blutkörperchen waren manchmal vermindert, öfters bestand ausgesprochene Leukocytose. Im Harn wurde bei 11 akuten Fällen 8mal Aceton und 4mal Acetessigsäure gefunden, bei ungefähr der Hälfte etwas Eiweiß, bei 8 Fällen Zylinder im Harn, einige Male rote Blutkörperchen. Ameisensäure, die BAKER bei den meisten seiner Kranken fand, konnte auch hier in 3 Fällen, bei denen ziemlich früh untersucht wurde, gefunden werden, und zwar 6,8 und 9,8 mg in 100 Harn. In ganz frischen Fällen war der Geruch nach Monochlormethan, in späteren Fällen der nach Aceton für die Diagnose wichtig.

Behandlung. Dextrose und Natriumbicarbonat in den Magen oder vom Darm her, 500 ccm RINGER-Lösung zur Verminderung der Azidose und zur Bekämpfung des Wasserverlustes. Sauerstoffinhalationen werden von Anfang an empfohlen. Zur Stimulation Analeptica, Coffein, bei schwachem Puls Digitalis. Wenn bei Rekonvaleszenten Anämie auftritt, wird diese nach bekannten Regeln behandelt.

Theorie der Wirkung. Das unzersetzte Molekül ist von geringer toxischer und schwacher narkotischer Wirkung. Im Organismus findet höchstwahrscheinlich eine Zerlegung in Methylalkohol und Salzsäure, weiter in Formaldehyd und Ameisensäure statt. Auch an die Bildung von Phosgen im Organismus ist zu denken (HENDERSON und HAGGARD, FLURY und ZERNIK).

Dichlormethan.
(Methylenchlorid, Methyldichlorid, Solaesthin.)

Formel: CH_2Cl_2.
Molekulargewicht: 84,95.
Allgemeine Eigenschaften: Kp. 40°, D. 1,328.
Löslichkeit: In Wasser schwerlöslich (2%), leicht löslich in Alkohol und organischen Lösungsmitteln, nicht brennbar. Zersetzt sich an offener Flamme unter Bildung von reizenden und stark giftig wirkenden Stoffen.
Flüchtigkeit: Sehr hoch; 1,8mal weniger flüchtig als Äther.

Allgemeiner Charakter der Wirkung. Örtliche Reizwirkung ist stärker als bei Chloroform, keine Hornhautschädigung. Narkotisch schwächer als Chloroform. Der Narkose geht oft ein langes Erregungsstadium voraus. Narkotische und tödliche Konzentration liegen nahe beieinander. Gehört zu den am wenigsten giftigen Stoffen der ganzen Reihe. Schwach antiseptisch. Hemmt die Gärung der Hefe.

Bei niederen Konzentrationen werden nach LEHMANN und Mitarbeitern vom Menschen 73% der eingeatmeten Menge resorbiert.

Wirkung bei Tieren. Narkotische Grenzkonzentrationen:

5 Vol.-% bei Meerschweinchen (NUCKOLLS 1933), keine Narkose bei 20 mg/l in 6 Stunden bei Ratten und Kaninchen (GROSS), leichte Narkose 30—35 mg/l bei Mäusen (LAZAREW 1929, PANTELITSCH 1933, zit. LEHMANN) tiefe Narkose 37 mg/l nach 5 Stunden, Katze (LEHMANN), tödlich 50 mg/l bei Mäusen nach 100 Minuten, (LAZAREW 1929, PANTELITSCH 1933, zit. LEHMANN).

Dichlormethan ist nach LAZAREW (1929) weniger narkotisch als Chloroform, bei Einspritzung am Tier 2—3mal weniger giftig als Chloroform (BARSOUM und SAAD 1934). Am ausgeschnittenen Froschherzen schwächer wirksam als Chloroform (KIESSLING 1921). Bei Katzen starke lokale Reizwirkung, cerebrale Erregung, klonische Krämpfe. „Beißsucht", wahrscheinlich infolge des starken Hautreizes, Reizung der Bindehaut (LEHMANN 1936). Auch während der Erholung können Krämpfe auftreten (E. BROWNING).

Tabelle 6. Katzen. (K. B. LEHMANN.)

Gehalt mg/l	Gleich-gewichts-störungen nach Min.	Liegen-bleiben nach Min.	Leichte Narkose nach Min.	Tiefe Narkose nach Min.
32	20	246	—	—
37	13	98	220	293
42	8	36	162	168
48	4	32	86	167
84	3	6	7	11

Die Gehaltszahlen in Tabelle 6 sind analytisch bestimmt. Reizsymptome (Speicheln, Lecken, Niesen, Tränen, Husten, selten Erbrechen) bei allen Tieren. Erholung fast aller Tiere in 10—30 Minuten bis zur Gehfähigkeit. Temperatursenkungen meist unter 35⁰.

Tabelle 7. Versuche an Mäusen. (K. B. LEHMANN.) Durchschnittliche Zahlen. Einwirkungszeit 2 Stunden.

mg/l	Gleich-gewichts-störungen nach Min.	Liegen-bleiben nach Min.	Reflex-verlust	
25	19	97	118	Rasche Erholung
30	12	38	52	Nach 10 Std. erholt
45	6	10	23	Tod nach 105 Min.
75	5	10	15	Tod nach 1 Std.

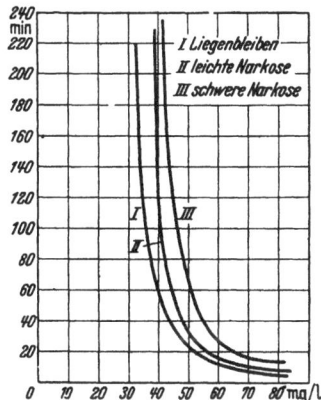

Abb. 2. Dichlormethan. Einatmungsversuche an Katzen (LEHMANN und SCHMIDT-KEHL).

Bei 25 mg/l keine deutlichen Reizerscheinungen, aber Erregungszustände bei 30 mg nach 10—15 Minuten. Krämpfe. Tiere beißen sich selbst. Erholung der nicht tödlich vergifteten Mäuse verhältnismäßig rasch.

Chronische Wirkung bei Tieren. LEHMANN und Mitarbeiter stellten Versuche mit wiederholter Einatmung an. Kaninchen und Katzen blieben bei Konzentrationen von 6—7 mg/l 4 Wochen lang im Versuch. Tägliche Einatmung

Tabelle 8. Verschiedene Tiere. (Unveröffentlichte Versuche von F. FLURY und WILH. NEUMANN.)

mg/l	Teile Dampf in 1 Million (ccm/cbm) etwa	Dauer der Ein-wirkung Std.	Leichte Narkose bei				Erholung bei			
			Meer-schwein-chen Std.	Kanin-chen Std.	Katze Std.	Hund Std.	Meer-schwein-chen Std.	Kaninchen Std.	Katze Std.	Hund Std.
14	4000	6	—	etwa 6	—	$2^{1}/_{2}$		alsbald		
21	6100	6	$2—2^{1}/_{2}$	$^{3}/_{4}$	$^{3}/_{4}$	2	$^{1}/_{4}$	$^{1}/_{2}$, aber Tod nach 24 Stunden	1	etwa $^{1}/_{2}$

während 8—9 Stunden (außer Sonntag). Die Tiere blieben am Leben. Ein Unterschied zwischen den Tierarten war nicht festzustellen. Die Tiere waren schläfrig, die roten Blutkörperchen blieben konstant, die weißen schwankten, erreichten aber die Anfangswerte wieder.

Nach E. Gross ist Dichlormethan in kleinen Dosen für Ratten und Kaninchen wenig giftig. Konzentrationen unter 20 mg im Liter brachten bei Ratten keine volle Narkose in 6 Stunden zustande. In chronischen Versuchen an Ratten wurden in einem Luftstrom, der durchschnittlich 4,6 mg im Liter Luft enthielt, in 25-, 50- und 75tägiger, täglich 8stündiger Inhalation keine deutlichen Krankheitszeichen beobachtet und nur sehr leichte, pathologische Befunde gesehen. Bei der Sektion nach 25 Tagen fanden sich keine pathologisch-mikroskopischen Veränderungen, nach 50 Tagen sehr leichte, erst nach 75 Tagen deutlichere; sie bestanden in einer leichten Atrophie und Verfettung im Gebiet der Zentralvenen und vereinzelt in der Einlagerung von kleinen Rundzelleninfiltraten im Parenchym und Zellgewebe der Leber. Ähnliche, wohl etwas stärkere Veränderungen fanden sich bei einzelnen Kaninchen, die 10 mg im Liter in 50 und 75 Tagen eingeatmet hatten und auch im Leben keine krankhaften Symptome gezeigt hatten.

Chronische Versuche an Katzen (FLURY, W. NEUMANN und W. MÜLLER). 4 Wochen lang täglich (mit Ausnahme der Sonntage) 4—8 Stunden lang 25 mg/l (Strömung). Nach 6—8 Stunden Ataxie, Koordinationsstörungen. Keine Gewöhnung erkennbar.

Reizung der Stätten der Blutbildung mit vorübergehender Zunahme von Hämoglobin und Erythrocytenzahl. Geringe Leukocytose und Linksverschiebung. Keine pathologischen Formen.

Harn ohne besonderen Befund.

1, 3 bzw. 9 Wochen nach Beendigung der Versuche starke Fettinfiltration in Leber und Niere, keine Degenerationen. Bei 2 Katzen (von 6) in der Leber kleinzellige Infiltrate.

Organveränderungen.

Ältere Versuche an Tieren ergaben:

Starke örtliche Reizung der Schleimhäute (Niesen, Tränen, Husten, auch Erbrechen [PANHOFF 1881, EICHHOLZ und GEUTER 1887]). (Zit. von KOCHMANN.)

Kreislaufwirkungen: Herzwirkung geringer als bei Chloroform. Zunächst Pulsbeschleunigung und verstärkte Herztätigkeit, Cyanose, dann Blutdrucksenkung.

Stoffwechselwirkung grundsätzlich ähnlich wie Chloroform, aber schwächer. Körpergewichtsabnahme, Mehrausscheidung von Stickstoff, Phosphor, Chlor (HEYMANS und DEBUCK 1895). (Zit. von KOCHMANN.)

Lunge. Emphysem und Ödem.

Bezüglich der *Leber* bestehen Widersprüche. Die Leberschädigung wird vielfach auf Verunreinigung zurückgeführt. Das chemisch reine Produkt soll harmlos sein. Diesen Angaben gegenüber empfiehlt sich Vorsicht. NUCKOLLS (1933) beobachtete bei Meerschweinchen gelbe Atrophie. Dagegen fand sich auch nach wiederholter Einatmung bei Hunden keine Leberschädigung (MALOFF 1928). Andere Autoren fanden bei kleinen Tieren Schädigungen.

Die *Niere* zeigt bei hohen Konzentrationen Schädigungen, Entzündung, Blutungen und Degeneration der Tubuli.

Im allgemeinen sind die Organschädigungen verhältnismäßig gering. In den vergleichenden Versuchen von JOH. MÜLLER (1925) u. a. erwies sich das Dichlormethan an fast allen biologischen Objekten am wenigsten wirksam (Bakterien, Hefe, Blutkörperchen, Kaltblüter).

Schwere Spätschädigungen, wie bei Monochlormethan wurden jedenfalls nicht beobachtet. Die meisten Tiere erholten sich bei den Versuchen von LEHMANN.

Wirkung bei Menschen. Reiche Erfahrungen an Menschen mit dem als „Solästhin" zu kurzen Narkosen gebrauchten Mittel zeigen seine relative

Harmlosigkeit. Schwere Schädigungen der inneren Organe, besonders der Leber und Niere sind kaum beobachtet worden. Da die narkotischen und toxischen Konzentrationen aber nahe beieinander liegen, ist es nur für Rauschnarkose geeignet.

Selbstversuche wurden von K. B. LEHMANN und Mitarbeitern ausgeführt, bei denen die Konzentration analysiert wurde. Grenze der Geruchswahrnehmung: 1,1 mg/l. Bei 3—4 mg/l trat nach 20 Minuten Schwindel ein, bei 8 mg/l schon nach 5 Minuten.

73% wurden absorbiert.

Weitere Selbstversuche von W. NEUMANN und W. MÜLLER, Mitarbeitern von FLURY, ergaben:

8 mg/l. Während einer Stunde kein Schwindelgefühl, aber nach 30 Minuten Nausea.

25 mg/l. Nach 8 Minuten Parästhesien der Extremitäten, nach 16 Minuten Pulsbeschleunigung bis 100. Während der ersten 20 Minuten Blutandrang nach dem Kopf, Hitzegefühl, leichter Augenreiz.

Gewerbliche Schädigungen. Die Vergiftungsfälle von COLLIER (1936) mit Kopfschmerzen, Schwindel, Blutwallungen, Pulsbeschleunigung, Atemnot, Sehstörungen, Gliederschmerzen, sind zum Teil unklar, da andere Gewerbegifte nicht ausgeschlossen sind.

GERBIS hat festgestellt, daß viel Dichlormethan verwendet wird, um alte Lackanstriche von Autos zu entfernen. Wurde reines Dichlormethan verwendet, gab es auch nach mehrjährigem Gebrauch keine Gesundheitsstörungen. War Dichlormethan mit 12% Benzol versetzt, so verursachte es Benzolvergiftung (Herabsetzung des Hämoglobins, geringe Verminderung der Leukocyten), beim Übergang zum reinen Dichlormethan blieben Krankheiten aus. (BEYER und GERBIS 1931).

Dichlormethan gehört zu den harmloseren Vertretern der Chlorkohlenwasserstoffreihe.

Trichlormethan.
Chloroform.

Formel: CHCl$_3$.
Molekulargewicht: 119,39.
Allgemeine Eigenschaften: Kp. 61,2° C; D. 1,489.
Löslichkeit: In Wasser schwer löslich (0,82% bei 20°). Mischbar mit Alkohol, Äther und organischen Lösungsmitteln. Schwer entzündlich. An offener Flamme und beim Erhitzen Zersetzung unter Bildung von Phosgen und Salzsäure.
Flüchtigkeit: Etwa 1 g im Liter Luft bei 20°; 2,5mal weniger flüchtig als Äther.
Geruch: Eigentümlich, Geschmack süßlich, brennend.

Technische Verwendung. Als Lösungsmittel nur von untergeordneter Bedeutung.

Allgemeiner Charakter der Wirkung. Die Wirkung des Chloroforms kann als typisch für die gechlorten Kohlenwasserstoffe gelten. Die narkotische Wirkung ist auf das genaueste studiert, sie ist stärker wie die des Tetrachlorkohlenstoffes. Es besitzt auch in Dampfform antiseptische Wirkung (Lit. bei KOCHMANN). Chloroform schädigt zahlreiche Fermente.

Lokale Reizwirkung auf Haut und Schleimhäute beträchtlich, aber geringer als bei Benzin. Auf der Haut kann es bei lang dauernder Berührung zur Bildung von Blasen kommen.

Aufnahme. Chloroform wird von Haut und Schleimhäuten gut resorbiert (BROWN-SEQUARD 1881, CLAUDE BERNARD 1875). Nach LEHMANN und HASEGAWA (1910) werden vom Menschen etwa 70% der eingeatmeten Menge resorbiert. Bei Tieren ist Narkose und tödliche Vergiftung durch die Haut möglich (WITTE, SCHWENKENBECHER, HEYMANS). (Lit. bei KOCHMANN.)

Verteilung. Hierüber liegen zahlreiche Untersuchungen vor. Die Sättigung des Blutes hängt ab vom Partialdruck des eingeatmeten Dampfes, von der Atmung, dem Kreislauf. Sie tritt verhältnismäßig langsam ein. Zwischen Einatmungsluft und Ausatmungsluft kommt es dabei zu einem annähernden Ausgleich. In tiefer Narkose sind beim Menschen in 100 ccm arteriellem Blut etwa 50 mg Chloroform enthalten (beim Hund in leichter Narkose 30—40 mg). Der Eintritt der Narkose hängt nicht unmittelbar mit dem Chloroformgehalt des Blutes zusammen. Die Verteilung ist außerordentlich wechselnd. Bei langsamer Narkose tritt ein schrittweiser allmählicher Ausgleich zwischen Blut und Gehirn ein. Beim Eintritt des Todes sind etwa 60—70 mg Chloroform in 100 ccm Blut gefunden worden. Im Gehirn und in den peripheren Nerven findet sich in gewissen Narkosestadien ein höherer Gehalt als im Blut (Hund, Katze).

Die Verteilung im Organismus geht nicht absolut parallel mit dem Lipoidgehalt der Organe. Die roten Blutzellen enthalten mehr Chloroform als das Plasma.

Ausscheidung. Die Ausscheidung beginnt, sobald die Zufuhr aufhört oder schwächer wird, also wenn die Resorption beendet ist. Das Chloroform wird von den Organen an das Blut und von diesen in der Hauptsache an die Atemluft abgegeben. Etwa 7 Stunden nach einer Narkose ist das Blut praktisch chloroformfrei, die letzten Anteile werden erst im Laufe von etwa 24 Stunden ausgeschieden (BÜDINGER 1901). Etwa 80—95% werden durch die Lungen wieder ausgeschieden (LEHMANN und HASEGAWA, CUSHNY 1910, BURCKHARDT 1909).

Ein kleinerer Teil wird durch die Nieren ausgeschieden. Der Rest, einige Prozente, wird zerstört und zum Teil als Chlorid bzw. gepaart mit Glykuronsäure entfernt. Im Blut chloroformierter Tiere wurde von DESGREZ und NICLOUX Kohlenoxyd nachgewiesen (1898).

Die Versuche an Tieren sollen hier nur kurz behandelt werden. Die Chloroformwirkung am Menschen ist sehr genau bekannt. Die Tierversuche sind aber trotzdem von Bedeutung, weil sie zum Vergleich mit den Wirkungen der übrigen Halogenkohlenwasserstoffe unentbehrlich sind.

Narkotische und tödliche Konzentrationen:

Bei Mäusen: Bis 12 mg/l keine Wirkung in 2 Stunden, 15 mg/l leichte Narkose in 1 Stunde (FLURY-ZERNIK). 20 mg/l tiefe Narkose in $^1/_2$ Stunde. Erholung (LAZAREW). 20—40 mg/l tödliche Grenzkonzentration (nach E. BROWNING). Tödliche Grenzkonzentration für Kaninchen 60 mg/l (K. B. LEHMANN 1911), 80—100 mg/l für Meerschweinchen (WITTGENSTEIN 1918).

Tabelle 9. Katzen. (K. B. LEHMANN und SCHMIDT-KEHL.)

Gehalt mg/l	Gleichgewichtsstörungen nach Min.	Liegenbleiben nach Min.	Leichte Narkose nach Min.	Tiefe Narkose nach Min.
35	5	60	78	93
53	3	5	12	42
70	5	9	21	25
105	5	8	10	13

Die Gehaltszahlen in Tabelle 9 sind analytisch bestimmt. Reizsymptome (Speicheln, Lecken, Niesen) schon nach wenigen Minuten. Nach der tiefen Narkose Wiederkehr der Cornealreflexe fast bei allen Tieren sofort nach Herausnehmen. Außerdem wurde Zittern und Erbrechen beobachtet. Wiederkehr der Gehfähigkeit nach 3—45 Minuten. Temperaturabnahme von 0,5—2⁰.

Chronische Vergiftung bei Tieren. LEHMANN und Mitarbeiter 1911 setzten Katzen und Kaninchen längere Zeit hindurch Chloroformkonzentrationen aus, die in 8stündigen Versuchen bei den Tieren noch keine deutliche narkotische Wirkung hervorbrachten. Die Katzen zeigten Verdauungsstörungen, Erbrechen,

Gewichtsabnahme. Über die Organschädigungen bei chronischer Vergiftung von Tieren durch Einatmung ist bisher wenig bekannt. Es sind aber auch hier Leber- und Nierenschädigungen beobachtet.

Nach wiederholten Einspritzungen von Chloroform treten Anämien, Stoffwechselstörungen, Leber- und Nierenschädigungen auf.

Akute Vergiftung beim Menschen. Anfänglich lokale Reizerscheinungen und zentral bedingte Erregung (Excitationsstadium), dann Lähmung (Toleranzstadium, Narkose). Bei fortdauernder Einatmung Atemstillstand, bei schneller oder plötzlicher Zufuhr hoher Konzentrationen Herztod (Shocktod). Bei lang dauernden Narkosen gefährliche Nachwirkungen durch Blut- und Organschädigungen. Die narkotische Grenzkonzentration beim Menschen beträgt 70—80 mg/l entsprechend 1,4—1,6 Vol.-% (WALLER 1911).

Die Differenz zwischen narkotischer und toxischer Konzentration beträgt etwa 1 Vol.-% (s. FLURY-ZERNIK).

1—1,5 mg/l geringste Wahrnehmbarkeit durch den Geruch, 1,9 mg/l ohne Belästigung ertragen 30 Minuten lang, 5 mg/l Schwindel, Kopfdruck und Übelkeit nach 7 Minuten, 7,2 mg/l Schwindelgefühl und Speichelfluß nach wenigen Minuten, 20 mg/l Erbrechen, Empfindung von Ohnmacht. Von 5 mg/l an deutliche Nachwirkungen: Müdigkeit und Kopfschmerz ·noch nach Stunden (nach K. B. LEHMANN und Mitarbeitern).

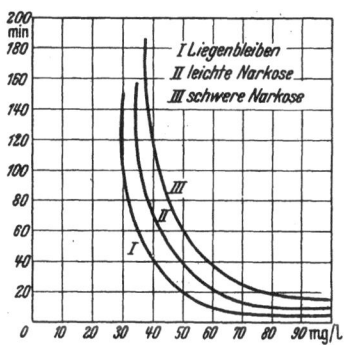

Abb. 3. Trichlormethan. Einatmungsversuche an Katzen (LEHMANN und SCHMIDT-KEHL).

Chronische Vergiftungen beim Menschen sind selten. Sie erinnern vielfach an schweren Alkoholismus. Man beobachtet dabei Katarrhe der Schleimhäute, auch der Augen und der Nase, verstärkte Speichelsekretion, Verdauungsstörungen, Gelbsucht, Anämie, Ödeme, ferner nervöse Störungen verschiedener Art, Kopfschmerzen, Benommenheit, Verwirrungszustände, Abnahme des Körpergewichts. Bei der subakuten Vergiftung und beim Spättod nach Narkosen treten Übelkeit, Erbrechen,· Gelbsucht, Hautblutungen, Nierenreizung, Leberverfettung, Stoffwechselstörungen auf, die sich besonders im Harnbefund zeigen.

Gewöhnung. Chronischer Mißbrauch von Chloroform soll, wenn auch selten, vorkommen (STORAT 1910, zit. nach KOCHMANN). Gewöhnung wurde in solchen Fällen nicht beobachtet, das heißt, es war keine fortwährende Steigerung der Dosis notwendig.

Im Tierversuch ist eine gewisse Gewöhnung an Chloroform möglich (INMAN 1915, DAVIS und WHIPPLE 1919).

Wirkung auf die einzelnen Organe. Nervensystem. Das Zentralnervensystem wird nach einem kurzen Stadium der Erregung in bestimmter Reihenfolge gelähmt. Auch die peripheren Nerven werden durch lokale Einwirkung von Chloroform gelähmt. Während die funktionellen Wirkungen sehr genau bekannt sind, ist über die anatomischen Veränderungen wenig Sicheres festgestellt.

Die sensiblen Zentren werden früher und stärker betroffen als die motorischen. Ohne Zweifel finden auch chemische Änderungen statt. Diese dürften vor allem die Lipoide, das Cholesterin, Lecithin und verwandte Stoffe betreffen. Experimentell sind gewisse Verschiebungen festgestellt. Die Oxydations- und Reduktionsvorgänge sind während der Narkose herabgesetzt.

Kreislauf. Die Schädigungen der Kreislauforgane durch die Chloroformnarkose sind seit langem bekannt. Aus zahlreichen Untersuchungen, auf die hier nicht im einzelnen eingegangen werden kann, geht hervor, daß sowohl das Herz und die Gefäße, als auch nervöse Organe, vor allem das Vasomotorenzentrum und der Vagus, dabei beteiligt sind. Die starke Pulsverlangsamung in der Narkose, Abnahme der Kontraktionsgröße, das Sinken des Blutdrucks sind die bekanntesten Erscheinungen. Die Reizerzeugung ist herabgesetzt. Am Elektrokardiogramm beobachtet man Reizleitungsstörungen verschiedener Art. Durch übermäßige Chloroformgaben kommt es zum Herzflimmern, der Herzschlag wird unregelmäßig, unkoordiniert, das Herz steht still. Die anatomischen Schädigungen bei lang dauernder Narkose bestehen in fettiger Degeneration. Die Herzmuskelfasern scheinen resistenter zu sein als die nervösen Elemente.

Atmung. Chloroform wirkt schädlich auf die Atmung. Chloroformeinatmung löst verschiedene Reflexe aus, die zu Atemstillstand führen können. Beim Wiederbeginn der Atmung kann das Blut mit Chloroform überladen werden. Durch solche Reflexe wird die Stimmritze krampfartig verschlossen und die Bronchien verengt. Die Atmung kann im Excitationsstadium stark vergrößert sein. Sie wird aber in der tiefen Narkose verflacht, beschleunigt, bei stärkerer Chloroformzufuhr verlangsamt. Während der Narkose sinkt die Atemgröße dauernd. Bei ständig fortgesetzter Einatmung erfolgt der Tod durch Atemstillstand. Über die Veränderungen in den Atmungsorganen im Anschluß an Narkose vgl. „Lunge".

Wirkung auf das Blut. Während Chloroform im Glase das Blut in sehr verschiedener Weise schädigt (Hämolyse, Fällung der Serumeiweißstoffe), sind bei kürzeren Narkosen keine schweren Veränderungen nachzuweisen. Die weißen Blutkörperchen sind vermehrt, besonders die jungen Formen. Besonders bei wiederholten Narkosen findet man beträchtliche Leukocytosen. Die Gerinnbarkeit ist in der Narkose herabgesetzt, ebenso die Alkalescenz. Der Blutzucker ist vermehrt, ebenso, besonders nach der Narkose, der Gehalt an Fetten und Lipoiden. Auch die Blutgase erfahren eine Veränderung, der Sauerstoffgehalt vermindert sich nach einem anfänglichen Anstieg dauernd, während die Kohlensäure erheblich ansteigt. Lang dauernde Narkosen schädigen das Blut stärker. Insbesondere gehen dabei rote Blutkörperchen zugrunde. Auch das Bluteiweiß wird betroffen, die Globuline erfahren eine Abnahme, die stickstoffhaltigen Bestandteile des Blutes werden vermehrt. Im Harn finden sich Porphyrin und Hämoglobin.

Lunge. Beim Tod im Anschluß an einmalige tiefe Narkose findet man Erweiterung der Bronchien, starke Füllung der Gefäße und Stauungserscheinungen, Verfettung der Alveolarepithelien, in den Alveolen rote Blutkörperchen, Pleuraexsudat, vereinzelt Blutungen in der Pleura und der Lunge, hämorrhagisches Lungenödem.

Stoffwechsel. Chloroform kann als Stoffwechselgift bezeichnet werden. Während und nach der Chloroformnarkose sind eine Reihe von Stoffwechseländerungen besonders in Beziehung auf Eiweiß und Kohlehydrate feststellbar. Es kommt vor allem zu einer mehr oder weniger starken Azidose. Sauerstoffaufnahme und Kohlensäureabgabe sind vermindert. Der Gehalt an Glutathion wird in den verschiedenen Organen teils vermehrt, teils herabgesetzt. Schwund des Leberglykogens und Steigerung des Blutzuckers zeigen die Beteiligung des Kohlehydratstoffwechsels an. Damit hängen vielleicht auch die vielfach beobachteten toxischen Schädigungen der Nebenniere zusammen. Über andere *Drüsen* ist nichts Sicheres bekannt. Auch der Stoffwechsel in der Leber, in den Muskeln, überhaupt der intermediäre Stoffwechsel, wird geschädigt. Die Beeinflussung des Fettstoffwechsels zeigt sich in der ungewöhnlich starken Speicherung von Fett in den Organen, besonders in der Niere. Im meist sauren Harn werden, oft nach anfänglicher Verminderung, Stickstoff, Harnstoff, Harnsäure, Kreatin, Phosphate, Chloride vermehrt ausgeschieden. Zuweilen findet sich Aceton. Das Verhältnis Phosphorsäure zu Stickstoff und von Neutralschwefel zu Gesamtschwefel steigt an. Das Körpergewicht nimmt ab. Daraus kann man auf Störungen verschiedener Art, insbesondere auf einen toxischen Zerfall von Körpersubstanz schließen.

Wärmehaushalt. Die Körpertemperatur sinkt um so stärker, je länger eine Narkose dauert. Bei Tieren findet man Temperaturen bis zu etwa 30°. Die Ursache ist in der Herabsetzung der Oxydationsprozesse und der Wärmebildung zu suchen. Auch das Wärmeregulationszentrum wird gelähmt. Besonders die Lähmung der Muskulatur führt zu einer Einschränkung der Wärmebildung.

Leber. NOTHNAGEL (1866) beobachtete als erster Leberschädigungen durch Chloroform. An diesem Organ zeigen sich die Schädigungen am deutlichsten. An Menschen und bei Tieren sind nach längerer bzw. wiederholter Einatmung von Chloroform vor allem fettige Degeneration, zentrale Nekrosen, Schwund des Glykogens, dagegen keine cirrhotischen Veränderungen beobachtet worden.

Die klinische Funktionsprüfung der Leber weist auf Schädigungen des Organs hin. Nicht selten zeigt sich Ikterus. Das Ausscheidungsvermögen der Galle ist herabgesetzt. Nicht zuletzt sprechen in diesem Sinne die Verschiebungen im Blutzuckergehalt, in der Herabsetzung der Zuckertoleranz.

Es ist als sicher anzunehmen, daß bereits eine normale kurzdauernde Chloroformnarkose zu Leberschädigungen führen kann. Diese sind aber in der Regel nur geringgradig und heilen bald aus.

Niere. Bei Menschen sind Reizungserscheinungen der Niere im Anschluß an die Narkose nicht selten. Es finden sich auch im Tierversuch nach schweren Vergiftungen fettige Degeneration, zuweilen auch Nekrose der Tubuli. Die Niere ist aber, wie es scheint, gegen Schädigungen dieser Art resistenter als die Leber. Nierenkranke werden ebenso wie Leberleidende durch Chloroform stärker geschädigt als Gesunde.

Innere Sekretion. Endokrine Drüsen. Die *Nebennieren* zeigen besonders nach jüngeren Feststellungen funktionelle und organische Schädigungen. Der Adrenalingehalt wird schon durch eine normale Narkose herabgesetzt. Wiederholte Narkosen führen bei Hunden zu Ödem der Rinde und Abnahme der chromaffinen Marksubstanz, Kernveränderungen im Mark. Die Adrenalinausschüttung in das Blut ist zunächst vermehrt, dann stark vermindert. (SYDENSTRICKER und Mitarbeiter, HORNOWSKI, MARCHETTI, PASQUALE, OGAWA, MATSUSHITA, KODAMA, SCHUR und WIESEL; zit. bei KOCHMANN und v. OETTINGEN.)

Die Chloroformnarkose beeinträchtigt auch die Tätigkeit der *Schilddrüse* (SCHWARZ 1928).

Wiederholte Einwirkungen von Chloroform führen zu Hyperämie, Blutaustritten und Degenerationserscheinungen in der *Thymus*.

Über die Wirkungen auf andere Hormondrüsen ist wenig Sicheres bekannt. Hier bestehen, wie bezüglich der Nebennieren, noch zahlreiche Widersprüche.

Gewerbliche Vergiftungen sind im Gegensatz zu den reichen medizinischen Erfahrungen über Chloroform kaum bekannt. Bei Arbeit mit Chloroform werden Speichelfluß, Tränen, Schwindel, Benommenheit, Kopfdruck, Gleichgewichtsstörungen beobachtet. Über ernstere Erkrankungen bei Arbeitern ist nichts veröffentlicht.

Behandlung. Analeptica, künstliche Atmung, Sauerstoff, Wärme, Blutverdünnung durch Infusion von Salzlösungen, Herzmassage. Adrenalin intravenös soll bei tiefer Chloroformnarkose den Kreislauf bessern, dagegen bei leichter Narkose gefährlich und verschlimmernd wirken, da es Herzflimmern hervorruft.

Es empfiehlt sich jedenfalls Vorsicht. Traubenzuckerlösung per os oder intravenös soll die Erholung beschleunigen. Ernährung bei Nachkrankheiten: Kohlehydratreiche Kost, Milch, frische Gemüse, wenig Fett. Über Leber- und Nierenschutz vgl. S. 65.

Tetrachlormethan.
(Tetrachlorkohlenstoff.)

Formel: CCl_4.
Molekulargewicht: 153,84.
Allgemeine Eigenschaften: Kp. 76,75⁰ C; D. 1,59.
Löslichkeit: In Wasser schwer löslich, mischbar mit Alkohol, Äther und organischen Lösungsmitteln.
Brennbarkeit: Nicht brennbar, bildet beim Erhitzen und an Flammen Phosgen.
Flüchtigkeit: Dreimal weniger flüchtig als Äther.
Geruch und Geschmack: Chloroformähnlich, süßlich.

Technische Verwendung. Sehr umfangreich als nicht brennbares Lösungsmittel, Entfettungsmittel, Reinigungsmittel, Feuerlöschmittel. Neben Trichloräthylen das wichtigste Lösungsmittel der Chlorkohlenwasserstoffgruppe.

Allgemeiner Charakter der Wirkung. Lokale Reizwirkung, aber keine Hornhauttrübungen, narkotisch, Muskelzuckungen und Krämpfe, langsame Erholung. Schwache antiseptische Wirkung. Antiparasitär stark wirksam (z. B. gegen Ankylostoma, Bandwürmer). Starkes Stoffwechselgift wie Chloroform und Tetrachloräthan, weniger stark narkotisch als Chloroform, aber weit giftiger.

Die allgemeine toxikologische Beurteilung ging früherer vorwiegend von der narkotischen Wirkung aus. So hat LEHMANN (1930) den Tetrachlorkohlenstoff neben Dichloräthylen für den ungiftigsten bisher untersuchten gechlorten Kohlenwasserstoff erklärt. Seitdem sind, auch durch die medizinische Verwendung gegen Hakenwurm, unsere Kenntnisse erheblich erweitert worden.

Verunreinigungen. Der *technische Tetrachlorkohlenstoff* ist oft verunreinigt mit mehr oder weniger giftigen chemischen Substanzen, vor allem Schwefelkohlenstoff, Phosgen, Schwefelwasserstoff, Salzsäure, organischen Schwefel- und Chlorverbindungen.

Vergiftungsmöglichkeiten. Tetrachlorkohlenstoff wird vor allem als Lösungsmittel verwendet. Abgesehen von den medizinalen Vergiftungen spielt eine Rolle die Verwendung als Kopfwaschmittel, wobei außer der Einatmung auch die Hautresorption in Betracht kommt.

Weitere Gefahren bestehen bei der Verwendung als *Feuerlöschmittel.* Hierbei kann es auch zu Vergiftung durch die Zersetzungsprodukte Salzsäure, Phosgen kommen. Über die damit zusammenhängenden Fragen besteht ein umfangreiches Schrifttum (K. B. LEHMANN, KOELSCH, v. OETTINGEN, WILLCOX u. DUDLEY). Reiche Kasuistik unter anderem bei H. SCHÜTZ (1938).

Resorption. Tetrachlorkohlenstoff wird von der Schleimhaut, der Lunge, auch der äußeren Haut aus leicht aufgenommen (KIONKA 1931). Die Absorption von der Lunge nimmt bei Kaninchen schnell ab, z. B. von 34,7% zu Beginn bis 4,7% nach 3 Stunden (LEHMANN-HASEGAWA 1910). 78,7% werden in 6 Stunden wieder ausgeatmet, 21,3% zurückgehalten.

Mäuse resorbieren durch die Lunge Tetrachlorkohlenstoff schlechter als Chloroform (FÜHNER 1923). Beim Menschen werden 61—64% resorbiert (LEHMANN, LÜTKENS, LEITES). Der Magen des Hundes resorbiert nur sehr wenig, der Dünndarm beträchtliche Mengen, das Rectum erheblich weniger. Alkohol und Fette wirken fördernd auf die Resorption vom Darm aus (ROBBINS 1929).

Verteilung. Besonders große Mengen finden sich im Knochenmark, dann in der Leber, im Gehirn (ROBBINS 1929). Im Gehirn soll Tetrachlorkohlenstoff stärker gespeichert werden als Chloroform (FÜHNER 1923). *Ausscheidung* erfolgt überwiegend durch die Lungen.

Akute Vergiftung bei Tieren. Hier liegen zahlreiche Untersuchungen vor. Ganz überwiegend wurde dabei der Stoff innerlich gegeben oder eingespritzt.

Schon kleine Mengen führen bei Hunden und Kaninchen zu schweren Stoffwechselstörungen, zu Azidosis, Glykogenarmut, Senkung des Blutzuckers, fettiger Degeneration der Leber und der Niere, zu Lipämie.

Die kleinste leberschädigende Dosis bei der Ratte beträgt 0,025 ccm/kg Körpergewicht bei Einspritzung unter die Haut (CAMERON und KARUNARATNE 1936).

Einatmung von Dämpfen: bei Mäusen, Kaninchen, Meerschweinchen treten Reizerscheinungen und krampfartige Bewegungen auf. Die Lungen sind hyperämisch. Außerdem ebenfalls fettige Degeneration der Leber, zentrale Leberzellennekrose, Nierendegeneration, Nekrose der Tubuli und Glomeruli, auch zeigt sich Reizung und Hyperämie des Magendarmkanals.

Narkotische Konzentrationen.
Bei Einatmung:

Mäuse: 36 mg/l nach 53 Minuten (FÜHNER 1923), 40 bis 50 mg/l nach 1 bis 2 Stunden (LAZAREW 1929).

Kaninchen: 90 mg/l nach 4½ Stunden, 110 mg/l nach 3 Stunden, 240 mg/l nach 85 Minuten (K. B. LEHMANN 1911).

Bei niederen Konzentrationen und mehrstündiger Einatmung traten viele Todesfälle auf, dagegen überlebten Katzen bei kurzdauernder Einatmung auch hohe Konzentrationen, z. B. 144 mg/l ¼ Stunde lang eingeatmet.

Tabelle 10. Mäuse: Einatmung.
(K. B. LEHMANN und Mitarbeiter 1936.)

Vol.-%	mg/l	Versuchsdauer in Min.	Gleichgewichtsstörungen nach Min.	Liegenbleiben nach Min.	Tiefe Narkose nach Min.
0,62	40	150	32	93	150
1,02	65	110	7	21	53
1,26	80	41	3	12	14
1,58	100	40	4	10	17

Alle Tiere gingen zugrunde.

Tabelle 11. Katzen: Einatmung.
(K. B. LEHMANN und Mitarbeiter 1936.)

Vol.-%	mg/l	Versuchsdauer in Std.	Gleichgewichtsstörungen nach Min.	Liegenbleiben nach Min.	Tiefe Narkose nach Min.
0,62	40	6	30	310	—
0,94	60	6	5	48	275
1,13	72	2½	5	40	150
1,44	91,7	1½	5	33	110
2,04	130	½	1	8	22

Hunde: 133 mg/l nach 9—13 Minuten (JAMSON und Mitarbeiter 1924).

Tödliche Konzentrationen bei Einatmung:

Mäuse: 65 mg/l nach 100 Minuten, 90 mg/l nach 40 Minuten (LEHMANN, LAZAREW 1929 und PANTELITSCH 1933).

Kaninchen: 20 mg/l nach 3 Tagen zu 3 Stunden: Tod nach 5 Tagen (DAVIS 1934).

Katzen: 90 mg/l und 70 Minuten Dauer: Tod nach 1—17 Tagen bei 25% der Fälle (REUSS 1931).

Weitere Angaben bei KIONKA 1900, LEHMANN 1911, 1936, LÜTKENS 1927, LEITES 1929, FLURY-ZERNIK, v. OETTINGEN.

Chronische Vergiftung bei Tieren bei Einatmung nach K. B. LEHMANN (1911):

Kaninchen: 8—10 mg/l und 8 Stunden 4 Wochen lang, Tod an Bronchitis und Lungenentzündung.

Katzen: Von 5 mg/l an und bei mehrmaliger 8stündiger Einatmung vereinzelte Todesfälle.

Wichtig sind besonders die Versuche an Affen, Meerschweinchen und Ratten von SMYTH, SMYTH und CARPENTER (1936) mit schwachen Konzentrationen. Meerschweinchen erwiesen sich ebenso wie Kaninchen sehr empfindlich. Die

Versuche erstreckten sich bei täglich 8stündiger Einatmung solcher Konzentrationen von 50 Teilen pro Million, etwa 0,3 mg/l, über Monate, bis zu einer Dauer von $10^1/_2$ Monaten.

Auch hier traten Schädigungen der Leber und Nieren ein, aber deutlich und schwerer erst nach höheren Konzentrationen (400 Teile pro Million, etwa 2,5 mg/l). Sehr auffällig war die starke Regenerationsfähigkeit der Leberzellen, wodurch die Lebertätigkeit im Laufe der langen Versuche genügend erhalten blieb. Die Heilung erfolgt unter cirrhotischen Veränderungen. Die Nierenschädigungen waren nach geringen Konzentrationen nicht so ausgeprägt. Auch hier war das Bestreben zur Regeneration deutlich. Die Zellen der geschädigten Organe erwiesen sich resistenter, wenn das Gift wiederholt zur Einwirkung kam. Die Regenerationsfähigkeit wurde auch von CAMERON (1936) beobachtet. Die chronische Vergiftung bei Tieren ist nach SMYTH und SMYTH charakterisiert durch eine Anpassung mit Regeneration der betroffenen Organe, Erholung bei Unterbrechung der Zufuhr, Entwicklung einer gesteigerten Resistenz bei fortgesetzter Einwirkung.

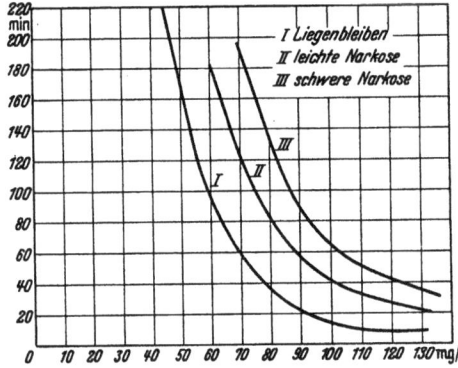

Abb. 4. Tetrachlormethan. Einatmungsversuche an Katzen (LEHMANN und SCHMIDT-KEHL).

Von SCAMAZZO (1937) sind chronische Versuche an Hunden angestellt worden. Hierbei wurden Leber und Nieren gleichzeitig durch Phosphor geschädigt. Kombinierte Versuche mit Alkohol zeigten Verstärkung der Giftwirkung.

Versuche bei *Menschen* (K. B. LEHMANN und Mitarbeiter 1936): 0,9 mg/l Geruchsschwelle. 1,6 mg/l keine Wirkung in 20 Minuten. 4,0 mg/l in 30 Minuten Kopfdruck, Schwindel, Müdigkeit, Schleimhautreizung.

11,0 mg/l in 30 Minuten Kopfdruck, Schwindel, Müdigkeit, Schleimhautreizung. Als höchstzulässige Konzentrationen in Arbeitsräumen werden genannt: 0,01 Vol.-% = 0,66 mg/l (DAVIS 1934, SMYTH, SMYTH und CARPENTER 1936; VON OETTINGEN 1937), 0,2 mg/l (LAZAREW 1929).

Tabelle 12. Einatmungsversuche am Menschen nach K. B. LEHMANN und Mitarbeitern (1936).

mg/l	Versuchs-dauer in Min.	Symptome	Nach Verlassen des Versuchsraumes
20	5	—	—
30	$2^1/_2$	Nach 5 Minuten leichte Benommenheit	—
40	3	Druck, Schweregefühl, Parästhesien der Extremitäten, Ohrensausen, leichte Benommenheit	Leichter Rausch. Taumeln. Nach 5 Minuten leichter Kopfschmerz
60	$1^1/_2$	Parästhesien der Extremitäten. Vermehrte Speichelsekretion. Schwächegefühl. Nach $1^1/_2$ Minuten leichte Ohnmacht	Rückkehr des Bewußtseins nach 3 Minuten, Sausen im Kopf. Euphorie
80	1	Parästhesien, Bewußtlosigkeit	Euphorie, Bewegungsdrang. Nach $2^1/_2$ Stunden noch leichter Kopfdruck

Akute Vergiftung bei Menschen. Zahlreiche medizinische Vergiftungen durch Einnehmen von Tetrachlormethan ergaben das folgende Vergiftungsbild: Reizerscheinungen aller Schleimhäute, Husten, Kopfschmerzen, Aufstoßen, Erbrechen, Benommenheit, Bewußtlosigkeit, Krämpfe (LATTES 1934). Nach 3,6 g wurden beobachtet Übelkeit, Erbrechen, Leibschmerzen, Durchfälle, Bewußtlosigkeit, Koma, Ödeme, punktförmige Blutungen der Schleimhäute, Lungenblutungen, Nierenschädigungen, Anurie, schwere Leberschädigung, Ikterus, Tod in 4 Tagen (vgl. auch McMAHON und WEIS 1929, SCHÜTZ 1938).

Oft treten erst nach einem Tag Aufstoßen, Erbrechen, Leibschmerzen, Temperatursteigerungen und Anzeichen gestörter Leber- und Nierenfunktion auf (BOVERI 1929).

Subakute und verzögerte tödliche Vergiftungen. Tod innerhalb von 1—2 Wochen. Nach einmaliger Einatmung hoher Konzentrationen treten erst nach 1—2 Tagen schwerere Vergiftungserscheinungen auf: Übelkeit, Kopfschmerzen, Schweißausbrüche, Fieber, Krämpfe, Bewußtlosigkeit, Cyanose, Gelbsucht, Atemnot, Koma. Der Tod erfolgt meistens erst im Laufe der darauffolgenden 2 Wochen an den Folgen der schweren Leber- und Nierenschädigung. Ausführliche Schilderungen unter Betonung des hepato-renalen Syndroms vgl. H. SCHÜTZ.

Gewöhnung. SMYTH und SMYTH haben bei Arbeitern eine Gewöhnung an 0,6—1 mg/l, also eine Steigerung der Resistenz beobachtet. Dadurch würde Tetrachlormethan im Gegensatz zum Benzol stehen, bei dem die Empfindlichkeit zunimmt und die Schädigung auch nach Aufhören der Zufuhr progressiv weiter läuft.

Organveränderungen. *Nervensystem.* Die narkotischen Wirkungen sind schon lange bekannt (SANSOM 1867). Organische Veränderung der Großhirnrinde mit Degeneration, Chromolyse, Vakuolenbildung der Ganglien, Hypertrophie und Ödem der Neuroglia. Hirnödem, Blutungen (BIANCALANI 1934).

Motorische und psychische Störungen, Rindenepilepsie (TIETZE 1933). Tonisch-klonische Krämpfe.

Fettige Degeneration peripherer Nerven bei chronischer Vergiftung von Tieren (SMYTH, SMYTH und CARPENTER 1936).

Von Schädigungen der Sinnesorgane sind vor allem Sehstörungen, Amblyopie, Einschränkung des Sehfeldes zu nennen.

Kreislauf. Tetrachlormethan wirkt ähnlich wie Chloroform auf die Kreislauforgane. Die Herzwirkung ist stärker als bei Chloroform (Versuche an Froschherzen, FÜHNER 1923).

Zunächst Steigerung der Herzaktion, Puls wird dann unregelmäßig, verlangsamt, der Blutdruck sinkt stark. Das Herz steht in Diastole still. Bei chronischer Einwirkung fettige Degeneration des Herzmuskels. Vaguslähmung.

Die Gefäße werden erweitert und geschädigt (Cyanose, Lungenödem, Lungenblutungen). Bei Menschen wurden Nasenbluten, fleckige und punktförmige Hautblutungen beobachtet.

Blut. Anämien kommen vor, sind aber nicht typisch. Im Blutbild zeigen sich Leukocytose, Lymphocytose, Vermehrung der Mononucleären, anfänglich auch der roten Blutzellen und des Hämoglobins. Hohe Konzentrationen wirken hämolytisch; sehr hoher Fettgehalt des Blutes, erhöhter Rest-N. Harnstoff, Guanidin, Milchsäure sind vermehrt. Das Blutcalcium und der Chlorgehalt sind bei schwerer Vergiftung vermindert, ebenso der Blutzucker, die Lipoide, Cholesterin (SMYTH, LEHNHERR, CUTLER).

Die Alkalireserve ist herabgesetzt (GAUTIER und Mitarbeiter 1933, LAMSON und WING 1926).

Nach LAMSON (1924) ist bei schwerer Vergiftung die Gerinnungszeit beim Hund vermehrt. Weitere Untersuchungen bei Menschen und Tieren von MINOT und CUTLER (1928), ASADA (1936), ADLER (1933), WIRTSCHAFTER (1933), LEHNHERR (1935).

Stoffwechsel. Tetrachlorkohlenstoff ist ebenso wie Chloroform ein ausgesprochenes Stoffwechselgift. Hierüber liegen zahlreiche Untersuchungen an Tier und Mensch vor.

Im Vordergrund stehen die schweren und mannigfaltigen Schädigungen der Leberfunktion. Das Oxydationsvermögen gegenüber Harnsäure und Purinbasen ist herabgesetzt. Im Kohlehydratstoffwechsel kommt es zu Abnahme des Leberglykogens und zu Steigerung des Blutzuckers. Saure Produkte treten infolge mangelhafter Oxydation vermehrt auf. Es besteht mehr oder weniger starke Azidosis, Verarmung an Alkali, Chloriden. Die Ammoniakbildung in der Niere ist stark eingeschränkt. Der Harnstoffgehalt im Blut ist vermehrt, vgl. die Harnbefunde (CHATRON 1934).

Leber. Die Leber ist vergrößert, hochgradig verfettet, zeigt Degeneration, diffuse Hepatitis, Blutungen. Zentrale Nekrose (LAMSON und WING 1926), periportale Fibrose. Bei Mäusen, Kaninchen und Meerschweinchen „akute gelbe Leberatrophie" (E. BROWNING 1937). Besonders aufschlußreich sind die Versuche mit chronischer Vergiftung von Tieren von SMYTH, SMYTH und CARPENTER (1936).

Bei Menschen sind die gleichen Veränderungen festgestellt wie bei Tieren. Die Lebervergrößerung tritt ebenso wie die Gelbsucht gewöhnlich erst nach einigen Tagen auf. Bei leichteren Vergiftungen, besonders nach einmaliger Einatmung, z. B. beim Haarwaschen, sollen Schädigungen der Leber und der Niere nicht eintreten, auch wenn es zu vorübergehender Bewußtlosigkeit, zu längerem Erbrechen und gastrointestinalen Störungen kommt.

Niere. Besonders in der Nierenrinde zeigen sich deutliche Schädigungen. Sie ist vergrößert, zeigt trübe Schwellung, starke Blutfüllung, Nephritis. Epithelien der Tubuli und Glomeruli zeigen Fetteinlagerung, degenerative und nekrotische Veränderungen. Die Glomeruli bleiben häufig intakt. Seltener werden Kalkinfarkte beobachtet.

Beim Menschen finden sich ähnliche Nierenschädigungen wie bei Tieren, In schweren Fällen kommt es zu völliger Harnverhaltung, der Tod tritt unter urämischen Erscheinungen und im Koma ein.

Bei schwächeren Vergiftungen können Nierenschädigungen ausbleiben. In manchen Fällen zeigt sich die Erholung besonders deutlich in plötzlich auftretender Polyurie. Der Harn enthält Eiweiß, Zylinder, rote Blutkörperchen, Nierenepithelien, es besteht vermehrte Ausscheidung von Gesamtstickstoff, Harnsäure, Aminosäuren, Ammoniak, Urobilin und Urobilinogen, Gesamtschwefel. Auch bei *chronischer* Vergiftung finden sich, besonders wenn Stoffwechselstörungen und Nierenschädigung erheblich sind, ähnliche Harnveränderungen wie bei akuter Vergiftung. Das Verhältnis vom anorganischen zum Gesamtschwefel ist nicht wie bei der Benzolvergiftung erheblich vergrößert (SMYTH und SMYTH, SCHÜTZ).

Bei Tieren sind Degeneration und Nekrose der *Nebennieren* festgestellt worden.

Die oft beobachteten Störungen des Wasserhaushaltes hängen wohl zum Teil mit der schweren Nierenschädigung zusammen. Es gibt Fälle, die durch starke Ödeme der Haut, des Gesichts, der Extremitäten charakterisiert sind. Die Lungenödeme sollen ebenfalls auf Nieren- oder Leberschädigung zurückzuführen sein.

Außer den in der Regel beobachteten hepato-renalen Schädigungen gibt es Fälle, bei denen vorwiegend die Leber, und andere, bei denen vorwiegend die Niere geschädigt ist. Französische Autoren haben daher eine Trennung in verschiedene Gruppen, in hepato-renale und rein renale Typen vorgeschlagen. Bei Lungenödem werden auch „pulmonale Formen" beschrieben. In der Literatur finden sich auch Angaben über „cerebrale Formen" (DUDLEY 1935, DUVOIR, GUIBERT und DESOILLE 1933, SCHÜTZ 1938).

Nach LAMSON und Mitarbeitern (1924) sollen die Hauptsymptome je nach der Art der Einwirkung verschieden sein. Bei Einatmung sollen die nervösen Symptome, bei innerlicher Einverleibung durch den Magen die Lebersymptome vorherrschen. Als wichtigste Kennzeichen nennt SCHÜTZ (1938) Erbrechen, Diarrhöen, Hämatemesis, Meläna, hämorrhagische Zahnfleischentzündung, Oligurie, Hyposthenurie, Anstieg der Körpertemperatur und des Blutdruckes, Azotämie und cerebrale Reizzustände.

Von größter Wichtigkeit ist das freie Intervall bis zum Auftreten der ersten Erscheinungen, die sog. Latenzzeit.

Je nach den Umständen der Giftzufuhr lassen sich verschiedene Formen des Verlaufs unterscheiden.

1. Leichte Formen. Bei kurzer Einatmung kommt es zu vorübergehender Bewußtlosigkeit oder nur zu Kopfschmerzen und Benommenheit. Besonders häufig treten Magendarmerscheinungen, Übelkeit, Erbrechen auf. Erholung nach 1—2 Tagen ohne erkennbare Folgen, insbesondere ohne Leber- und Nierenschädigungen.

2. Mittelschwere Formen. Hierher gehören die Fälle mit ausgesprochenen Leber- und Nierenschädigungen, die aber früher oder später zur Ausheilung kommen. Auch hier beginnen die Erscheinungen meist erst nach einem Tag. Besserung meist in der zweiten Woche unter plötzlich auftretender starker Diurese.

3. Schwere Formen. Tödlich endende Vergiftung. Hier kann man zwei Typen beobachten:

Akute tödliche Vergiftungen. Tod in 1—2 Tagen. Sektionsbefund: Hirnödem, Hirnblutungen, Lungenödem, Lungenemphysem (VELEY 1909, WALLER und VELEY 1909, PAGNIEZ und Mitarbeiter 1932, LEONCINI 1934, SCHÜTZ 1938).

Subakute Vergiftungen. Tödlicher Ausgang in 1—2 Wochen.

Die chronische Vergiftung bei Menschen ist fast stets gewerblicher Natur. Bei der Arbeit mit Tetrachlorkohlenstoff kommt es zu lokalen Reizerscheinungen aller Schleimhäute, Bindehautkatarrhen, Übelkeit, Appetitlosigkeit, Erbrechen, Leibschmerzen, Verstopfung oder Durchfällen, Kopfschmerz, Benommenheit, Schläfrigkeit, Müdigkeit, Schlaflosigkeit, Parästhesie, gesteigerter Reflexerregbarkeit, Bronchitis, Atembeschwerden. Die Blutveränderungen sollen im allgemeinen gering sein. Verhältnismäßig selten werden im Gegensatz zur akuten Vergiftung schwere Leberschädigungen und ernstere Stoffwechselstörungen beobachtet (KOELSCH 1916, WURM 1931, BRANDT 1932, McGUIRE 1932, LÖWY 1935, SMYTH und SMYTH 1936, SCHÜTZ 1938).

Gewerbliche Vergiftungen sind in großer Zahl bekannt. Schwere und tödlich verlaufende Fälle sind aber verhältnismäßig selten, meistens handelt es sich bei Einatmung um verhältnismäßig gutartig verlaufende Erkrankungen. Soweit sich zur Zeit überblicken läßt, sind die Gefahren des Tetrachlorkohlenstoffs bei Verwendung als Lösungsmittel nicht sehr groß.

Trotz dieser günstigen allgemeinen Beurteilung darf aber nicht vergessen werden, daß Tetrachlorkohlenstoff in höheren Konzentrationen auf alle Fälle als schweres Gift anzusehen ist, noch mehr aber die durch Zersetzung in der Hitze entstehenden Produkte, vor allem das Phosgen. Eine ausführliche kritische Zusammenstellung von 25 Fällen ist neuerdings von H. SCHÜTZ (1938) gebracht worden. Weitere Angaben bei Löwy 1935, Dudley 1935, Poindexter und Greene 1934, Hausmann und Helly 1929, Møller 1933, Zangger 1930, v. Oettingen 1937, Koelsch 1916, Mauro 1930, Henggeler 1931, Haigler 1932, Butsch 1932, McGuire 1932, Brandt 1932, Duvoir und Mitarbeiter 1933, Wirtschafter 1933, v. Scheurlen 1935, Franco 1936, Young 1936, Davis und Hanelin 1937.

Bei der Herstellung des Tetrachlorkohlenstoffes kommen, wie es scheint, nur wenig Vergiftungen von Arbeitern vor. In den 7 Jahren von 1926—1932 kam in einer deutschen Fabrik nur ein einziger Fall von Tetrachlorkohlenstoffvergiftung vor (Lehmann 1936). Um so zahlreicher sind Vergiftungen bei unzweckmäßiger Verwendung, z. B. als Kopfwaschwasser. Colman (1907) berichtet über 3 Fälle mit zeitweiligem Schwindelgefühl, Bewußtlosigkeit, Erbrechen und Kopfweh, aber Erholung in 2 Tagen. Über einen tödlichen Fall berichtet Veley 1909. Hier trat innerhalb weniger Stunden der Tod ein. Lehmann (1936) sah bei 279 Kindern, die zur Kopfentlausung mit Tetrachlorkohlenstoff behandelt worden waren, außer leichten Rauschsymptomen keine Erkrankung.

Im Vergleich zu diesen meist gutartig verlaufenden Fällen sind schwere Erkrankungen und Todesfälle beim Gebrauch von Tetrafeuerlöschern beobachtet worden. Leoncini (1934) beschreibt 2 Fälle mit tödlichem Ausgang, es trat schwere Bewußtlosigkeit und nach einigen Stunden der Tod ein. v. Scheurlen und Witzky (1935) beschreiben eine tödliche Vergiftung bei einem Arbeiter, der in einer Lederfabrik einen Tank öffnete. Nach 2 Tagen traten Kopfschmerzen und Erbrechen, am 3. Tage Bewußtlosigkeit, Krämpfe, Cyanose und Urämie ein. Tod nach 9 Tagen. Bei Arbeiten in einem Reservoir traten Erregung und Delirien ein. Erholung nach 8 Tagen (Lehmann).

Zahlreiche ähnliche Fälle bei Schütz und E. Browning.

Für die *Frühdiagnose* werden von den verschiedenen Autoren folgende Merkmale als wichtig angegeben: Gelbsucht, diese kann aber selbst bei schwerer Erkrankung fehlen, Magenbeschwerden, Blutveränderungen, Herabsetzung des Blutcalciums, Azotämie, Einschränkung des Sehfeldes, van den Berghsche Reaktion.

Behandlung. Alkalien, Natr. bicarbonic. innerlich; dieses schwächt die Vergiftungserscheinungen ab, Säurezufuhr (Salzsäure) steigert dagegen die Giftwirkungen. Glykosekochsalzlösung rectal oder subcutan. Insulin. Duodenalspülung mit Magnesiumsulfat. Salinische und ölige Abführmittel, Kalksalze. Kalkmangel in der Nahrung macht überempfindlich (Smyth, Minot). Viel Kohlehydrate, vitaminreiche Kost. Milch wird wegen des Kalkgehaltes empfohlen, im übrigen Vorsicht mit fettreicher Kost, Fett soll verschlimmernd wirken, besonders nach innerlicher Aufnahme von Tetrachlormethan. Im Tierversuch fanden Cantarow und Mitarbeiter (1938) geringere Leberschädigung nach Kalkfütterung.

Verhütung. Sorgfältige Auswahl der Arbeiter: Wichtig ist Gesundheit von Leber, Niere, Magen, Lunge, der Kreislauforgane, der Drüsen, des Blutes. Zweckmäßiger Wechsel der Beschäftigung. Keine Unterernährten, keine Fettleibigen, keine Diabetiker.

Fabrikärztliche Kontrolle: Verdächtige Frühsymptome: gastrointestinale Erscheinungen, wie Erbrechen, gelbe Hautfarbe, gesteigerte Acidität des Magensaftes, Kopfschmerzen, Blutveränderungen. Auch prophylaktisch ist sorgfältige Ernährung mit kohlehydrat-, vitamin-, kalkreicher Kost wichtig. Kein Alkohol während der Arbeitszeit. Feuchte Luft und offene Flammen fördern die Zersetzung und steigern die Gefährlichkeit.

Monochloräthan.
(Chloräthyl, Äthylchlorid.)

Formel: C_2H_5Cl.

Molekulargewicht: 64,5.

Allgemeine Eigenschaften: Kp. 12,5⁰ C. D. 0,921 (0⁰).

Löslichkeit: Schwer in Wasser (0,2% bei 11⁰). Leicht mischbar mit Alkohol, Äther und organischen Lösungsmitteln.

Brennbarkeit: Schwer entzündlich, aber brennbar, bildet mit Luft explosible Mischungen, an offenen Flammen Phosgen.

Flüchtigkeit: Bei Zimmertemperatur gasförmig. Dampfdruck bei 20⁰: 996.

Geruch: Geruch aromatisch, chloroformähnlich.

Verwendung. Lösungsmittel, Extraktionsmittel, Kälteindustrie, in der Medizin zur Rauschnarkose und zur Kälteanästhesie.

Allgemeiner Charakter der Wirkung. Narkotisch, geringe Reizerscheinungen, Giftwirkung verhältnismäßig schwach. Jedenfalls weniger giftig als Monochlormethan und Chloroform. Geringe antiseptische Wirksamkeit.

Die *Resorption* erfolgt leicht von den Schleimhäuten und der Lunge aus, auch von der Haut.

Die *Verteilung* dürfte sehr schnell vor sich gehen, da bereits nach kürzester Zeit völlige Narkose erreicht wird. Besonders reich ist der Gehalt im Gehirn und im verlängerten Mark. Die Blutkörperchen enthalten ein Mehrfaches als das Blutplasma. Im arteriellen Blut ist zunächst mehr Chloräthyl als im venösen Blut nachweisbar, bei Unterbrechung der Zufuhr ist das Verhältnis umgekehrt.

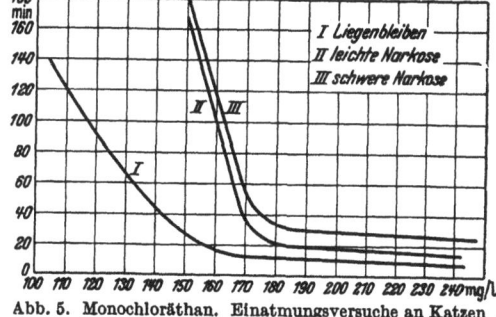

Abb. 5. Monochloräthan. Einatmungsversuche an Katzen (LEHMANN und SCHMIDT-KEHL).

Ausscheidung erfolgt sehr schnell und ist schon nach wenigen Minuten beendet. Die Hauptmenge wird durch die Lungen ausgeschieden.

Narkotische Konzentrationen. Für Mäuse 5,2 Vol.-% Seitenlage (LAZAREW (1929), 3,6% (FREY 1912); Kaninchen 2—4% (R. KÖNIG 1913); Meerschweinchen 2—2,5 Vol.-% (NUCKOLLS 1933); Kaninchen 3,9 Vol.-% in 20 Minuten noch nicht tödlich (R. KÖNIG).

K. B. LEHMANN, SCHMIDT-KEHL und Mitarbeiter stellten Versuche an Katzen, Kaninchen und Mäusen an. Bei Katzen ergaben sich folgende Erscheinungen:

Reizsymptome, Speicheln, Lecken, Niesen nach wenigen Minuten. Nach tiefer Narkose Wiederkehr des Cornealreflexes in 1—2 Minuten. Alle Tiere erholten sich gut.

Weitere Versuche von SAYERS und Mitarbeitern an Meerschweinchen ergaben ähnliche Resultate wie die Versuche LEHMANNs an Katzen.

Tabelle 13.
Katzen. (K. B. LEHMANN und SCHMIDT-KEHL.)

Vol.-%	mg/l	Gleich-gewichts-störungen nach Min.	Liegen-bleiben nach Min.	Leichte Narkose nach Min.	Tiefe Narkose nach Min.
4,35	113	6	88	—	—
5,88	156	2	25	170	183
9,48	252	2	7	12	23

Bei größeren Konzentrationen und nach langer Einwirkungszeit traten aber nachträgliche Todesfälle auf.

Narkotische Konzentrationen bei Menschen: Die narkotischen Wirkungen am Menschen sind durch die medizinische Verwendung genau bekannt. 1,3 Vol.-% leichte Vergiftungssymptome, 1,9 Vol.-% schwache Analgesie nach 12 Minuten, 2,5 Vol.-% Inkoordination, 3,36 Vol.-% nach 30 Sekunden schnell zunehmende Giftwirkung (DAVIDSON 1925).

4 Vol.-% führen schon nach zwei Atemzügen zu Benommenheit, Augenreizungen, Magenkrämpfen; 2 Vol.-% nach vier Atemzügen zu ähnlichen Erscheinungen (SAYERS, YANT, THOMAS und BERGER 1929, zit. nach v. OETTINGEN).

Vereinzelte Todesfälle sind bei Menschen nach Kurznarkosen beobachtet (LOTHEISEN 1900, vgl. auch v. REDWITZ 1938).

Monochloräthan erzeugt also in großen Dosen sehr rasch Narkose, die sehr rasch schwindet — etwa ähnlich wie Äther und Lachgas. (Alle drei werden wegen des hohen Dampfdruckes sehr schnell wieder ausgeschieden.)

Organschädigungen werden bei kurz dauernder Einatmung kaum beobachtet. Im Tierversuch sind aber Nierenreizung, auch Ablagerung von Fett in der Niere, im Herzmuskel und in der Leber festgestellt worden.

Nervensystem. Chloräthyl ist nur für kurzdauernde Narkosen brauchbar (Chloräthylrausch). Bei längerer Einatmung treten Nebenwirkungen auf, insbesondere Muskelkrämpfe, auch der Kaumuskulatur, Störungen der Atmung und der Herztätigkeit. Tiefe Narkose bis zum Erlöschen des Cornealreflexes ist gefährlich. Hohe Konzentrationen wirken verhältnismäßig viel stärker toxisch als schwache Konzentrationen, die sehr lange Zeit hindurch ohne Gefahr ertragen werden.

Bei Menschen und bei Tieren kommt es zu rhythmischen Muskelzuckungen und zu Steifheit der Muskeln. Bei direkter Berührung werden die peripheren Nerven wie durch Chloroform und andere chlorhaltige Lösungsmittel gelähmt. Bei der Kälteanästhesie wirkt sehr wahrscheinlich das Chloräthyl, das die Haut leicht durchdringt, auch auf spezifische Weise als Lokalanaestheticum.

Kreislauf. Wie alle halogenierten Kohlenwasserstoffe führt Äthylchlorid schließlich zur Senkung des Blutdruckes.

Auch die Herzwirkung ist beträchtlich. 1%ige Lösungen führen an durchströmten Warmblüterherzen zu Verlangsamung und Abschwächung der Herztätigkeit. Die Gefäße werden stark erweitert. Diese Wirkung ist peripherer und zentraler Natur. Das Vasomotorenzentrum wird nach kurzer Erregung gelähmt. Beim plötzlichen Tod in der Narkose handelt es sich wohl meist um toxische Herzschädigung wie nach Chloroform. Besondere Wirkungen auf den *Stoffwechsel* sind nicht bekannt.

Die *Atmung* wird zunächst, zum Teil wohl durch reflektorische Reizung, gesteigert. Frequenz, Atemtiefe und Atemgröße sind anfänglich vermehrt. Hohe Konzentrationen lähmen aber die Atmung. Der Tod bei fortgesetzter Einatmung erfolgt durch Lähmung des Atemzentrums.

Über *gewerbliche Vergiftungen* ist nichts bekannt.

Dichloräthan.
Fälschlich „Äthylenchlorid", „Dichloräthylen", „Äthylendichlorid".

In der medizinischen und gewerbehygienischen Literatur bestehen vielfach Unklarheiten, auch Verwechslungen der Dichloräthane mit anderen Stoffen (falsche Formeln!). Auch hinsichtlich der Wirkungen sind starke Widersprüche vorhanden, die vielleicht auf solchen Verwechslungen beruhen. Es gibt 2 Isomere, das symmetrische 1.2-Dichloräthan

$$CH_2Cl$$
$$|$$
$$CH_2Cl$$

und das 1.1-Dichloräthan, α-Dichloräthan, Äthylidenchlorid

$$CH_3$$
$$|$$
$$CHCl_2$$

Diese Verbindungen werden oft auch fälschlich als Dichloräthylen bezeichnet. Letzteres ist aber eine andere Substanz, nämlich das ungesättigte Chlorderivat des Äthylens

$$\begin{array}{c} CHCl \\ \| \\ CHCl \end{array} .$$

I. Symm. Dichloräthan-1.2.

Formel: $\begin{array}{c} CH_2Cl \\ | \\ CH_2Cl \end{array}$.

Molekulargewicht: 98,95.
Allgemeine Eigenschaften: Kp. 83,7° C. D. 1,25.
Löslichkeit: Schwer löslich in Wasser (0,92%), mischbar mit Alkohol, Äther und organischen Lösungsmitteln.
Brennbarkeit: Entzündet sich an offenen Flammen, unterhält die Verbrennung aber nicht.
Flammpunkt: +14,5° C.
Flüchtigkeit: 4,1mal weniger flüchtig als Äther.
Geruch und Geschmack: Schwach chloroformartig.
Ausgezeichnetes Lösungsmittel für Fette, Harze, Kautschuk.

Allgemeiner Charakter der Wirkung. Heftige lokale Reizung, erzeugt charakteristische Hornhauttrübungen. Narkotisch etwa so stark wie Chloroform und Tetrachlorkohlenstoff, aber stärker als Monochloräthan. Schwach antiseptische Wirkung (JOACHIMOGLU 1921). Hemmt die Gärung der Hefe (PLAGGE 1921). Giftiger als das isomere Äthylidenchlorid.

Nach SAYERS bei kurzer Einwirkungszeit weniger giftig als Chloroform. Während der Narkose Krampfanfälle.

Narkotische Konzentrationen:

Einatmung bei Mäusen 11 mg/l Tod in einem Tage nach 2stündiger Einatmung (MÜLLER 1925), 15—20 mg/l leichte Narkose, über 20 mg/l tiefe Narkose (LAZAREW 1929) bei Meerschweinchen 24 mg/l gefährlich, 40 mg/l Bewußtlosigkeit nach 25 Minuten, 14 mg/l keine schweren Erscheinungen in 1 Stunde, 4 mg/l mehrere Stunden lang nur sehr schwache Symptome (SAYERS und Mitarbeiter 1930).

Tödliche Dosis geringer als bei Chloroform.

Hund, intravenös 175 mg/kg, Einatmung: 0,35 Vol.-%, höchste in 60 Minuten ertragene Konzentration.

Maus, Einatmung: 36 mg/l Tod (LAZAREW 1929).

Höchstzulässige Konzentration: 0,1% bewirken nach mehreren Stunden schwache Vergiftungssymptome.

Tabelle 14. Mäuse. Durchschnittswerte aus je 3 Versuchen. (K. B. LEHMANN und SCHMIDT-KEHL.)

Konzentration mg/l	Versuchsdauer	Gleichgewichtsstörungen nach Min.	Liegenbleiben nach Min.	Reflexverlust nach Min.	Tod nach
16	132	19	102	105	20 Std.
38	135	8	18	22	2 Std.
75	78	5	7	12	50 Min.
107	35	3	5	7	1/2 Std.

Dichloräthan ist unter dem Namen Äthylendichlorid von SAYERS, YANT, WAITE und PATTY an Meerschweinchen untersucht worden.

Vergiftungserscheinungen: Reizung der Schleimhäute, der Atmungswege und der Augenbindehaut, Gleichgewichts-, Atmungsstörungen, Narkose, Krämpfe. 410—820 mg/l töteten in wenigen Minuten, 16,4—35 mg/l waren in 30 bis 60 Minuten gefährlich. 14 mg/l erzeugten binnen 60 Minuten keine schweren

Störungen, 4 mg/l erst nach Stunden ganz leichte Erscheinungen. Pathologisch-anatomisch fanden sich Blutüberfüllung und Ödem der Lunge, degenerative Prozesse in den Nieren.

Die narkotische Giftigkeit ist nach Lehmann sehr viel stärker als bei Monochloräthan, Reizerscheinungen waren deutlich. Leichte und tiefe Narkose fielen fast zusammen (Abb. 6).

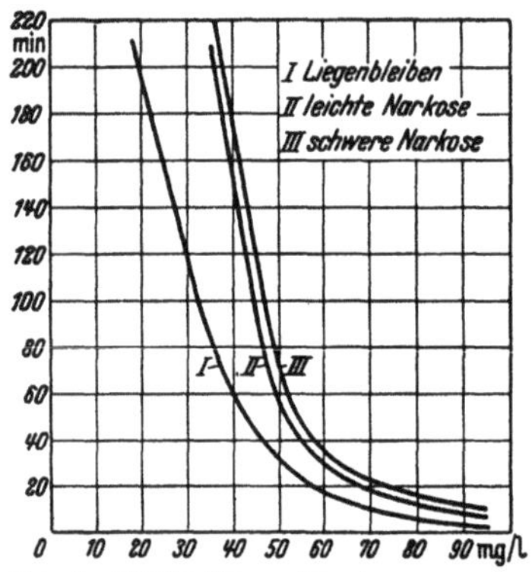

Abb. 6. Dichloräthan. Einatmungsversuche an Katzen (Lehmann und Schmidt-Kehl).

Tabelle 15. Katzen. (K. B. Lehmann und Schmidt-Kehl.)

Gehalt		Gleich-gewichts-störungen nach Min.	Liegen-bleiben nach Min.	Leichte Narkose nach Min.	Tiefe Narkose nach Min.
Vol.-%	mg-/l				
0,44	18,2	50	220	—	—
0,84	34,5	8	77	—	200
2,11	86,6	4	9	12	16
2,12	99,3	2	4	6	9

Die Gehaltszahlen in Tabelle 15 sind analytisch bestimmt.

Reizsymptome, Speicheln, Lecken, Niesen, sofort oder nach wenigen Minuten meist stark, später abnehmend.

Nach der tiefen Narkose Wiederkehr der Cornealreflexe in durchschnittlich 5 Minuten, der Gehfähigkeit nach 10 Minuten bzw. 1 Stunde. Alle Tiere erholten sich.

Chronische Vergiftung bei Tieren. Wiederholte Einatmung von täglich 20 mg/l in der Luft 7 Stunden lang tötete Kaninchen in 7 Tagen.

Organveränderungen. Kreislauf. Die Herzwirkung ist geringer als bei Chloroform. Versuche an isolierten Kaltblüterherzen (Kiessling 1921). Die Gefäße werden stark erweitert. Die hämolytische Wirkung ist halb so stark wie bei Chloroform.

Stoffwechsel. Die Wirkung auf die *Leber* ist umstritten. Einige Autoren beobachteten keine Schädigung (Maloff 1928 u. a.). Andere, wie Müller (1925), Larionow, zit. nach Lazarew bei von Oettingen S. 395, fanden fettige Degeneration wie nach Tetrachloräthan.

Niere. Hyperämie, Entzündung, Degeneration (Sayers), bei schwerer Vergiftung Kalkinfarkte wie bei Sublimatvergiftung. Im Harn Blut, Eiweiß, Zucker, Gallenfarbstoffe.

Lunge. Ödem.

Auge. Höchst charakteristisch sind die starken Trübungen der Hornhaut, die nicht nur bei der Einatmung und im Anschluß an Narkosen, sondern auch nach subcutaner Einspritzung auftreten (Dubois und Roux 1887, Steindorff 1922, Panas 1888, Kistler und Luckhardt 1929).

Diese Wirkung hängt höchstwahrscheinlich mit der Spaltung in Glykol und Salzsäure und weiterer Oxydation zu Oxalsäure zusammen (Flury und Klimmer).

Gewerbliche Vergiftungen sind kaum bekannt. Einen akuten, nicht sehr schweren Fall nach Einatmung beschreibt E. Browning. Aber eine tödliche Vergiftung durch Trinken von Dichloräthan zeigt, daß große Dosen, z. B. 60 g, allgemeine Lähmung, schweren Kreislaufkollaps, Cyanose, Pulsbeschleunigung herbeiführen (Hueper und Smith 1935). Ganz abgesehen von der allgemeinen Giftigkeit ist wegen der Hornhauttrübung beim Arbeiten mit dem Stoff größte Vorsicht am Platze.

II. Dichloräthan-1.1.
Äthylidenchlorid.

$Formel:$ $\begin{array}{c} CH_3 \\ | \\ CHCl_2 \end{array}$.

Molekulargewicht: 98,95.

Allgemeine Eigenschaften: Kp. 58—60⁰. D. 1,182.

Geruch: Chloroformähnlich.

Äthylidenchlorid wurde früher als Inhalationsanaestheticum benützt. Es besitzt antiseptische Wirkung (Joachimoglu 1921) und hemmt die Hefegärung (Plagge 1921).

Narkotische Wirkung. Bei Mäusen etwa halb so wirksam wie Chloroform, 32 mg/l Seitenlage nach 82 Minuten, 41 mg/l Seitenlage nach 18—19 Minuten, (Müller 1925), 70 mg/l tödlich bei Mäusen (Lazarew 1935).

Leber. Fettige Degeneration, angeblich schwächer als durch Chloroform (Müller 1925).

Maloff 1928 beobachtete im Gegensatz zu diesen Angaben bei Tieren keine Leberschädigungen.

Vergleich der Dichloräthane. Nach Kiessling (1921) und Steindorff (1922) soll die α-Verbindung, das Äthylidenchlorid, nach Müller (1925) jedoch das symmetrische Dichloräthan giftiger sein.

Lazarew (1935) hält Dichloräthan für giftiger als Chloroform und Tetrachlorkohlenstoff.

Nach Sayers und Mitarbeitern entspricht das Dichloräthan in seiner akuten Toxizität bei einstündiger, einmaliger Einwirkung etwa dem Benzin, Benzol, Chloroform und Tetrachlorkohlenstoff. Bei kürzerer Wirkungszeit als 1 Stunde ist es weniger giftig als die genannten Stoffe. Dagegen soll das Dichloräthan giftiger als Trichloräthylen und Tetrachlorkohlenstoff sein.

Theorie der Wirkung. Hydrolyse zu Salzsäure, Oxydation zu Aldehyden, Säuren, Bildung von Oxalsäure.

Trichloräthan-(1.1.2).

β-Trichloräthan, fälschlich auch „Vinylchlorid", „Vinyltrichlorid", „Äthylenchlorid", „Äthylentrichlorid".

$Formel:$ $\begin{array}{c} CH_2Cl \\ | \\ CHCl_2 \end{array}$.

Molekulargewicht: 133,4.

Allgemeine Eigenschaften: Kp. 113,5⁰ C. D. 1,44.

Löslichkeit: Sehr schwer löslich in Wasser, leicht löslich in Alkohol, Äther und organischen Lösungsmitteln. Schwer flüchtig.

Allgemeiner Charakter der Wirkung. Lokale Reizwirkung, besonders stark auf die Augen und Nasenschleimhaut. Schon in schwachen Konzentrationen narkotisch.

Es existieren zwei Isomere, die nicht mit Trichloräthylen verwechselt werden dürfen. Die β-Verbindung wird auch als Äthylentrichlorid bezeichnet. Das Verhalten geht aus der folgenden Zusammenstellung hervor:

α-Trichloräthan-1.1.1 $CH_3{-}CCl_3$	β-Trichloräthan-1.1.2 $CH_2Cl{-}CHCl_2$
Lokale Reizung	Lokale Reizwirkung (Lehmann und Schmidt-Kehl 1936)
Narkotische Wirkung: Soll im Gegensatz zu Chloroform keine Excitation und keinen Speichelfluß hervorrufen (Dubois und Roux 1887)	Narkotische Wirkung: Soll schnell eintretende Narkose ohne erhebliche Herzschädigung und Kreislaufwirkung herbeiführen (Tauber, zit. nach Kochmann)

α-Trichloräthan-1.1.1	β-Trichloräthan-1.1.2
CH₃—CCl₃	CH₂Cl—CHCl₂

α-Trichloräthan-1.1.1
$CH_3—CCl_3$

Narkotische Konzentration bei Mäusen:
45 mg/l völlige Narkose (LAZAREW 1929)
65 mg/l kleinste tödliche Konzentration
(LAZAREW)
4mal giftiger als β

β-Trichloräthan-1.1.2
$CH_2Cl—CHCl_2$

Narkotische Konzentration bei Mäusen:
15 mg/l völlige Narkose (LAZAREW 1929)
60 mg/l kleinste tödliche Dosis (LAZAREW 1929)
4mal weniger giftig als α

Die Gehaltszahlen in Tabelle 16 sind analytisch bestimmt. Reizsymptome, Speicheln, Lecken, Niesen. Nach der tiefen Narkose Wiederkehr der Cornealreflexe

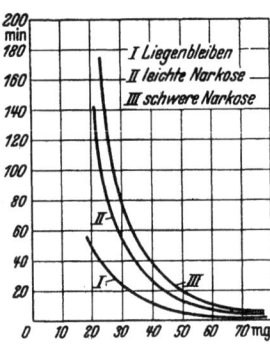

Abb. 7. Trichloräthan. Einatmungs-versuche an Katzen (LEHMANN u. SCHMIDT-KEHL).

Tabelle 16. Katzen. (LEHMANN und SCHMIDT-KEHL.)

Gehalt		Gleich-gewichts-störungen nach Min.	Liegen-bleiben nach Min.	Leichte Narkose nach Min.	Tiefe Narkose nach Min.
Vol.-%	mg/l				
0,24	13,1	24	50	150	264
0,62	34,5	6	28	36	37
0,91	50,1	2	7	10	18
1,48	81,8	1	2½	4	6

in etwa 10 Minuten, der Gehfähigkeit teils nach 1 Stunde, teils am anderen Tag. 5 Tiere starben nach 3 bis 6 Tagen.

LEHMANN und Mitarbeiter stellten bei der β-Verbindung folgende Organwirkungen fest: *Nervensystem:* Starke Reizerscheinungen. Zittern am ganzen Körper. *Kreislauf:* Herzgefäße sehr stark injiziert. Sonstige Gefäße strotzend gefüllt, Stauung in allen Organen. *Stoffwechsel:* Leber pigmentreich, reich an feinem und grobem Fett. *Nieren:* Fettreich. *Lungen:* Ödem, Emphysem, Atelektasen, Hämorrhagien, Tracheitis, eitrige Bronchitis, Pleuraexsudate.

Gewerbliche Vergiftungen nicht bekannt.

Tetrachloräthan-(1.1.2.2).
(Symmetrisches Tetrachloräthan.)
„Acetylentetrachlorid."

Formel:
$$\begin{matrix} CHCl_2 \\ | \\ CHCl_2 \end{matrix}$$

Molekulargewicht: 167,86.
Allgemeine Eigenschaften: Kp. 146,3⁰ C. D. 1,6.

Sehr schwer löslich in Wasser, 0,869% bei 20%; mischbar mit organischen Lösungs-mitteln, nicht brennbar. Schwer flüchtig, 33mal weniger als Äther. Geruch erinnert an Chloroform und Tetrachlorkohlenstoff.

Lösungsmittel für Acetylcellulose und Fette (Flugzeugindustrie, Herstellung von Kunst-seide, Filmen, künstlichen Perlen).

Es gibt zwei isomere Verbindungen, eine symmetrische und eine asym-metrische, die in der Literatur häufig verwechselt werden. Besprochen wird hier das symmetrische Tetrachloräthan-1.1.2.2; die asymmetrische Verbindung s. S. 128.

Allgemeiner Charakter der Wirkung. Örtliche Reizwirkung, narkotische Wirkung, ähnlich wie Trichloräthan, aber etwas stärker. Schweres Stoffwechsel-gift. Gehört zu den giftigsten Chlorkohlenwasserstoffen. Gesetzliche Verbote und Einschränkungen in vielen Ländern.

Die *lokale Reizung* auf die Schleimhäute der Atemorgane ist ziemlich stark. Nach innerlicher Aufnahme keine Hornhauttrübung, aber schwere Schädigungen der Magendarmschleimhaut (BENZI 1926). Besitzt antiseptische Wirkung (JOACHIMOGLU 1921). Hemmt die Hefegärung (PLAGGE 1921).

Die *Resorption* erfolgt leicht durch die Lunge, auch durch die Haut (SCHWANDER 1936).

Bei Kaninchen wurde nach Auftragen auf die Haut in der Ausatmungsluft Tetrachloräthan festgestellt, außerdem traten Narkose und tödliche Vergiftung mit fettigen Degenerationen der Organe ein (GASQ 1936).

Verteilung. Nach Inhalation fand sich bei Kaninchen die Hauptmenge im Körperfett, im Gehirn und im Herzen, etwas weniger in Leber, Blut und Niere.

Ausscheidung erfolgt hauptsächlich durch die Lunge, zum geringen Teil auch durch die Nieren. In den Organen sind noch nach einem Tag geringe Mengen nachweisbar. Die Ausscheidung durch die Lunge wurde von LEHMANN und HASEGAWA (1910) gemessen. Danach werden etwa 45—46% von der Lunge resorbiert.

Versuche bei Tieren. Akute Wirkung. Hier liegen zahlreiche Untersuchungen vor: Bei akuter Vergiftung treten ähnliche Erscheinungen auf wie bei Trichloräthan. Zunächst starke Reizerscheinungen, besonders Tränen und Niesen, starke motorische Unruhe, Zittern, Strabismus, Zwerchfellkrämpfe, Steifheit und Krämpfe der Beine, dann Lähmung. Der Cornealreflex verschwindet vor den Beinreflexen (LEHMANN und Mitarbeiter). Todesfälle sind noch nach mehreren Tagen häufig.

Die später auftretenden Erscheinungen hängen mit den Stoffwechsel- und Organschädigungen zusammen. Fettige Degeneration der Leber wurde beobachtet bei Katzen (LEHMANN 1911, 1936), bei Mäusen von FIESSINGER und WOLF (1922), TAKASAKA (1925). Letzterer beobachtete auch fettige Degeneration der Nieren.

Narkotische Konzentrationen:

Die Gehaltszahlen in Tabelle 17 sind analytisch bestimmt. Reizsymptome, Speicheln, Lecken, Niesen, Tränen. Nach der tiefen Narkose Wiederkehr der Cornea- und Bein-

Tabelle 17. Katzen. (K. B. LEHMANN und SCHMIDT-KEHL.)

Gehalt		Gleich-gewichts-störungen nach Min.	Liegen-bleiben nach Min.	Leichte Narkose nach Min.	Tiefe Narkose nach Min.
Vol.-%	mg/l				
0,07	4,9	50	155	241	—
0,11	7,4	3	17	40	255
0,23	16,3	3	8	15	43
0,27	19	3	15	21	42
0,34	23,2	3	5	8	9

reflexe in 10—60 Minuten, der Gehfähigkeit in 1 bis mehreren Stunden bzw. am anderen Tag.

4,3 mg/l Seitenlage nach 80 Min., Maus. MÜLLER (1925).

7,5—10 mg/l kleinste narkotische Konzentration nach 20 Minuten, Maus. (LAZAREW 1929).

Tödliche Konzentrationen für Mäuse:

30 mg/l nach K. B. LEHMANN und Mitarbeiter, 40 mg/l nach LAZAREW.

34 mg/l Seitenlage nach 6 Minuten, Tod nach etwa $2^1/_2$ Stunden (MÜLLER 1925).

Chronische Versuche bei Tieren. Nach BENZI (1926) sollen Tiere bei wiederholter Einatmung empfindlicher werden. Es soll keine Gewöhnung eintreten.

LEHMANN und Mitarbeiter setzten Katzen und Kaninchen in chronischen Versuchen schwachen Konzentrationen von 0,8—1,1 mg/l Luft 4 Wochen lang täglich 8—9 Stunden lang aus. Die Luftgemische wurden analysiert. Regelmäßige Blutuntersuchungen ergaben wenig typische Veränderungen, nur starken

Wechsel im Leukocytenbild, anfänglich Sturz mit darauffolgendem Anstieg. Bei der Sektion keine typischen Organschädigungen, wahrscheinlich infolge der relativ schwachen Konzentrationen.

Wirkung beim Menschen (LEHMANN und SCHMIDT-KEHL 1936):

Kleinste, durch den Geruch wahrnehmbare Konzentration 0,02 mg/l; Schwindel nach 10, Schleimhautreizung nach 12, Müdigkeit nach 20 Minuten bei 1,0 mg/l; nach 5 Minuten Schwindel und Schleimhautreizung bei 1,8 mg/l; nach 3 Minuten Schwindel, zunehmende Müdigkeit, nach 10 Minuten Einknicken der Knie bei 2,3 mg/l.

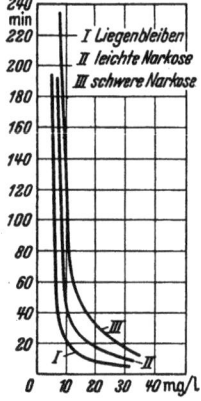

Abb. 8. Tetrachloräthan. Einatmungsversuche an Katzen (LEHMANN und SCHMIDT-KEHL).

Bei Menschen sind zahlreiche schwere Vergiftungen und Todesfälle bekannt geworden.

Akute, in wenigen Stunden schnell tödlich verlaufende Vergiftungen sind sehr vereinzelt nach innerlichem Einnehmen größerer Mengen beobachtet. Dabei kommt es zu Cyanose und tiefer Narkose, ohne daß Zeichen von Stoffwechsel-, insbesondere von Leberschädigung, auftreten.

Vergiftung nach Einatmung bei Menschen: Zunächst lokale Reizwirkungen, Erregungserscheinungen, rauschartige Zustände, die allmählich in Lähmung übergehen. Narkose unter Krämpfen, Tod durch Atemlähmung. Bei subakutem Verlauf betreffen die subjektiven Klagen vor allem den Verdauungsapparat, allgemeines Unwohlsein, Appetitlosigkeit, Übelkeit, Leibschmerzen, Erbrechen, weiter Gelbsucht, Herzbeschwerden und sehr mannigfaltige nervöse Störungen.

Bei *chronischen Vergiftungen* durch wiederholte Einatmung tritt nicht die narkotische Wirkung, sondern die Stoffwechselschädigung in den Vordergrund. Vor allem zeigen sich Müdigkeit und Magendarmbeschwerden, Ikterus, die als Frühsymptome neben dem Blutbefund wichtig sind.

Im Mittelpunkt steht die fettige Degeneration der Leber mit ihren Folgen, Gewichtsabnahme und schweren Nervenschädigungen.

Verlauf. Man kann bei der Vergiftung durch Tetrachloräthan zwei Gruppen unterscheiden, je nachdem die betreffenden Symptome überwiegen:

1. die nervöse Form,

2. die gastrointestinale Form.

Bei schweren Fällen lassen sich gewöhnlich mehrere Stadien beobachten:

1. Stadium: Unbestimmte Symptome, Appetitlosigkeit, Magendarmbeschwerden. „Prä-Ikterus". Magenschmerzen, Koliken, Erbrechen, Herzklopfen. Dieses Stadium kann einige Tage bis mehrere Monate lang andauern (ZOLLINGER). Kommt es zu weiterer Verschlimmerung des Zustandes, so folgt das

2. Stadium: Zu den soeben genannten Erscheinungen treten deutliche Zeichen von Nierenschädigungen, Ödeme, pathologische Harnbefunde, Leberschädigung, Verstopfung (starker Ikterus, gelbe Fingernägel!).

3. Stadium: Gelbsucht mit Toxämie, Ascites, urämische Symptome, Somnolenz, Delirien, Koma (GRIMM und Mitarbeiter 1914, PARMENTER 1923, SCHIBLER 1929, ZOLLINGER 1931).

Nach WILLCOX (1914) soll noch ein viertes Stadium vorkommen, bei dem die Pfortaderstörungen, Ascites u. dgl., im Vordergrund stehen. Im allgemeinen herrschen die gastrointestinalen Formen vor. Die Magendarmstörungen können in ihrer Heftigkeit an Bleivergiftung erinnern.

Bei der selteneren nervösen Form wird auch ein „polyneuritisches Syndrom" beschrieben (Léri und Breitel 1922, Koelsch 1915, Feil und Heim de Balzac 1924, Zollinger 1931).

Organveränderungen. Nervensystem. Bei Menschen werden schwere cerebrale Erscheinungen, vermutlich Pyramiden- und Kleinhirnschädigungen, Hirnödem beobachtet (Schultze 1920). Es ist aber unsicher, ob es sich in solchen Fällen nicht um kombinierte Lösungsmittelwirkungen handelt.

Im peripheren Nervensystem werden die sensiblen und motorischen Nerven geschädigt. Anästhesien, Parästhesien, Lähmungen an Händen, Füßen, Polyneuritis (Lutz 1930).

Histologische Untersuchungen bei Katzen, Kaninchen zeigten schwere Veränderungen, fettige Degeneration von Ganglienzellen (Takasaka 1925).

Kreislauf. Herzschädigungen sind oft festgestellt. Die Gefäße werden erweitert, besonders sind die Capillaren geschädigt. In den Organen zeigen sich nach tiefen Narkosen Blutaustritte, besonders häufig in den Lungen, in den serösen Häuten, im Herzmuskel. [Am ausgeschnittenen Herzen von Fröschen ist Tetrachloräthan weit giftiger als Chloroform (Kiessling 1921, Fühner 1921).]

Blut. Zunahme junger Zellen, Poikilocytose, Degenerationsformen, Anämie, zerbrochene Zellen. Die hämolytische Wirkung ist im Glase stärker als die des Chloroforms (Parmenter 1923, Grimm, Heffter, Joachimoglu 1914, Plötz 1920).

Minot und Smith (1921) fanden im Blutbild vor dem Auftreten klinischer Symptome Vermehrung der großen Mononucleären bis 40%, ferner unreife, kernhaltige Zellen, geringes Anwachsen der weißen Zellen, zunehmende, aber leichte Anämie, Vermehrung der Blutplättchen. Steigerung der großen mononucleären Zellen über 12% ist nach Minot ein Zeichen beginnender Schädigung.

Leber. Fast alle Untersucher haben bei Tieren schwere Schädigungen festgestellt. Im Einklang damit stehen zahlreiche ärztliche Beobachtungen bei Menschen. Makroskopisch finden sich vor allem zentrale Verfettung, dann auch akute Cirrhose und Atrophie. Mikroskopische Spezialfärbungen zeigen Schädigung der Mitochondrien, Verfettung der zentralen Zonen, Entzündung der Gallengänge. Die Leberinsuffizienz ergibt sich auch aus den Harnbefunden: Vermehrte Ausscheidung von Ammoniak, Harnstoff u. dgl. Die Schädigungen durch Tetrachloräthan sind ähnlich wie bei schwerer Chloroformvergiftung. Bemerkenswert ist der Rückgang der Schädigungen bei Unterbrechung der Zufuhr (Meersseman, Perrot und Franque 1934).

Nach der Ausheilung findet sich Narbengewebe. Weitere pathologisch-anatomische Untersuchungen sind von Boidin, Rouqués und Albot (1930) ausgeführt worden. Dabei wurden unterschieden zwischen subakuter Schädigung, akuter Cirrhose, akuter Atrophie und endlich schwerer Degeneration.

Die *Niere* ist meist blaß, anfänglich geschwollen, später stark verkleinert, ihre Rinde ikterisch verfärbt. Cholämische Nephrose, Fettphanerose, fettige Degeneration (Zollinger).

Gewerbliche Vergiftungen sind in großer Zahl, zum Teil sehr eingehend und sorgfältig beschrieben. Besonders gehäuft traten solche in Flugzeugfabriken während des Krieges auf (Deutschland, England, Amerika, Niederlande). 19 Fälle mit 2 Todesfällen sind von Grimm, Heffter, Joachimoglu 1914; 9 Fälle von Koelsch 1915, 1916; 4 Fälle, davon 1 tödlicher und Bericht über 10 weitere Fälle von Jungfer 1914 beschrieben. Über mindestens 70 Fälle, davon 12 tödliche in der Zeit von 1914—1916 aus England wird von Willcox u. Mitarbeitern 1914 berichtet (vgl. auch die Veröffentlichungen von Parmenter 1920/21, 1923). Genaue Untersuchungen, besonders über das Blutbild bei Arbeitern von Minot und Smith 1921, Parmenter 1923. Über Erkrankungen bei Herstellung von

Perlen berichteten LÉRI und BREITEL 1922 sowie BOIDIN und Mitarbeiter 1930. Häufig sind Vergiftungen in Schuhfabriken und bei Hutmachern. Bei letzteren beschreibt OHNESORGE (1930) 3 Fälle. Über Vergiftungen in Schuhfabriken in der Schweiz liegen sehr ausführliche Berichte und Untersuchungen vor (ZOLLINGER 1931). Über die Schweizer Fälle berichten auch SCHIBLER 1929 und LEJEUNE 1934. v. OETTINGEN faßt aus der Literatur 124 Fälle, von denen 25 tödlich verliefen, zusammen.

In Fabriken soll vielfach Gewöhnung, aber auch Überempfindlichkeit beobachtet worden sein. Gewerbliche Hautschädigungen kommen nicht selten vor.

Eine sehr eigenartige, histologisch genauer untersuchte chronische Vergiftung durch Pipettieren von Tetrachloräthan mit Nervendegenerationen in Mund und Zunge wird von LUTZ 1930 mitgeteilt.

Verhütung. Die Verwendung ist neuerdings vielfach verboten oder eingeschränkt (USA. und europäische Länder). KOELSCH empfahl 1916 Ausschluß von Alkoholikern, Fettleibigen, Schwachsinnigen. Das gleiche fordert für Frauen und Jugendliche ZOLLINGER 1931. Notwendig ist die Aufklärung der Arbeiter über die Gefahren, ferner kurze Arbeitszeit, häufige Ruhepausen, in geschlossenen Räumen zweckmäßige Lufterneuerung (BENZI 1926, ZOLLINGER 1931).

Persönliche Gesundheitspflege, häufigere ärztliche Untersuchungen (Leber-, Nierenfunktionen, Blutuntersuchung).

Höchstzulässige Konzentration in Arbeitsräumen nach LAZAREW 0,01 mg/l.

Behandlung. Pflanzliche Kost, Diuretica, Alkalitherapie, alkalische kochsalzhaltige Wasser, Traubenzucker, Citronenlimonade, Insulin. Kein Alkohol! Leberpräparate, fettfreie Diät (ZOLLINGER, v. OETTINGEN, WILLCOX 1916).

Beim Umgang mit Tetrachloräthan ist größte Vorsicht am Platze.

Tetrachloräthan (1.1.1.2).

Asymmetrisches Tetrachloräthan, fälschlich „Äthylentetrachlorid''.

Formel: $\begin{array}{c} CCl_3 \\ | \\ CH_2Cl \end{array}$.

Molekulargewicht: 167,86.

Allgemeine Eigenschaften: Kp. 129° C. D. 1,58.

Dieser Stoff scheint toxikologisch nicht untersucht zu sein.

Pentachloräthan.

Formel: $\begin{array}{c} CHCl_2 \\ | \\ CCl_3 \end{array}$.

Molekulargewicht: 202,31.

Allgemeine Eigenschaften: Kp. 162° C. D. 1,67. Sehr schwer löslich in Wasser (0,065%). Nicht brennbar. Schwer flüchtig.

Geruch: Campherartig.

Lösungsmittel für Acetylcellulose und Harze.

Allgemeiner Charakter der Wirkung. Narkotisch, stärker wirksam als Chloroform (KIESSLING 1921, LEHMANN 1936). Starke Krampfwirkung, noch giftiger als Tetrachloräthan. Stoffwechselgift, ähnlich wie Chloroform und Tetrachloräthan. Antiseptische Wirkung (JOACHIMOGLU 1921).

Örtliche Wirkung. Starke Reizwirkung auf alle Schleimhäute. Augenreizung, aber keine Hornhauttrübung. Eitrige Entzündung der Schleimhäute der Atemwege, Nase, Rachen, Luftröhre; Erbrechen.

Narkotische Konzentrationen. Bei Katzen: Die Gehaltszahlen in Tabelle 18 sind analytisch bestimmt. Reizsymptome, Speicheln, Lecken, Niesen sofort oder binnen 5—8 Minuten. Zittern der Beine, Zwerchfellkrämpfe.

Tabelle 18. Katzen. (LEHMANN und SCHMIDT-KEHL.)

Gehalt		Gleichgewichtsstörungen nach Min.	Liegenbleiben nach Min.	Leichte Narkose nach Min.	Tiefe Narkose nach Min.
Vol.-%	mg/l				
0,16	13	—	50	60	89
0,25	21	8	16	23	32
0,44	37	$^1/_2$	3	5	$5^1/_2$

Bei Mäusen: 7,5 mg/l leichte Narkose, 25 mg/l tiefe Narkose (LAZAREW 1929).

Kleinste tödliche Konzentrationen: 35 mg/l bei Mäusen nach Einatmung (LAZAREW 1929), für den Hund bei Einspritzung in das Blut 100 mg/kg (BARSOUM und SAAD 1934).

Chronische Vergiftung. Zwei Katzen, die im Laufe eines Monats 1 mg/l, täglich 8—9 Stunden lang an 23 Tagen, eingeatmet hatten, zeigten während des Versuches kaum schwerere Vergiftungserscheinungen. Ein Tier wies bei der Sektion chronische Bronchitis auf, bei beiden Tieren fand sich fettige Degeneration der Leber (LEHMANN 1936).

Hunde, die wiederholt, bis 3 Wochen lang, den Dämpfen ausgesetzt worden waren, wiesen ebenfalls Zeichen fettiger Leberdegeneration, Nephritis und Bronchialreizung auf (JOACHIMOGLU 1921).

Kreislaufwirkung. Starkes Herz- und Gefäßgift. Über den Grad der Herzwirkung gehen die Angaben auseinander. Am isolierten Froschherzen erweist sich Pentachloräthan weit giftiger als Chloroform. Kleinste wirksame Konzentration 0,0008 mol/l (Chloroform 0,024, Tetrachloräthan 0,0029). Es ist also auch hier giftiger als Tetrachloräthan (KIESSLING 1921).

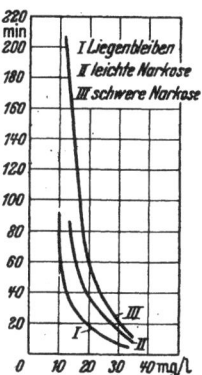

Abb. 9.
Pentachloräthan.
Einatmungsversuche an Katzen (LEHMANN und SCHMIDT-KEHL).

Nach BARSOUM und SAAD ist die Wirkung gleich stark wie bei Chloroform.

Leber. Vergrößert, hochgradige fettige Degeneration.

Lunge. Starke Hyperämie, bei chronischer Einwirkung Bronchitis, eitrige Pneumonie (Katzen).

Niere. Entzündung, im Harn Eiweiß und Blutfarbstoff (Hund).

Versuche an Menschen liegen nicht vor.

Gewerbliche Vergiftungen nicht bekannt.

Hochgiftige Verbindung vom Typus des Tetrachloräthans, die jedenfalls weit giftiger ist als Chloroform. Der Grad der Wirkung im Vergleich mit Tetrachloräthan und Chloroform ist noch umstritten. Wegen der niedrigen Flüchtigkeit mag die Gefährlichkeit in der Praxis vielleicht etwas geringer sein. Beim Arbeiten empfiehlt sich aber trotzdem größte Vorsicht. Vor der Verwendung als Lösungsmittel ist zu warnen.

Hexachloräthan.

Formel: $\begin{array}{c} CCl_3 \\ | \\ CCl_3 \end{array}$.

Molekulargewicht: 236,74.

Allgemeine Eigenschaften: F.P. 186° C. D. 2,09. Feste krystallisierte Substanz, praktisch unlöslich in Wasser, etwa 0,01% in RINGER-Lösung, leicht löslich in Alkohol, Äther und organischen Lösungsmitteln:

Hexachloräthan ist kein Lösungsmittel. Es soll aber hier wegen des Vergleiches mit den flüssigen Chlorkohlenwasserstoffen, und weil es als Beimengung in Lösungsmitteln enthalten sein kann, kurz erwähnt werden.

Allgemeiner Charakter der Wirkung. Nach KIESSLING (1921) ist die narkotische Wirkung viel stärker als die des Chloroforms.

Die lähmende Wirkung tritt langsamer ein als bei Chloroform. Bei Eingabe in den Magendarmkanal lokale Reizwirkung. Keine Hornhauttrübung. Die antiseptische Wirkung ist stärker als bei Pentachloräthan (JOACHIMOGLU 1921).

Hexachloräthan ist ohne Zweifel eine Substanz von sehr erheblicher Giftigkeit. Am Froschherzen erweist es sich 10mal wirksamer als Pentachloräthan. Bei Hunden wurde nach Einatmung keine Leberschädigung gesehen (MALOFF 1928). Bei Verwendung in der Tierheilkunde wurden jedoch gastrointestinale Reizerscheinungen und Nierenschädigungen beobachtet (TAPERNOUX 1930).

Gewerbliche Vergiftungen sind nicht bekannt. Solche kommen in Frage bei technischen Produkten, die Hexachloräthan enthalten, z. B. bei Spritzverfahren. Die Gefahr einer Vergiftung durch Einatmung von Dämpfen ist jedoch gering. (Literatur: BINZ 1894, KIESSLING 1921, JOACHIMOGLU 1921, MALOFF 1928, TAPERNOUX 1930.)

Monochloräthylen.
(Vinylchlorid.)

Formel:
$$\begin{array}{c} CH_2 \\ \| \\ CHCl \end{array}.$$

Molekulargewicht: 62,48.

Allgemeine Eigenschaften: Kp. —18° C. Leicht löslich in Alkohol und organischen Lösungsmitteln. Brennbar, aber explosionssicherer als Äther. Bei gewöhnlicher Temperatur gasförmig. Der Geruch ist schwach, ähnlich wie Chloräthyl, süßlich. In Verdünnung praktisch geruchlos. Farbloses Gas, also kein Lösungsmittel. Trotzdem soll die Substanz hier wegen des Vergleiches behandelt werden.

Allgemeiner Charakter der Wirkung. Örtliche Reizwirkung sehr gering. Hohe narkotische Wirksamkeit. Großer Spielraum zwischen narkotischen und gefährlichen Konzentrationen. Allgemeine Giftwirkung sehr gering. Stoffwechselschädigungen sind bisher nicht festgestellt. Besonders zur Zusatznarkose mit Lachgas und Sauerstoff empfohlen (SCHAUMANN 1934).

Resorption tritt sehr rasch ein.

Verteilung. In der Narkose enthält das Blut 15—17 mg-%. Die *Ausscheidung* erfolgt sehr rasch, schneller als bei Äther und viel schneller als bei Chloroform. Nach 10 Minuten waren 82% wieder ausgeschieden (SCHAUMANN).

Versuche bei Tieren. Nach zum Teil unveröffentlichten Untersuchungen von SCHAUMANN ist Vinylchlorid zur Narkose bzw. zur Zusatznarkose sehr geeignet, vor allem wegen seiner geringen Giftigkeit, seiner hohen Wirkungsbreite, der geringen Konzentration im Blut und der überaus raschen Ausscheidung. Herz und Blutdruck werden innerhalb der narkotischen Grenzdosen nicht wesentlich beeinflußt. Hohe Konzentrationen steigern den Blutdruck. Nebenwirkungen und Nachwirkungen fehlen.

Mäuse und Ratten ertrugen an aufeinanderfolgenden Tagen 5—8mal je 4 Stunden lang und während 4 Wochen, je 1 Stunde lang, leichte Vinylchloridnarkosen ohne Leber- und Nierenschädigung.

Hunde, die wiederholt, bis 7mal im Laufe von 3 Wochen, Narkosen von je 3stündiger Dauer bei 10 Vol.-% überstanden hatten, zeigten keine erheblichen Organveränderungen in Leber und Niere. Bei 20 Vol.-% trat beim Hund Atemlähmung, starker Speichelfluß, nach der Narkose Erbrechen ein.

Außerdem haben Peoples und Mitarbeiter 1933 an Mäusen, Kaninchen und Hunden, weiter Patty und Mitarbeiter 1930 Versuche an Meerschweinchen angestellt. Diese kamen im wesentlichen zu gleichen Ergebnissen, insbesondere über die verhältnismäßige Harmlosigkeit auch bei wiederholten Narkosen.

Nach Schaumann liegt die narkotische Grenzkonzentration für Menschen bei 7—10 Vol.-%. Über 12 Vol.-% sind gefährlich.

20—40 Vol.-% sind für Meerschweinchen in kurzer Zeit tödlich,
10 Vol.-% sind in 30—60 Minuten lebensgefährlich,
0,5 Vol.-% werden mehrere Stunden ertragen (Patty, Yant, Waite 1930).

Für Mäuse ist die kleinste, in 10 Minuten tödliche Konzentration 10—12 Millimol/l = etwa 25—30 Vol.-%, etwa 3,5—5 Millimol/l = etwa 8—12 Vol.-% die kleinste narkotische Konzentration (Peoples und Leake 1933).

Der Tod erfolgt durch Atemlähmung mit folgendem Herzstillstand.

Die Giftwirkung des Vinylchlorids ist viel geringer als die des Chloroforms und des Tetrachlorkohlenstoffes. Nach Patty und Mitarbeiter soll es etwa dem Chloräthyl gleichstehen. Die Herzwirkung ist nach Schaumann sogar geringer als bei Äther.

Im Tierversuch wird die *Atmung* anfangs gesteigert, dann unregelmäßig, abgeflacht und verlangsamt, sie bleibt aber in der Narkose regelmäßig.

Sektion. Hyperämie der Lunge und der Niere, Lungenödem. Schaumann fand bei Hunden, Mäusen, Ratten auch nach wiederholten Narkosen keine auffallenden pathologischen Veränderungen.

Wirkung beim Menschen. Verwirrung, Rausch, Brennen der Fußsohlen und sonstige subjektive Störungen, Kopfschmerzen. Erholung tritt sehr schnell ein (Dublin und Vane 1935).

Gewerbliche Vergiftungen sind nicht bekannt. Vinylchlorid ist einer der am wenigsten gefährlichen Chlorkohlenwasserstoffe.

Dichloräthylen-(1.2).

Symmetrisches Dichloräthylen, *Gemisch* aus Cis- und Trans-Verbindung.
Formel: $C_2H_2Cl_2$.
Molekulargewicht: 96,94.
Allgemeine Eigenschaften: Kp. etwa 55,0° C. D. 1,25. Schwer brennbar, nicht feuergefährlich, aber an offenen Flammen zersetzlich. Sehr flüchtig.

Lösungsmittel für Acetylcellulose, Harze, Wachse; künstliche Perlenherstellung, Kautschukgewinnung, Kälteindustrie. Wurde vorübergehend auch als Narkoticum verwendet.

Allgemeiner Charakter der Wirkung. Starke Reizwirkung, Hornhauttrübung. Narkose, Muskelzuckungen. Giftwirkung verhältnismäßig gering. Stoffwechselschädigungen bei länger dauernder Einwirkung.

Das Gemisch besteht aus

$$
\begin{array}{ccc}
\mathrm{HCCl} & & \mathrm{HCCl} \\
\| & \text{und} & \| \\
\mathrm{HCCl} & & \mathrm{ClCH} \\
\text{Kp. 59° C} & & \text{Kp. 48° C} \\
\text{Cis-Dichloräthylen} & & \text{Trans-Dichloräthylen}
\end{array}
$$

Die Wirkungen der beiden Isomeren sind ähnlich, aber nicht in jeder Hinsicht gleich. In der Literatur ist dieser Unterschied häufig nicht berücksichtigt. Dadurch ist eine gewisse Unklarheit entstanden.

9*

BECK und SÜSSTRUNK (1931) untersuchten die beiden Isomeren bei Mäusen. Danach soll die Transverbindung stärker narkotisch wirken und stärkere Muskelwirkung besitzen.

LEHMANN und SCHMIDT-KEHL fanden dagegen bei Katzen und Kaninchen umgekehrt die Cis-Verbindung stärker narkotisch. Dagegen erwies sich letztere bei Mäusen, ebenso wie bei den Versuchen von BECK und SÜSSTRUNK, als die schwächere.

Die Cis-Verbindung rief bei Katzen und Mäusen starke Gleichgewichtsstörungen und heftige Krämpfe hervor. Auch hinsichtlich der lokalen Wirkung bestehen Unterschiede. Die Transverbindung scheint stärker zu reizen und schwerere Hornhautschädigungen hervorzurufen.

WITTGENSTEIN (1918) arbeitete, wie andere Autoren (KIESSLING 1921, MÜLLER 1925), anscheinend mit dem Gemisch. Seine Versuche erstrecken sich auf Mäuse, Meerschweinchen, Katzen, Kaninchen, Hunde und Affen. Nach kurzem Excitationsstadium trat bald tiefe Narkose ein. Im Gegensatz zu WITTGENSTEIN berichten LEWIN (1920) und JOACHIMOGLU (1921), letzterer bei Hunden, über Nachwirkungen.

Nach Versuchen KIESSLINGs an Froschherzen und Blutkörperchen scheint Dichloräthylen viel giftiger als Chloroform zu sein. Solche Untersuchungen haben aber für die Beurteilung in der gewerbehygienischen Praxis nur sehr bedingten Wert.

Die *Aufnahme* erfolgt sehr rasch. Ein verhältnismäßig großer Teil wird zersetzt. 72—75% werden durch die Lunge resorbiert (K. B. LEHMANN).

Die *Ausscheidung* erfolgt sehr schnell. Rasche Erholung bei kurz dauernder Narkose (WITTGENSTEIN 1918).

Narkotische Konzentrationen:

0,977 Vol.-% bei Mäusen (WITTGENSTEIN 1918, Präparat S.P. 55—57°),

2—2,5 Vol.-% bei Meerschweinchen, tiefe Narkose und Krämpfe nach 2 Stunden (NUCKOLLS 1933).

40 mg/l kleinste narkotische Konzentration bei Mäusen (K. H. MEYER und GOTTLIEB-BILLROTH 1921).

72 mg/l bei Katzen leichte Narkose (LEHMANN-SCHMIDT-KEHL 1936).

34 mg/l bei Mäusen Seitenlage nach 23 Minuten; 91 mg/l, Seitenlage nach 4 Minuten (MÜLLER 1925).

Tödliche Konzentrationen: 76 mg/l bei Mäusen, 155 mg/l bei Meerschweinchen (WITTGENSTEIN 1918).

Chronische Vergiftung. Wiederholte, auch mehrstündige Narkosen wurden von Tieren ohne Schädigung ertragen (WITTGENSTEIN). Nach WITTGENSTEIN fanden sich keine Organveränderungen. Chloroform erwies sich im Verhältnis weit giftiger. Der Kreislauf wurde nicht geschädigt. Der Blutdruck wies keine nennenswerten Änderungen auf. LEWIN und JOACHIMOGLU sahen dagegen nach wiederholter Einatmung schwere Stoffwechselstörungen, insbesondere fettige Degeneration der Leber.

Wirkung bei Menschen. Bei kurz dauernden Narkosen wurden keine Schädigungen festgestellt (VILLINGER 1907).

Muskelkrämpfe wurden vielfach beobachtet, dagegen keine Schädigungen des Herzens, der Gefäße und parenchymatösen Organe.

Einige Todesfälle bei Narkosen sind bekannt geworden. Hier handelt es sich aber um Kranke (ALBRECHT 1927).

Bei akuter Vergiftung scheint ebenso wie bei einmaliger Narkose die Wirkung auf Kreislauf, innere Organe, Stoffwechsel nicht erheblich zu sein. Dagegen ist die wiederholte Einwirkung nicht ungefährlich.

Gewerbliche Vergiftungen. Chronische Fälle sind nicht bekannt geworden. In unsicheren Fällen wurden Klagen über Dyspepsie, Magendarmstörungen geäußert (E. BROWNING). Hinzuweisen ist auf die Gefährlichkeit an offenen Flammen (Phosgenbildung, Lungenödem). Einen tödlich verlaufenen gewerblichen Unfall durch Einatmung in geschlossenem Raum erwähnt HAMILTON (1934).

Cis-Dichloräthylen.

Formel:
$$H-C-Cl$$
$$\|$$
$$H-C-Cl$$

Molekulargewicht: 96,94.

Allgemeine Eigenschaften: Kp. 59°. D. 1,282. Sehr schwer löslich in Wasser (0,77% bei 25°). Mischbar mit Alkohol, Äther und organischen Lösungsmitteln. Nicht brennbar.

Die technische Bedeutung soll nicht groß sein.

Allgemeiner Charakter der Wirkung. In der Literatur wird in der Regel nur über „Dichloräthylen" berichtet. Nur wenige Autoren unterscheiden die Cis-Verbindung von der stereoisomeren Trans-Verbindung. Der allgemeine Charakter ist aber ähnlich. Über die örtlichen Reizwirkungen gehen die Angaben auseinander.

Akute Wirkung bei Tieren. LEHMANN und Mitarbeiter sahen bei Katzen und Kaninchen heftige Reizerscheinungen, Muskelzuckungen, Krämpfe, wütendes Beißen und Kratzen, Nystagmus, Zittern. Verhältnismäßig bald Erholung. Nach den Versuchen Erbrechen, Appetitmangel, bei vielen Tieren Tod binnen einer Woche. BECK und SÜSSTRUNK beobachteten bei ihren vergleichenden Untersuchungen über die narkotische Wirkung der beiden Isomeren langdauernde Muskelzuckungen. Bei den Versuchen von LEHMANN erwies sich die Cis-Verbindung bei Katzen wesentlich giftiger als die Trans-Verbindung.

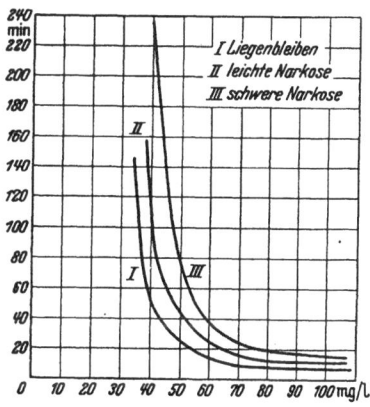

Abb. 10.
Cis-Dichloräthylen. Einatmungsversuche an Katzen (LEHMANN und SCHMIDT-KEHL).

Auffällig waren die starken Gleichgewichtsstörungen. Bei der Erholung aus der tiefen Narkose blieben die Hinterbeine noch lange gelähmt. Im Gegensatz zur Trans-Verbindung waren heftige Krämpfe häufig. Das umgekehrte Verhalten stellten BECK und SÜSSTRUNK 1931 an Mäusen fest.

Die Gehaltszahlen in Tabelle 19 sind analytisch bestimmt.

Reizsymptome, Speicheln, Lecken, Niesen, sofort oder in einigen Minuten. Nach der tiefen Narkose Wiederkehr der Corneal- und Beinreflexe in wenigen Minuten, der Gehfähigkeit in wenigen Minuten bis $\frac{1}{2}$ Stunde.

Tabelle 19. Cis-Dichloräthylen (Katzen).
(LEHMANN und SCHMIDT-KEHL.)

Gehalt		Gleich-gewichts-störungen nach Min.	Liegen-bleiben nach Min.	Leichte Narkose nach Min.	Tiefe Narkose nach Min.
Vol.-%	mg/l				
0,96	38,2	60	121	265	285
1,27	50,6	6	22	35	72
2,5	100	5	8	10	13

Chronische Wirkung bei Tieren. Wiederholte Einatmung von 6,5—7,5 mg/l bewirkte bei Katzen und Kaninchen Appetitlosigkeit, Körpergewichtsabnahme, Reizzustände, geringe Blutveränderungen, z. B. Abnahme der roten Blutkörperchen. Katzen verhielten sich darin aber anders als Kaninchen.

Organveränderungen. Kreislauf. Stauung, starke Gefäßerweiterung.
Atmungsorgane. Tracheitis, Bronchitis, Emphysem, schwarzbraune Pigment-
ablagerung in der Lunge, Pleuraexsudate, Lungenödem.
Leber gestaut, fettreich, viel Pigment, keine Nekrosen.
Niere. Verfettung. Viel Eisenpigment.
Milz. Pigmentablagerungen.

Trans-Dichloräthylen.

$$Formel: \quad \begin{matrix} H \cdot C \cdot Cl \\ \| \\ Cl \cdot C \cdot H \end{matrix}$$

Molekulargewicht: 96,9.
Allgemeine Eigenschaften: Kp. 48° C. D. 1,26. Sehr schwer löslich in Wasser (0,63 %
bei 25°). Mischbar mit Alkohol, Äther und organischen Lösungsmitteln. Nicht brennbar.

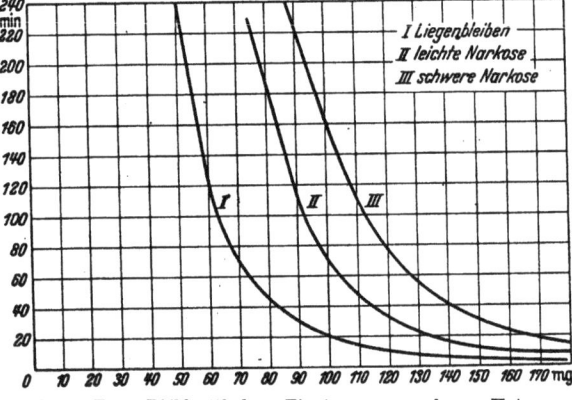

Abb. 11. Trans-Dichloräthylen. Einatmungsversuche an Katzen
(LEHMANN und SCHMIDT-KEHL).

*Allgemeiner Charakter
der Wirkung.* Wie bei Cis-
Dichloräthylen. Es be-
stehen aber gewisse Unterschiede in der Stärke der
örtlichen, narkotischen und
resorptiven Wirkungen.

*Akute Vergiftung bei
Tieren.* LEHMANN und Mit-
arbeiter beobachteten bei
Katzen mäßig starke Reiz-
symptome, Husten, keine
heftigen Krämpfe der
Extremitäten, der Kau-
muskeln, des Zwerchfells,
Nystagmus, Tremor. Ein-
zelne Tiere gingen im An-

schluß an die Versuche zugrunde. Die narkotische Wirkung und die Krämpfe
waren schwächer als bei der Cis-Verbindung. Bei Mäusen ist das Verhältnis
umgekehrt. Versuche von NUCKOLLS bei Meerschweinchen (zit. v. OETTINGEN)
und von BECK und SÜSSTRUNK an Mäusen ergaben keine Organschädigungen
außer Stauung und Blutungen durch akutes Versagen des Kreislaufes.

Die Gehaltszahlen in Tabelle 20 sind analytisch bestimmt. Reizsymptome,
Speicheln, Lecken, Niesen, Augenzwinkern, sofort oder nach einigen Minuten.

Die im Verlauf der Narkose auftretenden Krämpfe waren nicht sehr heftig,
meist handelte es sich um einen feinschlägigen Tremor. Bei der Prüfung der
Tiere auf die Tiefe der Nar-

Tabelle 20. Katzen.
(K. B. LEHMANN und SCHMIDT-KEHL.)

Gehalt		Gleich-gewichts-störungen nach Min.	Liegen-bleiben nach Min.	Leichte Narkose nach Min.	Tiefe Narkose nach Min.
Vol.-%	mg/Liter				
1,8	72	8	43	340	345
2,75	110	3	8	20	69
4,58	189,2	1	3	5	12

kose durch Zehendruck konnten oft leichte klonische
Krämpfe ausgelöst werden.

Nach der tiefen Narkose
Wiederkehr der Cornealre-
flexe nach wenigen Minuten,
der Gehfähigkeit nach weni-
gen Minuten bis $\frac{1}{2}$ Stunde.
Chronische Wirkung bei

Tieren. LEHMANN und Mitarbeiter prüften Konzentrationen von 6,5—7,6 mg/l
bei wiederholter Einatmung an Katzen und Kaninchen. Die Freßlust war
dabei zeitweise etwas vermindert; bei den Kaninchen war starker Hustenreiz

vorhanden, überhaupt schienen sie gegen den Stoff empfindlicher zu sein als die Katzen. Die Erythrocytenzahlen hatten bei den Kaninchen fallende, bei den Katzen steigende Tendenz. Der Hämoglobingehalt sank bei beiden Tierarten nur wenig. Die Leukocytenwerte waren bei Kaninchen im allgemeinen etwas vermindert, bei den Katzen etwas vermehrt. Die Organe getöteter Tiere zeigten makroskopisch keine krankhaften Veränderungen.

Versuche an Menschen (K. B. LEHMANN und Mitarbeiter).

1,1 mg/l durch Geruch wahrnehmbar, bei 3,3 mg/l nach 30 Minuten keine unangenehmen Erscheinungen, bei 6,8—8,8 mg/l in 5 Minuten Schwindel, Kopfdruck, Schläfrigkeit.

Gewerbliche Vergiftungen. Vgl. Symmetr. Dichloräthylen, S. 133.

Trichloräthylen.
Acetylentrichlorid, Äthylentrichlorid, Chlorylen „Tri".

Formel: $\begin{matrix} CHCl \\ \| \\ CCl_2 \end{matrix}$.

Molekulargewicht: 131,39.

Allgemeine Eigenschaften: Kp. 86,7°C. D. 1,46. Sehr schwer löslich in Wasser, 1,18 ccm/l (0,04% bei 25°). Mischbar mit Alkohol, Äther und organischen Lösungsmitteln. Bildet an offenen Flammen Phosgen und Salzsäure. Leicht flüchtig. 3,8mal weniger flüchtig als Äther.

Geruch: Nicht unangenehm, chloroformähnlich.

Technische Verwendung. Einer der wichtigsten Chlorkohlenwasserstoffe. Umfangreiche Verwendung als Lösungsmittel, Reinigungsmittel, Entfettungsmittel. Lösungsmittel auch für Teer und Pech.

Allgemeiner Charakter der Wirkung. Örtliche Reizwirkung der Augen und Schleimhäute, aber geringer als bei Chloroform.

Spaltet an der Luft, bei Belichtung und in Berührung mit Metallen Salzsäure ab.

Tiefe Narkose tritt erst in höheren Konzentrationen ein. Die Angaben hierüber gehen stark auseinander. Verhältnismäßig schwache Stoffwechselwirkung, Leberschädigungen treten stark zurück.

Resorption durch Haut, Schleimhäute, Atemwege und Verdauungskanal ist nachgewiesen. Nach LEHMANN und Mitarbeiter werden von Menschen etwa 72% der eingeatmeten Menge resorbiert.

GASQ (1936) fand bei Kaninchen die Hauptmenge in Gehirn, Nierenfett, Leber, Herz. BRÜNING und SCHNETKA (1933) fanden bei Ratten auffallend wenig im Gehirn, dagegen sehr viel in der Lunge.

Ausscheidung erfolgt nach akuter, nicht zu schwerer Einwirkung schnell. Nach längerer Einwirkung ist sie verzögert. Trichloräthylen soll nach GASQ (1936) schneller ausgeschieden werden als Tetrachloräthan.

Die Ausschéidung erfolgt hauptsächlich durch die Lunge, weniger durch den Harn.

Tierversuche mit Trichloräthylen sind in großer Zahl angestellt worden z. B. von CARRIEU 1927, LAZAREW und Mitarbeiter (Mäuse) 1929, FLURY (Mäuse, Meerschweinchen, Kaninchen, Hunde) 1931, MACCORD 1932, BRÜNING und SCHNETKA (Ratten, Verteilung im Organismus) 1933, BARSOUM und SAAD 1934, HERZBERG (Hunde) 1934, JACKSON (Hunde) 1934, KRANTZ, CARR, MUSSER und HARNE (Ratten, Kaninchen) 1935, SCHWANDER (Kaninchen) 1936, TAYLOR (Ratten) 1936, LEHMANN, SCHMIDT-KEHL und Mitarbeiter (Katzen, Kaninchen, Mäuse) 1911, 1936.

Narkotische Konzentrationen. Aus den zahlreichen Untersuchungen seien folgende Werte hier wiedergegeben:

Akute Vergiftung. Mäuse: bei 25 mg/l Liegenbleiben nach 40 Minuten, nach 44 Minuten Erholung; bei 50 mg/l Liegenbleiben nach 16—27 Minuten, Reflexlosigkeit nach 1 Stunde, tödlich (LEHMANN und SCHMIDT-KEHL 1936).

Mäuse: etwa 30 mg/l Seitenlage nach 8—11 Minuten, Erholung; 60 mg/l Seitenlage nach 3 Minuten, Erholung; 165 mg/l Seitenlage nach 2¹/₂—3 Minuten, Tod nach 12—20 Minuten (FLURY, unveröffentlicht).

Tabelle 21. Katzen.
(LEHMANN und SCHMIDT-KEHL 1936.)

mg/l	Gleich-gewichts-störungen nach Min.	Liegen-bleiben nach Min.	Leichte Narkose nach Min.	Tiefe Narkose nach Min.
18,5	75	235	275	300
32	10	46	108	124
55	sofort	17	22	64
122	sofort	4	7	8

Meerschweinchen: etwa 30 mg/l Seitenlage nach ¹/₂ Stunde, Erholung nach 1 Stunde; 60 mg/l Seitenlage nach 20 Minuten, Erholung nach 3 Stunden (FLURY).

Kaninchen: 30 mg/l Seitenlage nach mehr als ¹/₂ Stunde, Erholung nach 1 Stunde; 60 mg/l Seitenlage nach 20 Minuten, Erholung nach 3 Stunden (FLURY).

Die Gehaltszahlen in Tabelle 21 wurden analytisch bestimmt. Nach tiefer Narkose Wiederkehr der Corneal- und Beinreflexe nach wenigen Minuten. Einzelne Tiere zeigten noch nach 24 Stunden Lähmung der Hinterbeine.

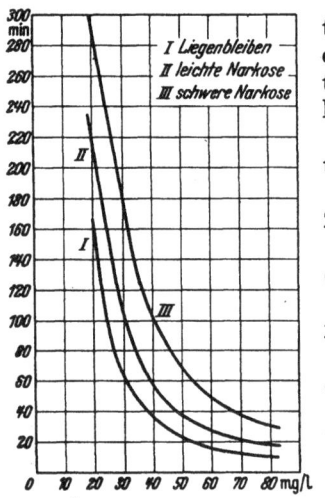

Abb. 12. Trichloräthylen.
Einatmungsversuche an Katzen
(LEHMANN und SCHMIDT-KEHL).

Hunde: 22 mg/l Seitenlage nach 1¹/₂ Stunden, tiefe Narkose nach 6 Stunden, erholt nach 24 Stunden; 60 mg/l Seitenlage nach 8 Minuten; 90 mg/l tiefe Narkose nach 2 Stunden (FLURY, unveröffentlicht).

Tödliche Konzentrationen. Maus: 40—50 mg/l tödlich nach 2 Stunden (LAZAREW 1929).

Meerschweinchen: 146 mg/l tödlich nach 2¹/₂ Stunden (CARRIEU 1927).

Katzen: 22 mg/l tödlich nach 2¹/₂ Stunden (FLURY, unveröffentlicht).

Kaninchen: 42 mg/l tödlich in 1 Stunde (LEHMANN 1911).

Hund: 150 mg/kg tödlich bei Einspritzung in das Blut (BARSOUM und SAAD 1934).

Nach K. B. LEHMANN und anderen Autoren bestehen große Unterschiede in der Empfindlichkeit der einzelnen Tierarten. Mäuse und Meerschweinchen sind empfindlicher als Katzen, dagegen sind Kaninchen weniger resistent als Katzen. Bei Kaninchen erfolgt die Narkose nur langsam und bleibt oberflächlich. Nach Beobachtungen von FLURY sind bei niederen Konzentrationen Katzen, etwa 11 mg/l, am empfindlichsten. Hier tritt nach 5—6 Stunden Seitenlage ein, während alle übrigen Tierarten noch normales Verhalten zeigen. Die Erscheinungen bei Tieren sind wenig verschieden von denen bei anderen Chlorkohlenwasserstoffen. Es treten Reizsymptome und Narkose auf. Nach einmaliger Narkose ist die Sterblichkeit gering. Bei den Versuchen von LEHMANN starben z. B. von 32 Katzen nur 2 im Laufe der darauffolgenden Wochen.

Chronische Wirkung. Solche Versuche wurden von LEHMANN 10—17 Tage lang, fast täglich 8—9stündig, mit 6,5—7,7 mg/l ausgeführt.

Kaninchen waren wesentlich widerstandsfähiger als Katzen, von denen alle 5 starben, nach 2, 3, 7, 11 und 18 Tagen. Körpergewicht und Temperatur nahmen bei den Katzen stark ab. Die Erythrocyten zeigten bei den Katzen zunächst

Anstieg, der darauffolgende Abfall führte nicht zu unternormalen Werten. Bei den Kaninchen dagegen trat mit zunehmender, obwohl nicht zum Tode führender Vergiftungsdauer Abnahme des Hämoglobingehaltes deutlicher auf als bei den Katzen. Die Leukocyten nahmen bei denjenigen Katzen, die bald verendeten, rasch ab, während sie bei den Tieren, die länger lebten, beträchtlich zunahmen. Die histologische Untersuchung der gestorbenen Tiere ergab in der Lunge außer Emphysem und Atelektasen leichte Hyperämie. In der Leber venöse Stauung und geringgradige Atrophie, bei den Katzen, aber nicht bei den Kaninchen, starke Fetteinlagerung. Die Kaninchennieren zeigten geringe Hyperämie und trübe Schwellung, die Katzennieren die übliche Fetteinlagerung.

Über *Organschädigungen bei Tieren* liegt außer den chronischen Versuchen von LEHMANN und Schülern, JOACHIMOGLU, CARRIEU, NEBULONI nicht viel Material vor.

Nervensystem. Die eigenartigen Vergiftungsbilder, wie sie bei Menschen vorkommen, sind im Tierversuch nicht zu beobachten. Außer der zentralen Wirkung treten aber bei Tieren sicher auch periphere Schädigungen auf, z. B. die noch tagelang nach der Einwirkung zurückbleibenden Lähmungen. Auch die langsame Erholung ist zum Teil auf nervöse Störungen zurückzuführen.

Kreislauf. Die Herzwirkung ist anscheinend schwächer als bei Chloroform. Der Blutdruck sinkt in der Narkose bei Trichloräthylen weniger als bei diesem. Die Gefäße sind stark erweitert, es findet sich Stauung in allen Organen, auch Thrombosen. Die Wirkung auf das Blut ist wenig charakteristisch. Bei chronischer Einwirkung kommt es zu anämischen Zuständen. Im Glase keine hämolytische Wirkung (PLÖTZ 1920).

Atmungsorgane. Mäßige Reizerscheinungen der Schleimhäute. Bei stärkerer Einwirkung Katarrhe und Entzündungen der Luftröhre. Bei tödlichen Vergiftungen Hämorrhagien der Lunge, akutes Lungenödem, Emphysem, Atelektasen.

Stoffwechsel. Nach kurz dauernder Einwirkung wurden schwerere Veränderungen nicht beobachtet. Bei wiederholter Einatmung kommt es aber, besonders beim Hund, zu Fettablagerung und fettiger Degeneration der parenchymatösen Organe (MEYER 1929, HERZBERG 1934, LEHMANN und Mitarbeiter, bei Katzen). TAYLOR (1936) sah bei Ratten keine schwereren Leberschädigungen. Bei chronischen Vergiftungen tritt starker Gewichtsverlust ein.

Niere. Die meisten Autoren sahen bei akuter Vergiftung außer Hyperämie keine Schädigungen, dagegen bei chronischer Einwirkung leichte Degeneration (MEYER 1929 bei Hunden, LEHMANN 1936 bei Katzen).

Verdauungsorgane. Appetitverlust, Verdauungsstörungen. Im Magendarmkanal bei schwerer chronischer Einwirkung entzündliche Veränderungen.

Fortpflanzung. Im Tierversuch sind keine Schädigungen von Fortpflanzung und Wachstum festgestellt (ZULKIS 1924).

Versuche bei Menschen wurden von K. B. LEHMANN und Schülern angestellt: 0,9 mg/l Geruchsschwelle. 30 Minuten lang ohne Wirkung. 1,5—2 mg/l 30 Minuten lang erträglich. 6,9 mg/l nach 6 Minuten Schleimhautreiz, Schwindel, Kopfdruck, Müdigkeit.

Akute Vergiftung bei Menschen. Lokale Reizwirkungen, Augentränen. Meistens gehen Schläfrigkeit, Benommenheit, Rauscherscheinungen, auch Euphorie, der Bewußtlosigkeit voraus. Taumeln, Gehstörungen. Besonders gefährlich ist die länger dauernde Einatmung hoher Konzentrationen und die Einatmung von warmen Dämpfen. Das akute Bild entspricht der Chloroformnarkose. STÜBER (1931) beschreibt 12 akute Todesfälle mit vorhergehender Betäubung.

Entweder tritt schnelle Erholung ohne weitere Folgen ein (STÜBER 1931, STRIKER, GOLDBLATT, WARN und JACKSON 1935) oder es kommt, oft schon am folgenden Tage, zu schweren und bleibenden Schädigungen. Diese bestehen in allerlei nervösen Nachkrankheiten, besonders sensibler Lähmung des Trigeminus, Lähmung des Geruches und Geschmackes, Tremor, Sehstörungen verschiedener Art; Mundkrankheiten, Ausfall der Zähne, ferner Erbrechen und Verdauungsbeschwerden.

Chronische Vergiftungen bei Menschen. Die Gefahr der chronischen Vergiftung ist groß. Sie treten oft erst nach langer Zeit auf, können aber auch bei jahrelanger Arbeit fehlen. Wie es scheint, kommen solche Vergiftungen in Deutschland häufiger vor als in anderen Ländern, z. B. England. K. STÜBER (1931) berichtet über 182 chronische Fälle aus der Literatur und aus eigener Beobachtung. Bei der englischen Gewerbeinspektion wurden in den Jahren 1921 bis 1935 nur 39 Fälle, davon 3 tödliche gemeldet. Die häufigsten Symtome sind: Appetitlosigkeit, Schlaflosigkeit, Kopfweh, große Ermüdbarkeit, Brustschmerzen, Atemnot, Katarrhe der Atemwege. Im Vordergrund stehen weiter Beschwerden von seiten der Verdauungsorgane, Erbrechen, Magenschmerzen, Gelbsucht. Später kommt es, aber nicht regelmäßig, nach anfänglicher Vermehrung der roten Blutkörperchen und des Hämoglobins zu leichten Anämien (BAADER 1927, STÜBER 1931). Der Blutbefund ist ziemlich normal, auch nach den englischen Autoren. Außerordentlich vielseitig sind die Störungen des Nervensystems, außer den peripheren Lähmungen findet man mannigfaltige zentrale und psychische Erscheinungen bis zu Myelitis und halbseitigen Lähmungen. Auch Delirien mit Tobsuchtsanfällen sind beobachtet worden. Hinsichtlich der Sehstörungen vgl. „Auge".

Organveränderungen beim Menschen. Nervensystem. Vegetative Symptome, Rausch, Bewußtlosigkeit, Stupor, Katatonie, epileptiforme Anfälle, Sprach- und Sehstörungen sprechen für zentrale, z. T. organische Schädigungen. Weiter sind aber für Trichloräthylen besonders die peripheren Wirkungen typisch, die auf Nervenschädigungen deuten, so vor allem die Trigeminuslähmungen. „Neurotrope" Wirkung.

Die medizinische Verwendung von Trichloräthylen gegen Trigeminusneuralgie, Angina pectoris und als Narkoticum hat unsere Kenntnisse über die Wirkungsweise stark vermehrt. Dabei ließ sich feststellen, daß die sensiblen Nervenendigungen in der Nasenschleimhaut und Haut zuerst gereizt, dann abgestumpft bzw. gelähmt werden.

Die *Kreislaufwirkungen* sind mangelhaft studiert. Eine Wirkung auf den Herzmuskel ist nicht mit Sicherheit nachgewiesen. Viele Herzerscheinungen dürften nervöser Art sein. Unter den späteren schweren Folgen kommen apoplektiforme Zustände und Apoplexien vor. Auch Angina pectoris wird beobachtet (GERBIS 1936). Gefäßschädigungen sind also hier sehr wahrscheinlich.

Blutbild. Über die Wirkungen auf die blutbildenden Organe liegen wenig Erfahrungen vor. Anämie kommt bei chronischer Vergiftung, wenn auch verhältnismäßig selten, vor. HOFFMANN (1937) berichtet über einen Fall von Perniciosa und weist auf 2 weitere Fälle von hyperchromer, megalocytärer Anämie bei chronischem Umgang mit Trichloräthylen hin. Typische Perniciosa trat bei einem 66jährigen Mann nach 3 Jahre langer Arbeit mit Trichloräthylen auf. Eine ähnliche schwere Anämie, die nach Lebertherapie ausheilte, wurde bei einem 54jährigen Chemigraphen beobachtet. LUCE betont jedoch, daß Beweise für den Zusammenhang mit Trichloräthylen noch ausstehen.

Stoffwechselstörungen sind bei akuter Vergiftung nicht sicher nachgewiesen. Dagegen finden sich bei den Nachwirkungen und bei chronischer Einwirkung Gelbsucht und deutliche Störungen. In schweren Fällen Anämie und Kachexie

(BAADER). Besonders gefährdet sind Leberkranke. Schwere Schädigungen sind aber seltener als bei Chloroform, Tetrachlorkohlenstoff, Tetrachloräthan (ROHOLM 1933, WILLCOX).

Leber- und *Nieren*schädigungen sind im Gegensatz zu Chloroform, Tetrachloräthan und Tetrachlorkohlenstoff auffallend selten (ROHOLM 1933).

Auge. Die nicht selten auftretenden Sehstörungen sind auf Wirkungen des Trichloräthylens und nicht auf Verunreinigungen zurückzuführen.

Es liegen Beobachtungen vor über Amaurosis von ZANGGER 1916, über Ödem der Papille, gestörtes Farbensehen von PLESSNER 1916, Amblyopie, retrobulbäre Neuritis von BAADER 1927, parazentrales Skotom von MEYER 1929, Sehstörungen verschiedener Art von TELEKY 1928 (nach STÜBER), KUNZ und ISENSCHMIDT 1935.

Hautschädigungen. Rötung, Brennen, auch Blasenbildung sind selten, kommen aber bei lang dauernder Berührung, besonders auch akut beim Eintauchen der Hände vor. Bei den Ekzemen spielen wahrscheinlich auch die Zersetzungsprodukte, vor allem Salzsäure, eine Rolle. Trichloräthylen hat eine verhältnismäßig schwache Reizwirkung. Die Hautresorption führt unter Umständen zu lokalen Schädigungen der Hautnerven (CARRIEU 1927, NUCK 1929, PFREIMBTER 1931/32, HOLSTEIN 1935, OETTEL 1936).

Besondere Krankheitsbilder werden in zahlreichen Fällen, unter anderem auch von STÜBER mitgeteilt. Im Vordergrund stehen die nervösen Reiz- und Lähmungserscheinungen, die Sehstörungen, trophische Störungen, Krampfanfälle, Erregungszustände, Magenbeschwerden, Haut- und Schleimhautschädigungen, Menstruationsstörungen. Apoplektische Insulte wie nach Kohlenoxyd, Schlaganfälle nach 1—2 Jahren. Diese letzteren sprechen dafür, daß Trichloräthylen nicht nur ein Nervengift ist, sondern auch das Gefäßsystem schwer zu schädigen vermag.

Gewöhnung und Sucht. Gewöhnung ist bei Arbeitern vielfach beobachtet. Es kommt nicht selten eine sog. „Trisucht" vor, da die vorsichtige Einatmung Euphorie und leichte Rauschzustände erzeugt (BAADER 1927, englische Fälle, JACKSON 1934). Trichloräthylen soll keine kumulative Wirkung haben. Bei Arbeit mit Trichloräthylen wird aber auch Überempfindlichkeit, ferner Intoleranz gegen Alkohol beobachtet (ZULKIS 1924, GERBIS 1928; vgl. auch EICHERT 1936, HOLSTEIN 1937, JORDI 1937, KRÜGER, KOELSCH, zit. STÜBER).

Gewerbliche Vergiftungen kommen vor allem vor bei der Entfettung und Reinigung von Metallwaren und Apparaten, beim offenen Arbeiten, beim Einsteigen in Behälter, bei Innenanstrichen, in Schuh- und Lederfabriken, in Waschanstalten, in der Kleinindustrie.

Nicht tödlich verlaufene Vergiftungen durch Trichloräthylen sind in großer Zahl beschrieben bzw. zusammengestellt, unter anderem von PLESSNER 1916, ZANGGER, BAADER 1927, MEYER 1929, TELEKY (zit. von STÜBER), GERBIS 1928, 1936, GLASER 1931, STRIKER und Mitarbeiter 1935, STÜBER (284 Fälle) 1931, KUNZ und ISENSCHMIDT 1935, GLIBERT 1935, EICHERT 1936, E. BROWNING 1937, v. OETTINGEN (30 Fälle) 1937, HOFFMANN (1937).

Todesfälle bei Menschen durch Trichloräthylen sind mitgeteilt unter anderem in den amtlichen deutschen Medizinalberichten, von der englischen Fabrikinspektion (A. HAMILTON) 1921—1934, von STÜBER 1931, KOCH 1931 (zit. bei v. OETINGEN), PFREIMBTER 1931, CASTELLINO 1932, DHERS 1933, VALLÉE und LECLERCQ 1935, HANSEN 1936.

Eine grundlegende Bearbeitung dieses Gebietes aus jüngster Zeit stammt von STÜBER (1931). Ihr verdanken wir eine ausgezeichnete monographische Darstellung über Trichloräthylen, die von BAADER angeregt wurde, der als erster

auf die gewerbehygienische Bedeutung dieses Stoffes hingewiesen hat. Umfangreiche tabellarische Zusammenstellung von 284 Erkrankungsfällen, größtenteils
aus der Literatur, zum Teil aus eigenen Beobachtungen, darunter 25 Todesfälle.
Akute Fälle überwiegen, nämlich 202, davon 117 mit Bewußtlosigkeit und 55 mit
Benommenheit, auch mit rauschartigen Zuständen.

Zur Frage der Verunreinigungen. ZANGGER, GERBIS, v. OETTINGEN (1937)
u. a. glauben, gewisse Vergiftungserscheinungen, isolierte Nervenschädigungen,
Sehstörungen u. dgl. auf giftige Verunreinigungen zurückführen zu müssen. Wir
halten diese Vermutung für unbegründet. Es dürfte sich in den meisten Fällen
um Wirkungen handeln, die auch der reinen Substanz zukommen.

Verhütung. Lüftung, Arbeitswechsel, Vorsicht bei Frauen, Verbot der Arbeit
für Alkoholiker, Jugendliche, Süchtige, bei Schädigung der blutbildenden Organe.

Nicht rauchen, keine offene Flammen, keine Berührung mit heißem
Metall wegen Gefahr der Phosgenbildung. Bei Berührung mit Aluminium und
Magnesium entsteht Salzsäure, mit Alkalien entzündliche flüchtige Stoffe.
Explosionsgefahr!

Behandlung. Bei akuter Vergiftung frische Luft, völlige Körperruhe, künstliche Atmung, Sauerstoff und Kohlensäure. Gegen die Magendarmstörungen
leichte Kost, Schleimsuppen. Kreislaufstörungen und Nervensymptome werden
symptomatisch behandelt. Bei Lebererkrankung und bei Anämie Leberpräparate.
Vgl. „Behandlung" im Abschnitt „Allgemeine Toxikologie" von FLURY.

Beim Arbeiten mit Trichloräthylen ist große Vorsicht notwendig.

Tetrachloräthylen.
(Perchloräthylen, Äthylentetrachlorid.)

Formel: $\begin{matrix} CCl_2 \\ \| \\ CCl_2 \end{matrix}$.

Molekulargewicht: 165,84.

Allgemeine Eigenschaften: Kp. 120,8⁰ C. D. 1,62. Sehr schwer löslich in Wasser (0,04 %
bei 25⁰). Mischbar mit Alkohol, Äther und organischen Lösungsmitteln. Nicht brennbar.
Die Flüchtigkeit ist gering. Geruch ähnlich wie Trichloräthylen, aber schwächer.

Neuerdings als Ersatz für Trichloräthylen empfohlen. Lösungsmittel für
Fette, Harze, Acetylcellulose, Reinigungsmittel, Entfettungsmittel für Metalle.
In der Medizin als parasitenabtötendes Mittel, besonders gegen Wurminfektionen.

Allgemeiner Charakter der Wirkung. Reizung der Schleimhäute, keine Hornhauttrübung (STEINDORFF 1922). Narkose mit heftigen Krämpfen. Giftigkeit
verhältnismäßig gering. Antiseptische Wirkung (JOACHIMOGLU).

Die *Resorption* erfolgt leicht durch die Lunge. Stoffwechselschädigung gering.
Im Gegensatz zu Tetrachlorkohlenstoff wird es vom Magendarmkanal aus
kaum resorbiert (LAMSON und Mitarbeiter 1929). Fettzufuhr verstärkt die
Resorption. *Ausscheidung* durch die Lunge. Schnelle Erholung.

Wirkung bei Tieren. Narkotische Konzentrationen. Mäuse: 15 mg/l Seitenlage,
20 mg/l Narkose und Reflexverlust (LAZAREW). 25 mg/l Liegenbleiben nach etwa
21 Minuten (LEHMANN 1936). Reflex-
losigkeit nach 30 Minuten, tödlich.

Bei Hunden:

62 mg/l narkotische Konzentration nach LAMSON u. a. (1929).
0,00012 mol/l (LAZAREW).

Neuere Versuche von K. B. LEH-
MANN und Mitarbeitern an Katzen
mit Analyse der Konzentration siehe
nebenstehende Tabelle 22.

Tabelle 22. Katzen.
(K. B. LEHMANN und SCHMIDT-KEHL.)

Konzen-tration mg/l	Gleich-gewichts-störungen nach Min.	Liegen-bleiben nach Min.	Leichte Narkose nach Min.	Tiefe Narkose nach Min.
19	4	123	—	—
29	7	46	155	182
46	4	23	30	51
61	2	11	16	21

Reizsymptome, Speicheln, Lecken, Niesen, Krämpfe, nach dem Versuch Umherrennen. Alle Tiere erholten sich (Abb. 13).

Über die Wirkung bei verschiedenen Einverleibungsarten bestehen Widersprüche und Unsicherheiten. Bei Einspritzung unter die Haut sind 85 mg/kg tödlich für Hunde (BARSOUM und SAAD 1934). Bei Eingabe in den Magen fand LAMSON bereits bei 4 ccm/kg tödliche Wirkung bei Hunden und Katzen.

MAPLESTONE und CHOPRA (1933) fanden 5 ccm/kg innerlich bei Katzen, BARSOUM und SAAD (1934) 6 g/kg bei Hunden tödlich. Andererseits überlebten nach LAMSON Katzen und manchmal Hunde sogar 25 ccm/kg.

Tödliche Dosen bei Einatmung: Maus: 40 mg/l (LAZAREW 1929).

Ratte: 0,5 Vol.-%, etwa 40 mg/l, tödlich in 6 Stunden (TAYLOR 1936).

Katze: 1,62 Vol.-%, 112 mg/l in $2^{1}/_{2}$ Stunden nicht tödlich (LEHMANN 1936).

Bei Einatmung ist Tetrachloräthylen etwa so wirksam wie Trichloräthylen, aber viel schwächer als Chloroform.

Bei *akuter Vergiftung* von Tieren zeigen sich Reizerscheinungen, Narkose, Krämpfe, Erregungserscheinungen.

Bei *chronischer* Vergiftung werden eine Reihe von Organveränderungen beobachtet, die auch auf Stoffwechselstörungen hinweisen.

Kreislauf. Leichte Herzschädigung, Blutdrucksenkung (LAMSON 1926).

Leber. Die Befunde sind sehr wechselnd Wie es scheint, sind die Schädigungen nicht regelmäßig und verhältnismäßig gering. LEHMANN fand ebenso wie JOACHIMOGLU bei Einatmungsversuchen keine Schädigungen. TAYLOR sah geringe Veränderungen bei Ratten.

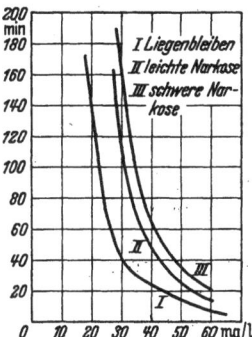

Abb. 13. Tetrachloräthylen. Einatmungsversuche an Katzen (LEHMANN und SCHMIDT-KEHL).

LAMSON beobachtete bei chronischen Versuchen an alten Hunden keine auffallenden Veränderungen, dagegen bei Katzen und jungen Hunden nach höheren Dosen fettige Degenerationen, auch mäßige Zellnekrosen in der Leber. Ebenso sahen SCHLINGMANN und GRUHZIT (1927) Leberschädigungen bei Hunden, MAPLESTONE und CHOPRA (1933) bei Katzen.

Niere. Außer starker Blutfüllung keine Veränderungen. LAMSON fand keine Schädigungen, dagegen beobachtete MAPLESTONE bei Katzen fettige Degeneration der Epithelien der Tubuli.

Vergiftung beim Menschen. Nach LEWIN (1920) ähnlich wie bei Trichloräthylen. Bei therapeutischer Verwendung als Wurmmittel treten unangenehme Sensationen, Schwindel, Schweiß, Betäubung, aber keine schweren Vergiftungserscheinungen auf. Übliche Dosis 4 ccm innerlich. Soll als Wurmmittel dem Tetrachlorkohlenstoff weit überlegen sein.

Gewerbliche Vergiftungen. BEYER und GERBIS (1931) berichteten über einen tödlichen, aber nicht ganz klaren Fall. Es handelte sich dabei um ein Lösungsmittel, dessen Hauptbestandteil Tetrachloräthylen war. Es kam zu Magendarmstörungen und zu Leberdegeneration.

Tetrachloräthylen dürfte einer der am wenigsten gefährlichen Chlorkohlenwasserstoffe sein.

Propylchlorid.
(Monochlorpropan.)

Formel: $CH_3 \cdot CH_2 \cdot CH_2 \cdot Cl$.

Molekulargewicht: 78,51.

Allgemeine Eigenschaften: Kp. 46,4° C. D. 0,89. Schwer löslich in Wasser (0,27%). Mischbar mit Alkohol, Äther und organischen Lösungsmitteln. Leicht zersetzlich.

Allgemeiner Charakter der Wirkung. Narkotisch, aber weitaus schwächer als Äthylchlorid. Nach J. MÜLLER (1925) ist es auch viel weniger narkotisch und weniger toxisch als Chloroform.

Die narkotische Wirkung wurde auch von ZOEPFFEL 1903 untersucht. Die Giftigkeit wurde ebenfalls geringer als die des Chloroforms gefunden. Die Atmung wird stark beeinträchtigt. Keine Nachwirkungen.

Tabelle 23. Versuche an Mäusen. (MÜLLER 1925.)

mg/l	Seitenlage nach Min.	Dauer der Einwirkung Std.	
24	—	2	Überlebt 2 Tage
84	20	1—2	Überlebt 2—3 Tage
122	7	1—2	Überlebt 6 Tage
163	2—3	1	Zum Teil Tod nach 1 Std. bis 4 Tagen

Stoffwechselwirkungen, Leberschädigungen u. dgl. wurden nicht beobachtet (MÜLLER 1925).

Auch *gewerbliche Vergiftungen* bei Menschen nicht bekannt.

Butylchloride.

Die narkotischen Wirkungen sind schwächer als bei den niederen Gliedern.

Die *Butylchloride* bewirken nur mäßigen, schnell abklingenden Hautreiz (OETTEL).

Das primäre Chlorid ist am wirksamsten, das tertiäre am schwächsten.

Isobutylchlorid verursacht bei Einatmung heftige Erregungserscheinungen und Narkose (OETTEL).

Amylchlorid.

Formel: $C_5H_{11}Cl$.
Molekulargewicht: 106,00.
Allgemeine Eigenschaften: Kp. 85—110⁰ C. D. 0,88.
Löslichkeit: Nicht mischbar mit Wasser.

Das technische Produkt ist ein Gemisch aus verschiedenen Amyl- und Butylchloriden. Lösungsmittel für Öle, Wachse, Harz, Teer.

Allgemeiner Charakter der Wirkung. Lokale Reizwirkung schwach. Vergleichende Versuche an Menschen über Hautwirkung der reinen Substanz sind von OETTEL angestellt worden. Bei längerer Berührung Blasenbildung. Amylchlorid wirkt ähnlich, aber langsamer als die Butylchloride.

Über *gewerbliche Vergiftungen* ist nichts bekannt.

Amylendichlorid.

Formel: $C_5H_{10}Cl_2$.
Molekulargewicht: 140,00. Verwendet werden technische Produkte.
Allgemeine Eigenschaften: Kp. 138⁰ C. D. 1,085.

Lösungsmittel für Teer, Wachs, Fette.

Tierversuche liegen anscheinend nicht vor.

Gewerbliche Vergiftungen sind nicht bekannt geworden (E. BROWNING, DURRANS.

Monochlorbenzol.

Formel: C_6H_5Cl.
Molekulargewicht: 112,5.
Allgemeine Eigenschaften: Kp. 132⁰ C. D. 1,25.
Löslichkeit: Nicht mischbar mit Wasser. Löslich in den meisten organischen Lösungsmitteln.
Flüchtigkeit: Gering, 12,5mal geringer als Äther.
Geruch: Schwach nach Mandeln.

Lösungsmittel für Acetylcellulose, Fette, Harze, Kunstharze.

Allgemeiner Charakter der Wirkung. Reizwirkung gering, narkotisch. Lähmendes Gift für das Zentralnervensystem, ähnlich wie Benzol.

Giftigkeit. Nach HAMILTON (1934) weniger toxisch als Benzol.

Narkotische Konzentrationen: Katzen (GÖTZMANN 1904): 1—3 mg/l stundenlang ertragen. 5,5 mg/l deutlich narkotische Wirkung. 11—13 mg/l Unruhe, Tremor, Muskelzuckungen, 7 Stunden ohne schwere Vergiftung.
37 mg/l Narkose nach $^1/_2$ Stunde.

Tödliche Konzentrationen für Katzen: 17 mg/l nach 7 Stunden, 37 mg/l nach 2 Stunden (GÖTZMANN).

Vergiftungen bei Menschen. Ein Kind, das 5—10 ccm verschluckt hatte, erkrankte nach 2 Stunden. 3stündige Bewußtlosigkeit, blaue Lippen, Reflexlosigkeit, Zuckungen der Gesichtsmuskeln. Allmähliche Erholung (REICH 1934).

Chronische Vergiftung. Kopfschmerz, Schwindel, Benommenheit. Harnbeschwerden.

Gewerbliche Vergiftungen. Nach Einatmung von Chlorbenzoldämpfen Schläfrigkeit, vielstündige Bewußtlosigkeit, kleiner frequenter Puls, Tremor, Muskelzuckungen, Cyanose oder Gelbfärbung der Haut. Blutbefunde: Methämoglobin (gleichzeitige Nitrobenzolwirkungen?). Geringe Leukocytose. Keine Leukopenie. Rote Blutzellen teils fragmentiert, teils kernhaltig (Degenerations- und Regenerationserscheinungen). Die Fälle sind nicht genügend aufgeklärt. Möglicherweise spielen noch andere Gifte mit (MOHR 1902).

o-Dichlorbenzol.

Formel: $C_6H_4Cl_2$.
Molekulargewicht: 146,95.
Allgemeine Eigenschaften: Kp. 179° C. D. 1,35.
Flüchtigkeit: Gering, 57mal weniger flüchtig als Äther.

Die Orthoverbindung ist flüssig, die Paraverbindung fest. In der Technik werden flüssige Gemische der Isomeren verwendet. Technische Produkte sind meist Gemische aus verschiedenen chlorierten Benzolen.

Allgemeiner Charakter der Wirkung. Lokale Reizwirkung. Lähmt das Zentralnervensystem, stark narkotisch. Stoffwechselgift, Leberschädigung.

Die Frage der Giftwirkung der Chlorbenzole ist noch ungeklärt. Die Paraverbindung soll giftiger sein als die Orthoverbindung (FRÄNKEL 1912), die allgemeine Wirkung ähnlich wie bei Monochlorbenzol, aber mit stärkeren lokalen Reizerscheinungen verbunden. Die tödliche Konzentration in Luft soll 2,5mal höher sein als bei Tetrachlorkohlenstoff. Dichlorbenzol soll weniger giftig als Tetrachloräthan (E. BROWNING), dagegen giftiger als Trichloräthylen sein (ZANGGER 1930). Dabei ist aber der Unterschied in der Flüchtigkeit zu berücksichtigen.

Akute Vergiftung. 0,1 Vol.-% für Meerschweinchen tödlich nach 20 Minuten (zit. nach E. BROWNING). Kaninchen sind widerstandsfähiger. Ratten sind ziemlich resistent.

Die *chronischen Wirkungen* scheinen nicht besonders schwer zu sein. Nach wiederholter Einatmung erwies sich bei Tieren die Konzentration von 1,5—2 mg/l als ungefährlich. Höhere Konzentrationen führen zu *Organschädigungen.* So sind z. B. bei Meerschweinchen *Leber*schädigungen beobachtet.

Niere. Reizung, Entzündung, Degeneration der gewundenen Kanälchen.

Gewerbliche Vergiftungen. Nichts Sicheres bekannt. Bei Herstellung des Stoffes auch nach jahrelanger Arbeit angeblich keine Arbeiterschädigungen (E. BROWNING). Trotzdem ist o-Dichlorbenzol nicht als harmloser Stoff anzusprechen.

Gechlorte Naphthaline.

Die gechlorten Naphthalinverbindungen sind wohl keine Lösungsmittel, gewinnen aber durch ihre vielseitige Verwendung in der Technik, insbesondere

auch in der Elektroindustrie, zu Isolierungszwecken, als Wachs- und Harz-
ersatz, eine immer größere Bedeutung. Es handelt sich dabei vorwiegend um
Gemische von Tetra-, Penta- und Hexachlornaphthalin. Im allgemeinen sind
die Erkrankungen gutartig, aber doch von hohem theoretischem und praktischem
Interesse. Die individuelle Empfindlichkeit gegen diese Stoffe wechselt ganz
außerordentlich. Manche Personen sind geradezu immun.

Die gechlorten Naphthaline „Perna", „Halowax", „Haftax" u. dgl. erzeugen
allerlei Hauterkrankungen mit Jucken, Knötchen, Eiterbläschen, Bildung von
zahlreichen Comedonen („Mitessern") u. dgl., die an Chloracne erinnern. Sowohl
Einatmung von Dämpfen, als Berührung mit den festen Stoffen und ihrem
Staub, unter Umständen auch die Aufnahme durch den Mund und Magen
können zu Vergiftungen führen. Die Hautschädigungen sind nach Tierversuchen
von der Stärke der Chlorierung abhängig. Bei Verfütterung an Tieren ist vereinzelt Lebercirrhose und Verfettung beobachtet worden (Katzenversuche von
K. B. LEHMANN). [KOELSCH, TELEKY, MAYERS und SILVERBERG 1938, DRINKER,
WARREN und BENNETT (1937), FLURY (unveröffentlichte Untersuchungen)].

In Amerika sind einige Fälle von akuter gelber Leberatrophie bei Arbeitern
vorgekommen (DRINKER und Mitarbeiter 1937). Möglicherweise sind aber hier
noch andere Giftwirkungen, insbesondere bei Arbeit mit flüchtigen Chlorkohlenwasserstoffen u. dgl. beteiligt. Von besonderem Interesse ist die Feststellung,
daß durch diese Stoffe auch die Wirkung von Tetrachlorkohlenstoff und von
Alkohol gesteigert wird. Noch stärker als die Naphthalinderivate soll das
gechlorte Diphenyl wirken. Über die höher chlorierten Benzole ist bisher nichts
Näheres bekannt.

Anhang.

Bromierte Kohlenwasserstoffe.

Die bromierten Kohlenwasserstoffe werden kaum als Lösungsmittel, dagegen
zu verschiedenen technischen Zwecken, z. B. als Feuerlöschmittel und in der
Kälteindustrie verwendet. Sie führen, wie die chlorierten Produkte, zu mehr
oder weniger schweren Vergiftungen. Besonders giftig wirkt das Methylbromid.
Hier ist es insbesondere die verzögerte Wirkung durch Bildung von giftigen
Oxydations- und Zersetzungsprodukten, die schwerste Erscheinungen am
Nervensystem und psychische Störungen, epileptiforme Anfälle, Nierenschädigungen, auslösen. Bromoform ist ähnlich wie Chloroform ein Leber- und Stoffwechselgift. Äthylbromid führt im Anschluß an die Narkose zu Spätwirkungen
mit Herzschädigung. Es ist giftiger als Äthylchlorid. Auch Propylbromid ist
giftiger als Propylchlorid. Im allgemeinen ist die narkotische Wirkung bei den
Bromderivaten der entsprechenden Gruppe schwächer als bei den Chlorverbindungen, dagegen sind wohl durchweg die Bromkohlenwasserstoffe die
giftigeren.

Zu beachten ist nicht zuletzt auch die weit intensivere Hautschädigung
durch gewisse technisch verwendete Stoffe. z. B. Äthylendibromid (PFLESSER
1938; Lit. bei FLURY-ZERNIK).

Fluorverbindungen der Kohlenwasserstoffe.

In den letzten Jahren sind einige Verbindungen dieser Reihe bekannt
geworden. Die Giftigkeit ist im allgemeinen sehr gering, nicht zuletzt weil die
Wasserlöslichkeit ungemein gering ist oder fehlt. Fluoroform, ein nicht brennbares, in Wasser schwer lösliches Gas, hat sehr mäßige und unvollständige
narkotische Wirkung. An offenen Flammen entsteht Flußsäure (SCHAUMANN

1936). Monofluortrichlormethan ist ebenfalls sehr schwach giftig. Erst hohe Konzentrationen, von 10 Vol.-% an, führen zu Reizerscheinungen, Krämpfen und Lähmung.

Dichlordifluormethan („Freon") ist, wie es scheint, noch weniger giftig. Bei 20 Vol.-% treten schwere Vergiftungserscheinungen auf. Es wird ebenfalls in der Kälteindustrie verwendet (SAYERS, YANT u. a.). Dichlortetrafluoräthan ist giftiger als die Difluorverbindung.

Von industrieller Seite wird behauptet, die neuerdings in Kühlschränken verwendeten Fluorderivate seien ungiftig. Die Giftwirkung der organischen Fluorverbindungen darf nicht unterschätzt werden. Daß auch mit spezifischen Fluorwirkungen zu rechnen ist, ergibt sich aus gewissen Symptomen, wie Tremor und Muskelzuckungen. Man muß dabei vor allem an Störungen des Kalkstoffwechsels denken. Endlich dürfen die bei Berührung mit Flammen und heißem Metall entstehenden Zersetzungsprodukte, wie Fluorwasserstoff u. dgl., bei der gewerbehygienischen Beurteilung dieser Stoffe nicht vernachlässigt werden (Lit. v. OETTINGEN, SAYERS, YANT u. a. 1930, SCHAUMANN).

Schrifttum.

A. Lehrbücher, Handbücher und Monographien.

ADLER, F. H.: Clinical physiol. of the eye. New York: MacMillan & Co. 1933.

BROWNING, E.: Toxicity of Industrial organic solvents. London: His Majesty's Stationary Office 1937.

CLAUDE-BERNARD: Les Anesthésiques. Paris 1875.

DURRANS, T.: Solvents. London: Chapman & Hall 1933.

FLURY, F. u. H. ZANGGER: Lehrbuch der Toxikologie. Berlin 1928. — FLURY, F. u. F. ZERNIK: Schädliche Gase. Berlin 1931. — FRAENKEL, S.: Arzneimittelsynthese, 6. Aufl. Berlin 1927.

HAMILTON, A.: Industrial Toxicology. New York u. London 1934. — HENDERSON and HAGGARD: Noxious Gases. New York 1927.

KOCHMANN, M.: HEFFTER-HEUBNERs Handbuch der experimentellen Pharmakologie, Bd. 1. 1923; Erg.-Werk Bd. 2. 1936.

LEHMANN, K. B.: Kurzes Lehrbuch der Arbeits- und Gewerbehygiene. Leipzig 1919.

B. Einzelveröffentlichungen.

ALBRECHT, P.: Wien. klin. Wschr. 1926 I, 65. — Arch. klin. Chir. 146, 273 (1927). — ASADA, T: Mitt. med. Akad. Kioto 16, 284 (1936).

BAADER, E. W.: Zbl. Gewerbehyg. 14, 385 (1927). — BAKER, H. M.: J. amer. med. Assoc. 88, 1137 (1927). — BARSOUM, G. S. and K. SAAD: Quart. J. Pharmacol. 7, 205 (1934). — BECK, G. u. M. SÜSSTRUNK: Arch. Gewerbepath. 2, 81 (1931). — BENZI, T.: Ber. Physiol. 35, 179 (1926). — BEYER, A. u. H. GERBIS: Veröff. Med.verw. 39 (1931). — BIANCALANI, A.: Riv. Pat. nerv. 44, 352 (1934). — BINZ, C.: Naunyn-Schmiedebergs Arch. 34, 185 (1894). — BOIDIN, L., L. ROUQUÉS et G. ALBOT: Bull. Soc. méd. Hôp. Paris 54, 1305 (1930). — BOVERI, P.: Progrès méd. 56, 1198 (1929). — BRANDT, A.: Arch. Gewerbepath. 3, 335 (1932). — BROWN-SÉQUARD, CH. E.: Gaz. med. 31 (1881). — BRÜNING, A. u. M. SCHNETKA: Arch. Gewerbepath. 4, 740 (1933). — BÜDINGER, K.: Wien. klin. Wschr. 1901 I, 735. — BURCKHARDT, L.: Naunyn-Schmiedebergs Arch. 61, 323 (1909). — BUTSCH, W. L.: J. amer. med. Assoc. 99, 728 (1932).

CAMERON, G. R. and W. A. E. KARUNARATNE: J. of Path. 42, 1 (1936). — CANTAROW, A., H. L. STEWART u. D. R. MORGAN: J. of Pharmacol. 63, 153 (1938). — CARRIEU, M. F.: Rev. d'Hyg. 49, 348 (1927). — CASTELLINO, N.: Folia med. (Napoli) 18, 415 (1932). — CHATRON, M.: Bull. Soc. Chim. biol. Paris 16, 405 (1934). — COLLIER, H.: Zit. nach Slg Vergiftsfälle 7 (1936). — COLMAN, H.: Lancet 1907 I, 1709. — CUSHNY, A. R.: J. of Physiol. 40, 17 (1910). — CUTLER, J. T.: J. of Pharmacol. 41, 337 (1931).

DAVIDSON, B. M.: J. of Pharmacol. 26, 37 (1925). — DAVIS, G. C. and H. A. HANELIN: Ind. Med. 6, 24 (1937). — DAVIS, N. C. and G. H. WHIPPLE: Arch. int. Med. 23, 612 (1919). — DAVIS, P. A.: J. amer. med. Assoc. 103, 962 (1934). — DESGREZ, A. et M. NICLOUX: C. r. Acad. Sci. Paris 125, 973 (1897). — DHERS, V.: Méd. Trav. 5, 127 (1933). — DRINKER, C. K., M. F. WARREN and G. A. BENNETT: J. ind. Hyg. 19, 283 (1937). — DUBLIN, L. J. and R. J. VANE: U.S. Dept. Lab. Bull. 582 (Industrial Accidents and Hygiene Series) (1935). — DUBOIS, R. et L. ROUX: C. r. Acad. Sci. Paris 104, 1869 (1887). — DUDLEY, S. F.: J. ind.

Hyg. 17, 93 (1935). — Duvoir, M., Guitbert et H. Desoille: Ann. Méd. lég. etc. 13, 533 (1933).
    Eichert, H.: J. amer. med. Assoc. 106, 1652 (1936). — Eichholz u. Geuter: Dtsch. med. Z. 1887, 749.
    Feil, A. et R. Heim de Balsac: Progrès méd. Paris 51, 306 (1924). — Fiessinger, N. et M. Wolf: C. r. Soc. Biol. Paris 87, 627 (1922). — Flury, F.: Unveröffentlichte Versuche. — Flury, F. u. O. Klimmer: Unveröffentlichte Versuche. — Flury, F. u. W. Neumann: Unveröffentlichte Versuche. — Flury, F., W. Neumann u. W. Müller: Unveröffentlichte Versuche. — Franco, S.: N.Y. State J. Med. 36, 847 (1936). — Frey, E.: Biochem. Z. 40, 29 (1912). — Fühner, H.: Wirkungsstärke der Narkotika. Biochem. Z. 120, 143 (1921). — Chloroform und Tetrachlormethan. Naunyn-Schmiedebergs Arch. 97, 86 (1923).
    Gasq, M.: Étude toxicologique et hygiénique des solvents chlorés acéthyléniques. Bordeaux: Delmas 1936. — Gautier, C. u. Mitarb.: Bull. Soc. méd. Hôp. Paris 1933, 1638. — Gerbis, H.: Monochlormethan. Münch. med. Wschr. 1914 I, 879. — Trichloräthylen. Zbl. Gewerbehyg. 15, 68, 97 (1928). — Dichlormethan. Veröff. Med.verw. 39, H. 1 (1932). — Trichloräthylen. Arch. Gewerbepath. 7, 421 (1936). — Glaser, M. A.: J. amer. med. Assoc. 96, 916 (1931). — Glibert, D.: Le Scalpel 88, 1446 (1935). — Götzmann, P.: Diss. Würzburg 1904. — Grimm, V., A. Heffter u. G. Joachimoglu: Vjschr. gerichtl. Med., III. F. 48, Suppl. 2, 149 (1914). — Gross, E.: Unveröffentlicht.
    Haigler, F. H.: Nav. med. Bull. (Washington) 30, 137 (1932). — Hansen, E. H.: Slg Vergiftgsfälle 7, 143 (1936). — Hausmann et Helly: Rev. Suisse Accid. Trav. 23, 50 (1929). — Henggeler, A.: Schweiz. med. Wschr. 1931 I, 223. — Herzberg, M.: Anesthesia a. Analgesia 13, 203 (1934). — Heymans, J. F.: Ann. Soc. Méd. de Gand (Gent) 1892. — Heymans, J. F. et D. Debuck: Archives internat. Pharmacodynamie 1, 1 (1895). — Hoffmann: Med. Welt 11, 12 (1937). — Holstein, E.: Zbl. Gewerbehyg. 24, 49 (1937). — Hornowski, J.: Arch. Méd. expér. et Anat. path. 21, 702 (1909). — Hueper, W. C. and C. Smith: Amer. J. med. Sci. 189, 778 (1935).
    Inman, C.: J. med. Res. 32, 73 (1915).
    Jackson, D. E.: Anesthesia a. Analgesia 13, 198 (1934). — Joachimoglu, G.: Trichloräthylen. Berl. klin. Wschr. 1921 I, 147. — Methan-Äthan-Äthylen-Chlorderivate. Biochem. Z. 124, 130 (1921). — Jordi, A.: Helvet. med. Acta 4, 767 (1937). — Jungfer: Zbl. Gewerbehyg. 2, 222 (1914).
    Kegel, A. H., W. D. McNally and A. S. Pope: J. amer. med. Assoc. 93, 353 (1929). — Kiessling, W.: Biochem. Z. 114, 292 (1921). — Kionka, H.: Arch. internat. Pharmacodynamie 7, 475 (1900). — Münch. med. Wschr. 1931 II, 2107. — Kistler, G. H. and A. B. Luckhardt: Anesthesia a. Analgesia 8, 65 (1929). — Kodama, S.: Tohoku J. exper. Med. 5, 149 (1925). — Koelsch, F.: Münch. med. Wschr. 1915 II, 1567. — Zbl. Gewerbehyg. 4, 69, 312 (1916). — König, R.: Arch. klin. Chir. 90, 1 (1913). — Krantz, J. C., C. J. Carr, Musser, R. and W. G. Harne: J. amer. pharmaceut. Assoc. 24, 754 (1935). — Krüger, E.: Arch. Gewerbepath. 3, 798 (1932). — Kunz, E. u. R. Isenschmid: Klin. Mbl. Augenheilk. 94, 577 (1935).
    Lamson, P. D., G. H. Gardner u. Mitarb.: Tetrachlorkohlenstoff. Pharmakol. u. Toxikol. J. of Pharmacol. 22, 215 (1924). — Lamson, P. D., B. H. Robbins and C. B. Ward: Tetrachloräthylen. Amer. J. Hyg. 9, 430 (1929). — Lamson, P. D. and R. Wing: Lebercirrhose durch Tetrachlormethan. J. of Pharmacol. 29, 191 (1926). — Tetrachlormethan u. Säure-Basen-Gleichgewicht des Blutes. J. of biol. Chem. 69, 349 (1926). — Larionow: Zit. nach Lazarew, bei v. Oettingen, S. 395. — Lattes, L.: Slg Vergiftgsfälle 5 (1934). — Lazarew, N. W.: Methan-Äthan-Äthylen-chlorderivate. Naunyn-Schmiedebergs Arch. 141, 19 (1929). — Lehmann, K. B.: Arch. f. Hyg. 74, 1 (1911). — Zbl. Gewerbehyg. 17, 123 (1930). Lehmann, K. B. u. Hasegawa: Arch. f. Hyg. 72, 327 (1910). — Lehmann, K. B. u. L. Schmidt-Kehl: Arch. f. Hyg. 116, 131 (1936). — Lehnherr, E. R.: Arch. int. Med. 56, 98 (1935). — Leites, R.: Arch. f. Hyg. 102, 91 (1929). — Lejeune, E.: Arch. Gewerbepath. 5, 274 (1934). — Leoncini, F.: Rass. Med. appl. lavoro ind. 5, 6 (1934). — Léri, A. et Bréitel: Bull. Soc. méd. Hôp. Paris 1922, 1406. — Lewin, L.: Z. Öl- u. Fettind. 40, 421, 439 (1920). — Löwy, J.: Arch. Gewerbepath. 6, 157 (1935). — Lotheisen: Münch. med. Wschr. 1900 I, 601. — Luce, F.: Med. Welt 1937, Nr 15. — Lütkens: Arch. f. Hyg. 98, 59 (1927). — Lutz, G.: Arch. Gewerbepath. 1, 740 (1930).
    Maloff, G. A.: Naunyn-Schmiedebergs Arch. 134, 168 (1928). — Maplestone, P. A. and R. N. Chopra: Indian med. Gaz. 68, 554 (1933). — Marchetti, G.: Pathologica (Genova) 3, 3 (1912). — Matsushita, T.: Mitt. med. Akad. Kioto 10, 195 (1934). — Mauro, G.: Med. del Lavoro 197 (1930). — Zbl. Gewerbehyg. 8, 241 (1931). — Mayers, M. R. and M. G. Silverberg: J. ind. Hyg. 20, 244 (1938). — McCord, C. P.: J. amer. med. Assoc. 99, 409 (1932). — McGuire, L. W.: J. amer. med. Assoc. 99, 988 (1932). — McMahon, H. E. and S. Weiss: Amer. J. Path. 5, 623 (1929). — Meersseman, F.: C. r. Soc. Biol. Paris 117, 931 (1934). — Meersseman, F., L. Perrot et E. Franque: C. r. Soc. Biol. Paris

117, 934 (1934). — MERZBACH, L.: Z. exper. Med. 63, 383 (1928). — MEYER, H.: Klin. Mbl. Augenheilk. 82, 309 (1929). — MEYER, K. H. u. H. GOTTLIEB-BILLROTH: Z. physiol. Chem. 112, 55 (1921). — MINOT, A. S.: Tetrachlormethan und Calcium. Proc. Soc. exper. Biol. a. Med. 24, 617 (1927). — J. of Pharmacol. 43, 295 (1931). — MINOT, A. S. and J. T. CUTLER: Proc. Soc. exper. Biol. a. Med. 26, 138 (1928). — MINOT, G. R. and L. W. SMITH: Arch. int. Med. 28, 687 (1921). — MOHR, L.: Dtsch. med. Wschr. 1902 I, 73. — MØLLER, K. O.: J. ind. Hyg. 15, 418 (1933). — MÜLLER, J.: Naunyn-Schmiedebergs Arch. 109, 276 (1925).

NEBULONI, A.: Med. del Lavoro 21, 399 (1930). — NEUMANN, W. u. W. MÜLLER: Unveröffentlicht. — NICLOUX: Siehe DESGREZ u. NICLOUX. — NOTHNAGEL, H.: Berl. klin. Wschr. 1866 I, 31. — NUCK: Zbl. Gewerbehyg. 16, 295 (1929). — NUCKOLLS, A. H.: Underwriters Laboratories' Report., Miscellaneous Hazards 1933, Nr 2375.

OETTEL, H.: Naunyn-Schmiedebergs Arch. 183, 641 (1936). — OETTINGEN, W. F. VON: J. ind. Hyg. 19, 349 (1937). — OGAWA, S.: Beitr. Physiol. 3, 111 (1925). — OHNESORGE, G.: Dtsch. med. Wschr. 1930 I, 961.

PAGNIEZ, PH., A. PLICHET et N. K. KOANG: Presse méd. 40, 1146 (1932). — PANAS, M.: C. r. Acad. Sci. Paris 107, 921 (1888). — PANHOFF: Arch. f. (Anat. u.) Physiol. 1881, 419. PANTELITSCH, M.: Diss. Würzburg 1933. — PARMENTER, D. C.: J. ind. Hyg. a. Toxicol. 2, 456 (1920/21); 5, 159 (1923/24). — PASQUALE, B. B.: Sperimentale 77, 5 (1923). — PATTY, F. A., W. P. YANT and C. P. WAITE: U.S. Publ. Health Rep. 45, 1963 (1930). — PEOPLES, A. S. and C. D. LEAKE: J. of Pharmacol. 48, 284 (1933). — PFLESSER, G.: Arch. Gewerbepath. 8, 591 (1938). — PFREIMBTER, R.: Dtsch. Z. gerichtl. Med. 18, 339 (1931/32). — PLAGGE, H.: Biochem. Z. 118, 129 (1921). — PLESSNER: Mschr. Psychiatr. 39, 129 (1916). — Berl. klin. Wschr. 1916 I, 514. — Neur. Zbl. 35, 350 (1916). — PLÖTZ, W.: Biochem. Z. 103, 243 (1920). — POINDEXTER, C. A. and C. H. GREENE: J. amer. med. Assoc. 102, 2015 (1934).

v. REDWITZ: Münch. med. Wschr. 1938 I, 497. — REICH: Slg Vergiftgsfälle 5 (1934). — REUSS, A.: Diss. Würzburg 1931. — ROBBINS, B. H.: J. of Pharmacol. 37, 203 (1929). — ROHOLM, K.: Ugeskr. Laeg. (dän.) 95, 1183 (1933). — ROTH, O.: Schweiz. Z. Unfallheilk. 17, 169 (1923).

SANSOM, A. E.: Brit. med. J. 1867, 206. — SAYERS, R. R., W. P. YANT, B. G. H. THOMAS and L. B. BERGER: U.S. Publ. Health Bull. 1929, Nr 185. — SAYERS, R. R., W. P. YANT, C. P. WAITE and F. A. PATTY: U.S. Publ. Health Rep. 45, 225 (1930). — SCAMAZZO, A.: Arch. di Antrop. crimin. 57, Suppl.-H., 555 (1937). — SCHAUMANN, O.: Medizin und Chemie. Abh. med.-chem. Forschgsstätt. J.G. 2, 139 (1934). — Arch. f. exper. Path. 181, 144 (1936). — SCHEURLEN, v. u. H. WITZKY: Zbl. Gewerbehyg. 12, 60 (1935). — SCHIBLER, W.: Schweiz. med. Wschr. 1929, 1079. — SCHLINGMANN, A. S. and O. M. GRUHZIT: J. amer. vet. med. Assoc. 71, 189 (1927). — SCHULTZE, E.: Berl. klin. Wschr. 1920 I, 941. — SCHUR, H. u. J. WIESEL: Wien. klin. Wschr. 1908 I, 247. — SCHÜTZ, H.: Arch. Gewerbepath. 8, 469 (1938). — SCHWANDER, P.: Arch. Gewerbepath. 7, 109 (1936). — SCHWARZ, F.: Dtsch. Z. gerichtl. Med. 7, 278 (1926). — SCHWARZ, F. u. H. ZANGGER: Zbl. Gewerbehyg. 3, 246 (1926). — SCHWARZ, N. W.: Arch. klin. Chir. 153, 386 (1928). — SCHWENKENBECHER: Arch. f. (Anat. u.) Physiol. 1904, 121. — SMYTH, H. F. and H. F. SMYTH JR.: J. amer. med. Assoc. 107, 1683 (1936). — SMYTH, H. F., H. F. SMYTH JR. and C. P. CARPENTER: J. ind. Hyg. 18, 277 (1936). — STEINDORFF, K.: Dtsch. med. Wschr. 1922 II, 1466. — Graefes Arch. 109, 252 (1922). — STORAT: Dtsch. med. Wschr. 1910 II, 1362, zit. nach KOCHMANN. — STRIKER, C., S. GOLDBLATT, J. S. WARN and D. E. JACKSON: Anesthesia a. Analgesia 14, 68 (1935). — STÜBER, K.: Arch. Gewerbepath. 2, 398 (1931). — SYDENSTRICKER, V. P. W., B. J. DELATOUR and G. H. WHIPPLE: J. of exper. Med. 19, 536 (1914).

TAKASAKA, T.: Dtsch. Z. gerichtl. Med. 6, 488 (1925). — TAPERNOUX: C. r. Soc. Biol. Paris 105, 654 (1930). — TAUBER: Zbl. med. Wiss. 1880, 775. — TAYLOR, H.: J. ind. Hyg. 18, 175 (1936). — TELEKY: Klin. Wschr. 1927 I, 845, 897. — TIETZE, A.: Arch. Gewerbepath. 4, 733 (1933).

VALLÉE, C. et J. LECLERCQ: Ann. Méd. lég. etc. 15, 10 (1935). — VELEY, H.: Lancet 1909 II, 1162. — VILLINGER: Arch. klin. Chir. 83, 780 (1907).

WALLER, A. D.: Zit. nach KOCHMANN. — WALLER, A. and H. VELEY: Lancet 1909 II, 369. — WHITE, J. L. and P. P. SOMERS: J. ind. Hyg. 13, 273 (1931). — WILLCOX, W.: Brit. med. J. 1916, 297. — Lancet 1931 II, 1, 57, 111. — WILLCOX, W. H.: Lancet 1914 II, 1489. WILLCOX, W. and S. F. DUDLEY: Brit. med. J. 1934, 105. — WILLCOX, W. H., B. H. SPILSBURY and T. M. LEGGE: Trans. med. Soc. Lond. 38 (1915). — WIRTSCHAFTER, Z. T.: Amer. J. Publ. Health 23, 1035 (1933). — WITTE: Dtsch. Z. Chir. 4, 548 (1874). — WITTGENSTEIN, H.: Naunyn-Schmiedebergs Arch. 83, 235 (1918). — WURM, E.: Arch. Gewerbepath. 2, 767 (1931).

YOUNG, C.: Canad. med. Assoc. J. 35, 419 (1936).

ZANGGER, H.: Zit. nach v. OETTINGEN S. 420. — Schweiz. med. Wschr. 1929 I, 469. — Arch. Gewerbepath. 1, 77 (1930). — ZOEPFFEL, R.: Naunyn-Schmiedebergs Arch. 49, 89 (1903). — ZOLLINGER, F.: Arch. Gewerbepath. 2, 298 (1931). — ZULKIS, S.: Zahnärztl. Rdsch. 33, 524 (1924).

C. Alkohole, Ester, Aldehyde und Ketone, Äther, einschließlich Weichmachungsmittel.

Von
F. FLURY und O. KLIMMER-Würzburg.

1. Alkohole.

Allgemeines.

Als technische Lösungsmittel kommen nur die niederen flüchtigen Glieder der Alkoholreihe in Betracht. Die höheren Alkohole vom Hexylalkohol an haben keine technische Bedeutung. Von 5 Kohlenstoffen an sind die Alkohole schwer flüchtig. Die höchsten Glieder, von 10 Kohlenstoffatomen an, sind feste Körper. Die zwei- und mehrwertigen Alkohole sind wenig flüchtige Verbindungen. Während mit zunehmendem Molekulargewicht die Siedepunkte steigen, nimmt die Löslichkeit in Wasser schnell ab. Das Lösungsvermögen für Fette steigt dagegen an. Die niederen Alkohole sind leicht brennbar. In chemischer Hinsicht sind die Alkohole durch die Hydroxylgruppe OH charakterisiert. Bei der Oxydation der primären Alkohole entstehen Aldehyde und Carbonsäuren, aus sekundären Alkoholen Ketone und Säuren. Diese Abbauprodukte entstehen auch im Organismus und spielen eine Rolle bei den spezifischen Wirkungen der verschiedenen Alkohole.

Wie in den physikalischen Konstanten zeigt sich auch in bezug auf Geruch, Geschmack, Reizwirkung, z. B. Sensibilität der Mundhöhle, eine deutliche Abstufung. Das niedrigste Glied, der Methylalkohol, hat die geringste Wirkung, Äthylalkohol ist bereits erheblich wirksamer, noch stärker wirken die Propylalkohole usw. Die örtliche Wirkung hängt zusammen mit der Fähigkeit, Fette zu lösen, Eiweiß zu fällen und den Geweben, besonders in höheren Konzentrationen, Wasser zu entziehen. Die Fähigkeit Eiweiß zu fällen, steigt mit dem Molekulargewicht an. Methylalkohol fällt in 17—20%iger Lösung, Äthylalkohol bei 16—18, Butylalkohol bei 4—6, Amylalkohol bei 2—4%. Die Desinfektionskraft steigt vom Methylalkohol bis zum Amylalkohol an. Auch die Wirksamkeit am peripheren Nervensystem steigt mit dem Molekulargewicht an, wie Geschmacksversuche an der Zunge, Versuche an der tierischen Hornhaut u. dgl. zeigen. Methylalkohol reizt am wenigsten, Amylalkohol am stärksten.

Alkohole haben auch anästhetische, lokalbetäubende Wirkung. Auf die anfängliche erregende Wirkung folgt bald sensible Lähmung. Die lokalanästhetische Wirkung des Butylalkohols und des Amylalkohols ist etwa 6mal größer als die des Äthylalkohols.

Die Alkohole werden durch die unverletzte Haut und durch alle Schleimhäute resorbiert. Tiere lassen sich durch Aufbringen von Alkohol auf die Haut narkotisieren. Die Hautresorption erfolgt aber langsam und spielt beim Menschen praktisch keine Rolle. Dagegen werden die Dämpfe durch die Lunge mehr oder weniger leicht aufgenommen. Dabei kommt es, ebenso wie bei der Aufnahme in den Magen zu Rauscherscheinungen, zu Narkose, unter Umständen auch zu tödlicher Vergiftung durch Lähmung des Atemzentrums. Die Stärke der narkotischen Wirkung nimmt mit dem Molekulargewicht zu.

Die Giftwirkung geht aber keineswegs parallel mit der narkotischen Wirkung. Dies liegt in den besonderen Verhältnissen des Abbaus im Körper. Aus Methylalkohol entstehen Formaldehyd und Ameisensäure, aus den höheren Alkoholen neben Aldehyden bzw. Ketonen eine größere Anzahl verschiedener Säuren, die für die Giftwirkung nicht ohne Bedeutung sind.

Je leichter der Abbau zu Kohlensäure und Wasser erfolgt, um so vollständiger ist die Entgiftung. Die in Wasser leicht löslichen Alkohole werden langsam, zum Teil unverbrannt ausgeschieden. Gewöhnung an die narkotische Wirkung findet bei allen Alkoholen statt. Bei der Gewöhnung, die anscheinend am stärksten beim Äthylalkohol erfolgt, spielt die Schnelligkeit des Abbaus und der Ausscheidung eine wichtige Rolle.

Alkohole mit verzweigten Kohlenwasserstoffketten, „Isoalkohole", sind weniger wirksam als ihre normalen Isomeren. Ebenso bestehen deutliche Unterschiede in der Wirkung der primären und sekundären Alkohole. So erwies sich der sekundäre Butylalkohol stärker narkotisch als der normale Butylalkohol. Die zweiwertigen Glykole nehmen wegen ihrer geringen Flüchtigkeit und ihrer spezifischen Giftwirkung auf die Niere eine Sonderstellung ein.

Im allgemeinen ist zu sagen, daß die Alkohole mit Ausnahme des Methylalkohols zu den harmloseren Lösungsmitteln gehören.

Spezieller Teil.

Methylalkohol.
(Methanol, Holzgeist, Carbinol.)

Formel: CH_3OH.

Molekulargewicht: 32.

Kp. 66° C. $D_4^{20} = 0,796$.

Löslichkeit: Mischbar mit Wasser, aber nicht mit allen organischen Lösungsmitteln. Fette und Öle werden nur wenig gelöst.

Brennbarkeit: Flammpunkt: $+ 6,5°$ C. Explosibilität: Grenze zwischen 5,5 und 21 Vol.-%, Selbstentzündung bei 475° C.

Flüchtigkeit: Verhältnismäßig leicht flüchtig. Maximale Luftsättigung: 170 mg/l bei ·20° C. 6,3 mal weniger flüchtig als Äther.

Geruch: Ähnlich wie Äthylalkohol, aber schwächer. Geruchsschwelle nach HALLENBERG: Für Methylalkohol 0,025%ige Lösung, für Äthylalkohol 0,0016%.

Technische Verwendung. In Laboratorien und Technik sehr vielgestaltig. Als Lösungsmittel für Beizen, Polituren, Lacke. Als Vergällungsmittel für Zaponlack, zum Umkrystallisieren usw.

Vergiftungsmöglichkeiten. Bei der Herstellung chemischer und kosmetischer ·Präparate, bei Verwendung als Lösungsmittel, Putzmittel, Reinigungsmittel, in vielen Industriezweigen. Seiden- und Hutfabrikation, optische Industrie, Holzbearbeitung. Einatmung von Dämpfen von Brennspiritus und vergälltem Alkohol. Methylalkohol wird zuweilen zur Fälschung von Äthylalkohol verwendet. Dadurch kommen nicht selten tödliche Vergiftungen vor. Häufig sind auch Verwechslungen mit Äthylalkohol. Zu beachten ist, daß auch der reinste synthetische Methylalkohol giftig wirkt. Es handelt sich also bei Vergiftungen nicht, wie vielfach angenommen wird, um Verunreinigungen.

Allgemeiner Wirkungscharakter. Betäubende Wirkung, Narkose, die aber geringer ist als bei Äthylalkohol. Die Narkose ist meistens nicht reversibel, sondern geht in schwere Vergiftung über. Methylalkohol besitzt eine besonders starke Giftwirkung, weil der Abbau im Organismus langsamer und in anderer Weise erfolgt. Es bilden sich giftige Stoffwechselprodukte, vor allem Formaldehyd und Ameisensäure.

Örtliche Wirkung. Der Dampf reizt alle Schleimhäute. Der Reiz ist verhältnismäßig gering, wird aber schon bei halber Sättigung der Luft bei Zimmertemperatur, unerträglich. Längerer Aufenthalt in Luft, die 5 Vol.-%, etwa 65 mg im Liter, enthält, ist unmöglich. Der Dampf verursacht heftige Bindehautentzündung, auch Epitheldefekte an der Hornhaut des Auges. Flüssiger

Methylalkohol führt bei längerer Einwirkung auf die Haut zu mäßiger Wärmeempfindung, geringer Hyperämie, aber kaum zum Gefühl des Brennens, die Haut wird trocken und spröde. Hautschädigungen und berufliche Ekzeme sind bei Polierern und bei Sanitätspersonal beobachtet worden.

Resorption. Methylalkohol wird verhältnismäßig leicht durch die Haut und Schleimhäute resorbiert. Bei der Einatmung tritt die Hauptmenge in das Blut über, während sich ein nicht unerheblicher Teil in den Mundflüssigkeiten auflöst. Die Verteilung auf die Organe erfolgt schnell. Durch die geringe Löslichkeit für Fette und die unbegrenzte Mischbarkeit mit Wasser unterscheidet sich der Methylalkohol von den meisten Lösungsmitteln.

Verteilung, Schicksal im Organismus, Abbau. Der resorbierte Methylalkohol findet sich sehr rasch in allen Organen und Körperflüssigkeiten. Wegen

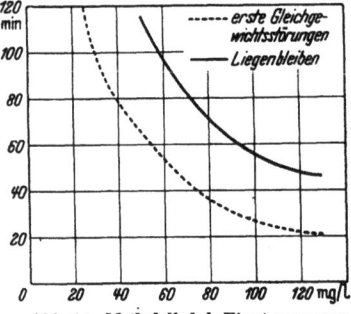

Abb. 14. *Methylalkohol.* Einatmungsversuche an Mäusen. (FLURY - KLIMMER.)

des langsamen Abbaus und der verzögerten Ausscheidung kommt es zu Speicherung, „Kumulation". Die Bindung an die Gewebe soll am stärksten im Auge und in den Keimdrüsen sein, dann absteigend in Herz, Gehirn, Knochenmark, Niere und Leber. YANT und SCHRENK fanden die höchsten Konzentrationen in Blut, Augenflüssigkeit, Galle und Harn, die niedrigsten in Knochenmark und im Fettgewebe.. Für die Verteilung des Methylalkohols spielt der Wassergehalt der Organe eine maßgebliche Rolle. Der Abbau im Organismus erfolgt wegen der trägen chemischen Reaktion nur allmählich und unvollständig, so daß ein Teil unverändert und wegen der großen Wasserlöslichkeit lange Zeit im Gewebe festgehalten wird. Im Organismus entsteht das giftige Formaldehyd und Ameisensäure. Die Ausscheidung durch die Lunge, Niere, Haut usw., setzt bald nach der Aufnahme ein, dauert aber sehr lange an. Bei schweren Vergiftungen finden sich noch bis zu einer Woche, in leichteren Fällen nach mehreren Tagen geringe Mengen im Körper. Nach ROST und BRAUN ist die Ausscheidung als Methylalkohol und Ameisensäure sehr gering.

Tierversuche. In der Literatur liegen zahlreiche Untersuchungen vor, besonders auch vergleichende Versuche an Wassertieren und Fischen, sonst meist Fütterungsversuche (Untersuchungen von ROST und BRAUN, von WEESE).

Nach allen Angaben der Literatur und unveröffentlichten Versuchen von LINDNER und O. KLIMMER-Würzburg ist Methylalkohol weniger narkotisch, wegen seiner Nachwirkungen aber zweifellos giftiger als Äthylalkohol (Abb. 14). Eigene Versuche bei Einatmung ergaben:

Ratten: 65 mg/l nach 1 Stunde: Leichte Schläfrigkeit, keine Nachwirkung. 67 mg/l nach $2^1/_2$ Stunden: Tiefe Narkose.

Katzen: Unter 170 mg/l innerhalb 6 Stunden leichte Narkose, über 170 mg/l nach 6 Stunden tiefe Narkose (Nebel!; FLURY und WIRTH). Schwere Allgemeinstörungen von 44 mg/l = 3,4 Vol.-% an nach 6 Stunden. Konzentrationen, die bei einmaliger Einatmung nur leichte narkotische Symptome hervorrufen, können tödliche Nachwirkungen zur Folge haben. Nach 86 mg/l = 6,6 Vol.-%: Tod. Bei der Einwirkung bis zur tiefen Reflexlosigkeit starben alle Tiere.

Akute Vergiftung bei Menschen. Auch nach Einwirkung von Dämpfen Benommenheit, Schwindel, Cyanose (Blaufärbung der Haut), Leibschmerzen, Krämpfe. Störungen der Verdauungsorgane und der Blase.

Sehstörungen. Weite Pupillen, Akkommodationsstörungen.

Schwere Rauschzustände von langer Dauer. Oft treten erst nach einer Latenzzeit von Stunden und Tagen schwere Vergiftungssymptome auf.

Die für den Menschen schädliche Mindestmenge wechselt offenbar sehr stark und ist daher nicht sicher festzustellen: Gewöhnlich gelten 5—10 g als giftig. Für einen Hund sind 7—9 g tödlich. Diese Mengen können zur Erblindung führen.

Nachwirkungen beim Menschen. Müdigkeit, Unbehagen, Übelkeit, Gliederschmerzen, Blausucht, Erbrechen, Verdauungsstörungen, Harnbeschwerden. Besonders charakteristisch: Sehstörungen, auch Erblindung, Krämpfe, Atemnot, Tod durch Herzschwäche. Die individuelle Empfindlichkeit schwankt in weiten

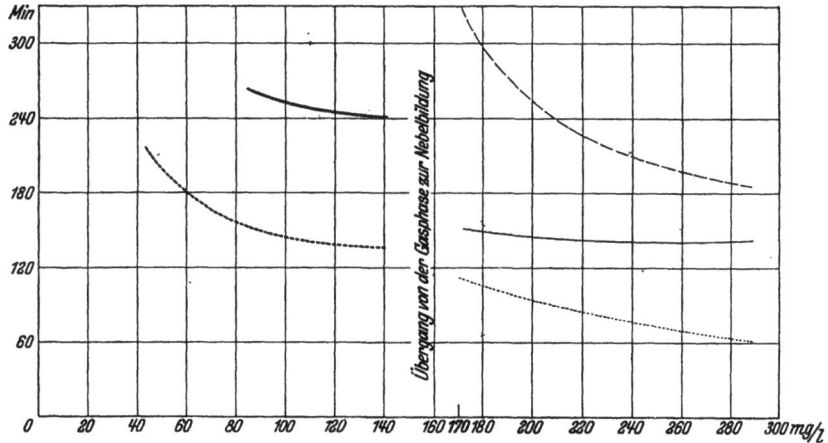

Abb. 15. Akute Vergiftung durch Methylalkohol. , Versuchstiere: Katzen. (Die rechtsstehenden Kurventeile von 170 mg/l an entsprechen übersättigten Methylalkohol-Luftgemischen.) Zeichenerklärung siehe Abb. 22 Methylacetat. [Aus FLURY-WIRTH: Zur Toxikologie der Lösungsmittel. Arch. Gewerbepath. 5 (1933).]

Grenzen. *Die Erholung* erfolgt nach akuter oder chronischer Vergiftung immer sehr langsam.

Chronische Vergiftung. Begünstigend für die chronische Vergiftung wirkt die *langsame Ausscheidung, und die sog. Kumulation.* Reizung aller Schleimhäute, Kopfschmerzen, Lungenerkrankungen, Ohrensausen, nervöse Störungen (Zittern, Nervenentzündungen, Neuralgien und Sehstörungen bis zu Erblindung).

Gewöhnung ist bei Menschen und Tieren festgestellt. Im Tierversuch lassen sich Hunde an sicher tödliche Mengen gewöhnen (LEO). In einzelnen Fällen soll auch lang dauernde Beschäftigung mit Methylalkohol zu keiner erkennbaren Gesundheitsschädigung führen.

Sektionsbefunde. Bei akuter Vergiftung rote Färbung der Haut, rötlich-livide Totenflecke. Cyanose und Gelbfärbung der Haut; Reizerscheinungen der Schleimhaut der Atemwege, des Darmes, der Blase und Hirnhäute. Blutaustritte in allen Organen und serösen Häuten, Herzerweiterung, Blutstauung in den Organen. Starke Fettinfiltration in Leber und Nieren, bei chronischer Vergiftung auch Degeneration. Muskulatur braunrot verfärbt, Blut krebsfarbig oder braunrot. Lungenödem. Degenerative Schädigungen im Nervensystem und in allen parenchymatösen Organen.

Erkennung. Geruch in der Ausatmungsluft. Chemischer Nachweis (Permanganattitration). Nachweis von Methylalkohol und vermehrter Ameisensäure im Harn.

Behandlung. Alkalitherapie, Zufuhr von Kaliumsalzen organischer Säuren, wodurch Carbonate entstehen. — Aderlaß, Einatmung von Sauerstoff und Kohlendioxyd, Herzmittel, Analeptica.

Gewerbliche Schädigungen. Berufliche Erkrankungen kommen bei Arbeitern nicht selten vor. In der Literatur sind zahlreiche Fälle mitgeteilt, bei denen örtliche Reizerscheinungen, vor allem Augenerkrankungen, Schädigungen der Atmungsorgane, Bronchopneumonien, Blasenentzündungen, Verdauungsstörungen vorkommen. In leichteren Fällen treten nur Augenstörungen, Kopfschmerzen und andere subjektive Erscheinungen auf, bei schwerer Vergiftung kommt es zu Rausch und Bewußtlosigkeit, schwerer Cyanose, Krämpfen, Senkung der Temperatur und Koma. Erblindungsfälle nach 2—4tägiger Arbeit in Bierbottichen mit methylalkoholhaltigem Firnis (A. HAMILTON). Englische Fälle bei E. BROWNING.

Über Vergiftungen nach Resorption von der *Haut* vgl. LEWIN, STARKENSTEIN - ROST - POHL, TYSON. Bei Verwendung von Kopfwaschmitteln, auch zur Händereinigung, sind vielfach Sehstörungen, auch Taubheit beobachtet worden. In der Literatur zahlreiche Mitteilungen über Schädigungen nach Einatmung von Dämpfen: RAMBOUSEK, KOELSCH, FÜHNER, LEWIN. Besonders schwere Schädigungen werden bei der Arbeit mit heißen Dämpfen oder bei hoher Außentemperatur beobachtet. Über Augenerkrankungen vgl. KRÜGER, HESSBERG, TELEKY, BREZINA, VOLOKONENGO, ULLMANN, BULLER, LEWIN-GUILLERY.

Vergiftungsfälle nicht gewerblicher Art. Einzelne Vergiftungen, auch Massenvergiftungen sind in großer Zahl bekannt geworden (vgl. die Lehrbücher der Toxikologie, ferner HEFFTERS Handbuch der experimentellen Pharmakologie; über Massenvergiftungen LESCHKE, FÜHNER, STADELMANN).

Äthylalkohol.
Äthanol, Weingeist, Spiritus.

Formel: C_2H_5OH.
Molekulargewicht: 46,05.
Kp. 78,5⁰ C.
Löslichkeit: Mit Wasser in jedem Verhältnis mischbar. Lösungsvermögen für Fette beschränkt, aber größer als bei Methylalkohol.
Brennbarkeit: Flammpunkt: + 12⁰ C.
Flüchtigkeit: Dampfdruck bei 20⁰ C: 44 mm Hg = 110 mg/l. 8,3mal weniger flüchtig als Äther.
Geruch: Typisch, erfrischend. Brennender Geschmack.

Technische Verwendung von unübersehbarer Mannigfaltigkeit. Als Lösungsmittel vielfach mit Zusatz von Vergällungsmitteln.

Allgemeiner Charakter der Wirkung. Örtliche Wirkung. Brennen und Wärmegefühl an den Schleimhäuten tritt etwa von 20% an auf. Konzentrationen von etwa 50% an bewirken Schmerz. Die Einatmung von Alkoholdämpfen führt zur Auslösung verschiedener Reflexe, die die Atmung beeinflussen, zu Reizerscheinungen und zu Bronchialkrämpfen.

Auf der Haut entstehen Rötung und Brennen erst von etwa 80% an. Durch langen Gebrauch zur Händedesinfektion wird die Haut trocken, spröde und rissig. Unter die Haut gespritzt bewirkt Äthylalkohol heftige Schmerzen. Auf die sensible Erregung folgt Abstumpfung der Schmerzempfindlichkeit.

Resorptive Wirkung. Allgemeine Protoplasmawirkung, Lösung von Fetten, Fällung von Eiweiß, Wasserentziehung. Zentrale Erregungserscheinungen, Lähmung des Zentralnervensystems. Stärkere narkotische Wirkung, aber geringere Giftigkeit als bei Methylalkohol.

Resorption. Von Bedeutung für die Aufnahme ist die Konzentration. Die Resorption erfolgt am besten bei mittleren Konzentrationen. Sie findet auch von der Haut aus statt. Hierüber liegen Erfahrungen bei Menschen und Tieren vor. Vergiftungen durch Alkoholverbände sind wiederholt bekannt geworden. Die Resorption von den Schleimhäuten aus ist nicht unbeträchtlich. Bei Einatmung erfolgt sie besonders leicht. Warme Alkoholdämpfe sind früher sogar zur chirurgischen Narkose empfohlen worden. Vom Magen-Darmkanal aus wird Alkohol schnell und reichlich, in den ersten 2—3 Stunden vollkommen aufgenommen. Alkohol verschwindet aber bald wieder aus dem Verdauungskanal. Hauptsächlich wird er im Magen und Dünndarm, am schlechtesten vom Dickdarm aus resorbiert. Vom Unterhautzellgewebe aus ist er ebenfalls resorbierbar, verdünnte Lösungen leichter als konzentriertere.

Verteilung. Der Alkohol gelangt im allgemeinen rasch in das Blut und verteilt sich dann in die Organe. Bei der Verteilung spielt die Wasserlöslichkeit des Alkohols eine sehr große Rolle. Alkohol ist in allen Organen und Körperflüssigkeiten nachweisbar. Die Verteilung im ganzen Körper erfolgt beinahe gleichmäßig, besonders nach längerer Zeit. Für den Alkoholgehalt der Organe ist die Zeit zwischen der Aufnahme und der chemischen Untersuchung ausschlaggebend. Infolge der Verbrennung im Körper findet nur eine langsame Anreicherung statt. Anfangs ist der Gehalt im Blut höher, später in den Organen, besonders in Gehirn und Leber. Im Gehirn findet sich keineswegs regelmäßig die größte Alkoholmenge. Der Alkoholgehalt des Harns geht mit dem des Blutserums ziemlich parallel.

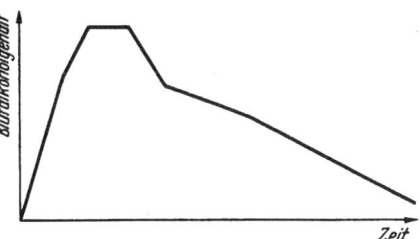

Abb. 16. *Schema des Verlaufes der Blutalkoholkurve.* (Aus H. ELBEL: Die wissenschaftlichen Grundlagen der Beurteilung von Blutalkoholbefunden. Leipzig: Georg Thieme 1937.)

Die *Ausscheidung* erfolgt wesentlich langsamer als die Resorption, sie ist abhängig von sehr verschiedenen Faktoren, besonders von Menge und Konzentration, Resorptionsgeschwindigkeit, Atemgröße. Der Äthylalkohol wird im Organismus verhältnismäßig langsam verbrannt, aber doch schneller als Methylalkohol. Vom Fett wird er nur sehr langsam aufgenommen und auch sehr langsam abgegeben. Die Ausscheidung erfolgt zum geringen Teil unverändert durch Lunge, Niere, in kleinen Mengen auch durch Schweiß, Speichel, Milch, Tränenflüssigkeit usw., der größte Teil wird aber zerstört. Die Hauptmenge wird also im Organismus oxydiert, und schließlich zu Kohlensäure und Wasser verbrannt. Ein kleiner Teil wird nur bis zu Acetaldehyd und Essigsäure abgebaut. Der Geruch der Atemluft ist im wesentlichen auf Aldehyde zu beziehen.

Über den Alkoholgehalt des Blutes und des Harnes nach Aufnahme von Alkohol ist vor allem wegen der Frage der Verkehrssicherheit neuerdings eine große Zahl von Untersuchungen ausgeführt worden (WIDMARK 1932). Daraus geht hervor, daß es bei der Verteilung, Ausscheidung, Verbrennung, Toleranz keine absoluten Gesetzmäßigkeiten gibt, sondern daß diese durch zahlreiche äußere und innere Faktoren beeinflußt werden. Im Nüchternversuch zeigt sich, daß der Alkohol vom Magen aus schnell, nach etwa 2 Stunden völlig, resorbiert wird, daß aber durch Nahrungsaufnahme starke Verzögerung auftritt. Der Gehalt im Blut steigt steil an und sinkt dann sehr schnell ab (Abb. 16).

Die Hauptmenge ist nach 6—8 Stunden ausgeschieden. Bei schwerem Alkoholrausch erreicht die Ausscheidung ihr Ende im Laufe von 24—48 Stunden.

Die Alkoholvergiftung ist durch die Erfahrung und durch ungezählte experimentelle Untersuchungen außerordentlich gut bekannt. In gewerbehygienischer Hinsicht ist sie von ganz besonderer Bedeutung wegen der Beeinträchtigung aller feineren seelischen und geistigen Funktionen. Schon geringer Alkoholgenuß schwächt die Auffassungsfähigkeit, die Aufmerksamkeit, das Unterscheidungsvermögen und die Fähigkeit zur Kritik, die geistige Konzentration und Geschicklichkeit, auch das Gefühl der Verantwortung schwindet. Es kommt zu Leistungsausfällen, zu Fehlhandlungen und damit leicht zu Unglücksfällen. Dagegen sind grobe Arbeiten auch noch bei relativ starker Trunkenheit möglich. Schwer Betrunkene sind unzurechnungsfähig und als geistesgestört zu betrachten. Betrunkene haben das Gefühl größerer Arbeitsfähigkeit und besserer Leistung. Alle Sinnesfunktionen werden aber früher oder später herabgesetzt. Von Wichtigkeit ist auch die Erfahrung, daß durch Alkoholgenuß die Wirkung vieler anderer Gewerbegifte, auch der Lösungsmittel, verstärkt wird.

Die Toleranzgrenze des Alkohols ist wegen der individuell stark wechselnden Empfindlichkeit außerordentlich verschieden. Insbesondere spielt hier die Gewöhnung neben zahlreichen anderen Faktoren, Klima, Temperatur, Ernährung, Nahrungsaufnahme, Arbeit, Bewegung, Alter, Geschlecht usw. eine große Rolle. Nach WIDMARK beträgt die Toleranzgrenze für einen erwachsenen Menschen 170 g in 24 Stunden. Der Mensch verbrennt in der Stunde etwa 8 g Alkohol (GEPPERT).

Die *tödliche Dosis* für einen erwachsenen Menschen beträgt etwa 6—8 g pro Kilogramm. Ein Maß für die Alkoholwirkung liefert der Gehalt des Blutes an Alkohol, ein festes Verhältnis zwischen der Konzentration im Blut und der Wirkung besteht aber wegen der individuellen Schwankungen und der äußeren Umstände nicht.

Im allgemeinen lassen sich folgende Beziehungen annehmen:

Alkoholkonzentration im Blut $^0/_{00}$	Wirkung
0,6—0,8	Beginn der Unsicherheit
1	Reaktionszeit oft fast normal, Erschwerung der Auffassung, Beginn des Rausches
1,2—1,5	Starke Verlängerung der Reaktionszeit, starke Benommenheit
1,6	Ungenügende Herrschaft über Handlungen, deutliche Betrunkenheit
2—4	Schwere Rauschzustände
4—5	Tödliche Konzentration

Vergiftung durch Einatmung. Im Tierversuch ist vielfach festgestellt, daß schwere, auch tödliche Vergiftungen durch Alkoholdämpfe eintreten können (GRÉHANT 1896). Auch beim *Menschen* sind Rauschzustände besonders nach Einatmung von heißem Alkohol bekannt geworden.

Tierversuche bei Einatmung: 55 mg/l führen nach 7 Stunden bei Mäusen zum Tode (Taumeln, Seitenlage, allgemeine Lähmung, Atemnot).

Versuche an Menschen. Einatmung von 1,9 mg im Liter = 0,1 Vol.-% führt zu leichten Vergiftungserscheinungen (9,5 mg im Liter = 0,5 Vol.-% zu stärkerer Benommenheit und Schlafsucht. Bei der Einatmung von Alkoholdämpfen kommt es zu lokalen Reizwirkungen auf die Augen, zu Kopfschmerz, Wärmegefühl, Augendruck, Benommenheit, Ermüdung und starkem Schlafbedürfnis. Weitere Zahlenangaben im Kapitel V, E: *Vergleichende Übersicht.*

Vergällung (Denaturierung) von Weingeist.

Zum Zwecke der Ungenießbarmachung werden dem Alkohol (Brennspiritus, Motorentreibstoff, Industriealkohol, Lösungsmittelzusatz u. dgl.) überaus verschiedenartige Stoffe zugesetzt, die mehr oder weniger große toxikologische Bedeutung haben. Hier seien nur einige aus der großen Zahl von wirklich verwendeten oder vorgeschlagenen Vergällungsmitteln angeführt:

Alkohole: Methylalkohol, *Kohlenwasserstoffe:* Petroleum und ähnliche Produkte, Benzin, Benzol, Toluol u. dgl., Naphthaline, *Säuren:* Essigsäure, Salzsäure,

Aldehyde und Ketone: Aceton, Formaldehyd, Paraldehyd, *Ester:* Allylformiat, Phthalsäureester, Oxalsäureester, *Basische Stoffe:* Pyridin, Nicotin, Alkaloide, ferner Nitroverbindungen, Nitrobenzol; *Halogenderivate:* Chloroform, Tetrachlorkohlenstoff, Tetrachloräthan, Bromalkyle; organische Schwefelverbindungen, *Phenole:* Carbolsäure, Teer, Pech; Abfallprodukte aller Art, Harze, Campher, ätherische Öle und viele sonstige organische Verbindungen.

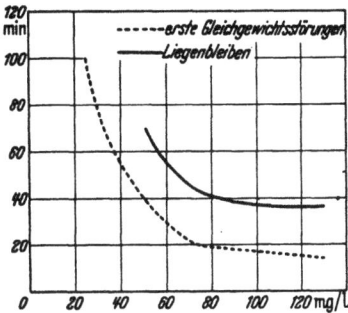

Abb. 17. *Äthylalkohol.* Einatmungsversuche an Mäusen. (FLURY-KLIMMER.)

Schon diese keineswegs erschöpfende Zusammenstellung zeigt, daß hier unter Umständen mit schweren gesundheitlichen Schädigungen zu rechnen ist. Vergällungsmittel sollten in der Regel keine schweren Gifte sein.

Die Auffindung unschädlicher Vergällungsmittel ist vielfach gefordert worden. Bisher ist das Problem aber noch nicht gelöst. Über alle hiermit zusammenhängenden Fragen hat ZANGGER eine sehr umfassende Arbeit veröffentlicht.

Gewerbliche Vergiftungsfälle. Gefährlich ist besonders die Einatmung von warmen Dämpfen. Schädigungen in Alkoholbetrieben sind nicht selten. Lack- und Polierarbeiter zeigen entweder Gewöhnung oder Intoleranz, Reizung aller zugänglichen Schleimhäute, Augenentzündung, Kopfschmerzen, nervöse Störungen, Zittern, Schwindel, Benommenheit, Brechreiz, Appetitlosigkeit, Verdauungsstörungen. Unter Umständen entwickelt sich auch nach der Einatmung ein Zustand, der dem Alkoholismus entspricht, mit Lebercirrhose, Neuritis, Herzschädigungen u. dgl. (Vgl. z. B. ROTH und LOEWY, KOELSCH 1921, KOCHMANN 1923, BREZINA 1929.)

Als bedenkliche Grenzkonzentration kann ein Gehalt von 0,1 Vol.-% = etwa 2 mg/l in der Luft gelten.

Propylalkohole.

n-Propanol, n-Propylalkohol.

Formel: $CH_3 \cdot CH_2 \cdot CH_2 \cdot OH$.
Molekulargewicht: 60,05.
Kp. 96—98° C. D $^{20}_{4}$ = 0,804.
Löslichkeit: Mit Wasser und den üblichen Lösungsmitteln mischbar.
Brennbarkeit: Flammpunkt: + 22° C.
Flüchtigkeit: Zwischen Äthyl- und Butylalkohol. Verdunstung 11mal langsamer als bei Äther (bei 16° C: 10,9 mm Hg Dampftension).
Geruch und *Geschmack:* Alkoholisch, schwacher Fuselgeruch.

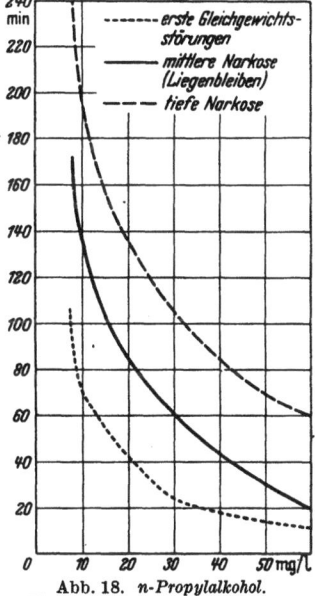

Abb. 18. *n-Propylalkohol.* Einatmungsversuche an Mäusen. (STARREK.)

Technische Verwendung. Lösungsmittel, aber ohne größere praktische Bedeutung.

Allgemeiner Charakter der Wirkung. Bei der Einatmung mäßiger örtlicher Reiz; sonst wie Äthylalkohol, aber etwas stärker. Wegen der geringen Flüchtigkeit und Löslichkeit tritt die stärkere Wirkung bei der Einatmung praktisch kaum in Erscheinung.

Tierversuche. a) Einatmung: Maus: Taumeln, Ataxie und Seitenlage bei 8 mg/l und 1½—2 Stunden.

Tiefe Narkose ab 10 mg/l und 4 Stunden.

Keine erkennbaren Nachwirkungen.

b) Einspritzung unter die Haut: Kleinste tödliche Dosis: 5 mg/g Tiergewicht (Ataxie, leichte Lähmungserscheinungen, Reflexlosigkeit, Narkose). Sektion: Lungenhyperämie (STARREK 1938).

Nach allen bisher vorliegenden Versuchen ist die allgemeine Giftigkeit des n-Propylalkohols gering. Sie dürfte etwa der des Äthylalkohols entsprechen. Giftwirkung und narkotische Wirkung des n-Propylalkohols und des i-Propylalkohols sind geringer als die des sekundären Butylalkohols.

n-Propylalkohol ist etwas giftiger als Iso-Propylalkohol.

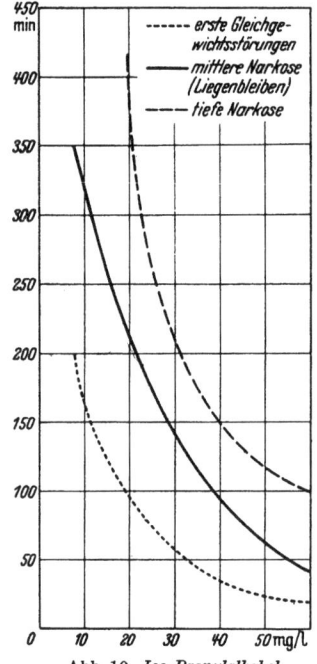

Abb. 19. *Iso-Propylalkohol.*
Einatmungsversuche an Mäusen.
(STARREK.)

Iso-Propylalkohol.

(Perspirit, Petrohol, Avantine.)

Formel: $\begin{matrix} CH_3 \\ CH_3 \end{matrix} \rangle CHOH.$

Molekulargewicht: 60,05.

Kp. 82—83° C. D $_4^{20}$ = 0,808.

Löslichkeit: Mit Wasser und den meisten organischen Lösungsmitteln mischbar.

Brennbarkeit: Flammpunkt: + 18° C.

Flüchtigkeit: 21mal schwächer als bei Äther, weniger flüchtig als n-Propylalkohol.

Geruch: Schwach alkoholähnlich.

Technische Verwendung. Lösungs- und Anfeuchtungsmittel. Ersatz für Äthylalkohol. In Duft- und Riechstoffen kosmetischer Präparate (Mund- und Zahnwässer; Nagelpolituren, Haarwässer; Händedesinfektionsmittel). Als Ersatz des Äthylalkohols für die innerliche Verwendung bei Arzneimitteln verboten.

Allgemeiner Charakter der Wirkung. Sehr ähnlich dem Äthylalkohol, auch in bezug auf Resorption, Verbrennung, Ausscheidung. Schleimhautreizung schwach, mäßig stark bei Einatmung. Hautreiz sehr gering, ähnlich wie bei Äthylalkohol. Narkotische Wirkung etwas stärker als bei Äthylalkohol (BIJLSMA 1928). Geringere Giftwirkung als n-Propylalkohol und sekundärer Butylalkohol (WEESE 1928, STARREK 1938).

Chronische Schädigungen sind bei Tieren nachgewiesen (MACHT 1922, WEESE 1928). *Gewöhnung* findet bei Tieren statt. *Ausscheidung* erfolgt zum Teil als Aceton im Harn. Bei Mäusen findet sich reversible fettige Infiltration der Leber, Niere und des Herzmuskels (WEESE).

Tierversuche. 1. Ratten: bei Einatmung gesättigter Luftgemische nach $^1/_4$—$^1/_2$ Stunde nur geringe Vergiftungserscheinungen (MACHT 1922).

2. Mäuse: Einatmung. Ab 8 mg/l narkotische Erscheinungen: Nach 3 Stunden Ataxie, nach 6 Stunden Seitenlage, nach 7—8 Stunden tiefe Narkose, Reflexlosigkeit. Nachwirkungen: Auch bei 60 mg/l und 100 Minuten Dauer nicht beobachtet (STARREK.) (Abb. 19).

Einspritzung unter die Haut. Mäuse: Kleinste tödliche Dosis: 6 mg/g Tiergewicht. Ataxie, Narkose, Lähmung der Hinterbeine, Atemnot.

Versuche an Menschen. Mengen bis zu 20 ccm, verdünnt mit Wasser, erzeugen nur Wärmegefühl und schwache Blutdrucksenkung, aber keine sonstigen Wirkungen.

Gewerbliche Vergiftungsfälle sind nicht bekannt geworden.

Butylalkohole.
n-Butanol, n-Butylalkohol.

Formel: $CH_3 \cdot CH_2 \cdot CH_2 \cdot CH_2 \cdot OH$.
Molekulargewicht: 74,07.
Kp. 115—117° C. $D_4^{20} = 0,812$.
Löslichkeit: In Wasser 1:12.
Brennbarkeit: Flammpunkt + 34° C.
Flüchtigkeit: 33mal langsamer als Äther. Sättigungsdruck 5,0 mm Hg/20°.
Geruch: Fuselartig, kratzend.

Technische Verwendung. Lösungs- und Anfeuchtungsmittel.

Allgemeiner Charakter der Wirkung. Qualitativ wie Äthylalkohol wirksam; giftiger, praktisch wegen geringerer Flüchtigkeit aber kaum stärker.

Tierversuche. n-Butylalkohol wirkt wegen seiner geringeren Flüchtigkeit und Löslichkeit weniger stark narkotisch als die Propylalkohole. Mehrmalige stundenlange Einwirkungen nicht tief narkotisierender Konzentrationen verliefen ohne tödlichen Ausgang. Es kam dabei zu „Leberverfettungen". Nachwirkungen zeigten sich nicht.

Chronische Einwirkungen nicht tief narkotisierender Konzentrationen haben nach WEESE keine lebensbedrohende Schädigung zur Folge.

Eigene Tierversuche. STARREK an Mäusen: Narkotische Symptome nach Einatmung von 20 mg/l an, Taumeln nach etwa 1 Stunde, Seitenlage nach etwa $1^1/_2$—2 Stunden, tiefe Narkose mit Reflexlosigkeit nach 3 Stunden (Abb. 20).

Nachwirkungen. Von 10 Mäusen, die in tiefe Narkose kamen, starben in den folgenden Tagen 3 Tiere.

Einspritzung unter die Haut. Kleinste tödliche Dosis bei Mäusen: Etwa 5 mg/g Tiergewicht. Tod nach 18 Stunden.

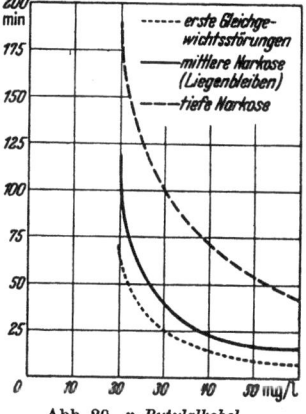

Abb. 20. *n-Butylalkohol.*
Einatmungsversuche an Mäusen.
(STARREK.)

Gewerbliche Vergiftungen. In der Praxis sind Vergiftungen durch Einatmung von Dämpfen bisher nicht bekannt geworden. Bei den von E. KRÜGER (1932) beschriebenen Fällen nach Verwendung von Nitrolacken in der Strohhutindustrie mit Conjunctivitis, leichten Epithelschädigungen der Hornhaut und Allgemeinstörungen handelte es sich um ein Lösungsmittelgemisch von Estern mit Butylalkohol.

Ebenso lag bei den Fällen von BURGER und STOCKMANN (1932) mit Leberschädigungen ein Gemisch vor.

Isobutylalkohol.

Formel: $\begin{matrix} CH_3 \\ CH_3 \end{matrix}\rangle CH \cdot CH_2 \cdot OH$.
Kp. 104—107. $D_4^{20} = 0,802$.
Flammpunkt: + 22° C.
Löslichkeit: In den meisten organischen Lösungsmitteln; mit Wasser 1:10 mischbar.
Geruch: Ähnlich wie n-Butylalkohol, weniger kratzend.
Flüchtigkeit: Etwas stärker als n-Butanol. Sättigungsdruck 8,6 mm Hg/20° C.

Eigenschaften. Ähnlich wie n-Butanol, Lösevermögen geringer. Ohne größere praktische Bedeutung.

Allgemeiner Charakter. Die spezifische Giftigkeit ist etwas höher als bei den Propylalkoholen. Infolge der geringen Dampfspannung ist aber der narkotische und toxische Effekt praktisch kleiner als bei Propylalkoholen (WEESE).

Wirkung bei wiederholter Narkose und chronischer Einwirkung wie bei den Isomeren. Fettablagerungen in den parenchymatösen Organen. Keine Nachwirkungen.

Sekundärer Butylalkohol.

Formel: $CH_3 \cdot CH_2 \cdot CHOH \cdot CH_3$.
Molekulargewicht: 74,07.
Kp. 99,5⁰ C. $D_4^{20} = 0,808$.
Löslichkeit: In Wasser 1 : 4.
Flammpunkt: + 22⁰ C.
Flüchtigkeit: 20mal geringer als Äther.
Geruch: Leicht alkoholisch. Nicht so angenehm als n-Butanol.

Technische Verwendung. Bisher ohne große Bedeutung.

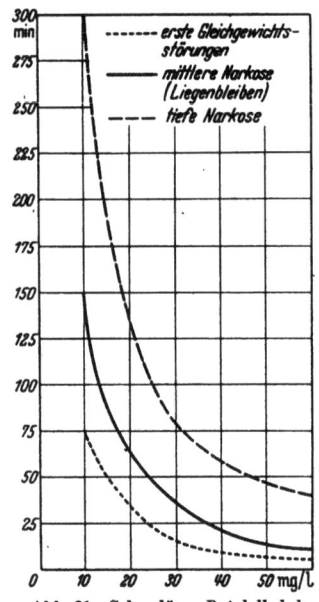

Abb. 21. *Sekundärer Butylalkohol.*
Einatmungsversuche an Mäusen.
(STARREK.).

Allgemeiner Charakter der Wirkung. Narkotische Wirkung: Der sekundäre Butylalkohol hat trotz geringerer spezifischer Giftigkeit eine stärkere narkotische Wirkung als n- und iso-Butylalkohol, da die Dampftension um ein Vielfaches höher ist. Der toxische Effekt liegt nach WEESE zwischen dem Äthyl- und Propylalkohol. Sekundärer Butylalkohol wird innerhalb 6 Stunden bis zu 77% ausgeatmet (POHL, zit. von WEESE). Histologisch: Fettablagerungen in den Organen.

Tierversuche (STARREK). Weiße Mäuse, Einatmung: Narkotische Erscheinungen beginnen ab 10 mg/l (bei n-Butanol ab 20 mg/l), Taumeln nach 1 bis $1^1/_2$ Stunden, Seitenlage nach 2—3 Stunden, tiefe Narkose und reflexloses Stadium nach 5 Stunden. Rasche Erholung. Keine Nachwirkungen.

Einspritzung an weißen Mäusen: Kleinste tödliche Dosis 4—5 mg/g Tiergewicht. Betäubende Wirkung, Taumeln, Seitenlage, Reflexlosigkeit, Lähmung der Hinterbeine, Dyspnoe, Tod nach mehreren Stunden.

Auch in den STARREKschen Versuchen erwies sich der sekundäre Butylalkohol stärker narkotisch und giftiger als der n-Butylalkohol.

Gewerbliche Vergiftungsfälle sind nicht mit Sicherheit bekannt.
Bei den Leberschädigungen (Urobilinurie) der Lackspritzer handelt es sich wohl um Gemische von Amyl- und Butylalkohol und Aceton, bzw. von Amyl- und Butylacetat.

Tertiärer Butylalkohol.

Formel: $\begin{matrix} CH_3 \\ CH_3 \!\!-\!\! C \cdot OH. \\ CH_3 \end{matrix}$

Kp. 83⁰ C.
Lösungsvermögen: Ähnlich wie Isopropylalkohol.
Flüchtigkeit: Wesentlich stärker als bei den Isomeren. 8mal flüchtiger als n-Butanol.

Verwendung in der Riechstoffindustrie, aber wegen des hohen Preises nur beschränkt.

Wirkung. Trotz geringerer spezifischer Wirkung stärker narkotisch als n- und iso-Butanol. Giftwirkung liegt zwischen Äthyl- und Propylalkohol, $2/_3$ werden innerhalb 6 Stunden ausgeatmet (WEESE).

Histologisch: Fettablagerungen in Leber, Nieren und Herz.

Täglich wiederholte längere Narkosen am gleichen Tiere, bis 18 Narkosen, in keinem Falle tödlich.

Chronische Einwirkungen schwach narkotischer Konzentrationen ohne lebensbedrohende Schädigung (WEESE).

Gewerbliche Vergiftungsfälle am Menschen sind nicht bekannt.

Vergleichende Zusammenstellung über die Wirkung der Butylalkohole bei Einatmung an Mäusen. Gesättigte Dämpfe (WEESE 1928).

	Giftwirkung	Narkotische Wirkung
n-Butanol:	Praktisch wie Äthylalkohol: Zwischen Methyl- und Äthylalkohol	Geringer als die Propylalkohole
Iso-Butanol:	Geringer als Propylalkohol und Methylalkohol	Geringer als Propylalkohol
Sekundärer Butylalkohol:	Praktisch zwischen Methyl- und Propylalkohol	Stärker als n- und Iso-Butylalkohol, auch als Propylalkohol
Tertiärer Butylalkohol:	Zwischen Äthyl- und Propylalkohol	Stärker als n- und Iso-Butylalkohol

Amylalkohole.

Normal-Amylalkohol.
Isoamylalkohol.
Optisch aktiver Amylalkohol.
Tertiärbutylcarbinol.
Methyl-n-Propylcarbinol.
Methylisopropylcarbinol.
Diäthylcarbinol.
Dimethyläthylcarbinol = tertiärer Amylalkohol.
Praktisch verwendet wird im wesentlichen nur der technische Gärungsamylalkohol.

n-Amylalkohol.

Formel: $CH_3 \cdot CH_2 \cdot CH_2 \cdot CH_2 \cdot CH_2 \cdot OH$ $(C_5H_{11}OH)$.
Molekulargewicht: 88,08.
Kp. 134,5—138,5° C. $D_4^{20} = 0,82$.
Flüchtigkeit: 62mal langsamer als Äther verdunstend.
Geruch: Durchdringend, fuselartig, hustenerregend.

Technische Verwendung. Lösungsmittel, Fabrikation rauchlosen Pulvers. In Spritraffinerien.

Allgemeiner Wirkungscharakter. Wie bei Isoamylalkohol Schleimhautreiz. Narkotisch-toxische Wirkung.

Tierversuche (STARREK): *Einspritzung* des technischen Produktes an Mäusen.

Betäubende Wirkung: Taumeln, Seitenlage nach 5 mg/g, Dyspnoe, motorische Reizerscheinungen, tiefe Narkose nach 11 mg/g nach 42 Minuten.

Tödliche Grenzdosis: 11 mg/g Tiergewicht nach 15—20 Stunden (bei Isoamylalkohol: 7,5 mg/g).

Isoamylalkohol.

Der Gärungsamylalkohol (Fuselöl der Spiritusbrennereien) enthält auch optisch aktiven Amylalkohol.

Formel: $\dfrac{CH_3}{CH_3}{>}CH—CH_2—CH_2—OH$.

Molekulargewicht: 88,08.
Kp. 128—132° C. $D_4^{20} = 0,815$.
Flammpunkt: + 46° C.

Löslichkeit: Mit allen organischen Lösungsmitteln mischbar. In Wasser etwa 1 : 4 löslich.

Geruch: „Fuselartig", kratzend, anhaftend, reizt zum Husten.

Flüchtigkeit. Geringer als Butanol, etwa 62mal geringer als Äther.

Technische Verwendung. Meist in Gemischen mit Amylacetat.

Charakter der Wirkung. Stark ausgeprägte Reizung der Schleimhäute, der Luftwege und Augen. Narkose.

Akute Wirkung. Blutandrang zum Kopf, Kopfschmerz, Schwindel, Übelkeit, Erbrechen, Durchfälle (Geruch nach Amylalkohol!), flache Atmung, Sehstörungen, Doppelsehen, Erregungszustände, Delirien. Der Tod erfolgt unter schweren Lähmungserscheinungen (FLURY-ZERNIK).

Tierversuche (STARREK 1938). Einspritzungen an weißen Mäusen. Tödliche Dosis: 7,5 mg/g Tiergewicht, Tod nach 4 Stunden. Bei 6 mg/g Taumeln, Seitenlage nach 20 Minuten, tiefe Narkose nach 30 Minuten.

Vergleichende Untersuchungen von LENDLE (1928) an Ratten ergaben beim n-Amylalkohol 0,6 ccm/kg bei intraperitonealer Einspritzung als tödliche Dosis. Die Amylalkohole wirken schon bei verhältnismäßig geringen Konzentrationen schädigend auf das Atemzentrum. Die narkotische Breite, d. h. der Spielraum zwischen der narkotischen und der tödlichen Konzentration ist beim Amylalkohol geringer als bei den meisten übrigen Alkoholen. Die Narkose tritt früher ein und klingt schneller ab als bei den niedrigeren Alkoholen. Bei den isomeren Amylalkoholen nimmt die relative Wirksamkeit mit der Verzweigung der Kohlenstoffkette ab (LENDLE).

Vergiftung bei Menschen. Bei Einatmung von Dämpfen aus Gärbottichen traten psychische Erregung, Schlaflosigkeit, ständig wechselndes Farbensehen ein. Die Wirkung wurde auf Amylalkohol zurückgeführt. Kein objektiver Befund am Augenhintergrund. Vielleicht lag eine Wirkung von Kohlensäure neben Amylalkohol vor (LEWIN 1928).

Bei einem weiteren Fall kam es in einer Fabrik von rauchlosem Pulver, wo Amylalkohol verwendet wurde, zu Rauschzuständen, Verdauungsstörungen, Durchfällen, Schweißen, Kopfschmerzen, Taubheit, vereinzelten Todesfällen (ROBERT, zit. von RAMBOUSEK).

Cyclohexanol.
(Hexalin, Sextol, Adronol.)

Formel: $C_6H_{11} \cdot OH$.

Molekulargewicht: 110.

Kp. 155—165° C. $D_4^{20} = 0,945$.

Flammpunkt: + 68° C.

Löslichkeit: Praktisch wasserunlöslich, mit organischen Lösungsmitteln mischbar.

Geruch: Schwach, nicht unangenehm; lange haftend, campherähnlich.

Flüchtigkeit: Verdunstung erfolgt äußerst langsam. 400mal geringer als Äther.

Technische Verwendung. Lösungsmittel für Celluloseester, für Lösungsmittelseifen.

Wirkung. Geringe Hautreizung (OETTEL 1934).

Vom Magen aus und nach Einspritzung: Zentrale Lähmung, Narkose, Blutdrucksenkung, Reizung des Knochenmarkes. Sonst keine auffallenden Organschädigungen. Die chronische Einatmung blieb ohne schwere Folgen.

Gewerbliche Vergiftungen. Erbrechen, Magen-Darmstörungen, leichte nervöse Symptome. Zittern (E. BROWNING 1937). Wegen der geringen Flüchtigkeit dürften die Gefahren nicht erheblich sein.

Methylcyclohexanol.
(Sextol, Hydrolin, Methyl-Adronol.)

Kp. 170—180⁰ C. $D_4^{20} = 0{,}922$.

Flammpunkt: + 68⁰ C. Zu 3% wasserlöslich.

Flüchtigkeit: Noch geringer als bei dem nahestehenden Cyclohexanol.

Tierversuche. Bei Verfütterung und Einspritzung am Hund fand POHL ähnliche betäubende Wirkung wie bei Cyclohexanol; bei der Einatmung jedoch wegen der niederen Flüchtigkeit nur geringe Giftwirkung.

Gewerbliche Schädigungen. Die Dämpfe verursachten bei Arbeitern Reizung der Schleimhäute der Augen und Atemwege. Ganz vereinzelt wurde eine geringe Verminderung der weißen Blutzellen bei leichter Vermehrung der Lymphocyten festgestellt (E. BROWNING 1937).

Benzylalkohol.

Formel: $C_6H_5 \cdot CH_2 \cdot OH$.

Molekulargewicht: 108,06.

Kp. 202—203⁰ C. $D_4^{20} = 1{,}045$.

Löslichkeit: In Wasser schwer löslich (bis zu 4%).

Brennbarkeit: Flammpunkt + 96⁰ C.

Flüchtigkeit: Sehr gering (1767mal geringer als Äthyläther).

Geruch: Schwach, fast geruchlos.

Technische Verwendung. Lösungsmittel, auch für Farben in Durchschreibepapieren. Parfümindustrie. In der Medizin als Lokalanaestheticum.

Allgemeiner Charakter der Wirkung. Schwach narkotisch, stark örtlich betäubend.

Tierversuche. Über die Wirkungen des Benzylalkohols liegen zahlreiche Untersuchungen vor. Nach MACHT (1918) beträgt die kleinste tödliche Dosis für Mäuse 1 ccm/kg, für Ratten 1—3 ccm/kg, für Meerschweinchen · 1—2,5 ccm/kg, für Katzen ist 1 ccm/kg noch nicht tödlich, für Hunde sind 2 ccm/kg weder bei subcutaner, noch bei intramuskulärer oder intraperitonealer Einspritzung tödlich. Es kommt zu Lähmung, Blutdrucksenkung, auch zu Herzlähmung. Benzylalkohol ist von mäßiger Giftwirkung und jedenfalls viel weniger giftig als Phenol.

Einspritzung unter die Haut bei weißen Mäusen: Giftiger als die Glykole, etwa doppelt so giftig als Butylalkohol, etwa 3mal so giftig als Isopropyl- und Amylalkohol.

3 mg/g Seitenlage nach 8 Minuten, tiefe Narkose nach 20 Minuten, stoßweise beschleunigte Atmung, Lähmung der Hinterbeine.

Tödliche Grenzdosis: 2 mg/g Tiergewicht (STARREK).

Schicksal im Organismus: Oxydation zu Benzoesäure und Ausscheidung als Hippursäure.

Gewerbliche Vergiftungen sind nicht bekannt.

Glykolgruppe siehe Kap. V D von E. GROSS, S. 192.

Glycerin.

Formel: $CH_2 \cdot OH \cdot CHOH \cdot CH_2OH$.

Molekulargewicht: 92,06.

Kp. 290⁰ C.

In Wasser und Alkohol in jedem Verhältnis löslich. Technisch als Weichmachungsmittel verwendet.

Allgemeiner Charakter der Wirkung. Schleimhautreizwirkung. In hohen Dosen sehr geringe narkotische Wirkung; Nierenreizung.

Tierversuche (SCHÜBEL 1936):

Kleinste tödliche Dosis bei Mäusen nach subcutaner Einspritzung = 0,05 ccm. Verfütterung von 4 ccm/kg bei der Katze ohne Giftwirkung.

Nach LEWIN (1928) führen bei Tieren subcutane Einspritzungen von hohen Dosen, etwa 10 g/kg unter Erbrechen, allgemeiner Schwäche und Krämpfen zum Tode. Beim *Menschen* nach 100 g schwere Vergiftung mit Benommenheit, Kopfschmerzen, Cyanose, Atemnot, Nierenschmerzen und blutigen Durchfällen. Bei schweren Vergiftungen sind Nieren- und Darmentzündungen, vereinzelt auch Glykosurie beobachtet worden.

Glycerin ist praktisch ungiftig.

Gewerbliche Schädigungen sind nicht bekannt.

Äthylenchlorhydrin.
(β-Chlor-äthylalkohol, Glykolchlorhydrin.)

Formel: $CH_2OH \cdot CH_2Cl$.
Molekulargewicht: 80,50.
Kp. 132⁰. $D_4^{20} = 1,21$.
Löslichkeit: Mit Wasser mischbar.
Brennbarkeit: Flammpunkt + 55⁰.

Technische Verwendung. Lösungsmittel für Acetylcellulose, Harze, Wachs, Lacke und Farben; Reinigungsmittel.

Allgemeiner Charakter der Wirkung. Schleimhautreizung, schwere Nerven- und Stoffwechselschädigung nach Latenzzeit.

Tierversuche. Meerschweinchen: 18 mg/l $^1/_4$ Stunde lang eingeatmet: Apathie, Tod innerhalb 30 Stunden. Sektionsbefund: Reizung der Atmungsorgane, Verfettung von Herz, Leber und Niere. Kleinste tödliche Konzentration bei einstündiger Einatmung 3,6 mg/l. Tödliche Vergiftung auch von der Haut aus möglich (KOELSCH 1927).

Katzen: 2,5 mg/l an 4 Tagen je 3 Stunden eingeatmet: Tod am 4. Tag. (KOELSCH).

Vergiftung bei Menschen. Es treten Übelkeit, Erbrechen, Schmerzen in Kopf und Herzgegend, Benommenheit auf. Bei tödlichem Verlauf wurde Hirn- und Lungenödem gefunden (KOELSCH).

Gewerbliche Vergiftungen bei Verwendung als Reinigungsmittel und in einer Wachstuchfabrik beschreibt KOELSCH (7 Fälle, davon 2 tödlich verlaufene). Ein Todesfall (MIDDLETON 1930) scheint hauptsächlich auf Resorption durch die Haut zu beruhen. Einige weitere leichtere Vergiftungen erwähnt E. BROWNING. Eine ursprünglich auf Dichlorhydrin bezogene tödliche Vergiftung (MOLITORIS) ist nach KAMINSKI und SEELKOPF ebenfalls durch Äthylenchlorhydrin verursacht. Persönliche Überempfindlichkeit soll vorkommen (FLURY-ZERNIK).

Monochlorhydrin.
(Glycerin-α-monochlorhydrin.)
$CH_2Cl \cdot CHOH \cdot CH_2OH$

Hat als Lösungsmittel nur geringe Bedeutung.

Gewerbliche Vergiftungen sind nicht bekannt. Der von E. BROWNING angeführte Fall betrifft nicht Monochlorhydrin, sondern Äthylenchlorhydrin (vgl. KAMINSKI und SEELKOPF).

Dichlorhydrin.
(β, β'-Dichlor-isopropylalkohol.)

Formel: $CH_2Cl \cdot CHOH \cdot CH_2Cl$.
Molekulargewicht: 128,97.
Kp. 174⁰. $D_4^{20} = 1,36$.
Löslichkeit: Bei 19⁰ in 9 Teilen Wasser. Mit Äther mischbar.

Technische Verwendung zur Lösung von Lacken, Harzen, Nitrocellulosen.

Allgemeiner Charakter der Wirkung. Der Stoff hat nach Tierversuchen narkotische Wirkungen und schädigt Herz und Kreislauf.

Tierversuche (Kaninchen). 1 g/kg in den Magen gegeben führt zu Narkose; Temperaturabfall, Verlangsamung von Puls und Atmung, Tod nach 6 Stunden (MARSHALL und HEATH). Bei intraperitonealer Gabe von 1 ccm/kg nach $5^1/_2$ Minuten tiefe Narkose, Tod nach 4 Stunden. Bei intravenöser Injektion auch Blutdrucksenkung. Ein technisches Produkt war giftiger als chemisch reines Dichlorhydrin, insbesondere waren die Augenschädigungen stärker (KAMINSKI und SEELKOPF).

Vergiftung beim Menschen (durch ein technisches Produkt). Lokale Reizerscheinungen an den Schleimhäuten der Augen, der Nase und des Mundes. Benommenheit, Erbrechen, Kaltwerden der Gliedmaßen, am 4. Tage Verschlechterung des Pulses, Atemnot, Tod (KAMINSKI und SEELKOPF).

Gewerbliche Vergiftungen sind außer dem von KAMINSKI und SEELKOPF berichteten Todesfall und einer von BERGER kurz erwähnten Vergiftung durch ein Fußbodenreinigungsmittel nicht bekannt. Bei einem von MOLITORIS mitgeteilten Todesfall durch „Enodrin" lag nach KAMINSKI und SEELKOPF nicht Dichlorhydrin, sondern Äthylenchlorhydrin vor.

2. Ester.

Allgemeines.

Die Ester sind Verbindungen von Alkoholen mit Säuren. Als Lösungsmittel kommen vor allem die Verbindungen mit organischen Säuren, die Carbonsäureester, in Betracht. Die Ester sind neutrale Stoffe, die durch Wasser, durch Alkalien und Säuren in ihre Bestandteile zerlegt werden („Verseifung"). Die niederen Glieder sind angenehm riechende Flüssigkeiten, die höheren Glieder sind ölig bzw. fett und wachsähnlich. Die Ameisensäureester, die Formiate, die bisher ohne größere Bedeutung für die Technik erlangt haben, sind durch besonders leichte Verseifbarkeit unter Bildung freier Ameisensäure ausgezeichnet und deshalb von stärkerer Giftwirkung. Für die Aufnahme der niederen Ester in die Lunge und durch die Haut spielt die hohe Wasserlöslichkeit der Dämpfe eine ausschlaggebende Rolle. Die Acetate bilden die technisch wichtigste Estergruppe. Die Propionate ähneln den Acetaten weitgehend. Unter den Estern mit anorganischen Säureresten sind einige von hoher Giftigkeit, z. B. das Dimethylsulfat. Auch gewisse technisch wichtige, zum Teil sehr giftige Halogenderivate, wie das Methylchlorid, das Methylbromid, können als Ester von Halogenwasserstoffsäuren angesehen werden (vgl. Kapitel gechlorte Kohlenwasserstoffe, S. 104).

Die sehr flüchtigen Ameisensäureester sind wesentlich **giftiger** als die entsprechenden Essigsäureester bzw. als die Essigsäureester überhaupt. Reizwirkung und Giftwirkung steigen mit dem Molekulargewicht an. Die Ameisensäureester sind jedenfalls keine harmlosen Stoffe. Ameisensäure reagiert sowohl als Säure als auch als Aldehyd; es besteht daher die Möglichkeit einer intracellulären Aldehydwirkung.

Gesundheitsschädliche Konzentrationen können schon durch offene Aufbewahrung der Substanzen in geschlossenen Räumen entstehen. Bei Arbeiten mit diesen Stoffen müssen daher Sicherheitsmaßnahmen gefordert werden.

Die Ester der Glykolgruppe werden im Kapitel *Glykole* auf S. 215—220 von E. GROSS besprochen.

Methylformiat.
Ameisensäuremethylester.

Formel: $HH \cdot COOC_3$.
Molekulargewicht: 60,03.
Kp. 32° C. $D_4^{15} = 0,982$.
Flammpunkt: Unter 18° C.
Stechend riechende Flüssigkeit.

Allgemeiner Charakter der Wirkung. Schleimhautreizung. Narkotische Wirkung.

Tierversuche (FLURY und W. NEUMANN 1927, unveröffentlicht). Rasch auftretende, aber durch baldige Ausscheidung bzw. Zersetzung *kurz dauernde Narkose.* Bei wiederholter Einwirkung an Katzen kommt es zu tiefer Narkose, Atemnot, Krämpfen, Tod im Koma. — Einatmung: 25 mg/l 20 Minuten: Starke Reizwirkung auf Augen und Nase. Keine Lähmungserscheinungen.

25 mg/l Einatmung 2 Stunden lang: Nach $1^1/_2$ Stunden Ataxie. Nach $1^3/_4$ Stunden Seitenlage, nach 2—3 Stunden: Lungenödem, Tod.

Die Einwirkung eines strömenden Gasgemisches von 14,5 mg/l auf Katzen führte nach 50 Minuten neben der Schleimhautreizwirkung zu Taumeln. Einwirkung derselben Konzentration 1 Stunde lang bei Katzen vereinzelt tödlich (Lungenentzündung).

Von WEBER (1901) wurden Versuche bei Kaninchen ohne Angabe der Konzentration angestellt.

E. GROSS (unveröffentlicht Kaninchen und Meerschweinchen): Bei *Einatmung Reizwirkung* auf die Schleimhäute der Augen und Atemwege. Lungenentzündung. Reizwirkung schon bei relativ niedrigen Dampfkonzentrationen. Sehr geringe narkotische Erscheinungen. Müdigkeit, Koordinationsstörung, Atemlähmung, Krämpfe. Tod regelmäßig von 62 mg/l an.

Subcutane Injektion. 0,5 ccm/kg: Gewebsnekrose. Nach viermaliger Injektion: Tod an Atemlähmung unter Krämpfen (kumulative Wirkung). Keine deutliche Kreislaufwirkung. — Die Giftigkeit von Methylformiat bei Einatmung und Einspritzung ist nach GROSS höher als bei der Äthylverbindung.

Keine gewerblichen Vergiftungsfälle bekannt. Bei Verwendung dieses Stoffes ist größte Vorsicht am Platze.

Äthylformiat.
Ameisensäureäthylester.

Formel: $H \cdot COOC_2H_5$.
Molekulargewicht: 74,05.
Kp. 54,5° C. $D_4^{15} = 0,930$.
Flüchtigkeit: Leicht flüchtig.
Geruch: Arrakähnlich.
Flammpunkt: Unter 60° C.

Allgemeiner Charakter der Wirkung. Schleimhautreizung; narkotische Wirkung.

Tierversuche. Bei Kaninchen treten ähnliche Erscheinungen wie bei Methylformiat auf, Krämpfe und Tod erfolgen aber erst später (WEBER).

Einatmung: Katzen. Bei 32 mg/l und 20 Minuten schwacher Reiz auf die Schleimhäute der Augen- und Atemwege.

Bei 32 mg/l nach 80 Minuten Seitenlage, tiefe Narkose. Nach 90 Minuten: Tod, Lungenödem.

Versuche im strömenden Gemisch: 44 mg/l 20 Minuten lang: nach 17 Minuten heftiger Schleimhautreiz, starke Atemnot, Taumeln. Bei einem Tier Erholung, bei einem andern Tod; Lungenödem. (FLURY und NEUMANN, unveröffentlicht.)

Versuche am Menschen (FLURY).

32 mg/l: Schwacher Augenreiz, rasch zunehmender Nasenreiz, der noch nach 4 Stunden anhält.

Unveröffentlichte Versuche von E. GROSS an Kaninchen und Meerschweinchen. *Einatmung: Reizwirkung* wie bei Methylformiat. Narkotische Erscheinungen nicht sehr ausgeprägt, aber etwas deutlicher als bei Methylformiat. Koordinationsstörungen, Atemlähmung, Tod von 40 bzw. 130 mg/l an, häufig Lungenentzündung.

Subcutane Injektion: Bei 1,0 ccm/kg keine lokale oder allgemeine Schädigung. Keine Kreislaufwirkung.

Äthylformiat führt, wie Methylformiat zu erheblichen Reizerscheinungen an den Schleimhäuten der Augen und Atemwege und zu narkotischen Wirkungen, die auch nach kürzerer Dauer schlecht vertragen werden.

Über *gewerbliche Vergiftungen* ist nichts bekannt. Bei praktischer Anwendung dieses Lösungsmittels ist große Vorsicht notwendig.

n-Butylformiat.
Ameisensäure-n-butylester.
Formel: $H \cdot COO \cdot CH_2 \cdot CH_2 \cdot CH_2 \cdot CH_3$.
Molekulargewicht: 102,08.
Kp. 107° C. $D_0 = 0,9108$; $D_4^{15} = 0,88$.
Flammpunkt: 15—20° C.
Flüchtigkeit: Flüchtiger als Butylacetat.
Allgemeiner Charakter der Wirkung. Heftige Reizwirkung der Dämpfe. Beträchtliche narkotische Wirkung.
Tierversuche. Einatmung bei Katzen. (FLURY und W. NEUMANN.)

43 mg/l: anhaltender Augenreiz, Speichelfluß, Benommenheit, nach 45 Minuten Seitenlage, nach 60 Minuten tiefe Narkose, Lungenödem, Tod. Ein Hund erbrach nach 30 Minuten, zeigte Lähmungserscheinungen, erholte sich aber wieder.

Strömungsversuche bei Katzen.

17 mg/l: Speicheln, Augenreiz, nach 1 Stunde Taumeln.

Versuche an Menschen. 43 mg/l, starker Augenreiz. Zwang zum Lidschluß, schon nach wenigen Atemzügen unerträglich.

Gewerbliche Schädigungen nicht bekannt.

i-Amylformiat.
Ameisensäure-i-amylester.
Formel: $H \cdot COOC_5H_{11}$.
Molekulargewicht: 116,09.
Kp. 123,5° C. $D_4^{20} = 0,877$.
Flammpunkt: + 22° C.
Flüchtigkeit: Zwischen Butyl- und Amylacetat.
Geruch: Stechend, ähnlich wie Amylacetat.
Allgemeiner Charakter der Wirkung. Ähnlich wie bei Amylacetat, Giftwirkung aber größer (K. B. LEHMANN).

i-Amylformiat ist etwa doppelt so flüchtig wie Amylacetat, wirkt aber bereits in weit geringerer Konzentration (etwa $^1/_3$) narkotisch.

Über *gewerbliche Vergiftungen* ist nichts bekannt.

Benzylformiat.
Formel: $H \cdot CO \cdot O \cdot CH_2 \cdot C_6H_5$.
Kp. 200—202° C. $D_4^{20} = 1,08$—1,09.
Flüchtigkeit: Etwas größer als bei Benzylacetat.

Tierversuche sind nicht ausgeführt. Keine *gewerblichen Schädigungen* bekannt. Nach DURRANS soll es praktisch keine Giftwirkung besitzen.

Cyclohexylformiat.

Formel: H · COO · C$_6$H$_{11}$.
Molekulargewicht: 128,10.
Kp. 162,5. D$_4^{20}$ = 1,010.
Flammpunkt: + 51° C.
Flüchtigkeit: Etwa doppelt so flüchtig wie Amylacetat.

Allgemeiner Charakter der Wirkung. Giftigkeit ungefähr gleich stark wie Amylacetat (GROSS).
Gewerbliche Schädigungen sind nicht bekannt.

Methyl-cyclohexylformiat.

Formel: H · COO · C$_6$H$_{10}$ · CH$_3$.
Molekulargewicht: 142,12.
Kp. 176—180. D$_4^{20}$ = 0,957.
Flammpunkt: 64°.
Flüchtigkeit: Etwa anderthalbmal so flüchtig wie Amylacetat.

Allgemeiner Charakter der Wirkung. Giftigkeit ungefähr wie Amylacetat.
Gewerbliche Schädigungen nicht bekannt (GROSS).

Methylacetat.
Essigsäuremethylester.

Formel: CH$_3$ · CO · O · CH$_3$ = C$_3$H$_6$O$_2$.
Molekulargewicht: 74,05.
Kp. 57,5° C. D$_4^{20}$ = 0,926.
Löslichkeit: In Wasser zu 25%.
Brennbarkeit: Flammpunkt — 13° C.
Flüchtigkeit: Relative Verdunstungszeit 2,2 (Äther = 1).
Geruch: Erfrischend. *Geschmack:* Brennend.

Örtliche Wirkung. Anfänglich geringe Schleimhautreizung am Auge und den oberen und tiefen Luftwegen. Speichelfluß.

Resorptive Wirkung. Schwächer narkotisch als die höheren Homologen, z. B. Amylacetat. Methylacetat hat die 4,6fache Verseifungsgeschwindigkeit von i-Amylacetat. Bewirkt starke Azidosis: p$_H$-Verschiebung nach der sauren Seite um 1,0 (3—4mal so stark wie bei Äther!). Längere Einatmung von nicht narkotischen Konzentrationen führt zu Allgemeinvergiftung und lang dauernden Nachwirkungen. Nach tiefer Narkose meist keine Erholung mehr.

Tierversuche.

Akute Einwirkung. Schleimhautreizung verhältnismäßig gering. Narkotische Grenzkonzentration bei mehrstündiger Einwirkung bei Katzen: 56 mg/l = 1,9 Vol.% ; bei Mäusen: 34 mg/l = 1,1 Vol.-%.

Nach unveröffentlichten Versuchen von F. FLURY und WILHELM NEUMANN zeigte sich bei Mäusen und Katzen nach Einatmung von 32 mg/l = 1,0 Vol.-% Augenreiz und Speichelsekretion, nach 22stündiger Einatmung bei Katzen Benommenheit und Seitenlage; beim Hund nur Schleimhautreizung.

Hautwirkung: 2 ccm rufen am Kaninchenohr nach 10 Minuten nur leichte Rötung hervor.

Versuche an Hunden mit heißen Dämpfen führten zu Erregung, Nystagmus, Lähmung und Tod (DUQUENOIS und REVEL 1934). WEBER (1901) und LOREY (1899) stellten bei Kaninchen und Fröschen narkotische Wirkungen fest. FÜHNER (1921) untersuchte die Wirkung auf das Froschherz.

Tödliche Grenzkonzentration bei Katzen: 65 mg/l und 2—3stündige Einwirkung.

Nachwirkungen bei überlebenden Tieren. Sehr langsame Erholung, verminderte Freßlust, Mattigkeit, Katarrhe der Schleimhäute, Durchfälle, Temperaturabfall, Koma.

Wiederholte Einatmung bei Katzen. Durchschnittlich 0,66 Vol.-% 8 Tage lang je 6 Stunden = $^1/_2$ bis $^1/_3$ der narkotischen Grenzkonzentration. Vom 2. Tage an tritt Gewöhnung an die Reizwirkungen ein, Mattigkeit, vom 4. Tage an Erbrechen, 1 Tier geht am 5. Tag zugrunde.

Nachwirkungen: Blutveränderungen und schwere Allgemeinstörungen. Ansteigen der roten und weißen Blutkörperchen und des Blutfarbstoffgehaltes. Im weißen Blutbild neutrophile Zellen vermehrt; Abnahme der Eosinophilen. Auch hier sehr langsame Erholung, verminderte Freßlust, Gewichtsabnahme. Organbefunde: Besonders starke Gefäßschädigungen, Lungenblutungen, Lungenödem, Lungenemphysem.

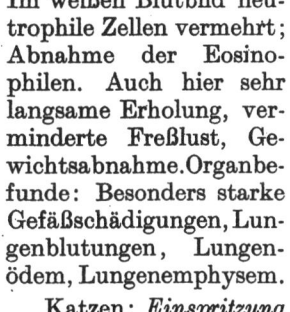
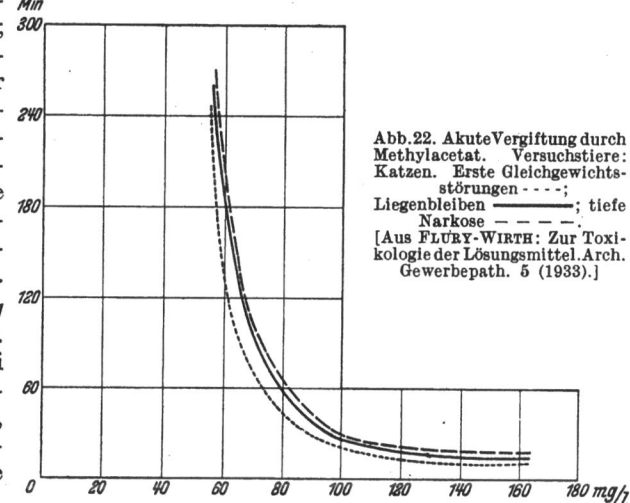

Abb. 22. Akute Vergiftung durch Methylacetat. Versuchstiere: Katzen. Erste Gleichgewichtsstörungen - - - -; Liegenbleiben ———; tiefe Narkose — — —. [Aus FLURY-WIRTH: Zur Toxikologie der Lösungsmittel. Arch. Gewerbepath. 5 (1933).]

Katzen: *Einspritzung unter die Haut:* 3 g/kg. Tod nach 32 Minuten. Bei Einführung in den Mastdarm: 5 g/kg: Erregung, Speichelfluß, Darmentzündung. Beschleunigte Atmung. Überlebt.

Gewerbliche Vergiftungen. Bei Arbeitern werden Augenentzündungen, nervöse Reizerscheinungen, Atemnot, Druck auf der Brust, Herzklopfen, Abgeschlagenheit beobachtet (DUQUENOIS und REVEL 1934).

Äthylacetat.

„Essigäther", Essigester, Essigsäureäthylester.

Formel: $C_2H_5O \cdot CO \cdot CH_3 = C_4H_8O_2$.
Molekulargewicht: 88,06.
Allgemeines: Kp. 74—77° C. $D_4^{20} = 0,90$.
Löslichkeit: Mit Wasser im Verhältnis 7,8 : 100 mischbar.
Brennbarkeit: Flammpunkt — 2° C.
Flüchtigkeit: Bei 20° C: 350 mg/l (Dampfdruck 72,8 mm Hg), sehr flüchtig. 2,9mal weniger flüchtig als Äther.
Geruch: Erfrischend, angenehm. *Geschmack:* Scharf, brennend.

Technische Verwendung. Sehr vielseitig. Zusatz zu Genußmitteln, Weinessig, Fruchtessenzen, Parfüms. In der chemischen Industrie zu Synthesen, z. B. Acetessigester, Antipyrinfabrikation. Als Arzneimittel und Riechmittel. Lösungsmittel für Nitrolacke.

Örtliche Wirkung. Reizt die Schleimhäute der Augen und Atemwege. Vorübergehende leichte Hornhauttrübungen sind beobachtet worden. Hauterkrankungen nach wiederholter Händereinigung mit einem Gemisch von Spiritus und Essigäther. Nach Einatmung der Dämpfe Zahnfleischentzündung.

Versuche am Menschen. Die Reizwirkung des Essigesters ist in der Reihe: Äthyl-Propyl-Butyl-Amyl-Benzyl-Acetat am geringsten.

Tierversuche: Akute Einwirkung (FLURY u. WIRTH, BOELTZIG).

Katzen: Bei 34 mg/l = 0,92 Vol.-% deutlicher Augenreiz, Speichelfluß. Husten.

Die narkotische Wirkung ist etwas stärker wie bei Methylacetat. Grenzkonzentration für Liegenbleiben: 43 mg/l = 1,2 Vol.-% nach 3—4 Stunden (Katzen). Tiefe Narkose: 43 mg/l = 1,2 Vol.-% nach 5 Stunden (Katzen).

Nachwirkungen. Tiefe Narkose bis zum reflexlosen Stadium wird schlecht vertragen: Von 56 mg/l an = 1,6 Vol.-% sterben 25% der Tiere.

Sektionsbefunde. Bronchitis, Lungen- und Nierenhyperämie, hämorrhagisches Lungenödem.

Überlebende Tiere: Mattigkeit, Benommenheit, verminderte Freßlust. Langsame Erholung in 2—4 Tagen, rascher als bei Methylacetat.

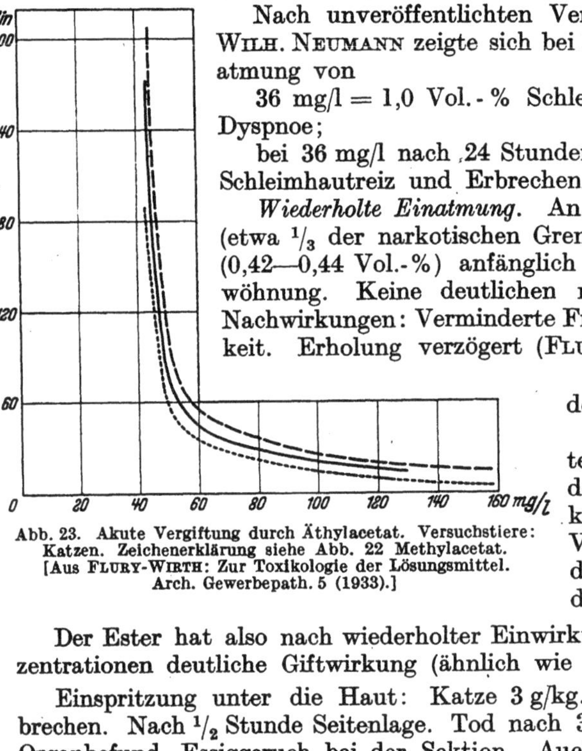

Abb. 23. Akute Vergiftung durch Äthylacetat. Versuchstiere: Katzen. Zeichenerklärung siehe Abb. 22 Methylacetat. [Aus FLURY-WIRTH: Zur Toxikologie der Lösungsmittel. Arch. Gewerbepath. 5 (1933).]

Nach unveröffentlichten Versuchen von F. FLURY und WILH. NEUMANN zeigte sich bei Mäusen und Katzen bei Einatmung von

36 mg/l = 1,0 Vol.-% Schleimhautreizung, bei Mäusen Dyspnoe;

bei 36 mg/l nach 24 Stunden bei Katzen und Hunden: Schleimhautreiz und Erbrechen.

Wiederholte Einatmung. An 7 Tagen je 6 Stunden lang (etwa $^1/_3$ der narkotischen Grenzkonzentration) 15—16 mg/l (0,42—0,44 Vol.-%) anfänglich Schleimhautreiz, dann Gewöhnung. Keine deutlichen narkotischen Erscheinungen. Nachwirkungen: Verminderte Freßlust, Abmagerung, Mattigkeit. Erholung verzögert (FLURY und WIRTH, BOELTZIG).

Blutveränderungen bei wiederholter Einwirkung: Erhöhung der Erythrocytenzahl, aber keine Vermehrung des Hämoglobins. Weiße Blutkörperchen: Im ganzen keine Vermehrung, aber Vermehrung der Neutrophilen auf Kosten der Lymphocyten.

Der Ester hat also nach wiederholter Einwirkung nicht narkotischer Konzentrationen deutliche Giftwirkung (ähnlich wie Methylacetat).

Einspritzung unter die Haut: Katze 3 g/kg. Speichelfluß, Unruhe, Erbrechen. Nach $^1/_2$ Stunde Seitenlage. Tod nach 30 Minuten. Kein besonderer Organbefund, Essiggeruch bei der Sektion. Auch bei Meerschweinchen kann schon die Einverleibung von 3 g/kg Körpergewicht zum Tode führen. Bei Äthylalkohol beträgt die tödliche Dosis 5—6 g/kg.

KRAUTWIG (1893) und SMYTH und SMYTH JR. (1928) kommen *in Tierversuchen* unabhängig voneinander zu ähnlichen Ergebnissen über Äthylacetat wie FLURY-WIRTH.

Gewerbliche Vergiftungen traten bei Arbeitern nach Einatmung von Essigätherdämpfen auf (BEINTKER). Zahnfleischentzündungen, Hauterkrankungen beim öfteren Waschen der Hände mit einer Mischung von Spiritus und Essigester.

BERGER (1936) berichtet über die schädliche Wirkung des Essigesters auf die Augen. Dämpfe von nicht völlig reinem Essigester riefen starkes Augenbrennen hervor. Die Beschwerden minderten sich deutlich bei Verwendung reineren Esters.

ALTHOFF beschreibt eine tödlich verlaufene Vergiftung beim Anstreichen im Innern eines Tankwagens. Der verwendete Lack enthielt 80% Äthylacetat.

Nach OETTEL bewirkt Äthylacetat an der menschlichen Haut nach 1maliger 5stündiger Einwirkung keinerlei akute oder spätere Hauterscheinungen. Auf Schleimhäute wirkt es jedoch reizend. Nach ENGELHARDT kommt es bei Arbeitern leicht zu Ekzemen.

Essigester ist also keineswegs so harmlos, wie vielfach angenommen wird.

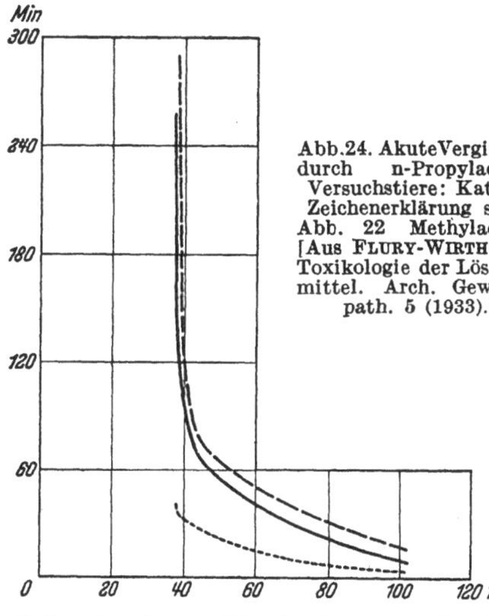

Abb.24. AkuteVergiftung durch n-Propylacetat. Versuchstiere: Katzen. Zeichenerklärung siehe Abb. 22 Methylacetat. [Aus FLURY-WIRTH: Zur Toxikologie der Lösungsmittel. Arch. Gewerbepath. 5 (1933).]

n-Propylacetat.

Essigsäure-n-Propylester.

Formel: $C_3H_7 \cdot COO \cdot CH_3 = C_5H_{10}O_2$.
Molekulargewicht: 102.
Kp. 101°. $D_4^{20} = 0,891$.
Löslichkeit: Bei 16° C in 60 Teilen Wasser.
Brennbarkeit: Flammpunkt + 12° C.
Flüchtigkeit: Steht etwa in der Mitte der aliphatischen Essigester.
Geruch, Geschmack: Leicht fuselartig.

Örtliche Wirkung. Schleimhautreiz etwas stärker als bei Äthylacetat, aber schwächer als bei Butyl- und Amylacetat.

Tierversuche (FLURY und WIRTH, HEPP). 1 Tropfen n-Propylacetat im Bindehautsack am Kaninchenauge bewirkt Rötung und geringe Schwellung wie 1%ige Essigsäure. Speicheln, Tränen. Narkotische Grenzkonzentration bei 5—6stündiger Einwirkung: Bei Katzen 38 mg/l, bei Mäusen 25 mg/l. Erbrechen, Taumeln, Seitenlage, tiefe Narkose, Dyspnoe.

Die *Nachwirkungen* sind gering. Rasche Erholung auch aus tiefer Narkose (z. B. nach 102 mg/l = 2,4 Vol.-% und 30 Minuten Dauer). Die meisten Tiere überlebten.

Einspritzung unter die Haut. Bei Katze und Meerschweinchen: 3 g/kg Tier tödlich nach 3—11 Tagen.

Wiederholte Einatmung. 22 mg/l = 0,53 Vol.-% 5 Tage lang je 6 Stunden. Zunächst Schleimhautreiz, später deutliche Gewöhnung. Schläfrigkeit, Mattigkeit, leichte Benommenheit, Atmung verlangsamt. Rasche Erholung. Alle Tiere überlebten. Bei getöteten Tieren zeigten sich Reizerscheinungen, wie leichte Tracheitis, Bronchitis; fettreiche Leber. Tod bei akuter Vergiftung: 102 mg/l = 2,4 Vol.-% 30 Minuten lang. 38 mg/l = 0,91 Vol.-% 5½ Stunden lang. Lungen und Unterleibsorgane: Hyperämie, hämorrhagische Lungenherde.

Gewerbliche Schädigungen. Propylacetathaltiges „Neutrolith" (Poliermasse) rief neben Übelkeit Augenbrennen und Brustbeklemmung hervor.

n-Butylacetat.

Essigsäure-n-butylester.

Formel: $C_4H_9 \cdot CO \cdot O \cdot CH_3 = C_6H_{12}O_2$.
Molekulargewicht: 116.
Kp_{740} 125,1° C. $D_4^{20} = 0,879$.
Löslichkeit: Mit organischen Lösungsmitteln mischbar. In Wasser nur zu 1% löslich.
Brennbarkeit: Flammpunkt + 25° C.

Flüchtigkeit: Bei 25⁰ C 90—100 mg/l Luft (25% flüchtiger als Amylacetat).
Geruch: Fruchtartig, birnenartig-süß.
Geschmack: Brennend.
Lösungsmittel; in Lacken, als Parfümierungsmittel. Bestandteil von Fleckwässern.
In der Technik Ersatz für Amylacetat.

Örtliche Wirkung. 1 Tropfen in den Bindehautsack bewirkt geringen vorübergehenden Reiz, Rötung. Reizwirkung an Augen, oberen und tieferen Atemwegen: Leichte Entzündung mit Sekretion. Verschlucken von Butylacetat führt zu Magenreizung.

Tierversuche (FLURY u. W. WIRTH, EMRICH). Akute Einwirkung bei Inhalation. Reizwirkung deutlich stärker als bei niederen Estern, besonders auf die Augen: Conjunctivitis. Einschläfernde Wirkung stärker als bei niederen Estern.

Narkotische Grenzkonzentrationen: Katze: 33 mg/l bei 6stündiger Einwirkung. Maus: 30 mg/l bei 6stündiger Einwirkung.

Resorptiv: 1 Tier zeigte kurz vor Eintritt der Narkose Krämpfe; vereinzelt Erregungszustände. Erbrechen (Abb. 25).

Wiederholte Einatmung. 6 Tage je 6 Stunden bei 14,5 bzw. 20 mg/l = 0,31 bis 0,42 Vol.-%. Deutliche Gewöhnung an Schleimhautreiz. Mattigkeit. Leichte Gewichtsabnahme. Blutveränderung: Vermehrung der roten und weißen Blutkörperchen und des Hämoglobins. Keine schwereren Nachwirkungen. Einspritzung unter die Haut: Meerschweinchen ertragen noch 5 g/kg. In bezug auf die Nachwirkung ist n-Butylacetat weniger giftig als Methyl- und Äthylacetat, auch weniger schädlich als Amylacetat.

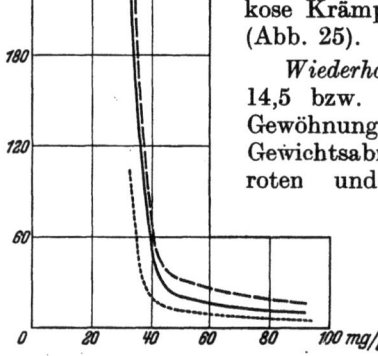

Abb. 25. Akute Vergiftung durch n-Butylacetat.
Versuchstiere: Katzen. Zeichenerklärung siehe
Abb. 22. Methylacetat.
[Aus FLURY-WIRTH: Zur Toxikologie der
Lösungsmittel. Arch. Gewerbepath. 5 (1933).]

Nach unveröffentlichten Versuchen von FLURY und NEUMANN zeigte sich bei Katzen und Hunden nach einer Anfangskonzentration von 50 mg/l in 24 Stunden Benommenheit und Seitenlage, am folgenden Tage Husten und Brechreiz. Ein Hund starb im Versuch.

Gewerbliche Schädigungen. In Frage kommen nur Gemische. Nach WEBER und GUEFFROY klagten Arbeiter, die mit Lacken arbeiteten, die außer n-Butylacetat auch Benzol, Toluol, Xylol enthielten, über Benommenheit, Kopfschmerzen, Appetitmangel, Brechreiz, Magenstörungen.

Nach E. KRÜGER kam es bei Arbeitern in einer Strohhutfabrik nach Einatmung eines n-Butylacetat- und Butylalkoholgemisches, das neben Spiritus in einem Nitrolack enthalten war, zu Augenbindehautentzündungen und Hornhautschädigungen.

FÜHNER u. PIETRUSKY berichten über eine chronische Butylacetat-Toluolvergiftung bei einem Spritzlackierer, der wochenlang mit Nitrocelluloselack in einem geschlossenen, nicht ventilierten Raum ohne Schutzmaske gearbeitet hatte. Bronchitis, Reizhusten. Länger blieben Blutarmut, Lymphocytose (36%), Schwindelanfälle und Leibschmerzen bestehen. Als Lösungsmittel war in dem Lack ein Gemisch von 52% Butylacetat mit 48% Toluol enthalten.

H. SCHÜTZ schildert eine akute Massenvergiftung durch ein Butylacetat-Xylolgemisch in einem Fabriksaal, wo Arbeiterinnen bei großer Wärme mit einem Lösungsmittel aus 50% Butylacetat, 35% Xylol, 15% Schwerbenzin arbeiteten. Bei zeitweiliger Einführung eines Gemisches von 60% Xylol und 40% Butylacetat plötzliche Erkrankung einer größeren Anzahl von Arbeiterinnen mit Übelkeit, Erbrechen, Schwindelgefühl, Ohnmacht. Die Nacherscheinungen bestanden in Mattigkeit, Appetitlosigkeit, „Gefühl wie nach einer Narkose", Kopfschmerzen, vereinzelt auch Durchfällen. Psychische Veränderungen: Lebhaftigkeit und Aufregung bei sonst ruhigen, Depression bei vorher lebhaften Personen. Blutveränderungen: Leukopenie mit 33% Lymphocyten oder nur relative Lymphocytose. Als Ursache kommt vorwiegend in Betracht das Gemisch II: 60% Xylol mit 40% Butylacetat und die hohe Temperatur im Arbeitssaal.

i-Amylacetat.
Essigsäure-i-amylester.

Formel: $C_5H_{11} \cdot O \cdot CO \cdot CH_3 = C_7H_{14}O_2$.
Molekulargewicht: 130,12.
Kp. 139—141° C. $D_4^{20} = 0,87$.
Löslichkeit: In Wasser 0,25% bei 20° C.
Brennbarkeit: Flammpunkt + 23° C. Gemisch mit Luft ist explosibel.
Flüchtigkeit: Bei 20° C 37 mg/l. Um 25% geringer als Butylacetat.
Geruch: Fruchtähnlich, „birnenartig", angenehm.
Geschmack: Bitter, brennend.

Technische Verwendung. Lösungsmittel für Nitrocellulose (Zaponlack), vor allem in Gemischen, außerdem für Harze, Öle, Fette. Die Verwendung ist überaus mannigfaltig.

Örtliche Wirkung. Reiz der Augen-, Nasen- und Mundschleimhaut, Conjunctivitis. Reizung und Katarrhe der oberen und tiefen Atemwege. Stärke der Reizwirkung etwa wie Butylacetat.

OETTEL fand in seinen experimentellen Untersuchungen über die Wirkung von chemischen Stoffen auf die menschliche Haut, daß Isoamylacetat nach 5stündiger einmaliger Anwendung keinen Hauteffekt hervorrief.

Resorptive Wirkung. Narkose, daneben aber vielseitige Organschädigungen: Blut, Lunge, Leber und Nieren.

Eigene Tierversuche (FLURY-WIRTH, HAGGENMILLER). Akute Vergiftung: nach der Einatmung bei Katzen durch 10 mg/l sofort Husten, Augen-, Nasen-, Mundschleimhautreizung.

Narkotische Wirkung. Schwellenwert: 24 mg/l und 6 Stunden = 0,42 Vol.-%. Mattigkeit, Schläfrigkeit nach 1—2 Stunden, Gleichgewichtsstörungen nach 2 bis 3 Stunden. Tiefe Narkose nach 5 Stunden.

Außerdem zeigten sich nervöse Symptome, wie Erregung und Krämpfe, Erbrechen.

Nach unveröffentlichten Versuchen von F. FLURY und WILH. NEUMANN mit technischem Amylacetat zeigte sich bei Mäusen und Katzen nach Einatmung von 21 mg/l = 0,4 Vol.-% nach 20 Minuten Schleimhautreiz. 40 mg/l = 0,72 Vol.-% und 24 Stunden Dauer: Bei Katzen leichte Koordinationsstörungen, Taumeln, Spättod nach 16 bzw. 24 Tagen an Bronchopneumonie. *Banik* fand an Tieren nach längerer Einatmung von Amylacetat schwere Schädigung der Lungen und der Leber.

Nachwirkungen. Die tiefe Narkose wird besser überstanden als bei den Methyl- und Äthylestern. Beobachtet wurden leichter Gewichtsverlust, verminderte Freßlust, Erbrechen, Durchfälle. Nierenschädigung: Eiweiß im Urin. Erholung fand noch nach 1,05 Vol.-% und 115 Min. Einwirkung statt.

Wiederholte Einatmung. 10 mg/l = 0,19 Vol.-%, 6 Tage je 8 Stunden. Gewöhnung an den Reiz, Husten, Entzündung der oberen und tieferen Atemwege. Mattigkeit, Gewichtsverlust. Leberschädigung, besonders Verfettung; Nierenschädigung; Eiweiß im Harn. Alle Katzen überlebten (FLURY und Mitarbeiter). In lang dauernden Versuchen zeigten sich in den Organen von Meerschweinchen schwere Schädigungen, besonders Lungenentzündung und fettige Degeneration der Leber (KOELSCH 1912).

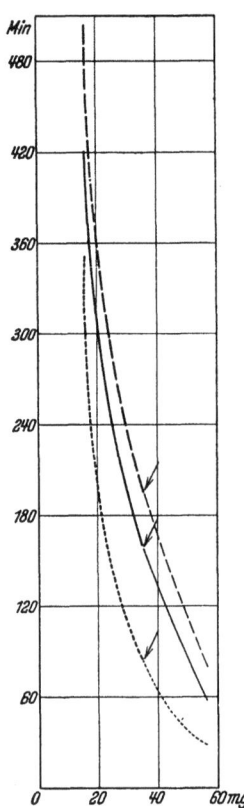

Abb. 26. Akute Vergiftung durch i-Amylacetat Versuchstiere: Katzen. (Die Kurventeile unterhalb der Pfeile entsprechen übersättigten Amylacetat-Luftgemischen. Zeichenerklärung siehe Abb. 22 Methylacetat. {Aus FLURY-WIRTH: Zur Toxikologie der Lösungsmittel. Arch. Gewerbepath. 5 (1933).]

Einspritzung unter die Haut bei Meerschweinchen: 3 g/kg: Benommenheit, überlebt. Sektion: Leberverfettung (VOGEL).

Wirkung vom Magen aus. 3 ccm rufen bei Kaninchen Schläfrigkeit und leichte Narkose hervor. In den Lungen ausgedehnte Hämorrhagien.

Einatmung bei Menschen. 5 mg/l Amylacetateinwirkung ¹/₂ Stunde lang: Reizung der Augen und der Atemwege, Brustbeklemmung, vermehrte Pulsfrequenz, Müdigkeit, schließlich deutliche Gewöhnung (K. B. LEHMANN 1913).

Gewerbliche Vergiftungsfälle. Über mehr oder weniger ernste Schädigungen und Belästigungen von Arbeitern liegen zahlreiche Beobachtungen vor.

Nach FLURY-ZANGGER führte Amylacetateinatmung besonders bei jugendlichen Arbeiterinnen zu Müdigkeit und Abgespanntheit, Ohrensausen, Appetitlosigkeit, Magendrücken. Bei guter Ventilation keine dauernden Störungen. Nach KOELSCH bewirkten die Dämpfe bei Hutarbeitern Halskratzen, Reizung aller Schleimhäute, Kopfschmerzen, Müdigkeit, Benommenheit, Schwindel, Hitzegefühl, Herzklopfen, Übelkeit, Magenstörungen. Durch Selbstversuche von LEHMANN, KOELSCH, FLURY und ZERNIK ließ sich dies bestätigen. Über ähnliche Erfahrungen berichtet FLORET.

CRECELIUS beschreibt einen Fall von Tod durch Glottisödem bei einem 41jährigen Arbeiter, hervorgerufen durch starke Schädigung der Kehlkopfschleimhaut nach Amylacetateinatmung.

BAADER (1933) beobachtete bei Zaponlackarbeitern sekundäre Anämie. HOLSTEIN (1935) berichtet über Magen-Darmerkrankungen. Weiter liegen aus allen Industrieländern zahlreiche Beobachtungen ähnlicher Art vor (vgl. z. B. A. HAMILTON und E. BROWNING).

Amylacetat kann keineswegs als unschädliches Lösungsmittel bezeichnet werden.

Sekundäres Hexylacetat.

Formel: $CH_3COO \cdot C_6H_{13}$.
Kp. 146—156⁰. D. 0,863.
Löslichkeit: In Wasser 0,1%.

Technische Verwendung. Lösungsmittel für Nitrocellulose und Harze.

Tierversuche sind nicht bekannt, ebenso keine *gewerblichen Schädigungen*.

Cyclohexylacetat.

Hexalinacetat, Adronolacetat, Sextat.

Formel: $CH_3 \cdot COO \cdot C_6H_{11}$.
Molekulargewicht: 142,10.
Kp. 170—177. $D_4^{20} = 0,966$.
Löslichkeit: Mit Wasser so gut wie nicht mischbar.
Brennbarkeit: Flammpunkt $+ 57,5^0$ C.
Flüchtigkeit: Gering. 77mal weniger flüchtig als Äther.
Geruch: Schwach, esterartig, erfrischend. Mit dem Ester gesättigte Luft hat erstickenden, lang anhaltenden Geruch.

Technische Verwendung. Lösungsmittel für Lacke, Celluloid, Kautschuk, auch als Zusatzmittel. Ersatz für Amylacetat.

Örtliche Wirkung. Leichte Schleimhautreizung, Husten:

Tierversuche. Katzen: Akute Einwirkung bei Einatmung nach Vernebelung, Schleimhautreizung an den Augen und Atemwegen, Conjunctivitis, Tracheobronchitis. Narkotische Erscheinungen: Bei 10 mg/l nach 5 Stunden Ataxie; nach 6 Stunden Seitenlage und leichte Narkose, Unruhe, Zittern, Krämpfe, Lähmungen, Atemnot, nach 10 Stunden tiefe Narkose, nach 24 Stunden Tod (K. B. LEHMANN 1913).

Nachwirkungen. Bei den überlebenden Tieren bestand noch einige Tage lang Schwäche, Freßunlust, Taumeln. 55 mg/l 3 Stunden lang, verzögerte Erholung oder Tod nach 1—2 Tagen. Sektionsbefund: Tracheobronchitis, hämorrhagisches Lungenödem, Hyperämie der Leber und Nieren (FLURY, KLIMMER u. RÖSSER).

Wiederholte Einwirkung bei Katzen: 10 mg/l, 5 Tage je $8^1/_2$ Stunden lang: Benommenheit und Taumeln. 30 mg/l, 30 Tage je 8 Stunden: Taumeln, größere Mattigkeit, langsame Erholung. Nachwirkungen wurden hierbei nicht beobachtet (FLURY, KLIMMER u. RÖSSER).

Einspritzung unter die Haut bei Mäusen: Von 5 mg/g Tiergewicht an: Atemnot, Unruhe, Gleichgewichtsstörungen, Seitenlage, Lähmungen, Krämpfe. Kleinste tödliche Dosis: 7,5 mg/g (FLURY, KLIMMER u. RÖSSER).

Über *gewerbliche Schädigungen* ist in der Literatur wenig veröffentlicht. Es soll 3mal so giftig wie das Amylacetat, aber 3—5mal weniger flüchtig sein als dieses, die sog. zweiphasische Giftigkeit der beiden Stoffe wäre also gleich. Nach K. B. LEHMANN ist deshalb gegen die gewerbliche Verwendung des Hexalinacetats nichts einzuwenden.

Methylcyclohexylacetat.

Methyladronolacetat.

Formel: $CH_3 \cdot COO \cdot C_6H_{10} \cdot CH_3$.
Molekulargewicht: 156,11.
Kp. 176—193. $D_4^{20} = 0,941$.
Löslichkeit: Nicht löslich in Wasser.
Flammpunkt: $+ 65^0$ C.
Flüchtigkeit: Äußerst gering.

Lösungsmittel für Nitrocellulose. Der Geruch haftet sehr stark und lange an.
Gewerbliche Schädigungen sind nicht bekannt.

Benzylacetat.

Formel: $C_6H_5 \cdot CH_2 \cdot O \cdot CO \cdot CH_3 = C_9H_{10}O_2$.
Molekulargewicht: 150,08.
Kp_{762} 216^0 C. $D_4^{20} = 1,055$.
Löslichkeit: 10,03 ccm in 100 ccm Wasser.

Brennbarkeit: Flammpunkt + 95⁰ C.
Flüchtigkeit: Sehr gering. Bei 20⁰ C etwa 1,3 mg/l = 0,021 Vol.-%.
Geruch: Jasminähnlich.
Geschmack: Beißend, brennend.

Technische Verwendung. Als Lösungsmittel und in der Parfümerie als künstlicher Jasmingeruchsstoff.

Örtliche Wirkung. Dampf und Nebel reizen Schleimhäute der Augen und Atemwege, Hustenreiz; der Reiz ist stärker als bei den aliphatischen Estern.

Eigene Tierversuche (FLURY und WIRTH, WILHELM MÜLLER 1932). *Akute Einwirkung.* Vor allem bei Einatmung als Nebel starke Schleimhautreizung, Augenreiz, Speicheln, Nasensekretion (10 mg/l). Gesättigtes Benzylacetatluftgemisch: Einschläfernde Wirkung. Infolge der sehr geringen Flüchtigkeit wirken selbst gesättigte Benzylacetatluftgemische bei Einwirkung bis zu 10 Stunden bei Katzen noch nicht narkotisch. Bei Mäusen nach mehr als 10 Stunden langer Einatmung eines gesättigten Esterluftgemisches narkoseähnlicher Zustand. Seitenlage und Verlöschen der Reflexe treten bei Mäusen bei 0,021 Vol.-Prozent nach 9—17 Stunden ein. Hier zeigen sich auch sonstige Nervensymptome, wie Krämpfe, Ataxie. Die Narkose wird bei Mäusen selten überstanden. 10 mg/l 2 Stunden lang bewirkten bei Kaninchen und Meerschweinchen starke Reizung, Unruhe, Fluchtversuche, verstärkte Tränen-, Nasen- und Speichelsekretion, aber keinerlei narkotische Symptome und keine Nachwirkungen.

Wiederholte Einwirkung (strömendes Gasgemisch). 7 Tage, je 7¹/₂ bis 10 Stunden lang 1,1—1,5 mg/l (0,018—0,024 Vol.-%) bewirkten bei Katzen zuerst Schleimhautreizung, dann Gewöhnung an den Reiz, Zittern, deutliche narkotische Symptome. Bei jeder Einwirkung wurden die Tiere müder und schläfriger. Die Atmung wird immer flacher und langsamer. Urin- und Kotabgang.

Nachwirkungen. Verminderte Freßlust, Mattigkeit, Schläfrigkeit. Von Organschädigungen wurden besonders Nierenschädigungen mit Eiweißgehalt im Harn beobachtet. Die Tiere überlebten. Bei der Sektion getöteter Tiere finden sich Entzündungs- und Stauungserscheinungen, Tracheitis, Bronchitis, Nierenhyperämie.

Vom Magen aus bei Kaninchen nach 1 g/kg und 4 g/kg relative Lymphocytose; nach 4—5 g/kg zentrale Lähmung, Krämpfe, Ataxie, Leukocytose, Lungenödem, Tod.

Gewerbliche Vergiftungen sind bisher nicht bekannt geworden. Dies ist jedoch nicht etwa in einer geringen Giftigkeit, sondern wohl mehr in der niedrigen Flüchtigkeit begründet.

Die *Propionsäureester* haben keine größere praktische Bedeutung. Experimentelle Untersuchungen liegen nicht vor. Bei der gewerblichen Verwendung in der Lackindustrie sind keine nachteiligen Erfahrungen gemacht worden.

Das gleiche gilt für die *Buttersäureester.*

Die *Capronsäureester* werden in der Technik nicht verwendet.

Die *Adipinsäureester* dienen als Weichmachungsmittel. Über *gewerbliche Schädigungen* ist nichts bekannt.

Äthyllactat.
Milchsäureäthylester.

Lösungsmittel für Nitrocellulose, Harze und Farbstoffe. Nach LEWIN (1929) narkotische Wirkung. Große Dosen führen durch Atemlähmung zum Tod. Nach YARSLEY (1933) und ZANGGER (1930) relativ harmloses Lösungsmittel.

Butyllactat.
Milchsäurebutylester.

Formel: $CH_3 \cdot CHOH \cdot COOC_4H_9$.
Molekulargewicht: 146.
Kp. 155—195° C. $D_4^{20} = 0,97—0,98$.
Flammpunkt: $+ 61,5°$ C.
Flüchtigkeit: Sehr schwer flüchtig; 10mal geringer als Amylacetat, 440mal geringer als Äther.
Geruch: Sehr schwach.

Technische Verwendung. Lösungsmittel für Nitrocellulose.

Tierversuche (FLURY und STARREK). Wegen der sehr geringen Flüchtigkeit nur durch Einspritzung bei Mäusen geprüft. Einspritzung unter die Haut:
Weiße Mäuse. 5 mg/g ohne Erscheinungen, 10 mg/g nach 10 Minuten Taumeln, Atemnot, 18 Minuten Seitenlage, keine Nachwirkungen. Überlebt. 11 mg/g nach 8 Minuten Taumeln, nach 1 Stunde Seitenlage. Deutliche Nachwirkungen. Tod nach 24 Stunden. 12 mg/g nach 10 Minuten Atemnot, Lähmungserscheinungen an den hinteren Extremitäten, Seitenlage, nach 25 Minuten Reflexlosigkeit, nach 220 Minuten Tod.

Der Milchsäurebutylester zeigt also bei Einspritzung an weißen Mäusen von mehr als 10 mg/g an Vergiftungserscheinungen, die nach mehreren Stunden zum Tode führen. Seine Giftigkeit bei subcutaner Einverleibung ist nach vergleichenden Versuchen wesentlich geringer als die des Butyl-, Propyl-, Amyl-, Benzylalkohols und des Methyl- und Äthylglykols.

Gewerbliche Vergiftungen sind nicht bekannt.

Die **Oxalsäureester**, z. B. das Dibutyloxalat, werden in der Technik nur in beschränktem Maße verwendet. Sie sind wegen der Abspaltung von Oxalsäure giftig und mit Vorsicht zu gebrauchen.

Die *Weinsäureester* werden, soweit bekannt, technisch nicht mehr verwendet.

Die **Benzoesäureester**, wie Methyl- und Äthylbenzoat, finden Verwendung als Lösungsmittel für Nitro- und Acetylcellulose, Harze u. dgl.

Gewerbliche Schädigungen sind nicht bekannt.

Phthalsäureester.

Sie sind heute die wichtigsten und am vielseitigsten verwendeten Weichmachungsmittel für Nitrocellulose und Acetylcellulose.

Die Phthalsäureester sind farblose Flüssigkeiten von sehr geringer Flüchtigkeit, weniger als 1% in Wasser löslich. Sie haben hervorragende chemisch-technische Eigenschaften, die sie fast unentbehrlich machen. Sie sind praktisch ungefährlich.

Dimethylphthalat.
Palatinol M.

Formel:
$$\text{[Benzolring]}\begin{array}{l}—COOCH_3\\—COOCH_3\end{array}.$$

Molekulargewicht: 194,08.
Kp_{20} 158—169,4° C. $D_4^{20} = 1,190$.
Flammpunkt: $+ 132°$ C.
Geruch: Praktisch geruchlos.
Löslichkeit: In weniger als 1% in Wasser löslich.
Flüchtigkeit: Sehr gering.

Technische Verwendung. Gelatinierungsmittel für Nitrocellulose und Acetylcellulose; Kautschukindustrie.

Allgemeiner Charakter der Wirkung. In Nebelform: Schleimhautreizung, leichter Hustenreiz; Lähmung des Zentralnervensystems, im übrigen uncharakteristische, schwache Allgemeinwirkungen.

Tierversuche. (FLURY, KLIMMER und ELLER 1937).

Inhalation eines strömenden Nebel-Luftgemisches: Katzen.

2 mg/l: Starker Schleimhautreiz, Speicheln, leichte Erregung. 10 mg/l: Starker Schleimhautreiz, Speicheln, Unruhe, keine narkotischen Erscheinungen. Nachwirkungen bei 10 mg/l Mattigkeit, Benommenheit; Erbrechen. 1 Tier erholt. 1 Tier stirbt.

Injektionsversuche an Mäusen: Letale Grenzdosis: 6 mg/g Tiergewicht. Mattigkeit, Apathie nach 30 Minuten, schwere Dyspnoe und Cyanose nach 40 Minuten. Seitenlage nach 7 Stunden. Tod durchschnittlich innerhalb 20 Stunden.

Nach E. GROSS (unveröffentlicht) waren subcutane Injektionen von 0,5 ccm/kg bei Meerschweinchen, Verfütterung von 1—4 g/kg bei Mäusen, von 0,7—1,4 g/kg bei Hunden ohne Wirkung.

Keine Hautschädigung nach 24stündiger Einwirkung bei Mensch und Tier.

Gewerbliche Vergiftungsfälle nicht bekannt.

Die Gefahr der Einatmung spielt wegen der geringen Flüchtigkeit praktisch keine Rolle.

Diäthylphthalat.

Palatinol A, Salvaron, Phthalsäurediäthylester.

Formel: $\begin{array}{c} -COOC_2H_5 \\ -COOC_2H_5 \end{array}$.

Molekulargewicht: 222,1.

Kp_{750} 283° C. $D_4^{20} = 1,118$.

Löslichkeit: In Wasser nicht löslich.

Brennbarkeit: Flammpunkt 140° C.

Flüchtigkeit: Sehr gering.

Technische Verwendung. Lösungs- und Weichmachungsmittel. Gelatinierungsmittel. Alkoholvergällung.

Allgemeiner Wirkungscharakter. Nebel: Hautwirkung, Schleimhautreizung, Augenreizung, Husten.

Tierversuche (FLURY und WIRTH, KAMP). Einmalige Einatmung von Nebel. 10 mg/l bei Katzen nach 5stündiger Einwirkung Reizwirkung auf Schleimhäute der Augen und der Atemwege. Narkotische Erscheinungen nicht beobachtet. Nachwirkungen: Keine rasche Erholung. Urinbefund: o. b. B., Blutbild: o. b. B.

Nach E. GROSS (unveröffentlicht): Subcutane Einspritzung von 0,5 ccm/kg beim Meerschweinchen, Verfütterung von 0,4—0,8 g/kg bei einem Hund ohne Wirkung.

Wiederholte Einatmung (FLURY und WIRTH, KAMP): 3,7 mg/l 7 Tage zu je 6 Stunden (Nebel!) bei Katzen: Reizwirkung, dann Gewöhnung Conjunctivitis. Narkotische Symptome, Mattigkeit, Erbrechen. Nachwirkungen: Apathie, Durst, Freßunlust, Conjunctivitis. Gewichtsabnahme, langsame Erholung. Blutveränderungen: Unreife rote Zellen, rote Blutkörperchen anfänglich vermehrt, dann verringert. Weiße Blutkörperchen leicht vermehrt. (Reizwirkung auf die Blutbildungsstätten). Leberverfettung und Nierenschädigung.

Subcutane Injektion am Kaninchen: Seitenlage, Krämpfe. Tödliche Dosis liegt über 5 g/kg Tiergewicht. Intravenös: 0,05 g/kg Lähmungen der hinteren Extremitäten. 0,1 g/kg: Tod nach Minuten. 1 Tropfen in den Bindehautsack: Kein erheblicher Reiz.

Durch die Haut resorbiertes Diäthylphthalat wird als Phthalsäure im Harn ausgeschieden.

Gewerbliche Schädigungen. Bisher sind nur Hautschädigungen bekannt. Bei äußerlicher Anwendung von Spiritus, der mit Diäthylphthalat vergällt war: Hautreizung, Jucken, Ekzeme, Parästhesien an den Fingern. Seit 1924 als Vergällungsmittel verboten. Schädigungen durch Einatmung sind nicht veröffentlicht.

Bei länger dauernder Einatmung als Nebel (Spritzverfahren) könnte es zur Resorption schädlicherMengen und zu Leber-, Nieren- und Blutschädigungen kommen.

Bei vorsichtigem Umgang ist der schwer flüchtige Ester hinsichtlich der Aufnahme durch die Lungen als ungefährlich anzusehen.

Dibutylphthalat.
Palatinol C.

Formel:
$$\text{Benzolring} \begin{cases} -COOC_4H_9 \\ -COOC_4H_9 \end{cases}.$$

Molekulargewicht: 278,17.
Kp_{20} 200—216° C. $D_4^{20} = 1,046$.
Flammpunkt: 160° C.
Geruchlos; fast geschmacklos.
Flüchtigkeit: Sehr gering.
Löslichkeit: In Wasser etwa 1%.

Verwendung. Weichmachungsmittel: Gelatinierung von Kollodiumwollen. Herstellung von Nitrocelluloselacken. Lösungsmittel für Harze.

Allgemeiner Wirkungscharakter. Einatmung in Nebelform führt zu Schleimhautreizung.

Tierversuche (FLURY, KLIMMER und ELLER 1937). Inhalation von Nebeln bei Katzen: 11 mg/l und $5^1/_2$stündige Dauer: Schleimhautreizung, Speicheln, Unruhe, Augenreiz. Nach $3^1/_2$ Stunden Mattigkeit. Keine Nachwirkungen, schnelle Erholung.

Subcutane Injektion bei Mäusen: 60 mg/g Tiergewicht sind noch ohne erkennbare Wirkung. Keinerlei Nachwirkungen außer leichtem Tränenreiz.

Gewerbliche Schädigungen sind nicht bekannt.

Über die sonstigen Ester der *Phthalsäure*, z. B. Diamylphthalat (Placidol A) und Dimethylglykolphthalat, ist vom gewerbetoxikologischen Standpunkt aus nichts bekannt. Keine Angaben in der Literatur.

Ester mit anorganischen Säuren.

Verschiedene Ester der *Kohlensäure* sind zeitweilig als Lösungsmittel für Nitrocellulose u. dgl. verwendet worden, scheinen aber keine besonderen Vorteile vor anderen Estern zu besitzen.

Außer lokalen Reizerscheinungen sind keine *gewerblichen Schädigungen* bekannt.

Dimethylsulfat.

Formel: $(CH_3)_2SO_4$.
Molekulargewicht: 126,19.
Allgemeine Eigenschaften: Kp. 187—188° C. $D_4^{18} = 1,327$.
Löslichkeit: Unlöslich in Wasser und fetten Ölen. In organischen Lösungsmitteln leicht löslich.
Konsistenz und Farbe: Ölige farblose Flüssigkeit.
Flüchtigkeit: Bei 20° C etwa 3,3 mg/l; bei 50° C Nebel von unzersetzter Substanz.
Geruch: Praktisch geruchlos bis schwach esterartig.

Technische Verwendung. Dimethylsulfat ist kein im Großen verwendetes Lösungsmittel. Es dient zum Methylieren in der chemischen Technik und als Reagens für analytische Zwecke.

Örtliche Wirkung (WEBER, WACHTEL u. a.). Zunächst keine Erscheinungen. Erst nach längerer Zeit kommt es zu Reizung bzw. Verätzungen der Schleimhäute der Augen, der Nase, des Mundes und der Atemwege, zu Kehlkopf- und Luftröhrenentzündung und zu Lungenödem. Auf den Schleimhäuten Beläge und schwere Nekrose. Trübungen der Augenhornhaut. Die Dämpfe reizen die Haut zunächst nicht. Dagegen wird die Haut durch flüssiges Dimethylsulfat stark angegriffen, es kommt dabei zu Blasenbildung und Geschwüren. Die Heilung erfolgt langsam. Hautresorption ist festgestellt.

Resorptive Wirkung. Dimethylsulfat ist ein hochgiftiger Stoff. Nach mehrstündiger Latenzzeit ohne besondere Krankheitserscheinungen entwickelt sich das Krankheitsbild mit Lungenentzündung und Lungenödem mit ihren Folgen, Cyanose, Atemnot, Kreislaufschwäche, Organschädigungen und Blutungen der Lunge, der Nieren, der Leber, im Herzmuskel; Hämolyse, Gelbsucht, Fieber; Blut und Eiweiß im Harn; Blutdrucksenkung, wochenlanger schleichender Verlauf, Kachexie, Tod.

Neben dieser Giftwirkung auf Gewebe und besonders die Gefäße ist Dimethylsulfat auch ein zentral angreifendes Nervengift, das nervöse Störungen verschiedener Art, Krämpfe, Lähmungen und Bewußtlosigkeit hervorruft. Die Vergiftung erinnert an die Phosgenvergiftung. Dimethylsulfat wird durch Wasser und vermutlich auch im Körper zerlegt in Methylalkohol und Schwefelsäure. Wahrscheinlich findet dann Oxydation des ersteren zu Formaldehyd und Ameisensäure statt.

Tierversuche sind in großer Zahl angestellt worden. Während der Einatmung zunächst nur geringe Reizwirkung, Speichel- und Tränenfluß und Schleimhautrötung. Nach einer Latenzzeit von einer bis mehreren Stunden entwickelt sich eine heftige Entzündung der Schleimhäute der Augen und Atemwege mit eitriger Sekretion und Auswurf. Wachsende Atembeschwerden, Atemnot, Angstzustände, Husten, Schlafsucht, Koma. Tod in der Regel nach mehreren Tagen.

Versuche an Katzen. Einatmung von Dimethylsulfatdämpfen (Lit. bei FLURY-ZERNIK):

Einatmungsdauer 11 Minuten. 0,1 mg/l Tod nach $1^{1}/_{2}$ Wochen, 0,4 mg/l Tod nach 1—$1^{1}/_{2}$ Wochen, 0,9 mg/l Tod nach mehreren Tagen.

Versuche an Affen: Einatmung:

0,066 mg/l nach 20 Minuten: schwere Erkrankung, Erholung erst nach 4 Wochen.

0,132 mg/l bei 40 Minuten langer Einwirkung: Tod nach 3 Tagen.

Aufnahme von Dimethylsulfat durch den Magen (WEBER):

Kaninchen 0,05 g/kg mit Sonde: Tod nach 12—15 Stunden, Magenverätzungen.

Kaninchen 0,25 g/kg, nach 1 Stunde Krämpfe, Bewußtlosigkeit, Durchfälle, Tod nach 2 Stunden.

Wirkung am Menschen (FLURY-ZERNIK). Leichtere Vergiftung nach Einatmung: Entzündung der Augenbindehaut, Rachen-, Kehlkopf- und Luftröhrenkatarrh mit Husten, Auswurf, Heiserkeit während einiger Tage. Mittelschwere Vergiftung: Gleiche Erscheinungen, aber stärkere Schwellungen, Schleimhautverätzungen, Nekrosen. Nach 6—8 Stunden Atemnot, Lungenentzündung, Ödem mit Fieber. Tod meistens am 3. oder 4. Tag.

Wirkung vom Magen aus. Einen Fall von Selbstmord durch Trinken eines Likörglases voll Dimethylsulfat beschreibt R. BÖRNER. Es kam zu schweren Verätzungen des ganzen Magendarmkanals und der Atemwege, ferner zu Herz-, Leber- und Nierenschädigungen. Tod durch Lungenentzündung.

Folgen nichttödlicher Vergiftungen sind chronischer Bronchialkatarrh, lang dauernde Heiserkeit, hartnäckige Bindehautentzündungen, · Magendarmstörungen.

Gewerbliche Schädigungen. Nach J. BALÁZS erkrankten durch Auslaufen eines Dimethylsulfatbehälters 9 Arbeiter, die mit dem Aufwischen der Flüssigkeit beschäftigt waren bzw. in dem Raume arbeiteten. Nach 4—5 Stunden kam es zu˝ Augenschmerzen, Kehlkopf- und Bronchialkatarrh mit Brustdruck, Husten, durch Spritzer zu Hautverätzung und Blasenbildung, ferner zu Nierenschädigungen mit Eiweiß und Blutkörperchen im Harn. Nach H. STROTHMANN liegt in Betrieben, in denen Dimethylsulfat zu Analysen benutzt wird, die besondere Gefahrenquelle darin, daß durch die auftretende Erwärmung Dimethylsulfat mitgerissen und auf den Schleimhäuten der Atemwege niedergeschlagen wird. Dabei werden schwere Entzündungen und Verätzungen beobachtet. Nach BERGER tropfte in einem Betriebe Dimethylsulfat unbemerkt durch den Fußboden in einen darunter liegenden Raum, wodurch 2 Arbeiter, die ohne Maske bzw. kurze Zeit mit einer Maske gearbeitet hatten, erkrankten. Nach WEBER zog sich ein Chemiker durch einige Spritzer, die das Beinkleid getroffen hatten, großflächige Hautverätzungen, ferner starke Entzündung der Atemwege und der Augenbindehäute zu. Tod an Lungenentzündung.

Ein Arbeiter, der 4 Stunden lang Dämpfen von Dimethylsulfat ausgesetzt war, wurde nach heftigen Schmerzen in Brust, Rachen und an den Augen mit Lichtscheu und Tränenfluß nach 48 Stunden schwerkrank ins Krankenhaus eingeliefert und starb kurz darnach. Die Sektion ergab schwerste Zerstörungen der Schleimhäute der Atemwege, Lungenentzündung, Degenerationen im Nieren- und Lebergewebe und im Herzmuskel.

Die Arbeit mit Dimethylsulfat ist wegen der Geruchlosigkeit und der fehlenden Warnzeichen, der symptomenlosen Latenzzeit sehr gefährlich. Noch gefährlicher als die Benetzung mit der Flüssigkeit ist die Einatmung von Dämpfen.

Behandlung. Ähnlich wie bei Vergiftungen durch Reizgase vom Phosgentypus. Inhalation von zerstäubter Alkalilösung, Menthol u. dgl., Eiskompressen auf Hals und Brust. Gegen die Erscheinungen von seiten der Luftwege und des Kehlkopfes: Adrenalinzerstäubung halbstündlich, je einige Minuten lang. Gegen die Atemnot: Einatmung von Sauerstoff.

Bei Lungenödem Sauerstoff, Aderlaß, aber keine künstliche Atmung. Vorsicht mit Morphium. Augenspülungen mit $1/_2$—1%iger Soda- oder Bicarbonatlösung. Novocainsalbe, alkalische Augensalbe. Ruhe und Wärme.

Phosphorsäureester.

Bedeutung als Weichmachungsmittel haben nur die vollständig veresterten neutralen Phosphate.

Tributylphosphat.

Formel: $(C_4H_9)_3PO_4$.

Molekulargewicht: 266,23.

Kp_{20} 180° C. $D_4^{20} = 0,979$. ·

Flammpunkt: + 160° C.

Löslichkeit in Wasser: 0,025%; mit den meisten organischen Lösungsmitteln mischbar. Fast geruchlos.

Verwendung. Lack-, Kunstlederindustrie. Gelatinierungsmittel für Nitrocellulosen.

Allgemeiner Charakter der Wirkung. Örtliche Reizwirkung, auch auf die Haut. Bei Inhalation von Nebeln Schleimhautreizung. Zentrale Reizungs-

und Lähmungserscheinungen, schwere ataktische Störungen. Starke allgemein Giftwirkung.

Tierversuche (FLURY, KLIMMER und ELLER 1937). Einatmung eines Nebel-Luftgemisches bei Katzen: 2,5 mg/l 8 Stunden lang: Starker Reiz auf alle Schleimhäute. Dyspnoe nach $3^1/_2$ Stunden. Erregung, Taumeln nach 5—$6^1/_2$ Stunden, Tod nach 7—8 Tagen nach zunehmender Kachexie. Bronchopneumonie.

22 mg/l $2^1/_2$ Stunden lang: Schleimhautreiz. Taumeln und Seitenlage nach 30—60 Minuten. Dyspnoe. Nachwirkungen: Mattigkeit, Freßunlust, Taumeln, Dyspnoe, Krämpfe, Tod unter Lähmungserscheinungen nach 2 Tagen, Lungenemphysem, Stauungsleber.

Subcutane Injektion an weißen Mäusen: Tödliche Grenzdosis: 3 mg/g Tiergewicht. Tod nach 1—2 Tagen unter schwerer Atemnot, Cyanose, Krämpfe, Lähmung.

Nach E. GROSS (unveröffentlicht) führt 1 g/kg bei subcutaner Einspritzung oder Eingabe in den Magen bei Kaninchen zu leichter Nierenreizung mit Eiweiß im Harn. Abscesse an den Injektionsstellen. Reizwirkung an der Haut bei Menschen und Tieren.

Gewerbliche Schädigungen durch den schwerflüchtigen Ester sind nicht bekannt.

Triphenylphosphat.

Formel: $(C_6H_5)_3 \cdot PO_4$.

Feste krystallinische Substanz. Schmelzpunkt: 49° C. Weichmachungsmittel für Acetylcellulose, Lacke. Herstellung von plastischen Massen und Kunststoffen.

Allgemeiner Charakter der Wirkung. Lokale Reizung sehr gering.

Nach Tierversuchen von E. GROSS (unveröffentlicht) führte die wiederholte Verfütterung von 0,1—1,0 g/kg bei Kaninchen zu Reizungen der Nieren, die aber bald wieder zurückgingen. Wiederholte Einspritzungen von 1 g/kg unter die Haut waren bei Kaninchen tödlich. Intraperitoneale Einspritzung von 0,1 bis 0,2 g/kg blieb bei Kaninchen ohne erkennbare Wirkung. Der Stoff wird unverändert im Harn ausgeschieden.

Keine *gewerblichen Vergiftungen* bekannt.

Ortho-Trikresylphosphat.
(Triorthokresylphosphat.)

Formel: $(CH_3 \cdot C_6H_4)_3 \cdot PO_4$.

Molekulargewicht: 318,8.

Kp_{20} 275—280° C. $D_4^{20} = 1,179$.

Flammpunkt: $+230°$ C.

Äußerst geringe *Flüchtigkeit* (0,03% bei 100° C).

Geruchlose ölige Flüssigkeit.

In Wasser praktisch unlöslich, in Fetten und Ölen gut löslich.

Technische Verwendung. Lösungsmittel für Nitrocellulose, Harze, Gelatinierungsmittel für Kollodiumwollen, Sperrflüssigkeit in physikalisch-technischen Meßapparaturen, z. B. Gasuhren, Heizbadflüssigkeit. Nach JORDAN soll ein Zusatz von 1% Orthotrikresylphosphat zu Tetrachlorkohlenstoff in Feuerlöschern die Phosgenbildung verhindern. Das technische Produkt enthält oft freies Kresol.

Allgemeiner Charakter der Wirkung. Schleimhautreizung, Magen-Darmerkrankungen bei Aufnahme durch den Magen. Nervöse Störungen und Lähmungen nach einer längeren Latenzzeit (E. Gross und A. GROSSE 1932). Elektive Schädigung der peripheren motorischen Nerven.

Aufnahme. Orthotrikresylphosphat wird im Gegensatz zur p- und m-Verbindung vom Darm, von der Bauchhöhle, vom subcutanen Gewebe und durch die Haut leicht resorbiert.

Schicksal im Körper. Kresolabspaltung im Körper ist nicht nachgewiesen. Die Hauptmengen finden sich in Leber, Milz und Darmwand.

Ausscheidung. Unverändert durch die Nieren, nicht durch den Darm.

Tierversuche (FLURY, KLIMMER und ELLER 1937): Einatmung von Nebeln bei Katzen: Nach 2,7 mg/l und 7 Stunden Dauer: Schleimhautreizung und Unruhe. Nach 5 Stunden Apathie.

Subcutane Einspritzung an weißen Mäusen. Tödliche Dosis: 12 mg/g Tiergewicht. Nach einer Latenzperiode von etwa einem Tag tritt unter Atemnot, Seitenlage, Cyanose, Zittern, Lähmung der hinteren Extremitäten der Tod nach 1—4 Tagen ein. Nach E. GROSS und A. GROSSE beträgt bei einmaliger subcutaner, intravenöser und intraperitonealer Einspritzung und bei Verfütterung die ungefähre tödliche Grenzdosis bei Kaninchen 0,1 g/kg, bei Hunden 0,1 g/kg, bei Katzen und Meerschweinchen 0,3—0,5 g/kg. Tod unter charakteristischen Vergiftungssymptomen: Nach einer Latenzzeit Erbrechen, blutige Durchfälle, Krämpfe und Lähmung der hinteren Extremitäten, Abmagerung.

Organbefunde. Degeneration der motorischen Nerven und der Vorderhornzellen des Rückenmarks. Vereinzelt Nekrosen der Bauchspeicheldrüse, submuköse Darmblutungen. Lunge: Blutungen, Entzündung. Leber, Milz und Nieren: Starke Durchblutung und Verfettung, Gelbsucht. Blutungen der Blasenschleimhaut. Im Harn Zucker und Eiweiß.

Vergiftungsfälle vom Magen aus sind zahlreich bekannt geworden. Bei Massenvergiftungen durch Ingwerliköre, die zu peripheren Lähmungen und Todesfällen führten, handelte es sich um einen Ingwerauszug, der von der Extraktion der Droge her etwa 2% Triorthokresylphosphat enthielt.

Über Vergiftungen durch Apiol, in dem Triorthokresylphosphat enthalten war, liegt eine reiche Literatur vor. Lähmungen der Arme und Beine. Schwere Polyneuritisfälle nach langer Latenzzeit. Die Latenzzeit beträgt 10—20 Tage, sie ist in der Regel ohne klinische Erscheinungen. Berichte über solche Vergiftungen s. FÜHNERs Sammlung von Vergiftungsfällen.

Auch experimentelle Untersuchungen liegen vor über die Wirkung von mit Triorthokresylphosphat verunreinigtem Apiol.

Erklärung der Latenzperiode: Allmähliche Entwicklung schwerer organischer Nervenschädigungen, vor allem primäre Erkrankung des Myelinmantels (CARRILLO und TER BRAAK, zit. nach VAN ESVELD, SMITH und LILLIE, zit. bei VAN ITALLIE).

Über eine *gewerbliche* tödliche Vergiftung durch o-Trikresylphosphat berichten E. GROSS und A. GROSSE (1932). Ein Arbeiter, der rohes Trikresylphosphat mit einer Beimischung von etwa 10% freiem Kresol destillierte, wurde überschüttet und großflächig verbrüht. Symptome: Erbrechen, Phenolharn mit Eiweiß, Hämaturie, fast völlige Anurie. Tod nach 7 Tagen. Sektion: Subepicardiale, hanfkorngroße Blutungen. Verfettung des Nierenepithels.

3. Aldehyde.

Wegen ihrer starken Reizwirkung kommen nur wenige Aldehyde als technische Lösungsmittel zur Verwendung.

Paraldehyd.

Formel: $(CH_3 \cdot CHO)_3$.

Molekulargewicht: 132,09.

Kp. 124° C. $D_4^{20} = 0,998$.

Löslichkeit: 1 Teil in 8 Teilen Wasser bei 20° C. In organischen Lösungsmitteln gut löslich.

Geruch: Charakteristisch, fuselähnlich.

Technische Verwendung. In Mischung mit Alkohol als Lösungsmittel für Nitrocellulose; bei der Farben- und Firnisherstellung.

Allgemeiner Charakter der Wirkung. Lokale Reizung, narkotische Wirkung. In der Medizin schon lange als Schlaf- und Betäubungsmittel verwendet. Bei chronischer Einwirkung treten schwerere Schädigungen auf.

Tierversuche. Tödliche Dosis bei Hunden:

bei intravenöser Injektion: 1,8 ccm/kg Körpergewicht, bei Verfütterung: 14 g/kg Körpergewicht. Bei rectaler Einführung 2 ccm/kg Körpergewicht an weißen Mäusen.

Bei Kaninchen sind vom Magen aus 3 g/kg tödlich (CERVELLO).

Betäubende Dosis. Hunde: intravenöse Einspritzung 0,8 ccm/kg Gewicht, vom Magen aus 1,5—2 ccm/kg Gewicht. Kaninchen nach Eingabe in den Magen 1,5—2 g/kg (CERVELLO). Symptome: Aufregung, Koordinationsstörungen. Kurzdauernde Betäubung, gute Erholung. Bei Menschen wirken 2—5 g schlafmachend. Nach 50 g wurde in einzelnen Fällen noch Erholung beobachtet.

Tödliche Vergiftung. Verschlechterung von Puls und Atmung. Tod an Atemlähmung. Organveränderungen: Lokale Reizung der Atemorgane. Starke Blutfüllung aller Organe, Nierenschädigungen.

Chronische Vergiftung bei Tieren: Katarrh der Atemwege, Lungenödem, Durchfälle, Eiweiß im Urin, fettige Degeneration der Leber und des Herzmuskels, Tod. Nach FLURY-ZERNIK ähneln die Symptome bei chronischer Vergiftung der chronischen Alkoholvergiftung: Psychische und organische Störungen. Paraldehyd wird auch gewohnheitsmäßig von Süchtigen verwendet. „Aldehydismus".

Schwere *gewerbliche Vergiftungen* sind nicht bekannt. Paraldehyd gilt als verhältnismäßig harmlos.

Furfurol.

Formel:
$$\begin{matrix} CH\text{---}CH \\ \| \qquad \| \\ CH \,.\, C\text{---}CHO \,. \\ \diagdown O \diagup \end{matrix}$$

Molekulargewicht: 96,03.

Kp. 160—162° C. $D_4^{20} = 1,159$.

Löslichkeit: In den meisten organischen Lösungsmitteln leicht, in Wasser etwa zu 8% löslich.

Flüchtigkeit: Gering.

Geruch: Eigenartig stechend.

Färbt sich bräunlich und zersetzt sich leicht.

Technische Verwendung. Lösungsmittel für Cellulosederivate und Harze. Zu Tabakbeizen, als Vulkanisationsbeschleuniger. Zur Herstellung von Kunstharz.

Allgemeiner Charakter der Wirkung. Die Dämpfe wirken reizend auf Schleimhäute. Erregung des Zentralnervensystems, Krämpfe, Lähmungen. Wegen geringer Flüchtigkeit schwach wirksam. Die praktische Giftigkeit ist gering.

Tierversuche über die Wirkung des Furfurols sind in größerer Zahl beschrieben (WAND 1932). Es kommt bei Einatmung der Dämpfe bei Katzen nach 1 ccm/cbm Luft nur zu Reizung der Schleimhäute, nach 10 ccm/cbm Luft innerhalb einer Stunde zu Speichelfluß, Atemnot, Seitenlage und später zu starken Nachwirkungen mit Lähmung und Krämpfen. Ein Tier ging nach 3 Tagen zugrunde.

Andere Untersucher beobachteten nach Einspritzungen unter die Haut und in das Blut bei Hunden, Katzen und Kaninchen Atemnot, Lähmung, Krämpfe. Bei Katzen wurde Blutdrucksenkung festgestellt. (LÉPINE, COHN, JOFFROY u. SERVAUX, FUJII, KNOEFEL.)

Tödliche Dosen. Bei Hunden etwa 0,25 g/kg bei Einspritzung in das Blut (LÉPINE), 0,65 g/kg vom Magen aus,

bei Katzen 0,5 g/kg bei Einspritzung unter die Haut,

bei Kaninchen 0,24 g/kg Einspritzung unter die Haut, 1,0 g/kg vom Magen aus; 0,75 g/kg sind nach WAND noch nicht tödlich.

Gewerbliche Vergiftungen sind nicht bekannt.

Die Gefahr einer akuten Vergiftung durch Einatmung dürfte praktisch gering sein, dagegen besteht die Möglichkeit nervöser Störungen bei chronischer Einwirkung.

Acetal.
(Diäthylacetal.)

Formel: $CH_3 \cdot CH(O \cdot C_2H_5)_2$.
Molekulargewicht: 118,12.
Kp. 102° C. $D_4^{20} = 0,83$.
Geschmack: Bitter, brennend.
Geruch: Ätherähnlich.
Löslichkeit: 1 Teil in 18 Teilen Wasser; mit Alkohol in jedem Verhältnis mischbar.

Verwendung. Farben- und Firnisindustrie.

Acetal wurde von v. MERING als Schlafmittel empfohlen.

Allgemeiner Charakter der Wirkung. Narkoticum, giftiger als Paraldehyd. Atmungslähmung. Rasche Hydrolyse im Magen. Beim Menschen betäubende Wirkung (v. MERING).

Tierversuche. Betäubende Dosis. Kaninchen: subcutane Injektion 2,4 g. Hunde: Verfütterung 10 g. *Tödliche Dosis.* Ratten: intraperitoneale Injektion etwa 0,8 g/kg Körpergewicht. Kaninchen: Verfütterung 2,2 g/kg.

Gewerbliche Vergiftungsfälle sind nicht bekannt geworden.

4. Ketone.

Allgemeines. Die Ketone enthalten die Carbonylgruppe CO, verbunden mit zwei Kohlenwasserstoffresten. Sie besitzen durch den doppelt gebundenen Sauerstoff große Reaktionsfähigkeit. Das einfachste Glied der Reihe ist das technisch wichtige Aceton. Die Reizwirkung auf die Schleimhaut ist verhältnismäßig gering, jedenfalls weit schwächer als bei den chemisch nahestehenden Aldehyden. Die niederen Ketone sind wasserlöslich und besitzen einen angenehm erfrischenden Geruch. Die höheren aliphatischen und aromatischen Ketone sind wegen ihres hohen Siedepunktes und der geringen Flüchtigkeit bei Einatmung der Dämpfe praktisch von geringer Giftigkeit. Sie haben teils einen blumigen, teils einen unangenehm ranzigen Geruch.

Aceton.

Formel: $CH_3 \cdot CO \cdot CH_3$.
Molekulargewicht: 58,05.
Kp. 55—56° C. $D_4^{20} = 0,791$.
Löslichkeit: Mit Wasser, Äther und Alkohol in jedem Verhältnis mischbar.
Brennbarkeit: Flammpunkt: —17° C. Bei Verwendung von Aceton in technischen Betrieben ist die Explosionsgefahr zu beachten.
Flüchtigkeit: Sehr groß. Sättigung bei 20° C : 590 mg/l.
Erfrischender Geruch, Kratzen erregender, brennender Geschmack.

Technische Verwendung. Als Lösungsmittel in der Celluloid-, Lack-, Acetat-seiden-, Nitrocellulose-, Acetylenindustrie.

Allgemeiner Charakter der Wirkung. Ähnlich wie Äthylalkohol. Narkotisch, Giftigkeit ziemlich gering, aber größer als bei Äthylalkohol. Nach LAZAREW

(1931) ist Aceton leichter wasserlöslich als Äther oder Chloroform und dringt daher langsamer in die Epidermiszellen ein. Die Gefahr der Hautresorption scheint gering zu sein. Wird durch die Lunge leicht aufgenommen. Nach FLORET soll der Mensch 71—77% der eingeatmeten Acetonmengen resorbieren.

Die *Ausscheidung* erfolgt langsam, in der Hauptsache durch die Atmung und die Nieren. Die Hauptmenge wird rasch ausgeschieden, der Rest aber langsam. Bei schweren Vergiftungen wurde noch nach einem Tage starker Acetongeruch der ausgeatmeten Luft festgestellt.

Wirkung bei Tieren nach Einatmung (FLURY-W. WIRTH). Bei Versuchen an Katzen trat Mattigkeit, Schläfrigkeit, Würgen und Erbrechen, später Seitenlage und tiefe Narkose mit Reflexlosigkeit auf. Die Erholung erfolgte rasch. Der Harn enthielt geringe Eiweißmengen, auch Zuckerausscheidung wurde festgestellt.

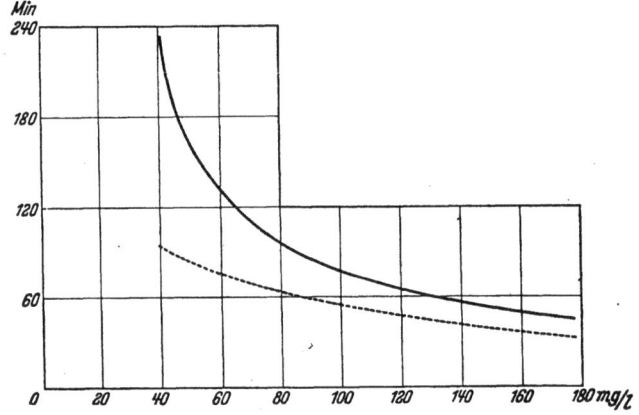

Abb. 27. Akute Vergiftung durch Aceton. Versuchstiere: Katzen. Zeichenerklärung siehe Abb. 22, S. 167. (Aus FLURY-WIRTH: Zur Toxikologie der Lösungsmittel. Arch. Gewerbepath. 51, 933.)

Die narkotische Wirkung des Acetons ist stärker als die des Methylalkohols, aber schwächer als die der Essigsäureester. Von Einfluß ist die jeweilige Konzentration. So wirkt z. B. Aceton in niedrigen Konzentrationen stärker, bei höheren (ab 70 mg/l) schwächer narkotisch als Methyl- und Äthylacetat. Todesfälle traten erst nach mehr als 7,5 Vol.-% in der Atemluft ein. Bei Konzentrationen von 100 mg/l an treten in $1/2$—1 Stunde Störungen des Gleichgewichts ein. Die narkotische Grenzkonzentration bei Katzen beträgt bei mehrstündiger Einatmung 40—60 mg/l (KAGAN 1924).

Nach Einbringung in den Magen werden stärkere örtliche Reizerscheinungen im Verdauungskanal, Leberverfettung und Nierenschädigung (Epithelnekrosen und Rundzellenansammlungen) beobachtet. Von CACCURI (1937) wurden Herzmuskelschädigungen und Herzrhythmusstörungen festgestellt.

Nach SKLIANSKAYA und KAGAN (1924) bei allen Arten der Einverleibung am Tier Zuckungen, Krämpfe, ferner Lähmungen des Atemzentrums und Absinken des Blutdruckes.

Tödliche Dosis 5—8 g/kg beim Hund. Lungenödem.

Wirkung beim Menschen. Bei der Einatmung mäßige Reizwirkungen auf die Schleimhäute. Bronchialkatarrhe (FLORET), Kopfschmerzen. Bei schwerer Vergiftung narkotische Erscheinungen.

Die *örtliche* Reizwirkung ist nicht stark, jedenfalls geringer als die der Essigsäureester.

Der Mensch soll innerlich 10—20 g ohne Störungen ertragen (LEWIN).

In diesem Zusammenhang ist eine tödlich verlaufene Acetonvergiftung bei einem 12jährigen Kind, das einen feuchten Acetonverband trug, bemerkenswert (COSSMANN 1903).

Gewerbliche Vergiftungen. Nach KOELSCH wurden schwere gewerbliche Vergiftungen bis jetzt noch nicht beobachtet, abgesehen von Kopfschmerzen, Benommenheit, Bronchialreizung, Beklemmung. Nach ZANGGER soll das als Lösungsmittel viel verwendete Aceton giftiger sein, als allgemein angenommen wird, besonders aber in Gemischen mit anderen Lösungsmitteln. Reines Aceton ist weniger giftig als die technischen unreinen Handelsprodukte. Wenn auch Aceton an sich wenig gefährlich ist, so mahnt doch seine hohe Flüchtigkeit zu Vorsicht.

Seine Verwendung in der Technik ist jedenfalls mit Gefahren verbunden. Darauf deuten die bei Tieren beobachteten Organschädigungen.

Diacetonalkohol.
Pyranton.

Formel: $\frac{CH_3}{CH_3}$>COH—CH$_2$·CO—CH$_3$.

Molekulargewicht: 116.

Kp. 150—165° C. D$_4^{20}$ = 0,930.

Löslichkeit: Völlig mit Wasser und gut mit den meisten organischen Lösungsmitteln mischbar.

Brennbarkeit: Flammpunkt + 45—46° C.

Flüchtigkeit: Sehr gering, 147mal geringer als Äthyläther.

Sehr schwacher Geruch.

Technische Verwendung. Als Lösungsmittel und als Bremsflüssigkeit.

Nach WALTON, KEHR und LOEVENHART (1928) ist die Giftwirkung von Diacetonalkohol bei Verfütterung am Tier ähnlich der von Aceton, aber stärker: Absinken des Blutdruckes, Nierenentzündung. Nach KEITH auch schwere Leberschädigungen, Absinken des Hämoglobinwertes mit Erythrocytenschädigungen.

Versuche am Kaninchen (E. BROWNING).

	Intravenös	Intramuskulär	Verfütterung
Tödliche Dosis:	3,25 ccm/kg	3—4 ccm/kg	5,0 ccm/kg
Narkotische Dosis:	1,0 ccm/kg	2,0 ccm/kg	2,4—4 ccm/kg

Nach E. GROSS (unveröffentlicht): Wiederholte subcutane Einspritzungen von je 0,08 ccm verursachen bei Ratten Mattigkeit. Die Tiere erholten sich wieder. Verfütterung von 12mal täglich 2 ccm bei Kaninchen führte zu leichter Narkose, Nierenschädigungen, Eiweiß und Zucker im Harn. Von 3 Tieren ging eines zugrunde. Einatmung von 10 mg/l 1—3 Stunden lang führte bei Mäusen, Ratten, Kaninchen und Katzen zu Unruhe, Reizungserscheinungen, Schnupfen, Erregungssymptomen, dann Schläfrigkeit. Bei Kaninchen traten Nierenschädigungen auf.

Methyl-isobutyl-Keton.

Formel: CH$_3$·CO·C$_4$H$_9$.

Molekulargewicht: 100.

Geruch: Charakteristisch acetonähnlich.

Kp. 112—118° C. D$_4^{20}$ = 0,802.

Flüchtigkeit: Geringer als bei Aceton, ähnlich wie Butylacetat.

Löslichkeit: In Wasser wenig löslich.

Verwendung. Lösungsmittel für Celluloselacke.

Über Wirkungen im Tierversuch und über *gewerbliche Vergiftungen* ist nichts bekannt.

Cyclohexanon.
(Anon, Sexton.)

Formel: $C_6H_{10}O$.
Molekulargewicht: 97,00.
Kp. 150—156⁰ C. $D_4^{20} = 0,947$.
Löslichkeit: In Wasser unlöslich, mit fast allen Lösungsmitteln mischbar.
Brennbarkeit: Flammpunkt $+ 44^0$ C.
Flüchtigkeit: Etwa 40mal weniger flüchtig als Äther.
Geruch: Aromatisch. *Geschmack:* Brennend.

Tierversuche von E. Gross, unveröffentlicht:

Einatmung von 15 mg/l bei Mäusen, Meerschweinchen und Katzen führten zu Reizung der Schleimhäute, Gleichgewichtsstörungen, Schläfrigkeit, bei mehreren Tieren nach etwa einer Stunde zu tiefer Narkose, Harn ohne abnormen Befund, Erholung.

Nach E. Browning wurden bei den Untersuchungen von Arbeitern in cyclohexanonverarbeitenden englischen Betrieben keine *gewerblichen Schädigungen* gefunden.

Cyclohexanon ist nach den Versuchen von Gross und auch schon wegen der geringen Flüchtigkeit ein verhältnismäßig harmloses Lösungsmittel.

Methylcyclohexanon.
(Methylanon.)

Formel: $CH_3 \cdot C_5H_9 \cdot CO$.
Molekulargewicht: 102,96.
Kp. 165—175⁰. Fp. = 53⁰. $D_4^{20} = 0,924$.
Löslichkeit: In Wasser sehr schwer, in Alkohol und Olivenöl sehr gut löslich.
Flüchtigkeit: 47mal geringer als Äthyläther.
Geruch: Stark und eigenartig. *Geschmack:* Brennend.

Technische Verwendung. Lackindustrie, Lederindustrie, Rostentfernung.

Allgemeiner Charakter der Wirkung. Lokalreizende Wirkung auf Augen und Nase, narkotisch.

Wirkung bei Tieren (E. Gross, unveröffentlicht): Einatmung: Bei Mäusen wirkt schon eine Konzentration von 1,8 mg/l Luft reizend auf die Schleimhäute der Augen und Atemwege. Heftige Fluchtversuche.

14 mg/l: nach $^1/_4$ Stunde Taumeln, nach $^1/_2$ Stunde Bauchlage. Ähnliche Wirkungen bei Ratten und Meerschweinchen.

Bei etwa 10 mg/l werden Kaninchen und Katzen innerhalb einer Stunde sehr schläfrig, die Atmung wird erschwert und unregelmäßig, der Gang unsicher und taumelnd. Die Erholung erfolgt nach einem Tag vollständig.

Nach Aufpinselung auf die Haut bei Meerschweinchen, auf das Ohr von Kaninchen keine Hautschädigung.

Nach Einspritzung unter die Haut bei Kaninchen 0,1 ccm bzw. 0,5 ccm/kg Körpergewicht nur Beschleunigung der Atmung, keine erkennbare Kreislaufschädigung.

Wirkung bei Menschen. Aufpinselung auf die Haut bewirkt keine Schädigung. Methylcyclohexanondampf wirkt verhältnismäßig stark lokal reizend auf die Schleimhäute (E. Gross).

Keine gewerblichen Schädigungen bekannt.

Mesityloxyd.

Formel: $C_6H_{10}O$.
Molekulargewicht: 98,08.
Geruch: Starker charakteristischer Geruch.

Kp. 129,5⁰ C. D²⁰ = 0,861.

Löslichkeit: In Wasser fast unlöslich; gut in den organischen Lösungsmitteln.
Flüchtigkeit: Gering.

Verwendung. Nitrocelluloselösungsmittel.

Über Wirkung im Tierversuch ist wenig bekannt. Narkotische Wirkung bei Kaninchen (LEWIN). DURRANS hält es für „in großen Dosen wahrscheinlich giftig", ZANGGER für beträchtlich giftiger als Äthyl- und Butylacetat, etwa wie Methylacetat und Methylaceton.

5. Äther.

Die Glykoläther werden bei den Glykolen behandelt, siehe S. 204—215 und 217—218.

Äthyläther.

Formel: $(C_2H_5)_2 \cdot O.$
Molekulargewicht: 74,08.
Kp. 34,6⁰ C. D. = 0,72.
Löslichkeit: Ein Teil in 12 Teilen Wasser; mit allen organischen Lösungsmitteln mischbar.
Explosionsgrenzen: 75—200 mg/l. Leicht entzündbar.
Geruch: Charakteristisch, „ätherisch". Brennender Geschmack.

Verwendung. In der Medizin als Inhalationsnarkoticum. Technisch sehr mannigfaltig, Pulverfabrikation, Seidenindustrie, Parfüm- und pharmazeutische Industrie, Extraktionsmittel.

Allgemeiner Wirkungscharakter. Reizwirkung auf Haut und Schleimhäute, nach LAZAREW und Mitarbeiter (1931) schwächer als bei Benzin und Benzol.

Betäubende Wirkung: Weniger stark narkotisch, aber größere narkotische Breite und bessere Verträglichkeit als bei Chloroform. Auch Äther ist ein Protoplasmagift; stärker als Alkohol, aber schwächer als Chloroform.

Die Aufnahme durch die Lunge erfolgt wegen der hohen Wasserlöslichkeit der Dämpfe sehr rasch; LAZAREW (1931) stellte im Tierversuch schnelle Hautresorption fest (rascher als Benzin). Beim Menschen ist die Aufnahme durch die Haut aber gering und zur Betäubung kaum ausreichend. Vom Unterhautzellgewebe nach Einspritzung und vom Magendarmkanal aus leichte Resorption, die zu Narkose führen kann.

Verteilung: Der resorbierte Äther verteilt sich im Blut und Gehirn etwa in gleichen Mengen, daneben findet er sich vor allem in der Leber und im Fettgewebe. Im Blut Verteilung zwischen Erythrocyten und Plasma 1:1.

Ausscheidung; Eine Veränderung des Äthers im Organismus ist nicht festgestellt. Eine geringe Spaltung ist möglich, es finden wohl ähnliche Umwandlungen statt, wie beim offenen Stehen von Äther an feuchter Luft (Entstehung organischer Peroxyde und Säuren). Rasche Ausscheidung bis zu 90 % durch die Lunge, geringe Mengen durch den Harn und durch die Haut.

Akute Vergiftung. Beim Menschen beträgt die narkotische Konzentration bei Einatmung etwa 3,6—6,5 Vol.-%. Die tödliche Konzentration liegt über 10 Vol.-%. Akute Todesfälle in der Narkose sind selten. Die Vergiftungserscheinungen nach der Einatmung größerer Äthermengen beginnen mit Erbrechen, Gesichtsblässe, Absinken des Pulses und der Körpertemperatur, unregelmäßiger Atmung, Tod durch Atmungsstillstand. Nachwirkungen akuter Äthervergiftung: Erbrechen, Speicheln, Reizsymptome von seiten der Atemwege, Kopfschmerz, Niedergeschlagenheit oder Erregungszustände. Nicht selten kommt es zu Nierenreizungen, manchmal zu Lungenentzündung.

Chronische Vergiftung: Vgl. Gewerbliche Schädigungen.

Wirkungen auf das Nervensystem. Nach anfänglicher Erregung Narkose, bei sehr hoher Konzentration und Dauer Tod durch Atemlähmung. Außer der Lähmung des Gehirns und Rückenmarks werden auch die peripheren Nerven bei direkter Berührung mit Äther gelähmt. Leichte lokalbetäubende Wirkung.

Grenzdosen bei Einatmung.

	Narkotische Konzentration in Vol.-%	Tödliche Konzentration in Vol.-%
Hund	6,2—10,6	7,5—19,2
Katze	3,6— 4,6	bei 10,0
Kaninchen	2,1—10	über 10,0
Maus	2,1— 3,9	etwa 7,4

Vegetatives Nervensystem. Die Vaguserregbarkeit wird herabgesetzt.

Kreislauf. Am Herzen kommt es in der Narkose zu einer Erhöhung der Kontraktionsgröße bei gleicher Frequenz. Der Blutdruck ist in der Regel anfangs gesteigert, später geringe Senkung. Bei tiefer Narkose periphere Gefäßerweiterung.

Blut. Im Glase verursacht 4% Äther Hämolyse, eine Konzentration, die im strömenden Blut aber kaum erreicht wird. Geringe Zunahme der roten und weißen Blutzellen bei länger dauernder Einatmung. Zunahme der Gerinnungsfähigkeit, des Blutzuckers, des Fettgehaltes im Blut. Geringe Sauerstoffabnahme (KOCHMANN).

Atmung. Zunächst Erregung des Atemzentrums (Hyperpnoe). Bei sehr tiefer Narkose allmählich Verflachung der Atmung und Gefahr der Atemlähmung. Nach der Narkose setzt wieder verstärkte, die Ätherausscheidung begünstigende Atmung ein. Es kann zu Bronchitis und Pneumonie kommen.

Leber. Die akute Äthervergiftung hat im allgemeinen nur eine sehr geringe Wirkung auf die Leber. Bei chronischer Einwirkung treten im Tierversuch nur vereinzelt Degenerationserscheinungen auf.

Nieren. Wie bei der Leber im allgemeinen bei akuter Vergiftung ohne Störung, wiederholte Einwirkung führte im Tierversuch gelegentlich zu Nierenschädigungen (SAND). In der Narkose ist die Harnmenge vermindert, nach der Narkose vermehrt.

Stoffwechsel. Die Wirkung ist im allgemeinen gering. Stickstoffstoffwechsel gesteigert. Glykogenmobilisation und Hyperglykämie sowie Acetonurie.

Wärmehaushalt. Die Körpertemperatur sinkt wie bei jeder Narkose.

Eine Form der chronischen Vergiftung ist die sog. *Äthersucht.* Sie beruht auf gewohnheitsmäßiger Aufnahme von Äthermengen durch den Mund und Magen oder durch Einatmung. Es kommt hierbei zu einem Rauschzustand, der rascher als der Alkoholrausch eintritt und endet. Es werden dabei unter Umständen 10—15 g Äther innerlich vertragen (KUNKEL). Die Erscheinungen sind die gleichen wie bei chronischem Alkoholismus, setzen jedoch frühzeitiger ein.

Gewerbliche Schädigungen. Zu chronischer Einwirkung von Ätherdämpfen kommt es vor allem in der Nitrocellulose verarbeitenden Industrie, z. B. bei der Fabrikation des rauchlosen Pulvers. Die Erscheinungen bestehen in Appetitlosigkeit, Mattigkeit, Kopfschmerzen, Schläfrigkeit, Schwindelgefühl, Erregung, psychischen Störungen. Ein Fall von akuter Manie und Urämie, der unter Krämpfen tödlich endete, wird von E. BROWNING (1936) erwähnt. Intoleranz gegen Alkohol ist nicht selten. Bei länger dauernder Einwirkung wurden Nierenentzündungen mit Eiweiß im Harn und Ödemen beobachtet. Ferner sind Fälle von Hauterkrankungen nach länger dauernder Berührung mit Äther bekannt. Bei Aufnahme durch die Haut kommt es wohl kaum zu einer schwereren Vergiftung. Blutuntersuchungen bei Arbeitern ergaben anfänglich leichte Vermehrung, dann Verminderung der roten Blutkörperchen und des Hämoglobins.

β,β'-Dichlordiäthyläther.

Formel: $CH_2Cl \cdot CH_2 \cdot O \cdot CH_2 \cdot CH_2Cl$.
Molekulargewicht: 142,98.
Kp. 178⁰; $D_4^{20} = 1,22$.
Löslichkeit: Unlöslich in Wasser, löslich in den meisten organischen Lösungsmitteln.
Brennbarkeit: Flammpunkt 55⁰.

Technische Verwendung zur Lösung von bestimmten Lacken, Harzen und fetten Ölen, ferner zur Entfernung von Farben.

Allgemeiner Charakter der Wirkung. Reizgas. Reizwirkung auf Schleimhäute der Atemwege und der Augen, Lungenödem.

Tierversuche (Meerschweinchen). 0,1 Vol.-% tödlich nach $^1/_2$—1stündiger Einatmung. Starke Reizung der Schleimhäute der Augen (Tränenfluß) und der Nase, Verlangsamung der Atmung, Dyspnoe, Tod. Sektion: Ödem und Blutungen in der Lunge (SCHRENK, PATTY und YANT 1933).

Wirkung auf Menschen. 0,0035 Vol.-% Grenze der Wahrnehmbarkeit durch Geruch, ohne Reiz.

0,055—0,1 Vol.-% starker Nasen- und Augenreiz bei kurzer Einatmung, Übelkeit, unerträglich (SCHRENK und Mitarbeiter).

Gewerbliche Vergiftungen sind nicht bekannt.

Schrifttum.
A. Lehrbücher, Handbücher und Monographien.

BERGER, H.: Gewerbliche Unfälle und Erkrankungen durch chemische Wirkungen. Leipzig 1936. — BROWNING, E.: Toxicity of Industrial organic solvents, London: His Majesty's Stationary Office 1937.

DURRANS, T.: Solvents. London: Chapman & Hall 1933.

ELBEL, H.: Die wissenschaftlichen Grundlagen der Beurteilung von Blutalkoholbefunden. Leipzig 1937.

FLURY, F. u. H. ZANGGER: Lehrbuch der Toxikologie. Berlin 1928. — FLURY, F. u. F. ZERNIK: Schädliche Gase. Berlin 1931.

HAMILTON, A.: Industrial Toxicology. New York u. London 1934. — HENDERSON and HAGGARD: Noxious Gases. New York 1927.

I. G. Farbenindustrie A.G.: Lösungsmittel, Frankfurt a. M. 1930.

JORDAN, O.: Chemische Technologie der Lösungsmittel. Berlin 1932.

KOCHMANN, M.: HEFFTER-HEUBNERS Handbuch der experimentellen Pharmakologie, Bd. I. 1923; Erg.-Werk, Bd. 2. 1936. — KOELSCH, F.: Handbuch der Berufskrankheiten, 2 Bde. Jena 1935. — KUNKEL: Handbuch der Toxikologie, Jena 1901.

LEHMANN, K. B.: Kurzes Lehrbuch der Arbeits- und Gewerbehygiene. Leipzig 1919. — LEWIN, L.: Gifte und Vergiftungen. Berlin 1929.

RAMBOUSEK: Gewerbliche Vergiftungen. Berlin 1911.

STARKENSTEIN-ROST-POHL: Lehrbuch der Toxikologie. Berlin u. Wien 1929.

ULLMANN in OPPENHEIM-RILLE-ULLMANN, Die Schädigungen der Haut durch Beruf und gewerbliche Arbeit. Bd. II. Leipzig 1925.

ZERNIK, F.: Erg. Hyg. 14 (1933).

B. Einzelveröffentlichungen.
Alkohole.

AJTAY, J.: Slg Vergiftgsfälle 4, 163 (1933).

BEYREIS, O.: Slg Vergiftgsfälle 4, 167 (1933). — BIJLSMA: Arch. internat. Pharmacodynamie 34, 204 (1928). — BREZINA, E.: Internationale Übersicht über Gewerbekrankheiten, 1920—26 und 1927—29. Berlin 1929. — BULLER: J. amer. med. Assoc., ophthalm. Rec. 1904, 331. — BURGER, H. E. C. u. B. H. STOCKMANN: Zbl. Gewerbehyg., N. F. 9, 29 (1932).

FLURY u. WIRTH: Arch. Gewerbepath. 5, 1 (1933). — 7, 221 (1936). — FRANZ, O.: Slg Vergiftgsfälle 7 (1936). — FÜHNER, H.: Biochem. Z. 120, 143 (1921). — Slg Vergiftgsfälle 1, A, 173 (1930).

GEPPERT, J.: Naunyn-Schmiedebergs Arch. 22, 367 (1887). — GRÉHANT: C. r. Acad. Sci. Paris 123, 192 (1896).

HALLENBERG, B. A.: Skand. Arch. Physiol. (Berl. u. Lpz.) 31, 75 (1914). — HESSBERG: Zbl. Ophthalm. 20, 111.

JISLIN, S. G.: Slg Vergiftgsfälle 4, 173 (1933).

KAMINSKI, J. und K. SEELKOPF: Slg Vergiftgsfälle 4 (1933). — KAUFMANN: Dtsch. med. Wschr. 1925 II, 1788. — KOCHMANN, M.: Reichsgesdh.bl. 1926, 810. — KOELSCH, F.: Zbl. Gewerbehyg. 9, 198 (1921), N. F. 4, 312 (1927). — KRÜGER, E.: Arch. Gewerbepath. 3, 798 (1932).

LAZAREW, N. W.: Naunyn-Schmiedebergs Arch. 141, 19 (1929). — LEHMAN, A. J., H. W. NEWMAN and WINDSOR C. CUTTING: J. of Pharmacol. 61, 58 (1937). — LENDLE, L.: Naunyn-Schmiedebergs Arch. 132, 214 (1928). — LEO, H.: Dtsch. med. Wschr. 1925 I, 1062. — Biochem. Z. 191, 423 (1927). — LESCHKE, E.: Münch. med. Wschr. 1932 I, 714, 751. — LEWIN-GUILLERY: Wirkung von Arzneimitteln und Giften auf das Auge, Bd. I, S. 372. Berlin 1905. — LINDNER, W. u. O. KLIMMER: Unveröffentlichte Versuche (1937 bis 1938). — LOEWY, A. u. VAN DER HEYDE: Biochem. Z. 86, 125 (1918).

MACHT, D.: J. Pharmacol. 11, 263 (1918). — Arch. internat. Pharmacodynamie 26, 285 (1922). — MARSHALL and HEATH: J. Physiol. 22, 38 (1897). — MIDDLETON, E. L.: J. ind. Hyg. 12, 265 (1930). — MILOVANOVIĆ: Slg Vergiftgsfälle 7, 159 (1936). — MOLITORIS, H.: Slg Vergiftgsfälle 2 (1931).

OETTEL, H.: Naunyn-Schmiedebergs Arch. 183, 641 (1936).

POHL, J.: Naunyn-Schmiedebergs Arch., Suppl. Bd. 1908, 427. — Biochem. Z. 127, 66 (1922). — Zbl. Gewerbehyg., N. F. 2, 91 (1925).

ROTH: Schweiz. Z. Unfallmed. 17, 169 (1923). — ROST u. BRAUN: Arb. Reichsgesdh.amt 57, 580 (1926).

SATO, K.: Jap. J. med. Sci., Trans. IV. Pharmacol. 3, 1 (1929). — SCHÜBEL, K.: Naunyn-Schmiedebergs Arch. 181, 132 (1936). — SPIRO, K.: Beitr. chem. Physiol. u. Path. 4, 300 (1903). — STADELMANN: Berl. klin. Wschr. 1912 I, 193. — STARREK: Diss. Würzburg 1938.

TELEKY u. BREZINA: Zit. nach HESSBERG. — TYSON, H. H.: Arch. Ophthalm. (N.Y.) 41, 459 (1912).

VOLOKONENKO: Zit. bei E. KRÜGER: Arch. Gewerbepath. 3, 798 (1932).

WEESE, H.: Naunyn-Schmiedebergs Arch. 135, 118 (1928). — WEGELIN, C.: Slg Vergiftgsfälle 4, 169 (1933). — WIDMARK, E. M. P.: Fortschr. naturwiss. Forsch. 1932, N. F., H. 11. — Biochem. Z. 259, 285 (1933).

YANT, W. P., H. H. SCHRENK and R. R. SAYERS: Ind. Chem. 23, 551 (1931).

ZANGGER, H.: Arch. Gewerbepath. 2, 205 (1931).

Ester.

ALTHOFF: Z. Med.beamte 1931, 426.

BAADER, E. W.: Verh. dtsch. Ges. inn. Med. 45, 318 (1933). — BALÁZS, J.: Slg Vergiftgsfälle 5, (1934). — BANIK: Zbl. Gewerbehyg., N. F. 6, 197 (1929). — BEINTKER: Dtsch. med. Wschr. 1928 I, 528. — BOELTZIG, E.: Diss. Würzburg 1931. — BÖRNER, R.: Slg Vergiftgsfälle 6, (1935). — BURGER, G. E. C. u. B. H. STOCKMANN: Zbl. Gewerbehyg., N. F. 9, 31 (1932).

CRECÉLIUS: Klin. Wschr. 1930 I, 452.

DAUTREBANDE, L. u. Mitarb.: C. r. Soc. Biol. Paris 119, 314 (1935). — DUQUENOIS, P. et P. REVEL: J. Pharmacie 19, 590 (1934).

ELLER, H.: Diss. Würzburg 1937. — EMRICH, M.: Diss. Würzburg 1932. — ENGELHARDT, W.: Arch. f. Dermat. 169, 236 (1933). — ESVELD, L. W. VAN: Ber. Zbl. öff. Gesdh.-wes. (Utrecht), Abt. Pharmakol. 1933, 698. Zit. nach Ber. Physiol. 75, 748 (1934).

FLORET: Zbl. Gewerbehyg., N. F. 4, 257 (1927). — FLURY, F.: Unveröffentlichte Versuche. — FLURY, F., O. KLIMMER u. E. RÖSSER: Unveröffentlichte Versuche (1937). — FLURY, F. u. W. NEUMANN: Unveröffentlichte Versuche (1927). — FLURY, F. u. W. WIRTH: Arch. Gewerbepath. 5, 1 (1933). — FÜHNER, H.: Biochem. Z. 120, 143 (1921). — FÜHNER, H. u. F. PIETRUSKY: Slg Vergiftgsfälle 5, (1934).

GROSS, E.: Unveröffentlichte Versuche. — GROSS, E. u. A. GROSSE: Naunyn-Schmiedebergs Arch. 168, 423 (1932).

HAGGENMILLER, C.: Diss. Würzburg 1932. — HEPP, J.: Diss. Würzburg 1931. — HOLSTEIN, E.: Med. Welt **9**, 302 (1935).

ITALLIE, L. VAN, A. HARMSMA u. L. W. VAN ESVELD: Slg Vergiftgsfälle **3**, (1932).

KAMP, H.: Diss. Würzburg 1934. — KOELSCH, F.: Concordia (Berl.) **19**, 246 (1912). — KRAUTWIG, P.: Zbl. inn. Med. **1893**, 353. — KRÜGER, E.: Arch. Gewerbepath. **3**, 798 (1932).

LEHMANN, K. B.: Arch. f. Hyg. **78**, 260 (1913). — LOREY: Diss. Würzburg 1899.

MÜLLER, W.: Diss. Würzburg 1932.

OETTEL, H.: Naunyn-Schmiedebergs Arch. **183**, 641 (1936).

REUS, K. J.: Diss. Würzburg 1933.

SCHÜTZ, H.: Arch. Gewerbehyg. **7**, 459 (1937). — SMITH and LILLIE: Arch. of Neur. **26**, 976 (1931). Zit. nach VAN ITALLIE und Mitarb., Naunyn-Schmiedebergs Arch. **165**, 99 (1932). — SMYTH, H. F. and H. F. SMYTH: J. ind. Hyg. **10**, 261 (1928). — STARREK, E.: Diss. Würzburg 1938. — STROTHMANN, H.: Klin. Wschr. **1929** I, 493.

VOGEL, G.: Pflügers Arch. **67**, 150 (1897).

WACHTEL, C.: Z. exper. Path. u. Ther. **21**, 1 (1920). — WEBER, H. H. u. W. GUEFFROY: Schr. Gewerbehyg. **40**, 38 (1932). — Arb. Reichsgesdh.amt **65**, 29. — WEBER, S.: Naunyn-Schmiedebergs Arch. **47**, 113 (1901).

YARSLEY, V. E.: Synth. appl. Finish **3**, 80 (1933).

ZANGGER, H.: Arch. Gewerbepath. **1**, 77 (1930).

Aldehyde.

CERVELLO, V.: Naunyn-Schmiedebergs Arch. **16**, 265 (1882). — COHN, R.: Naunyn-Schmiedebergs Arch. **31**, 40 (1892).

FUJII, M.: Fol. pharmacol. jap. **1**, 15 (1925).

JOFFROY et SERVEAUX: Arch. Méd. expér. **8**, 195, 473 (1896). Zit. nach KOBERT: Lehrbuch der Intoxikationen, Bd. II. Stuttgart: Ferdinand Enke 1906.

KNOEFEL, P. K.: J. of Pharmacol. **50**, 88 (1934).

LÉPINE: C. r. Acad. Sci. Paris **105**, No 26 (1887).

MERING, V.: Berl. klin. Wschr. **1882** I, 648.

WAND, H.: Diss. Würzburg 1932.

Ketone.

CACCURI, S.: Fol. med. (Napoli) **23**, 522 (1937). — COSSMANN: Münch. med. Wschr. **1903** II, 1556.

FLORET: Zbl. Gewerbehyg., N. F. **4**, 259 (1927). — FLURY, F. u. W. WIRTH: Arch. Gewerbepath. **5**, 1 (1933).

GROSS, E.: Unveröffentlichte Versuche.

KAGAN: Arch. f. Hyg. **94**, 41 (1924). — KEITH, H. M.: Arch. of Path. a. Labor. Med. **13**, 707 (1932).

LAZAREW, N. W., A. J. BRUSSILOWSKAJA u. J. N. LAWROW: Arch. Gewerbepath. **2**, 641 (1931).

SKLIANSKAYA, R. M., F. E. URIEVA and L. M. MASHBITZ: J. ind. Hyg. **18**, 106 (1936).

WALTON, D. C., E. F. KEHR and A. S. LOEVENHART: J. of Pharmacol. **33**, 175 (1928).

Äther.

BROWNING, E.: Toxicity of Industrial Organic Solvents. London 1937.

KOCHMANN, M.: HEFFTER-HEUBNERs Handbuch der experimentellen Pharmakologie, Bd. 1. 1923; Erg.-Werk Bd. 2. 1936. — KUNKEL, A. J.: Handbuch der Toxikologie. Jena 1901.

LAZAREW, N. W., A. J. BRUSSILOWSKAJA u. J. M. LAWROW: Arch. Gewerbepath. **2**, 641 (1931).

SAND, R.: Zit. nach E. BROWNING. — SCHRENK, H. H., F. A. PATTY and W. P. YANT: U. S. Publ. Health Rep. **48**, 1389 (1933).

D. Sonstige Lösungsmittel.

Von

E. GROSS, Wuppertal-Elberfeld [1].

1. Glykole und Glykolderivate.

Allgemeines.

Die Glykole und deren Derivate besitzen ein gutes Lösevermögen für verschiedene Zwecke. Besonders als gute Lösungsmittel für Celluloselacke kommt die Mehrzahl der Äther, Ester und Ätherester in Anwendung. Ihre wirtschaftliche Bedeutung steigt daher ständig. Die schwer flüchtigen Glykole dienen als Lösungsmittel für Farbstoffe, pharmazeutische und kosmetische Präparate, als Gefrierschutzmittel und ähnliches mehr.

Charakteristisch ist, daß so gut wie alle Glykole und Glykolderivate in hohen Dosen die Nieren schädigen. Es handelt sich dabei nur um graduelle Unterschiede. Besonders deutlich tritt die Nierenwirkung bei den einfachen Äthern des Äthylenglykols hervor, wobei in der homologen Reihe dieser Äther die Wirkung bei den höheren Äthern intensiver ist als bei den niederen. Sie tritt zurück bei den Estern des Äthylenglykols, während die Ätherester in der Mitte zwischen beiden Reihen stehen. Auch Äthylenglykol selbst hat in hohen Dosen diese Wirkung. Von einer Zahl von Autoren wird die Nierenwirkung mit der Bildung von Oxalsäure in Zusammenhang gebracht. Nach der Einverleibung von Äthylenglykol lassen sich 3% in Form von Oxalsäure im Harn nachweisen. Tatsache ist, daß Propylenglykol, das keine Oxalsäure bilden soll, sondern an Glykuronsäure gepaart ausgeschieden und zum Teil im Organismus zu Brenztraubensäure oder Milchsäure, also physiologischen Substanzen oxydiert wird, weniger leicht die Nieren schädigt. Aber auch hier tritt nach Aufnahme sehr hoher Dosen Nierenschädigung auf. Welches Schicksal die übrigen Glykole und Glykolderivate, die wie gesagt auch letzten Endes auf die Nieren wirken, im Organismus erleiden, ist unbekannt. Von einer gewissen praktischen Bedeutung ist die nierenschädigende Wirkung der flüchtigeren Körper Dioxan und Tetrahydrofuran. Diese ist bei Dioxan von ganz besonderer destruierender Art (s. unter Dioxan!) und kombiniert mit einer eigentümlichen Leberschädigung. Bei Tetrahydrofuran erscheint die Nierenschädigung hingegen einen leichteren Charakter zu tragen.

Die narkotische Wirkung der Glykole und ihrer Derivate tritt ziemlich stark in den Hintergrund und ist bei den meisten geringer als beim Äthylalkohol. Eine Ausnahme hiervon bildet das Tetrahydrofuran, daß schon in relativ kleinen Dosen narkotisierend wirkt.

Die Hautreizwirkung einiger Glieder ist deutlich, jedoch tritt sie nirgends in imponierendem Grade in Erscheinung.

Für die gewerbehygienische Beurteilung der hier in Frage stehenden Substanzen ist ihre relative Flüchtigkeit ausschlaggebend. Die schwer flüchtigen Körper, wie die Glykole selbst, können durch versehentliche Aufnahme durch den Mund Schaden verursachen. Je flüchtiger die Lösungsmittel, um so eher kann die Gefahr einer Gesundheitsschädigung auftreten, besonders, wenn eine größere Giftigkeit, wie z. B. beim Dioxan, vorhanden ist. Im allgemeinen kann jedoch gesagt werden, daß bei ordnungsgemäßer und vorsichtiger Handhabung

---

[1] Unter freundlicher Mitarbeit von F. HELLRUNG, Wuppertal-Elberfeld.

die gewerbliche Anwendung der Glykole und Glykolderivate keine besonderen Gefahren mit sich bringt.

Äthylenglykol.
(Glykol.)

Formel: $HOCH_2 \cdot CH_2OH$.

Molekulargewicht: 62.

Allgemeine Eigenschaften: Technisches Produkt Kp. 191—200°; $D_4^{20} = 1,111$. Reines Produkt Kp. 197°; $D_4^{18} = 1,1148$.

Dampfdruck bei 20°: unter 0,5 mm.

Löslichkeit: Mit Wasser und Alkohol in jedem Verhältnis mischbar, in Olivenöl praktisch unlöslich.

Flammpunkt: 117°.

Flüchtigkeit: Bei 20° 2625mal weniger flüchtig als Äther. Geruchlos. Geschmack: Süß.

Technische Verwendung. Entsprechend seinem hohen Siedepunkt ist die technische Anwendung begrenzt. Für Lacke wird es nicht verwendet, dagegen ist es ein ausgezeichnetes Lösungsmittel für viele Farbstoffe, z. B. im Textildruck und auch für Gummidruckfarben. Findet sich in kosmetischen Präparaten, in Essenzen für Lebensmittelzwecke und Parfümerien. Auch als Lösungsmittel für Medikamente vorgeschlagen. Hauptanwendungsgebiet: Gefrierschutzmittel. Wertvolles Ausgangsmaterial für Sprengstoffherstellung.

Allgemeiner Charakter der Wirkung. In hohen Dosen erregende und depressive Wirkung auf das Zentralnervensystem, Nierengift.

Örtliche Wirkung. Keine Reizwirkung auf die Haut beobachtet; dagegen werden Schleimhäute durch unverdünntes Glykol mäßig gereizt. So ruft Verfütterung der unverdünnten Substanz bei Hunden Erbrechen hervor (PAGE). Auch bei Vergiftungsfällen am Menschen wurden Erbrechen und Blutungen in der Magenschleimhaut beobachtet (HANSEN). Ein Tropfen in das Kaninchenauge gebracht, erzeugte Rötung der Bindehaut (v. ÖTTINGEN und JIROUCH). Die Reizwirkung auf Schleimhäute nimmt mit zunehmender Wasserverdünnung ab. Nach Mitteilung von HANZLIK und Mitarbeitern reizt Glykol bei intramuskulärer Injektion.

Resorptive Wirkung. Resorption durch die Haut ist von keiner Seite beschrieben worden, würde praktisch bei der relativen Ungiftigkeit der Substanz auch keine Bedeutung haben. Aufnahme durch Inhalation der Dämpfe spielt bei der geringen Flüchtigkeit der Substanz keine Rolle. Diesbezügliche Tierversuche wurden von WILEY, HUEPER und v. ÖTTINGEN, von FLURY und WIRTH und vom Verfasser (unveröffentlichte Versuche) angestellt. Die angewandten Konzentrationen erreichten bei Zimmertemperatur angenähert den Sättigungswert (bei 25° nach Bestimmungen von FLURY und WIRTH 0,5 mg/l Luft). WILEY und Mitarbeiter ließen während 16 Wochen an 5 Wochentagen 8 Stunden täglich die Dämpfe auf Mäuse und Ratten einwirken, FLURY und WIRTH 5 Tage täglich 4—6 Stunden auf Katzen, der Verfasser einmalig 3 Stunden auf Katzen, Kaninchen und Meerschweinchen. Bei keinem dieser Versuche zeigte sich außer einer geringen und unbedeutenden Reizwirkung auf Augen und Schleimhäute der Atemwege irgendeine schädigende Einwirkung auf die Tiere.

Über die Wirkung bei Verfütterung oder Einspritzung unter die Haut, in die Muskulatur, in die Blutbahn oder in die Bauchhöhle liegen zahlreiche Angaben des Schrifttums vor.

1. Verfütterung.

Als tödliche Grenzdosen wurden gefunden:

An der Maus: Technisches Produkt: 5,5 ccm/kg, gereinigtes Produkt: 9,0 ccm/kg (J. SCHOLZ-Wuppertal-Elberfeld [1]).

An der Ratte (Mehrzahl eingegangen): 4—7 g/kg (HANZLIK und Mitarbeiter).

---

[1] Nach privater Mitteilung.

Am Kaninchen: 9 g/kg (HILDEBRANDT-Gießen[1]).

Nach BACHEM hat eine ähnlich hohe Dosis beim Kaninchen nicht geschadet.

PAGE fand, daß beim Hund die Verfütterung von 9,0 ccm/kg in 30%iger wäßriger Lösung nicht schadete.

REID HUNT gab Ratten als Trinkwasser eine 5- und 1%ige wäßrige Lösung. Die Tiere starben bei Genuß der 5%igen Lösung nach 3 Tagen, bei Genuß der 1%igen innerhalb 7 Tagen. HANZLIK und Mitarbeiter verfütterten in gleicher Weise an Ratten 10-, 5-, 3-, 2-, 1- und 0,5%ige Lösungen und stellten fest, daß die Tiere, welche 10%ige Lösung erhielten, nach 3 Tagen, 5%ige nach 5 Tagen, 3%ige nach 6 Tagen, 2%ige nach 14 Tagen eingingen. Die Verabreichung von 1- und 0,5%igen Lösungen, wobei das Einzeltier 2,2 bzw. 0,7 g/kg täglich aufnahm, schadete auch bei 120—130tägiger fortgesetzter Zufuhr nicht.

2. Subcutane Injektion.

Als tödliche Grenzdosis für die Maus wurde gefunden: Technisches Produkt: 4,5 ccm/kg, gereinigtes Produkt: 6,5 ccm/kg (J. SCHOLZ[1]); reines Produkt (Siedepunkt 197^0): 2,5 ccm/kg (v. ÖTTINGEN und JIROUCH).

BACHEM fand, daß erst Dosen, die größer als 10—15 ccm/kg Körpergewicht waren, beim Kaninchen tödlich wirkten. PAGE beobachtete beim Hund nach Injektion von 3 ccm/kg nur eine leichte Reizung an der Injektionsstelle.

3. Intramuskuläre und intravenöse Injektion.

Als tödliche Grenzdosen wurden gefunden:

Ratte: Intramuskuläre Injektion 4,0 ccm/kg (60% tot). Intravenöse Injektion 2,5 ccm/kg (80% tot) (HANZLIK und Mitarbeiter).

Ratte: Intramuskuläre Injektion 4,5 ccm/kg (technisches Produkt) (J. SCHOLZ[1]).

Kaninchen: Intramuskuläre Injektion 6,0 ccm/kg (66% tot). Intravenöse Injektion 4,5 ccm/kg (100% tot) (HANZLIK und Mitarbeiter).

4. Einspritzung in die Bauchhöhle.

Als letale Grenzdosen wurden gefunden:

Kaninchen 9,0 ccm/kg, Ratte 2,5 ccm/kg (PAGE).

Die Symptome, die dem Tod vorausgingen oder bei hohen nicht tödlichen Dosen auftraten, waren Gleichgewichts- und Bewegungsstörungen bis zur leichten Narkose, in einzelnen Fällen auch Auftreten von Krämpfen. Nach v. ÖTTINGEN und JIROUCH bleiben Muskelzuckungen beim vergifteten Frosch auch nach Zerstörung des Zentralnervensystems bestehen, sind also peripherer Natur. Dieselben Autoren, ebenso wie PAGE, fanden nach intravenöser Injektion einer 50%igen wäßrigen Lösung eine Blutdrucksenkung beim Kaninchen. Wohl alle Autoren fanden nach größeren und besonders nach tödlich wirkenden Gaben eine beträchtliche Schädigung des harnbereitenden Apparates der Nieren (Eiweißausscheidung, Harnbluten und Harnsperre mit dem mikroskopischen Bild einer akuten, hämorrhagischen Nephritis bzw. Nephrose). Verbreitet ist die Annahme, daß Glykol, das über Glykolsäure zur Oxalsäure abgebaut wird, eben durch die Bildung von Oxalsäure nierenschädigend wirkt. Diese wird wohl größtenteils zu Kohlensäure und Wasser weiter oxydiert, ein Teil aber, bis zu 3% des zugeführten Glykols, durch die Nieren ausgeschieden. Nach Versuchen von PAGE am phlorrhizinvergifteten Hund tritt keine Umwandlung in Zucker ein. Die Substanz wird im Gegensatz zu Propylenglykol auch nicht an Glucuronsäure gepaart ausgeschieden (MIURA).

Vergiftungserscheinungen am Menschen. PAGE trank ohne Schädigung 15 ccm der mit Wasser verdünnten Substanz, BACHEM einmal 25 g reines Glykol mit Wasser verdünnt, ein andermal 45 g mit Wasser verdünnt innerhalb 2 Tagen. Schädigungen traten nicht ein, doch beobachtete BACHEM eine verstärkte Vermehrung der Oxalsäureausscheidung im Harn. Wie hoch die Dosen sind,

---

[1] Nach privater Mitteilung.

die nach der Aufnahme durch den Mund des Menschen schädigen, ist nicht genau bekannt. HANSEN schätzt, daß von zwei jungen Männern, die nach Genuß größerer Mengen von als Frostschutzmittel im Autokühlwasser dienendem Glykol, schwer erkrankten, vermutlich je 100 ccm Glykol getrunken worden waren. Beide kamen eben noch mit dem Leben davon. Die Symptome nach der Vergiftung waren Trunkenheit, dann Koma, im Harn anfänglich Eiweiß und Blut, später weitgehende Harnsperre, Lähmung einzelner Nerven, Blutung der Magenschleimhaut. Nach einseitiger Nierendekapsulation, wobei sich die Nieren als groß, dunkelrot und von fester Konsistenz erwiesen, trat langsam Genesung ein. Nach einer Mitteilung im Journal of the American medical Association 1930 sollen zwei tödliche Vergiftungsfälle ebenfalls nach Trinken einer Frostschutzflüssigkeit vorgekommen sein. Die Symptome sollen in Erbrechen, Cyanose und stärkster Hinfälligkeit bestanden haben. Der Tod sei unter Krämpfen an Atemstillstand erfolgt (zitiert nach ETHEL BROWNING).

Fälle gewerblicher Schädigungen. Mit Sicherheit auf Äthylenglykol zurückzuführende Schädigungen sind bisher nicht bekannt geworden. Unter normalen Arbeitsbedingungen — abgesehen von der längeren Einatmung der Dämpfe von erhitztem Äthylenglykol, die nur in chemischen Betrieben und unter Vernachlässigung elementarer Forderungen der Arbeitshygiene denkbar wäre — sind Schädigungen nicht zu erwarten. Eine Vergiftungsmöglichkeit erscheint nur bei Aufnahme großer Mengen durch den Mund gegeben.

Propylenglykol.

Formel: $HOCH_2 \cdot CH_2 \cdot CH_2OH$ $CH_2OH \cdot CHOH \cdot CH_3$
      1.3-Propylenglykol   1.2-Propylenglykol
Molekulargewicht: 76.

Allgemeine Eigenschaften: 1.2-Propylenglykol: Kp. 188—189°; $D^{19,4}$: 1,0403. 1.3-Propylenglykol: Kp. 214°; D^{18}: 1,0526.

Löslichkeit: Mit Wasser und Alkohol in jedem Verhältnis mischbar, in Olivenöl praktisch unlöslich.

Geruchlos. Geschmack: Süßlich.

Technische Verwendung. 1.2-Propylenglykol wurde bisher in größerem Maßstab nicht angewandt. 1.3-Propylenglykol wird bei der technischen Herstellung von Glycerin als Nebenprodukt gewonnen. 1.2-Propylenglykol wurde als Lösungsmittel für pharmazeutische Zwecke vorgeschlagen.

Im folgenden wird nur über die physiologischen Eigenschaften des 1.2-Propylenglykols berichtet.

Allgemeiner Charakter der Wirkung. Nach Aufnahme extrem hoher Dosen Nierenschädigung.

Örtliche Wirkung. In eigenen, nicht veröffentlichten Versuchen Reizwirkung auf die Haut nicht beobachtet. Auf Schleimhäute (Magen) wirken wenig verdünnte Lösungen mit der Zeit wohl durch hypoosmotische Einwirkung reizend.

Resorptive Wirkung. Nach eigenen Erfahrungen (unveröffentlichte Versuche) verursachte die 5malige täglich 1mal ausgeführte subcutane Injektion von 1,0 ccm/kg Kaninchen Eiweißausscheidung im Harn. Bei einmaliger intravenöser Injektion wurde die tödliche Grenzdosis für Mäuse bei 5 g/kg Körpergewicht gefunden. Die Tiere gingen unter Atemnot und Krämpfen ein. Beim Kaninchen traten nach einmaliger Schlundsondenfütterung von 7,0 g/kg Körpergewicht in 50%iger wäßriger Lösung vorübergehend Eiweiß und rote Blutkörperchen im Harn auf. Beim Hund verursachte die einmalige Verfütterung von 4,0 g/kg Körpergewicht in 50%iger wäßriger Lösung nur mäßigen Durchfall.

Die 12malige Verfütterung von 2,0 und 4,0 g/kg Körpergewicht in 14 Tagen wurde von Kaninchen ohne bei Lebzeiten merkbaren Schaden ertragen. Die mikroskopische Organuntersuchung der getöteten Tiere ergab an Leber, Niere und Milz in wechselnd starkem Maße Ödem und Hyperämie. Ein Hund erhielt 12mal 0,5 ccm/kg einer 50%igen wäßrigen Lösung innerhalb 14 Tagen. Dies verursachte Durchfall und Gewichtsverminderung um 20%, wohl infolge von Nahrungsverweigerung.

WEESE und HILGENFELDT-Wuppertal-Elberfeld (private Mitteilung) beobachteten, daß sogar die einmalige subcutane Injektion von 10 ccm/kg Körpergewicht beim Kaninchen lediglich vorübergehende Eiweißausscheidung verursachte.

HILGENFELDT sah nach 4- bzw. 6maliger im täglichen Abstand verabfolgter intravenöser Injektion von je 1 ccm/kg bei Katzen im mikroskopischen Nierenpräparat Blutungsherde und degenerative Veränderungen des harnbereitenden Apparates, bei Kaninchen nach 20maliger intravenöser Injektion derselben Mengen eine mäßige Anämie. GRAB-Wuppertal-Elberfeld (ebenfalls nach privater Mitteilung) konnte bei 10—14 Wochen langer täglicher Fütterung von 0,01 bis max. 0,2 ccm pro Ratte und Meerschweinchen keinerlei Schädigung der Versuchstiere feststellen.

Da REID HUNT 1.2-Propylenglykol als Ersatz für das giftigere Äthylenglykol für medizinische Zwecke empfohlen hatte, haben auch andere Forscher diesen Körper auf seine Giftwirkung geprüft. BRAUN und CARTLAND fanden als letale Grenzdosis bei der Ratte intramuskulär gegeben 15,7 ccm/kg, subcutan 23,1 ccm/kg; SEIDENFELD und HANZLIK fanden bei der Ratte intramuskulär 14,0 ccm/kg, subcutan 16,0 ccm/kg Körpergewicht, für das Kaninchen die entsprechenden Werte von 7,0 ccm/kg und 5,0 ccm/kg. Bei chronischer Verfütterung haben BRAUN und CARTLAND in Serienversuchen gefunden, daß Kaninchen 8 ccm/kg 50mal gegeben glatt ertragen. SEIDENFELD und HANZLIK tränkten junge Ratten 140 Tage lang bei sonst konstanten Bedingungen mit 1—10%igen wäßrigen Propylenglykollösungen. Dies entsprach täglichen Dosen von 1,6—13,2 g/kg, die Wachstum und Gewichtszunahme nicht ungünstig beeinflußten. REID HUNT fand eine ähnlich gute Verträglichkeit. Nach ALBRICHT, BUTLER und BLOOMBERG wurde ein rachitischer 16jähriger Junge mit einem propylenglykolhaltigen Präparat 4$\frac{1}{3}$ Monate behandelt, so daß er längere Zeit täglich 15 ccm, zeitweilig sogar 30 ccm Propylenglykol zu sich nahm. Eine Schädigung trat dadurch nicht ein. Nach LEHMANN und NEWMAN wird Propylenglykol vom Magen-Darm aus sehr rasch resorbiert, seine narkotische Wirkung ist $\frac{1}{3}$ des Äthylalkohols. MIURA und NEUBAUER geben an, daß Propylenglykol an Glucuronsäure gepaart ausgeschieden wird. LEHMANN und NEWMAN beobachteten, daß nur etwa 45% der Gesamtdosis im Harn ausgeschieden werden und vermuten, daß der Rest im Organismus zu Brenztraubensäure oder Milchsäure also körpereigenen Substanzen oxydiert wird. REID HUNT stellte fest, daß auch Tiere, deren Leber und Nieren durch Gifte stark geschädigt waren, große Mengen Propylenglykol gut vertragen.

Fälle gewerblicher Schädigungen. Keine. Eine Vergiftungsmöglichkeit ist nur nach innerlicher Aufnahme größerer Mengen denkbar.

1.3-Butylenglykol.

Formel: CH$_3$·CHOH·CH$_2$·CH$_2$OH.
Molekulargewicht: 90,1.
Allgemeine Eigenschaften: Kp. 185—195°, D $^{20}_4$ = 1,02.
Löslichkeit: In jedem Verhältnis mit Wasser und Äthylalkohol mischbar, unlöslich in fetten Ölen.
Geruch: Schwach-süßlich; Geschmack: Bitter-süßlich.

Technische Anwendung. Schmiermittel für Spezialzwecke, Zwischenprodukt bei der Butadien-Bunasynthese. Spielt als Lösungsmittel für Lacke keine Rolle.

Anwendung als Ersatz für Glycerin in der Kosmetik, in der Tabak-, Papier- und Textilindustrie vorgeschlagen.

Allgemeiner Charakter der Wirkung. In hohen Dosen ganz schwaches Narkoticum, bei wiederholter Verabreichung nierenschädigende Wirkung.

Angaben über die physiologische Wirkung von Butylenglykol liegen in der Literatur bisher nicht vor.

Örtliche Wirkung. Nach eigenen nicht veröffentlichten Versuchen des Verfassers wurde an Menschen (6 Personen) auch bei 72stündiger Einwirkung auf die Haut keinerlei Reizung beobachtet.

Resorptive Wirkung. Nach Privatmitteilungen von HILDEBRANDT, Pharmakologisches Institut Gießen, verursacht einmalige Verfütterung von 7 g/kg an Kaninchen leichte Narkose, keine Eiweißausscheidung im Harn. 2,4 g/kg einem Hund verfüttert, schädigte nicht, dagegen verursachte die 14malige Verfütterung von 0,2 g/kg innerhalb 2 Wochen eine leichte Eiweißausscheidung. HILDEBRANDT betrachtet 1.3-Butylenglykol als eine praktisch ungiftige Substanz, deren Wirkung bei einmaliger Gabe noch nicht einmal die des Äthylalkohols erreicht. In eigenen nicht veröffentlichten Versuchen wurden bei einmaliger Verfütterung eines mit 10% Wasser verdünnten Produktes von einem Kaninchen 10- und 12 g/kg noch ertragen. Die Tiere waren vorübergehend kurzatmig, taumelten, gerieten in leichte Narkose, erholten sich aber rasch wieder. Eiweiß trat im Harn nicht auf. 15 g/kg tötete dagegen: Taumeln, Seitenlage, Durchfall, in der Nacht nach Versuch verendet. Die Sektion zeigte eine Reizung des Magen-Darmes. Die Nieren waren bei makroskopischer Betrachtung geschädigt: Verbreiterung der Zwischenschicht, fleckige Rötung des Markes. Der aus der Harnblase entnommene Harn war jedoch frei von Eiweiß.

Keine Fälle gewerblicher Schädigungen beobachtet, auch kaum zu erwarten.

Diäthylenglykol.
(Diglykol, Polyglykol.)

Formel: $O{\Large\langle}\begin{array}{l}CH_2 \cdot CH_2OH \\ CH_2 \cdot CH_2OH.\end{array}$

Molekulargewicht: 106.

Allgemeine Eigenschaften: Kp. 245°; $D_{15}^{15} = 1,132$.

Flammpunkt: 124°.

Geruchlos. Geschmak: Bittersüß.

Löslichkeit: Mit Wasser, Alkoholen und mehreren anderen organischen Lösungsmitteln mischbar, praktisch unlöslich in Äther, Benzol und Homologen, Petroleum und fetten Ölen.

Technische Verwendung. Lösungsmittel für Farbstoffe und Textilhilfsmittel. Schmiermittel für Spezialzwecke. Als Lösungsmittel für pharmazeutische Präparate versucht. In amerikanischer Zigarettenindustrie verwendet.

Allgemeiner Charakter der Wirkung. In ganz hohen Dosen nierenschädigende Wirkung.

Örtliche Wirkung. Die am Kaninchenauge geprüfte Reizwirkung der unverdünnten Substanz auf die Schleimhäute ist gering (v. ÖTTINGEN und JIROUCH). Nach eigenen unveröffentlichten Versuchen besitzt Diglykol am Menschen keine hautschädigende Wirkung.

Resorptive Wirkung. Akute Vergiftung. Nach v. ÖTTINGEN und JIROUCH ist die tödliche Grenzdosis für Mäuse bei subcutaner Injektion 5,0 ccm/kg Körpergewicht. Bei der Ratte bewirkten hohe Dosen bei gleicher Anwendung Nierenschädigungen. Die Injektion von 1 ccm einer 25%igen Lösung in den Lymphsack eines Frosches verursachte Lähmung des Zentralnervensystems, Muskelzittern und endlich Streckkrampf. Die Substanz wirkt nicht lähmend auf die motorischen Nerven und nur leicht lähmend auf die glatte und gestreifte Muskulatur und Herzmuskulatur (Frosch). Eigene unveröffentlichte Versuche hatten folgende Ergebnisse: An Kaninchen einmalig verfüttert schädigten in 50%iger wäßriger Lösung Dosen bis zu 6 ccm/kg nicht, 8 ccm töteten nach 2 Tagen unter den Zeichen einer schweren Nierenschädigung. Der aus der Blase des verendeten Tieres entnommene Harn enthielt viel Eiweiß. Die Nieren waren groß und blaß. Ihre mikroskopische Untersuchung ergab degenerative Prozesse und Blutungen in der Nierenrinde (besonders an den Glomeruli). Ein Hund ertrug 5 ccm/kg Körpergewicht einmal gegeben unbeschadet. Die weiter unten beschriebenen im Oktober 1937 in USA. vorgekommenen zahlreichen Todesfälle durch ein Diäthylenglykol enthaltendes pharmazeutisches Präparat veranlaßten die Amer. med. Assoc. zu sofortiger Untersuchung der physiologischen Wirkung des Diäthylenglykols. Als tödliche Grenzdosis wurde gefunden: für Ratten bei Verfütterung 16,0 ccm/kg Körpergewicht, Kaninchen starben nach 10,0, 8,0 und 8,0 ccm/kg Körpergewicht nach 213, 61 und 65 Stunden. Ein Hund verendete 86 Stunden nach Aufnahme von 9 ccm/kg Körpergewicht. Als Symptome sind angegeben: Schwäche der Hinterbeine, taumeliger Gang, Appetitlosigkeit, verstärkte Atmung, Diurese, Erbrechen, Durst, Anämie, Koma, Muskelzittern, Spasmen, Delirien (lautes Bellen), Exitus. Die pathologisch-anatomischen Befunde bei den Tieren ergaben in der Hauptsache das Bild einer schweren ,,chemischen" Nephrose mit intrakapsulärem Ödem, am deutlichsten in den Epithelien der Tubuli contorti mit Zusammenpressung derselben und Zylinderbildung in den Harnkanälchen (vgl. TAEGER).

Chronische Vergiftung. Bei der mehrfachen Verfütterung einer 40%igen wäßrigen Lösung (eigene Versuche) vertrugen Kaninchen die 12malige Gabe von 2 g/kg in 14 Tagen ohne äußerlich sichtbare Schädigung. Die Sektion eines danach getöteten Tieres ergab keinen nennenswerten Befund. HAAG und AMBROSE stellten fest, daß ein Zusatz von 3 bzw. 10% Diäthylenglykol zum Trinkwasser für Ratten in kurzer Zeit tödlich wirkt. HOLCK bestätigte diesen Befund. KESTEN, MULINOS und POMERANTZ teilten mit, daß 0,9 ccm täglich pro Ratte (= 3% in Trinkwasser) 50% der Ratten innerhalb von 2 Monaten, 1,5 ccm täglich (= 5% in Trinkwasser), 25% der Tiere in einer Woche töteten.

Fälle gewerblicher Schädigung. Keine. Jedoch ist darauf hinzuweisen, daß nach Mitteilung der Amer. med. Assoc. im Oktober 1937 in USA. durch Genuß eines Sulfanilamid-Elixiers, das nach den Angaben der herstellenden Firma über die Zusammensetzung etwa 42 Vol.-% Diäthylenglykol enthielt, 93 tödliche Vergiftungen vorgekommen sind. Bei 10 der Vergifteten im Alter von 10 Monaten bis 26 Jahren ließ sich nachweisen, daß sie 14—198,5 g des Elixiers eingenommen hatten. Die Hauptsymptome waren Schläfrigkeit, Blässe, leichtes Gesichtsödem, Druckempfindlichkeit der Nierengegend und des oberen Abdomens. Geringe Urinmengen mit starker Eiweißausscheidung und Zylindern oder Anurie. Rest-N im Blut erhöht. Zunehmendes Koma; nach Wasseraufnahme Ödem und Ascites. Tod 2—7 Tage nach Einsetzen der Anurie. Die Sektion ergab genau die gleichen Befunde, wie sie bei den oben erwähnten Tierversuchen festgestellt wurden.

Polyglykolgemisch.

Gemisch aus höheren Glykolen, wie Tri-, Tetraglykol.
Kp. 236—250°.
Technische Anwendung wie Diglykol.

Nach eigenen unveröffentlichten Versuchen reizten derartige Produkte am Menschen die Haut nicht. Bei der Verfütterung wurden von Kaninchen in Verdünnung mit 10% Wasser noch so extrem hohe Dosen wie 8 g/kg eines Gemisches, das vornehmlich Triglykol und 12 g/kg eines solchen, das in der Hauptsache Tetraglykol enthielt, vertragen. Noch höhere Dosen führten durch Nierenschädigung zum Tode. Diese Versuche zeigen, daß mit Zunahme der Molekulargröße die Giftigkeit der Polyglykole abnimmt. Die chronische Verfütterung, die unter den gleichen Bedingungen wie die beim Diglykol durchgeführt wurde, ergab ebenso keine Schädigung.

Fälle gewerblicher Schädigungen. Keine, auch nicht zu erwarten.

Dioxan.
(Diäthylendioxyd.)

Formel:

$$\begin{array}{c} O \\ H_2C \diagup \diagdown CH_2 \\ H_2C \diagdown \diagup CH_2 \\ O \end{array}$$

Molekulargew.: 88.

Allgemeine Eigenschaften: Reines Produkt: Kp. 101°; $D_4^{20} = 1,0337$; technisches Produkt: Kp. 94—110°; $D_4^{20} = 1,030$.

Flammpunkt: $+ 5°$.

Löslichkeit: Mischbar mit Wasser, den üblichen organischen Lösungsmitteln und mit fetten Ölen.

Flüchtigkeit: Bei 20° 4,3mal weniger flüchtig als Äther.

Geruch: Aromatisch, stechend. Geschmack: Bitter-brennend.

Technische Verwendung. Lösungsmittel für Nitrocellulose, Acetylcellulose, Celluloid, Celluloseäther, viele Öle, Fette, Harze und Farben. In der histologischen Technik verwendet.

Bis vor wenigen Jahren galt Dioxan auf Grund früherer amerikanischer Untersuchungen, die nur die einmalige und kurz dauernde Einwirkung der Dämpfe oder akute Injektions- und Fütterungsversuche berücksichtigten, als ein im praktischen Gebrauch relativ harmloses Lösungsmittel. Erst 5 gewerbliche Todesfälle, die sich 1933 innerhalb 14 Tagen in England ereigneten, veranlaßten erneute eingehende Untersuchungen besonders englischer Autoren, die feststellten, daß Dioxan hauptsächlich bei Einatmung der Dämpfe schwere Schädigungen besonders der Nieren und der Leber hervorrufen kann.

Allgemeiner Charakter der Wirkung. Nieren- und Lebergift. Lokalreizende Wirkung der Dämpfe. Schwaches Narkoticum.

Örtliche Wirkung. Die Untersuchung von FAIRLEY und Mitarbeitern, WIRTH und KLIMMER sowie eigene, unveröffentlichte Befunde ergaben, daß Dioxan auf die Haut keine reizende Wirkung ausübt. Die ersten Untersucher, YANT und Mitarbeiter, zeigten jedoch in ihren Tierversuchen und ganz besonders auch in Selbstversuchen, daß Konzentrationen der Dämpfe von 0,16 und 0,55 Vol.-% sofort ein Brennen in den Augen und Tränenfluß, die höhere Konzentration auch Brennen im Rachen verursachen. Sie glaubten in dieser lokalen Reizwirkung ein wertvolles Warnungsmittel erblicken zu dürfen, das es unwahrscheinlich mache, daß schädigende Konzentrationen längere Zeit vom Menschen eingeatmet würden. FAIRLEY und Mitarbeiter zeigten später jedoch, daß Konzentrationen, die im Tierversuch noch sehr wohl schaden können, wie 0,1 und 0,2 Vol.-% vom Menschen längere Zeit geatmet werden können, ohne Empfindungen auszulösen, die zur Warnung dienen würden. DE NAVASQUEZ hat dieser Ansicht neuerdings jedoch widersprochen und glaubt, daß Konzentrationen, die schädigend oder tödlich wirken, auch rechtzeitig empfunden werden. Auch W. WIRTH und KLIMMER stellen fest, daß warnende Reizerscheinungen beim Menschen bei etwa 5 mg/l = 0,14 Vol.-% auftreten. Bei Verfütterung kann die Magenschleimhaut gereizt werden (FAIRLEY und Mitarbeiter und eigene Beobachtungen). Die subcutane Injektion der unverdünnten Substanz löst nach eigener Beobachtung Schmerzreaktionen aus.

Resorptive Wirkung. Bemerkenswert ist der Nachweis von FAIRLEY und Mitarbeitern, daß Dioxan durch die Haut resorbiert wird. 10 Tropfen beim Kaninchen und 5 Tropfen beim Meerschweinchen 11mal auf die rasierte Nackenhaut aufgetragen, verursachten zwar keine äußerlich bemerkbare Erkrankung; die mikroskopische Untersuchung der Nieren und der Leber der getöteten Tiere ergab aber schon eine deutliche Schädigung derselben.

Akute Vergiftung. YANT und Mitarbeiter beobachteten in akuten, meist dreistündigen Inhalationsversuchen an Meerschweinchen bei Konzentrationen von 0,1—3,0 Vol.-% folgendes: Die Tiere reagierten, mit zunehmender Konzentration in erhöhtem Maße, mit Reizung der zugängigen Schleimhäute, Brechbewegungen, Respirationsstörungen und narkotischen Erscheinungen. Die Nasenreizung war schon bei der niedrigsten Konzentration bemerkbar, nahm aber mit der Dauer der Einwirkung ab. Respirationsstörungen und narkotische Erscheinungen waren erst bei 0,3 Vol.-% bemerkbar. Bei den im Versuch gestorbenen Tieren fand sich Hyperämie und Ödem der Lungen und Blutüberfüllung der Gehirngefäße. Ähnliche Befunde und auch Bronchopneumonien zeigten Tiere, die erst 1 bis 8 Tage nach dem Versuch eingingen oder getötet wurden. Noch später getötete Tiere hatten keine krankhaften Veränderungen mehr. Die Autoren glaubten in erster Linie in den Lungenveränderungen die Todesursache sehen zu müssen. WOLFGANG WIRTH und KLIMMER beobachteten bei akuter, stundenlanger Inhalation von Konzentrationen, die bei Mäusen oberhalb 30 mg/l = 0,8 Vol.-%, bei Katzen oberhalb 40 mg/l = 1,09 Vol.-% lagen, Lähmungserscheinungen. Diese waren in schwereren Fällen nicht reversibel und führten zum Tode. Die beiden Autoren machen besonders auf die nach mehreren Tagen eintretenden Spättodesfälle aufmerksam. Sie fanden bei diesen vereinzelt Lungenschädigungen. Zwischen der Wirkung von reinem und technischem Dioxan war bei ihren Versuchen kein nennenswerter Unterschied zu beobachten. Eigene bisher nicht veröffentlichte akute Inhalationsversuche, die mit Konzentrationen von 14,5—41 mg/l Luft (= 0,4—1,1 Vol.-%) 8 Stunden lang durchgeführt wurden, ergaben, daß von den insgesamt 28 Tieren (Mäuse, Ratten, Meerschweinchen und Kaninchen) 21 verendeten. Die Tiere starben, abgesehen von einigen Mäusen, die schon im Versuch eingingen, frühestens $7^1/_2$ Stunden und spätestens 5 Tage nach dem Versuch. Eine dreistündige Inhalation von 101,5 mg/l Luft (= 3,75 Vol.-%) wurde zum Teil besser vertragen. Es gingen hier von 10 Tieren (Tierarten wie oben) nur 4 in 1—6 Tagen ein. Die Symptome waren, je nach Konzentration mehr oder weniger stark ausgeprägt: Reizung der zugängigen Schleimhäute, angestrengte Atmung, Taumeln, Narkose, teilweise Eiweiß im Harn. Bei der Sektion und mikroskopischen Untersuchung fanden sich teilweise, besonders bei den höheren Konzentrationen, Hyperämie und Ödem der Lungen und, auch schon bei den niedrigeren Konzentrationen, an Nieren und Leber Bilder, wie sie weiter unten von DE NAVASQUEZ angegeben werden.

Von ÖTTINGEN und JIROUCH bestimmten als kleinste letale Dosis bei der Maus nach subcutaner Injektion 10 ccm/kg Körpergewicht, während der entsprechende Wert bei Äthylenglykol 2,5 ccm/kg war. Diese geringe Giftwirkung führten sie auf den raschen Abbau von Dioxan im Organismus und in alkalischer Lösung zurück. Die lähmende Einwirkung auf das Zentralnervensystem (Frosch) war sehr gering, die auf die quergestreifte Muskulatur, die sensiblen und motorischen Nervenendigungen mäßig, die auf das Froschherz und den glatten Muskel gleich Null. WOLFGANG WIRTH und KLIMMER fanden bei der Katze nach intravenöser Injektion keine stärkere Blutdruckwirkung und keine nennenswerte Giftwirkung auf das isolierte Froschherz. KNOEFEL fand bei intraperitonealen Injektions- und bei Fütterungsversuchen im Vergleich mit einer Reihe von Estern (Äthylenformiaten und -acetaten usw.), daß Dioxan die geringste

narkotische Wirkung besitze. Auch DE NAVASQUEZ beobachtete bei intravenösen
Injektionen und Verfütterungsversuchen an Kaninchen und Katzen, daß Dioxan
eine recht niedrige akute Giftwirkung hat. Er fand als kleinste tödliche
Dosis beim Kaninchen intravenös 1,5, peroral 2,0 ccm/kg Körpergewicht. Bei
tödlichen Dosen trat zuerst Trunkenheit auf, diese ging nach einigen Stunden
zurück. Später tra⁺ als erstes Zeichen der Nierenschädigung Polyurie ein, die
dann nach 24—48 Stunden von einer totalen Harnsperre und einem Ansteigen
des Blutharnstoffes auf 300 mg-% gefolgt war. Gewichtsverlust, Schlafsucht,
endlich Koma führten in 2—6 Tagen den Tod herbei. 1,0 ccm/kg Körpergewicht
wurde überlebt. Die Tiere hatten aber einen ataktischen Gang mit herabgesetzten
Reflexen und waren dösig. Bei den Sektionen seiner Tiere beobachtete DE NAVAS-
QUEZ schwere Veränderungen an der Leber und besonders an den Nieren. Diese
waren anderer Art, als sie bei den verunglückten Arbeitern (s. unten!) festgestellt
worden waren. DE NAVASQUEZ fand stärkste hydropische Degeneration der
Epithelien des tubulären Apparates (Verlust der Struktur der Zellen und der
Kerne, Auftreibung und Anfüllung der Zellen mit Flüssigkeit). Diese Auftreibung
bringt das Lumen der Tubuli zum Schwinden und führt so raschestens zur Harnsperre. Keine Blutungen in der Rinde, wie sie FAIRLEY und Mitarbeiter in ihren
Versuchen beschreiben. Auch die Leberzellen waren stärkstens hydropisch
aufgetrieben und waren mit Glykogen angefüllt. Bei eigenen, einmaligen, subcutanen Injektionsversuchen ertrugen Kaninchen 1 und 2 ccm/kg (nur vorübergehend etwas Eiweiß im Harn). Die Sektion der nach einigen Tagen getöteten
Tiere ergab nichts besonderes. Eine Katze wurde nach 2 ccm/kg (in 50%iger Öl-
lösung) krank, fraß schlecht und wurde hinfällig. Die Sektion des getöteten Tieres
ergab in Leber und Nieren Bilder, die denen von DE NAVASQUEZ entsprechen.
Verfüttert wurden einmalig an 6 Meerschweinchen und 5 Kaninchen Dosen
von 2, 4 und 6 ccm/kg. Es starben die Tiere mit 6 ccm alle, einige mit 4 ccm
und ein Meerschweinchen mit 2 ccm nach einigen Tagen. Die Symptome waren
immer die gleichen. Die Sektionen zeigten mehr oder weniger ausgeprägt das
von DE NAVASQUEZ geschilderte Bild.

Chronische Vergiftung. FAIRLEY und Mitarbeiter führten mehrmals wiederholte Inhalationsversuche mit Konzentrationen von 1,0, 0,5, 0,2 und 0,1 Vol.-%
an Ratten, Mäusen, Meerschweinchen und Kaninchen aus. Die Versuche dauerten
jeweils $1^1/_2$ Stunden. Bei der Konzentration von 1 Vol.-% gingen alle Tiere
nach verschieden häufiger Exposition ein. Dem Kollaps gingen meist Konvulsionen voraus. Bei dieser Konzentration war die Todesursache Lungenentzündung (rote Hepatisation) oder Lungenödem. Bei den 0,5 Vol.-%-Versuchen
gingen von 12 Tieren 8, aber nicht so schnell, zugrunde. Hier war die Lungen-
schädigung viel geringer. Bei diesen chronischen Versuchen fanden sich immer
Schädigungen der Nieren und der Leber, zum Teil schweren Grades. Diese waren
auch bei den nicht tödlichen Dosen von 0,2 und 0,1 Vol.-% im Sektionsbild
der getöteten Tiere zu beobachten. In den Nieren fanden sich in der Rinde
herdförmige Degeneration des tubulären Apparates, Blutfülle und Hämorrhagien,
letztere inter- und intratubulär, im Mark nur Hämorrhagien, aber keine Degeneration. Die Glomeruli zeigten manchmal Blutungen und Degeneration,
manchmal waren sie intakt. In der Leber fanden sich herdförmige Degenerationen, stellenweise völlige Nekrose, die von der Läppchenperipherie
ausgingen (diese Befunde sind anderer Art, als die von DE NAVASQUEZ zeitlich
später beschriebenen). Der Blutharnstoff stieg in einigen Fällen auf das Doppelte
des Normalwertes.

WIRTH und KLIMMER ließen 3 Katzen an 14 aufeinander folgenden
Tagen täglich durchschnittlich $6^1/_2$ Stunden eine Konzentration von 4,85 mg/l
(= 0,14 Vol.-%) einatmen. Die Tiere überlebten und zeigten außer geringen

Veränderungen im Blutbild (Erhöhung der Zahl der roten Blutkörperchen und der Hämoglobinwerte, sowie der relativen Lymphocytenwerte) keine besonderen objektiven Erscheinungen. Es fiel nur das veränderte psychische Verhalten der Tiere (Fauchen, Raufsucht) auf.

In eigenen Versuchen wurden Katzen, Kaninchen und Meerschweinchen (je 2 Tiere) bis zu 45mal 8 Stunden einer Konzentration von 5 mg/l (= 0,135 Vol.-%) ausgesetzt. Die Tiere überlebten alle ohne besondere Erscheinungen, der Harn enthielt kein Eiweiß. Nur eine Katze wurde krank und fraß nicht mehr. Sie wurde 14 Tage nach Beginn des Versuches getötet. Sie zeigte die von DE NAVAS-QUEZ beschriebenen Veränderungen der Leber und Nieren in ausgeprägtem Maße, während diese bei den anderen nach Versuchsende getöteten Tiere in geringerem Maße vorhanden waren oder fehlten. Eine zweite Serie von Tieren derselben Art und zwei Mäusen (insgesamt 10 Tiere) atmeten täglich 8 Stunden 10 mg/l (= 0,27 Vol.-%). Von diesen Tieren gingen 7 nach 4—26 Versuchs-tagen ein, während der Rest die Versuche 34mal aushielt. Die Symptome waren: Reiz der zugängigen Schleimhäute, Abmagerung, teilweise Krämpfe und Narkose sowie Eiweißausscheidung. Alle Tiere zeigten bei der Sektion die Leber- und Nierenschädigung, zum Teil in stärkstem Ausmaße. Bei wieder-holten Fütterungen und intravenösen Injektionen machte DE NAVASQUEZ die bemerkenswerte Beobachtung, daß nach mehrmaligen Gaben subletaler Dosen eine über Erwarten hohe Gabe benötigt wurde, um tödliche Urämie zu ver-ursachen. Dies und die weitere Beobachtung, daß in seinen Versuchen bei wieder-holter Gabe subletaler Dosen keine Kumulation auftrat, veranlaßte DE NAVAS-QUEZ zu der Annahme, daß eine Gewöhnung an Dioxan entsteht. Er glaubt daher auch nicht, daß die weiter unten erwähnten Unglücksfälle durch chronische Vergiftung zustande kamen. Der Verfasser sah nach eigenen 10maligen Fütte-rungsversuchen mit 0,1 ccm/kg an den getöteten Tieren (Meerschweinchen und Kaninchen) einmal (Meerschweinchen) wenigstens andeutungsweise die charakte-ristischen hydropischen Veränderungen an der Leber. Dosen von 0,5 ccm/kg wurden bei 20maliger Fütterung zum Teil überlebt, zum Teil gingen die Tiere nach 5-, 16- und 20maliger Fütterung ein und zeigten dann zum Teil die typischen Sektionsbilder. Dieser Ausgang der Versuche läßt den Schluß auf eine Gewöhnung nicht ohne weiteres zu.

Fälle gewerblicher Vergiftungen. Überraschend und von großer gewerbe-hygienischer Bedeutung waren die im November 1933 in einer englischen Kunst-seidenfabrik innerhalb 14 Tagen eingetretenen 5 Todesfälle, die BARBER aus-führlich beschrieb. Bei allen 5 Arbeitern war, wie sich nachträglich heraus-stellte, der Krankheitsverlauf ein gleichförmiger gewesen: Erbrechen, Rücken-schmerzen, vorübergehende Besserung, rasch einsetzende Harnsperre, Koma und Tod 5—8 Tage nach Beginn der Erkrankung. Gelbsucht trat nicht auf. Die Sektion ergab, soweit sie ausgeführt wurde, das Bild einer schweren hämorrhagischen Nephritis, zentraler Lebernekrosen, daneben Ödem und Blut-fülle der Lungen und des Gehirns. DE NAVASQUEZ nimmt auf Grund seiner Tierbefunde an, daß es sich bei den Leberveränderungen nicht um Nekrosen, wie BARBER glaubt, sondern um hydropische Degeneration der Zellen und Glykogeneinlagerung gehandelt habe. Bemerkenswert ist, daß einer der Ver-storbenen nur 5 Tage mit Dioxan gearbeitet hatte, was darauf schließen läßt, daß es sich auch bei den anderen 4 Fällen nicht um eine ausgesprochene chronische Vergiftung gehandelt hat. Die Arbeit (Behandlung von Celluloseacetatseidegarn mit Dioxan) wurde in dem Betrieb schon 16 Monate durchgeführt, ohne daß Krankheitserscheinungen sonst aufgetreten wären. Jedoch war 2 Monate vor den Zwischenfällen der Verbrauch an Dioxan gesteigert worden, so daß damit gerechnet werden muß, daß die Verunglückten in der letzten Zeit höhere

Konzentrationen als zuvor einatmeten. Um die Frage zu klären, ob die übrige Belegschaft durch die chronische Einwirkung von Dioxan gefährdet sei, wurden 80 Arbeiter untersucht, von denen allerdings nur wenige in ähnlicher Weise, wie die Verstorbenen, dem Dioxan ausgesetzt waren. Nur ein Mann hatte subjektive Beschwerden, er war auch der einzige, bei dem sich eine vergrößerte Leber feststellen ließ. Sein Harn enthielt eine Spur Eiweiß und wenige rote Blutkörperchen. Dazu kam im Blut eine Leukocytenvermehrung auf 13 600/cmm. Der Blutharnstoff betrug 32 mg-%. Eine Reihe weiterer Arbeiter hatte im Harn eine Spur Eiweiß und eine Vermehrung der Leukocytenwerte des Blutes. Eine gewisse Zahl wies auch eine leicht positive VAN DEN BERGHsche Reaktion auf. Schwerere Veränderungen wurden nicht gefunden.

Tetrahydrofuran.
(Diäthylenoxyd.)

$$Formel: \quad \begin{array}{c} H_2C\!\!-\!\!CH_2 \\ H_2C \diagdown \diagup CH_2 \\ O \end{array}$$

Molekulargewicht: 72.

Allgemeine Eigenschaften: Kp. 64—66°; $D_4^{20} = 0{,}889$.

Dampfdruck des reinen Produktes: bei $10^0 = 81$ mm; bei $20^0 = 131{,}5$ mm; bei $30^0 = 204$ mm. Sättigungskonzentration bei 20^0: 520 mg/l;

Löslichkeit: Mit Wasser und mit Alkohol in jedem Verhältnis mischbar. In 100 ccm Olivenöl lösen sich bei 23^0 6,5 ccm Substanz.

Flüchtigkeit: Bei 21^0 2,8mal weniger flüchtig als Äther.

Geruch: Ähnlich wie Äthyläther. Geschmack: Brennend.

Technische Verwendung. Lacklösungsmittel. Zur Vernichtung der Apfelmotte vorgeschlagen.

Allgemeiner Charakter der Wirkung. Narkoticum, lokalreizende Wirkung auf Haut und Schleimhäute mittleren Grades. Bei tödlichen Dosen auch nierenschädigende Wirkung.

Bisher finden sich keine Angaben über die physiologische Wirkung des Körpers in der Literatur. Es folgen Mitteilungen über eigene, bisher nicht veröffentlichte Versuche.

Örtliche Wirkung. Die unverdünnte und 50%ige wäßrige Lösung reizte bei 24stündiger Einwirkung das Kaninchenohr stark (Rötung, Schwellung, Ätzstellen, Abheilung mit Narbenbildung). Die 20%ige wäßrige Lösung reizte unter gleichen Bedingungen wesentlich weniger, die 10%ige gar nicht mehr. Die 20%ige wäßrige Lösung verursachte bei 24stündiger Einwirkung (luftdicht abgedeckter, getränkter Wattebausch) am Oberarm von 6 Versuchspersonen, nur bei einer Person eine ganz leichte Rötung. Die Verfütterung einer 20%igen wäßrigen Lösung an Kaninchen reizte die Magen- und Darmschleimhaut zum Teil stark (Entzündungen, Nekrosen und Blutungen in der Magenschleimhaut, Durchfall). Bei der Inhalation der Dämpfe schon von Konzentrationen von 10 mg/l war sofort Reizwirkung an den zugängigen Schleimhäuten der Versuchstiere zu beobachten (Speichelfluß, Schnauzenlecken, Schnupfen, Tränenträufeln, Zukneifen der Lider).

Resorptive Wirkung. Akute Vergiftung. Bei der einmaligen Verfütterung einer 20%igen wäßerigen Lösung wurde bei Kaninchen als sichere tödliche Dosis 2,5 g/kg gefunden. Dabei trat neben der oben schon geschilderten Reizung der Verdauungsorgane eine Nieren- und Leberschädigung ein (Schädigung des harnbereitenden Apparates, in der Leber entzündliche Prozesse). 1,0 g/kg machte narkotische Erscheinungen, das Tier überlebte jedoch. Bei 2,0 g/kg trat eine starke Schädigung (Taumeln, Eiweißausscheidung, Gewichtsabnahme) ein, die aber von einem Teil der Tiere überwunden wurde.

Bei den Versuchen mit einmaliger *Einatmung* der Substanz zeigten sich folgende Ergebnisse: Bei 3- und 8-Stundenversuchen mit *10 mg/l* zeigten Katzen, Kaninchen, Meerschweinchen und Ratten nur die oben beschriebenen Reizerscheinungen von seiten der zugängigen Schleimhäute. Nach Herausnahme waren die Tiere alle mehr oder weniger stark benommen und taumelten beim Gehen. Die meisten Tiere erholten sich jedoch wieder. Eine Katze zeigte nach dem Versuch mehrmals Eiweiß im Harn; ein Meerschweinchen starb nach 12 Tagen an einer Lungenentzündung mit eitriger Rippenfellentzündung. — Bei den Versuchen mit *50 mg/l* zeigten sich außer den oben schon erwähnten Reizerscheinungen von seiten der Schleimhäute die narkotischen Wirkungen der Substanz in vermehrtem Maße. Einige Tiere legten sich im 3-Stunden-Versuch bereits in Seitenlage. Auch diese Tiere erholten sich aber wieder. — Mit *100 mg/l* Atemluft wurden die Tiere rasch benommen, taumelig, legten sich in Bauch- oder Seitenlage, und kamen zum Teil in tiefe Narkose mit vollständigem Erlöschen der Cornealreflexe und der Empfindlichkeit gegen Schmerz und Berührung. Eine Ratte starb bei dieser Konzentration schon nach etwa einer Stunde, das Kaninchen und eine weitere Ratte nach 3, eine Katze und ein Meerschweinchen nach $4^1/_2$ Stunden. Bei den Sektionen war die Schleimhaut der Luftröhre nicht gerötet, die Lungen blutreich. Aus dem Querschnitt der Lunge ließ sich zum Teil schaumige Flüssigkeit ausdrücken. Ein Tier zeigte die pathologisch-anatomischen Anzeichen für eine akute Nierenentzündung. — Mit *200 mg/l* Atemluft traten die narkotischen Erscheinungen schon im Einstundenversuch deutlich hervor. Die Pupillen einer Katze wurden weit, fast lichtstarr, die Zunge hing weit heraus, Erbrechen trat auf. Am nächsten Tag zeigte sich Eiweiß im Harn. Das Tier erholte sich aber wieder, wie auch alle anderen Versuchstiere, die dieser hohen Konzentration nur eine Stunde lang ausgesetzt waren. Ließ man die Tiere dieser Konzentration nur wenig länger ausgesetzt, dann starben die Tiere alle nach kurzer Zeit im Versuch. Bei den Sektionen zeigten sich Schädigungen von Lungen und Nieren. — Bei *400 mg/l* Atemluft kamen alle Tiere bald in tiefe Narkose; einige Tiere erholten sich wieder, andere starben im Versuch oder an dessen Folgen. Bei den Sektionen ergab sich Lungenödem bzw. Bronchopneumonie und Nierenentzündung.

Chronische Vergiftung. Bei der an 20 Tagen täglich während 8 Stunden ausgeführten Einatmung von 10 mg/l Luft kam es bei den Versuchstieren — Katzen, Kaninchen, Ratten und Meerschweinchen — wieder zu Reizungen der Schleimhäute. Ratten, Kaninchen und Meerschweinchen ertrugen die Versuche wesentlich besser als Katzen, von denen eine bereits nach dem 3. Versuch, eine andere nach dem 6. Versuch starb. Bei den Sektionen war die Lunge nicht geschädigt, die Leber dagegen deutlich, die Nieren erheblich. Alle anderen Tiere überlebten die Versuche, wobei aber bei einer Katze öfters Eiweiß im Harn nachgewiesen worden war. Getötete Tiere zeigten histologisch Nierenschädigungen.

Fälle gewerblicher Schädigung nicht beobachtet.

Glykolmonomethyläther.
(Methylglykol, Lösungsmittel GM, Methylcellosolve.)

Formel: $OH \cdot CH_2 \cdot CH_2 \cdot O \cdot CH_3$.

Molekulargewicht: 76.

Allgemeine Eigenschaften: Reines Produkt: Kp. 124,5°; $D_{15}^{15} = 0,975$. Technisches Produkt: Kp. 120—130°; $D_4^{20} = 0,965$—0,969.

Dampfdruck des reinen Produktes bei 20°: 10,2 mm.

Sättigungskonzentration des reinen Produktes bei 20°: 42 mg/l.

Löslichkeit: In jedem Verhältnis mischbar mit Wasser, Alkohol, aromatischen K.W. In 100 ccm Olivenöl lösen sich bei Zimmertemperatur 2 ccm des technischen Produktes.

Flüchtigkeit: Das technische Produkt ist bei Zimmertemperatur 34,5mal weniger flüchtig als Äther.

Geruch: Schwach, alkoholartig. Geschmack: Bitter, leicht brennend.

Technische Verwendung. Lösungsmittel für Acetylcellulose, Kollodiumwolle, Celluloid, Celluloseäther und spritlösliche Harze.

Allgemeiner Charakter der Wirkung. In einmaligen hohen Dosen und bei mehrmaliger Zufuhr kleiner Dosen Nierengift. Nach STARREK schwaches Narkoticum.

Über Glykolmonomethyläther sind in der Literatur, außer der Dissertation STARREK bisher keine Angaben erschienen. Im folgenden werden daher nur diese und Ergebnisse eigener, bisher unveröffentlichter Versuche mitgeteilt.

Örtliche Reizwirkung. Eine Reizwirkung auf der Haut wurde bei Versuchen an Kaninchen nicht beobachtet. 3 Tropfen des unverdünnten technischen Produktes in ein Kaninchenauge gebracht reizten wenig und bewirkten nur eine vorübergehende leichte Rötung und Schwellung der Bindehaut sowie geringe Eitersekretion.

Resorptive Wirkung. Akute Wirkung. Nach einmaliger Injektion von 2,0 ccm/kg Körpergewicht an ein Kaninchen kam es am folgenden Tag zu Mattigkeit, angestrengter Atmung und Eiweißausscheidung im Harn. Nach 2 Tagen Tod. Die Sektion ergab Nierenschädigung (Glomerulitis).

Tödliche Dosis nach subcutaner Injektion bei Mäusen: 3 mg/g Tier (STARREK).

Ein nahezu gesättigtes Gas-Luftgemisch (30 mg Substanz/Liter Luft = 0,93 Vol.-%) bewirkte bei 1—3stündiger Inhalation an Meerschweinchen, Katzen und Kaninchen eine geringe Tränensekretion, teilweise Koordinationsstörungen, in wenigen Fällen Nierenreizung. Katzen und Kaninchen erholten sich, während mehrere Meerschweinchen nach 2—14 Tagen an Lungenentzündung und Nierenschädigung zugrunde gingen.

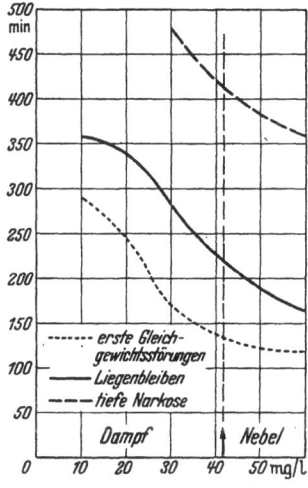

Abb. 28. *Methylglykol* in Dampf- bzw. in Nebelform. Einatmungsversuche an Mäusen (STARREK).

STARREK fand bei Einatmung von 10 mg/l nach fast 5 Stunden Gehstörungen, nach etwa 6 Stunden Seitenlage. Nach Einatmung von mehr als 10 mg/l und 7 Stunden langer Einwirkung starben alle Tiere. Siehe Abb. 28.

Chronische Vergiftung.

Die täglich einmal ausgeführte subcutane Injektion ergab:

Dosis ccm/kg	Wirkung
Meerschweinchen.	
7 × 0,1	Keine krankhaften Symptome
7 × 0,25	Keine krankhaften Symptome
5 × 0,5	Nach der 5. Injektion Seitenlage, oberflächliche Atmung, nach 6 Stunden Tod
5 × 1,0	Nach der 5. Injektion Seitenlage, erschwerte Atmung, Streckkrämpfe, nach 31 Stunden Tod
Kaninchen.	
7 × 0,1	Von 2 Tieren 1 vorübergehend Eiweiß und rote Blutkörperchen im Harn
7 × 0,25	Keine krankhaften Symptome
7 × 0,5	Nach der 7. Injektion im Harn vorübergehend rote Blutkörperchen und Zylinder
7 × 1,0	Nach der 3. Injektion Nahrungsverweigerung, im Harn Eiweiß, rote Blutkörperchen und Zylinder. Tod 1 Tag nach der 7. Injektion. Sektion ergab: Nierenschädigung (Glomerulitis)

Bei täglich einmaliger Verfütterung an Kaninchen wurde folgendes beobachtet:

Dosis ccm/kg	Wirkung
7 × 0,1	Nach der 4. Verfütterung im Harn vorübergehend rote Blutkörperchen und Zylinder
7 × 0,5	Zunächst keine Besonderheiten. Tod am Tag nach der 7. Verfütterung. Sektion: Glomerulitis
3 × 1,0	Am Tag nach der 3. Fütterung Mattigkeit, Zittern; dann Bauchlage, Durchfall; im Harn Eiweiß, rote Blutkörperchen und Zylinder. Am nächsten Tag tot aufgefunden. Sektion: Glomerulitis
2 × 2,0	Am Morgen nach der 2. Fütterung tot aufgefunden. Im Harn Eiweiß, rote Blutkörperchen und Zylinder. Sektion: Glomerulitis

Die tägliche 8stündige Inhalation hatte folgende Wirkungen:

Tierart	Versuchs- tage	Wirkung
		1). 2,5 mg/l (= 0,08 Vol.-%).
Maus	15	Keine Besonderheiten
Meerschweinchen	9	Nach dem 9. Versuchstag Mattigkeit, angestrengte Atmung, Nahrungsverweigerung und Tod
,,	12	Nach dem 12. Versuchstag Mattigkeit, oberflächliche Atmung, Nahrungsverweigerung. Am nächsten Morgen Tod
Kaninchen	15	Nur Gewichtsabnahme
,,	15	Nach dem 9. Versuchstag verminderte Freßlust. Im Harn vorübergehend wenig Eiweiß. Später Erholung
,,	4	Nach dem 4. Versuchstag Mattigkeit, Schnupfen, Nahrungsverweigerung, Seitenlage, oberflächliche Atmung, Tod
		2). 5 mg/l (= 0,16 Vol.-%).
Maus	10	Nach dem 10. Versuchstag Seitenlage und oberflächliche Atmung
,,	11	Kein Befund
Meerschweinchen	5	Tod 2 Tage nach dem 5. Versuchstag
,,	2	Nach dem 2. Versuchstag Mattigkeit und Nahrungsverweigerung. Tod am folgenden Tag
,,	4	Nach dem 4. Versuchstage bewegungsunlustig. Am nächsten Morgen Tod
Kaninchen	10	Kein Befund
,,	10	Nach dem 10. Versuchstag Mattigkeit und Durchfall. 2 Tage später taumelnde Haltung, Zittern, dann Seitenlage, oberflächliche Atmung, Streckkrämpfe. Tod am selben Tag
,,	5	Tod 2 Tage nach dem 5. Versuchstag
Katze (2 Tiere)	5	Nach dem 5. Versuchstage Mattigkeit, Nahrungsverweigerung, Bauchlage. Beide Tiere wurden getötet

Die Sektion der eingegangenen und getöteten Tiere ergab Reizung der Luftröhre und der Lungen sowie Schädigung der Nieren (Glomerulitis).

Keine Fälle von gewerblichen Schädigungen.

Glykolmonoäthyläther.
(Äthylglykol, Cellosolve.)

Formel: HO · CH_2 · CH_2 · O · C_2H_5.

Molekulargewicht: 90.

Allgemeine Eigenschaften: Reines Produkt: Kp. 134,8°; $D_{15}^{15} = 0,9360$. Technisches Produkt: Kp. 126—138°; $D_4^{20} = 0,932$.

Dampfdruck des reinen Produktes bei 20°: 8,5 mm.

Sättigungskonzentration bei 20°: 42 mg/l.

Löslichkeit: Technisches Produkt mit Wasser, Alkohol, aromatischen Kohlenwasserstoffen und fetten Ölen in jedem Verhältnis mischbar.

Flammpunkt: 40⁰ (technisches Produkt).

Flüchtigkeit: Das technische Produkt ist bei Zimmertemperatur 43mal weniger flüchtig
als Äther.

Geruch: Schwach, angenehm. Geschmack: Bitter, leicht brennend.

Technische Verwendung. Viel verwendetes Lösungsmittel in der Lackindustrie
insbesondere für Nitrocellulose.

Allgemeiner Charakter der Wirkung. Geringe Reizwirkung auf Schleimhäute,
Nierengift. Nach STARREK schwaches Narkotikum.

Örtliche Wirkung. In flüssigem Zustand unverdünnt, Reizwirkung auf
Schleimhäute (eigene Versuche an Kaninchenaugen), auch die konzentrierten
Dämpfe reizen die Augen und Atmungsorgane
(WAITE und Mitarbeiter und eigene Beobachtun-
gen). Keine Reizwirkung auf die menschliche
Haut beobachtet.

Resorptive Wirkung. Akute Vergiftung. v. ÖTTIN-
GEN und JIROUCH injizierten die Substanz sub-
cutan an Mäuse und fanden als kleinste tödliche
Dosis 5,0 ccm/kg Maus, STARREK 3 mg/g Tier.

An isolierten Organen vom Frosch (motorische
Nerven, glatte und quergestreifte Muskulatur)
wurde von v. ÖTTINGEN und JIROUCH nur eine
recht unbedeutende lähmende Wirkung beobachtet.
Auf den isolierten Herzmuskel hatte Äthylglykol
praktisch keinen Einfluß. Auch die lähmende Einwirkung auf das Zentralnervensystem (Frosch) und
die Blutdruckerniedrigung bei Kaninchen nach
intravenöser Injektion waren gering. Sehr hohe
Dosen wie 10 ccm/kg Körpergewicht in einer
50%igen wäßrigen Lösung unter die Haut von
Ratten injiziert, verursachten akute Nierenschädigung. (Degenerative Prozesse und Blutungen am

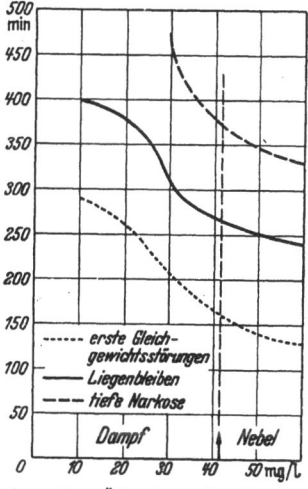

Abb. 29. *Äthylglykol* in Dampf-
bzw. Nebelform. Einatmungsversuche an Mäusen (STARREK).

harnbereitenden Apparat.) In eigenen nicht veröffentlichten Versuchen fanden
wir, daß bei Kaninchen die einmalige Injektion von 0,5 und 1,0 ccm/kg
Körpergewicht keinerlei Schädigung verursachte.

WAITE, PATTY und YANT ließen Meerschweinchen Konzentrationen von
0,3 und 0,6 Vol.-% (letzteres bei Zimmertemperatur angenähert gesättigtes
Dampf-Luftgemisch) verschieden lange Zeiten einatmen.

mg/l	Vol.-%	Dauer der Einwirkung Std.	Wirkung
12	0,3	4	Keine Wirkung
12	0,3	8	Keine Wirkung
12	0,3	16	Von 6 Tieren starb innerhalb 8 Tagen eines
12	0,3	24	Von 6 Tieren starben 5 innerhalb 24 Stunden nach Ende des Versuches und eines drei Tage später
24	0,6	1	Keine Wirkung
24	0,6	4	Keine Wirkung
24	0,6	8	Von 6 Tieren starb eines nach 2 Tagen
24	0,6	24	Von 6 Tieren starben während des Versuches 4; die beiden anderen zeigten Schwäche und Untätigkeit und eines Atemnot

Bei eigenen, bisher unveröffentlichten Versuchen mit strömendem Gasgemisch von 25 mg Substanz/Liter = 0,6 Vol.-% ergab sich folgendes (je ein Tier):

Tierart	Dauer der Einwirkung Std.	Wirkung während des Versuches	Wirkung nach dem Versuch
Meerschweinchen	1	{ Augenkneifen { Tränenträufeln	Tod nach 2 Tagen. Sektion: Blutungen in den Lungen
,,	3		Erholung
Kaninchen	1	Keine Wirkung	Keine Wirkung
,,	3	,, ,,	,, ,,
Katze	1	,, ,,	,, ,,
,,	3	,, ,,	,, ,,

STARREK beobachtete bei Mäusen nach Einatmung von 10 mg/l nach 5 Stunden Gehstörungen, nach fast 7 Stunden Seitenlage, von 30 mg/l an auch tiefe Narkose (siehe Abb. 29). Todesfälle traten schon bei Einatmung von 5 mg/l nach 7stündiger Einwirkung auf.

Chronische Vergiftung.

In eigenen unveröffentlichten Fütterungsversuchen ergab sich bei Kaninchen (täglich einmalige Fütterung) folgendes:

Dosis ccm/kg	Wirkung
7 × 0,1	Nach der 7. Fütterung vorübergehend geringe Eiweißausscheidung im Harn
7 × 0,5	Nach der 7. Fütterung im Harn vorübergehend Eiweiß und rote Blutkörperchen
× 1,0	Nach der 7. Fütterung Mattigkeit. Im Harn Eiweiß und rote Blutkörperchen. Tod am folgenden Tag. Sektion: Nierenschädigung
2 × 2,0	Nach der 2. Fütterung Mattigkeit und Nahrungsverweigerung; im Harn Eiweißspuren und viele Zylinder. Tod am folgenden Tag. Sektion: Nierenschädigung

Nach täglich einmaliger Einspritzung unter die Haut wurde bei Kaninchen folgendes beobachtet:

Dosis ccm/kg	Wirkung
7 × 0,1	Keine Besonderheiten
7 × 0,25	,, ,,
7 × 0,5	Zunächst keine Besonderheiten, nach der 4. Injektion im Harn Eiweiß und rote Blutkörperchen, nach der 7. Injektion im Harn granulierte Zylinder. Tod 14 Tage nach der 7. Injektion
3 × 1,0	Nach der 3. Injektion schwankende Haltung, Krämpfe und verlangsamte Atmung. Im Harn Eiweiß, Blut und Zylinder. Tod nach 1 Tag. Sektion: Nierenschädigung
2 × 2,0	Nach der 2. Injektion große Mattigkeit, im Harn Zylinder. Tod in folgender Nacht. Sektion: Nierenschädigung

Bei täglich 8stündiger Inhalation von 5 mg/l (= 0,1 Vol.-%) ergab sich folgendes:

Tierart	Versuchs-tage	Wirkung
Maus	9	Nach dem 8. Versuchstag Mattigkeit und Nahrungsver-weigerung; nach dem 9. Versuchstag Tod
„	12	Kein Befund
Meerschweinchen (2 Tiere)	12	„ „
Kaninchen (2 Tiere)	12	Bei einem Tier kein Befund; das andere hatte geringe Ge-wichtsabnahme. Tod 7 Tage nach dem 12. Versuchstag
Katze	4 bzw. 5	Nach 4 bzw. 5 Versuchstagen Mattigkeit, Taumeln und angestrengte Atmung. Im Harn Eiweiß und Blut, bei einer Katze außerdem Zylinder. Tod jeweils 2 Tage nach dem letzten Versuchstag. Die bei einer Katze aus-geführte Sektion ergab Nierenschädigung (Glomerulitis)

Fälle gewerblicher Schädigung: 1934 von dem Factory Departement angestellte Untersuchungen an Arbeitern, die in Lack- und Farbenfabriken mit dem Lösungsmittel bis zu 13 Jahren gearbeitet hatten, ergaben keine Anhalts-punkte für eine Gesundheitsschädigung. Nur in einem Falle wurde eine ganz schwach gelbliche Verfärbung der Lederhaut der Augen, in einem anderen Falle eine geringe Spur von Eiweiß im Harn und eine leichte Erhöhung des Bilirubin-spiegels im Blute gefunden. Letzteres könnte man als Zeichen einer ganz leichten Leberschädigung ansprechen (ETHEL BROWNING).

Glykol-n-propyläther.
(Propylglykol.)

Formel: HO · CH$_2$ · CH$_2$ · O · CH$_2$ · CH$_2$ · CH$_3$.

Molekulargewicht: 104.

Allgemeine Eigenschaften: Kp. 148—153°; D$_4^{22}$: 0,9097.

Löslichkeit: Mit Wasser und fetten Ölen in jedem Verhältnis mischbar, in 100 ccm Wasser lösen sich bei 23° mehr als 33 ccm und weniger als 7 ccm Substanz.

Flüchtigkeit: Bei 22,5° 510mal weniger flüchtig als Äther.

Geruch: Fruchtartig. Geschmack: Bitter, brennend.

Technische Anwendung. Lösungsmittel für Celluloseester- und -ätherlacke.

Allgemeiner Charakter der Wirkung. Reizwirkung auf Schleimhäute. Nierengift.

Über dieses Lösungsmittel finden sich im Schrifttum bisher keine Angaben. Es folgen kurze Mitteilungen aus eigenen bisher unveröffentlichten Versuchen.

Örtliche Wirkung. Auf der Haut des Kaninchens wirkt die unverdünnte Sub-stanz nicht reizend, übt auch keine resorptive Wirkung aus. 3 Tropfen des un-verdünnten technischen Produktes ins Kaninchenauge gebracht reizten stark und verursachten Rötung und Schwellung der Bindehaut und der Lider sowie Eitersekretion und lang dauernde Hornhauttrübung.

Resorptive Wirkung. Akute Vergiftung. Im einmaligen Fütterungsversuch erhielt 1 Kaninchen 1,0 ccm/kg Körpergewicht. Nach wenigen Stunden war der Harn rot von Blutfarbstoff und roten Blutkörperchen. Das Tier verendete in der danach folgenden Nacht. Die Sektion ergab eine schwere akute Nierenschädigung.

Auch die einmalige subcutane Injektion von 1,0 ccm/kg Kaninchen ver-ursachte den Tod unter schwerer Nierenschädigung (Harnsperre, Blasenharn enthielt Eiweiß, Blutkörperchen, granulierte Zylinder). Der mikroskopische Schnitt der Niere zeigte entzündliche und degenerative Veränderungen an dem harnbereitenden Apparat, Blut- und granulierte Zylinder in den Harnkanälchen.

Von 2 Meerschweinchen, die 0,5 bzw. 1,0 ccm/kg Körpergewicht in die Bauch-höhle injiziert erhielten, zeigte das mit der kleineren Dosis keine Symptome, während das andere in der dem Versuch folgenden Nacht einging und bei der Sek-tion ähnliche Veränderungen an den Nieren zeigte, wie sie nach der subcutanen Injektion beim Kaninchen eintraten. Weiterhin hatte es eine Bauchfellreizung.

1- und 3stündige Inhalationsversuche mit Meerschweinchen und Kaninchen bei einer Konzentration von 10 mg/l Luft bewirkten nur Reizung der zugängigen Schleimhäute (Augenschluß, Schnupfen) und oberflächliche Atmung, aber keine Narkose und keine Spätwirkung.

Chronische Vergiftung: 7malige Injektionen unter die Haut an Meerschweinchen innerhalb einer Woche mit Dosen von 0,5 bzw. 1,0 ccm/kg Körpergewicht verursachten bei der kleinen Dosis nur vorübergehende Gewichtsabnahme — der Harn blieb dabei normal —, während das Tier mit der größeren Dosis am 9. Tag nach der letzten Injektion unter starker Gewichtsabnahme einging. Der Harn hatte nach der 2. und 7. Injektion keine pathologischen Bestandteile enthalten. Die Sektion ergab das Bild einer leichten Nierenschädigung. An den Injektionsstellen hatten sich Abscesse gebildet.

Ein Kaninchen, das 7mal 0,5 ccm/kg Körpergewicht subcutan erhielt, war anfänglich bewegungsunlustig, ließ aber sonst keinen krankhaften Befund erkennen und blieb am Leben. Ein Vergleich zwischen den vorhin geschilderten Versuchen an Kaninchen und Meerschweinchen ergibt, daß letztere deutlich resistenter sind.

Die wiederholte tägliche 8stündige Inhalation von 2,5 bzw. 5 mg/l Luft hatte bei je 2 Tieren folgende Ergebnisse:

2,5 mg/l Luft, je 12 Versuchstage.

Tierart	Wirkung
Katzen	Starke Abmagerung. Eine Katze verendete 4 Tage nach Versuchsende; im Harn dieses Tieres nach dem 11. Versuchstag Eiweiß und Zylinder
Kaninchen	Zunächst kein Befund. Tod 1 bzw. 8 Tage nach Versuchsende ohne besondere Symptome
Meerschweinchen } Mäuse	Kein Befund

Die Sektion der eingegangenen Tiere ergab Nierenschädigung (Glomerulitis, Zylinderbildung in den Harnkanälchen).

5 mg/l Luft.

Tierart	Versuchs-tage	Wirkung
Katzen	3 bzw. 4	Am 2. Versuchstag Erbrechen und mäßiger Speichelfluß; bei Herausnahme aus dem täglichen Versuch taumelnde Haltung. Im Harn einer Katze Eiweiß, Leukocyten und hyaline Zylinder. Tod 3 Tage nach dem 3. bzw. 1 Tag nach dem 4. Versuchstag
Kaninchen	4	Zunächst kein Befund. Ein Tier 1 Tag nach dem letzten Versuchstag tot, das andere blieb gesund
Meerschweinchen } Mäuse	4	Kein Befund

Die Sektion der verendeten Tiere ergab Leber- und Nierenschädigungen. *Keine Fälle gewerblicher Schädigung.*

Glykolmonobutyläther.
(Butylglykol, Butylcellosolve.)

Formel: $HO \cdot CH_2 \cdot CH_2 \cdot O \cdot C_4H_9$.

Molekulargewicht: 118.

Allgemeine Eigenschaften: Reines Produkt: Kp. 171°; $D\,^{15}_{15} = 0,9188$. Technisches Produkt: Kp. 164—182°; $D^{20}_4 = 0,907$.

Löslichkeit: Mit Olivenöl und Alkohol in jedem Verhältnis mischbar. In 100 ccm Wasser lösen sich bei 23° mehr als 50 ccm und weniger als 1 ccm Substanz.

Geruch: Esterartig-ranzig. Geschmack: Bitter, brennend.

Technische Verwendung. Zur Herstellung von Nitrocelluloselacken, besonders für Streichlacke; außerdem für Textilhilfsmittel.

Allgemeiner Charakter der Wirkung. Lokalreizende Wirkung der flüssigen Substanz auf Schleimhäute, Nierengift.

Örtliche Wirkung. Nach v. ÖTTINGEN und JIROUCH wirkt die Substanz reizend auf die peripheren Nervenendigungen (geprüft am Frosch). Diese Autoren betonen auch die starke Reizwirkung auf die Bindehaut des Auges. Verfasser selbst beobachtete am Kaninchenauge nach Eingabe von 3 Tropfen der Substanz Rötung, Schwellung der Bindehaut, schwache eitrige Sekretion und vorübergehende leichte Trübung der Hornhaut. (Schwächere Wirkung als beim Propylglykol.) Auf der Kaninchenhaut reizte die unverdünnte Substanz jedoch nicht.

Resorptive Wirkung. Eine Schädigung durch etwaige resorptive Wirkung von der Haut aus konnte Verfasser bei Versuchen an Kaninchen nicht beobachten.

Akute Vergiftung. v. ÖTTINGEN und JIROUCH stellten die tödliche Grenzdosis nach subcutaner Injektion an der Maus bei 0,5 ccm/kg Körpergewicht fest. Die Injektion von 1 ccm einer 25%igen wäßrigen Lösung in den Lymphsack des Frosches verursachte Lähmung und Tod mit Herzstillstand nach einer Minute. Auch die lähmende Wirkung auf Nervenendigungen, glatte Muskulatur und Herzmuskel (Frosch) war ausgeprägt. 2,5 ccm/kg Ratte in 50%iger wäßriger Lösung verursachte starke Nierenschädigung (schwere degenerative Prozesse und Blutungen am harnbereitenden Apparat).

Eigene noch nicht veröffentlichte Versuche ergaben folgendes:

Die einmalige Verfütterung von 0,1 und 0,5 ccm/kg Körpergewicht an Kaninchen wurde von diesen ohne Krankheitserscheinungen ertragen; 1,0 und 2,0 ccm/kg Körpergewicht bewirkten den Tod innerhalb 30 bzw. 22 Stunden. Nach 24 bzw. 18 Stunden wurden die Tiere hinfällig. Der bei der Sektion aus der Blase entnommene Harn war in beiden Fällen blutig und stark eiweißhaltig; im Sediment befanden sich sehr viele granulierte und Blutkörperchenzylinder, Epithelien und Leukocyten. Auch bei der mikroskopischen Betrachtung der Nieren ergab sich das Bild einer akuten Nierenentzündung.

Bei einmaliger subcutaner Injektion an 13 Kaninchen und 2 Katzen wurde folgendes beobachtet:

1. Kaninchen. 0,05 und 0,1 ccm/kg Körpergewicht wurden reaktionslos überstanden, 0,2 ccm/kg verursachte vorübergehende leichte Nierenentzündung, Dosen von 0,4 ccm/kg an wirkten tödlich. Nach Dosen bis zu 2,0 ccm/kg Körpergewicht trat der Tod nach 20—72 Stunden infolge Nierenentzündung ein. Diese hatte einen außerordentlich blutigen Charakter. Manchmal ging ein großer Teil der gesamten roten Blutkörperchen in den Harn über. Es fand sich dann auch ein entsprechend anämisches Blutbild. Auffallend war das außerordentlich rasche Zustandekommen der Nierenschädigung. Dosen von 3,0 ccm/kg Körpergewicht riefen Krämpfe und narkoseartige Zustände hervor. Wieweit diese Erscheinungen von der Nierenschädigung abhängig waren oder wieweit sie eine direkte Einwirkung der Substanz auf das Zentralnervensystem darstellten, ließ sich ohne weiteres nicht entscheiden. Die Tiere gingen spätestens nach 2 Stunden an Atemlähmung zugrunde.

2. Katzen. Je ein Tier erhielt 1,0 bzw. 2,0 ccm/kg Körpergewicht. 1,0 ccm/kg wurde ohne besondere Krankheitserscheinungen ertragen. Das Tier mit 2,0 ccm/kg ging 3 Tage nach der Injektion unter Zeichen von Nierenschädigung ein. Katzen sind demnach gegen Butylglykol wesentlich unempfindlicher als Kaninchen.

Die einstündige Inhalation von Konzentrationen bis zum Sättigungswert (= etwa 10 mg/l Luft) zeitigte bei Mäusen, Meerschweinchen, Kaninchen und Katzen keinerlei Wirkung. Die Tiere blieben alle gesund.

14*

Chronische Vergiftung. 2 Kaninchen, die 7mal innerhalb einer Woche je 0,05 bzw. 0,1 ccm/kg Körpergewicht subcutan injiziert erhielten, zeigten keinerlei krankhaften Befund. Bei Meerschweinchen wirkte die tägliche einmalige Injektion wie folgt:

Dosis ccm/kg	Wirkung
7 × 0,05	Keine Besonderheiten
7 × 0,1 7 × 0,25	}Nach der 7. Injektion im Harn vorübergehend Eiweiß
7 × 0,5	Gewichtsabnahme, keine Eiweißausscheidung im Harn
7 × 0,5	Nach der 2. Injektion taumelnder Gang, nach der 6. Injektion Krämpfe, nach der 7. Injektion Mattigkeit, Seitenlage, schnappende Atmung. Tod. Keine Sektion
4 × 1,0	Krankheitserscheinungen wie vor. Im Harn Eiweiß und Blutkörperchen. Tod nach der 4. Injektion. Keine Sektion

Bei der wiederholten täglichen 8stündigen Inhalation von 2,5 mg/l Luft durch Katzen, Kaninchen, Meerschweinchen und Mäuse wurde folgendes beobachtet:

Tierart	Versuchs-tage	Wirkung
Katze	9	Vom 8. Versuchstag an zunehmende Schwäche. Vom 7. Versuchstag an im Harn Eiweiß und rote Blutkörperchen. Tod am Morgen nach dem letzten Versuchstag
Kaninchen (2 Tiere)	12	Vom 6. Versuchstag an im Harn Eiweiß sowie weiße und rote Blutkörperchen. 8 Tage nach dem letzten Versuchstag Harn normal. 1 Tier verendete 16 Tage nach Versuchsende, das andere blieb gesund
Meerschweinchen (2 Tiere)	8 bzw. 9	Abmagerung, im Harn Eiweiß. Tod 2 Tage nach dem 8. Versuchstag bzw. am Morgen nach dem 9. Versuchstag
Mäuse (2 Tiere)	12	Keine Besonderheiten

Die mikroskopische Untersuchung der Nieren der eingegangenen Tiere ergab deutliche Zeichen von Nierenentzündung.

Fälle gewerblicher Schädigungen. Außer einem Fall, bei dem nach dem Bericht des englischen Factory Inspectorate 1934 in 5monatlichem Abstand Anfälle von Hämaturie auftraten, in dem aber neben Butylglykol auch mit Diäthylenglykolmonobutyläther (Butylcarbitol) gearbeitet worden war, und außer einigen wenigen Fällen von Reizung der Augenbindehaut und Nasenschleimhaut, sowie von Kopfweh (ETHEL BROWNING), ist kein Fall einer Gesundheitsschädigung bekannt geworden.

Glykoldiäthyläther.

Formel: $CH_2 \cdot O \cdot C_2H_5$
$|$
$CH_2 \cdot O \cdot C_2H_5$.

Molekulargewicht: 118.

Allgemeine Eigenschaften: Kp. 120—125°; D^{15}: 0,853.

Löslichkeit: Wenig löslich in Wasser, gut löslich in Alkohol, Äther und fetten Ölen.

Flüchtigkeit: Bei 22° 29,2mal weniger flüchtig als Äther.

Geruch: Stark, süßlich. Geschmack: Bitter-süßlich, brennend.

Technische Verwendung. Gutes Lösungsmittel für Nitrocellulose, Öle und Harze, jedoch bisher ohne größere praktische Bedeutung, da zu teuer.

Allgemeiner Charakter der Wirkung. In hohen Dosen narkotische Wirkung und Nierengift. Dämpfe reizen etwas.

Literaturangaben über diesen Körper finden sich nicht. Eigene unveröffentlichte Versuche an Meerschweinchen, Kaninchen, Katzen und Hunden haben ergeben, daß der Äther die Haut primär nicht reizt. Bei einstündigen Inhalationsversuchen erzeugten erst hohe Konzentrationen (von etwa 50 mg/l Luft ab) Reizung der zugängigen Schleimhäute und Andeutung von Narkose. Katzen waren deutlich empfindlicher als die übrigen Tiere. Aber in allen Fällen trat rasche Erholung ein. Bei der Verfütterung ertrugen Hund und Kaninchen 6mal 1,0 ccm/kg Körpergewicht innerhalb einer Woche ohne Symptome (der Harn wurde allerdings nicht untersucht). Eine Katze, die 4mal 1,0 ccm/kg Körpergewicht erhielt, wurde jedesmal von einem schweren Rauschzustand befallen, aus dem sie nach der 4. Gabe nicht mehr herauskam. Sie verendete 30—40 Stunden nach der letzten Gabe. Die Harnuntersuchung fehlt. Die Sektion ergab keinen charakteristischen Befund. Ein Meerschweinchen überlebte die 7malige subcutane Injektion von 0,5 ccm/kg Körpergewicht unter vorübergehender starker Gewichtsabnahme; 1,0 ccm/kg führte jedoch nach 7maliger Injektion zum Tode. Von der 4. Injektion ab zeigte dabei das Tier vorübergehende narkotische Erscheinungen, nach der 7. Injektion Seitenlage und Tod am nächsten Morgen. Die Sektion ergab eine Nierenschädigung (parenchymatöse und interstitielle Nephritis). Die chronische (12malige) täglich 8stündige Einatmung von 2,5 mg/l Luft wurde von Mäusen, Meerschweinchen und 1 Kaninchen anstandslos ertragen; 1 Kaninchen und 2 Katzen verendeten jedoch nach Abschluß des Versuches: das Kaninchen nach 10 Tagen, die Katzen nach 5 Stunden bzw. 2 Tagen. Die beiden Katzen zeigten mikroskopisch deutliche Zeichen einer Nierenschädigung, die eine auch noch eine schwere eitrige Luftröhrenentzündung.

Keine Fälle gewerblicher Schädigung.

Propylenglykolmonoäthyläther.
(Äthylpropylenglykol.)

Formel: $CH_2 \cdot O \cdot C_2H_5$
$|$
$CH \cdot OH$
$|$
$CH_3.$

Molekulargewicht: 104.

Allgemeine Eigenschaften: Kp. 129—136°; $D_4^{22} = 0,8964$.

Löslichkeit: Mit Wasser und Alkohol in jedem Verhältnis mischbar, in 100 ccm Olivenöl lösen sich bei Zimmertemperatur 3,5 ccm der technischen Substanz.

Flüchtigkeit: Bei 22° 56mal weniger flüchtig als Äther.

Geruch: Scharf, esterartig. Geschmack: Säuerlich, bitter.

Technische Verwendung. Lösungsmittel für Celluloseester und Ätherlacke.

Allgemeiner Charakter der Wirkung. Dämpfe reizen, aber nur in geringem Ausmaße. Nierengift mäßigen Grades.

In der Literatur fanden sich bisher keine Angaben. In eigenen nicht veröffentlichten Versuchen des Verfassers ergab sich folgendes:

Resorptive Wirkung. Akute Vergiftung. Die einstündige Inhalation von 10 bis 30 mg/l Luft wurde von Maus, Meerschweinchen und Kaninchen abgesehen von einer unbedeutenden Reizwirkung auf die Augen und Atmungsorgane anstandslos ertragen. Beim 2-Stunden-Versuch war es im großen und ganzen ebenso, nur trat hier die lokale Reizwirkung etwas stärker in Erscheinung. 1 Kaninchen zeigte nach 3 Tagen vorübergehend im Harn Spuren von Eiweiß und rote Blutkörperchen im Sediment.

Chronische Vergiftung. An Meerschweinchen wurden 7mal innerhalb einer Woche je 0,1, 0,25, 0,5 und 1,0 ccm/kg Körpergewicht unter die Haut injiziert. Alle Tiere überlebten ohne besondere Störungen. Mit Ausnahme des 0,25-ccm-

Tieres hatten die Versuchstiere gegen Ende des Versuches in Spuren Eiweiß im Harn; diese Erscheinung ging aber rasch vorüber. In chronischen Inhalationsversuchen atmeten Katzen und Meerschweinchen (je 2 Tiere) Konzentrationen von 5 mg/l Luft an 12 Tagen während täglich 8 Stunden ein. Je ein Meerschweinchen und eine Katze ertrugen diesen Versuch ohne besondere Erscheinungen. Die beiden anderen Tiere gingen einige Tage nach Versuchsende zugrunde. Die Katze hatte eitrigen Katarrh der Atmungswege. 2 Kaninchen hielten den obigen Versuch nur 3 bzw. 9 Tage lang aus. Sie gingen ohne besondere Krankheitserscheinungen über Nacht zugrunde. Die Sektion des einen Tieres ergab: Lungenentzündung (Bronchopneumonie) und leichte Nierenschädigung (Zellvermehrung der Glomeruli, ganz vereinzelt Zylinderbildung in Harnkanälchen).

Keine Fälle von gewerblicher Vergiftung.

Diäthylenglykolmonoäthyläther.
(Äthylpolyglykol, Carbitol.)

Formel: $O<^{CH_2 \cdot CH_2O \cdot C_2H_5}_{CH_2 \cdot CH_2 \cdot OH}$

Molekulargewicht: 134.

Allgemeine Eigenschaften: Kp. 190—200°; $D_4^{20} = 1,008$.

Flammpunkt: + 93°.

Löslichkeit: Mit Wasser und Alkohol in jedem Verhältnis mischbar, in 100 ccm Olivenöl lösen sich 1 ccm Substanz.

Flüchtigkeit: Bei 20° 970mal weniger flüchtig als Äther.

Geruch: Schwach, fruchtartig. Geschmack: Bitter.

Technische Anwendung. Lösungsmittel für Nitrocellulose und ätherische Öle.

Allgemeiner Charakter der Wirkung. In großen Dosen Narkoticum, nierenschädigende Wirkung.

Örtliche Wirkung. Am Kaninchenauge verursachte die Substanz nur eine Rötung der Bindehäute (v. ÖTTINGEN und JIROUCH). Nach eigenen nicht veröffentlichten Versuchen reizte die Verfütterung von 25%iger wäßriger Lösung bei Katzen die Schleimhäute des Magen-Darmes, bei Kaninchen trat diese Erscheinung nicht auf. Die 12malige, täglich einmal ausgeführte Einpinselung eines Kaninchenohres mit der unverdünnten Substanz verursachte keine Reizung.

Resorptive Wirkung. Akute Vergiftung. Die tödliche Grenzdosis für Mäuse bei subcutaner Injektion betrug nach v. ÖTTINGEN und JIROUCH 2,5—5,0 ccm/kg Körpergewicht. Hohe Dosen verursachten bei Ratten nach subcutaner Injektion Nierenschädigungen. Die Einspritzung von 1 ccm einer 25%igen Lösung in den Lymphsack eines Frosches hatte nur eine mäßige zentrale Lähmung zur Folge. Die Substanz besitzt nur eine geringe lähmende Wirkung auf die motorischen Nerven und quergestreifte Muskulatur, eine etwas stärker wirkende Lähmung auf den Herzmuskel (Frosch). Nach persönlicher Mitteilung beobachtete HILDEBRANDT-Gießen bei einem Kaninchen, dem 3,5 g des gereinigten Produktes in 20%iger wäßriger Lösung mit der Schlundsonde verfüttert wurde, in den ersten Stunden keine toxischen Symptome. Am nächsten Tag trat positive Eiweißreaktion im Harn auf, die sich an den zwei darauf folgenden Tagen bis zur Flockenbildung steigerte. Einen Tag später war der Harn jedoch wieder frei von Eiweiß. Ein weiteres Kaninchen erhielt 7 g/kg, worauf nach einer Stunde ziemlich tiefe Narkose (Seitenlage) eintrat. Das Tier erholte sich im Verlauf der nächsten Stunden aus der Narkose, wurde jedoch am nächsten Morgen tot aufgefunden. Der in der Blase vorgefundene Harn ergab deutlich positive Eiweißreaktion. Ein Hund wurde mit 2 ccm/kg in 20%iger Lösung gefüttert. Außer geringgradigem Erbrechen von etwas Schleim 3 Stunden nach der Fütterung stellten sich keine Krankheitserscheinungen ein. Der Harn blieb frei von Eiweiß.

Dem Verfasser selbst gingen bei Versuchen mit einem technischen Produkt 4 Katzen, von denen eine 1,0 und drei 2,0 ccm/kg in 25%iger wäßriger Lösung verfüttert erhielten, mit Gleichgewichtsstörungen, Magen-Darm- und Lungenentzündungen im Laufe der nächsten Tage zugrunde. Eiweiß im Harn wurde nicht gefunden, jedoch zeigte die Sektion des einen Tieres, das nach 4 Tagen verendet war, neben einer Lungenentzündung eine Nierenschädigung. Nach der subcutanen Injektion von einmal 1,0 bzw. 2,0 ccm/kg gingen 2 Katzen nach 2 bzw. 8 Tagen zugrunde. Der Harn enthielt Eiweiß. Die Sektion zeigte in der Niere eine Schädigung des harnbereitenden Apparates (Glomerulitis und Zylinderbildung).

Chronische Vergiftung. Bei 14maliger täglicher Verfütterung von 0,5 bzw. 0,6 g/kg konnte HILDEBRANDT mit einem besonders reinen Präparat am Hunde keine Schädigung feststellen.

Der Verfasser selbst beobachtete nach Anwendung eines technischen Produktes folgendes: Die Verfütterung von $12 \times 0,1$ g/kg an Kaninchen verursachte nur vorübergehende geringe Eiweißausscheidung, $6 \times 1,0$ g wurde reaktionslos ertragen (kein Eiweiß). Eine Katze überlebte die 12malige Verfütterung von 0,1 ccm/kg anstandslos, der Harnbefund blieb normal. Nach 15- und 25maliger Fütterung von 0,1 bzw. 0,5 ccm/kg gingen Katzen jedoch an Nieren- und Lungenentzündungen ein. Zwei Meerschweinchen, die 7mal 0,5 bzw. 1,0 ccm/kg subcutan injiziert erhielten, überlebten ohne Schädigung. Kaninchen vertrugen 7mal 0,1 bzw. 0,5 ccm/kg, während ein Tier nach $7 \times 0,25$ ccm/kg unter starker Eiweißausscheidung (auch Zylinder im Harn) zugrunde ging. Bei akuten und chronischen Inhalationsversuchen, letztere bis zu 12 Tagen, mit annähernd gesättigten Konzentrationen wurden Kaninchen, Katzen, Meerschweinchen und Mäuse nicht geschädigt.

Während also HILDEBRANDT für das gereinigte Produkt eine sehr geringe Giftigkeit feststellt, ist nach den oben geschilderten Versuchen das technische Produkt giftiger.

Keine Fälle von gewerblicher Schädigung.

Glykolmonoacetat.
(Lösungsmittel GC.)

Formel: CH$_2$OH
$\quad\quad\quad$ |
$\quad\quad\quad$ CH$_2$O · CO · CH$_3$.

Molekulargewicht: 104.

Allgemeine Eigenschaften: Kp. 178—195°; D$_4^{20}$: 1,109.

Löslichkeit: In jedem Verhältnis mit Wasser und Alkohol mischbar, in 100 ccm Olivenöl lösen sich 0,65 ccm Substanz.

Flammpunkt: + 102°.

Flüchtigkeit: Bei 20° 606mal weniger flüchtig als Äther.

Geruch: Angenehm, fruchtartig. *Geschmack:* Schwach bitter, etwas brennend.

Technische Verwendung. Lösungsmittel für Acetylcellulose und ätherische Öle. Hilfsmittel beim Färben von Textilien.

Allgemeiner Charakter der Wirkung. Sehr geringe Giftwirkung, Nierenschädigung nach lang dauernder Einatmung nur schwach angedeutet.

Angaben über die physiologische Wirkung der Substanz fehlen in der Literatur.

Örtliche Wirkung. Reizwirkung auf die Haut von Mensch und Tier nach eigenen Beobachtungen nicht vorhanden. Die verdampfte Substanz reizt die zugängigen Schleimhäute etwas.

Resorptive Wirkung. Akute Vergiftung. Eigene nicht veröffentlichte einstündige Inhalationsversuche mit annähernd gesättigter Konzentration riefen an je 2 Katzen, Kaninchen und Meerschweinchen Tränensekretion und Schnupfen hervor. Eiweißausscheidung trat nicht ein.

Chronische Vergiftung. Die 12 malige Verfütterung von 0,1 bzw. 0,5 ccm/kg wurde von Hunden anstandslos ertragen. Die 7malige subcutane Injektion von 0,5 und 1,0 ccm/kg schädigte Meerschweinchen nicht. Die 12malige, je 8stündige Inhalation eines bei Zimmertemperatur annähernd gesättigten Luft-Dampf-gemisches ($<$ 8 mg/l) wurde von Katzen, Meerschweinchen und Mäusen gut ertragen. Von diesen Tieren hatte nur einmal eine Katze vorübergehend Spuren von Eiweiß im Harn. Ein Kaninchen ging unter denselben Bedingungen nach der 11. Inhalation zugrunde. Die Eiweißreaktion war bei Lebzeiten negativ geblieben. Bei der Sektion fand sich eine Lungenentzündung (Bronchopneumonie) und eine leichte Nierenreizung. Sämtliche Tiere, die chronisch behandelt worden waren, wurden nach Abschluß des Versuches mindestens 8 Tage beobachtet.

Versuche von FLURY und RÖSSER ergaben: *Wiederholte* Einatmung bei Katzen: 28 mg/l, 2 Tage à 360 Minuten. Gewöhnung an den Reiz, Müdigkeit, Apathie, Benommenheit. Nachwirkungen: Freßunlust, stärkste Abmagerung; Nierenschädigung. Tod in allen Fällen nach mehreren Tagen. Sektionsbefunde: Tracheobronchitis, leichte beginnende Bronchopneumonie, Nieren hyperämisch. Einspritzung unter die Haut: Kleinste tödliche Dosis: 4,5 g/kg Tiergewicht. Glykolmonoacetat bewirkt bei einmaliger Einwirkung in Nebelform nur Schleimhautreizwirkung und leichte Unruhe bei den Tieren, aber keine sicheren Zeichen einer narkotischen Wirkung und keine Nachwirkungen.

Bei länger dauernder mehrmaliger Einwirkung ruft es jedoch narkotische Symptome und Allgemeinschädigung hervor, die nach Tagen zum Tode führt. Der Tod ist nicht allein durch die lokalen Reizwirkungen (Bronchopneumonie) erklärbar. Der Stoff besitzt ohne Zweifel auch allgemeine Giftwirkungen (FLURY und RÖSSER, unveröffentlicht).

Gewerbliche Schädigungen sind in der Literatur nicht beschrieben.

Glykoldiacetat.

Formel: CH₂ · O · COCH₃

CH₂ · O · COCH₃.

Allgemeine Eigenschaften: Kp. 186—190⁰; D. 1,11—1,15.

Löslichkeit: In 100 ccm Wasser lösen sich bei 24⁰ 14,3 ccm Substanz, in 100 ccm Olivenöl 0,65 ccm Substanz. In jedem Verhältnis mischbar mit Alkohol.

Flüchtigkeit: Bei 22⁰ 474,3mal weniger flüchtig als Äther.

Geruch: Säuerlich, esterartig. Geschmack: Bitter, säuerlich.

Technische Verwendung. Lösungsmittel für Acetyl- und Nitrocellulose und einige Harze. Wird heute praktisch nicht verwendet.

Angaben über diesen Körper finden sich in der Literatur nicht. Nach eigenen unveröffentlichten Untersuchungen verhält es sich im Tierversuch ganz ähnlich wie das Monoacetat.

Acetylglykolsäureäthylester.

Von F. FLURY und O. KLIMMER-Würzburg.

Formel: CH₃ · COO · CH₂COOC₂H₅.

Molekulargewicht: 146.

Kp. 184—189⁰ C. D = 1,094.

Brennbarkeit: Flammpunkt + 82⁰ C.

Flüchtigkeit: Sehr gering (464mal geringer als Äther).

Technische Verwendung. Lacklösungsmittel.

Tierversuche. Wegen der sehr geringen Flüchtigkeit wurde nur die Wirkung bei subcutaner Einspritzung geprüft (STARREK 1938).

Weiße Mäuse:
1 mg/g: 10 Minuten Atembeschleunigung, keine Nachwirkung. Überlebt.
3 mg/g: 30 Minuten Atemnot, keine Nachwirkung, überlebt,
4 mg/g: 20 Minuten Atembeschleunigung, keine Nachwirkung, überlebt.
5 mg/g: Nach 21 Minuten Taumeln, Lähmungserscheinungen, nach 32 Minuten Seitenlage, nach 138 Minuten Tod.

Acetylglykolsäureäthylester zeigt demnach bei Einspritzung an weißen Mäusen schon bei 1 mg/g Tiergewicht deutliche Wirkung auf die Atmung. Die kleinste tödliche Dosis liegt um 5 mg/g Tiergewicht. Er ist etwa doppelt so giftig wie der Milchsäurebutylester, zeigt aber ähnliche Erscheinungen.
Fälle von gewerblichen Schädigungen bisher nicht bekannt.

Methylglykolacetat.
(Acetat des Äthylenglykolmonomethyläthers.)

Formel: $CH_2O \cdot CH_3$
$CH_2O \cdot COCH_3$.

Molekulargewicht: 118.
Allgemeine Eigenschaften: Kp. 138—152°; $D_4^{20} = 1,001$.
Dampfdruck bei 20°: 7,3 mm Hg.
Sättigungskonzentration bei 20°: 45 mg/l.
Flammpunkt: + 44°.
Löslichkeit: In jedem Verhältnis mit Wasser und Alkohol mischbar, in 100 ccm Olivenöl lösen sich bei 24° 20 ccm Substanz.
Flüchtigkeit: Bei 20° 35mal weniger flüchtig als Äther.
Geruch: Schwach, esterartig. Geschmack: Bitter-brennend.

Technische Anwendung. Lösungsmittel für Nitro- und Acetylcelluloselacke.

Allgemeiner Charakter der Wirkung. Leichte narkotische und ziemlich beträchtliche nierenschädigende Wirkung. Schleimhautreizende Wirkung der Dämpfe.

In der Literatur fanden sich nur Untersuchungen von FLURY und W. WIRTH über diesen Körper. Es folgt eine kurze Übersicht über diese Befunde, sowie einige Angaben über eigene, bisher unveröffentlichte experimentelle Erfahrungen (E. GROSS).

Örtliche Wirkung. Im Kaninchenversuch zeigte sich nach eigener Beobachtung auch bei wiederholter Aufpinselung der unverdünnten Substanz auf die Haut keine Reizwirkung. Die bei 23° annähernd gesättigte Dampfkonzentration reizte die zugängigen Schleimhäute in geringem Maße. FLURY und WIRTH berichten ebenfalls über eine nur geringe Reizwirkung der Dämpfe, an die sich Katzen gewöhnten.

Resorptive Wirkung. Akute Vergiftung. FLURY und WIRTH stellten bei einmaliger subcutaner Injektion als letale Grenzdosis für Katzen 3—4 g/kg, für Meerschweinchen 5 g/kg fest. Weiterhin beobachteten sie bei einmaligen bis 10stündigen Inhalationsversuchen an Katzen eine nur sehr schwache narkotische Wirkung (meist nur Schläfrigkeit, 1mal bei 12,1 mg/l nach 9 Stunden. Gleichgewichtsstörung). Unterhalb 7 mg/l bei 7stündiger Inhalation trat in allen Fällen Erholung ein, bei 7 mg/l und darüber kam es aber zu typischen Nachwirkungen mit tödlichem Ausgang (vorübergehende scheinbare Erholung, dann Abnahme der Freßlust, Mattigkeit, Teilnahmslosigkeit bis zum Ende). Die Sektion ergab keine charakteristischen Erscheinungen, konstant war nur die starke Durchblutung der Piagefäße und eine Verzögerung der Blutgerinnung. Die Autoren vermuten eine intracelluläre Acetaldehydbildung.

Einstündige Inhalationsversuche, die Verfasser mit annähernd gesättigter Dampfkonzentration (22 mg/l) an der Maus, dem Meerschweinchen und Kaninchen durchführte, wurden abgesehen von dem schon erwähnten Reiz auf die zugängigen Schleimhäute anstandslos ertragen. Auch die 3stündige Inhalation derselben Konzentration wurde von Maus und Kaninchen gut überstanden. Vorübergehend trat Katarrh der Schleimhäute und Gleichgewichtsstörung auf. Meerschweinchen und Katzen zeigten anfänglich die gleichen Symptome, gingen dann aber nach 21 Tagen bzw. 36 Stunden, bzw. 7 Tagen bzw. 3 Tagen ein. Der Harn war in der Regel normal, zeigte nur in einem Falle Spuren von Eiweiß. Die Sektion ergab Schädigung der Bronchien und Lungen (bronchopneumonische Herde).

Chronische Vergiftung. Bei der wiederholten täglichen Fütterung gingen Kaninchen in Versuchen des Verfassers nach 3×0.5 ccm/kg, 3×1.0 ccm/kg und 5×1.0 ccm/kg jeweils am Tag nach der letzten Fütterung zugrunde. Der Harn enthielt in allen Fällen Eiweiß und granulierte Zylinder, weitere besondere Symptome waren bei Lebzeiten der Tiere nicht aufgefallen. Die in einem Falle ausgeführte Sektion ergab Schädigung der Niere (Schädigung des tubulären Apparates und Zylinderbildung). Die wiederholte subcutane Injektion wurde an Meerschweinchen vorgenommen. Es erhielten je 2 Tiere 7mal 0,5 ccm und 4mal 1,0 ccm. Die Tiere mit der geringeren Dosis gingen 2 bzw. 5 Tage nach der letzten Injektion ein. Der Harnbefund war meist normal, nur in 2 Fällen trat kurz vor dem Tod Eiweiß auf. Die 1,0-ccm-Tiere gingen nach 1 bzw. 2 Tagen ein. Bemerkenswert war die starke Gewichtsabnahme, in einem Falle bis 37%. Die in einem Fall (1-ccm-Tier) ausgeführte Sektion ergab eine Nierenschädigung (Glomerulitis). Die chronische Inhalation wurde täglich 8 Stunden mit Konzentrationen von 2,5 und 5 mg/l Luft an Katzen, Kaninchen und Meerschweinchen, teilweise auch an Mäusen durchgeführt. Bei 2,5 mg gingen ein: Katzen nach 9 bzw. 2 Versuchstagen. Die Dosis von 5 mg/l führte bei Katzen nach 4 bzw. 3 Tagen, bei Kaninchen nach 6 Tagen zum Tode; 1 Kaninchen überlebte den 6tägigen Versuch, desgleichen Meerschweinchen und Mäuse. Sämtliche Tiere zeigten Nierenschädigung (Eiweiß im Harn, Veränderungen am harnbereitenden Apparat). An Katzen wurden außerdem leichte narkotische Erscheinungen beobachtet.

Auch FLURY und WIRTH beobachteten bei der chronischen Einwirkung eine starke Giftwirkung von 3,8 mg/l. Von 3 Katzen, die diese Konzentration an 5 Tagen je 4—6 Stunden (insgesamt 24 Stunden) inhalierten, gingen 2 zugrunde. Erst die wesentlich geringere Konzentration von 1,1 mg/l wurde bei insgesamt 42stündiger Einatmung überstanden. Aber auch hier konnte noch eine deutliche Schädigung im Blut (Verminderung des Blutfarbstoffes und der roten Blutkörperchen) beobachtet werden.

Die Angaben von BANIK, nach denen der Stoff unschädlich sein soll, beruhen auf einem Irrtum.

Keine Fälle von gewerblicher Schädigung.

Äthylglykolacetat.
(Acetat des Äthylenglykolmonoäthyläthers, Cellosolveacetat.)

Formel: $CH_2O \cdot C_2H_5$
$|$
CH_2OCOCH_3.

Molekulargewicht: 132.
Allgemeine Eigenschaften: Kp. 149—160°; $D_4^{20} = 0.971$.
Flammpunkt: + 47°.
Löslichkeit: Mit Olivenöl und Alkohol in jedem Verhältnis mischbar, in 100 ccm Wasser lösen sich bei 24° 25 ccm Substanz.
Relative Flüchtigkeit: 52mal weniger flüchtig als Äther.
Geruch: Schwach esterartig. Geschmack: Bitter-säuerlich, brennend.

Technische Verwendung. Lösungsmittel für Nitrocellulose, Celluloseäther, sowie einige Harze.

Allgemeiner Charakter der Wirkung. Lokalreizende Wirkung mäßigen Grades sowohl im flüssigen wie auch dampfförmigen Zustand. Schwaches Narkoticum. In hohen Dosen Nierengift.

Örtliche Wirkung. Nach eigenen nicht veröffentlichten Versuchen reizte die Substanz die Haut des Kaninchenohres nach wiederholter stundenlanger Einwirkung. In Inhalationsversuchen reizten die Dämpfe deutlich.

Resorptive Wirkung. Akute Vergiftung. v. ÖTTINGEN und JIROUCH fanden bei subcutaner Injektion für die Maus die tödliche Grenzdosis bei 5,0 ccm/kg. RÖSSER fand 4,6 mg/g Maus tödlich. 1 ccm einer 5%igen Lösung in den Lymphsack des Frosches injiziert, verursachte Lähmung des Zentralnervensystems und Tod innerhalb 5 Minuten. Die Substanz hat eine lähmende Wirkung auf motorische Nerven und Herzmuskel, ebenso in ausgeprägter Weise auf quergestreifte und glatte Muskulatur (Frosch). Hohe Dosen bewirkten bei der Ratte akute Nierenschädigung.

Eigene Versuche: einmalige Verfütterung von 1,0 ccm/kg Körpergewicht an Kaninchen und einmalige Injektion von 0,5 bzw. 1,0 ccm/kg in die Bauchhöhle von Meerschweinchen wurde anstandslos vertragen. Keine Eiweißausscheidung. Inhalationsversuche mit bei 20° annähernd gesättigten Dampfluftgemischen (< 20 mg/l) wurden 1 Stunde an Meerschweinchen und Kaninchen und mit 10 mg/l Luft 2 Stunden lang an einer Katze und 3 Stunden lang an Meerschweinchen und Kaninchen durchgeführt. Dabei ging keines der Tiere ein. Während des Versuches Reizung der zugängigen Schleimhäute. Bei der Katze angedeutete Narkose. Kein krankhafter Harnbefund.

Nach RÖSSER zeigten Katzen bei Einatmung von 21—54 mg/l nach 2 bis 6 Stunden nur leichten Reiz, Mattigkeit, aber keine Nachwirkungen. Bei zweimaliger Einatmung von 55 mg/l nach 4 Stunden Erbrechen, Lähmung, Krämpfe, Eiweiß im Harn, Tod nach 24 Stunden.

Chronische Vergiftung. Die 7malige subcutane Injektion von 0,5 ccm bzw. 1,0 ccm Äthylglykolacetat an je 1 Meerschweinchen bewirkten außer einer nach jeder Injektion eintretenden Mattigkeit nur vorübergehende Abmagerung der Tiere. Diese Erscheinungen waren bei dem Tier mit der höheren Dosis am deutlichsten. Die 12malige tägliche 8stündige Inhalation von 2,5 mg/l Luft wurden von 2 Mäusen, 2 Meerschweinchen und 1 Kaninchen ohne Krankheitserscheinungen ertragen. Unter gleichen Bedingungen verendete 1 Kaninchen nach 8 Versuchstagen, 2 Katzen nach 6 bzw. 9 Versuchstagen. Im Harn einer der Katzen waren Eiweiß sowie weiße und rote Blutkörperchen enthalten, im Harn der anderen Katze waren außer Eiweiß viele Epithelien der oberen Harnwege zugegen. Vom 3. bzw. 5. Versuchstage an wurde bei den Katzen zunehmende Schwäche bemerkt. Die mikroskopische Untersuchung der Nieren der eingegangenen Tiere ergab deutliche Zeichen von Nierenschädigung.

BANIK hält Äthylglykolacetat wegen seiner geringen Flüchtigkeit für ungefährlich. Vorsicht ist jedenfalls angezeigt.

Keine Fälle gewerblicher Schädigung.

Butoxyl.
(Acetat des Methyl-1.3-Butylenglykols.)

Formel: $H_3C \cdot CH \cdot CH_2 \cdot CH_2 \cdot O \cdot CO \cdot CH_3$
$O \cdot CH_3$

Molekulargewicht: 134.

Allgemeine Eigenschaften: Kp. 167—171°.

Löslichkeit: Mit Olivenöl und Wasser in jedem Verhältnis mischbar. In 100 ccm Wasser lösen sich bei 20° 8 ccm des technischen Produktes.

Flüchtigkeit: Bei 20⁰ 75mal weniger flüchtig als Äther.
Geruch: Etwas säuerlich. Geschmack: Bitter.
Technische Verwendung. Lösungsmittel für Lacke.
Allgemeiner Charakter der Wirkung. Mäßige lokalreizende Wirkung der Dämpfe, sonst praktisch harmlos.

Angaben über die physiologische Wirkung des Körpers sind in der Literatur nicht zu finden. Es folgen kurze Mitteilungen aus eigenen bisher nicht veröffentlichten Versuchen.

Örtliche Wirkung. Die Haut von Tier und Mensch wird von der unverdünnten Substanz ebenso wie von einer 10%igen Lanolinsalbe auch bei 24stündiger Einwirkung nicht gereizt. Dagegen reizt bei Zimmertemperatur annähernd gesättigtes Dampf-Luftgemisch die zugängigen Schleimhäute in mäßiger Stärke.

Resorptive Wirkung. Akute Giftwirkung. Bei subcutaner einmaliger Injektion von 0,1, 0,5, und 1,0 g/kg Körpergewicht wurden weder Meerschweinchen noch Ratten geschädigt. Ebensowenig schadete die einmalige Verfütterung derselben Dosen an Mäuse. Die bis zu 6 Stunden fortgesetzte Inhalation bei Zimmertemperatur annähernd gesättigter Dampf-Luftgemische verursachte bei Katzen, Kaninchen und Meerschweinchen, abgesehen von der schon oben erwähnten leichten Reizwirkung, auf die Schleimhäute keinerlei Schädigung.

Chronische Vergiftung. Weder die 6malige Verfütterung noch die ebensooft wiederholte subcutane Injektion von 0,1 g/kg Körpergewicht an Ratten, Meerschweinchen und Mäuse schädigte.

Keine Fälle von gewerblicher Vergiftung.

2. Hydrierte cyclische Kohlenwasserstoffe und Terpene.

Cyclohexan.
(Hexamethylen, Hexahydrobenzol.)

Formel:

$$\begin{array}{c} CH_2 \\ H_2C \diagup \diagdown CH_2 \\ H_2C \diagdown \diagup CH_2 \\ CH_2 \end{array}$$

Molekulargewicht: 84.
Allgemeine Eigenschaften: Kp. 81⁰; $D_4^{15} = 0,78—0,79$.
Löslichkeit: Mit Alkohol und Olivenöl in jedem Verhältnis mischbar, praktisch in Wasser unlöslich.
Flüchtigkeit: Bei 23⁰ 3,1mal weniger flüchtig als Äther.
Geruch: Benzinartig.
Vorkommen: Im Erdöl, besonders dem kaukasischen.
Darstellung: Durch katalytische Hydrierung von Benzol.

Technische Verwendung. Lösungsmittel für Kautschuk, Bitumen, Wachse, Fette und Öle, nicht für Celluloseester und spritlösliche Harze geeignet.

Allgemeiner Charakter der Wirkung. Schwaches Narkoticum, Reizwirkung der Flüssigkeit auf die Haut, keine Reizwirkung der Dämpfe.

Örtliche Wirkung. Nach privater Mitteilung von Fuss, Ludwigshafen, reizt die unverdünnte Substanz die Haut des Menschen (10 Versuchspersonen) deutlich stärker als Benzol und Toluol, schwächer jedoch als Xylol.

Resorptive Wirkung. Akute Vergiftung. Die tödliche Dosis bei subcutaner Injektion ist nach Launoy und Lévy Bruhl etwa 5 ccm/kg Kaninchen, bei intraperitonealer Injektion nach Sato etwa 2 ccm/kg Maus. Die eben narkotisch wirkende Dosis wird von Sato bei intraperitonealer Injektion mit etwa 1,5 ccm/kg Maus und 0,8 ccm/kg Kaninchen angegeben. Einmalige Inhalationsversuche wurden mit Cyclohexan von LAZAREW, von HENDERSON und JOHNSTON und von FLURY und ZERNIK ausgeführt. LAZAREW fand als tödliche Grenzkonzentration bei Mäusen 60—70 mg/l, als narkotische Konzentration 50 mg/l. HENDERSON und JOHNSTON geben als letale Grenzkonzentration für Mäuse 360—420 mg/l Luft an, als narkotische 125 mg/l.

In eigenen unveröffentlichten, bis zu 1 Stunde fortgesetzten Inhalationsversuchen wurde von der Maus 100 mg/l überstanden, während 150 mg/l nach 15 Minuten Inhalationsdauer töteten. 1 Meerschweinchen überlebte 150 mg/l, während ein anderes 2 Tage nach der Inhalation von 100 mg/l verendete. Eine Katze überlebte 150 mg/l. Bei darüber liegenden Konzentrationen gingen die Tiere (Katze, Maus, Meerschweinchen und Kaninchen) nach 20 bis 58 Minuten Inhalationsdauer zugrunde. Die für die tödliche Konzentration gefundenen Werte streuen also erheblich. Das von dem Verfasser geprüfte Präparat galt als rein und hatte ein spezifisches Gewicht von $D_4^{20,5} = 0{,}7860$.

Bei FLURY und ZERNIK finden sich folgende Angaben:

mg/l etwa	Teile in 1 Million (cm³/m³)	Maus	Meerschweinchen	Kaninchen	Katze
32,0	9300	Nach 9 Minuten: leichtes Zittern. Nach 20 Minuten: Gleichgewichtsstörung. Nach 30 Minuten: Leichter Rausch. Schwanz S-förmig	Anfangs Unruhe, sonst ohne ersichtliche Wirkung	Anfangs Unruhe, sonst ohne ersichtliche Wirkung	Nach 3—9 Minuten: leichtes Schwanken. Nach 14 Minuten: Schwanken. Nach 30 Minuten: zunehmende Ermattung
62,5	18000	Nach 5 Minuten: leichtes Zittern. Nach 15 Minuten: Gleichgewichtstörungen. Nach 25 Minuten: Seitenlage bzw. beginnende Lähmung	Nur leichtes Zittern	Nach 6 Minuten: Schwanken. Nach 15 Minuten: Gleichgewichtsstörungen. Nach 30 Minuten: vorübergehend Seitenlage; beginnende Lähmung	Nach 3 Minuten: leichter Speichelfluß. Nach 5—6 Minuten: Rausch. Nach 11 Minuten: Gleichgewichtsstörungen. Nach 18—25 Minuten: volle Seitenlage

Alle Tiere erholten sich nach kurzer Zeit wieder. Danach ist bezüglich des akuten Inhalationsversuches Cyclohexan höchstens halb so giftig wie Benzol. Die Vergiftungssymptome bestehen in Gleichgewichtsstörungen, Taumeln, Betäubung und bei tödlicher Vergiftung Lähmung des Atemzentrums. Krämpfe sollen im Gegensatz zu älteren Autoren nicht auftreten (vgl. S. 72).

Chronische Vergiftung. Hier sind nur Versuche von LAUNOY und LÉVY BRUHL sowie SATO zu nennen, die auf Grund wiederholter Injektionen in ihrem Urteil darüber übereinstimmen, daß Cyclohexan im Gegensatz zu Benzol keine Degeneration des blutbereitenden Knochenmarkes verursacht. Das Blutbild zeigt dementsprechend keine Anämie und besonders keine Leukopenie. Ebensowenig wurden die für Benzol charakteristischen Wirkungen auf Gefäße, Nerven und Muskeln beobachtet. Demzufolge fehlt dem Cyclohexan die dem Benzol besonders bei chronischer Aufnahme eigene heimtückische Giftwirkung.

Fälle gewerblicher Schädigung: Keine.

Tetrahydronaphthalin.
(Tetralin.)

Formel:

$$\begin{array}{c} CH \quad CH_2 \\ HC\diagup^{\textstyle C}\diagdown CH_2 \\ \| \\ HC\diagdown_{\textstyle C}\diagup CH_2 \\ HC \quad CH_2 \end{array}$$

Molekulargewicht: 132.

Allgemeine Eigenschaften: Kp. 205°; $D_4^{15} = 0,975$.

Löslichkeit: Unlöslich in Wasser, mit Alkohol und mit Olivenöl in jedem Verhältnis mischbar.

Flammpunkt: + 80°.

Flüchtigkeit: Bei 20° 190mal weniger flüchtig als Äther.

Geruch: Charakteristisch, naphthalinartig.

Geschmack: Brennend, ölig, an Naphthalin erinnernd, lange anhaltend.

Technische Verwendung: Gutes Lösungsmittel für Öle, Fette, Wachse, Harze, Bitumina, Kautschuk und Linoxin. Auch als Bestandteil von Lackentfernungs- und Abbeizmitteln sowie Bohnerwachsmassen verwendet.

Allgemeiner Charakter der Wirkung. Geringe Reizwirkung der Dämpfe. Schwaches Narkoticum. Bei der Katze als Methämoglobinbildner nachgewiesen.

Örtliche Wirkung. Kaninchen reagierten nach Versuchen von POHL und RAWICZ nach Fütterung von Dosen, die 2,5—3 g/kg überstiegen, mit Durchfällen. Von KÖLSCH wird über Reizung der Augenbindehaut, der Nasen- und Kehlkopfschleimhaut (Schnupfen und Husten) bei Arbeitern berichtet. GALEWSKY beobachtete, daß die Substanz, die sonst keine Reizwirkung auf die menschliche Haut ausübt, bei 4 Anstreichern Ekzeme verursachte.

Resorptive Wirkung beim Tier. ÖTTEL fand nach einer Mitteilung von HEUBNER auf der Sitzung der Gewerbepathologen auf der 94. Versammlung der Gesellschaft für Naturforscher und Ärzte in Dresden 1936, daß bei Einwirkung des Ungeziefermittels Cuprex, dessen Hauptbestandteil Tetralin darstellt, auf die Haut der Katze, diese unter Methämoglobinbildung einging. Der Verfasser konnte bei einem entsprechenden Versuch mit reinem Tetralin diesen Befund bestätigen. Fast sämtliche Autoren berichten, daß Tetralin im Tierversuch bei innerlicher Aufnahme eine recht geringe resorptive Giftwirkung ausübt. RÖCKEMANN fütterte 14 Tage lang Kaninchen täglich mit 2 g pro Tier. Die Kaninchen zeigten erst in den letzten Tagen Verminderung der Harnsekretion und Ausscheidung roter Blutkörperchen. Ein trächtiges Kaninchen abortierte nach dem 3. Tag. Ein Hund, der 90 g Tetralin insgesamt erhalten hatte, bekam erst gegen Schluß des Versuches Oligurie, starke Eiweißausscheidung im Harn, der auch viele granulierte Zylinder enthielt.

POHL und RAWICZ fütterten Kaninchen einmalig mit 2,5—3 g/kg ohne Schädigung zu erzielen; höhere Dosen verursachten, abgesehen von den oben beschriebenen Magen-Darmreizungen, Narkose und führten zum Tode.

GEPPERT ließ Kaninchen stundenlang hochkonzentrierte Dampfluftgemische einatmen ohne irgendeine nennenswerte Schädigung der Tiere zu beobachten. Es trat nur nach anfänglicher Exzitation eine Art Halbnarkose auf, in der die Tiere schwankten und sich vorsichtig auf die Seite legen ließen ohne sich aufzurichten. Sie reagierten aber auf Reize prompt.

KANITZ, LOHMEYER und SCHOLZ glauben auf Grund chronischer Rattenversuche durch Harnanalysen einen vermehrten Eiweißumsatz gefunden zu haben.

Ausscheidung. Auffallend ist die nach Tetralinaufnahme sich einstellende intensive Grünfärbung des Harnes. Dieser enthält nach POHL und RAWICZ, RÖCKEMANN und nach anderen Autoren Tetralolglykuronsäure. Nur ein kleiner Teil soll durch die Lungen ausgeschieden werden.

Pathologisch-anatomische Veränderungen. KANITZ und Mitarbeiter fanden bei chronischer Zuführung von Tetralin an Ratten (Fütterung, subcutaner und intravenöser Injektion) bei der Sektion eine geringgradige Schwellung von Leber und Nieren verbunden mit einer stärkeren oder schwächeren Gelbfärbung der peripheren Schichten der Nieren.

Resorptive Wirkung beim Menschen. KÖLSCH erwähnt, daß bei der gewerblichen Verarbeitung oder bei Aufenthalt in frisch gestrichenen und gebohnerten Räumen über Kopfschmerzen, Übelkeit, Erbrechen, Reizung der Augenbindehaut, der Nase und der Kehlkopfschleimhaut (Schnupfen und Husten) geklagt worden sei. In einem Betriebe hätten die Arbeiter die weitere Verwendung von Tetralin daher abgelehnt. RÖCKEMANN berichtet über gewisse Unruhezustände bei Kindern, die in frisch gebohnerten Räumen schliefen. RÖCKEMANN läßt es dahingestellt sein, ob es sich dabei um eine direkte Wirkung des Tetralins auf das Nervensystem oder um rein nervöse Einflüsse durch die starke Geruchsempfindung handelte. Andere krankhafte Symptome am Menschen sind bisher nicht beobachtet worden. Insbesondere sind keinerlei Feststellungen von Schädigungen der Nieren gemacht worden. Jedoch tritt auch beim Menschen die oben erwähnte starke Grünfärbung des Harnes schon nach Inhalation der Dämpfe ein. POHL und RAWICZ fanden dabei im Menschenharn nach innerlicher Aufnahme von 5—7 g pro Tag neben einem nicht näher untersuchten Pigment eine durch oxydierende Agentien nachweisbare Leukoverbindung, ferner Dihydronaphthalin und Naphthalin. Dihydronaphthalin war vorwiegend mit leicht abspaltbarer Glykuronsäure gepaart.

Dekahydronaphthalin.
(Dekalin.)

Formel:

$$\begin{array}{ccc} & CH_2 \quad CH_2 & \\ H_2C & CH & CH_2 \\ H_2C & CH & CH_2 \\ & H_2C \quad CH_2 & \end{array}$$

Molekulargewicht: 138.

Allgemeine Eigenschaften: Kp. 180—190°; $D_4^{15} = 0,890$.

Löslichkeit: Mit Olivenöl in jedem Verhältnis mischbar; in Wasser unlöslich; in 100 ccm Alkohol lösen sich bei 23° max. 25,0 ccm der Substanz.

Flammpunkt: + 57°.

Flüchtigkeit: Bei 20° 94mal weniger flüchtig als Äther.

Geruch: Charakteritisch, an Terpentinöl erinnernd.

Geschmack: Bitter, nachhaltig.

Technische Verwendung. Wie Tetralin.

Physiologische Wirkung. Schädigungen von Menschen sind abgesehen von gelegentlich beobachteten Ekzemen (KÖLSCH) nicht bekannt geworden. Tierversuche wurden nicht beschrieben.

Balsamterpentinöl.
(Terpentinöl.)

Zusammensetzung: Hauptbestandteil ist α-Pinen (Kp. 155°).

Formel:

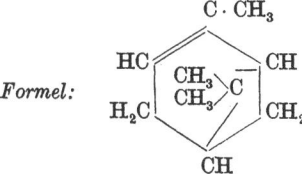

Griechisches Terpentinöl enthält vorwiegend d-α-Pinen, amerikanisches Terpentinöl d- und l-α-Pinen. Im französischen und spanischen Terpentinöl ist außer α-Pinen (vorwiegend l-Form) auch β-Pinen zugegen.

Herstellung: Durch Wasserdampfdestillation von Terpentin, dem aus Einschnitten an lebenden Stämmen von Pinusarten ausfließendem Harz (Balsam).

Allgemeine Eigenschaften: An Luft nimmt Terpentinöl Sauerstoff auf und verfärbt sich dabei gelbbraun. Es entstehen zunächst Peroxyde, die unter Bildung von Camphersäure und Campheraldehyd zerfallen. Bei stärkerer oder längerer Lufteinwirkung tritt Verharzung ein.

Siedegrenzen: 155—175⁰, $D_4^{20} = 0,86$—0,88.

Flammpunkt: Über 30⁰.

Löslichkeit: Mit Alkohol und Olivenöl in jedem Verhältnis mischbar, in Wasser praktisch unlöslich.

Geruch: Aromatisch.

Geschmack: Bitter, brennend.

Technische Verwendung. Ausgezeichnetes Lösungsmittel für Öle, Fette und Harze. Verwendung zur Herstellung von Öllacken, Schuhcremen und Bohnermassen. Weiterhin werden große Mengen Terpentinöl zur Herstellung von synthetischem Campher verbraucht. Medizinische Anwendung als Hautreiz- und Bronchitismittel.

Allgemeiner Charakter der Wirkung. Lokalreizende Wirkung auf Haut und Schleimhäute, erregende und dann lähmende Wirkung auf das Zentralnervensystem, leber- und nierenschädigende Wirkung.

Örtliche Wirkung. Terpentinöl wirkt auf die Haut und Schleimhäute reizend, nach Injektion unter die Haut verursacht es sterile Eiterung (s. hierüber bei KOBERT), nach Injektion in seröse Höhlen Entzündung. Daß Terpentinöl auch bei gewerblicher Anwendung nicht selten zu Hautreizungen führt, wird durch zahlreiche Beobachtungen bewiesen (GLASER). Es ist hierfür die Zeit der Einwirkung, die Häufigkeit der Wiederholung und die Konzentration der ·Noxe von ausschlaggebender Bedeutung. Es gibt aber Menschen, die schon gegen geringfügige Einwirkung empfindlich sind bzw. werden (PERUTZ). Die Dämpfe können bei lang fortgesetzter Einatmung Reizung der zugängigen Schleimhäute aller Grade, bis zur schweren Lungenentzündung verursachen (KOBERT).

Resorptive Wirkung. Terpentinöl wird von allen Schleimhäuten und der intakten Haut resorbiert und kann auch auf letzterem Wege zu Vergiftungen führen (POHL, RIDDER).

Tierversuche. Akute Vergiftung. LEHMANN fand als tödliche Grenzdosis bei 40 Minuten langer Inhalation für die Katze 16 mg/l, andere Katzen überlebten aber die 1- bzw. 4stündige Inhalation der gleichen Konzentration. 4,1—4,3 mg/l verursachten in $3^{1}/_{2}$—4 Stunden Reizsymptome, Mattigkeit, Taumeln. 6 mg/l führten nach 3 Stunden zu voller Bewußtlosigkeit, aus der sich die Tiere nach Entfernung aus dem Versuchsraum rasch wieder erholten. Hunde waren etwas weniger empfindlich. EULENBERG beobachtete bei Konzentrationen über 4 mg/l bei Kaninchen zuerst Krämpfe, dann Lähmung. In Versuchen von GEPPERT traten bei einer Konzentration von 10 mg/l nach $^{1}/_{2}$—1 Stunde bei der Maus Krämpfe, dann Lähmung auf. GOADBY beobachtete bei Meerschweinchen Gleichgewichtsstörungen, Pupillendivergenz und Opisthotonus nach 10 mg/l. Seine Tiere neigten zu Durchfällen. EULENBERG beobachtete an Kaninchen, daß bei Inhalation von Dosen, die höher als 4 mg/l lagen, zuerst Krämpfe, dann Lähmung auftraten. Nach subcutaner Injektion fand WOLFF die tödliche Grenzdosis bei 0,12—0,17 g/Maus. Bei allmählicher Steigerung war Gewöhnung zu beobachten. ARAI beobachtete bei der Katze den Tod nach interperitonealer Injektion von 1 ccm/kg Tier. GOADBY fand bei der Sektion seiner Tiere in einigen Fällen Nierenschädigung, die besonders den tubulären Apparat betrafen (Hyperämie, hyaline Degeneration, kleine Blutungen), in der Leber Gallenstauung, im Dickdarm kleine Geschwüre und Blutungen.

Chronische Vergiftung. LEHMANN beobachtete bei 8tägiger täglich $3^1/_2$stündiger Inhalation von 0,3—1 mg/l bei Hunden keinerlei Schädigung. SMYTH und SMYTH geben an, daß beim Meerschweinchen auch die fortgesetzte Einatmung von 4 mg/l nicht schade. Kaninchen vertrugen nach FROMM und HILDEBRANDT wochenlang ohne Schaden zu nehmen die tägliche Fütterung von 2—3 ccm pro Tier.

Beim Menschen. Akute Vergiftung. Die Einatmung von Terpentinöldämpfen führt je nach Konzentration der Dämpfe und Dauer der Einatmung zu Kopfschmerz, Schwindel, beschleunigter Atmung und Herztätigkeit, Brustschmerzen, Bronchitis, Husten, in besonders schweren Fällen auch zu Lungenentzündung. Es können sich auch Erregungszustände, Verwirrtheit und Sehstörungen einstellen (PORRINI). 4 Arbeiterinnen, die Dämpfe von heißem Terpentinöl eingeatmet hatten, bekamen Magenschmerzen, Übelkeit und Würgen im Halse. Bei einer Arbeiterin, die besonders viel Terpentinöldampf einatmete, entstand Glottisödem, so daß sie tracheotomiert werden mußte (J. ADLER-HERZMARK). Nach Inhalation von Terpentinöldämpfen kam es außer zu den schon beschriebenen Erscheinungen an den Atmungsorganen auch zu Nierenentzündung mit Eiweißausscheidung, Blut und Zylinder im Harn, in vereinzelten Fällen sogar mit tödlichem Ausgang (SCHÄFER, DRESCHER, VON TAPPEINER, WILKS, McCORKLE). Auch nach der Aufnahme von Terpentinöl durch die Haut sind schwere Nierenschädigungen (Eiweißausscheidung, Hämaturie und Harnsperre) aufgetreten (RIDDER). GEPPERT u. a. berichten über die Beeinträchtigung des Wohlbefindens nach Schlafen in Räumen, die frisch mit terpentinölhaltigem Wachs gebohnert oder terpentinölhaltigen Farben gestrichen waren. In Selbstversuchen und solchen an Mitarbeitern zeigte LEHMANN, daß Konzentrationen von 4—6 mg/l mehrere Stunden eingeatmet nur Augenreiz, Kopfschmerz, Schwindel, Übelkeit und Pulsbeschleunigung hervorrufen. TAYLOR, MAITLAND, WERNER und LODEMANN berichten über Vergiftungen durch innerliche Aufnahme von Terpentinöl oder terpentinölhaltigen Mitteln. Es traten dabei Reizung des Magen-Darmes mit Schmerzen, Erbrechen und Diarrhöen sowie Nierenreizung auf. In dem von MAITLAND berichteten Fall starb ein erwachsener Mann nach der Aufnahme von 170 g Terpentinöl; 15—20 g wurden nach LODEMANN überstanden.

Chronische Vergiftung. Die Frage, ob beim Menschen chronische Vergiftung durch Terpentin praktisch auftritt oder nicht, ist umstritten. Neuerdings lehnen namhafte Forscher wie LEHMANN, GOADBY u. a. ihr Vorkommen ab.

Ausscheidung. Ein Teil wird unverändert durch die Lungen ausgeschieden, der größere Teil jedoch teils unverändert, teils an Glykuronsäure gebunden durch die Nieren (zitiert nach FLURY und ZERNIK). Der Harn nimmt nach Terpentinaufnahme einen eigenartigen Veilchengeruch an.

Holzterpentinöl.
(Kienöl.)

Zusammensetzung: Je nach Gewinnung wechselnde Mengen von Pinen, Dipenten, Terpinen und Sylvestren neben anderen Terpenderivaten, außerdem Verunreinigungen durch Essigsäure, Ameisensäure, Formaldehyd, Phenole u. a.

Herstellung: Aus Holz durch Wasserdampfdestillation oder trockene Destillation. Sulfatterpentinöl wird aus den Ablaugen der Cellulosedarstellung gewonnen.

Allgemeine Eigenschaften:
Siedegrenzen: 160—185°; $D_4^{20} = 0,86$—0,88.
Flammpunkt: 34—35°.

Technische Verwendung. Die gleiche wie beim Terpentinöl.

Physiologische Wirkung. Über Tierversuche sind im Schrifttum keine Angaben enthalten. Nach Erfahrungen am Menschen wirkt Holzterpentinöl stärker hautreizend als Balsamterpentinöl. So berichtet McCord, daß in einer Fabrik mit 50 Mann Belegschaft, die Balsamterpentinöl als Lösungsmittel verarbeitete, nach Ersatz des Balsamterpentinöls durch Holzterpentinöl, innerhalb von 2 Monaten 35 Fälle von Hauterkrankungen auftraten, während vor dieser Zeit pro Jahr nur 3 Fälle von Dermatitis beobachtet wurden.

Dipenten.
(Limonen.)

Formel: $C_{10}H_{16}$.

Allgemeine Eigenschaften:

Reine Substanz: Kp. 175—176^0; D = 0,844.

Technische Substanz: Kp. 170—185^0; D_4^{20} = 0,855—0,860.

Löslichkeit: In Wasser praktisch unlöslich, mit fetten Ölen in jedem Verhältnis mischbar.

Flammpunkt: Etwa 50^0.

Geruch: Ähnlich wie Terpentinöl.

Technische Verwendung. Die gleiche wie beim Terpentinöl.

Physiologische Wirkung. Umeda prüfte die lähmende Wirkung verschiedener Lösungsmittel auf das Flimmerepithel des Froschrachens, in vitro kultiviert, und fand, daß Dipenten giftiger war als Cyclohexen und Cyclohexan. In eigenen bisher unveröffentlichten Versuchen mit einem Dipenten, das zwischen 174—208^0 siedete, ergab sich folgendes: Die intraperitoneale Injektion von 2,0 und 3,0 ccm/kg Körpergewicht wirkte bei Ratten tödlich, 1,0 ccm/kg Körpergewicht wurde überlebt. Nach einstündiger Einwirkung eines mit Dipenten getränkten Wattebausches auf die Innenseite eines Kaninchenohres entstanden Entzündungserscheinungen, die unter vorübergehender Sekretion und Krustenbildung in einigen Tagen abheilten. Ein Unterschied gegenüber der gleichzeitig geprüften Hautreizwirkung von Terpentinöl konnte nicht festgestellt werden. Gesundheitsschädigungen beim Menschen sind, wohl infolge der geringen praktischen Anwendung des Dipentens, bisher nicht bekannt geworden.

3. Schwefelkohlenstoff.

Formel: CS_2.

Molekulargewicht: 76.

Allgemeine Eigenschaften: In reinem Zustand farblose, stark lichtbrechende Flüssigkeit, beim Stehen unter Lichteinfluß gelb werdend.

Kp. 46,3^0; D_4^{20}: 1,263; n_D^{20}: 1,6279.

Dampfdruck bei 20^0: 298 mm, bei 30^0: 433 mm.

Sättigungskonzentration bei 20^0: 1242 mg/l (= 39,2 Vol.-%), bei 30^0: 1805 mg/l (= 57,0 Vol.-%).

Löslichkeit: Mit Alkohol und fetten Ölen in jedem Verhältnis mischbar, in Wasser praktisch unlöslich.

Explosionsgrenzen: 1—50 Vol.-% (= 31,7 — 1585 mg/l).

Brennbarkeit: Der Dampf des Schwefelkohlenstoffs kann sich schon an heißen Röhren bei etwa 120—135^0 entzünden; es genügt daher zur Selbstentzündung von Schwefelkohlenstoffdampf die Berührung mit einer Dampfleitung oder einer brennenden, elektrischen Birne.

Flüchtigkeit bei 20^0: 1,8mal weniger flüchtig als Äther.

Geruch des chemischen reinen CS_2 nicht unangenehm, ätherisch; nach längerem Stehen und Belichtung übelriechend. Das technische Produkt, das aus der Fabrikation (Reaktion von Schwefeldämpfen mit glühendem Koks und Destillation) noch durch Schwefel, Schwefelwasserstoff und organischen Schwefelverbindungen verunreinigt ist, hat einen widerlichen, an faule Rettiche erinnernden Geruch.

Technische Verwendung. Ausgezeichnetes Lösungsmittel für Fette, Schwefel, Kautschuk, Harze und viele andere Chemikalien. In größtem Ausmaße in der Kunstseidefabrikation zur Herstellung der Viscose; in der Gummiindustrie zur Lösung des Rohkautschuks für getauchte Artikel und als Kleblösung sowie zur Lösung von Schwefel bzw. Chlorschwefel bei der Kaltvulkanisation; zur Lösung des Schwefels in der Gasfabrikation; zur Extraktion von Ölen und Fetten in der Nahrungsmittelindustrie und für technische Zwecke; als Lösungsmittel für Phosphor in der Zündholzindustrie; zur Herstellung von Tetrachlorkohlenstoff durch Chlorierung des Schwefelkohlenstoffes durch Chlorschwefel; als Schädlingsbekämpfungsmittel in Forst- und Landwirtschaft und für manche andere Zwecke.

Allgemeiner Charakter der Wirkung. In großen Mengen eingeatmet, narkotisch. Die dadurch bedingte Vergiftungsmöglichkeit ist bei der großen Flüchtigkeit des Schwefelkohlenstoffes nicht außer acht zu lassen. Eine viel größere Bedeutung kommt jedoch der Vergiftungsmöglichkeit durch fortgesetzte Einwirkung kleiner Mengen zu: Chronisch aufgenommen wirkt Schwefelkohlenstoff als ausgesprochen gefährliches Nervengift.

Örtliche Wirkung, stark (OETTEL). Die häufig mit Schwefelkohlenstoff benetzte Haut kann unter Auftreten von Parästhesien eintrocknen und zusammenschrumpfen. Es soll sich dabei um Schwund des Unterhautzellgewebes handeln (FLORET).

LEHMANN fand bei der Sektion von Tieren, die mit Schwefelkohlenstoff vergiftet worden waren, in einigen wenigen Fällen geringe Verätzung der Hornhaut, Hyperämie und Ödem der Lungen. Auch von anderen Autoren, z. B. ANTONINI und TAMBURINI, sind nach langdauernden Tierversuchen Schleimhautreizungen in Bronchien und Lungen beobachtet worden.

Resorptive Wirkung.

Tierversuche: Akute Vergiftung. Das Vergiftungsbild ist das einer Narkose mit vorhergehendem Excitationsstadium, evtl. Tod durch Lähmung des Atemzentrums. Tiere, die dazu fähig sind, erbrechen häufig. Unreiner Schwefelkohlenstoff wirkt giftiger als reiner. Jüngere Tiere erkranken leichter und frühzeitiger als alte (LEHMANN).

Mäuse: Etwa 34 mg/l Luft (= 1,1 Vol.-%) verursachten nach 15 Minuten Seitenlage und nach 20 Minuten Narkose; nach Entfernung aus der Gasatmosphäre trat wieder Erholung ein (FLURY-ZERNIK).

LEHMANN unterscheidet an der Katze 3 Stadien der akuten Vergiftung: 1. Leichte Benommenheit, oft Halbschlaf. 2. Schwanken, unkoordinierte Bewegungen, Zuckungen, häufig Erbrechen. Herabsetzung des Bewußtseins, Verminderung, dann Aufhebung der Sensibilität und der Reflexe. 3. Lähmung zunächst der Atmung, dann des Kreislaufes.

1,2 mg/l (= 0,038 Vol.-%)	8 Stunden	Ohne Wirkung
2,6 mg/l (= 0,082 Vol.-%)	9 Stunden	Erbrechen, leichte Krämpfe, mehr oder minder
7,6 mg/l (= 0,239 Vol.-%)	4 Stunden	rasche Erholung
23 mg/l (= 0,726 Vol.-%)	3 Stunden	Erbrechen, Taumeln, Krämpfe, Tod
75 mg/l (= 2,360 Vol.-%)	66 Minuten	Nach 11 Minuten Seitenlage; Krämpfe; nach etwa 30 Minuten Narkose, überlebte
112 mg/l (= 3,530 Vol.-%)	48 Minuten	Nach 6 Minuten Seitenlage, Krämpfe, nach etwa 23 Minuten Narkose, Tod nach $^1/_2$ Tag

Kaninchen waren weniger empfindlich als Katzen, die Symptome traten erst später und bei höheren Konzentrationen auf und verschwanden wieder.

Chronische Vergiftung. Chronische Inhalationsversuche, die möglichst den industriellen Verhältnissen nachgeahmt wurden (täglich 8 Stunden mit Unterbrechung von $1^1/_2$ Stunden über 5 Monate fortgesetzt). führte neuerdings RANELLETTI an Kaninchen aus. Die von ihm gewählte Konzentration betrug 1,28 mg/l (= 0,044 Vol.-%). Die ersten Vergiftungssymptome, bestehend in Unruhe, Erregung und Steigerung des Geschlechtstriebes traten dabei nach etwa 2 Wochen auf. Tiere, die nicht weiter der Einwirkung der Gase ausgesetzt wurden, erholten sich sehr rasch wieder. Bei solchen jedoch, die weiter exponiert waren, traten die Symptome verstärkt auf, dazu kamen tonisch-klonische Muskelkrämpfe der Glieder und des Halses, Beschleunigung der Herzaktion, schwere Atmung. Mit zunehmender Anzahl der Versuche trat die Erregung, die anfänglich erst nach $1^1/_2$ Stunden Exposition auftrat, immer früher in die Erscheinung. Die Tiere entwickelten sich nicht weiter, es trat Gewichtsverlust gegenüber Kontrolltieren ein. Gewicht und Lebensfähigkeit der während der Versuchszeit geworfenen Tiere war vermindert. Pathologisch-anatomisch fand RANELLETTI Blutüberfüllung in fast allen Organen und stellenweise punktförmige Blutextravasate als Ausdruck für Schädigung des Gefäßendothels. Besonders bemerkenswert war die Verminderung der Tigroidsubstanz in den Ganglienzellen der Großhirnrinde und partielle Zunahme der Gliazellen, besonders im Stirnlappen. Besondere Veränderungen an Kleinhirn und Rückenmark fehlten, dagegen waren Zeichen der Entzündung an den Nerven (Zerfall des Myelins) zu bemerken. Weiter wurde unter anderem beobachtet: Emphysem und Atelektase der Lungen, Verfettung der Leberzellen, stärkere erythrocytenabbauende Tätigkeit der Milz, Merkmale gestörter Vitalität der Erythrocyten.

Gleichsinnige pathologische Veränderungen fanden WILEY, HUEPER und v. ÖTTINGEN bei Ratten und Mäusen, die täglich 8 Stunden während 20 Wochen Schwefelkohlenstoffkonzentrationen von 1,09 mg bzw. 0,114 mg/l Luft inhaliert hatten.

Beobachtungen am Menschen: Die *akute Vergiftung,* die durch Einatmung hoher Konzentrationen der Dämpfe auftreten kann, verläuft unter dem typischen Bild einer starken Narkose: Gesichtsröte, evtl. rauschartige Euphorie, dann Benommenheit, motorische Unruhe, evtl. Krämpfe, Bewußtlosigkeit und evtl. Tod durch Lähmung des Atmungszentrums. Erholt sich der Verunglückte jedoch wieder, so können sich die bekannten Nachwirkungen einer Narkose, wie Übelkeit mit Erbrechen, Kopfschmerzen, zuweilen auch bis zu epileptiformen Krämpfen sich steigernde Erregungszustände lang anhaltend bemerkbar machen und Sehstörungen (zentrales Skotom) längere Zeit zurückbleiben.

LEHMANN gibt auf Grund von Selbstversuchen über die Wirkung verschiedener Konzentrationen von Schwefelkohlenstoff auf den Menschen die auf S. 229 folgende Tabelle.

Für die *chronische Vergiftung des Menschen,* die auch aus wiederholt durchgemachten leichten akuten Vergiftungen entstehen kann, gilt das bekannte Wort LAUDENHEIMERS: „Bei der Schwefelkohlenstoffvergiftung kommt alles vor." Neben allgemeinen körperlichen Störungen, die als Früh- oder Begleitsymptome auftreten, handelt es sich in der Hauptsache um organische Veränderungen am peripheren und zentralen Nervensystem. Auch psychische Störungen treten oft frühzeitig in die Erscheinung.

Über Beobachtungen am Menschen existieren zahlreiche Veröffentlichungen. Besonders LAUDENHEIMER und in neuerer Zeit VOLTMER und NUCK berichten über eine größere Zahl von gewerblichen Vergiftungen bzw. Reihenuntersuchungen von Gummiarbeitern. Eine Übersicht über etwa 100 Fälle der italienischen Kunstseideindustrie gibt RANELLETTI.

Wirkung verschiedener Konzentrationen von Schwefelkohlenstoff auf den Menschen.

mg/l Luft	Vol.-%	Ergebnis
0,5—0,7	0,016—0,022	Keine nennenswerten Symptome
1—1,2	0,032—0,038	Wird einige Stunden lang gut ertragen; nur etwas vorübergehendes Kopfweh und Benommenheit; bei 8stündiger Einwirkung schon unangenehme, 24 Stunden dauernde Nachwirkungen
1,5—1,6	0,048—0,052	Können schon nach $^1/_2$ Stunde Kopfweh, später vasomotorische Störungen, Reizerscheinungen u. dgl. verursachen. Vierstündige Einwirkung genügt zu länger dauernden unangenehmen Nachsymptomen
2,5	0,080	Erzeugt rasch heftiges Kopfweh, das nach einer Einwirkung von $1^1/_2$—3 Stunden viele Stunden lang anhält
3,6	0,114	Raschere und etwas schwerere Symptome, schon nach 30 Minuten kann ein Schwindelanfall eintreten, nach $1^1/_2$—2 Stunden beginnen bereits Sensibilitätsstörungen
6,4—10	0,202—0,315	Es genügt $^1/_2$ Stunde, um narkotische Zustände, schweres Kopfweh u. dgl. auszulösen; auch die Nachwirkung ist schwerer und länger dauernd

Die chronische Vergiftung des Menschen beginnt für gewöhnlich mit allgemeinen, objektiv nicht nachweisbaren oder schwer deutbaren Symptomen, wie Mattigkeit, Schwindel, Kopfschmerzen, Appetitmangel, Verstopfung, Erbrechen, Magenschmerzen, Abmagerung. Nach FLORET kann ein kurzes Stadium gehobenen Wohlbefindens mit Steigerung des Appetits und Gewichtszunahme vorausgehen. Weitere Störungen somatischer Art sind leichte Anämie, Herzklopfen und unregelmäßige Herzaktion. Häufig wird frühzeitig über verminderte Libido geklagt. Besonders von italienischer Seite wird neuerdings auf einen Zusammenhang von katarrhalisch-entzündlichen und ulerös-hämorrhagischen Veränderungen der Magen-Darmschleimhaut und dadurch bedingte Verdauungsstörungen mit der chronischen Einwirkung von Schwefelkohlenstoff hingewiesen. Über die Frage, ob Schwefelkohlenstoff Veränderungen im Blutbild hervorruft, finden sich im Schrifttum widersprechende Angaben.

Als Ausdruck einer organischen Schädigung des peripheren und zentralen Nervensystems kommen vor: Störungen an den Augen: Pupillendifferenz, reflektorische Pupillenträgheit, Amblyopie, Nebelsehen, Akkommodationsschwäche, zentrales Skotom. Als charakteristisches und sehr frühes Symptom werden von ENGEL u. a. Abschwächung oder Aufhebung des Corneal- und Rachenreflexes angegeben. NUCK und FLORET konnten dies aber nicht bestätigen. Weiterhin beobachtet man periphere Lähmungen im Gebiet der Hirn- (Facialis und Hypoglossus) und Rückenmarksnerven, meist in Form von partiellen Paresen, Abschwächung oder Erlöschen der Haut- und Sehnenreflexe, polyneuritische Sensibilitätsstörungen, Parästhesien und Herabsetzung der Berührungsempfindlichkeit (Gefühl der fremden Hand). QUARELLI u. a. haben neuerdings ein pallido-striäres Syndrom, das dem Bild der PARKINSONschen Krankheit gleicht, beschrieben: Tremor, Ataxie, Sprachstörung, Amnesie, Hypertonus der Muskulatur, Hypokinese mit gleichzeitiger psychischer Depression. BAADER hat in mehreren Fällen von Schwefelkohlenstoffvergiftung Zeichen, die anfänglich an die Möglichkeit des Bestehens eines Hirntumors denken ließen (heftiger Kopfschmerz, Erbrechen, retrobulbäre Neuritis) beobachtet. Auch neurasthenische oder sogar hysterische Störungen (CHARCOTs Schwefelkohlenstoff-Hysterie) sind beschrieben.

Die psychischen Störungen, die in schwerer und irreparabler Form heute wohl viel seltener als früher beobachtet werden, treten hauptsächlich in maniakalischer Form mit motorischer Erregung und Ideenflucht auf. Auch depressive Zustände sind nicht selten. Die Prognose, der nicht durch endogene Momente bedingten psychischen Störungen, die in der Regel schon in den ersten 3 Monaten von dem Beginn der Beschäftigung mit Schwefelkohlenstoff ab aufzutreten pflegen, ist im allgemeinen günstig. Sie klingen nach Aussetzen der Einwirkung meist wieder rasch und vollständig ab. RODENACKER machte die interessante Mitteilung, daß bei cyclothymen Personen Schwefelkohlenstoff leichter Psychosen auslöst als bei schizophrenen, die recht resistent zu sein scheinen. Danach würde das chemische Agens die latente, manische oder depressive Phase des Cyclikers manifest machen (vgl. auch MARANDON). RODENACKER glaubt, daß die psychische Störung, wie die Mehrzahl der übrigen Symptome, auf eine hormonale Störung der Nebennierenrinde zurückzuführen ist und durch eine Substitutionstherapie wirksam bekämpft werden kann.

Schicksal im Organismus. Nach MATTEI und SÉDAN wird ein Teil des Schwefelkohlenstoffs wieder exhaliert, ein anderer durch Schweiß, Harn und Kot ausgeschieden.

Pathologisch-anatomischer Befund. Bei einem Fall, der nach jahrelanger Exposition mit den Symptomen des Parkinson verstorben war, fand ABE fettige degenerative Prozesse an den inneren Organen, besonders Leber, Nieren und Herz, ferner degenerative Prozesse am Zentralnervensystem, besonders in der grauen Hirnrinde und in der Pons, wo eine schwere Degeneration der Pyramidenstränge vorhanden war. Die Degeneration betraf die Nervenzellen und Nervenfasern, das Gliagewebe war proliferiert. Auch das Corpus striatum war befallen, der Globus pallidus zeigte kaum Veränderungen.

Bestimmung in der Luft. Durchleiten durch starke alkoholische Kalilauge; mit Essigsäure schwach ansäuern, neutralisieren mit Calciumcarbonat, Zusatz von Stärkelösung und Titration mit Jodlösung bis zur Blaufärbung (WIENER). Andere Methoden siehe bei SCHMITZ-DUMONT und HEGEL.

Wichtig für die Diagnose ist neuerdings der *Nachweis und die Bestimmung des Schwefelkohlenstoffes im Blut* (evtl. auch anderen Organen). RODENACKER fängt das Destillat des Blutes in alkoholischer Kalilauge auf und titriert das gebildete Kaliumxanthogenat mit $n/100$-Kupfersulfatlösung. HARROWER und WILEY titrieren jodometrisch. Nach ihrer Methode sollen noch $5\,\gamma$ in 10 ccm Blut nachweisbar sein.

Schrifttum.

ABE, M.: Beitrag zur pathologischen Anatomie der chronischen Schwefelkohlenstoffvergiftung. Jap. J. med. Sci., Trans. VIII. Int. Med. etc. 3, 1 (1933). — ADLER-HERZMARK, J.: Seltener Fall von Terpentinvergiftung. Zbl. Gewerbehyg. 15, 65 (1928). — Ärztliche Gewerbeaufsicht Preußen 1926, 1929, 1930, 1931. — ALBRICHT, F., A. M. BUTLER and E. BLOOMBERG: Gegen Vitamin D-Therapie resistente Rachitis. Amer. J. Dis. Childr. 54, 529—547 (1937). — Amer. med. Assoc. chemical Labor.: Elixier of sulfanilamide-Massengill. I, II. J. amer. med. Assoc. 109, 1531, 1724 (1937). — ANTONINI, A. e G. TAMBURINI: Richerche sperimentali sul sulfocarbonismo cronico. Med. del Lavoro 22, 321 (1933). — ARAI, K.: Experimentelle Untersuchung über die Magen-Darmbewegungen bei akuter Peritonitis. (Künstliche Erzeugung der Peritonitis mit Terpentinöl.) Arch. f. exper. Path. 94, 154 (1922).

BAADER, E. W.: An Hirntumor erinnernde Vergiftungserscheinungen durch Schwefelkohlenstoff. Med. Klin. 1932 II, 1740. — BACHEM, C.: Pharmakologische Untersuchungen über Glykol und seine Verwendung in der Pharmazie und Medizin. Med. Klin. 1917 I, 7, 312. — BANIK: Die Gesundheitsgefahren beim Arbeiten mit Zaponlack und ihre Verhütung. Zbl. Gewerbehyg., N. F. 6, 199 (1929). — BARBER, H.: Haemorrhagic nephritis and necrosis of liver from dioxan poisoning. Guys' Hosp. Rep. 84, 267 (1934). — BRAUN, H. A. and G. F. CARTLAND: The toxicity of propylene glycol. J. amer. pharmaceut. Assoc. 25, 746 (1936). — BROWNING, E.: Toxicity of industrial organic solvents, 1937.

DAKIN, H. D.: Experiments bearing upon the mode of oxidation of simple aliphatic substances in the animal organism. J. of biol. Chem. 3, 57 (1907). — DRESCHER: Tödliche Vergiftung durch Inhalation. von Terpentinöldämpfen. Z. Med.beamte 19, 313 (1906).

ENGEL: In BAUER, ENGEL, KÖLSCH u. KROHN: Die Ausdehnung der Unfallversicherung auf Berufskrankheiten. Arb. Gesdh.amt, soz.med. Schr.reihe Reichs- u. preuß. Arb.minist. 1929, H. 12, 186; 1937, H. 29, 277. — EULENBERG: Lehre von den schädlichen und giftigen Gasen, 1865.

FAIRLEY, A., E. C. LINTON and A. H. FORD MOORE: The toxicity to animals of 1,4-dioxan. J. of Hyg. 34, 486 (1934). — FLORET: Ärztliche Merkblätter über berufliche Erkrankungen. Berlin: Julius Springer 1930. — FLURY, F. u. W. WIRTH: Zur Toxikologie der Lösungsmittel. Arch. Gewerbepath. 5, 52—58, 67 (1933/34). — FLURY-ZERNIK: Schädliche Gase und Dämpfe. Berlin: Julius Springer 1931. — FROMM, E. u. H. HILDEBRANDT: Über das Schicksal cyclischer Terpene und Campher im tierischen Organismus. Hoppe-Seylers Z. 33, 590 (1902).

GALEWSKY: Über Dermatitiden durch Terpentinersatz. Dermat. Wschr. 1922 I, 273. — GEPPERT, J.: Zur Frage von gesundheitsschädlichem Bohnerwachs. Dtsch. med. Wschr. 1926 I, 1080. — GLASER, E.: Nach BERING u. ZITZKE: Berufliche Hautkrankheiten und nach ULLMANN, OPPENHEIM u. RILLE: Schädigungen der Haut, Bd. 2, S. 345. 1926. — GOADBY: Evidence to Dept. Committee on Use of Lead painting. H. M. Stationary Office 1920.

HAAG, H. B. and A. M. AMBROSE: Studies on the physiological effect of diethylene glycol. J. of Pharmacol. 59, 93 (1937). — HANSEN, K.: Äthylenglykolvergiftung. Slg Vergiftgsfälle 1930 I, 175. — HANZLIK, P. J., M. A. SEIDENFELD and C. C. JOHNSON: General properties, irritant and toxic actions of.ethylene glycol. J. of Pharmacol. 41, 387 (1931). — HARROWER, J. R. and F. H. WILEY: The determination of carbon disulfide in blood. J. ind. Hyg. 19, 486 (1937). — HEGEL, K.: Über eine Methode zur Bestimmung von gasförmigem Schwefelkohlenstoff und Schwefelwasserstoff. Z. angew. Chem. 39, 431 (1926). — HENDERSON, V. E. and J. F. A. JOHNSTON: Anaesthetic potency in cyclo-hydrocarbon series. ·J. of Pharmacol. 43, 89 (1931). — HESSE, H.: Über die Wirkung von Methylglykolacetat bei der Einatmung. Inaug.-Diss. Würzburg 1932. — HEUBNER, W.: Neue Untersuchungen über Blutgifte. Arch. Gewerbepath. 7, 655 (1937). — HOFBAUER, A.: Beiträge zur Toxikologie des Äthylenglykols und der Glykole. Inaug.-Diss. Würzburg 1933. — HOLCK, H.G.O.: Glycerine, ethylene glycol, propylene glycol and diethylene glycol. J. amer. med. Assoc. 109, 1517 (1937). — HUNT, R.: Toxicity of ethylene and propylene glycols. J. ind. engng Chem. 24, 361, 836 (1932).

J. amer. med. Assoc. 94, 1940 (1930) (ohne Angaben d. Verf.) Possible Death from drinking ethylene glycol. („Preston"). — J. amer. med. Assoc. 109, 1367, 1456, 1544, 1727, 1992 (1937) (ohne Angaben d. Verf.) Death following elixier of sulfanilamide-Massengill. I, II, III, IV, V.

KANITZ, H. R., H. LOHMEYER u. Z. SCHOLZ: Über die Wirkungen von Tetralin, 5-Teralol und 5-Tetralon auf Körpertemperatur und Stoffwechsel. Arch. f. Hyg. 113, 234 (1935). — KESTEN, H. D., M. G. MULINOS and L. POMERANTZ: Renal lesions due to ethylene glycol. J. amer. med. Assoc. 109, 1509 (1937). — KNOEFEL, R. K.: Narcotic potency of some cyclic acetates. J. of Pharmacol. 53, 440 (1935). — KOBERT: Inaug.-Diss. Halle 1877. — Lehrbuch der Intoxikationen, Bd. 2, S. 533. 1906. — KÖLSCH: In ULLMANN, OPPENHEIM u. RILLE: Die Schädigungen der Haut durch Beruf und gewerbliche Arbeit, Bd. 2, S. 329. 1926. — Handbuch der sozialen Hygiene, Bd. 2. 1926.

LAUDENHEIMER: Die Schwefelkohlenstoffvergiftung der Gummiarbeiter. Leipzig 1899. — LAUNOY, L. et M. LÉVY BRUHL: De l'action comparée du benzène et du cyclohexane sur les organes hémopoiétiques. C. r. Soc. Biol. Paris 83, 215 (1920). — LAZAREW, N. W.: Über die Giftigkeit verschiedener Kohlenwasserstoffdämpfe. Arch. f. exper. Path. 143, 223 (1929). — LEHMANN, K. B.: Experimentelle Studien über den Einfluß wichtiger Gase und Dämpfe auf den Organismus. Arch. f. Hyg. 20, 26 (1894). — Vergleichende Untersuchungen über die Giftigkeit von Terapin (Sangajol) und Terpentin. Arch. f. Hyg. 83, 239 (1914). — LEHMANN and NEWMAN: Propylene glycol: Rate of metabolism absorption and excretion, with a method for estimation in body fluids. J. of Pharmacol. 60, 312 (1937).— LODEMANN: Vergiftung durch Genuß von Terpentinöl. Med. Klin. 1920 I, 340.

MAITLAND, F. P.: Toxicity and fatal doses of turpentine. Brit. med. J. 1931 II, 77 (1931). — MARANDON DES MONTYEL, E.: Des troubles intellectuels dans l'intoxication professionelle par le sulfure.de carbone. Ann. Hyg. publ. 1895, 309. — MATTEI, C. et J. SÉDAN: Contribution a l'étude de l'intoxication par le sulfure de carbone. Ann. Hyg. publ. 2, 385

(1924). — MAYER, P.: Experimentelle Beiträge zur Frage des intermediären Stoffwechsels der Kohlenhydrate. Hoppe-Seylers Z. 38, 135 (1903). — McCORD: Occupational Dermatitis from Wood Turpentine. J. amer. med. Assoc. 86, 1978 (1926). — McCORKLE, W. E.: Acute nephritis due to turpentine poisoning. Hahnemann monthly 64, 609 (1929). — MIURA: Über das Verhältnis von Äthylenglykol, Propylenglykol und Glycerin. Biochem. Z. 36, 25 (1911).

NAVASQUEZ, S. DE: Experimental tubular necrosis of the kidneys accompanied by liver changes due to dioxan poisoning. J. of Hyg. 35, 540 (1935). — NEUBAUER, O.: Über Glykuronsäurepaarung bei Stoffen der Fettreihe. Arch. f. exper. Path. 46, 133 (1901).

ÖTTINGEN, W. F. VON and E. H. JIROUCH: Pharmacology of ethylene glycol. J. of Pharmacol. 42, 355 (1931).

PAGE, J. H.: Ethylene glycol. A pharmacology study. J. of Pharmacol. 30, 313 (1927). — PERUTZ: Beiträge zur Klinik, Pathogenese und Therapie der Terpentindermatitis. Arch. f. Dermat. 152, 617 (1926). — POHL, J.: Über den oxydativen Abbau der Fettkörper im tierischen Organismus. Arch. f. exper. Path. 37, 413 (1896). — KRAUS-BRUGSCH' Spezielle Pathologie und Therapie innerer Krankheiten, Bd. 9 (1), 2. Hälfte, S. 1168. 1923. — POHL, J. u. M. RAWICZ: Über das Schicksal des Tetrahydronaphtalins (Tetralin) im Tierkörper. Hoppe-Seylers Z. 104, 95 (1919). — PORRINI: Atti 4⁰ Congr. naz. Mal. Lavoro. Roma 1913.

QUARELLI, G.: Intossicazione da solfuro di carbonio nelle lavorazione della seta artificiale. Med. del Lavoro 21, 247 (1930).

RANELLETTI, A.: Die berufliche Schwefelkohlenstoffvergiftung in Italien. Arch. Gewerbepath. 2, 664 (1931). — RIDDER: Terpentinölvergiftung mit Nierenschädigung durch änßerliche Anwendung des Öles. Dtsch. med. Wschr. 1923 II, 1369 (1923). — RODENACKER, G.: Über Erkrankungen durch Schwefelkohlenstoff. Nach persönlicher Mitteilung. Veröffentlichung erscheint demnächst. — Die Bedeutung der Konstitution für die Schwefelkohlenstofferkrankung. Zbl. Gewerbehyg. 8, 17 (1931). — RÖCKEMANN, W.: Über Tetralinharn. Arch. f. exper. Path. 92, 52 (1922). — RÖSSER: Bei FLURY: Inaug.-Diss. Würzburg 1938, bisher nicht veröffentlicht.

SATO, K.: Pharmacology of some hydroaromatic compounds. Jap. med. Sci., Trans. IV. Pharmacol. 3, 1 (1928/29). — SCHÄFER: Jber. Gewerbe-Aufs.beamten (Berl.) 3, 19 (1901). — SCHMITZ-DUMONT, W.: Über Bestimmung von Schwefelkohlenstoff in Alkohol, Tetrachlorkohlenstoff etc. Chem.ztg 21, 487, 510 (1897). — SEIDENFELD, M. A. and P. G. HANZLIK: The general properties, actions and toxicity of propylene glycol. J. of Pharmacol. 44, 107 (1932). — SMYTH, H. F. and H. F. SMYTH: Inhalation experiments with laquer solvents. J. ind. Hyg. 10, 261 (1928). — STARREK, E.: Über die Wirkung einiger Alkohole, Glykole und Ester. Diss. Würzburg 1938.

TAEGER: Slg Vergiftsfälle 9 (1938). Lit.! — TAPPEINER, V.: Lehrbuch der Arzneimittellehre und Arzneiverordnungslehre unter besonderer Berücksichtigung der deutschen und österreichischen Pharmakopoe. 11. Aufl., S. 198. Leipzig 1916. — TAYLOR: Medical jurisprudence, 8. Ed., Vol. 11. 1928.

UMEDA, T.: Influence of structural change of some chemicals substances on movement of ciliated epithelium. Acta dermat. (Kioto) 2, 508 (1928).

VOLTMER u. NUCK: Untersuchungen über die Frage der Gesundheitsgefahren für die Arbeiter bei der Kaltvulkanisation von Gummiwaren. Reichsarb.bl. 3, H. 5, 21 (1933).

WAITE, C. P., F. A. PATTY and W. P. YANT: Acute reponse of guinea-pigs to some new commercial organic compounds (Cellosolve). Publ. Health Rep. 45, 1459 (1930). — WEISE, W.: Magen-Darmerkrankungen durch chronische Schwefelkohlenstoff- und chronische Schwefelwasserstoffinhalation. Arch. Gewerbepath. 4, 219 (1933). — WERNER, F. T.: Terpentinölvergiftung, medizinale, durch das Gallensteinmittel Anticolicum. Slg Vergiftgsfälle 3, 157 (1932). — WIENER, J.: Untersuchungen über die Absorption von Schwefelkohlenstoff. Arch. f. Hyg. 67, 93 (1908). — WILEY, F. H., W. C. HUEPER and W. F. VON ÖTTINGEN: Toxicity and potential dangers of ethylene glycol. J. ind. Hyg. 18, 123, 733 (1936). — WILKS, H.: Some cases of haematuria caused by turpentine poisoning. J. roy. Nav. med. Serv. 16, 53 (1930). — WIRTH, W. u. O. KLIMMER: Zur Toxikologie der organischen Lösungsmittel. 1,4-Dioxan (Diäthylenoxyd-). Arch. Gewerbepath. 7, 192—206 (1936). — WOLFF: Über die Giftigkeit von Terpentin, Benzin etc. Farbenztg 17, 1495 (1912).

YANT, W. P., H. H. SCHRENK, C. P. WAITE and E. A. PATTY: Acute response of guineapigs to dioxan gas. Publ. Health Rep. 45, Nr 35 (1930).

E. Vergleichende Übersicht.

Von

FERDINAND FLURY-Würzburg.

Im folgenden soll versucht werden, die Lösungsmittel vom vergleichenden Standpunkt aus nach ihrer Wirksamkeit zu beurteilen. Ein solcher auch für die praktischen Zwecke der Gewerbehygiene brauchbarer Vergleich stößt auf große Schwierigkeiten, vor allem deshalb, weil es sich um außerordentlich verschiedene chemische Stoffe handelt, die eigentlich nur auf Grund einer einzigen physikalischen Eigenschaft, des besonderen Lösungsvermögens für bestimmte Stoffe, zu einer Stoffklasse zusammengefaßt werden. Dagegen tritt eine zweite gemeinsame Eigenschaft, die Flüchtigkeit, bereits stark in den Hintergrund, wie beispielsweise die Gruppe der Glykole zeigt. Auf diesen Eigenschaften beruht die gemeinsame pharmakologische Wirkung aller dieser Stoffe, nämlich die mehr oder weniger leicht wieder abklingende Narkose. Darüber hinaus finden wir aber sehr erhebliche Unterschiede, nicht nur zwischen den enger zusammengehörigen chemischen Gruppen, sondern auch zwischen ihren einzelnen Vertretern. Vergleichbar sind nur Stoffe mit gleichartigen Eigenschaften und Wirkungen.

Die Schwierigkeit beim Vergleich der Wirkungen der verschiedenen Lösungsmittel hat verschiedene Ursachen, die zunächst in *qualitativer Hinsicht* bedingt sind durch die Ungleichartigkeit der Wirkungen. Außer der unspezifischen narkotischen Wirkung beobachtet man stark wechselnde lokale Reizerscheinungen an den Sinnesorganen, die als Belästigung bei der Arbeit empfunden werden. Die Gewöhnung an derartige Reizwirkungen ist bei den einzelnen Lösungsmitteln, aber auch individuell sehr verschieden. Weiter ist die spezifische Wirkung durch die verschiedene Natur der im Körper entstehenden Umwandlungsprodukte sehr mannigfaltig. Dadurch treten wechselnde Krankheitsbilder auf, wie die Typen der Lungen-, Blut-, Leber-, Nerven-, Nierengifte zeigen. Aber auch in *quantitativer Hinsicht* sind die Wirkungen von Gasen und Dämpfen nicht leicht zu vergleichen.

Die flüchtigen Lösungsmittel haben ebenso wie z. B. das Chloroform *keine feststehende tödliche Dosis* ihrer Dämpfe.

Die gleiche absolute Giftmenge kann z. B. bei Chloroform zum Tode führen, wenn sie plötzlich in hoher Konzentration, z. B. mehrere Vol.-%, eingeatmet wird, dagegen in mittlerer Konzentration, bei etwa 1%, eine normal verlaufende Narkose bewirken. Bei niederen Konzentrationen, z. B. 0,1 Vol.-%, wird die gleiche absolute Menge auch bei vielstündiger Einatmung überhaupt nicht zur Narkose führen. Ähnlich ist es beispielsweise bei Cocain, bei dem die gleiche Menge in konzentrierter Lösung tödlich sein kann, in stark verdünnter Lösung aber keine Giftwirkung auslöst.

Bei den organischen Lösungsmitteln liegen grundsätzlich die gleichen Verhältnisse vor. Dies hat seinen Grund in ihrer Flüchtigkeit, ihrer Zersetzlichkeit, dem mehr oder weniger schnellen Abbau, in den Ausscheidungsverhältnissen, also in dem durch Eigenschaften, Menge und Zeit bedingten Verlauf der Entgiftungsvorgänge. Die gleiche Menge eines Lösungsmittels kann also in niederer Konzentration qualitativ und quantitativ eine ganze andere, unter Umständen sogar größere relative Giftigkeit aufweisen als in hoher Konzentration. Beispiele hierfür liefern besonders die leicht zersetzlichen Ester. Ein allgemein gültiger, scharf zahlenmäßig ausdrückbarer Vergleich der Giftwirkung verschiedener

Lösungsmittel ist daher nicht möglich, wenn es sich um Einatmung ihrer Dämpfe handelt. Die Unterschiede lassen sich nur annähernd abschätzen.

Wie bei allen resorptiv wirkenden Gasen und Dämpfen, hat auch bei den technischen Lösungsmitteln das Produkt $c \cdot t$ aus der Konzentration c und der Zeit t keinen konstanten Wert. Dieses Produkt ist ein Ausdruck für die eingeatmete Menge. Seine Größe, die der zugeführten Lösungsmitteldosis entspricht, wächst um so mehr, je länger (bei kleineren Konzentrationen) die Einatmung andauert. Dies hat, wie soeben erwähnt, seinen Grund in den Entgiftungsvorgängen im Körper und in der Wiederausscheidung aus den Lungen. Ganz anders als die Narkotica, damit auch wie die Lösungsmittel, verhalten sich die lokal wirkenden Reizgase. Bei ihnen kommt die gesamte eingeamete Menge zur Wirkung. Die Ausscheidung spielt daher praktisch keine Rolle. Deshalb lassen sie sich auch, wenigstens innerhalb gewisser Grenzen, zahlenmäßig vergleichen. Das Produkt $c \cdot t$ ist bei ihnen konstant.

Wenn der Dampf eines Lösungsmittels eingeatmet wird, ist die *absolute Menge in der Regel unbekannt*. Genaue Bestimmungen dieser Mengen sind sehr umständlich. Die Verhältnisse liegen daher ganz anders, als bei Eingabe oder Einspritzung bestimmter Mengen anderer Stoffe oder im Experiment, bei dem die Versuchsobjekte in Lösungen von ganz bestimmter Konzentration eingesetzt werden.

Endlich sind die absoluten Mengen großen Schwankungen dadurch unterworfen, daß die Größe der Atmung und damit die aufgenommenen Dampfmengen durch zahlreiche innere und äußere Faktoren in recht erheblichen Grenzen wechseln können.

Die Wirkung der Lösungsmittel ist wie jede Giftwirkung von zahlreichen Umständen abhängig. Für die Bedürfnisse der Praxis muß man bei der Abschätzung der Gefährlichkeit aber noch unterscheiden zwischen der allgemeinen, theoretisch möglichen Giftwirkung und der unter gewissen Bedingungen wirklich *praktisch* eintretenden Vergiftung. Die Giftigkeit eines Lösungsmittels kann also eine *potentielle,* oder eine *aktuelle* sein.

Beispiele sind die schwer flüchtigen Lösungsmittel, vor allem gewisse Glykolderivate. Letztere Stoffe sind, wenn sie in den Organismus gelangen, heftige Nierengifte, in der Praxis aber wegen des sehr geringen Dampfdrucks meist ungefährlich.

Betrachten wir zunächst die einzelnen chemischen Gruppen der Lösungsmittel untereinander, weil hier eine Gegenüberstellung und Beurteilung wegen des gleichartigen Charakters am leichtesten ist. Im Anschluß daran soll versucht werden, daraus allgemeine Schlußfolgerungen für sämtliche Lösungsmittel zu ziehen.

Bei der biologischen Untersuchung homologer Reihen ergeben sich in allen Gruppen gewisse *Gesetzmäßigkeiten,* die von dem Molekulargewicht, also der Größe des Moleküls, den physikalischen Eigenschaften, der Löslichkeit in Wasser und Lipoiden, der Flüchtigkeit, dem Siedepunkt, der Adsorbierbarkeit usw. abhängen.

Über diese Beziehungen liegt ein reiches experimentelles Material, besonders bei Kohlenwasserstoffen, Alkoholen, Estern, Halogenderivaten, vor.

Es gründet sich auf sehr mannigfaltige Versuche an Einzellern, Bakterien, Blutkörperchen, niederen Pflanzen und Tieren, besonders an Wassertieren, Paramäcien, Kaulquappen, Fischen, weiter an isolierten Organen, vor allem am ausgeschnittenen Kaltblüterherzen, auch an Fermenten. Die Übertragung solcher Experimente auf den Menschen darf, wie bereits ausgeführt, nur mit größter Vorsicht erfolgen. Denn bei solchen Untersuchungen weichen die

Bedingungen in vielen Punkten von den Verhältnissen im lebenden Warm-
blüterorganismus auf das stärkste ab.

Versuche am ganzen Tier gestatten eher einen Vergleich für praktische
Zwecke. Aber auch hier dürfen weitergehende Schlüsse nur mit zurückhaltender
Kritik gezogen werden. Die narkotische Wirkung ist nicht identisch mit der
Giftwirkung eines Lösungsmittels.

Die gesättigten Kohlenwasserstoffe, die im Benzin enthalten sind, gehören
zu den Lösungsmitteln, die die geringste chemische Reaktionsfähigkeit aufweisen.

Sie sind vom toxikologischen Standpunkt aus verhältnismäßig harmlos. Die
niederen Kohlenwasserstoffe sind auch deswegen weniger giftig, weil ihre Dämpfe
in Wasser schwer löslich sind. In der homologen Reihe zeigt sich ein Maximum
der narkotischen Wirkung beim Hexan und Heptan, das durch die verschiedenen
physikalisch-chemischen Faktoren bedingt ist. Dies ist auch der Fall bei der
lokalen Reizwirkung.

Die cyclischen hydrierten Kohlenwasserstoffe nehmen eine Mittelstellung
ein. Sie sind wirksamer als die Verbindungen mit offenen Kohlenstoffketten.
Cyclohexan wirkt ähnlich wie Benzin, hat aber eine stärkere narkotische Wirkung.
Ungesättigte Kohlenwasserstoffe sind durchweg wirksamer als die entsprechenden gesättigten Verbindungen. Stoffe mit verzweigten Kohlenstoffketten, sog.
Isoverbindungen, weisen eine geringere Giftigkeit auf. Dies gilt auch in der
aromatischen Reihe, z. B. beim Isopropylbenzol.

Die aromatischen Kohlenwasserstoffe, Benzol und seine Homologen bilden
eine besondere Gruppe.

Dies beruht auf der ringförmigen Bindung der Kohlenstoffatome, dem Vorhandensein doppelter Bindungen und der Entstehung giftiger Abbauprodukte
im Organismus.

Benzol übertrifft das *Benzin* in seiner akuten Giftigkeit bei weitem. Reines
Hexan wirkt erheblich schwächer als Benzol. Technische Benzine enthalten oft
Benzol und sind im allgemeinen von sehr fragwürdiger Zusammensetzung.
Über die relative Giftigkeit von Benzol, Toluol, Xylol, herrscht ein alter Streit.
Soweit sich sehen läßt, sind Toluol und Xylol von stärkerer Reizwirkung als
Benzol für die Schleimhäute der Augen, der Atemwege und die Lunge, wohl
auch stärker narkotisch als Benzol. Die Homologen sind nach den Unter-
suchungen im Reichsgesundheitsamt in niedrigen Konzentrationen wirksamer.
Benzol ist aber bei der chronischen Vergiftung weitaus gefährlicher. Deshalb
sind Toluol und Xylol wesentlich günstiger zu beurteilen als Benzol. Näheres
in Kap. ESTLER, Kohlenwasserstoffe, S. 96—98.

Eine eingehendere Besprechung erfordern die **gechlorten Kohlenwasserstoffe.**

Bei den chlorierten *Methan*derivaten finden sich einige bemerkenswerte
Abweichungen von der Regel. Wenn auch die narkotische Wirkung ziemlich
gesetzmäßig mit den Änderungen der physikalischen Eigenschaften des Moleküls
ansteigt, so trifft dies keineswegs für die allgemeine Giftigkeit zu. Das Monochlormethan ist narkotisch am schwächsten, fällt aber als Methylderivat hinsichtlich der Giftigkeit aus der Reihe. Es kann als Salzsäureester des Methylalkohols
angesehen werden und wird als solcher leicht in seine Komponenten zerlegt.
Daraus erklären sich auch die Spättodesfälle nach der Narkose. Auch das Chloroform nimmt eine Sonderstellung ein, indem mit dem dritten Chloratom die
allgemeine Wirksamkeit verhältnismäßig stark zunimmt. Wie es scheint,
besteht hier ein Maximum. Tetrachlorkohlenstoff wirkt ganz ähnlich und

führt wie Chloroform zu Leber- und Stoffwechselschädigungen. Es scheint aber, als ob Tetrachlorkohlenstoff erheblich giftiger ist als Chloroform.

Bei der Einatmung von Dämpfen erweist sich Tetrachlorkohlenstoff schwächer narkotisch als Chloroform, ebenso ist bei Einspritzungen in das Blut und bei Eingabe in den Magen das Chloroform giftiger. Die Spättodesfälle bei Katzen sind wiederum erheblich zahlreicher beim Tetrachlorkohlenstoff (LEHMANN). LAZAREW findet die akute Giftwirkung des Chloroforms größer als die des Tetrachlorkohlenstoffs. Die Frage bedarf noch der weiteren Klärung.

In der *Äthanreihe* steigt die allgemeine Giftwirkung, die narkotische Wirkung, die antiseptische und die antifermentative Wirkung, die Wirkung auf das ausgeschnittene Kaltblüterherz im allgemeinen mit der Zunahme der Chloratome, des Molekulargewichtes und des Siedepunktes, andererseits mit abnehmender Löslichkeit in Wasser bzw. Ringerlösung an. Auch die Stellung der Chloratome im Molekül ist von Bedeutung.

Bei den isomeren 2-Dichloräthanen und den 2-Trichloräthanen zeigt sich eine geringere Giftwirkung und auch schwächere narkotische Wirksamkeit bei den Stoffen mit ungleicher Verteilung der Halogene. Die symmetrisch gebauten Verbindungen sind wirksamer. Über feinere Unterschiede in der Wirkung auf den Stoffwechsel läßt sich bis jetzt noch nichts Sicheres aussagen.

Beim Tetrachloräthan und Pentachloräthan bestehen Widersprüche (K. B. LEHMANN, LAZAREW 1929), die noch zu klären sind. Die akute molare Giftigkeit wurde von LAZAREW beim Pentachloräthan größer gefunden. Beim Tetrachloräthan scheint aber ein Maximum der allgemeinen Giftigkeit zu bestehen. Pentachloräthan wirkt etwas schwächer narkotisch.

Unter den Äthanderivaten wirkt jedenfalls das Tetrachloräthan am stärksten auf Stoffwechsel und Leber. Es ist das giftigste Lösungsmittel unter den gechlorten Kohlenwasserstoffen.

Die chlorierten *Äthylenderivate* weisen ebenfalls mit zunehmender Anzahl der Chloratome eine Steigerung der narkotischen Wirkung und der allgemeinen Giftigkeit auf. Sie sind als ungesättigte Verbindungen weniger stabil und auch weniger giftig als die entsprechenden gesättigten Äthanderivate. Vermutlich werden sie im Organismus leichter abgebaut.

Ein Maximum der Giftigkeit bei chronischer Einwirkung scheint hier wiederum beim Eintritt des dritten Chloratoms zu bestehen. Das gilt jedoch nicht für die narkotische Wirksamkeit. Trichloräthylen wirkt schwächer narkotisch als Tetrachloräthylen (K. B. LEHMANN), scheint auch akut weniger giftig zu sein, ebenso wie auch bei der direkten Einspritzung in das Blut. Dagegen ist es bei chronischer Einatmung gefährlicher.

Leberschädigungen werden in dieser Gruppe nicht oder nur in geringem Ausmaß beobachtet.

Dies ist von hoher Bedeutung für die toxikologische Beurteilung des zur Zeit wichtigsten Vertreters der ganzen Gruppe, des Trichloräthylens.

Wegen der praktischen Wichtigkeit der Chlorkohlenwasserstoffe soll auf die neueren, sehr ausgedehnten Untersuchungen von K. B. LEHMANN, SCHMIDT-KEHL und zahlreichen Mitarbeitern im folgenden noch näher eingegangen werden.

Nach K. B. LEHMANN und L. SCHMIDT-KEHL steigt die molare narkotische Wirkungsstärke mit zunehmendem Chlorgehalt. Eine Ausnahme bildet das Chloroform, das stärker wirkt als seinem Chlorgehalt entspricht. Die Feststellungen LEHMANNs decken sich im allgemeinen mit den Versuchen von BINZ,

FÜHNER, MARSHALL-HEATH, LAZAREW u. a., die ebenfalls ein Ansteigen der narkotischen Wirksamkeit mit Chlorgehalt, Molekulargewicht, Siedepunkt beobachteten.

Bei gleicher Chlorzahl steigt die narkotische Wirksamkeit von der Methan- über die Äthylen- zur Äthanreihe an.

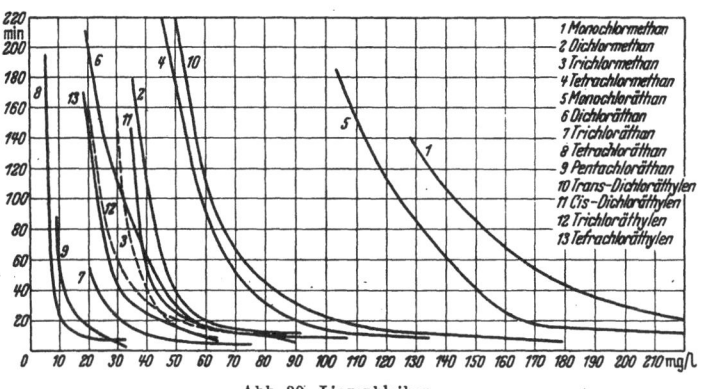

Abb. 30. Liegenbleiben.

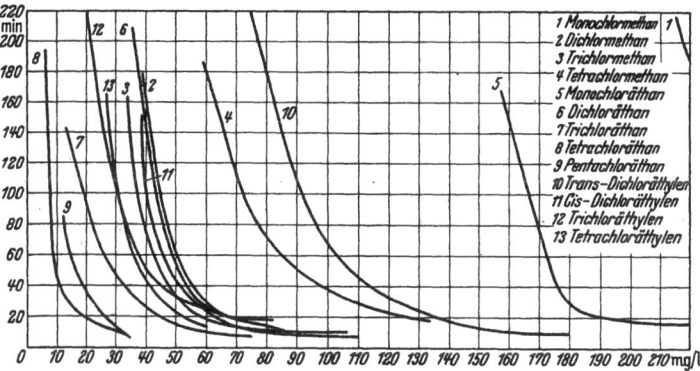

Abb. 31. Leichte Narkose.

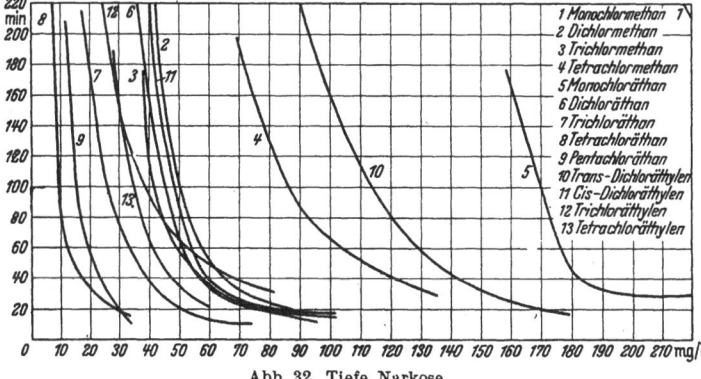

Abb. 32. Tiefe Narkose.

Abb. 30—32. Vergleich der narkotischen Wirkung verschiedener Chlorkohlenwasserstoffe bei Einatmung an Katzen (LEHMANN und SCHMIDT-KEHL).

Molare narkotische Wirkungsstärke der Methan-, Äthylen- und Äthanreihe. Versuche an Katzen (K. B. LEHMANN und SCHMIDT-KEHL). Als Maß wird der reziproke Wert 1000/Molare Konzentration benützt.

Methanreihe	Molare Wirkungsstärke	Äthylenreihe	Molare Wirkungsstärke	Äthanreihe	Molare Wirkungsstärke
Monochlormethan	2,7			Monochloräthan	4,3
Dichlormethan	16,0	Dichloräthylen		Dichloräthan	22,0
		„Trans"	12,0		
		„Cis"	22,0		
Trichlormethan	29,0	Trichloräthylen	36,0	Trichloräthan	56,0
Tetrachlormethan	21,0	Tetrachloräthylen	56,0	Tetrachloräthan	143,0

Vergleicht man die narkotische Wirksamkeit der wichtigsten Chlorkohlenwasserstoffe, so verschiebt sich die Wirksamkeit der Stoffe gegenseitig nicht unwesentlich, weil die Molekulargewichte der geprüften Stoffe von 50,5—202,5 steigen, also um das Vierfache schwanken. Die Abbildungen 30—32 zeigen die Kurven für die drei Narkosestadien für Katzen (K. B. LEHMANN und SCHMIDT-KEHL).

Für die molare narkotische Wirksamkeit ergibt sich folgende Anordnung, bezogen auf Tetrachlorkohlenstoff gleich 1:

Monochlormethan	 0,11	Trichloräthylen	 1,8
Dichlormethan	 0,9	Tetrachloräthylen	. . . 2,4
Trichlormethan	 1,5		
Tetrachlormethan	. . . . *1,0*	Monochloräthan	 0,2
		Dichloräthan	 1,1
Trans-Dichloräthylen	. . . 0,53	Trichloräthan	 2,5
Cis-Dichloräthylen	 1,1	Tetrachloräthan	 7,9
		Pentachloräthan	 7,8

Demnach ist das Monochlormethan, auch molar berechnet, am schwächsten, Tetrachloräthan am stärksten narkotisch.

Bei den Versuchen von K. B. LEHMANN und SCHMIDT-KEHL verhielten sich Mäuse gegen Chlorkohlenwasserstoffe ganz ähnlich wie Katzen. Die Reihenfolge der narkotischen Wirksamkeit war die gleiche, die Maus erwies sich aber stets empfindlicher als die Katze. Dies geht aus folgenden Abbildungen hervor, in denen 1 Gleichgewichtsstörung, 2 Liegenbleiben, 3 Reflexverlust, 4 Tod bezeichnet. (Abb. 33—37.)

Für die Beurteilung der Lebensgefährdung des Menschen durch Chlorkohlenwasserstoffe erscheinen die von LEHMANN und SCHMIDT-KEHL mitgeteilten nachträglichen Todesfälle bei Tieren von hoher Bedeutung. Von den Katzen, die bis zur tiefen Narkose und dann wieder sofort oder bald an frische Luft gebracht wurden, starb bei den verschiedenen Chlorkohlenwasserstoffen, meist nach 2—5 Tagen, folgender Anteil in Prozentzahlen ausgedrückt:

Nachträgliche Todesfälle bei Katzen.

Reihenfolge nach steigenden Todesfällen	%	
Dichlormethan	0	
Monochloräthan	0	Gruppe I: 0%
Dichloräthan	0	
Tetrachloräthylen	0	
Tetrachloräthan	0,5	
Pentachloräthan	2,8	
Trichloräthylen	6,0	Gruppe II: 0,5—7%
Trans-Dichloräthylen	6,1	
(Leichtbenzin zum Vergleich)	7,1	

Nachträgliche Todesfälle bei Katzen (Fortsetzung).

Reihenfolge nach steigenden Todesfällen	%	
Trichlormethan	16	
(Reinbenzol zum Vergleich)	23	Gruppe III: 16—30%
„Cis"-Dichloräthylen	29	
Tetrachlormethan	40,4	Gruppe IV: 40—60%
Trichloräthan	58,5	
Monochlormethan	100	Gruppe V: 100%

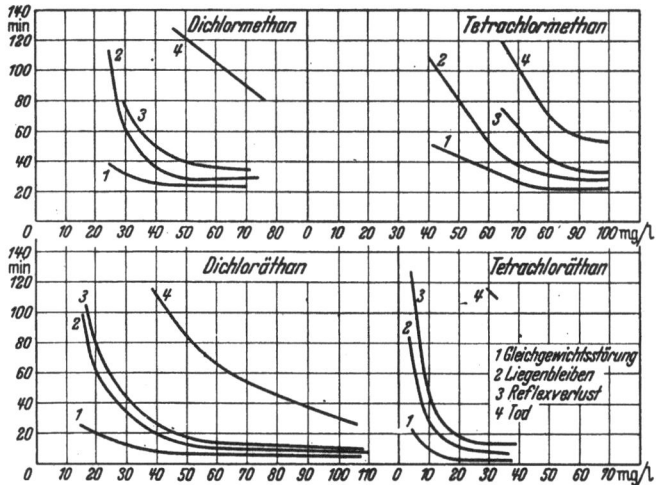

Abb. 33. Gechlorte Methane und Äthane. Einatmungsversuche an Mäusen (LEHMANN und SCHMIDT-KEHL).

In der oberen Hälfte dieser Orig.-Abb. sind die Zeitangaben um je 20 Min. zu vermindern.

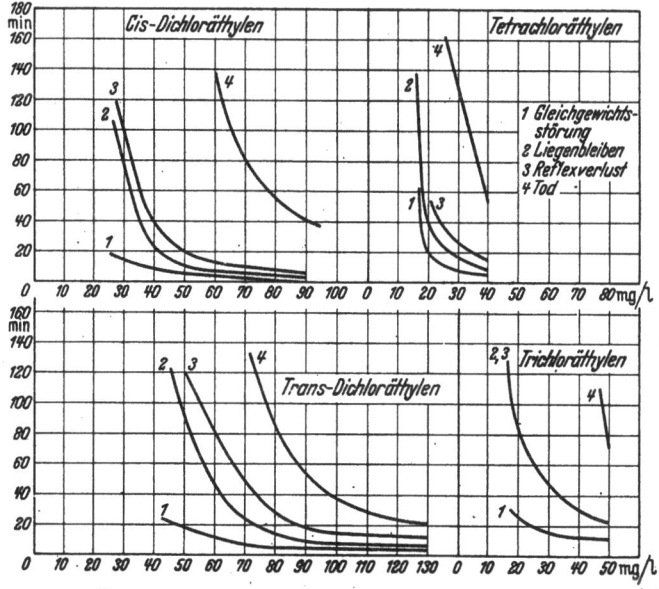

Abb. 34. Gechlorte Äthylene. Einatmungsversuche an Mäusen (LEHMANN und SCHMIDT-KEHL).

Diese Spättodesfälle gestatten wenigstens angenähert eine Abstufung in mehrere Gruppen. Zunächst läßt sich eine Reihe von weniger schädlichen Stoffen, die Gruppe I ab-- trennen, bei der überhaupt keine Spättodesfälle beob- achtet wurden. Sie enthält schwach chlorierte, leicht flüchtige Verbindungen. Auf der anderen Seite, in der Gruppe V, steht der in bezug auf die Nachwirkung giftig- ste Stoff, das ebenfalls schwach chlorierte, gas- förmige Monochlormethan mit einer Tödlichkeit von 100%. Über die Sonder- stellung dieses Stoffes wird noch zu sprechen sein. Da- zwischen reihen sich die übrigen Stoffe ein. Es muß noch geprüft werden, ob die Reihenfolge den tatsäch- lichen Verhältnissen der Giftigkeit entspricht. Jeden- falls scheinen hier ergän- zende Untersuchungen, be- sonders bei dem als hoch- giftig bekannten Tetrachlor- äthan und dem Pentachlor- äthan dringend erwünscht.

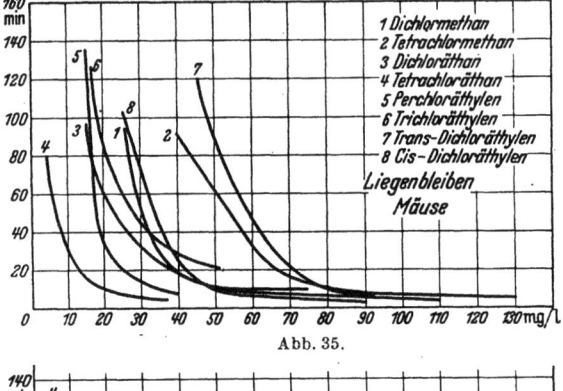

Abb. 35.

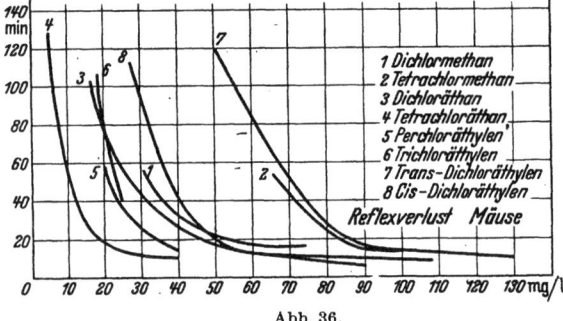

Abb. 36.

Abb. 35 und 36. Vergleich der narkotischen Wirksamkeit gechlorter Kohlenwasserstoffe bei Mäusen (LEHMANN und SCHMIDT-KEHL).

Beim Tetrachlorkohlenstoff betrug die nachträgliche Sterblichkeit 40,4% bei 96 Versuchstieren, beim Trichloräthan sogar 58,5%.

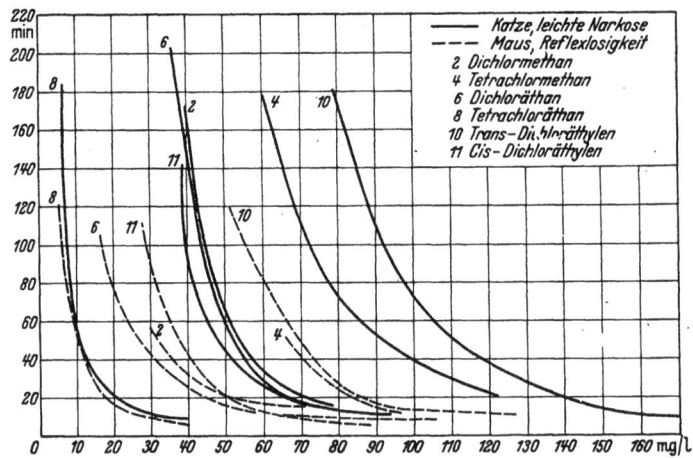

Abb.37. Vergleich der Empfindlichkeit von Katze und Maus (LEHMANN und SCHMIDT-KEHL).

Von K. B. LEHMANN ist 1911 der Begriff der zweiphasischen Giftigkeit in die Gewerbehygiene eingeführt worden.

Dieser Begriff ist nicht zu verwechseln mit dem in der Pharmakologie und Toxikologie üblichen Begriff der zweiphasigen Wirkung. Von einer solchen spricht man, wenn die pharmakologische Wirkung eines Stoffes in zwei verschiedenen Phasen verläuft, z. B. beim Bleitetraäthyl, das in der ersten Phase die lähmende Wirkung des Gesamtmoleküls, in der zweiten die Wirkung des abgespaltenen Bleis zeigt.

Die Wirksamkeit eines verdampfenden Stoffes ist nur dann durch seine relative narkotische Wirkung charakterisiert, wenn er nur in der gasförmigen Phase vorhanden ist. Wenn aber im Raum gleichzeitig die flüssige und die gasförmige Phase vorhanden sind, muß die Flüchtigkeit der flüssigen Phase den Vergiftungsprozeß stark beeinflussen. In diesem Fall macht sich die „zweiphasische Giftigkeit" geltend. Die Verdunstungsgröße beeinflußt also die Gefährlichkeit eines Stoffes um so mehr, je flüchtiger dieser ist. Als Maßstab läßt sich aber nicht ohne Weiteres, wie LEHMANN früher angenommen hatte, das Produkt von Giftigkeit mal Flüchtigkeit, anwenden. Hier kommen noch zahlreiche Faktoren in Betracht, wie Konzentration, Temperatur, Größe des Luftraumes, vorhandene Flüssigkeitsmenge, Lüftungsgrad, jeweils vorhandene Luftmischung, Einwirkungszeit, vor allem aber die Spätschädigungen (vgl. S. 54/55).

Hinsichtlich der Beziehungen der Flüchtigkeit zur narkotischen Wirkung ergab sich, daß sich molare Wirkungsstärke und Flüchtigkeit wohl im allgemeinen entgegengesetzt ändern, daß aber auch hier einzelne Stoffe, wie Dichlormethan, Cis-Dichloräthylen und wiederum das Chloroform, aus der Reihe fallen. Die Flüchtigkeit wurde im allgemeinen bei geringer Wirksamkeit groß, bei starker Wirkung dagegen klein gefunden. Das am schwächsten narkotisch wirkende Monochlormethan ist am flüchtigsten, die stark narkotischen Stoffe Tetrachloräthan und Pentachloräthan zeigen nur geringe Flüchtigkeit.

K. B. LEHMANN und Mitarbeiter bestätigten auch die Abhängigkeit der Wirkung vom *Löslichkeitsquotienten* in Olivenöl $L_{öl}$. Dieser gibt an, wie viele Volumteile Gas von einem Volumteil Öl bei einer bestimmten Temperatur gelöst werden (Lit. bei K. H. MEYER und GOTTLIEB-BILLROTH). Von Interesse ist, daß sich auch hier gesetzmäßige Beziehungen erkennen lassen. Die Reihenfolge der narkotischen Wirksamkeit bleibt den Versuchen von LAZAREW an Mäusen bei den verschiedenen Stufen der Narkose fast gleich. *Der Quotient der Öllöslichkeit steigt im allgemeinen parallel mit der molaren narkotischen Wirkung.* Sowohl die wenig narkotischen Stoffe Methylchlorid und Äthylchlorid als auch die stark wirksamen Stoffe Tetra- und Pentachloräthan fallen aber aus der Reihe. Auch Chloroform zeigt ein abnormes Verhalten.

Bezüglich der Wasserlöslichkeit fanden LEHMANN und Mitarbeiter in Bestätigung der Versuche von FÜHNER einen gewissen Parallelismus, aber keine einfache Proportionalität. Aus der Reihe fielen hier Dichlormethan und Tetrachlormethan.

Alkohole. Bei den Alkoholen zeigt sich ebenfalls eine regelmäßige Abhängigkeit der narkotischen Wirkung von den physikalischen Konstanten. Das Optimum der lokalen und narkotischen Wirkung liegt unter den primären Alkoholen beim Amylalkohol. Sekundäre Alkohole sind stärker wirksam als normale.

Die Giftigkeit der Alkohole ist mit Ausnahme des *Methylalkohols*, der aus der Reihe fällt, verhältnismäßig gering. Hinsichtlich der Butylalkohole und der Amylalkohole besteht noch keine Übereinstimmung in der Beurteilung. Möglicherweise sind die Abweichungen auch durch die verschiedene Wirkung hoher und niederer Konzentrationen und durch die verschiedenen Sättigungsdrucke bedingt, wodurch die Aufnahme in das Blut bei den einzelnen Alkoholen stark wechselt.

Die Versuche von WEESE (Abb. 38 und 39) zeigen, daß die RICHARDSONsche Regel, nach der die Giftigkeit der einzelnen homologen Alkohole mit der Anzahl der Kohlenstoffatome zunehmen soll, und die FÜHNERsche Regel, nach der sich

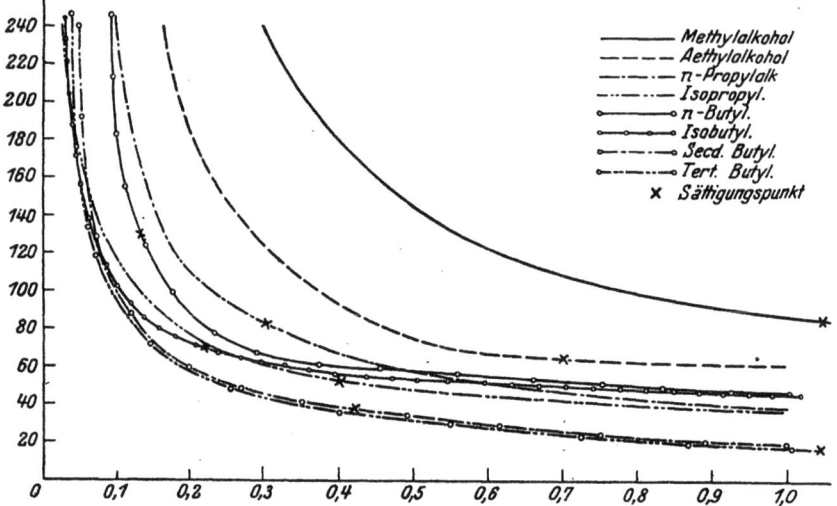

Abb. 38. Vergleichende Darstellung der Einwirkungsdauer der Alkoholdämpfe bis zum Eintritt tiefer Narkose bei verschiedener Dampfkonzentration (WEESE).

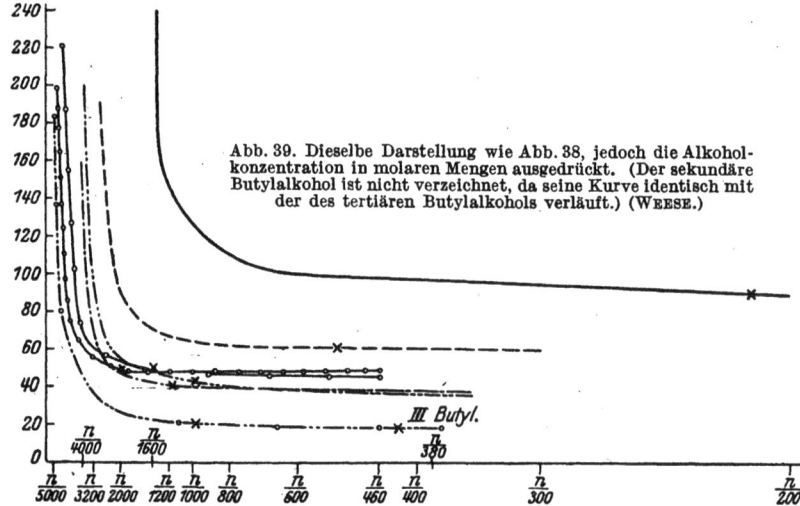

Abb. 39. Dieselbe Darstellung wie Abb. 38, jedoch die Alkohol-konzentration in molaren Mengen ausgedrückt. (Der sekundäre Butylalkohol ist nicht verzeichnet, da seine Kurve identisch mit der des tertiären Butylalkohols verläuft.) (WEESE.)

die Wirkungszunahme äquimolekularer Mengen der Homologen im Verhältnis $1:3:3^2:3^3$ verhalten soll, für den Warmblüter bei Einatmung nicht genau gültig sind. Bei gesättigten Dämpfen wird die Wirkung stark durch den verschiedenen Sättigungsdruck beeinflußt. Die narkotische Wirkung und die Giftigkeit werden z. B. infolge der geringeren Dampfspannung bei n-Butyl- und Isobutylalkohol geringer gefunden als bei Propylalkoholen, trotzdem die spezifische Giftwirkung dieser Butylalkohole höher ist. Bei den Versuchen von WEESE gingen bei wiederholter Narkose alle Mäuse, die mit Methylalkohol behandelt waren, nachträglich

zugrunde. Dagegen über-
lebten die Tiere bei den
Versuchen mit Propyl- und
Butylalkoholen, selbst bei
36mal wiederholten Nar-
kosen. Daraus ergibt sich,
daß diese weit weniger
giftig sind als der Methylalkohol.

Bemerkenswert ist nach
LENDLE auch die auffallend
lange Erholungszeit bei dem in Wasser leicht löslichen Äthylalkohol (vgl.
nebenstehende Tabelle).

Giftwirkung bei Ratten nach intraperitonealer
Injektion (LENDLE 1928).

	Betäubende Dosis in ccm	Tödliche Dosis in ccm	Quotient der Narkose-Breite	Durch-schnittliche Erholungs-zeit in Min.
Äthylalkohol	4,5	8,0	1,8	210—360
Propylalkohol	1,5	4,0	2,6	90—200
Butylalkohol	0,75	1,2	1,6	54—106
Amylalkohol	0,36	0,6	1,7	35—50

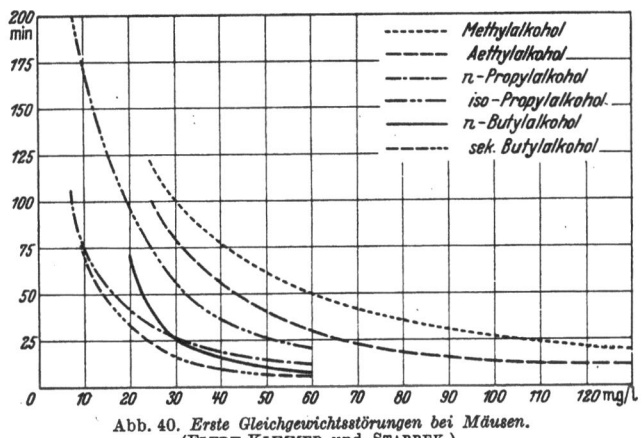

Abb. 40. *Erste Gleichgewichtsstörungen bei Mäusen.*
(FLURY-KLIMMER und STARREK.)

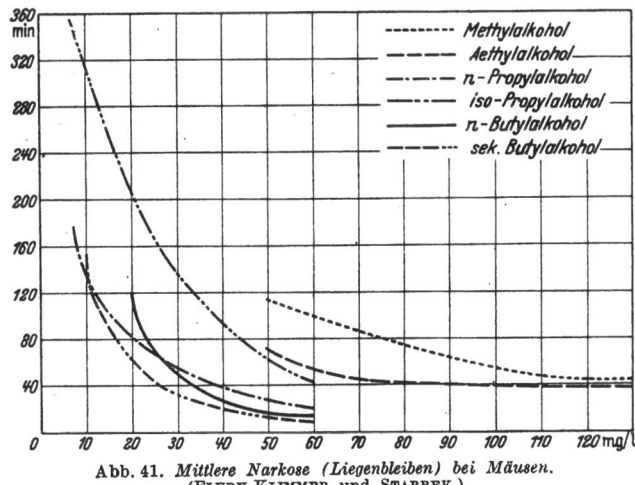

Abb. 41. *Mittlere Narkose (Liegenbleiben) bei Mäusen.*
(FLURY-KLIMMER und STARREK.)

Über Giftigkeit und narkotische Wirkung der Alkohole vgl. Abb. 40—42
und die Tabellen S. 244 und 245.

Vergleich der Giftigkeit aliphatischer Alkohole nach verschiedenen Autoren.
(Aus A. J. LEHMAN und H. W. NEWMAN 1937.)

Alkohol	BAER [1]		JOFFROY und SERVAUX [2]		PICAUD [3]	DUJARDIN-BEAUMETZ [4]	
	g	Verhältnis-zahl	g	Verhältnis-zahl	Verhältnis-zahl	g	Verhältnis-zahl
Methylalkohol	9,02	0,8	15,25	0,46	0,66	7,0	1,17
Äthylalkohol	7,44	1,0	11,7	1,0	1,0	7,75	1,0
Propylalkohol	3,46	2,0	3,4	3,4	1,0	3,75	2,0
Butylalkohol	2,44	3,0	1,5	8,0	3,0	1,85	4,2
Amylalkohol	1,95	4,0	0,63	18,5	10,0	1,5	5,0

[1] Kaninchen in den Magen.
[2] Kaninchen intravenös.
[3] Fische und Frösche in Lösungen, Vögel in Dampf eingesetzt.
[4] Methode nicht näher angegeben.

Aus diesen Zusammenstellungen ergibt sich sehr deutlich die Reihenfolge der Wirkungsstärke. Diese gilt aber nur bei kurz dauernder Einwirkung und Beobachtung. Bei der Beurteilung des Methylalkohols sind noch die besonderen Eigentümlichkeiten zu berücksichtigen, die sich aus den schweren Nachwirkungen ergeben. Er ist der giftigste Alkohol.

Bei wiederholter Einwirkung spielt auch die außerordentlich lästige Reizwirkung der höheren Alkohole, besonders des Amylalkohols eine nicht unwesentliche Rolle.

Bei den Estern zeigt sich ebenfalls ein gesetzmäßiger Gang in der Reihenfolge der Reizwirkung und der narkotischen Wirksamkeit mit Molekulargewicht, Wasserlöslichkeit, Flüchtigkeit, Verseifungsgeschwindigkeit. Die Reizstärke wächst bis zum Amylacetat, ebenso die narkotische Wirkung. Am stärksten reizend wirken die in Wasser schwerlöslichen Ester. Eine Ausnahme bilden aber auch hier die *Methylverbindungen*. Methylacetat reizt ungewöhnlich stark und ist trotz geringer narkotischer Wirkung sehr giftig. Schon die einmalige Narkose ist in der Regel tödlich. In nicht tödlichen Fällen kommt es zu schweren Nachkrankheiten. Wie die Methylverbindungen fallen auch die *Ester der Ameisensäure* wegen ihrer starken Gift- und Reizwirkung aus der Reihe der Homologen. Die narkotische Wirksamkeit ist also auch hier nicht der einzige Maßstab für die Beurteilung. Die Ester der aromatischen Reihe sind allgemein stärker wirksam als die Ester der Fettreihe. Sie sind aber viel weniger flüchtig, so daß die praktische Gefährlichkeit sich stark vermindert.

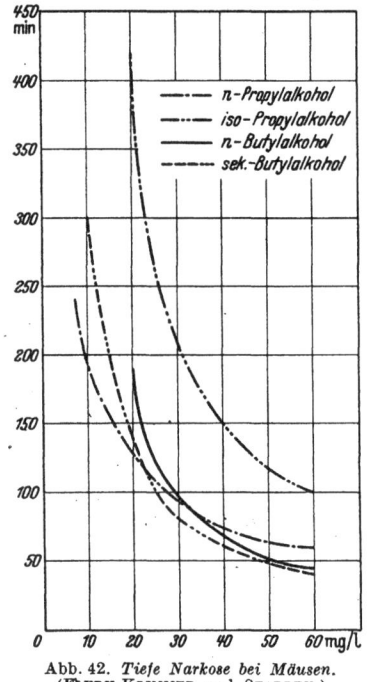

Abb. 42. *Tiefe Narkose bei Mäusen.*
(FLURY-KLIMMER und STARREK.)

Über die Wirksamkeit und Gefährlichkeit der einzelnen Ester ist vergleichend noch folgendes zu sagen.

Von großer praktischer Bedeutung ist bei allen Estern die Gewöhnung an den Reiz. Die Reizwirkung bedeutet demnach nur anfangs eine Warnung vor der weiteren Einatmung schädlicher Konzentrationen. Die Reizwirkung konzentrierter Essigsäure übertrifft die der Essigsäureester bei weitem.

Nach der Stärke der Reizwirkung kann man folgende Reihe mit ansteigender Wirkung aufstellen:

Äthylacetat, n-Propylacetat, n-Butylacetat, i-Amylacetat, Benzylacetat.

Nach seiner Flüchtigkeit würde i-Amylacetat als der harmloseste Ester erscheinen. Dies entspricht aber keineswegs der Wirklichkeit. In Gemischen, vor allem in Lacken, ist zudem die Flüchtigkeit der einzelnen Stoffe verändert. Das Amylacetat zeigt die atypischen Wirkungen vieler anderer Amylderivate auf Atmung und Nervensystem.

Schon die einmalige Einwirkung von Estern zeigt keinen rein reversiblen Vergiftungsvorgang. Besonders bei den Methylverbindungen treten bemerkenswerte Nachwirkungen auf: Langsame Erholung, Mattigkeit, Appetitmangel. Auf resorptive allgemeine Schädigungen bei wiederholter Einwirkung deuten die Blutveränderungen und Gewichtsverluste. Vielfach wurden auch Leber- und Nierenschädigungen festgestellt. Wenn auch innerhalb der Reihe der aliphatischen Ester die narkotische Wirkung bei der Einatmung mit dem Molekulargewicht zunimmt, gibt es doch einen Grenzwert, bei dem die narkotische Wirkung eine mehr oder weniger plötzliche Änderung erfährt. Dies ist bedingt durch die *Verseifung* und den Zerfall in schwächer narkotisch wirkende Bestandteile. Bei niedrigeren Konzentrationen sind die Entgiftungsvorgänge verhältnismäßig stärker als bei höheren. Dies geht daraus hervor, daß zur Herbeiführung des gleichen Grades der Narkose bei stärkeren Konzentrationen kleinere Mengen nötig sind als bei niederen Konzentrationen.

Die Essigsäureester (Methylacetat, Äthylacetat, n-Propylacetat, n-Butylacetat, i-Amylacetat) sind schwächer narkotisch wirksam als Chloroform. n-Propyl- und n-Butylacetat stehen dem Äther nahe. Alle diese Ester sind stärker narkotisch als Pentan, das der Hauptbestandteil des Benzins ist. Aceton steht dem Äthylacetat, dem sog. Essigester, nahe (Abb. 43—45).

Bei der Wirkung der Ester ist die *Verseifungsgeschwindigkeit* von hoher Bedeutung.

Die narkotische Wirkung steigt, wie erwähnt, vom Methylacetat zum Amylacetat an; umgekehrt hat aber Methylacetat die 4,6fache, Äthylacetat die 2,3fache, n-Propylacetat die 1,7fache, n-Butylacetat nur die 1,3fache Verseifungsgeschwindigkeit von i-Amylacetat.

Durch zahlreiche Messungen wurde von W. WIRTH festgestellt, daß nach Einatmung von Estern sich das p_H im Blut nach der sauren Seite verschiebt; die Verschiebung geht parallel mit der Stärke der Vergiftungserscheinungen. Methylacetat zeigt stärkere Verschiebung nach der sauren Seite als Butylacetat. Die Blutsäuerung ist nach Butylacetat ungefähr gleich stark wie nach Äther. Sie ist in erster Linie eine Folge der Narkose. Die ganz ungewöhnlich starke Säuerung bei Methylacetat (3—4mal größer als bei Äther) ist dagegen als schwere Säurevergiftung aufzufassen. Der Unterschied im Grad der Azidose ist zum Teil durch

Kleinste narkotische Dosis und akut tödliche Dosis bei *Kaninchen* (intravenöse Einspritzung). Äthylalkohol = 1. (Nach A. J. LEHMAN und NEWMAN.)

Alkohol	Kleinste narkotische Dosis		Kleinste tödliche Dosis	
	g	Verhältniszahl	g	Verhältniszahl
Methylalkohol	10,5	0,53	15,9	0,59
Äthylalkohol	5,6	1,0	9,4	1,0
n-Propylalkohol	1,71	3,27	4,04	2,33
i-Butylalkohol	0,93	6,02	2,64	3,56
i-Amylalkohol	0,85	6,59	1,57	5,99

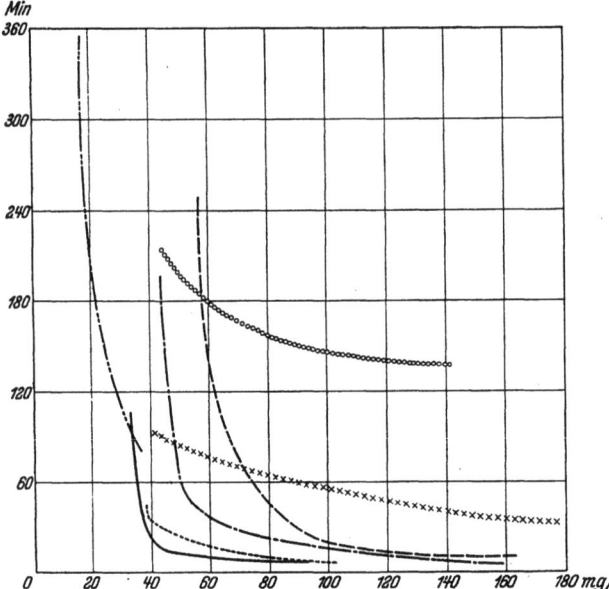

Abb. 43. Erste Gleichgewichtsstörungen bei Katzen durch Methylacetat
– – – –; Äthylacetat – · – · – ·; n-Propylacetat · · · · · ·; n-Butylacetat ————; i-Amylacetat – · · – · · –; Aceton × × × ×; Methylalkohol o o o o o o.

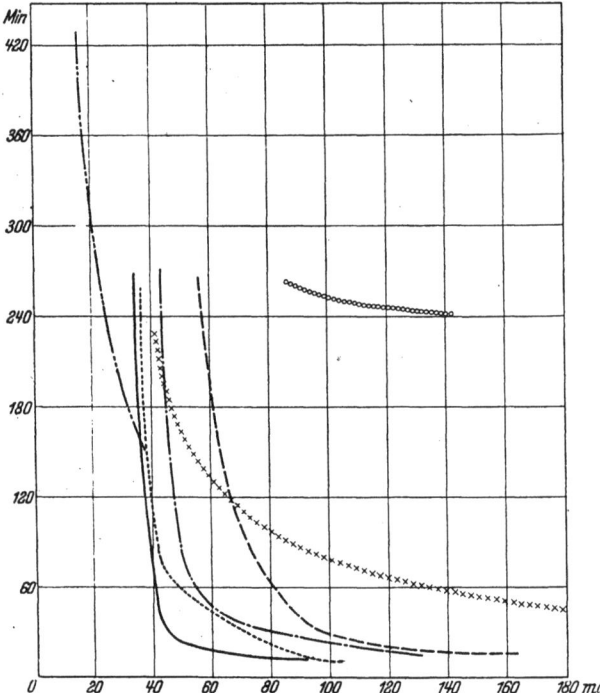

Abb. 44. Liegenbleiben von Katzen durch Methylacetat – – – –;
Äthylacetat – · – · – ·; n-Propylacetat · · · · · ·; n-Butylacetat ————;
i-Amylacetat – · · – · · –; Aceton × × × ×; Methylalkohol o o o o o o.

die verschiedene Versei-
fungsgeschwindigkeit,
zum Teil auch durch
Hemmung der Oxyda-
tionen durch die Zerfallsprodukte zu erklären. Die
Verseifungsgeschwindig-
keit der aliphatischen
Ester nimmt, wenigstens
im Reagensglasversuch,
mit steigendem Moleku-
largewicht ab. Bei den
höheren Estern steht
daher die narkotische
Wirkung des unzersetzten
Estermoleküls im Vorder-
grund.

Wie die Alkohole und
Ketone gehören die Ester
wohl zu den weniger
giftigen Lösungsmitteln,
aber auch hier ist be-
sonders bei der Verwen-
dung von Methylverbin-
dungen und Ameisen-
säureestern große Vor-
sicht am Platze (FLURY-
WIRTH). Auch nach E.
GROSS ist vor der all-
gemeinen Verwendung
des Methyl- und Äthyl-
formiats ohne die üb-
lichen Vorsichtsmaß-
regeln zu warnen. Amyl-
acetat ist ebenfalls kein
harmloses Lösungsmittel.

In der Gruppe der
Glykole steht die praktische Gefährdung in eng-
stem Zusammenhang mit
der Flüchtigkeit und der
Zersetzlichkeit. Die höheren Äther sind giftiger als
die niederen Glieder. Ein
besonders gefährliches
Lösungsmittel der Glykol-
reihe ist das verhältnis-
mäßig leicht flüchtige
Dioxan. Es ist chemisch
ein ringförmig gebauter
Äther, der nicht nur
lipoidlöslich, sondern
auch mit Wasser misch-

bar ist. In toxikologischer Hinsicht nimmt es eine Sonderstellung ein, da es außer der schweren Nierenschädigung auch die Leber stark angreift.

Eine Sonderstellung unter den Lösungsmitteln nimmt endlich der **Schwefelkohlenstoff** ein. Er ist durch hohe Flüchtigkeit und Zersetzlichkeit ausgezeichnet und wirkt in intensivster Weise schädigend auf das Nervensystem.

Die vorstehenden Betrachtungen zeigen, daß es in der Tat schwierig ist, die verschiedenen Lösungsmittel unter sich zu vergleichen und nach ihren toxikologischen Eigenschaften abzuwägen. Wenn auch überall gewisse Regelmäßigkeiten in den einzelnen Gruppen bestehen, so wirken doch die verschiedenen Faktoren physikalischer Art, wie z. B. Löslichkeit und Dampfdruck und die wechselnde spezifische chemische Reaktionsfähigkeit und Zersetzlichkeit, sich immer wieder dahin aus, daß einzelne Stoffe aus der Reihe fallen. Darum lassen sich keine starren Gesetze aufstellen. Eine Klassifizierung ist nur in dreifacher Hinsicht möglich, nämlich die Einteilung in verhältnismäßig harmlose Lösungsmittel, in solche mit erheblicher Giftwirkung und schließlich in besonders gefährliche, stark giftig wirkende Substanzen.

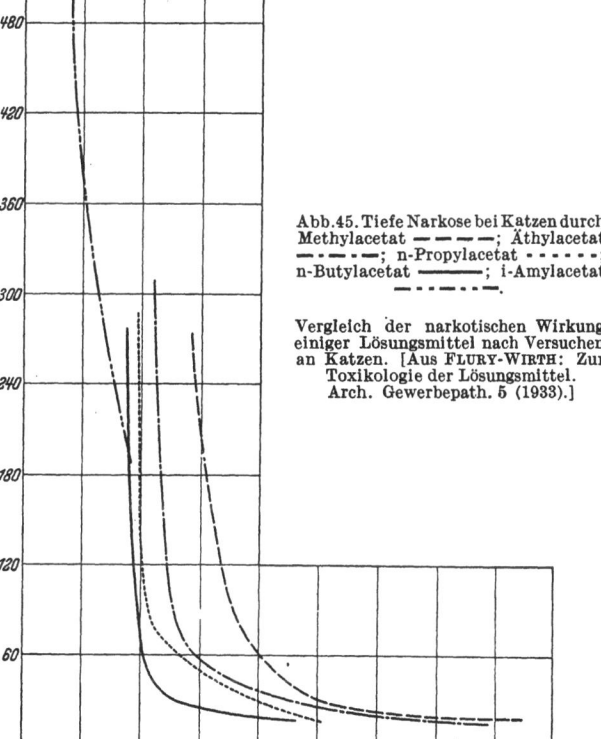

Abb. 45. Tiefe Narkose bei Katzen durch Methylacetat ― ― ―; Äthylacetat ―·―·―; n-Propylacetat ······; n-Butylacetat ―――; i-Amylacetat ―··―··―.

Vergleich der narkotischen Wirkung einiger Lösungsmittel nach Versuchen an Katzen. [Aus FLURY-WIRTH: Zur Toxikologie der Lösungsmittel. Arch. Gewerbepath. 5 (1933).]

Als noch verhältnismäßig ungiftige, praktisch ungefährliche Lösungsmittel sind, besonders unter Berücksichtigung der Arbeitsverfahren, anzusehen die meisten schwerflüchtigen Stoffe, z. B. aus der Glykolreihe, andererseits von den leichter flüchtigen Stoffen die Lösungsmittel der Benzinreihe, der Äthylalkohol, der Äther, die mittleren Glieder der Essigsäureester, wohl auch das Aceton; von den chlorierten Kohlenwasserstoffen das Dichlormethan, das Monochloräthylen, das Tetrachloräthylen.

In der Mitte stehen die große Mehrzahl der Lösungsmittel, die Amylverbindungen, die meisten Chlorkohlenwasserstoffe, wie Chloroform, Trichloräthylen, die Benzolhomologen, die Chlorbenzole, die hydrierten ringförmigen Kohlenwasserstoffe.

Die dritte Gruppe bilden die durch eine besonders hohe Giftwirkung und auch durch praktische Gefährlichkeit ausgezeichneten Stoffe, die Methylverbindungen, wie Methylalkohol, Methylchlorid, Dimethylsulfat, das Tetraund Pentachloräthan, das Benzol und der Schwefelkohlenstoff.

Das Ideal, ein gleichzeitig ungiftiges, nicht brennbares, nicht explosions-
gefährliches und technisch hochwertiges Lösungsmittel zu finden, ist heute
noch nicht erreicht. Jeder Stoff, der Fette löst, ist auch in biologischer Hinsicht aktiv, jedes gute organische Lösungsmittel ist unter Umständen giftig.
Das einzige ungiftige Lösungsmittel ist immer noch das Wasser.

Für die praktischen Zwecke der Gewerbemedizin sind folgende vier Werte
wichtig, nämlich die Menge bzw. Konzentration eines Lösungsmittels, die

1. auch bei lang dauernder Arbeit keine nachweisbaren gesundheitlichen
Schädigungen auslöst und als ungefährlich bezeichnet werden kann, der *Grenzwert der Gefahrlosigkeit*, die höchstzulässige Konzentration (vgl. S. 34),

2. für kurze Zeit ohne ernstere Störungen und gefährliche Nachwirkungen
ertragen werden kann, der *Grenzwert der Erträglichkeit*,

3. schon nach kurzer Einwirkungszeit die Fähigkeit zur Arbeit beeinträchtigt oder gänzlich aufhebt, der *Grenzwert der Arbeitsunfähigkeit*,

4. endlich die *Grenze der tödlichen Wirkung*.

Die Aufstellung von Grenzwerten in der Biologie und Medizin ist, wie zahlreiche Erfahrungen, nicht zuletzt in der Arbeitsmedizin lehren, stets mit einer
gewissen Unsicherheit verbunden. Trotzdem erweisen sich derartige Grenzzahlen als Anhaltspunkte in der Praxis und als Grundlagen für die Beurteilung
in zweifelhaften Fällen zuweilen doch recht brauchbar. Deshalb seien hier noch
einige Zahlen angefügt, die eine wichtige, aber noch keineswegs befriedigend
gelöste Frage betreffen, nämlich die in Lösungsmittelbetrieben höchstzulässigen
Konzentrationen.

Als *höchstzulässige Konzentrationen in der Luft von Arbeitsräumen* lassen sich
auf Grund unserer heutigen Kenntnisse und Erfahrungen ungefähr folgende
annähernden Grenzwerte der Gefahrlosigkeit geben (FLURY):

Höchstgehalt in mg/l Luft.

Benzin	1	Trichloräthan	1	Amylalkohol	0,2
Benzol	0,1	Tetrachloräthan	0,01	Methylacetat	0,25
Toluol	0,2	Pentachloräthan	0,02	Äthylacetat	0,5
Xylol	0,2	Dichloräthylen	0,5	Propylacetat	0,25
Monochlormethan	0,5	Trichloräthylen	1	Butylacetat	0,25
Dichlormethan	1	Tetrachloräthylen	1	Amylacetat	0,25
Trichlormethan	0,2	Methylalkohol	0,5	Aceton	1
Tetrachlormethan	0,2	Äthylalkohol	2	Äther	0,5
Dichloräthan	2	Butylalkohol	0,3	Schwefelkohlenstoff	0,01

Zum Vergleich mit den hier angeführten Lösungsmitteln:

Phosgen 0,001

Schrifttum.

BAER, G.: Arch. f. (Anat. u.) Physiol. **1898**, 283. — BINZ, C.: Naunyn-Schmiedebergs
Arch. **34**, 185 (1894).

DUJARDIN-BEAUMETZ: Gaz. Méd. **21**, 338 (1878). — DUJARDIN-BEAUMETZ et AUDIGE:
C. r. Acad. Sci. Paris **96**, 1556 (1883). — J. d. conn. Méd. pract. **1879**, 216.

FLURY u. WIRTH: Arch. Gewerbepath. **5**, 1 (1933). — FÜHNER, H.: Naunyn-Schmiedebergs Arch. **51**, 1 (1904); **52**, 69 (1905). — Biochem. Z. **115**, 235 (1921); **120**, 141 (1921). —
Naunyn-Schmiedebergs Arch. **97**, 86 (1923). — Dtsch. med. Wschr. **1929 II**, 1331.

GROSS, E.: Unveröffentlichte Versuche.

JOFFROY, A. et R. SERVAUX: Arch. Méd. expér. Anat. path. **7**, 569 (1895).

LAZAREW, N. W.: Naunyn-Schmiedebergs Arch. **141**, 19 (1929). — LEHMAN, A. J. and
H. W. NEWMAN: J. of Pharmacol. **61**, 1 (1937). — LEHMANN, K. B. u. SCHMIDT-KEHL:
Arch. Hyg. u. Bakter. **116**, 131 (1936). — LENDLE, L.: Naunyn-Schmiedebergs Arch. **132**,
214 (1928).

MARSHALL, C. R. and H. L. HEATH: J. of Physiol. **22**, 38 (1897). — MEYER, K. H. u.
H. GOTTLIEB-BILLROTH: Z. physiol. Chem. **112**, 55 (1921).

PICAUD, M.: C. r. Acad. Sci. Paris **124**, 829 (1897).

WEESE, H.: Naunyn-Schmiedebergs Arch. **135**, 118 (1928).

VI. Hautschädigungen.

Von

W. FRIEBOES und W. SCHULZE-Berlin.

Für die Beurteilung der Frage, wie weit die einzelnen technischen Lösungs-mittel imstande sind, bei ihrer Verwendung in gewerblichen Betrieben Schäden der Haut hervorzurufen, scheint es zweckmäßig zu sein, zunächst etwas näher darauf einzugehen, wie sich die einzelnen Lösungsmittel verhalten, wenn sie unter bestimmten Versuchsbedingungen an die normale Haut eines Gesunden heran-gebracht werden.

Nach Untersuchungen von H. J. OETTEL, der eine ganze Reihe organischer Flüssigkeiten auf ihr *Verhalten gegenüber der normalen Haut* prüfte, läßt sich eine akute Wirkung und eine Nachwirkung unterscheiden. Die akute Wirkung — die Einwirkungsdauer betrug bei den meisten Versuchen 1 Stunde — äußert sich subjektiv in einer nach einer bestimmten Latenzzeit auftretenden Sinnes-empfindung (Wärme, Kälte, Brennen, Prickeln) von verschiedener Intensität, objektiv zunächst als Erythem, dem sich bald eine weit über die benachbarten Hautpartien hinausgehende reflektorische Hyperämie anschließt. Daneben kommt es an der Einwirkungsstelle zu einer Quaddelbildung. Nach Entfernung der Substanz gehen zunächst die objektiv feststellbaren Veränderungen zurück, dann verliert sich der Schmerz. Das Erythem bleibt, wenn die Einwirkung stark genug war, in geringem Grade bestehen und leitet in die später einsetzende Nach-wirkung über. Die in der Nachwirkung zu beobachtenden Veränderungen bestehen darin, daß sich mehrere Stunden nach der Einwirkung eine zweite weniger starke Quaddel bildet, die sich gelblich verfärbt und nach einiger Zeit wieder verschwindet. Die Verfärbung vertieft sich im Laufe von Stunden oder Tagen zu einem Maximum von Pigmentation, während gleichzeitig mit der Pig-mentation eine im gleichen Maße wie diese zunehmende Erythembildung auftritt. Bei besonders stark wirksamen Substanzen oder bei entsprechend längerer Einwirkungszeit kann es nach der Entfernung der Substanz auch zu Blasen-bildung kommen. Qualitative Unterschiede in der Reaktionsweise treten bei den einzelnen Stoffen und Stoffgruppen nicht auf, es bietet sich vielmehr mor-phologisch ein Bild auffallender Einförmigkeit.

Im Gegensatz zur akuten Wirkung, die weniger gut reproduzierbar ist, läßt sich die Nachwirkung in ihrem Verlauf quantitativ (auf photometrischem Wege) verfolgen und gestattet, die untersuchten Substanzen ihrer hautreizenden Wir-kung nach in verschiedene Gruppen einzuordnen. Es zeigt sich, daß nach dem Schwefelkohlenstoff, der eine starke blasenziehende Wirkung besitzt, die ge-sättigten aliphatischen Kohlenwasserstoffe die deutlichsten Reizerscheinungen an der Haut hervorrufen, und zwar liegt das Wirkungsmaximum — das gleiche gilt auch für die ungesättigten aliphatischen Kohlenwasserstoffe und die Cycloparaffine — bei der Verbindung mit 7 Kohlenstoffatomen. Der Wirkungsintensität nach geordnet ergibt sich folgende Reihe: Schwefelkohlen-stoff, Alkane, Alkylene, Cycloparaffine, aromatische Kohlenwasserstoffe, Halogen-kohlenwasserstoffe, Äther, Alkohole, Ester, Ketone. In dieser Zusammenstellung sind auch diejenigen Stoffe mit aufgeführt, die eine Nachwirkung nicht mehr erkennen lassen — dazu gehören die Äther und Alkohole mit unverzweigter Seitenkette — und ferner diejenigen Verbindungen, die sich bei der Prüfung als vollkommen hautunwirksam erweisen, also auch eine akute Wirkung ver-missen lassen; das sind die gesättigten Ketone und die Ester.

Es liegt von vornherein sehr nahe, anzunehmen, daß die Lösungsmittel bei ihrer Verwendung in den gewerblichen Betrieben in demselben Maße Anlaß zu Hautschädigungen geben, wie sie experimentell an der normalen Haut als hautreizend erkannt werden. Diese Annahme wird durch die Erfahrung bestätigt. Die Lösungsmittel, die nach den Versuchen von OETTEL neben einer akuten Wirkung noch eine ausgeprägte Nachwirkung zeigen, (z. B. Benzin und seine Homologen, Benzol und seine Homologen) spielen auch beim Zustandekommen der gewerblichen Hauterkrankungen die wesentlichste Rolle, während die lediglich akut wirkenden Lösungsmittel (Äther, Alkohole) und die im Experiment unwirksamen Lösungsmittel (Ester, Ketone) verhältnismäßig selten zu beruflichen Hautschädigungen führen.

Hinsichtlich der *Morphologie* stehen bei den gewerblichen, durch organische Lösungsmittel hervorgerufenen Hauterkrankungen die entzündlichen, insbesondere die ekzematösen Veränderungen ganz im Vordergrund. Sie treten auf vom schwächsten Erythem bis zum chronischen Ekzem mit Lichenifikation der Haut und Rhagadenbildung. Daneben kommen auch Erkrankungen der Schweißdrüsen und der Talgdrüsen, der Schleimhäute, Veränderungen an den Nägeln, Hyperkeratosen, diffuse und umschriebene Pigmentierungen zur Beobachtung.

Die ersten Erscheinungen an der Haut können sich früher oder später einstellen, bei besonders hochgradig Empfindlichen nach der ersten Berührung mit dem Lösungsmittel. In anderen Fällen können Jahre vergehen, ohne daß irgendwelche Beschwerden von seiten der Haut bestehen, bis dann plötzlich eine akute Erkrankung ausbricht. Wenn nach der Abheilung des Prozesses die Arbeit wieder aufgenommen wird, besteht immer die Gefahr, daß entweder nach einigen Wochen oder auch nach Tagen ein Rezidiv eintritt. Oft zeigen sich im Krankheitsverlauf recht erhebliche Schwankungen, so daß der Eindruck erweckt wird, als ob nach Zeiten erhöhter Empfindlichkeit solche mit normaler oder verbesserter Widerstandsfähigkeit der Haut auftreten können.

Für die *Entstehung* wie für die Form und Schwere der Erkrankung sind neben den entzündungserregenden Eigenschaften des Lösungsmittels und den jeweiligen äußeren Bedingungen, unter denen es zur Wirkung kommt, konstitutionelle Momente von ausschlaggebender Bedeutung. Sonst ließe es sich nur schwer erklären, warum bei Verrichtung der gleichen Arbeit nur eine Minderheit erkrankt, während die weitaus größere Anzahl der Exponierten verschont bleibt. Freilich mag in dem einen oder anderen Falle auch mangelnde oder unzweckmäßige Reinigung der Haut oder unvernünftiges Verhalten beim Arbeiten mit den Lösungsmitteln zur Auslösung der Hautaffektion beitragen. Allgemein gesehen wird man aber doch eine besondere Disposition voraussetzen müssen, die sich darin äußert, daß das Hautorgan auf Reize, die normalerweise reaktionslos vertragen werden, mit einer mehr oder minder ausgeprägten Funktionsstörung antwortet. Die Schwäche des Hautorgans könnte entweder angeboren sein oder sie wäre unter den sich täglich wiederholenden, in der Wirkung steigernden Irritationsvorgängen erworben.

Begünstigt wird das Zustandekommen einer erhöhten Krankheitsbereitschaft des Hautorgans durch die verschiedensten Stoffwechsel- und Allgemeinerkrankungen: Diabetes, Nieren- und Lebererkrankungen, Basedow, Störungen des Verdauungsapparates, ferner Hautverletzungen, Rhagaden u. a.

Nicht sicher entschieden ist die Frage, ob es sich bei den durch technische Lösungsmittel hervorgerufenen entzündlichen Hauterkrankungen um eine spezifische, gegen das einzelne Lösungsmittel gerichtete Überempfindlichkeit im Sinne einer allergischen Reaktion handelt oder um eine verminderte Resistenz der Haut im toxikologischen Sinne. Von manchen Seiten wird als Krankheitsursache allein die fettlösende Wirkung der organischen Lösungsmittel angesehen, weil die ihres natürlichen Fettschutzes beraubte Haut für alle möglichen äußeren Schädlichkeiten besonders stark empfänglich sei. Nicht recht vereinbar mit dieser Annahme ist aber die Tatsache, daß eine Reihe technischer Lösungsmittel mit hervorragendem Lösungsvermögen für Fette, z. B. Ketone, Ester sich gegenüber der Haut weitgehend indifferent verhalten. Man wird daher den einzelnen Lösungsmitteln doch noch eine bestimmte toxische Komponente zusprechen müssen. Gegen das Bestehen einer Allergie gegenüber Lösungsmitteln sprechen in gewisser Weise die von R. L. MAYER gemachten Beobachtungen, daß häufig bei ein und derselben Person die erhöhte Empfindlichkeit nicht nur gegen ein einzelnes Lösungsmittel gerichtet ist, sondern gegen mehrere Lösungsmittel mit ganz verschiedenen chemischen Eigenschaften, z. B. bei der Benzin-Benzolüberempfindlichkeit. Dem gegenüber dürfte allerdings durch die Untersuchungen von PERUTZ, dem einerseits die passive Übertragung der Terpentinüberempfindlichkeit auf einen nicht terpentinempfindlichen normalen Menschen, andererseits durch orale Applikation kleiner Terpentindosen eine Desensibilisierung gelang, die allergische Natur der durch Terpentin hervorgerufenen Dermatitis als erwiesen anzusehen sein.

Für die *Diagnose* kommt neben der Lokalisation und dem morphologischen Charakter der Läsion der Anamnese und der Hautfunktionsprüfung nach JADASSOHN-BLOCH eine erhöhte Bedeutung zu. Hat die Anamnese ergeben, daß der Erkrankte beruflich oder auch sonst mit Lösungsmitteln in Berührung kommt, so ist es Aufgabe der Hautfunktionsprüfung, experimentell den Nachweis einer ätiologischen Beziehung des Lösungsmittels zu der bestehenden Erkrankung zu bringen. Dieser Nachweis gelingt nicht immer, z. B. dann nicht, wenn der Patient nicht nur gegen eine bestimmte Substanz empfindlich ist (Monovalenz), sondern gegenüber einer größeren Anzahl verschiedenartiger Stoffe eine gesteigerte Reaktionsbereitschaft zeigt (Polyvalenz). In solchen Fällen kann die Diagnose „Lösungsmittelekzem" nur unter Vorbehalt gestellt werden.

Die Durchführung der Hautfunktionsprüfung kann in der Weise geschehen, daß man eine bestimmte gleichbleibende Menge (etwa 0,2 ccm) der zu prüfenden Substanz — bei den technischen Lösungsmitteln eine Verdünnung mit Olivenöl oder auch Buttersäureamylester (R. L. MAYER) bis zu einer Konzentration, die bei Hautgesunden noch keine Reaktion hervorruft — auf ein quadratisches Mulläppchen oder ein Stückchen Leinen (Größe etwa 1,3 × 1,3 cm) aufträgt und dieses auf die Haut am besten des Rückens, der Brust oder des Bauches bringt. Das Läppchen wird dann mit einem wasserdichten Stoff, z. B. Billrothbattist, bedeckt und das ganze mit einem Pflaster so überklebt, daß ein dichter Abschluß erzielt wird. Nach 24 Stunden wird das Pflaster entfernt und festgestellt, ob eine Reaktion eingetreten ist. Die Stärke der Reaktion bietet einen Hinweis für den Grad der Empfindlichkeit der Haut gegenüber der geprüften Substanz. Wegen der Möglichkeit einer erst später auftretenden Reaktion wird die geprüfte Hautstelle auch in den folgenden Tagen weiter beobachtet.

Bei den durch die Ekzemproben hervorgerufenen Reaktionen handelt es sich in der Regel um echte Dermatiden: Erytheme bis zu vesikulösen Entzündungen auf sehr stark geschwollenem Grund. R. L. MAYER hebt hervor, daß bei organisch-technischen Lösungsmitteln nicht selten ganz charakteristische Reaktionen auftreten: große einkammerige, oft mit einem Hypopyon versehene Blasen auf kaum infiltriertem Grund, und daß ein wesentlicher Unterschied gegenüber dem idiosynkrasischen Reaktionsverlauf, bei dem die einzelnen Entzündungsstadien relativ großen Konzentrationsunterschieden der aufgelegten Substanz entsprechen, darin besteht, daß bei den Lösungsmitteln (insbesondere Benzin, Benzol) der Verlauf der Testreaktion von dem Beginn der ersten Erscheinung bis zur maximalen Entzündung auf ein ganz geringes Konzentrationsbereich zusammengedrängt ist. Eine Konzentration von etwa 75% Benzol in Olivenöl wird normalerweise bei 24 stündiger Einwirkungsdauer reaktionslos vertragen, aber schon eine Konzentration von 85% Benzol ruft bei vielen Menschen Blasen-

bildung in der beschriebenen charakteristischen Form hervor. Durch eine weitere
Konzentrationserhöhung wird diese Reaktion nur ganz geringfügig verstärkt.
Die Reaktionsweise ist bei erhöhter Empfindlichkeit der Haut gegenüber Benzin
und Benzol nicht anders als bei normaler Haut, nur daß sich der beschriebene
Reaktionsverlauf nicht erst bei einer Konzentration von 80—85% abspielt,
sondern schon bei einem Gehalt von 60—70%. R. L. MAYER sieht in diesem
Verhalten einen weiteren Anhaltspunkt dafür, daß den entzündlichen Verände-
rungen der Haut durch Lösungsmittel eher toxische Einwirkungen als allergische
Vorgänge im Sinne einer Antigen-Antikörperreaktion zugrunde liegen.

Im Anschluß an diese die technischen Lösungsmittel im allgemeinen betreffenden Ausführungen folgt nunmehr eine Besprechung der einzelnen Lösungsmittel
bzw. der nach chemischen Gesichtspunkten zusammengefaßten Gruppen von
Lösungsmitteln im Hinblick auf die von ihnen ausgehenden gewerblichen Schädigungen der Haut.

Die technischen Lösungsmittel aus der Reihe der *aliphatischen Kohlenwasserstoffe* (Benzin-Homologe) können nach PERUTZ folgende Krankheitsbilder verursachen: diffuse, akute wie chronische, zumeist an den oberen, seltener an den
unteren Extremitäten und im Gesicht lokalisierte Dermatitis — pustulöses und
vesikulöses Exanthem (Petroleumkrätze) — follikuläre Keratosen — Komedonen
und Akne (Acne cornea BLASCHKO) und Dermatitis acneiformis (RAVOGLI) —
pigmentierte oder unpigmentierte, diffuse oder umschriebene Hyperkeratosen —
gleichmäßige Vermehrung der Hautpigmentation an den ekzematös oder hyper-
keratotisch veränderten Hautstellen — daneben Erkrankungen der Nägel und
Erkrankungen der Mundhöhle.

Die häufigste Erkrankungsform ist — wie schon eingangs erwähnt — die
entzündliche, ekzematöse.

Im Stadium der akuten Benzinvergiftung wird geschwüriger Zerfall der
Schleimhäute, der Mund- und Rachenhöhle beobachtet; FLORET sah einige
Tage nach der Vergiftung erysipelartige Rötungen der Haut, die später nekrotisch
wurden. MERLE berichtet über eine schwere akute Petroleumvergiftung, die
sich ein Arbeiter beim Arbeiten in einer Cysterne zugezogen hatte. Dabei zeigte
sich an der Haut eine über den ganzen Körper ausgebreitete dunkle Röte mit
leicht seröser Exsudation und Bläschenbildung; ähnlich einer Verbrennung
2. Grades. PAGE beschreibt schmerzhaftes Erythem mit Bläschenbildung an den
unteren Extremitäten bei Fliegern infolge längeren Kontaktes mit Petroleum-
durchnäßten Kleidern. Akute, durch Petroleum bzw. flüchtige Kohlenwasserstoffe hervorgerufene entzündliche Ödeme werden auch von K. W. ULLMANN
angegeben. Hierher gehören auch die „Petroleumausschläge", z. B. nach medi-
kamentöser Petroleumanwendung, die sich weit über das Gebiet der direkten
Einwirkung als bullöse Dermatitiden ausbreiten können (FELLNER, LEWIN u. a.).

Nässendes Ekzem durch ungereinigtes Petroleum bei Seilerinnen wird von
WOOD beschrieben, Blasen- und Pustelbildung mit dem Sitz an Händen, Vorderarmen und Oberschenkeln von BLASCHKO, Rötung, Schwellung besonders in
den Interdigitalfalten durch Benzin von VIGNOLO-LUTATI, ekzematöse Erscheinungen und ausgebreitetes Erythem bei Benetzung mit gereinigtem Benzin von
ULLMANN. Zu Beginn starke Rötung und Schwellung, dann Pustel- und Blasenbildung sind also besonders hervorstechende Merkmale der Benzin- und Petro-
leumwirkung.

Außer diesen ekzematösen Erscheinungen werden durch Benzin und Petroleum,
und zwar durch schlecht raffiniertes verunreinigtes häufiger als durch absolut
reines, Acneformen, Follikulitiden und Hyperkeratosen hervorgerufen. So
beschreibt OPPENHEIM neben Eczema papulatum nicht nässende Dermatitis
follicularis, hervorgerufen durch Benzin, die dann in Follikulitiden und acne-

ähnliche Efflorescenzen oder Hyperkeratosen übergeht. FASAL berichtet über einen Fall von Petroleumacne mit follikulär angeordneten Knötchen und Pusteln am Unter- und Oberschenkel bei einer Arbeiterin, die seit 4 Monaten mit dem Umfüllen von Petroleum aus Fässern in Kannen beschäftigt war. BOGDANOVIC untersuchte 60 Arbeiter, die mit Petroleum in unmittelbare Berührung kamen. Bei 57 fand er Dermatosen, die klinisch in Störungen des follikulären Hautapparates bestanden. Eine eigentümliche Veränderung nach Art einer Hyperkeratosis follicularis durch Benzin beobachtete OPPENHEIM bei Metallarbeitern. Daneben bestand diffuse Pigmentierung, die besonders im Rücken zahlreiche leukodermartige Aussparungen zeigte. Ein Fall von Keratosis follicularis an den Streckseiten der Vorderarme, an den Handrücken und an der Streckseite der Finger bei einem Lithographen, der seit 3 Monaten seine Tätigkeit ausübte, wird auch von CHORAZAK berichtet. PAUTRIER beobachtete Pigmenttätowierung im Gesicht auf Petroleumeinwirkung zurückgehend.

Sangajol, ein Erdölprodukt, welches 8—14% aromatische Kohlenwasserstoffe enthält, wird als besonders stark wirksam angesprochen und führt recht häufig zu Ekzemen (HARNAPP), aber vielleicht weniger durch seinen Gehalt an aromatischen Kohlenwasserstoffen als durch Anwesenheit hochsiedender aliphatischer Substanzen (R. L. MAYER).

Ganz ähnliche Krankheitsbilder, wie sie durch die Lösungsmittel der aliphatischen Kohlenwasserstoffreihe entstehen, können auch unter der Einwirkung der in ihrer chemischen Konstitution ganz andersartigen *aromatischen Kohlenwasserstoffe* (Benzol und Homologe) auftreten.

Bei der akuten Benzolvergiftung sieht man Reizerscheinungen an den Schleimhäuten. In schweren Fällen kommt es auf dem Wege einer Allgemeinvergiftung zu Blutungen an der Haut und an den Schleimhäuten wie beim Morbus maculosus WERLHOFI.

An empfindlichen Hautstellen können durch Benzol schmerzende Erytheme hervorgerufen werden. Bei einem Arbeiter, der Farben in Benzol löste, entstand an den Extremitäten ein symmetrisches Erythem, „vermutlich infolge Störung der sympathischen Zentren des Rückenmarkes bei hypersensitiver Haut" (KOELSCH). Längere Einwirkung des Benzols bringt die Haut zum Schrumpfen. Gefühl der Trockenheit und Ameisenkriechen treten auf.

TOEGEL beschreibt Veränderungen an den Fingerspitzen bei einem Kraftfahrer der Wehrmacht, die im Anschluß an die Reinigung seines Wagens mit Terpentin, Petroleum, Benzin und Benzol auftraten und die anfänglich in Kältegefühl mit nachfolgender äußerst starker Schmerzhaftigkeit, blauroter Verfärbung und starker Schwellung der Fingerkuppen bestanden. Die Nägel wurden nach kurzer Zeit weich und zeigten löffelförmige Eindellungen. Die Schmerzhaftigkeit blieb lange Zeit bestehen und die Koilonychieveränderungen heilten erst nach Wochen unter allmählichem Sichvorschieben der Eindellungen ab. Die Hautfunktionsprüfung auf Benzol und die anderen in Frage kommenden Stoffe fiel negativ aus. Der Verfasser nimmt dennoch an, daß die Erkrankung durch Benzol verursacht wurde und betrachtet sie als Folge einer toxischen Ischämie.

In der Gummiindustrie werden bei Arbeitern, die mit dem Auflösen von Kautschuk in Benzol beschäftigt sind, Rötung und Schwellung der Finger, besonders an der Beugeseite und in den Interdigitalfalten beobachtet, auch miliare Bläschen (Dermatitis vesicularis), die platzen und dann in kleine Geschwüre übergehen. Es kommen unter der Wirkung des Benzols auch Ekzeme vor, die trocken und rhagadiform sind und leicht chronischen Charakter annehmen. Allerdings ist es nicht immer mit Sicherheit zu entscheiden, ob die Erkrankungen durch das Benzol allein oder durch Verunreinigungen oder andere Beimengungen (Harze, Terpentin,

Anilin usw.) hervorgerufen werden (KOELSCH, MILIAN). Das gleiche gilt für andere
Lösungsmittel. So wird ein begünstigendes Moment für die Auslösung von
Reizerscheinungen z. B. auch darin gesehen, daß in Betrieben, in, denen zum
Waschen von Werkteilen Lösungsmittel benutzt werden, diese nicht nur einmal
gebraucht werden, sondern solange bis sie mit Verunreinigungen, Farben und
Ölen stark angereichert sind.

Ähnlich wie Benzol wirken seine Homologen Toluol und Xylol.

Von anderen cyclischen Kohlenwasserstoffen hat noch das in die Gruppe der
Terpene gehörende *Terpentinöl* als Lösungsmittel besonderes Interesse. Über
die durch dieses Lösungsmittel hervorgerufenen Hauterkrankungen liegt umfangreiches Beobachtungsmaterial vor (AIELLO, GLASER, KOELSCH, PERUTZ, RIDDER,
ZINSSER u. a.). PERUTZ, gegen dessen Auffassung allerdings auch gewisse Einwände erhoben werden können, unterscheidet 3 Stadien der „Terpentindermatitis": das akute, das subakute und das chronische Stadium, die sich in ihrem
Verlauf überlagern und gegenseitig beeinflussen können. Nach PERUTZ ist das
akute Stadium, bei welchem ihm die passive Übertragung gelang, als allergisch
aufzufassen, während in dem Maße, wie die Erkrankung chronischen Charakter
annimmt, die allergischen Erscheinungen infolge einer langsamen Desensibilisierung mehr und mehr verschwinden und unspezifische Reaktionen in den
Vordergrund treten.

Im akuten Stadium sind ausgedehnte Hautpartien, zuweilen der ganze Körper
befallen, während im subakuten und chronischen Stadium die Hauterscheinungen mehr auf den Ort der Einwirkung der Noxe beschränkt sind. Im akuten
Stadium handelt es sich in der Regel um ein Erythem, das „scharlachartig über
den ganzen Körper verbreitet sein kann" (BLACKWOOD) oder um ausgedehnte
papulöse Effloreszenzen (FEIBER). Gleichzeitig bestehen Wärmegefühl und Juckreiz und starke ödematöse Veränderungen der Haut. Bei besonders hochgradiger
Empfindlichkeit kann sich auch über den Ort der direkten Einwirkung hinausgehend ein bullöser-Ausschlag entwickeln. Es entstehen Rötungen, dann Blasen,
die sich spontan öffnen und eitern (E. GLASER).

Die gewöhnlichste Form der gewerblichen Terpentinhauterkrankung, die etwa
dem subakuten Stadium nach PERUTZ entsprechen würde, bietet das Bild eines
vesikulösen, ekzematösen Ausschlages: mit Rötung und starkem Juckreiz ein-
hergehende Bildung kleiner, harter, runder durchscheinender Bläschen besonders
an Händen und Vorderarmen. Die erkrankten Stellen sind gewöhnlich feucht und
lassen nach der Abheilung, die nach Wegfall der Schädlichkeit und bei geeigneter
Behandlung auffallend schnell vor sich geht, mitunter bräunliche Pigment-
flecke zurück. Nach langer Einwirkung oder nach wiederholten Rezidiven kann
es auch zu Atrophien kommen (SACHS). Ferner können bei längerem Kontakt —
wenn auch selten — als Folgen eines chronischen Ekzems Veränderungen der
Nägel entstehen (J. HELLER). Auch Schädigungen der Talgdrüsen durch Terpentinöl kommen vor. Gelegentlich wird durch Terpentin auch Urticaria hervorgerufen. Es gibt z. B. Menschen, die bei lokaler Anwendung von Terpentin einen
ekzematösen, beim Einatmen einen urticariellen Ausschlag bekommen.

Neben der spezifisch gegen Terpentinöl gerichteten Überempfindlichkeit
ist bei den Erkrankten auch häufig eine unspezifische Überempfindlichkeit gegen
Harze, Heftpflaster und ähnliche Stoffe vorhanden. Auf Campher, ein gesättigtes
Terpen, erstreckt sich nach PERUTZ diese Empfindlichkeit nicht. Die gleiche
Beobachtung machte BALBI an einer größeren Anzahl von ekzemerkrankten
Arbeitern in einem Betriebe zur Herstellung synthetischen Camphers, bei der
die Arbeiter vielfach mit Terpentin in Berührung kamen. Die funktionelle Test-
probe war negativ gegenüber Campher, positiv gegenüber Terpentin. Auch gegen-
über den Lösungsmitteln der Benzin- und Benzolreihe besteht im allgemeinen

keine gesteigerte Reaktionsbereitschaft der Haut. Es ist vielmehr so, daß in der Regel Terpentinüberempfindliche nicht gegen Benzin und Benzol überempfindlich sind und umgekehrt (R. L. MAYER).

Ganz reines Terpentinöl soll nach MOSER verhältnismäßig harmlos sein und erst beim Stehen an der Luft oder durch Verunreinigungen oder Verschnittmittel (ungesättigte Kohlenwasserstoffe, Kienöl, Tetrachlorkohlenstoff usw.) seine hautreizende Wirkung erhalten. Für den Einfluß, den Verunreinigungen des Terpentinöls auf die Entstehung von gewerblichen Hauterkrankungen ausüben, gibt MAZZETTI ein Beispiel, der berichtet, daß gleichzeitig 14 Arbeiter erkrankten, nachdem ein neubezogenes Terpentinöl benutzt wurde, welches durch minderwertiges Fichtenholzöl verunreinigt war.

Neben dem Terpentinöl spielen in der gewerblichen Praxis die Terpentinersatzmittel eine sehr große Rolle (Hexalin, Hydroterpin, Sangajol, Terapin, Dapentin usw.). Es sind das Lösungsmittelgemische, die meistens Schwerbenzine, Naphtene und Benzol enthalten. Sie kommen — wie das nach den Ausführungen über die Wirkungen des Benzins und des Benzols und ihrer Homologen zu erwarten ist — ebenfalls als Ekzemauslöser in Frage. GALEWSKY weist auf 4 Fälle von Dermatitis durch Tetralin (Tetrahydronaphtalin) hin und ZITZKE berichtet über plötzliche Erkrankungen von 15 Arbeitern einer 50 Mann starken Belegschaft in einer Lackiererei durch Hydroterpin, ein hydriertes Kienöl, das als besonders stark sensibilisierend angesehen wird.

Hauterkrankungen durch Lösungsmittel aus der Gruppe der *chlorsubstituierten Kohlenwasserstoffe* wie Chloroform, Tetrachlorkohlenstoff, Trichloräthylen, Perchloräthylen, Chlorbenzol usw. werden nicht so häufig beobachtet, wie es bei den Kohlenwasserstoffen der Fall ist. Auch diese Lösungsmittel und besonders die niedrig siedenden, besitzen, wie z. B. aus den Angaben von KOCHMANN, aus tierexperimentellen Studien von LAPIDUS, ferner aus den eingangs besprochenen Untersuchungen von OETTEL über die Wirkung organischer Flüssigkeiten auf die normale Haut hervorgeht, entzündungserregende Eigenschaften. Bei den niedrig siedenden Vertretern dieser Lösungsmittelgruppe (Chloroform, Tetrachlorkohlenstoff) ist aber zu berücksichtigen, daß sie auf Grund ihrer Giftwirkung als Inhalationsnarkotica für viele gewerbliche Verrichtungen ausscheiden, und zwar gerade für solche, bei denen durch die sich immer wieder bietende Gelegenheit zur Benetzung der Haut die Bedingungen zur Schädigung besonders günstig sind. Wo es aber wiederholt zu innigem Kontakt der Haut mit Lösungsmitteln dieser Gruppe kommt — und dazu geben besonders die weniger flüchtigen Gelegenheit — stellen sich auch Hauterkrankungen ein. Das zeigen die Erhebungen von K. STÜBER, nach denen sich unter 284 durch Trichloräthylen verursachten gewerblichen Krankheitsfällen 31mal Hautschädigungen fanden, 13mal akute, 18mal chronische. Als akute Erscheinungen wurden Hautrötung, Brennen auf der Haut, Entzündungen und schließlich Brandblasen, als chronische wurden Ekzeme angegeben.

Die gleichen Überlegungen, die zur Erklärung für die relative Seltenheit von Hauterkrankungen durch Chloroform und Tetrachlorkohlenstoff führten, gelten auch für *Schwefelkohlenstoff,* ein außerordentlich stark hautreizendes Lösungsmittel, das wegen seiner großen Flüchtigkeit (S. P. 46° C) und der dadurch gegebenen Möglichkeit zur Vergiftung auf dem Wege der Inspiration in seiner technischen Anwendung auf solche Verfahren beschränkt ist, welche die Gelegenheit zum unmittelbaren Kontakt mit der Haut weitgehend ausschließen. Es mag bei dieser Gelegenheit erwähnt werden, daß die Flüchtigkeit des Lösungsmittels bis zu einem gewissen Grade die hautschädigende Wirkung kompensieren kann, insofern nämlich, als das Lösungsmittel infolge seines niedrigen Siedepunktes sehr schnell wieder von der Haut entweicht und wegen der kurzen

Einwirkungsdauer in der Entfaltung seiner an sich hochgradigen Reizfähigkeit gehemmt wird.

Die mehr oder minder große Flüchtigkeit der Lösungsmittel ist nicht nur für die Frage der lokalen Hautschädigung von Bedeutung, sondern ist neben anderen Faktoren (Viscosität, Lipoidlöslichkeit, Wasserlöslichkeit) mit ausschlaggebend für das Ausmaß, in dem eine Aufnahme der Lösungsmittel durch die Haut in den Organismus möglich ist. Auf diese Frage, die von der Dermatologie in das Gebiet der Toxikologie übergreift, soll in diesem Zusammenhang nicht näher eingegangen werden. Es sei hier verwiesen auf die Arbeiten von SCHWENKENBECHER, SCHWANDER sowie von LAZAREW, BRUSSILOWSKAJA und LAWROW, von denen die letzteren die obige Frage unter dem Gesichtspunkt untersuchten, wieweit die Möglichkeit einer beruflichen Vergiftung durch die Haut mit organischen Lösungsmitteln in Betracht zu ziehen ist.

Hautveränderungen, die durch *Alkohol* (Äthylalkohol) hervorgerufen werden, beruhen auf der eiweißfällenden, wasserentziehenden Wirkung des Alkohols und sind nur leichter Natur. Die Erscheinungen äußern sich in Trockenheit und Sprödigkeit der Haut, gelegentlich auch in Rhagadenbildung und kommen bei Ärzten vor, die Alkohol zur Desinfektion der Hände verwenden. Im allgemeinen gelingt es durch Einfetten der Hände und vorübergehendes Aussetzen der Waschungen sehr schnell, die Schädigungen zu beseitigen. Dermatitiden nach Gebrauch von Methylalkohol sahen MUMFORD und BERING und ZITZKE ebenfalls bei Ärzten und Schwestern. Für die bei Möbelpolierern vorkommenden Dermatitiden (Polierekzem) wird neben dem Methylalkohol in erster Linie das dem Spiritus als Denaturierungsmittel zugesetzte Pyridin verantwortlich gemacht.

Äther, Ketone und *Ester* sind Lösungsmittel, die im Experiment auch nach mehrstündiger Einwirkung auf die normale Haut keine nennenswerten Reizerscheinungen hinterlassen und dementsprechend nur sehr selten Anlaß zu gewerblichen Hauterkrankungen geben. Buttersäureamylester wird gerade wegen seiner Reizlosigkeit von R. L. MAYER als indifferentes Lösungsmittel für lipoidlösliche Testsubstanzen bei der Hautfunktionsprüfung empfohlen.

Zwei Fälle von Hauterkrankungen durch esterartige Lösungsmittel sind beschrieben. In einem Fall (ENGELHARDT) bestand eine gesteigerte Empfindlichkeit gegen Äthyl-, Amyl- und Butylacetat, die sog. „Verdünnung", die im Lackiererberuf verwandt wird. Im anderen Fall (BEINTKER) war die Empfindlichkeit nur gegen Äthylacetat gerichtet. Hier waren die Erscheinungen durch Einatmen der Dämpfe hervorgerufen und lediglich auf die Schleimhäute der Mundhöhle beschränkt.

Über den *Ausgang* der durch technische Lösungsmittel hervorgerufenen Hauterkrankungen läßt sich ganz allgemein sagen, daß in den Fällen, die früh zur Behandlung kommen bzw. rechtzeitig die Schädlichkeit meiden, fast stets eine Restitutio ad integrum erfolgt. Immer besteht aber die Gefahr, daß bei Wiederaufnahme der Arbeit Rezidive auftreten und chronische Ekzeme entstehen, die dann nicht mehr ohne Residuen ausgehen, sondern Pigmentationen, Verdickungen und Rhagaden auf den erkrankt gewesenen Hautstellen hinterlassen. Es gibt ferner Fälle, bei denen sich aus einer ursprünglich nur gegen ein bestimmtes Lösungsmittel bzw. gegen eine Gruppe von Lösungsmitteln (Benzin, Benzol) gerichteten Empfindlichkeit eine unspezifische Empfindlichkeit entwickelt, die dazu führt, daß auch nach Fernhaltung der betreffenden Lösungsmittel keine dauernde Heilung erfolgt, sondern alle möglichen banalen Reize die Krankheit aufs neue entfachen.

Was die *Therapie* betrifft, so ist als oberster Grundsatz die Forderung aufzustellen, daß während der Erkrankung und während des Rekonvaleszenzstadiums das schädliche Lösungsmittel oder besser alle organischen Lösungsmittel fern gehalten werden. In leichten Fällen genügt diese Maßnahme allein, um Spontanheilungen eintreten zu lassen. Sonst kommen die üblichen Methoden der Ekzem- und Geschwürsbehandlung in Frage, die zweckmäßigerweise auch bei leichten Fällen gleich einsetzen soll, weil die Heilung schneller und sicherer vonstatten geht und gleichzeitig der Entstehung eines parasitären Ekzems durch sekundär infizierende Keime entgegengetreten wird. Die größte und zugleich schwierigste Aufgabe, die der Therapie nicht nur der Hauterkrankungen durch organische Lösungsmittel, sondern der Gewerbedermatosen überhaupt, gestellt ist, hat bislang keine befriedigende Lösung gefunden. Das ist die Beseitigung der Anfälligkeit, der hochgradig gesteigerten Empfindlichkeit der Haut gegenüber der beruflichen Noxe, von deren Gelingen es letzten Endes abhängt, ob der Betroffene auf die Dauer in seinem Berufe verbleiben kann oder nicht. Zwar scheint es bei einer Reihe von hautschädigenden Stoffen gelungen zu sein, durch vorsichtige Zuführung der Noxe in langsam steigender Dosis den Organismus an die Schädlichkeit zu gewöhnen und eine normale Reaktionsweise zu erzielen. Aber diesen Erfolgen der Desensibilisierung steht eine unverhältnismäßig größere Anzahl von negativen Resultaten gegenüber. Dazu kommt, daß es gerade bei den organisch-technischen Lösungsmitteln — Perutz hat allerdings, wie bereits erwähnt, eine Desensibilisierung mit Terpentinöl erzielt — sehr in Frage gestellt ist, ob dabei allergische Phänomene eine Rolle spielen und somit überhaupt die Voraussetzungen für eine spezifische Desensibilisierung gegeben sind. Ebenso zweifelhaft sind vorläufig auch die Aussichten die für eine erfolgreiche Behandlung auf dem Wege einer unspezifischen Desensibilisierung bestehen.

Für die *Prophylaxe* werden in der Hauptsache folgende Gesichtspunkte zu berücksichtigen sein: 1. Einschränkung der Verwendung der stark hautreizenden Lösungsmittel zugunsten anderer technisch hochwertiger, aber weniger schädlicher Lösungsmittel in gewerblichen Betrieben, in denen die praktische Voraussetzung für eine solche Maßnahme gegeben ist. 2. Berufsberatung bzw. Prüfung auf Berufseignung, um zu verhindern, daß Personen, die nach ärztlichem Gutachten für Berufe, in denen technische Lösungsmittel eine wichtige Rolle spielen, ungeeignet sind, in diese Berufe Eingang finden. Als ungeeignet anzusehen sind selbstverständlich diejenigen Personen, die zum Zeitpunkt der Untersuchung an Ekzem leiden oder nach der Anamnese für Ekzeme disponiert erscheinen, ferner die sog. latenten Ekzematiker im Sinne Blochs, die wenigstens zum Teil bei den Hautfunktionsprüfungen erkannt werden können. Leider auf diese Weise und auch sonst bislang nicht zu erfassen sind alle diejenigen, bei denen anfangs eine Schwäche des Hautorgans nicht besteht, die aber früher oder später doch erkranken, weil die Haut ihre ursprünglich normale Widerstandsfähigkeit im Kontakt mit der beruflichen Noxe einbüßt. 3. Aufklärung der Arbeiter über die bestehenden Gefahren und entsprechende Anweisungen, daß jede unnötige Berührung mit den Lösungsmitteln nicht erst nach den ersten Anzeichen einer beginnenden Schädigung, sondern von Anfang an zu unterbleiben hat. Wo eine häufige und innige Benetzung der Hände mit den Lösungsmitteln schwer zu umgehen ist, kann die Benutzung von Gummihandschuhen, die auf die Dauer nicht ganz unbedenklich ist, als das kleinere Übel zugelassen werden. 4. Zweckmäßige Reinigung und Pflege der Haut: Waschen mit warmem Wasser und milder Seife unter Vermeidung mechanischer Verletzung der Haut durch intensives Bürsten oder Reiben mit Sand und dergleichen, dann gründliches Abtrocknen und Einfetten mit indifferenten Salben. Die technischen Lösungsmittel sollten zur Hautreinigung nur im Notfall herangezogen werden und zwar ist in solchen Fällen den Lösungsmitteln aus der Gruppe der Ketone und Ester gegenüber dem stark hautreizenden Benzin und Benzol und deren Homologen der Vorzug zu geben. Ein zuverlässiges Mittel, welches imstande wäre, durch äußere Einwirkung auf die Haut einen wirksamen Schutz zu gewähren, gibt es trotz der regen, nach dieser Richtung hin gemachten Anstrengungen bislang nicht.

Schrifttum.

ADAMS, J. M. and F. L. IRBY: Contact-dermatitis due to crude petroleum. Arch. of Dermat. **32**. 573 (1935). — AIELLO: Über die durch Terpentin verursachte Dermatose. Med. del Lavoro **1**, 6 (1928).

BALBI, E.: Über Gewerbeekzeme, hervorgerufen durch Terpentin und Kaliumbichromat. Boll. Sez. reg. Soc. ital. Dermat. **3**, 216 (1936). — BEINTKER: Überempfindlichkeit gegen Äthylacetat. Dtsch. med. Wschr. **1928** I, 528. — BERING, F. u. E. ZITZKE: Berufliche Hautkrankheiten. Leipzig: L. Voß 1935. — BIRNBAUM: Terpentindermatitis bei Druckereiarbeitern. Schles. dermat. Ges. Breslau, 19. Febr. 1927. Zbl. Hautkrh. **24**, 588 (1927). — BLACKWOOD, J. D. Skarlatiniformes Exanthem durch Terpentin. J. amer. med. Assoc. **61**, 1048 (1913). — BLASCHKO: Berl. dermat. Ges. Sitzg. 20. Mai 1913. Dermat. Z. **20**, 811 (1913). — BOGDANOVIČ, J.: Zur Frage über die gewerblichen Petroleumdermatosen. Sovet. vestn. venerol. i Dermat. **3**, 334 (1934). — BREZINA, E. u. L. TELEKY: Internationale Übersicht über Gewerbekrankheiten, H. 8—10. Berlin: Julius Springer 1921/22.

CHORAZAK, TADEUSZ: Berufskennzeichen in Form einer Keratosis follicularis bei einem Lithographen. Dermat. Wschr. **1935** I, 255. — CORD, CAREY, P. Mc.: Gewerbedermatitis durch Holzterpentin. J. amer. med. Assoc. **86**, Nr 26, 1979 (1926).

ENGELHARDT, W.: Überempfindlichkeitserkrankungen der Haut durch Alkoholesterverbindungen der aliphatischen Alkoholreihe im Lackierberuf. Arch. f. Dermat. **169**, 236 (1934).

FASAL: Wien. dermat. Ges., Sitzg 16. März 1933. — FEIBER: Med. News **1889**, 437. — FELLNER: Petroleumdermatitis mit Exitus. Wien. dermat. Ges., Sitzg 21. Febr. 1929. — FESSLER, S.: Beschäftigungsakne. Wien. dermat. Ges., Sitzg 20. Juni 1929. Zbl. Hautkrkh. **32**, 179 (1930). — FLANDIN, CH., H. RABEAU et UKRAINCZYK: Intoleranz gegenüber Terpentin und Stoffen aus der Gruppe der Terpene. Bull. Soc. franç. Dermat. **44**, No 2, 315—324 (1937). — FLANDIN, CH et J. ROBERTI: Tödlich verlaufende hämorrhagische Purpura durch Gewerbevergiftung mit Benzoldämpfen. Bull. Soc. méd. Hôp. Paris **38**, No 1, 58 (1922). — FLORET: Neuere Beobachtungen über gewerbliche Schädigungen durch Kohlenwasserstoffe. Zbl. Gewerbehyg. N. F. **3**, Nr 1, 7 (1926).

GALEWSKY: Über Dermatitiden durch Terpentinersatz. Dermat. Wschr. **1922** I, 273. — Hautentzündungen nach Ersatzstoffen. Klin. Wschr. **1924** II, 1767. — GLASER, E.: Terpentin, Harze, Lacke, Firnisse in ihrem Einfluß auf die Haut in gewerblichen Betrieben, mit einem Anhang über Kunstharz. ULLMANN-OPPENHEIM-RILLE: Die Schädigungen der Haut durch Beruf und gewerbliche Arbeit, Bd. 2, S. 226. Leipzig: L. Voß.

HARNAPP, O.: Das Sangajol-Ekzem und seine rechtliche Bedeutung. Zbl. Gewerbehyg. N. F. **11**, 41 (1932). — HELLER, J.: Schädigung der Nägel durch Beruf und gewerbliche Arbeit. ULLMANN-OPPENHEIM-RILLE: Die Schädigungen der Haut durch Beruf und gewerbliche Arbeit. Bd. 3, S. 40. Leipzig: L. Voß 1926.

KOCHMANN, M.: Inhalationsanaesthetica. HEFFTERS Handbuch der experimentellen Pharmakologie, S. 151. Berlin 1923. — KOELSCH, F.: Gewerbliche Schädigungen durch Benzol und seine Nitro-Abkömmlinge. Jkurse ärztl. Fortbildg **1918**, H. 9. — Gewerbliche Hautkrankheiten durch Teerabkömmlinge. ULLMANN-OPPENHEIM-RILLE: Die Schädigungen der Haut durch Beruf und gewerbliche Arbeit, Bd. 2, S. 303. Leipzig: L. Voß 1926. — Die Gesundheitsschädigungen beim Arbeiten mit denaturiertem Spiritus. Das Polierekzem. Zbl. Gewerbehyg. **1921**, Nr 9, 203.

LAPIDUS: Studien über die örtliche Wirkung und Hautresorption von Tetrachlorkohlenstoff und Chloroform. Arch. f. Hyg. **102**, 124 (1929). — LAZAREW, BRUSSILOWSKAJA u. LAWROW: Quantitative Untersuchungen über die Resorption einiger organischer Gifte durch die Haut im Blut. Ein Beitrag zur Frage über die Möglichkeit der professionellen organischen Lösungsmittelvergiftungen durch die Haut. Arch. Gewerbepath. **2**, 641 (1931). LAZAREW, BRUSSILOWSKAJA, LAWROW u. LIFSCHITZ: Über die Durchlässigkeit der Haut für Benzin und Benzol. Arch. f. Hyg. u. Bakter. **106**, 112 (1931). — LEWIN, L.: Über allgemeine und Hautvergiftung durch Petroleum. Virchows Arch. **112**, H. 1.

MAYER, R. L.: Das Gewerbeekzem, Pathogenese, Diagnose, versicherungsrechtliche Stellung. Berlin: Julius Springer 1930. — Toxicodermien. JADASSOHNS Handbuch der Haut- und Geschlechtskrankheiten, Bd. IV/2. Berlin: Julius Springer 1933. — MAZZETTI, L.: Zu einigen Fällen von Terpentindermatitis. Giorn. med. mil. **80**, 749 (1932). — MERLE, E.: Intoxication grave par l'essence de pétrole. Coma, puis délire, action cutanée vésicante. Ann. Méd. lég. ect. **9**, 139 (1929). — MICHAEL: Chronisches Ekzem und Medianuslähmung (Benzinvergiftung). Berl. dermat. Ges., Sitzg. 10. Juli 1928. Zbl. Hautkrankh. **29**, 144

(1929). — MILIAN, G.: Bull. Soc. méd. Hôp. **46**, 1441 (1922). — MOSER, L.: Zur Frage der gewerblichen Schädigung durch Terpentinöl. Zbl. Gewerbehyg., N. F. **8**, 305 (1931). — MUMFORD, P. B.: Zwei Formen von Dermatitis nach äußerlichem Gebrauch von Methylalkohol. Brit. med. J. **1925**, 607.

OETTEL, HJ.: Einwirkung organischer Flüssigkeiten auf die Haut. Arch. f. exper. Path. **183**, 641 (1936). — OPPENHEIM, M.: Zit. von ULLMANN.

PAGE: Practitioner **100**, 451 (1918). — PAUTRIER, L. M.: Tatouage pigmentaire de la face par des hydrocarbures, par projection de sables pétrolifières. Bull. Soc. franç. Dermat. **39**, No 9, 1545 (1932). — PERUTZ, A.: Beiträge zur Pathogenese der Terpentindermatitis. Arch. f. Dermat. **152**, 617 (1926). — Hautkrankheiten entzündlicher, vorwiegend beruflicher Natur und ihre Stigmata. L. ARZT u. K. ZIELER: Die Haut- und Geschlechtskrankheiten, Bd. 2, S. 483. Wien u. Berlin: Urban & Schwarzenberg 1926.

RIDDER: Terpentinölvergiftung mit Nierenschädigung durch äußere Anwendung des Öls. Dtsch. med. Wschr. **1923** II, 1369.

SACHS, O.: Gewerbliche Dermatosen. Dermat. Wschr. **1923** I, 582. — Gewerbekrankheiten der Haut. JADASSOHNS Handbuch der Haut- und Geschlechtskrankheiten, Bd. 14/1, S. 220. 1930. — ŠČERBAKOV, I.: Zur Diagnostik und spezifischen Therapie der Terpentin- und einiger anderer beruflicher Dermatitiden. Zbl. Hautkrkh. **44**, 329 (1933). — SCHEURLEN, VON: Das Sangajolekzem und seine rechtliche Beurteilung. Zbl. Gewerbehyg., N. F. **10**, 191 (1933). — SCHWANDER, PAUL: Über die Diffusion halogenisierter Kohlenwasserstoffe durch die Haut. Arch. f. Gewerbepath. **7**, 109 (1936). — SCHWENKENBECHER: Arch. f. Anat. **1904**, 121. — SIROTA, L.: Dermatosen bei den Polierarbeitern in der Möbelindustrie und Maßnahmen zu ihrer Liquidierung. Zbl. Hautkrkh. **51**, 208 (1935). — STÜBER, K.: Gesundheitsschädigungen bei der gewerblichen Verwendung des Trichloräthylens und die Möglichkeiten hrer Verhütung. Arch. Gewerbepath. **2**, 398 (1931).

TOEGEL: Benzolschädigung der Nägel bei einem Kraftfahrer. Dtsch. Mil.arzt **2**, 69—71 (1937).

ULLMANN, K.: Rohöl, Paraffin und CH-Gruppe des Kohlenteers. ULLMANN-OPPENHEIM-RILLE: Die Schädigungen der Haut durch Beruf und gewerbliche Arbeit, Bd. 2, S. 226. Leipzig: L. Voß 1926.

VIGNOLO-LUTATI: Morgagni **55**, 217. Ref. Brit. med. J. **1913**, 2.

WHITE, PROSSER: Occupationel Affections of the skin, 2. Ed. London 1920. — WOLF: Terpentinölersatzmittel und ihre hygienische Bedeutung. Z. Hygiene **1913**, Nr 23. — WOOD: Ann. Rep. **1913**.

ZELLNER u. WOLFF: Über die Ursachen der Hauterkrankungen im Buchdruckergewerbe. Z. Hyg. **75**, 69 (1913). — ZINSSER: Terpentindermatitis an beiden Händen. Frühjahrstagg Vereinig. rhein.-westfäl. Dermat. Köln, 6. März 1927. Ref. Zbl. Hautkrkh. **23**, 337 (1927). ZITZKE, E.: Klinische Untersuchungen über Druckereiwaschmittel unter Berücksichtigung der Berufsekzeme im graphischen Gewerbe. Dermat. Wschr. **1934** II, 1379. — Über gehäuftes Auftreten gewerblicher Ekzeme durch Hydroterpin in einer Lackiererwerkstatt. Dermat. Wschr. **1935** I, 447.

VII. Gesundheitsgefährdung und Gesundheitsschutz bei der gewerblichen Lösungsmittelverwendung.

A. Allgemeines.

Von

HANS ENGEL-Berlin.

Alle organischen Lösungsmittel sind physiologisch wirksam und gewerbehygienisch different; sie sind es vermöge ihrer ausgesprochenen Lipoidaffinität, die ja auch ihre Eignung zur technischen Verwendung auf den verschiedenen Anwendungsgebieten bedingt, und — was für die gewerbliche Vergiftungsgefährdung wesentlich ist — vermöge ihrer mehr oder weniger großen Flüchtigkeit, die ebenfalls für viele Anwendungsgebiete (als Lösungs- und Verdünnungsmittel für Farben, Anstrich- und Klebemittel, als Extraktionsmittel) Voraussetzung ist; selbst die harmlosesten unter ihnen, z. B. Äthylalkohol, Aceton — auch Benzin kann hierher noch gerechnet werden — sind vermöge dieser Eigenschaften ausgesprochene Inhalationsnarkotica und haben gelegentlich unter geeigneten

Umständen, z. B. beim Befahren ungenügend gelüfteter Behältnisse, tödliche
Vergiftungen hervorgerufen. Man muß aus dieser Tatsache die Folgerung ziehen,
daß mit keinem dieser Stoffe ganz sorglos umgegangen werden darf; es wäre
aber falsch, daraus umgekehrt — wie es mitunter geschieht — die Auffassung
abzuleiten, daß man mit dieser allgemeinen Eigenschaft sich abzufinden habe,
daß man, wenn schon die Umstände in jedem Fall die Anwendung geeigneter
und wirksamer Verhütungsmaßnahmen erforderlich machen, in der Wahl der
verwendeten Lösungsmittel weitgehend freie Hand habe.

Bestehen schon, wenn man zunächst nur die narkotische Wirkung in Betracht
zieht, weitestgehende Abstufungen der Wirkungsstärke bestimmter gleicher
Konzentrationen (also hinsichtlich der sog. einphasischen Giftigkeit), so werden
diese unter der Voraussetzung freier Verdunstung, wie sie bei vielen Formen
der gewerblichen Verwendung stattfinden kann und tatsächlich stattfindet,
durch die von der Dampfspannung abhängigen Unterschiede der Verdunstungsgeschwindigkeit ganz erheblich und ausschlaggebend gesteigert (zweiphasische
Giftigkeit). Fundamentale und gesundheitlich höchst bedeutungsvolle Unterschiede ergeben sich aber vor allem erst zwischen denjenigen Lösungsmitteln,
deren Giftwirkung sich ausschließlich oder wenigstens in der Hauptsache auf die
primär narkotischen Eigenschaften beschränkt und der nicht kleinen Anzahl
derjenigen, die unmittelbar oder vermöge sekundärer Giftungsvorgänge im Organismus außerdem — oder auch vorwiegend — chronische Vergiftungszustände
besonderer Art hervorzurufen vermögen. Dieser fundamentale Unterschied
besteht nicht nur in dem heimtückischen und schweren, oft das Leben bedrohen-
den Charakter der Vergiftungserscheinungen, sondern vor allem auch darin,
daß hier unter Umständen verhältnismäßig geringe Konzentrationen in der
Luft, die primär ohne weiteres erträglich erscheinen und an eine Gefährdung
nicht denken lassen, auf die Dauer bei täglicher gewerblicher Verwendung
schwerste Gefahren für Leben und Gesundheit mit sich bringen. Man kommt
daher, wenn man die organischen Lösungsmittel nach ihrer gewerblichen Gift-
gefährlichkeit beurteilt, zu einer ganz anderen Klassifikation, wie etwa bei einer
Beurteilung als Gifte des täglichen Lebens. Zwischen diesen Extremen liegen
jene Lösungsmittel, die wie z. B. die bromierten Kohlenwasserstoffe oder das
Äthylenchlorhydrin bei einmaliger Einwirkung schon schwach narkotischer
Konzentrationen außer der primären Narkosewirkung ebenfalls schwere Nachkrankheiten infolge spezifischer Zellgiftwirkungen hervorzurufen vermögen.
Man muß sich diese grundlegenden Unterschiede, die eingehend in dem Kapitel IV
(allgemeine Toxikologie der Lösungsmittel) und in dem Kapitel V E. (Vergleichende Übersicht) dargelegt und für die einzelnen Lösungsmittel im speziellen
toxikologischen Teil (Kapitel V) behandelt sind, vor Augen halten, um zu einer
richtigen Beurteilung der gewerblichen Gesundheitsgefährlichkeit der verschiedenen Lösungsmittel und vor allem auch zu einem richtigen Maßstab für die sehr
verschieden hohen Anforderungen zu gelangen, die an die Wirksamkeit der
notwendigen Verhütungsmaßnahmen je nach Art der verwendeten Stoffe gestellt
werden müssen; es ist ohne weiteres einzusehen, daß man in einem Fall mit der
Vermeidung subjektiv lästiger oder nur leicht narkotisch sich äußernder Konzentrationen auskommen kann, wozu die allgemeine Raumbelüftung ausreicht,
während in anderen Fällen selbst bei dem unvermeidlichen Auftreten geringster
Konzentrationen neben lokaler Absaugung der Gebrauch eines persönlichen
Atemschutzes nicht entbehrt werden kann. Weit mehr als selbst erhebliche
Differenzen in der primär narkotischen Wirkung, die ebenso wie die Feuergefährlichkeit immerhin mehr als ernste Unfallgefahr wie als Gesundheits-
gefahr bedrohlich wird, zwingen diese fundamentalen Unterschiede hinsichtlich
der chronischen Giftwirkung auch dazu, schon bei der Auswahl der für einen

bestimmten Zweck geeigneten Lösungsmittel neben den rein technischen oder
gar wirtschaftlichen Gesichtspunkten — auch neben Rücksichten der Feuer-
und Explosionsgefährlichkeit — die gesundheitlichen Eigenschaften in Betracht
und Wissen und Erfahrung des sachkundigen Arztes zu Rate zu ziehen.

Mag der Spielraum, den in dieser Auswahl die rein technischen Anforderungen
an das Lösevermögen, die Verdunstungseigenschaften usw. offenlassen, auch
in manchen Fällen klein sein, so wird doch das Bestreben und die Forderung
bei annähernd gleicher technischer Verwendbarkeit und unter Umständen auch
ohne Rücksicht auf wirtschaftliche Fragen des Preises usw. das gesundheitlich
weniger bedenkliche Lösungsmittel zur Verwendung zu bringen, stets Anlaß
geben müssen, von diesem Gesichtspunkt aus auch eingehende technologische
Versuche anzustellen. Ebenso sollte umgekehrt kein technisches Lösungsmittel
für die Herstellung von Lacken, Anstrichmitteln und sonstigen Arbeitsstoffen,
bei deren Verwendung die Möglichkeit freier Verdunstung ihrer flüchtigen
Bestandteile immer gegeben ist, heute in den Verkehr gebracht werden, ohne
daß neben seinen spezifischen und vielleicht sehr wertvollen Lösungseigenschaften, die zu seiner Einführung Anlaß gaben, auch seine physiologischen
Eigenschaften wissenschaftlich exakt geprüft sind, wie das heute in der verant-
wortungsbewußten Großindustrie mit allen Hilfsmitteln des Laboratoriums und
insbesondere auch des Tierversuchs schon regelmäßig zu geschehen pflegt, und
in kleineren Betrieben, die über geeignete Laboratorien nicht verfügen, ohne
weiteres durch die Existenz geeigneter wissenschaftlicher Untersuchungsstellen
ermöglicht ist. Auch dann wird man wenigstens hinsichtlich der chronischen,
im Tierversuch oft schwer oder nur unsicher reproduzierbaren Giftwirkungen
vor Überraschungen niemals sicher sein und zu Anfang der Einführung auch
den ersten Erfahrungen bei praktischer Verwendung wachsamste Aufmerksamkeit
zuwenden müssen, um die von dieser Seite kommenden ersten Warnungen nicht
zu überhören. Durch planmäßige und systematische tierexperimentelle Untersuchungen und die damit Hand in Hand gehende sorgfältige Sammlung der
gesundheitlichen Erfahrungen aus der Betriebspraxis, die allerdings bei der oft
unbekannten Zusammensetzung der jeweils verwendeten Lösungsmittel durch
eine exakte Ursachenforschung unter Zuhilfenahme der Arbeitsstoffanalyse —
unter Umständen auch durch Luftuntersuchungen — vertieft werden müssen,
ist — wie dies nach den Ausführungen im Vorwort in den Arbeiten des Unter-
ausschusses für technische Lösungsmittel beim Ärztlichen Ausschuß der Deutschen Gesellschaft für Arbeitsschutz seit Jahren angestrebt wird — eine möglichst lückenlose Klassifizierung und Kennzeichnung der organischen Lösungsmittel nach ihren physiologischen Wirkungen, sowohl der resorptiven wie derjenigen auf die Haut, auszubauen, die der herstellenden und verarbeitenden
Industrie Anlaß und Möglichkeit gibt, bei der Auswahl unter technologisch
gleichwertigen Lösungsmitteln grundsätzlich dem gesundheitlich harmloseren
den Vorzug zu geben, die Verwendung ausgesprochen gesundheitsgefährlicher
Lösungsmittel tunlichst zu vermeiden und Mittel und Wege zu ihrem Ersatz
durch weniger bedenkliche zu suchen. Auch unter Verzicht auf einen technisch
voll befriedigenden Ersatz muß die Verwendung und der Vertrieb ausgesprochen
heimtückisch wirkender Lösungsmittel, wie das z. B. bei Äthylenchlorhydrin,
Tetrachloräthan usw. teils aus freien Stücken seitens der Erzeuger, teils unter
behördlicher Einflußnahme geschehen ist, soweit sie nicht ganz unterlassen
werden können, auf Zwecke und Arbeitsverfahren beschränkt bleiben, bei denen
eine freie Verdunstung ausgeschlossen ist (Verwendung in geschlossenen Apparaturen, Extraktions- und Reinigungsprozesse) oder durch geeignete Maßnahmen
mit Sicherheit ausgeschlossen werden kann. In Arbeitsstoffe, die unter freier
Verdunstung verwendet werden, wie Anstrich- und Klebemittel, Kitte usw. und

mittels Spritzverfahren zu verarbeitende Überzugsstoffe, am wenigsten in solche, die im Kleingewerbe, in der Heimarbeit und nicht gewerblichen Betrieben eine ganz unkontrollierbare Verarbeitung und Verwendung finden, die in vollkommener Unkenntnis der Gefahren, ohne alle Vorsicht und meist auch ohne jede Möglichkeit wirksamer Verhütungsmaßnahmen geschieht, sollten derartige Lösungsmittel niemals gelangen.

Wie weitgehend andererseits auch in den durch technologische Erfordernisse oft eng gezogenen Grenzen gesundheitliche Gefahren durch Übergang zu harmloseren Lösungsmitteln ausgeschlossen oder vermindert werden können, zeigt der Ersatz des Schwefelkohlenstoffs durch Benzin in der Kaltvulkanisation und bei Extraktionsprozessen, zeigt fernerhin der Ersatz des Benzols durch Benzin oder durch reine Homologe des Benzols, letzteres zugleich ein Beispiel dafür, wie groß infolge speziell chronischer Giftwirkung die für die Auswahl maßgebenden Unterschiede in gesundheitlicher Hinsicht selbst bei einander nicht nur chemisch, sondern auch technologisch und in den Lösungseigenschaften usw. sehr nahe stehenden Lösungsmitteln sein können, ein Beispiel auch dafür, daß eine technologisch gleichgültige Trennung von üblicherweise in Form von Mischfraktionen verwendeten Destillationsprodukten gewerbehygienisch bedeutsam und notwendig da sein kann, wo ein technisches Bedürfnis dafür nicht besteht.

Andererseits möge in diesem Zusammenhang nicht unerwähnt bleiben, daß über die durch kombinierte Giftwirkung von Lösungsmittelgemischen und durch spurenweise aus dem Produktionsprozeß stammenden Verunreinigungen von Begleitstoffen technisch reiner Lösungsmittel bedingten — über die bekannten Giftwirkungen der chemisch reinen Stoffe quantitativ und qualitativ hinausgehend — unerwarteten neuen Giftgefahren Vorstellungen entwickelt worden sind, die nicht immer auf nüchterne Erfahrung, sondern mehr auf spekulative Verallgemeinerung von Einzelbeobachtungen begründet sind.

Im allgemeinen sind, wie in Kapitel IV, S. 35 dargelegt worden ist, wenn man von der gegenseitigen physikalischen Beeinflussung von Dampfspannung und Verdunstungsgeschwindigkeit und an sich möglichen Wirkungsänderungen durch eine in dieser Körperklasse seltene gegenseitige chemische Beeinflussung außerhalb des Körpers sowie von den bei den Halogenkohlenwasserstoffen vorkommenden Zersetzungen bei längerer unzweckmäßiger Lagerung absieht, von Gemischen und Verunreinigungen technischer Lösungsmittel keine anderen Wirkungen zu erwarten, als die bekannten der reinen Bestandteile in einem Ausmaß, das der verhältnismäßigen Zusammensetzung entspricht. Das hygienisch und mit Rücksicht auf die Belange des Arbeiterschutzes Bedenkliche solcher Lösungsmittelgemische, für deren Herstellung und Vertrieb und auch für deren Zusammensetzung nicht immer, wie bei gewissen handelsüblichen Lacklösungsmitteln und „Verdünnern" sachliche technologische Bedürfnisse maßgebend sind, sondern mitunter überwiegend kommerzielle Interessen an der Unterbringung anfallender Produkte und Nebenprodukte, liegt vielmehr darin, daß sie — gerade im letzteren Fall — meist unter Decknamen und irreführenden Trivialbezeichnungen und mit Geruchs- usw. Zusätzen in den Verkehr gebracht werden in einer nicht selten mit den Markt- und Produktionsverhältnissen wechselnden Zusammensetzung, die im übrigen in jedem Fall dem Verbraucher unbekannt, wenn nicht absichtlich versteckt bleibt. Daraus erwachsen der Durchführung eines vorbeugenden Arbeiterschutzes, aber auch der Aufklärung und ursächlichen Deutung eingetretener Schädigungen außerordentlich große Schwierigkeiten, denen auch durch nachträgliche Arbeitsstoffanalysen nicht immer begegnet werden kann.

Um diesem Mißstand abzuhelfen und beim In-Verkehr-Bringen hygienisch besonders bedenklicher Lösungsmittel und vor allem von Gemischen und gebrauchsfertigen Arbeitsstoffen (Lacken, Klebemitteln usw.), die unter Verwendung solcher Lösungsmittel hergestellt sind, die Kenntnis der mit ihrer Verwendung verbundenen Gesundheitsgefahren und die Beachtung der erforderlichen — unter Umständen auch behördlich vorgeschriebenen — Verhütungsmaßnahmen beim Verbraucher sicherzustellen und die Verwendung für eine ungeeignete oder gar behördlich verbotene Verwendung für bestimmte Zwecke (z. B. Verwendung benzolhaltiger Anstrichstoffe in engen Schiffsräumen) auszuschließen, bedürfte es zweifellos einer größeren Offenbarungsbereitschaft seitens der Erzeuger, zu der allerdings mangels eines gesetzlichen Deklarationszwanges eine rechtliche Verpflichtung zur Zeit nicht vorliegt, und der bisher im allgemeinen noch nicht in ausreichendem Maß freiwillig Rechnung getragen wird.

Eine solche Offenbarungspflicht bzw. ihre rechtliche Verankerung in einer gesetzlichen Deklarationspflicht würde sich kaum auf Lösungsmittel mit besonders ausgeprägten, insbesondere ausgesprochen chronischen Giftwirkungen ausschließlich zu erstrecken haben, sondern darüber hinaus auch auf solche, die, ohne im besonderen Maß gefährlich zu sein, doch an Stelle und als Ersatz eines sonst für die Herstellung gleichartiger Erzeugnisse üblicherweise verwendeten wesentlich harmloseren und notorisch ziemlich unschädlichen Stoffes benutzt werden (wie z. B. Methylalkohol an Stelle von Äthylalkohol), weil auch hier mit einer dem Verbraucher ganz unerwarteten Gesundheitsgefährdung gerechnet werden muß.

Andererseits kann und braucht ein gesetzlicher Deklarationszwang keinesfalls in berechtigte wirtschaftliche Interessen des Erzeugers an der Wahrung des Fabrikationsgeheimnisses beim Vertrieb bestimmter technischer Spezialmittel einzugreifen, bei denen es oft auf sorgfältig abgestimmte durch kostspielige Versuche ermittelte und erprobte Mischungsverhältnisse und mitunter sehr kleine Zusätze bestimmter Lösungsmittel ankommt. Der mit dem Deklarationszwang verfolgte Zweck, den Verbraucher und die Organe der behördlichen Gewerbeaufsicht über die Zusammensetzung bestimmter Arbeitsstoffe so weit zu unterrichten, daß die Notwendigkeit besonderer Schutzmaßnahmen und gegebenenfalls die Anwendbarkeit bestehender gesetzlicher Bestimmungen und Verbote erkennbar ist, wird vielmehr durchaus erfüllt, wenn er sich darauf beschränkt, Angaben über die Anwesenheit bestimmter, in den diesbezüglichen Vorschriften namentlich bezeichneter Bestandteile unter Umständen ohne Mengenangabe vorzuschreiben, sobald der Gehalt an diesen eine bestimmte Höhe überschreitet.

Neben der Kennzeichnung besonders gesundheitsschädlicher Erzeugnisse durch den Hersteller, mag diese nun aus freien Stücken oder auf Grund einer gesetzlichen Deklarationspflicht geschehen, der naturgemäß immer enge Grenzen gezogen sein werden, wird es auch Sache und Aufgabe des gewerblichen Verbrauchers bleiben müssen, sich bei Einführung neuer Lösungsmittel und lösungsmittelhaltiger Arbeitsstoffe und von neuen unter ihrer Verwendung sich vollziehenden Arbeitsverfahren, in geeigneter Weise über die damit verbundenen Gesundheitsgefahren und über die Abwesenheit ausgesprochen gesundheitsschädlicher Eigenschaften und Bestandteile zu vergewissern. Zum wenigsten für größere Betriebe muß gerade auf diesem Gebiet die Einführung neuer Verfahren und Arbeitsstoffe ein nicht ausschließlich technisches und wirtschaftliches, sondern ein sehr wesentlich auch gesundheitliches Problem sein, zu dessen Lösung die Betriebsleitung sich rechtzeitig unter Inanspruchnahme aller erreichbaren Informationsquellen — behördliche und berufsgenossenschaftliche Betriebsaufsicht, Auskünfte der Hersteller auch über Erfahrungen in Verwendungsbetrieben — ausreichend unterrichten muß, um von vornherein alle notwendigen und bereits üblichen oder behördlich vorgeschriebenen Verhütungsmaßnahmen ergreifen und die Gefolgschaft über die Gefahren und die ihrerseits zu beachtenden Vorsichtsmaßnahmen durch mündliche Instruktionen und Verteilung oder Aushang etwa vorhandener Merkblätter belehren zu können. Dieses Erfordernis muß gegenüber den gesundheitlichen Gefahren ebenso gewissenhaft erfüllt werden, wie es jetzt schon allgemein gegenüber den mehr handgreiflichen Feuers- und Explosionsgefahren geschieht.

Auf die durch die Lagerung und Verwendung großer Mengen brennbarer und infolge ihrer hohen Flüchtigkeit leicht entzündlicher und im höchsten Maß feuer- und explosionsgefährlicher Flüssigkeiten bedingten Unfallgefahren und ihre Verhütung soll hier nicht näher eingegangen werden, sie sind im folgenden Abschnitt eingehend behandelt. Ihre gründliche Beseitigung durch Einführung und bevorzugte Verwendung unbrennbarer Lösungsmittel aus der Gruppe der gechlorten Kohlenwasserstoffe, die gewiß geeignet ist, von schwerer Sorge um Leben und Gesundheit der Belegschaft und ihrer ständigen Bedrohung durch unabsehbare Unfallgefahren zu befreien, hat aber vielfach dazu verleitet, gerade im Bewußtsein der erhöhten Unfall- und Feuersicherheit die unvermindert weiter bestehenden Forderungen des Gesundheitsschutzes weniger ernst zu nehmen oder gar zu vernachlässigen.

Grundlegend und wegweisend für die Methoden des eigentlichen Gesundheitsschutzes gegenüber Giftgefahren und über die Wahl und den Einsatz zweckmäßiger Schutzmaßnahmen ist die Erkenntnis der wesentlichen Gefahrenquellen, die sich als Folgerung aus der Kenntnis der für die gewerbliche Giftgefährdung maßgebenden Aufnahmewege in dem Organismus ergibt. Bei den organischen Lösungsmitteln führt dieser Weg (abgesehen von lokalen Schädigungen der äußeren Bedeckungen durch die unmittelbare Berührung mit den flüssigen Lösungsmitteln, deren Verhütung im vorangehenden Abschnitt behandelt ist) praktisch gesprochen ausschließlich über die Aufnahme der Lösungsmitteldämpfe mit der Atmung. Von den sonst möglichen Aufnahmewegen gewerblicher Gifte ist derjenige durch Mund und Verdauungsorgane sowie der durch die unverletzte Haut nur bei unglücklichen Zufällen — versehentliches oder unfallweises Verschlucken, unbeachtete Durchnässung der Kleidung mit den flüssigen Lösungsmitteln — von einer gewissen praktischen Bedeutung. Eine Aufnahme durch die Haut ist zwar, wie bereits in Abschnitt IV dargetan worden ist, erwartungsgemäß und auch nach Ergebnissen experimenteller Untersuchungen in Berührung größerer Hautflächen mit den flüssigen Lösungsmitteln oder ihren Dämpfen in nicht unerheblichem Umfang möglich, die durch Aufnahme von der Haut aus bedingten Giftwirkungen und somit die praktische Giftgefährdung im Rahmen der regelrechten Betriebsvorgänge werden aber im allgemeinen durch den viel rascheren Austausch in den Lungen kompensatorisch ausgeglichen und auf das durch die gleichzeitige Aufnahme mit der Atmung gegebene und durch die Konzentration in der Atemluft bestimmte Maß beschränkt bleiben. Denn die besonderen Eigenschaften und Voraussetzungen, die bei gewissen Arbeitsstoffen die Aufnahme durch die Haut zu einer wesentlichen, ja hauptsächlichen Quelle der gewerblichen Vergiftungsgefahren machen — insbesondere ein exquisit großes Hautdurchdringungsvermögen bei verhältnismäßig geringer Flüchtigkeit und vor allem sehr raschem Abbau unter Entstehung nicht flüchtiger, daher mit der Atmung nicht mehr ausscheidbarer Umwandlungsprodukte als Träger sekundärer Giftwirkungen — sind bei den organischen Lösungsmitteln nicht oder wenigstens bei weitem nicht in dem gleichen Maß gegeben, wie z. B. beim Anilin, Nitrobenzol und anderen aromatischen Amido- und Nitroverbindungen oder dem Tetraäthylblei. Die Einatmung der Dämpfe ist die Quelle der Gefährdung durch Lösungsmittel, auf die der Gesundheitsschutz seine Aufmerksamkeit ausschließlich zu richten hat.

Verhütung des Austritts von Lösungsmitteln bzw. von Nebeln lösungsmittel-haltiger Arbeitsstoffe in den Arbeitsraum und, da dies in vollkommener Weise nicht immer erreicht werden kann, Verhütung der Entstehung und Ein-atmung schädlicher Lösungsmitteldampfkonzentrationen in der Raumluft ist die grundlegende und in allen Fällen vordringliche Aufgabe des Arbeitsschutzes beim gewerblichen Umgang mit Lösungsmitteln. Diese ist leicht zu erfüllen bei allen Arbeitsprozessen, bei denen die Benutzung vollkommen geschlossener Apparaturen technisch möglich oder an sich technisch-wirtschaftliches Erforder-nis ist. Sie wird zu einem ungemein schwierigen, vollkommen befriedigend über-haupt nicht zu lösenden Problem, wenn die Verdunstung von Lösungsmitteln und die Abgabe von Dämpfen an die Raumluft mit dem Arbeitsvorgang not-wendigerweise oder unvermeidbar verbunden ist, wie das bei allen Arten der Ver-wendung von Anstrich- und Überzugsstoffen, Klebemitteln usw. mehr oder weniger (je nach dem Anteil der Handarbeit) der Fall ist. Eine Mittelstellung nehmen gewisse maschinelle Verfahren der Auftragstechnik für Überzugstoffe, Druckfarben usw. ein, bei denen eine Rückgewinnung der verdunstenden Lö-sungsmittel technisch möglich und wirtschaftlich tragbar ist. Bei allen von An-fang bis zu Ende in geschlossenen Apparatsystemen verlaufenden Arbeitspro-zessen, bei denen das Lösungsmittel entweder — wie bei der Verarbeitung zu chemischen Produkten (z. B. Verwendung von Schwefelkohlenstoff zur Sul-fidierung der Cellulose in der Kunstseide- und Zellwolleindustrie) restlos in andere Zwischen- und Endprodukte übergeht, oder — wie bei der industriellen Verwendung als Extraktionsmittel für Öle, Fette usw., auch als Reinigungs-mittel für Textilstoffe, bei der Verwendung in Kältemaschinen — einen Kreislauf zwischen flüssigem und Dampfzustand innerhalb des geschlossenen Apparatsystems durchläuft, kann und muß durch sorgsame Instandhaltung und Wartung der Apparatur (insbesondere aller Dichtungen) und aufmerksame Überwachung im Betrieb unter Vermeidung des Auftretens von Überdrucken jede Gefahr eines Austritts von Lösungsmitteldämpfen hintangehalten werden. Im allgemeinen lassen sich aber Überdrucke, wie sie insbesondere bei rein chemischen Prozessen in Kauf genommen werden müssen, so vollkommen be-herrschen, daß ein Übertritt von Dämpfen in die Arbeitsräume ausgeschlossen ist. Bei der Beschickung und Entleerung der Apparaturen muß er durch ge-eignete Maßnahmen (z. B. Zentrifugieren, Erwärmen und Luftdurchleitung vor Entnahme des Extraktions- und Reinigungsgutes) vermieden werden.

Wie bei der Gewinnung der Lösungsmittel im Großbetrieb ist bei den meisten dieser maschinellen Arbeitsprozesse eine Gesundheitsgefährdung durch Lösungsmitteldämpfe im regelrechten Betrieb oft so vollkommen ausge-schlossen, daß auf speziell hygienische Maßnahmen wie Absaugungsanlagen und selbst auf solche der allgemeinen Raumbelüftung weitgehend verzichtet werden kann, und auch in der Wahl des Lösungsmittels freie Hand gegeben, soweit sie nicht durch Rücksichten auf Feuer- und Explosionsgefährlichkeit bedingt wird.

Gesundheitsgefahren treten hierbei nur bei Betriebsstörungen und bei Arbeiten zu ihrer Beseitigung und gelegentlich auch bei regelmäßigen Instandsetzungs-arbeiten auf, präsentieren sich dann aber als freilich unter Umständen sehr ernste Unfallgefahren, denen durch allgemeine Unfallverhütungsmaßnahmen: Vorsorge für Fluchtmöglichkeiten und gefahrlose Stillegung bei plötzlichen Betriebsstörungen und individuellen Gesundheitsschutz — insbesondere Atem-schütz — bei Instandsetzungsarbeiten und beim Befahren von Behältern zu begegnen ist.

Leider findet die Möglichkeit, den Erfordernissen des Gesundheitsschutzes leicht und in befriedigender Weise auch bei Verarbeitung größter Mengen durch

Verlegung des gesamten Arbeitsprozesses in geschlossene Apparatsysteme Rechnung zu tragen, die auch noch bei der Herstellung lösungsmittelhaltiger Arbeitsstoffe gegeben ist, ihre Grenze, sobald diese Arbeitsstoffe und die Lösungsmittel selbst aus den Erzeugungsbetrieben herausgegangen sind und mit ihrem Eintritt in den gewerblichen Verbrauch in größeren oder auch recht kleinen Mengen, oft auf zahlreiche Einzelarbeitsplätze verteilt, eine Verwendung finden, bei der freie Verdunstung der flüchtigen Bestandteile in die Raumluft an jedem einzelnen Arbeitsplatz entweder mit dem erzielten Zweck notwendigerweise verknüpft oder doch unvermeidlich ist. Nur soweit solche Verwendungszwecke maschinell erreicht werden können, z. B. bei Streich- und Gießmaschinen in der Gummiindustrie und in der Filmfabrikation (Spreadingmaschinen zur Herstellung gummierter Stoffbahnen) wird durch maschinelle Trockenanlagen in Verbindung mit einer Lösungsmittelwiedergewinnungsanlage zugleich eine technische Durchbildung der Gesamtanlage gewährleistet, die in ihren gesundheitlichen Auswirkungen denjenigen einer vollkommen geschlossenen Apparatur gleichkommt. Auch Rückgewinnungsanlagen als Nebeneinrichtung bei offenen maschinellen Anlagen mit Handbedienung, z. B. Tiefdruckmaschinen, bei Anlagen zur Tauchlackierung bieten neben dem eigentlich erstrebten wirtschaftlichen Zweck erhebliche gesundheitliche Vorteile. Schon der Umstand, daß eine wirtschaftlich lohnende Rückgewinnung nur aus verhältnismäßig hoch konzentrierten Lösungsmitteldämpfen — daher auch nur für verhältnismäßig leicht flüchtige, nicht wesentlich über 100° siedende Lösungsmittel — möglich ist, macht eine annähernd restlose Erfassung der Dämpfe durch möglichst geringe Luftmengen erforderlich, was an offenen und halboffenen Maschinen nur mit einer strengen Luftführung und wohldurchdachter technischer Durchbildung der Absaugung möglich ist. Andererseits sind dadurch der Anwendbarkeit der Wiedergewinnung auch bei maschinellen Anlagen und Verfahren enge Grenzen gezogen.

Sie hört praktisch auf bei wesentlich mit Handarbeit verbundenen Arten der Lösungsmittelverwendung (einschließlich der Spritzlackierung), wie sie in den meisten Betrieben der Fertigwarenindustrie stattfindet. Hier entstehen durch die an zahlreichen Arbeitsplätzen und sozusagen unter der Hand des Arbeiters auftretenden Lösungsmitteldämpfe Gesundheitsgefahren, denen gegenüber gerade auch im Großbetrieb mit großen und stark belegten Arbeitsräumen die besten Maßnahmen der Raumbelüftung mitunter versagen.

Aus diesem Verwendungsbereich gingen von jeher und gehen auch jetzt noch die schweren chronischen Lösungsmittelvergiftungen ganz überwiegend hervor — z. B. die chronischen tödlichen Benzolvergiftungen fast ausschließlich aus der Gummiindustrie bei der Verwendung benzolhaltiger Gummilösungen — in ihm sind auch die mit der Einführung neuer Lösungsmittel im Zuge der umwälzenden Entwicklung der gesamten Lackier- und Druck- und Überzugstechnik verbundenen Gesundheitsgefahren und Verhütungsprobleme vorwiegend aufgetaucht.

Dem Erfordernis, die Lösungsmitteldampfkonzentration der allgemeinen Raumluft unterhalb der Schädlichkeitsgrenze zu halten, kann hier durch Förderung der natürlichen und Einrichtungen zur künstlichen allgemeinen Arbeitsraumbelüftung allein nur noch bei Verwendung von verhältnismäßig unschädlichen Lösungsmitteln in sehr beschränkten Mengen Rechnung getragen werden. Die Auswirkung der natürlichen Belüftung kann in solchen Fällen zwar in schwach besetzten Arbeitsräumen bei geeigneter baulicher Anlage mit langen schmalen an beiden Längswänden reichlich befensterten Arbeitsräumen wesentlich gefördert werden; sie wird aber auch dann zumindest in der kalten Jahreszeit durch künstliche Belüftung mit Absaugung und Zufuhr vorgewärmter Frischluft an geeigneter Stelle ergänzt werden müssen, die je nach Art und Menge der verbrauchten Lösungsmittel und nach Raumgröße und Raumgestalt einen mindestens 6- bis 8fachen stündlichen Luftwechsel gewährleistet. Wärmeökonomischen Gesichtspunkten kann dabei wegen der Schwierigkeiten einer befriedigenden Abscheidung der Lösungsmitteldämpfe nur im beschränkten Maß durch eine Umluftlüftung Rechnung getragen werden, eher durch Entnahme der Frischluft aus Nachbarräumen, wo dies möglich erscheint. Grenzen sind der Bemessung der Frischluftzuführung auch bei guter Vorwärmung durch das Auftreten erheblicher und gesundheitlich nachteiliger Zugbelästigung gesetzt, zumal diese die Belegschaft leicht zur unbefugten Abstellung der Belüftungseinrichtungen verleiten. Ein Zuviel ist daher ebenso zu vermeiden wie ein Zuwenig. Ihnen kann durch zweckmäßige Luftführung — Anordnung und Verteilung der Zu- und Abluftöffnung, Ausbildung der ersteren nach dem Anemostatenprinzip — begegnet werden. Grundsätzlich ist hierbei, was oft übersehen wird, ebenso wie bei jeder örtlichen Absaugung auch auf die Tendenz der Lösungsmitteldämpfe, zu Boden zu sinken, durch Anordnung der Abluftöffnungen in Bodennähe Rücksicht zu nehmen.

Die Bedenken vorwiegend arbeitsklimatischer und wärmeökonomischer Art, die einer wirksamen allgemeinen Raumbelüftung entgegenstehen, sobald an diese nach Art und Menge der verarbeiteten Lösungsmittel höhere Anforderungen hinsichtlich Luftwechsel und Luftführung gestellt werden müssen, machen sich weniger geltend bei einer zweckmäßig durchgebildeten Absaugung an jedem einzelnen Arbeitsplatz, die bei geringerer Luftförderung weit mehr leistet. Sie ist, da sie den Übertritt der Lösungsmitteldämpfe in den Arbeitsraum und in den Atembereich des einzelnen Arbeiters verhindert, die einzig befriedigende und in vielen Fällen unerläßliche Art der Lösungsmitteldampfbeseitigung. Auch hier macht die durch zahlreiche Einzelabsaugungen bedingte erhebliche Luftförderung meist eine künstliche Zufuhr erforderlichenfalls erwärmter Frischluft notwendig, die so zu bemessen ist, daß sie einen etwa entstehenden Unterdruck gerade aufhebt.

Viele mittels Handarbeit an kleineren Gegenständen ausgeführte Arbeiten zum Auftragen von Klebelösungen und Anstrichmitteln können dabei in nur einseitig offene an die Absaugung angeschlossene Kästen am besten aus Glas („Digestorien") verlegt werden, bei denen auf strenge Luftführung unter Vermeidung von Wirbelbildung, auf möglichst kleine, am besten in ihrer Größe verstellbare Arbeitsöffnungen und — insbesondere beim Lackspritzen — auf eine ausreichende Absaugegeschwindigkeit zu achten ist. Die Wirkung einer örtlichen Absaugung kann bei gewissen Arbeiten mit erwärmten Lösungsmitteln, z. B. beim Reinigen kleiner Metallteile mit Trichloräthylen in offenen Wannen, durch eine Rückkondensation aufsteigender Dämpfe an Kühlflächen im Bereich der Beschickungsöffnung unterstützt, aber kaum ausreichend ersetzt werden.

Erhebliche Schwierigkeiten stellen sich einer hygienisch befriedigenden und wirtschaftlich tragbaren Durchführung der lokalen Absaugung entgegen, sobald die Größe und Sperrigkeit der Arbeitsstücke eine Bedienung der Absaugekästen von außen ausschließt und es erforderlich macht, daß diese vom Arbeiter selbst betreten werden, wie das bei den Kammern zur Ausführung von Lackierungsarbeiten an Möbeln, Maschinen, Automobilen und Eisenbahnwaggons, Flugzeugen usw. in sog. Spritzkabinen der Fall ist. Wird sonst bei einem gut ausgebildeten System der örtlichen Absaugung an den einzelnen Arbeitsplätzen die allgemeine Raumbelüftung durch diese — mit oder ohne künstliche Luftzufuhr — gleichzeitig bewirkt und unter Umständen vollständig ersetzt, so stellt die Einrichtung solcher Lackier- und Spritzkabinen, die einen in sich geschlossenen Arbeitsraum für einen oder mehrere Arbeiter darstellen, umgekehrt die Aufgabe, das Problem einer allgemeinen Arbeitsraumbelüftung so zu lösen, daß gleichzeitig die Anforderungen einer lokalen Absaugung an einer oder mehreren beweglichen und meist sehr ergiebigen Entstehungsquellen der Lösungsmittel-dämpfe und lösungsmittelhaltigen Farbnebel erfüllt sind. Die Schwierigkeiten dieser Aufgabe liegen darin, daß einer ausreichenden und erfolgsicheren, der lokalen Absaugung auch nur einigermaßen gleichwertigen Beseitigung der Lösungsmitteldämpfe, die an sich durch die verhältnismäßig kleinen Raum-abmessungen erleichtert wird, wiederum das arbeitsklimatische Erfordernis einer beschränkten Luftgeschwindigkeit entgegensteht, die eine streng gerichtete und wirbelfreie Luftzufuhr nicht zu gewährleisten vermag. Die zur Vermeidung von Zugbelästigungen und gesundheitlichen Nachteilen arbeitsklimatisch und hygienisch zulässige höchste Luftgeschwindigkeit liegt bei den aus technischen Gründen einzuhaltenden Temperaturen um 21° bei 0,6—0,7 m/sec. und könnte nur für Temperaturen oberhalb von 24° bis auf etwa 1,2 m/sec. erhöht werden. Einer weiteren Erhöhung, die vom arbeitsklimatischen Gesichtspunkt aus bei Benutzung einer geeigneten Windschutzkleidung vielleicht in Kauf genommen werden könnte, stehen wirtschaftliche, insbesondere wärmeökonomische, vor allem aber auch lackierungstechnische Bedenken und Schwierigkeiten entgegen, weil durch sie infolge regelwidrigen Trocknungsablaufs und Auftragsanomalien, namentlich beim Spritzlackieren, das Arbeitsergebnis beeinträchtigt wird. Aus dem gleichen Grunde haben auch Versuche, durch eine zusätzliche örtliche Absaugung mittels beweglicher Saugvorrichtungen die ungenügende Raum-belüftung zu ergänzen oder zu ersetzen, nicht immer befriedigende Erfolge erzielen lassen.

Eine bei allen Verwendungsarten von Anstrichstoffen, Lacken, Klebemitteln usw. außerordentlich wichtige Maßnahme des Gesundheitsschutzes ist es, die schon während des Auftrags der Stoffe beginnende Verdunstung der flüchtigen Bestandteile und Abgabe von Lösungsmitteldämpfen an die Raumluft dadurch auf das geringstmögliche Maß zu beschränken, daß der eigentliche Trocknungs-prozeß auch dort, wo eine Trocknung durch Erwärmung technisch nicht er-forderlich und eine Trocknung mit Wiedergewinnung der Lösungsmittel nicht möglich ist, in besondere vom Arbeitsraum vollständig abgetrennte gut durch-lüftete Trockenkammern oder Trockenschränke verlegt wird. Vollständig er-füllen diese ihren Zweck aber nur dann, wenn außerdem streng darauf geachtet wird, daß die behandelten Gegenstände außerhalb der Abzugskästen nicht länger als unbedingt nötig und möglichst nur an noch unter Abzugswirkung stehenden Stellen bis zum Abtransport in die Trockenräume abgelegt und aus diesen nur nach vollkommener Trocknung entnommen werden.

Über die in Arbeitsräumen zur Verarbeitung von Lösungsmitteln und lösungsmittelhaltigen Arbeitsstoffen unter verschiedenen Arbeits- und Lüftungs-bedingungen vorkommenden Konzentrationen von Lösungsmitteldämpfen in der Raumluft liegen bisher nur vereinzelte Untersuchungen vor. Die Ergebnisse solcher Luftuntersuchungen, die im Auftrage des Ausschusses für gewerbliche Vergiftungen beim nordamerikanischen National Safety Council in Zusammen-arbeit mit dessen Unterausschuß für Benzolvergiftungen in Arbeitsräumen für die Verarbeitung lösungsmittelhaltiger Arbeitsstoffe in der Gummi-, Patent-und Kunstleder- und elektrischen Industrie durchgeführt worden sind, sind in der folgenden Tabelle (s. S. 269) zusammengestellt (GREENBURG).

Diese Zahlen, die in Arbeitsräumen gewonnen sind, in denen eine Benzol-gefährdung vermutet wurde, liegen mit wenig Ausnahmen über denjenigen, die nach der Tabelle auf S. 248 für die meisten Lösungsmittel als höchst-zulässige Konzentration in der Luft von Arbeitsräumen anzusehen wären. Sie würden fast durchweg als unerfreulich, und wenn sie ausschließlich auf Benzoldämpfe zu beziehen wären, als gesundheitlich bedenklich zu

	Ventilation	Wöchent-licher Ver-brauch an Gallonen Benzol	Gehalt an Lösungsmitteldämpfen in Vol.-%					
			Sommer			Winter		
			Durch-schnitt	Max.	Min.	Durch-schnitt	Max.	Min.
1	Geschlossene Apparatur	2 500[2]	—	—	—	0,043	0,045	0,041
2	desgl.	4 200[2]	0,010	0,010	0,010	—	—	—
3	Örtliche und Raumabsaugung	4 200[2]	0,0013	0,041	0,003	0,033	0,048	0,013
4	Örtliche Absaugung	2 500[2]	—	—	—	0,050	0,102	0,018
5	,,	750[1]	0,007	0,011	0,005	0,009	0,035	0,000
6	,,	450[1]	0,018	0,036	0,036	0,040	0,050	0,028
7	,,	1 000[1]	0,009	0,0013	0,004	—	—	—
8	Raumabsaugung	200[2]	0,070	0,089	0,050	—	—	—
9	,,	1 500[1]	0,180	0,414	0,023	—	—	—
10	Keine künstliche Belüftung	4 200[1]	0,022	0,034	0,011	—	—	—
11	desgl.	200[1]	0,011	0,011	0,011	—	—	—
12	,,	60[2]	0,015	0,019	0,010	—	—	—
13	,,	300[2]	0,013	0,021	0,005	0,021	0,046	0,004
14	,,	300[2]	0,136	0,264	0,008	0,058	0,088	0,022
15	,,	50[1]	0,010	0,012	0,008	—	—	—
16	,,	750[2]	0,034	0,039	0,028	—	—	—
17	,,	10 000[1]	0,062	—	0,086	—	—	—

[1] Verwendung von Benzol.
[2] Verwendung von Benzol mit anderen Lösungsmitteln.

bezeichnen sein. In der Tat hat die genannte Kommission auf Grund der Ergebnisse der Untersuchungen der in den gleichen Betriebsräumen beschäftigten Arbeiter, die zu einem nicht unbeträchtlichen Teil Benzolschädigungen aufwiesen, daraus die Folgerung gezogen, daß „selbst bei guter Entlüftungsanlage, die den Durch-schnittsgehalt der Luft an Benzol unter 100 Teilen in 1 Million (0,01 Vol.-%) hält, die Gefahr einer Gesundheitsschädigung durch Benzol nicht völlig beseitigt ist", und daß „die Verwendung von Benzol (mit Ausnahme von vollkommen ge-schlossenen Apparaturen) selbst dann, wenn die Arbeiter durch die voll-kommensten und wirksamsten Einrichtungen geschützt sind, eine tatsächliche Gesundheitsgefährdung in sich birgt".

Auch in großen Spritzkabinen sorgfältigster Konstruktion sind bei Luft-untersuchungen an den Arbeitsstellen mitunter Lösungsmitteldampfkonzentra-tionen festgestellt worden, die man kaum mehr als gesundheitlich unbedenklich bezeichnen kann, und die, wenn sie auf bestimmte Lösungsmittelbestandteile bezogen werden, jene als hygienisch höchstzulässige Konzentrationen ange-sehenen Grenzwerte zum Teil erheblich überschreiten.

Man wird aus solchen Feststellungen die Folgerung zu ziehen haben, daß selbst durch sehr sorgfältig durchgeführte hygienisch-technische Maßnahmen auf dem Gebiet der Raumentlüftung und selbst der örtlichen Absaugung nicht immer bei allen Arbeitsprozessen die Gesundheitsgefahren so vollkommen beseitigt werden können, daß man in der Wahl der Lösungsmittel vollkommen freie Hand hätte und andererseits auf die Benutzung individueller Schutz-maßnahmen ganz verzichten könnte.

Was das erstere anbelangt, so darf insbesondere auf die Möglichkeit, aus-gesprochen gesundheitlich schädliche, insbesondere durch chronische Schä-digungen gefährliche Lösungsmittel durch harmlosere zu ersetzen, wenn sie technisch irgendwie gegeben ist (z. B. Ersatz des Benzols durch Benzin und wenn dieser nicht voll befriedigt, wie bei der Herstellung von Gummiklebelösungen, durch Toluol oder toluolhaltiges Benzin, Verwendung reiner insbesondere benzol-

freier Toluol- und Xylolfraktionen an Stelle der benzolhaltigen technischen
Produkte im Tiefdruckverfahren und bei der Herstellung von Lacken), nicht
im Vertrauen auf die ausreichende Wirkung vorhandener oder besonders er-
stellter Absaugungsanlagen verzichtet, und dürfen Versuche, auf dem genannten
Weg zu einer radikalen Beseitigung von Gefahren zu gelangen, nicht in der gleichen
Annahme vorzeitig aufgegeben werden.

Für den individuellen Schutz durch Verwendung von Atemschutzgeräten
verdient von den zur Verfügung stehenden Typen das Frischluftgerät, wenigstens
überall da, wo Druckluft zur Verfügung steht, den Vorzug. Es kann in diesem
Fall bei einer Zufuhr von Druckluft, die den maximalen Atembedarf nur um
wenig mehr als das Doppelte zu überschreiten braucht, unter Verzicht auf Ab-
dichtung und auf Ventilsteuerung eine konstruktive Durchbildung erfahren,
die neben vollkommener Schutzwirkung auch angenehme Trageeigenschaften
gewährleistet und dadurch eine Dauerbenutzung in der regelrechten Betriebsarbeit ermöglicht. Ihre Verwendung liegt besonders nahe bei der Spritzlackiererei,
da hier die Voraussetzung in der vorhandenen Druckluftanlage gegeben ist
und handliche Geräte zum Anschluß an die Druckluftzuleitung zur Spritzpistole (wie z. B. das Spezialgerät der Auergesellschaft) zur Verfügung stehen.

Neben dem mit Druckluft betriebenen Frischluftgerät und den für diesen
Zweck ebenfalls geeigneten, aber wegen der Notwendigkeit (und Unsicherheit)
dichten Maskensitzes weniger zuverlässigen und auch weniger bequemen Saug-
schlauchgeräten, kommen frei tragbare Atemschutzgeräte vom Typus der berg-
männischen Rettungsgeräte („Sauerstoffgeräte", Isoliergeräte mit Atmung aus
einem geschlossenen Kreislaufsystem, das aus einer Sauerstoffvorratsflasche
gespeist und durch Absorption mittels Kalipatrone von Kohlensäure befreit
wird) nur zur Vermeidung von Unfällen durch schwere akute Vergiftungsgefahren beim Befahren von Tanks und Behältern, Ausführung von Innenanstrichen und anderen Arbeiten in solchen und bei Beseitigung von Betriebsstörungen in mit Lösungsmitteldämpfen erfüllten Räumen in Betracht und auch
wohl nur dann, wenn sie sich in der Hand einer in ihrer Benutzung geübten und
mit ihrer Wartung und Instandhaltung vertrauten Mannschaft (Fabrikfeuerwehr)
befinden.

Der dritte Typus der Atemschutzgeräte, die erst im Krieg entwickelten und
seither in die Industrie eingeführten Filtergeräte („Gasmaske" schlechthin),
die durch physikalische Adsorption der Dämpfe an Aktivkohle (oder kolloidale
Kieselsäure) die durch den Filtereinsatz geatmete Außenluft von dem Lösungsmitteldampf befreien und für die Atmung geeignet machen, ist bekanntlich
in seiner Verwendung grundsätzlich beschränkt durch die Voraussetzung, daß
der Sauerstoffgehalt nicht wesentlich (nicht unter 15%) vermindert ist und daß
die Konzentration der zu beseitigenden Dämpfe 1—2% nicht wesentlich übersteigt. (Sie gewähren in den nur für Gase und Dämpfe bestimmten Ausführungs-
formen auch keinen Schutz gegen Nebel, wie er bei manchen Arbeitsverrichtungen
erwünscht ist).

Das Filtergerät ist daher für die Benutzung beim Befahren von Tanks und
Behältern, wo stets mit sehr hohen Dampfkonzentrationen gerechnet werden
muß, wegen der Gefahr des Filterdurchbruchs und auch des Sauerstoffmangels
(infolge Luftverdrängung namentlich am Boden hoher Behälter) nur beschränkt
geeignet. Es ist in der Hauptsache ein Arbeitsgerät für kurzfristige Benutzung
und gelegentliche Verwendung bei besonderen Verrichtungen im Rahmen der
regelrechten Betriebsarbeit.

Dabei bedarf es aber einer gewissen Kontrolle des allmählichen Aufbrauchs
der Filtermasse, die (allerdings nur annähernd) durch gewissenhafte Aufzeichnung
der jeweiligen Benutzungsdauer, evtl. auch durch laufende Wägung geschehen

kann, um ein Versagen infolge unvorhergesehener Erschöpfung während der Benutzung zu vermeiden.

Zum Schutz gegen Lösungsmitteldämpfe ist von den in Deutschland hergestellten und gebräuchlichen Spezialeinsatzfiltern das durch den Kennbuchstaben A und braune Farbe gekennzeichnete Filter für organische Dämpfe und Lösungsmittel bestimmt und geeignet. Seine Aufnahmefähigkeit, d. h. die Gesamtmenge an Lösungsmitteln, die der Filtereinsatz maximal aufnehmen kann, ehe die ersten Spuren von Dämpfen durchtreten, wird von den Herstellerfirmen je nach Art der Lösungsmittel und Bau bzw. Größe der Einsätze verschieden, z. B. mit 19 bzw. 38 g für Tetrachlorkohlenstoff, 15 bzw. 33 g für Benzol angegeben. Dabei ist aber zu berücksichtigen, daß die Leistung des Filters hinsichtlich der Totalabsorption, die allein vollkommen Schutz gewährt, mit der Konzentration in der Atemluft und mit der Benutzungsdauer sinkt und auch von einer Reihe anderer Faktoren abhängt.

Als eine Maßnahme des individuellen Gesundheitsschutzes, der sicher nur ein sehr beschränkter und zweifelhafter Wert beigemessen werden kann, gilt wie in anderen Giftbetrieben unverdientermaßen die auch in Betrieben zur Verarbeitung von Lösungsmitteln üblich gewordene regelmäßige Abgabe von Milch an die gefährdete Belegschaft; die hierbei wohl zunächst nur gefühlsmäßig unterstellte spezifische Schutzwirkung gegen Lösungsmittelschädigungen kommt der Milch kaum zu. Es ist zwar die Vermutung ausgesprochen worden, daß überwiegende Milchnahrung infolge des Calciumgehaltes die Giftwirkung chlorierter Kohlenwasserstoffe herabsetze (vgl. S. 65), dem stehen jedoch Anschauungen gegenüber, die eine verstärkte Fettnahrung während der Arbeit für unzweckmäßig, wenn nicht sogar schädlich halten, weil durch die Einführung von Fettsubstanzen die Kohlenwasserstoffresorption erhöht würde. Aus ähnlichen ebenfalls rein theoretischen Überlegungen ist auch die Ansicht vertreten worden, daß fette Personen mehr Kohlenwasserstoffe als magere Menschen absorbieren.

Auch eine experimentelle Klärung dieser Fragen ist versucht worden; die Ergebnisse dieser Arbeiten stimmen aber in keiner Weise überein. SCHUSTROW und Mitarbeiter konnten bei Meerschweinchen eine gewisse Gewöhnung an Benzin feststellen, die sie nicht als „echte Gewöhnung", sondern als Folge einer Verminderung der Aufnahmefähigkeit für Benzin infolge Entfettung des Organismus auffassen. Diese Abnahme des Fettes zeigte sich in einer Verminderung des Blutcholesterins um zwei Drittel und in einer autoptisch erkennbaren Verarmung aller Fettdepots und in einer Fettarmut der Organe mit Ausnahme des Hirns. Nach SCHUSTROW wird das Fett durch die in den Körper aufgenommenen Kohlenwasserstoffe aus den Organen gewissermaßen ausgelaugt und mit den Faeces ausgeschieden.

Erhielten solche „gewöhnte Tiere" Lecithininjektionen oder Fettfütterungen — Neutralfett, Cholesterin oder Lecithin —, so stieg die Empfindlichkeit gegen Benzin, die Vergiftung zeigte deutlich eine Zunahme ihrer Intensität. SCHUSTROW und Mitarbeiter halten auf Grund dieser Versuche die verstärkte Fetternährung während der Arbeit für nachteilig. LAZAREW und Mitarbeiter konnten in ihren Tierversuchen weder eine Abmagerung der Versuchstiere noch eine Abnahme des Fettgehaltes feststellen. Dieser schien eher zu steigen. Nur bei täglichen schweren Vergiftungen stellte sich eine Abmagerung ein, für deren Zustandekommen eine Entfettung aber nicht in Betracht gezogen werden muß. Über ähnliche Versuchsergebnisse berichten auch MAHLOW und MICHEEW. LAZAREW und Mitarbeiter lehnen deshalb die Entfettungstheorie von SCHUSTROW ab. Allerdings konnten LAZAREW und Mitarbeiter bei Versuchen mit einem überwiegend Cycloparaffine enthaltenden „Galoschenbenzin" aus Baku — nicht aber

mit einem Aviationsbenzin aus Krasnodar — feststellen, daß von 25 Mäusen,
die vor dem Versuch Brot, Hafer, Milch gefressen hatten, 52% (13) starben,
während von 31 Mäusen, die 17—18 Stunden vor dem Versuch gefastet hatten,
nur etwa 10% (3) zugrunde gingen. Dagegen zeigten in Versuchen von MAHLOW
und MICHEEW bei Tranfütterung die Kontrollratten, die nicht mit Tran gefüttert
waren, eher Krämpfe infolge Benzinvergiftung als die trangefütterten Tiere.
NIKULIN und HETMAN untersuchten die Arbeiterinnen einer Gummifabrik und
konnten eine besondere Abmagerung dieser Personen trotz einer Beschäftigungs-
zeit von 2—11 Jahren nicht feststellen, auch wurde eine ausgesprochene Abnahme
der Fettsubstanzen des Blutes nicht gefunden; die Durchschnittswerte lagen
vielmehr höher als bei Textilarbeiterinnen, jedoch nicht über der oberen Grenze
der Norm. Diese Zunahme des Blutfettgehaltes war bedingt durch eine Zunahme
der Cholesterinester und der neutralen Fette; die Blutfettlipoide nehmen also
auf Kosten der leicht beweglichen Fette zu. NIKULIN und HETMAN sehen in der
Steigerung der neutralen Fette und der Cholesterinester gewissermaßen eine
„Neutralisation" der toxischen Wirkung des Benzins, somit in der Mobilisation
der Blutfette eine gewisse Schutzreaktion.

Die Bedeutung, die den Körperfetten und der fettreichen oder fettfreien
Nahrung für die Mechanik der Kohlenwasserstoffvergiftung und für ihre Verhütung zukommt, erscheint also in keiner Weise klargestellt. Insbesondere ist
die Annahme einer Schutzwirkung durch den Genuß von Milch bisher weder aus
praktischen Erfahrungen noch aus den widerspruchsvollen Ergebnissen des
Tierversuchs zu begründen. Man kann deshalb die Gewährung von Milch nicht
als Maßnahme des Arbeitsschutzes, sondern lediglich als Maßnahme zur Verbesserung der Ernährung betrachten, deren Wert bereits (s. S. 271) besprochen
worden ist. Auch in diesem Sinne kann die Gewährung von so großen Milch-
mengen bis zu 3 Liter täglich, wie sie z. B. als Zulage in Lackspritzereien
vorgeschlagen worden ist, als zweckmäßig nicht bezeichnet werden. Abgesehen
von der nicht zu unterschätzenden Belastung durch die erhebliche Flüssigkeitsmenge, welche an sich der im allgemeinen auf 2,5 Liter einschließlich der in der
Nahrung enthaltenen Flüssigkeitsmenge geschätzte durchschnittliche Tages-
aufnahme übersteigt, muß die Aufnahme einer so großen Milchmenge, die
einem Nährwert von etwa 2000 Calorien entspricht, mithin also etwa die Hälfte des
Bedarfs eines körperlich schwerer arbeitenden Menschen deckt, zu einer sehr
einseitigen Verschiebung der Kostform dieser Personen führen. Eine solche
Einseitigkeit ist aber auch im Hinblick auf die bekannte Eisenarmut der Kuh-
milch als durchaus unerwünscht zu bezeichnen.

Es darf auch nicht übersehen werden, daß sich die Gewährung von besonderen „Gefahrenzulagen", wenn sie in Form von Naturalien zur Verbesserung
der Ernährung und Körperpflege gegeben wird, unter Umständen der Durchführung unerläßlicher Arbeitsschutzmaßnahmen geradezu abträglich erweisen
kann, insofern sie häufig zu der irrigen Annahme führt, daß seitens des Betriebes
mit ihrer Gewährung bereits eine wesentliche vorbeugende Maßnahme zur Verhütung gewerblicher Vergiftungen getroffen sei. Andererseits führt die Gewährung von Gefahrenzulagen, wie die praktische Erfahrung lehrt, nicht selten
dazu, daß körperlich Ungeeignete eine solche Beschäftigung anstreben und daß
bereits Geschädigte in dem Wunsche der mit dieser Tätigkeit verbundenen
Zulagen nicht verlustig zu gehen, bestrebt sind, die Anzeichen einer Gesundheitsschädigung zu verheimlichen, um die ärztliche Anordnung eines Arbeits-
wechsels oder einer Unterbrechung der Arbeit zu umgehen.

Die auf eine zweckmäßige, kräftigende und in gewissem Maße der Vorbeugung
dienende Gestaltung der Ernährung gerichteten Bestrebungen im Sinne der
Ausführungen (s. S. 64) über die bei der Behandlung von Lösungsmittel-

schädigungen einzuhaltenden Diätregeln sind daher, soweit sie nicht außerdem durch Bevorzugung einer gemischten bis zu einem gewissen Grad vitamin- und kalkreichen Kost bei der Führung einer etwa vorhandenen Fabrikspeiseanstalt Berücksichtigung finden, hauptsächlich auf dem Weg der Belehrung der Arbeiter zu verwirklichen.

Diese stellt im übrigen einen nicht nur für die individuelle Vorbeugung durch das Verhalten innerhalb und außerhalb des Betriebs, sondern auch für die Durchführung des technisch-hygienischen Allgemeinschutzes ungemein wichtigen und unerläßlichen Faktor dar. Viel Unkenntnis der Gefahrenquellen, aber auch viel Gedanken- und Sorglosigkeit bekannten Gefahren gegenüber gilt es hier zu bekämpfen, nicht nur bei der Gefolgschaft, sondern nicht selten auch bei der Betriebsleitung selbst, z. B. den verbreiteten Irrtum, der die Vorstellung drohender Gesundheitsschäden mit derjenigen übler Gerüche und fühlbarer Belästigung ausschließlich und oft zu Unrecht verknüpft und in Unkenntnis spezifisch chronischer Giftgefährdungen eine solche überhaupt nur da vermutet, wo schon akute Wirkungen oder Störungen des Wohlbefindens auftreten.

Die verhängnisvolle Unterschätzung solcher chronischer Giftgefahren überhaupt gegenüber der mehr sinnfälligen und handgreiflichen akuten Unfallgefahr ist ebenso schwer auszurotten wie die Sorglosigkeit, mit der man bei Arbeitsvorgängen, die unter Verwendung gewisser Arbeitsstoffe mit Recht als harmlos gelten, der Frage der verwendeten Lösungsmittel überhaupt und der Einführung neuer Arbeitsstoffe gegenübersteht.

Um den im Betrieb getroffenen Verhütungsmaßnahmen das nötige Verständnis entgegenzubringen und von ihnen den richtigen Gebrauch zu machen und bei ihrer Durchführung, was unerläßlich ist, tätig mitzuwirken, und dabei auch gewisse Unbequemlichkeiten und Unzulänglichkeiten in Kauf zu nehmen, muß der Arbeiter und müssen insbesondere die Meister und Vorarbeiter wissen, daß sie mit gesundheitschädlichen Stoffen arbeiten; sie sollen auch über die ersten Anzeichen etwa zu befürchtender Gesundheitsschäden in vernünftiger Weise und ohne unnötige Beunruhigung so weit unterrichtet werden, daß sie rechtzeitig den Arzt aufsuchen.

Die erforderliche Belehrung sollte außer durch Verteilung und Aushang von Merkblättern und Verhaltungsvorschriften namentlich bei Einführung neuer Verfahren und Arbeitsstoffe stets auch mündlich durch Betriebsleiter und womöglich auch durch den Fabrikarzt erfolgen. Als Beispiel eines solchen Merkblattes ist im Abschnitt V A ein vom Reichsgesundheitsamt herausgegebenes Benzolmerkblatt abgedruckt.

Für die Verwendung von Lösungsmitteln und lösungsmittelhaltigen Arbeitsstoffen im Kleingewerbe und in der Heimarbeit, sowie ihre gelegentliche Anwendung außerhalb der eigentlich gewerblichen Betriebe, wie z. B. die Verwendung als Parasiten- und Schädlingsbekämpfungsmittel und als Anstrichmittel in Getreidesilos in der Landwirtschaft, Ausführung von Isolieranstrichen im Baugewerbe, Verwendung als Reinigungsmittel im Haushalt, ist die erforderliche Unterrichtung durch zeitweilige Veröffentlichung kurzer Verwarnungen und Belehrungen in Fachzeitungen und in der Tagespresse anzustreben.

Um in Betrieben mit erhöhter Gefährdung durch Lösungsmittel und lösungsmittelhaltige Arbeitsstoffe der schleichenden Entwicklung chronischer Gesundheitsschädigungen durch rechtzeitigen Ausschluß von der Arbeit vorzubeugen, ist eine ärztliche Überwachung der gefährdeten Belegschaft durch regelmäßige ärztliche Untersuchungen erforderlich und unter Umständen auch eine ärztliche Einstellungsuntersuchung mit dem Ziel, körperlich und gesundheitlich ungeeignete Personen fernzuhalten. Letztere wird im allgemeinen nur Gesichtspunkte der allgemeinen körperlichen Widerstandsfähigkeit und den Ausschluß von

Personen mit manifesten Krankheiten oder mit Krankheitsbereitschaften zu berücksichtigen haben, die — wie Störungen der Blutbildung und des Stoffwechsels
oder des Gefäßsystems — der Entwicklung von Lösungsmittelschäden Vorschub
leisten, aber auch Anzeichen einer Neurasthenie und einer neuropsychopathischen
Konstitution oder eines Alkoholismus.

Auch bei der laufenden ärztlichen Überwachung wird man zunächst vielfach
auf die Beachtung wenig charakteristischer, auch rein subjektiver nervöser und
Allgemeinbeschwerden — Kopfschmerzen, Schwindel, Schlaf- und Verdauungsstörungen — angewiesen sein, deren Beurteilung und ursächliche Würdigung
allerdings im Rahmen laufender periodischer Untersuchungen namentlich in
Verbindung mit sinnfälligen Änderungen des Allgemeinzustandes wesentlich
erleichtert ist. Derartige, an sich oft vage Beschwerden sind, wenn sie gleichartig gehäuft auftreten, bei vorsichtiger Beurteilung (im Hinblick auf die Möglichkeit psychischer Ansteckung) oft sogar ein sehr wertvoller Hinweis auf
unbekannte Gefahren oder auf unzulängliche hygienische Verhältnisse und Mißstände an irgendeiner Stelle des überwachten Betriebs.

Zur objektiven Feststellung manifester Schädigungen müssen Untersuchungen
des Blutes und können unter Umständen die Ergebnisse von Harnuntersuchungen
im Rahmen der regelmäßigen Reihenuntersuchungen oder wenigstens in verdächtigen Fällen herangezogen werden. Leichte Blutarmut, qualitative und
quantitative Veränderungen des roten und weißen Blutbildes: Auftreten jugendlicher und pathologischer Zellformen, Verschiebungen im weißen Blutbild usw.
sind für die frühzeitige Erkennung einer Lösungsmittelschädigung als objektive
Zeichen häufig zu verwerten. Eine spezifische Bedeutung für die Erkennung
beginnender chronischer Giftschädigung hat das Blutbild und dessen regelmäßige Untersuchung bisher allerdings nur bei der Benzolvergiftung gewinnen
können, bei der eine mehr oder weniger ausgesprochene Leukopenie mit relativer
Lymphocytose und auch Thrombopenie führendes Symptom in allen Stadien
der Vergiftung ist. Die Leukopenie ist frühdiagnostisch im allgemeinen wohl
charakteristischer als die vielfach in den Vordergrund gestellte Lymphocytose
neben Veränderungen des erythrocytären Blutbildes: Verminderung der roten
Blutzellen und des Blutfarbstoffes mit Poikilo- und Anisocytose, Polychromasie (TELEKY und WEINER) oder leichte Polyglobulie und basophile Körnelung (BROCHER).

Man wird im übrigen wie bei allen derartigen frühdiagnostischen Blutuntersuchungen sich vor der lange Zeit üblichen Überschätzung strittiger „Grenzzahlen"
zu hüten und auch, worauf neuerdings HUMPERDINCK zutreffend aufmerksam
gemacht hat, bei der Würdigung der Befunde nicht von den normalen mittleren
Durchschnittswerten, auch nicht von Minimal- bzw. Maximalzahlen der Norm
auszugehen haben, sondern in der Hauptsache die Ergebnisse der laufenden
Untersuchung an dem betreffenden Arbeiter vergleichend zugrunde legen, um
aus eindeutigen Änderungen im Sinne einer Verschlechterung prophylaktische
Folgerungen ziehen zu können. Demgemäß wird auch in der oben angeführten
amerikanischen Arbeit Ausschluß von der Benzolarbeit — allerdings vielleicht
etwas spät — empfohlen, wenn die Zahl der weißen oder der roten Blutzellen um
25% unter den bei früheren Untersuchungen festgestellten „Normalwert" des
betreffenden Arbeiters gesunken ist.

Bei der Untersuchung ist selbstverständlich außerdem auf alle typischen
Erscheinungen der chronischen Vergiftung, in Benzolbetrieben insbesondere auf
Neigung zu Spontanblutungen, sowie auf Blutungsbereitschaft zu achten, die
mittels des RUMPEL-LEEDschen Versuches geprüft werden kann.

Regelmäßige Untersuchungen des Harns, deren Bedeutung für die Frühdiagnose manifester Lösungsmittelvergiftung und selbstverständlich auch für die Klärung von Verdachtsfällen auf S. 49 und 93 eingehend besprochen ist, sind im Rahmen vorbeugender periodischer Reihenuntersuchungen neuerdings wenigstens für Benzol verarbeitende Betriebe vorgeschlagen worden. Im Hinblick darauf, daß charakteristische Blutveränderungen, insbesondere eindeutige Leukopenie, nicht immer so früh auftreten, daß sie eine drohende und nach ihrem Ausbruch bisweilen unaufhaltsam tödlich verlaufende Benzolvergiftung rechtzeitig erkennen lassen, hat FRIEMANN die Bestimmung des Vitamin C-Gehaltes im Harn zur Frühdiagnose der beginnenden Benzolschädigung zu verwerten versucht. Seine Auffassung, daß in der Feststellung eines erheblich verminderten Vitamin C-Gehaltes des Harns ein brauchbarer und empfindlicher Hinweis gegeben sei für die Erkennung des Zeitpunktes, in dem ein benzolgeschädigter Arbeiter noch vor Auftreten manifester Giftschädigungen von der Arbeit entfernt werden soll, hat sich aber bei Nachprüfungen von anderer Seite bisher nicht bestätigen lassen (BORMANN; HAGEN; GUEFFROY und LUCE). Auch sind die hierfür verwertbaren Bestimmungsmethoden bisher als Gruppennachweis für reduzierende Harnbestandteile zu wenig spezifisch, um ihre Ergebnisse ohne Kenntnis und Berücksichtigung bzw. ohne Standardisierung der Ernährungsverhältnisse verwerten zu können.

Als Indikator für die Beurteilung der gewerblichen Exposition gegenüber Benzol — nicht eigentlich als Anzeichen und Frühsymptom einer Schädigung — ist nach dem Vorgang von JOST die Bestimmung der Ätherschwefelsäuren im Harn in Vorschlag gebracht worden, um aus ihren Ergebnissen Hinweise nicht nur für die individuelle Vorbeugung, sondern auch für die Aufdeckung gewerbehygienischer Mißstände zu erhalten. An Stelle der Bestimmung der Gesamtmenge im Tagesharn, wie sie JOST angewendet hat, haben YANT und Mitarbeiter das Verhältnis des Gehaltes an anorganischen zu Gesamtsulfaten in Einzelharnproben und die Verminderung dieses Verhältnisses gegenüber der Norm als Maßstab für die Beurteilung der Exposition verwendet. Die Unsicherheit, die der Verwertung von Konzentrationsziffern in einzelnen Harnproben, zumal bei frei gewählter Ernährung für die quantitative Beurteilung der Bildung und Ausscheidung von Stoffwechselendprodukten stets anhaftet, läßt sich auch durch die von GUEFFROY und LUCE vorgeschlagene Ergänzung durch gleichzeitige Bestimmung des Stickstoff-Gesamtschwefelverhältnisses nicht eliminieren; solange man auf die im Rahmen von Reihenuntersuchungen an betriebstätigen Arbeitern kaum durchführbare Bestimmung der absoluten Ausscheidung im gesammelten Tagesharn verzichtet, werden diese — unter Zugrundelegung des von YANT vorgeschlagenen Maßstabes — immer nur zu einer allgemeinen Orientierung dienen können. Die Bestimmung der Gesamtätherschwefelsäure (im Tagesharn) auf dem von JOST ursprünglich eingeschlagenen Weg an wenigen Einzelarbeitern würde aber dem eigentlichen Zweck voraussichtlich besser entsprechen.

B. Schutzmaßnahmen
bei neuzeitlichen Lackierungsverfahren, Feuerschutz.

Von
HANS PRILLWITZ-Ludwigshafen.

Die wirtschaftliche Notwendigkeit der Beschleunigung des Fabrikationsganges, das Verlangen nach Vereinfachung des Arbeitsverfahrens und vor allem auch erhöhte Ansprüche an Qualität haben in den letzten Jahren nicht nur eine weitgehende *Umstellung* der *Anstrichtechnik*, sondern auch eine heute noch steigende Verwendung von Anstrichmitteln notwendig gemacht, die infolge ihrer

Eigenart im Gegensatz zu den bekannten Ölfarben und -lacken reichliche Mengen organischer Lösungsmittel enthalten. An dieser Sachlage ist die chemische Industrie maßgeblich beteiligt, der es, der allgemeinen Entwicklung Rechnung tragend, gelang, eine große Menge neuer Lackrohstoffe zu schaffen, die wiederum eine Umstellung der Anstrichstoffe bzw. Anstrichtechnik verlangten. An Stelle des Pinsels traten vor allem die *Spritzpistole* und das *Tauchbad*, die beide gerade für die industrielle Lackierung eine weitgehende Umwälzung gebracht haben.

Diese Umstellung des Materials, d. h. die dadurch bedingte Verarbeitung sehr beträchtlicher Mengen flüchtiger organischer Lösungsmittel nach neuen Verarbeitungsmethoden, mußte naturgemäß gegenüber der alten Öltechnik mancherlei Maßnahmen erforderlich machen, um die notwendige Sicherheit bei der Arbeit zu gewährleisten. Es sind vor allem zwei Eigenschaften der organischen Lösungsmittel, die den Verarbeiter in Gefahr bringen können und vor denen er sich daher schützen muß:

1. Die physiologische Wirkung der Lösungsmittel.
2. Die Brennbarkeit der Lösungsmittel selbst und die leichte Entzündbarkeit ihrer Dämpfe bzw. die Zerknallfähigkeit derselben in Mischung mit Luft.

Die Brennbarkeit ist besonders auf die leicht- und mittelflüchtigen Lösungsmittel beschränkt. *Schwerflüchtige Lösungsmittel sind kaum noch als brandgefährlich* zu bezeichnen, sofern sie nicht mit leichter flüchtigen Stoffen gemischt sind.

Eine Ausnahme bilden hier die Chlorkohlenwasserstoffe, die zum großen Teil überhaupt nicht entflammbar sind.

Eine gewisse physiologische Wirkung ist dagegen allen Lösungsmitteln in geringerem oder größerem Maße eigen, doch sind auch hier die *flüchtigeren* Lösungsmittel die *gefährlicheren*, da infolge des höheren Dampfdruckes ihre Dämpfe sich in der Luft leichter anreichern und damit die Gefahr der Einatmung derselben in Mengen, die evtl. zu körperlichen Schädigungen führen können, eher als bei schwerer flüchtigen Lösungsmitteln gegeben ist.

Die meisten Arten von Lacken enthalten Lösung*mittel* der *gleichen* Klasse, die deshalb auch die gleichen Gefahren mit sich bringen. Es ist unrichtig, Nitrocelluloselacke als besonders feuergefährlich zu bezeichnen, beispielsweise gegenüber Acetylcellulose- oder Celluloseätherlacken. Alle diese Produkte enthalten ebenso wie die neuerdings vielfach auf dem Markt befindlichen Materialien, die Vinylpolymerisate oder Chlorkautschuk als Bindemittel besitzen, wenn auch nicht immer die gleichen, so doch stets leicht brennbare Lösungsmittel, die ihrerseits die Durchführung gleicher Sicherheitsmaßnahmen erfordern.

Ganz allgemein kann man wohl feststellen, daß sich alle Gefahrenquellen durch verhältnismäßig wenige, mit Vernunft gehandhabte Vorsichtsmaßregeln weitgehend vermeiden lassen. Zu vermeiden ist vor allem die Anreicherung von Lösungsmitteldämpfen, die Bildung höherer Temperaturen durch Feuer, Licht Funken oder Heizung, ferner das Auftreten statischer Elektrizität beim Transport der Lösungsmittel, z. B. durch Rohrleitungen.

Beim Tauchverfahren bietet den besten Schutz naturgemäß die Verlegung des Arbeitsganges in einen geschlossenen Kasten, der mit einem Abzugsrohr versehen ist, dessen natürlicher Zug noch durch Einblasen eines Preßluftstrahles verstärkt wird. Ein solcher Kasten wird da angebracht sein, wo die Größe und Sperrigkeit der getauchten Stücke kein wesentliches Hindernis ist. Die Trocknung der getauchten Gegenstände kann dann in dem gleichen Kasten über dem Tauchbad selbst vorgenommen werden. Ist eine geschlossene Apparatur nicht möglich, wegen der Größe des Tauchgutes, z. B. bei großen Maschinenteilen oder Metallmöbeln, so wird man sich mit einer mehr oder weniger vollständigen seitlichen oder oberen Umwandung des Raumes über dem Tauchbad oder nur mit einer Dunsthaube über dem Tauchgefäß mit entsprechenden Abzugsvorrichtungen begnügen müssen. In geeigneten Fällen kann die Absaugung auch in Höhe des Tauchbottichrandes eingreifen und, da durchweg alle Lösungsmitteldämpfe schwerer als Luft sind und zu Boden sinken, eine Hilfsabsaugung in der Nähe des Fußbodens des Arbeitsraumes angebracht werden.

Das gleiche sollte jedoch nicht nur für die Tauchgefäße, sondern auch für die meist in der Nähe aufgestellten Trockenvorrichtungen, Trockentische usw. vorgesehen sein, da beim Trocknen entsprechend der Größe der verdunstenden Oberfläche noch mehr Dämpfe als beim Tauchen selbst entstehen können.

Da es *schwer* halten wird, die Absaugung, wenn man sie natürlich auch verstellbar einrichten kann, stets der Dampfentwicklung des Tauchbades und des Trockenprozesses genau anzupassen, wird man sich zweckmäßig *außerdem* auf eine Raumabsaugung einstellen müssen. Man sollte aber dabei in der kalten Jahreszeit nicht über einen 3—4fachen Luftwechsel des Arbeitsraumes in der Stunde gehen, um einen die Arbeiter evtl. schädigenden Luftzug zu vermeiden.

Noch *viel weniger* als beim Tauchen kann man beim Spritzen auf Absaugung verzichten, da infolge der Zerstäubung des meist relativ dünnflüssigen Lackes bei einem Spritzdruck von durchschnittlich 2—3 at eine wesentlich stärkere Verdunstung der Lösungsmittel als beim Tauchen stattfindet. Man führt daher im allgemeinen die Spritzlackierung in einer Spritzkammer aus, die von einem gut wirkenden Ventilator entlüftet wird. Maßgebend für eine restlose Beseitigung der Spritznebel ist eine zweckmäßige Gestaltung der Spritzkammer selbst und andererseits die Leistung des Ventilators. Für die Bemessung der Absaugung wird man im allgemeinen davon ausgehen können, daß auf 1 cbm Spritzkastenraum 20—30 cbm Dampf-Luftgemisch in der Minute abzusaugen sind, so daß eine Luftgeschwindigkeit von 10—15 m/sec in der Absaugeleitung und 1,5 bis 2 m/sec am Arbeitsplatz des Spritzers nicht überschritten wird. Die Spritzkammer selbst ist so anzuordnen, daß keine toten Ecken entstehen und beim Arbeiten sofort der gesamte Farbnebel entfernt wird. Das Eindringen des letzteren in die Ventilationsrohre muß durch geeignete Prallbleche, die vor dem Abzugsrohr der Spritzkammer anzubringen sind, verhindert werden.

Eine wichtige Frage für die gesamte Spritztechnik ist der Ersatz der durch die Ventilatoren abgesaugten Luft des Arbeitsraumes besonders im Winter, da sonst die Gefahr besteht, daß die Arbeiter zu rasch die Ventilatoren abstellen, um die Wärme des Arbeitsraumes zu erhalten. Am zweckmäßigsten dürfte es wohl sein, dem Arbeitsraume in diesem Falle *erwärmte Frischluft* zuzuführen, da alle Versuche, die Spritzluft durch Trocken- oder Filter*anlagen* zu *säubern* und wieder in den Arbeitsraum zurückzuführen, zu wirtschaftlich befriedigenden Ergebnissen wohl *noch nicht* geführt haben.

Die Abführung der über dem Tauchbad und der Spritzkammer oder Trockenvorrichtung abgesaugten Dämpfe erfolgt in den meisten Fällen unmittelbar ins Freie, und zwar leider nicht immer ohne Belästigung der Nachbarschaft. Die Abführungsleitung sollte daher möglichst hoch angelegt sein, um beim Herabsinken der Lösungsmitteldämpfe eine gute Verteilung derselben zu gewährleisten.

Eine *Rückgewinnung* der in der Abluft enthaltenen Lösungsmitteldämpfe ist erfahrungsgemäß nur dann wirtschaftlich, wenn es sich um einheitliche Lösungsmittel oder einfache Gemische derselben handelt, wie sie beispielsweise in der Kunstlederindustrie verwendet werden.

Erfolgt beim Tauchen oder Spritzen das Trocknen in sog. *Lackiertrockenöfen*, so sind aus diesen die entwickelten Dämpfe natürlich auch abzusaugen und für ihre Entfernung beim Öffnen der Öfen zu sorgen.

Die Einrichtung und Handhabung solcher Öfen ist durch die Unfallverhütungsvorschriften der Berufsgenossenschaft der Chemischen Industrie festgelegt.

Ist aus irgendwelchen Gründen bei der Verarbeitung lösungsmittelhaltiger Anstrichmaterialien eine Absaugung nicht möglich oder ist diese vorübergehend unterbrochen oder nur unvollkommen, so daß die Berührung des Arbeiters mit Lösungsmitteldämpfen in höherer Konzentration eintreten kann, so ist man zur Verwendung eines *Atemschutzgerätes* gezwungen. Hierzu dienen Gasmasken, welche Nase und Mund überdecken, mit entsprechenden Filtereinsätzen versehen sind und die in Deutschland weitgehend genormt sind. Für den Schutz gegen Lösungsmitteldämpfe eignet sich besonders das Schutzfilter *A* (braun), das mit Aktivkohle gefüllt ist. Hersteller derartiger Atemschutzgeräte sind: Drägerwerk, Lübeck und Deutsche Gasglühlicht-Auer-Gesellschaft, Berlin.

Die bei der Verarbeitung von lösungsmittelhaltigen Anstrichmaterialien zu beachtenden Schutzmaßnahmen gegen Feuer- und Explosionsgefahren sind in übersichtlicher Weise auch zusammengestellt in den neuen Sicherheitsvorschriften der Deutschen Feuerversicherungsgesellschaften für Spritz- und Lackierbetriebe.

Auch die Berufsgenossenschaft der Chemischen Industrie hat Unfallverhütungsvorschriften herausgegeben, und zwar Nr. 24 „Lackier- und Anstricharbeiten unter Verwendung des Spritz- und Tauchverfahrens" und Nr. 25 „Lackieröfen".

Für die Lagerung feuergefährlicher Flüssigkeiten hat sich die Verdrängung der Luft in den in Lagerbehältern und Rohrleitungen verbleibenden Hohlräumen durch Schutzgase, welche die Verbrennung nicht unterhalten und evtl. auch unter erhöhtem Druck stehen (System Martini und Hünecke), sehr bewährt. Vielfach werden auch Anlagen verwendet, die durch entsprechende Ventile gegen Flammeneinschlag gesichert sind.

Beim *Umfüllen* müssen Vorrats- und Abfüllgefäße leitend miteinander verbunden sein und die Strömungsgeschwindigkeit niedrig gehalten werden, um das Auftreten von *Funken* durch Bildung statischer Elektrizität zu verhindern.

Besondere Sorgfalt erfordern die Umhüllungen von Lösungsmitteln, die repariert werden sollen. Hierfür gibt die I. G. Farbenindustrie Aktiengesellschaft folgende Vorschriften:

„Es sei besonders betont, daß weder an vollen noch an leeren Umschließungen mit der Lötlampe, mit dem Schweißapparat oder in anderer Weise, bei der mit Feuer gearbeitet wird, oder durch die Funken entstehen, hantiert werden darf, falls derartige Gefäße undicht geworden sind. Auch das Arbeiten mit dem eisernen Hammer muß unterbleiben, da damit stets die Gefahr der Funkenbildung verbunden ist, vielmehr sind Holz- oder Bronzewerkzeuge zu verwenden.

Sollten sich irgendwelche Reparaturen (Schweißarbeiten) an vollen Kannen oder Fässern als notwendig erweisen, so sind die Behälter zuerst vollständig zu entleeren. Die dann in den Gefäßen noch vorhandenen, im Gemisch mit *Luft explosiblen Dämpfe* müssen hierauf dadurch vollständig beseitigt werden, daß man die Verpackung mit Wasser ganz anfüllt, entleert und dies 2—3mal wiederholt. Wo Wasserdampf zur Verfügung steht, bläst man den betreffenden Behälter nach dem Ausspülen mit Wasser noch gründlich mit diesem aus.

Der auf die eine oder andere Weise gereinigte Behälter wird nun wieder mit Wasser ganz angefüllt, wobei dafür zu sorgen ist, daß sich entwickelnder Dampf nicht spannen kann. Ein Faß z. B. ist also bei Wasserfüllung zur Vornahme einer Schweißarbeit mit der Öffnung nach oben zu lagern, oder es ist, falls in dieser Lage nicht gearbeitet werden kann, mit einem in das Zapfloch eingeschraubten, nach außen genügend langen Knierohr zu versehen, das als kommunizierendes Rohr zum Faß wirkend eine spannungsfreie Wasserfüllung gestattet.

Wenn bei genieteten Fässern die Überlappungsstelle oder die Nieten undicht sind, so ist jegliche Schweißarbeit daran zu unterlassen.

Die betreffenden Behälter sind in diesem Falle an das Lieferwerk unter Kennzeichnung der undichten Stelle (am besten durch ein mit Ölfarbe angebrachtes Zeichen) zur Reparatur einzusenden.

In gleicher Weise ist bei den bereits entleerten Umschließungen zu verfahren. Gerade bei leeren Verpackungen ist wegen der darin meist enthaltenen Luft-Gasgemische, die sich aus Lösungsmittelresten gebildet haben, ganz besondere Vorsicht nötig. Es sollte deshalb keinesfalls an ihnen irgendeine Reparatur vorgenommen werden, ehe sie nicht in der vorstehend beschriebenen Weise behandelt worden sind."

Besonders zu beachten ist, daß bei der Löschung von Lösungsmittel- und Lackbränden *Wasser allein nicht verwendet* werden kann, weil die meisten Lösungsmittel leichter als Wasser sind und sich mit diesem nicht mischen. Zum Löschen kleinerer Brände, vor allem in Laboratorien, eignen sich *Handfeuerlöscher*, *welche meist mit Tetrachlorkohlenstoff gefüllt sind*. Für größere Brände verwendet man *Trockenlöscher* oder *Schaumlöscher*. Am besten dürften sich zur Zeit die *Schaumlöscher* eignen. Sie erzeugen aus Lösungen von *Saponinen* oder seifenartigen Stoffen von hohem Schaumbildungsvermögen, z. B. *Erkalen* der I. G. Farbenindustrie-Aktiengesellschaft, mit Luft oder Kohlensäure einen dichten Schaum, der sehr voluminös ist und den brennenden Gegenstand, auch wenn er leichter als Wasser ist, umhüllt und von dem Zutritt der Luft abschließt.

Schrifttum.

Außer den allgemeinen Lehr- und Handbüchern über Gewerbehygiene und Arbeitsschutz: Farbenztg 37, 454.

BORMANN: Arch. Gewerbepath. 8, 194 (1938). — BROCHER: Zbl. inn. Med. 50, 1186 (1929).

FRIEMANN: Arch. Gewerbepath. 7, 278 (1937).

GERBIS: Gesundheitsgefahren bei Entfettung durch Trichloräthylen. Zbl. Gewerbehyg. 15, 68 (1928). — GREENBURG: Benzol poisonning as an industrial hazard. Publ. Health Rep. 41 II, 1357, 1410, 1516 (1926). — GUEFFROY u. LUCE: Arch. Gewerbepath. 8, 426 (1938).

HAGEN: Arch. Gewerbepath. 8, 541 (1938).

I. G. Farben-Aktiengesellschaft: Lösungsmittel- und Weichmachungsmittel-Broschüre.

JOST: Arch. Gewerbepath. 3, 91 (1932).

KRUG, ROTHE u. WENZEL: Das Tiefdruckverfahren unter besonderer Berücksichtigung der Maßnahmen zur Vermeidung von Schädigungen bei seiner Verwendung. Schriften aus dem Gesamtgebiet der Gewerbehygiene, 2. Aufl., H. 23. 1930.

STÜBER: Gesundheitsschädigungen bei der Verwendung von Trichloräthylen. Arch. Gewerbepath. 2, 398 (1931).

TELEKY u. WEINER: Klin. Wschr. 1924 I, 226.

WENZEL, ALVENSLEBEN u. WITT: Die Beseitigung der beim Tauch und Spritzlackieren entstehenden Dämpfe. Schriften aus dem Gesamtgebiet der Gewerbehygiene, H. 18. 1927.

YANT u. Mitarb.: J. ind. Hyg. 18, 69, 349 (1936).

ZANGGER: Über die modernen organischen Lösungsmittel. Arch. Gewerbepath. 1, 77 (1930).

VIII. Behördliche Vorschriften.

Von
HANS ENGEL-Berlin.

A. Schutz der Allgemeinheit gegen Feuers- und Explosions- sowie Gesundheitsgefahren durch organische Lösungsmittel.

Vorschriften zur Verhütung von Feuers- und Explosionsgefahren durch den Umgang mit organischen Lösungsmitteln sind außer denjenigen, die im Rahmen von Arbeitsschutzbestimmungen erlassen sind, in einer Reihe landesrechtlicher Polizeiverordnungen über den Verkehr mit feuergefährlichen Flüssigkeiten, ihre Lagerung, Aufbewahrung und Beförderung erlassen. Die *Preußische Musterpolizeiverordnung über den Verkehr mit Mineralölen und Mineralölgemischen vom 15. September 1925* (Minist.bl. Handels- u. Gewerbeverwaltung), sowie ähnliche Verordnungen der übrigen Länder, die *Sächsische Verordnung betr.: leicht entzündliche und feuergefährliche Stoffe und Gegenstände vom 29. November 1907* (Gesetz- und Verordnungsbl. S. 265), die *Württembergische Verfügung betr.: Lagerung und Aufbewahrung von mineralischen Ölen, Äther, Schwefelkohlenstoff und ähnlichen leicht entzündlichen Stoffen vom 19. Juni 1912* (Reg.bl. S. 184), *die Verordnung des Polizeipräsidenten in Berlin betr.: Lagerung und Aufbewahrung von Äther, Kollodium, Schwefelkohlenstoff und anderen feuergefährlichen Stoffen vom 22. Januar 1924* enthalten eingehende allgemeingültige und für bestimmte Anlagen des Handels und Gewerbes (Lagereien, Beförderungsgewerbe, Wäschereien) geltende Vorschriften über die Anforderungen, welche an die Beschaffenheit und Kennzeichnung von Behältern für entzündliche Stoffe, die Höchstmengen, die in nicht besonders feuersicher gebauten und von anderen Gebäudeteilen nicht genügend abgetrennten Räumen gelagert werden dürfen, sowie über die Anforderungen, die an Anlagen und Einrichtungen (Räume und Behältnisse) zur Lagerung und Beförderung und gewerblichen Verarbeitung und Verwendung (z. B. in Wäschereien) feuergefährlicher Flüssigkeiten je nach Gefahrenklasse und Menge zu stellen sind, und über die Beschränkungen und besonderen Pflichten, die dem Besitzer solcher Anlagen hinsichtlich Anmeldung bei der Polizeibehörde, Art und Menge gleichzeitig gelagerter Stoffe usw. im Interesse der Sicherheit der Beschäftigten und der Anlieger sowie der Allgemeinheit auferlegt sind. Bestimmungen über den Transport, über die Lagerung feuer- und explosionsgefährlicher Flüssigkeiten sind ferner in der Eisenbahnfrachtordnung sowie in den ortspolizeilichen Garagenverordnungen enthalten.

Dem Schutz der Allgemeinheit gegen Vergiftungsgefahren dient eine Reihe von für das Land Preußen erlassenen Vorschriften der *Verordnung des Reichs- und Preußischen Ministers des Innern über den Handel mit Giften vom 11. Januar 1938* (Gesetzslg. S. 1 u. 58), die auf die in dem Verzeichnis der Gifte (Anlage 1 der Verordnung) aufgeführten Stoffe aus der Gruppe der organischen Lösungsmittel anwendbar sind. Danach unterliegen Stoffe der Abteilung 2 des Giftverzeichnisses — dazu gehören dem Wortlaut nach eine Reihe von Halogenkohlenwasserstoffen: Äthylenpräparate, Chloräthyliden, Chloroform, Bromäthyl — den besonderen strengeren Vorschriften über die Aufbewahrung, Beschaffenheit der Vorratsgefäße im Kleinhandel, und über die Abgabe an Verbraucher — Eintragung in das Giftbuch, Abgabe durch den Geschäftsinhaber, oder seine Beauftragten nur in gut verschlossenen mit der Aufschrift „Gift" und Inhaltsangabe gekennzeichneten Gefäßen (nicht bei Abgabe an Gewerbetreibende) und nur an Personen, welche als zuverlässig bekannt sind und das Gift zu einem erlaubten, gewerblichen, wirtschaftlichen, wissenschaftlichen oder künstlerischen Zweck benutzen wollen", sonst nur gegen polizeilichen Erlaubnisschein und in jedem Fall nur gegen schriftliche Empfangsbestätigung (Giftschein). Für Gifte der Abteilung 3, zu denen Schwefelkohlenstoff gehört, gelten diese Abgabebestimmungen nicht.

Für die Verwendung zur Schädlingsbekämpfung gelten die Bestimmungen des § 18, wonach bei Abgabe von Ungeziefermitteln, welche in dem Giftverzeichnis aufgeführte Gifte enthalten, jeder Packung eine Belehrung über die mit unvorsichtigem Gebrauch verknüpften Gefahren beizufügen ist, und des § 19, der Kammerjägern eine den Vorschriften der Verordnung entsprechende Aufbewahrung zur Pflicht macht. Die Verwendung von Äthylenoxyd in der Schädlingsbekämpfung ist besonders durch die *Verordnung über die Schädlingsbekämpfung mit hochgiftigen Stoffen vom 29. Januar 1919* (Reichsgesetzbl. S. 165) und die *Verordnungen des Reichsministers für Ernährung und Landwirtschaft und des Innern über den Gebrauch von Äthylenoxyd zur Schädlingsbekämpfung vom 26. Februar 1932 und vom 10. Oktober 1934* (Reichsgesetzbl. 1932 I, S. 97 und 1934 I, S. 1260) — grundsätzliches Verbot und Ausübung unter Einhaltung der erlassenen Vorschriften nur durch konzessionierte Personen — geregelt.

Wesentlich dem Schutz der Allgemeinheit gegenüber Unfall und Gesundheitsgefahren dient auch die Bestimmung des § 9 der preußischen *Polizeiverordnung des Reichs- und Preußischen Ministers des Innern über die Ausübung des Friseurhandwerks vom 6. Dezember 1937* (Gesetzslg. S. 166), wonach zum Waschen, zum Trocknen und zur sonstigen Behandlung der Haare die Benutzung von Äther, Aceton, Essigäther, Kohlenwasserstoffen (insbesondere von Petroläther, Benzin, Ligroin, Naphtha, Benzol, Toluol und chlorierten Kohlenwasserstoffen, wie z. B. Tetrachlorkohlenstoff) sowie von Gemischen und Zubereitungen solcher Stoffe verboten ist. Ausgenommen hiervon sind Haarpflegemittel, welche die genannten Stoffe lediglich als Lösungsmittel in einer Gesamtmenge von höchstens 5% enthalten.

Eine an die Allgemeinheit gerichtete Warnung vor Feuers- und Explosionsgefahren bei der Verwendung von Benzin und anderen Reinigungsmitteln im Haushalt ist vom Reichsgesundheitsamt erlassen (abgedruckt Reichs-Gesdh.bl. 1938, S. 163):

Vorsicht mit Reinigungsmitteln!

Die Gefahren von Benzin und anderen Reinigungsmitteln im Haushalt.

Obwohl häufig genug auf die überaus leichte Entzündungsfähigkeit des Benzins hingewiesen wird, berichten die Tageszeitungen immer wieder über schwere Unglücksfälle, die sich im Haushalt beim Waschen oder Reinigen von Kleidungsstücken mit Benzin ereignen. Es ist stets daran zu denken, daß schon beim offenen Stehen von Benzin an der Luft und im besonderen Maße beim Gebrauch dieser Flüssigkeit (Waschen, Abreiben oder Entflecken von Kleidern) unsichtbare, ungemein leicht entzündliche Benzindämpfe entstehen und sich im Raum verbreiten. Kommen diese mit einer Flamme, einem Sparbrenner, einer brennenden Zigarette, einer Glutstelle im Herd oder Ofen oder mit einem elektrischen Funken, der bei Betätigung eines Lichtschalters oder der Benützung einer Steckdose entstehen kann, in Berührung, so wird unweigerlich eine Benzinexplosion mit allen ihren Folgen ausgelöst. Auch mit der Gefahr einer Selbstentzündung ist bei diesen Hantierungen zu rechnen.

Darum vergewissere Dich, daß jede Entzündungsmöglichkeit ausgeschlossen ist, bevor Du eine Benzinflasche öffnest.

Verwende stets nur eine möglichst kleine Benzinmenge. Benutze Benzin nur bei geöffnetem Fenster, wenn es nicht möglich ist, die beabsichtigte Arbeit im Freien, etwa auf dem Balkon, vorzunehmen.

Gieße das benutzte Benzin nicht leichtsinnig in den Ausguß, weil hierdurch unvorhergesehene Entzündungs- und Explosionsgefahren entstehen können.

Entferne nach Beendigung der Arbeit alle Benzindämpfe durch gründliche Lüftung, bevor im Raum eine offene Flamme angezündet wird.

Neben dem Benzin sind für diese Zwecke noch andere Reinigungsmittel im Gebrauch, die weniger oder gar nicht explosionsgefährlich sind. Es sind das bestimmte organische Kohlenstoffverbindungen, vor allem der Tetrachlorkohlenstoff (häufig kurz „Tetra" genannt), der in den meisten unter verschiedenen Handelsbezeichnungen (Benzinoform, Spektrol, Asordin usw.) käuflichen Entfleckungsmitteln enthalten ist. Der Tetrachlorkohlenstoff, der nicht entzündbar und in dieser Hinsicht also ungefährlicher ist als das Benzin, ist aber ebenfalls leicht flüchtig! Bei seinem Gebrauch im geschlossenen Raum können sich leicht so große Mengen seiner Dämpfe ansammeln, daß die Einatmung dieser Luft gesundheitsschädlich wird. Die Dämpfe des Tetrachlorkohlenstoffs sind schwerer als Luft und reichern sich daher in den fußbodennahen Luftschichten (spielende Kinder!) stärker an. Wer also aus Gründen der Feuer- und Explosionssicherheit den Tetrachlorkohlenstoff vorzieht, muß sich dieser Gefahr stets bewußt bleiben.

B. Arbeitsschutz.

Für den Schutz gegen Feuers- und Explosionsgefahren in gewerblichen Betrieben, welche stets ja auch Belange der Allgemeinheit in Mitleidenschaft ziehen, finden neben allgemeinen baupolizeilichen Vorschriften und besonderen Auflagen, die im Rahmen der Genehmigungsverfahren auf Grund der §§ 16 ff. der Reichsgewerbeordnung in bestimmten genehmigungspflichtigen Anlagen bei ihrer Errichtung gemacht werden können, zunächst die oben genannten allgemeinen Verordnungen Anwendung, die zum Teil auch schon besondere Bestimmungen für bestimmte gewerbliche Anlagen und Bestimmungen über die Verhütung von Unfall- und Gesundheitsgefahren beim Befahren zur Reinigung und Ausbesserung von Tanks und Behältnissen enthalten.

Im übrigen ist der Schutz vor Feuers- und Explosionsgefahren und anderen Unfallgefahren in gewerblichen Betrieben neben dem eigentlichen Gesundheitsschutz in der Reichsgewerbeordnung und den auf Grund des § 120e der RGO. für bestimmte Betriebe erlassenen reichs- und landesrechtlichen Arbeitsschutzvorschriften und den auf Grund der §§ 848 ff. der Reichsversicherungsordnung erlassenen berufsgenossenschaftlichen Unfall- (und Krankheits-) verhütungsvorschriften behördlich geregelt.

Grundlegend sind die allgemeinen Bestimmungen über den gewerblichen Betriebsschutz in den §§ 120 ff. der Reichsgewerbeordnung, welcher für alle Betriebe den Gewerbeaufsichtsbeamten die Handhabe zu den im Interesse des Gesundheitsschutzes notwendigen Anordnungen gibt (§ 120a) und außerdem (im § 120e) die Zentralbehörden des Reichs und der Länder (Reichsregierung bzw. Reichsarbeitsministerium und zuständige Landesbehörden) ermächtigt, für *bestimmte* Arten von Betrieben besondere und eingehende Vorschriften auf dem Weg der Verordnung zu erlassen. Der § 120a RGO. schreibt vor: Die Gewerbeunternehmer sind verpflichtet, die Arbeitsräume, Betriebsvorrichtungen, Maschinen und Gerätschaften so einzurichten und zu unterhalten und den Betrieb so zu regeln, daß die Arbeiter gegen Gefahren für Leben und Gesundheit soweit geschützt sind, wie es die Natur des Betriebes gestattet.

Insbesondere ist für geeignetes Licht, ausreichenden Luftraum und Luftwechsel, Beseitigung des bei dem Betrieb entstehenden Staubs, der dabei entwickelten Dünste und Gase sowie der dabei entstehenden Abfälle Sorge zu tragen.

Ebenso sind diejenigen Vorrichtungen herzustellen, welche zum Schutze der Arbeiter gegen gefährliche Berührungen mit Maschinen oder Maschinenteilen oder gegen andere in der Natur der Betriebsstätte oder des Betriebs liegenden Gefahren, welche aus Fabrikbränden erwachsen können, erforderlich sind. Endlich sind diejenigen Vorschriften über die Ordnung des Betriebs und das Verhalten der Arbeiter zu erlassen, welche zur Sicherung eines gefahrlosen Betriebs erforderlich sind.

Die Vorschriften der §§ 120a bis c legen also Verpflichtungen zunächst nur dem „Gewerbeunternehmer", dem Betriebsführer im Sinne des Gesetzes zur Ordnung der nationalen Arbeit auf. Ihn trifft die öffentlich-rechtliche vom Staat zum Schutz der Arbeitskraft auferlegte unabdingbare Verpflichtung zum Schutz der Arbeitskraft, die privat-rechtlich in ähnlicher Weise (aber durch Vertrag abwälzbar) durch die §§ 618, 619 BGB. festgestellt ist. Strafrechtlich sind für ihre Erfüllung nach § 151 RGO. neben dem Betriebsführer (Unternehmer) auch die von ihm etwa zur Leitung des Betriebs oder eines Teils desselben oder zur Beaufsichtigung bestellten Personen verantwortlich.

Unter Regelung des Betriebs ist alles zu verstehen, was in bezug auf angewendete Arbeitsverfahren, Auswahl der mit der Ausführung Beauftragten nach Zahl und Eignung, Ausstattung mit Werkzeug und Schutzausrüstung usw. zur Vermeidung von Gesundheitsschäden und Unfällen geschehen kann. Hierzu gehört insbesondere auch nach der Vorschrift des Absatzes 4 der dem Führer des Betriebs (Unternehmer) obliegende Erlaß von Vorschriften über die Ordnung des Betriebs und das zur Sicherung eines gefahrlosen Betriebs erforderliche Verhalten der Arbeiter.

Hiermit werden mittelbar und auf dem Umweg über den Unternehmer auch dem beschäftigten Arbeiter Verpflichtungen im Interesse des Arbeitsschutzes auferlegt, denen allerdings nur die in dem Arbeitsvertrag begründete Rechtskraft innewohnt.

Auf Grund des § 120e RGO. sind eine Reihe von reichs- und landesrechtlichen Arbeitsschutzvorschriften für Betriebe besonderer Art erlassen worden, in den eine gesundheitliche Gefährdung durch Arbeitsstoffe aus der Gruppe der organischen Lösungsmittel vorliegt:

Die *Bekanntmachung des Reichskanzlers, betr. die Einrichtung und den Betrieb gewerblicher Anlagen zur Vulkanisierung von Gummiwaren, vom 1. März 1902* (Reichsgesetzbl. S. 59) schreibt für Betriebe, in denen Gummiwaren unter Anwendung von Schwefelkohlenstoff (oder durch Chlorschwefeldämpfe) vulkanisiert werden (Kaltvulkanisation), neben feuersicherer Anlage und Aufbewahrung der beschränkten Vorräte an Schwefelkohlenstoff ausreichende natürliche oder künstliche Raumbelüftung, oder an deren Stelle örtliche Absaugung der Schwefelkohlenstoffdämpfe an der Entstehungsstelle, unter Absaugung stehende Ummantelung von Vulkanisierungsmaschinen für Stoffbahnen, Vulkanisieren kleiner Gegenstände von Hand in unter Absaugung stehenden Schutzkästen (Digestorien, Glasgehäusen), Trocknung der vulkanisierten Waren in ventilierten Schutzkästen oder in besonderen Trockenräumen, die nicht betreten werden, und Beschränkung ununterbrochener Arbeit mit Schwefelkohlenstoff auf zwei Stunden und der täglichen Gesamtarbeitszeit auf 4 Stunden vor, außerdem Verbot der Beschäftigung jugendlicher Arbeiter, Bereitstellung von Arbeitskleidung und Wasch- und Umkleideräumen, sowie ärztliche Überwachung aller der Einwirkung von Schwefelkohlenstoff ausgesetzten Arbeiter durch monatliche Untersuchungen.

Für Betriebe der Gummiwarenindustrie gelten ferner landesrechtlich für *Hamburg* die *Grundsätze für die Einrichtung von Anlagen, in denen fremde Hilfskräfte mit der Anfertigung oder Bearbeitung von Gummimänteln beschäftigt werden* (vom 18. August 1913), die hauptsächlich Feuersicherheitsvorschriften enthalten.

Die *Verordnung des Reichsarbeitsministers über die Ausführung von Anstreicherarbeiten in Schiffsräumen vom 2. Februar 1921* (Reichsgesetzbl. S. 142) enthält eingehende Vorschriften über ausreichende natürliche und künstliche Belüftung von engen Schiffsräumen während der Ausführung von Anstreicherarbeiten, Beschränkung der ununterbrochenen Arbeitszeiten, Verbot der Arbeit bei 25⁰ C übersteigenden Innentemperaturen, feuersichere Beleuchtung usw. bei Verwendung schnell trocknender, leicht flüchtiger Anstrichmittel, besondere Vorsichtsmaßregeln (Überwachung von außen her, Betreten frisch gestrichener Räume erst nach genügender Durchlüftung) und schließlich Belehrung der Arbeiter über die mit der Ausführung dieser Arbeiten verbundenen Gefahren.

Warnungen vor der Verwendung von benzol- bzw. tetrachlorkohlenstoffhaltigen Kesselinnenanstrichmitteln und Anweisungen zur Verhütung der damit verbundenen Gesundheitsgefahren sind in den *Rundschreiben des Preußischen Ministers für Handel und Gewerbe betr. Kesselanstrichmittel vom 17. Januar 1906 und vom 7. August 1907*, sowie in der *Verordnung des Sächsischen Ministers des Innern vom 21. November 1912, betr. die Verwendung von Siderosthen, Dermatin und ähnlichen Kesselanstrichmitteln* enthalten.

Eine allgemeine Warnung vor der Verwendung von Tetrachloräthan zur Herstellung von Farben, Lacken und Schutzanstrichen und eine Anweisung an die Gewerbeaufsichtsbeamten zum Vorgehen gegen die gewerbliche Benutzung solcher Erzeugnisse durch polizeiliche Verfügung gemäß § 120 d der RGO. gibt der *Erlaß des Preußischen Ministers für Handel und Gewerbe betr. Verwendung von Tetrachloräthan vom 12. März 1930* (Minist.bl. Handels- u. Gewerbeverwaltung S. 65).

Die weitestgreifende und eingehendste gesetzliche Regelung hat der Gesundheitsschutz bei der gewerblichen Herstellung und Verwendung von organischen Lösungsmitteln bisher in der in der deutschen Ostmark (Land Österreich) weiter in Geltung stehenden österreichischen *Verordnung betr. Schutz des Lebens und der Gesundheit der Arbeitnehmer in gewerblichen Betrieben, in denen Benzol, Toluol, Xylol, Trichloräthylen, Tetrachloräthan, Tetrachlorkohlenstoff oder Schwefelkohlenstoff erzeugt oder verwendet wird (Benzolverordnung) vom 28. März 1934* (Mitt. Volksgesdh.amt S. 51) gefunden, die deshalb nachstehend im Wortlaut wiedergegeben ist.

Geltungsbereich.

§ 1. Die Vorschriften dieser Verordnung gelten für die der Gewerbeordnung unterliegenden Betriebe, in denen Benzol, Toluol, Xylol, Trichloräthylen, Tetrachloräthan, Tetrachlorkohlenstoff oder Schwefelkohlenstoff erzeugt oder verwendet wird.

§ 2. Die Vorschriften dieser Verordnung finden keine Anwendung, wenn die in § 1 bezeichneten Stoffe in einer solchen Apparatur erzeugt oder verwendet werden, daß während des normalen Betriebsvorganges das Entweichen dieser Stoffe in den Arbeitsraum nicht möglich ist, oder wenn diese Stoffe zu wissenschaftlichen oder produktionstechnischen Zwecken in so geringen Mengen verwendet werden, daß eine Gesundheitsschädigung nicht zu befürchten ist.

Beschäftigungsdauer bei besonders gefährlichen Arbeiten.

§ 3. (1) Bei Arbeiten zur Ausbesserung von Maschinen oder anderen Werksvorrichtungen, die zur Erzeugung, Verarbeitung oder Lagerung der in § 1 bezeichneten Stoffe dienen, sowie bei Arbeiten zur Behebung von Betriebsstörungen an solchen Einrichtungen, ferner bei Anstricharbeiten in geschlossenen Behältern, Kammern, Dückern oder sonstigen Rohrleitungen unter Verwendung der in § 1 bezeichneten Stoffe dürfen die Arbeitnehmer innerhalb der täglichen Arbeitszeit nicht länger als 4 Stunden beschäftigt werden, wenn infolge mangelhaften Luftzutritts oder aus anderen Gründen erhebliche Mengen von Dämpfen oder Nebeln dieser Stoffe auf die hierbei Beschäftigten einwirken können.

(2) Die Vorschrift des Abs. 1 über die Beschäftigungsdauer gilt auch für sonstige Arbeiten, bei denen Dämpfe oder Nebel der in § 1 bezeichneten Stoffe auftreten können, wenn die Arbeiten bei abnormaler Temperatur oder unter sonstigen gefahrbringenden Umständen verrichtet werden müssen.

(3) Beim Dunst- und Naßvulkanisieren und bei der Herstellung von Kunstgummi (Faktis) unter Verwendung von Schwefelkohlenstoff dürfen die Arbeitnehmer innerhalb der täglichen Arbeitszeit nicht länger als 2 Stunden beschäftigt werden, wenn mit Rücksicht auf die Art des Arbeitsvorganges und die technische Einrichtung des Betriebes die Einwirkung von Dämpfen dieses Stoffes auf die Beschäftigten nicht vermieden werden kann.

(4) Die Gewerbebehörde kann auf Ansuchen des Gewerbeinhabers nach Anhörung des Gewerbeinspektorates die Verlängerung der Dauer der Beschäftigung bei den in den Abs. 1—3 bezeichneten Arbeiten um 2 Stunden bewilligen, wenn durch die technische Einrichtung des Betriebes die schädliche Wirkung der im § 1 bezeichneten Stoffe auf die Beschäftigten wesentlich herabgemindert wird.

Beschäftigung von jugendlichen männlichen Hilfsarbeitern und Frauen.

§ 4. (1) Jugendliche männliche Hilfsarbeiter, die das 18. Lebensjahr noch nicht vollendet haben, sowie Frauen dürfen bei den nachbezeichneten Arbeiten nicht beschäftigt werden:

a) Bei der Erzeugung von chemischen Produkten unter Verwendung von Benzol, Toluol, Xylol oder Schwefelkohlenstoff, wenn das Entweichen von Dämpfen oder Nebeln dieser Stoffe in den Arbeitsraum nicht vermieden werden kann;

b) bei der Herstellung von Lacken und Farben unter Verwendung von Benzol, Toluol oder Xylol;

c) beim Färben und Lackieren von Gegenständen im Spritzverfahren unter Verwendung von Lacken oder Farben, die Benzol, Toluol oder Xylol enthalten;

d) bei der Erzeugung von Gummiwaren in Betriebsabteilungen, in denen Gummi oder ähnliche Stoffe in Benzol oder Toluol gelöst oder diese Lösungen bis zur Fertigstellung des Produktes verarbeitet werden;

e) bei der Herstellung von Klebemitteln und beim Kleben von Gegenständen unter Verwendung von Benzol oder Toluol;

f) bei der Herstellung von wasserdichten Stoffen unter Verwendung von Benzol oder Toluol vom Ansetzen der Streichmasse bis zur Beendigung des Trockenprozesses;

g) bei der Bedienung und Wartung von Tiefdruckpressen im Buchdruckereigewerbe, sofern die Druckfarbe in Benzol, Toluol oder Xylol gelöst oder mit diesen Stoffen verdünnt wird;

h) bei Vulkanisierungsarbeiten unter Verwendung von Schwefelkohlenstoff.

(2) Die Gewerbebehörde kann die Verwendung der in Abs. 1 bezeichneten Personen auch in Betrieben untersagen, in denen andere als die in Abs. 1 bezeichneten Arbeiten unter Verwendung von Benzol, Toluol, Xylol oder Schwefelkohlenstoff verrichtet werden, wenn das Entweichen von Dämpfen oder Nebeln dieser Stoffe in den Arbeitsraum nicht vermieden werden kann.

(3) Beim Färben und Lackieren von Gegenständen unter Verwendung von Lacken oder Farben mit Benzol-, Toluol- oder Xylolgehalt dürfen die in Abs. 1 bezeichneten Personen beschäftigt werden, wenn die verwendeten Lacke und Farben nicht mehr als 10% Benzol, 25% Toluol oder 30% Xylol enthalten und die Arbeiten auf Tischen oder sonstigen Unterlagen vorgenommen werden, die mit wirksamen Absaugevorrichtungen für die aus der Spritzpistole austretenden überschüssigen Dämpfe und Farbnebel derart ausgestattet sind, daß ihr Entweichen in den Arbeitsraum vermieden wird, soweit dies nach dem jeweiligen Stande der Technik möglich ist.

(4) Die Bestimmung des Abs. 3 gilt nicht, wenn große sperrige Gegenstände im Spritzverfahren gefärbt oder lackiert werden.

(5) Enthält ein Lack oder eine Farbe Benzol mit Toluol oder Xylol gemengt, so gilt die Bestimmung des Abs. 3 nur dann, wenn die auf die zulässige Benzolmenge fehlende Menge durch nicht mehr als die $2^1/_2$fache Menge Toluol oder die 3fache Menge Xylol ersetzt ist.

(6) Die in Abs. 1 bezeichneten Personen dürfen sich in Betriebsräumen, in denen ihre Beschäftigung verboten ist (Abs. 1 und 2), sowie in den mit diesen Räumen zusammenhängenden durch Türen nicht abgetrennten Räumen nicht aufhalten.

Überwachung des Gesundheitszustandes der Arbeitnehmer.

§ 5. Der Gewerbeinhaber darf zu Arbeiten, bei denen die in § 1 bezeichneten Stoffe erzeugt oder verwendet werden, nur solche Arbeitnehmer aufnehmen, deren körperliche Eignung durch einen Arzt (§ 7) bescheinigt ist.

§ 6. (1) In Betrieben, in denen bei der Herstellung von chemischen Produkten, Lacken oder Farben oder bei der Herstellung oder Verwendung von Gummitauchmasse, Klebemitteln oder ähnlichen Erzeugnissen, Benzol, Toluol oder Xylol als Grundstoff, Lösungs- oder Verdünnungsmittel benutzt wird, ferner in Tiefdruckereien, in denen diese Stoffe als Verdünnungsmittel für Druckfarben dienen, ist der Gewerbeinhaber verpflichtet, die Arbeitnehmer, die der Einwirkung von Dämpfen oder Nebeln dieser Stoffe ausgesetzt sind, in Zeitabschnitten von je 3 Monaten auf ihren Gesundheitszustand ärztlich untersuchen zu lassen. Die ärztliche Untersuchung hat sich insbesondere auch auf die Beschaffenheit des Blutes zu erstrecken.

(2) Die Gewerbebehörde kann auch in anderen Fällen die Inhaber von Betrieben, in denen Benzol, Toluol oder Xylol verwendet wird, verpflichten, die Arbeitnehmer, die der Einwirkung von Dämpfen oder Nebeln dieser Stoffe ausgesetzt sind, fallweise ärztlich untersuchen zu lassen, wenn die Gefahr besteht, daß diese Arbeitnehmer mit Rücksicht auf ihre körperliche Beschaffenheit infolge der Beschäftigung mit Arbeiten unter Verwendung der bezeichneten Stoffe Schaden an ihrer Gesundheit erleiden. Die ärztliche Untersuchung hat sich insbesondere auch auf die Beschaffenheit des Blutes zu erstrecken.

(3) Der Gewerbeinhaber ist verpflichtet, Arbeitnehmer, die der Einwirkung von Dämpfen oder Nebeln von Trichloräthylen, Tetrachloräthan, Tetrachlorkohlenstoff oder Schwefelkohlenstoff ausgesetzt sind, in Zeitabschnitten von je 6 Monaten ärztlich untersuchen zu lassen. Die Überprüfung der Blutbeschaffenheit ist in diesem Falle nicht erforderlich.

(4) Die Gewerbebehörde kann auf Ansuchen des Gewerbeinhabers nach Anhörung des Gewerbeinspektorates Ausnahmen von den Vorschriften der Abs. 1
und 3 bewilligen, wenn in dem Betrieb die in den Abs. 1 und 3 bezeichneten
Stoffe nur in solchen Mengen verwendet werden, daß mit Rücksicht auf die vorhandenen Schutzeinrichtungen eine Schädigung der Arbeitnehmer nicht zu
befürchten ist.

(5) Wenn die fortlaufende ärztliche Untersuchung (Abs. 1 und 3) nach Ablauf eines Zeitraums von 2 Jahren ergibt, daß der Gesundheitszustand der Arbeitnehmer durch die Einwirkung der in § 1 bezeichneten Stoffe nicht beeinträchtigt
wird, kann die Gewerbebehörde auf Ansuchen des Gewerbeinhabers gegen
Widerruf bewilligen, daß von einer weiteren fortlaufenden ärztlichen Untersuchung abgesehen wird.

(6) Arbeitnehmer, die infolge ihrer Beschäftigung mit Arbeiten unter Verwendung der in § 1 bezeichneten Stoffe laut ärztlichen Befundes Anzeichen
einer Gesundheitsstörung aufweisen, dürfen zu solchen Arbeiten nicht mehr
herangezogen werden, wenn sie im ärztlichen Befund als für solche Arbeiten
ungeeignet erklärt werden.

§ 7. Die Gewerbebehörde hat die Ärzte zu bezeichnen, die mit der Vornahme der in den §§ 5 und 6, Abs. 1 und 3, vorgesehenen ärztlichen Untersuchungen zu betrauen sind. Die Wahl unter diesen Ärzten steht dem Gewerb-
inhaber frei. Die Kosten der ärztlichen Untersuchung einschließlich des Blut-
befundes hat der Gewerbeinhaber zu tragen.

§ 8. Die Arbeitnehmer sind verpflichtet, sich den in dieser Verordnung
vorgeschriebenen oder von der Gewerbebehörde angeordneten (§ 6, Abs. 2)
ärztlichen Untersuchungen zu unterziehen.

§ 9. (1) Der Gewerbeinhaber hat hinsichtlich der Arbeitnehmer, deren Gesundheitszustand gemäß § 6 ärztlich zu überwachen ist, eine Vormerkung zu
führen, die folgende Angaben zu enthalten hat:

a) Personaldaten, Wohnort, Tag des Ein- und Austritts, der ärztliche Befund bei der Aufnahme und die Art der zugewiesenen Beschäftigung;

b) Tag und Ergebnis der fortlaufenden ärztlichen Untersuchungen unter
Anführung des Namens des untersuchenden Arztes;

c) im Falle der Erkrankung:

1. Art der Erkrankung,

2. Notwendigkeit des Arbeitsausschlusses (§ 6, Abs. 6),

3. getroffene Maßnahmen,

4. Tag der Einstellung der Arbeit,

5. Tag des Wiedereintritts in die Arbeit oder der Änderung des Arbeitsplatzes.

Den ärztlichen Befund bei der Aufnahme sowie die Angaben unter Punkt b
und Punkt c, Ziffer 1 und 2, hat der untersuchende Arzt einzutragen und zu
unterfertigen; die übrigen Angaben hat der Gewerbeinhaber einzutragen.

(2) Die Vormerkungen sind der Gewerbebehörde und dem Gewerbeinspektorat
auf Verlangen vorzulegen.

§ 10. Gewerbeinhaber, die den Vorschriften dieser Verordnung zuwider-
handeln, werden, sofern die Übertretung nicht nach den allgemeinen Straf-
gesetzen zu ahnden ist, nach den Vorschriften der Gewerbeordnung bestraft.

Die berufsgenossenschaftlichen Unfallverhütungsvorschriften, die auf Grund
des § 848 RVO. und — soweit sie die Verhütung von Berufskrankheiten im
Sinne der Verordnung vom 16. Dezember 1936 betreffen — des § 547 RVO.
erlassen sind und neben den behördlichen Arbeitsschutzbestimmungen gelten,
enthalten in den „Allgemeinen Vorschriften" und zahlreichen Sondervorschriften

für bestimmte Betriebe und Anlagen auch eine Reihe von Bestimmungen über Maßnahmen und Einrichtungen, die zur Verhütung von Unfall-, und Gesundheitsgefahren beim gewerblichen Umgang mit organischen Lösungsmitteln zu treffen sind.

Die allgemeinen Vorschriften, die für alle Betriebe und Tätigkeiten erlassen sind, verpflichten den Betriebsleiter (Unternehmer) zur eingehenden Belehrung der Gefolgschaft: Er hat Auszüge aus den Unfallverhütungsvorschriften, Merkblätter usw. bekanntzugeben (§ 3), die Versicherten zur Benutzung der Schutzeinrichtungen und Schutzmittel und zur Beachtung aller für sie erlassenen Vorschriften anzuhalten (§ 5) und die Mitwirkung der Versicherten an den Aufgaben der Unfallverhütung nach Möglichkeit zu fördern.

Auch jeder Arbeiter (Versicherter) ist nach § 11 verpflichtet „unter gewissenhafter Beachtung der ihm vom Unternehmer oder seinem Stellvertreter zur Verhütung von Unfällen und Berufskrankheiten gegebenen besonderen Anweisungen für seine und seiner Mitarbeiter Sicherheit zu sorgen", und „Versicherte, die ihm zur Hilfe oder Unterweisung zugeteilt sind, auf die mit ihrer Beschäftigung verbundenen Gefahren und die in Frage kommenden Unfallverhütungsvorschriften aufmerksam zu machen".

Die §§ 35—44 in Verbindung mit 1a der allgemeinen Unfallverhütungsvorschriften enthalten die eingehenden Bestimmungen über feuer- und unfallsichere Lagerung, Aufbewahrung, Beförderung von organischen Lösungsmitteln und anderen feuer- und giftgefährlichen Flüssigkeiten und über die besonderen Vorsichtsmaßregeln beim Befahren von Tanks, Behältern, Apparaten usw.: Abflanschen von anderen Apparatteilen, Befahren nur mit Erlaubnis des Betriebsleiters oder seines Stellvertreters, nachdem diese sich persönlich von der Sachlage überzeugt haben. Anseilung der in den Behälter einsteigenden Arbeiter und ständige Beobachtung von außen. Dauernde Einführung von Frischluft, falls dies nicht ausreicht, Benutzung von Sauerstoff- und Frischluftgeräten.

Von den Sondervorschriften sind folgende wesentlich für den Umgang mit organischen Lösungsmitteln erlassen: Unfallverhütungsvorschriften Nummer 7m, Lederindustrie §§ 13—20 für Anlagen zur Lederentfettung durch Benzin; Nummer 23 über Anstricharbeiten unter Anwendung des Spritz- und Tauchverfahrens, und 24 über Lackierarbeiten (enthalten außer Bestimmungen über feuer- und explosionssichere Anlagen und Betriebsführung auch einige Vorschriften über Absaugung, Spritzkästen und Spritzkammern); Nummer 66 über Benzinwäschereien (Feuersicherheitsvorschriften und Bestimmung über vollständige Trocknung und Auslüftung des Reinigungsguts vor der Weiterbehandlung in Plätträumen), Nummer 81 über Verwendung von Klebstoffen, die mit leicht flüchtigen, brennbaren Lösungsmitteln hergestellt sind und Verwendung solcher Lösungsmittel (Bestimmungen über feuersicheren Betrieb); Nummer 87 über Verwendung gesundheitsschädlicher, flüchtiger, nicht brennbarer Lösungsmittel zu Reinigungszwecken (enthält vorwiegend Belüftungsvorschriften). § 1. In Arbeitsräumen dürfen die Lösungsmittel nur in Apparaten verwendet werden, die so geschlossen sind, daß Dämpfe in gefährlicher Menge nicht austreten können. Die Apparate müssen außerdem so eingerichtet sein, daß das Waschgut, wenn es entnommen wird, frei von Dämpfen ist. § 5. Geeignete Hautschutzmittel sind bereitzustellen und zu benutzen.

Durch die *Dritte Verordnung über Ausdehnung der Unfallversicherung auf Berufskrankheiten vom 16. Dezember 1936* (Reichsgesetzbl. I, S. 1117) sind Gesundheitsschädigungen (Unfälle und Erkrankungen) durch Beschäftigung mit einer Reihe von Stoffen aus der Gruppe der organischen Lösungsmittel der Entschädigungspflicht nach den besonderen Bestimmungen dieser Verordnung unterworfen, und zwar nach der Liste in der Anlage der Verordnung gemäß Ziffer 6: Erkrankungen durch Benzol und seine Homologen, Ziffer 8: Erkrankungen durch Halogen-Kohlenwasserstoffe der Fettreihe, Ziffer 9: Erkrankungen durch Schwefelkohlenstoff, Ziffer 11: Schwere oder wiederholt rückfällige berufliche Hauterkrankungen, die zum Wechsel des Berufs oder zur Aufgabe jeder Erwerbsarbeit zwingen (einerlei ob eine in der Anlage zur Verordnung bezeichnete stoffliche Ursache in Frage kommt oder nicht).

Für die Entschädigung auf Grund der Dritten Verordnung ist es gemäß § 547 der RVO. (in der abgeänderten Fassung des *Dritten Gesetzes über Änderungen der Unfallversicherung vom 20. Dezember 1928*, Reichsgesetzbl. I, S. 405) gleichgültig, ob die Gesundheitsschädigung durch dauernde oder dauernd wiederholte (Berufskrankheit) oder durch eine einmalige Einwirkung bei einem unfallartigen Ereignis eingetreten ist. In beiden Fällen — also auch bei Unfällen — greifen die Bestimmungen der Verordnung über die ärztliche Anzeigepflicht (§ 7) und das im § 6 abweichend von den Vorschriften der Unfallversicherung geregelte Feststellungsverfahren Platz. Nach § 7 hat „ein Arzt, der bei einem Versicherten eine Berufskrankheit oder Krankheitserscheinungen feststellt, diese Feststellung dem Versicherungsträger (Berufsgenossenschaft) oder dem Gewerbearzt unverzüglich anzuzeigen". Zu dieser Anzeige ist er — auch bei Unfällen — neben dem Unternehmer verpflichtet, der nach § 6, Ziffer 1 die Anzeige nach den Vorschriften über die Unfallanzeige (§§ 1552—1558 RVO.) zu erstatten hat. Durch die Anzeige wird unverzüglich das Untersuchungs- und Feststellungsverfahren nach den Vorschriften des § 6, Ziffer 2 und 3 unter maßgeblicher und führender Beteiligung des staatlichen Gewerbearztes in Gang gesetzt. Es ist damit dafür gesorgt, daß alle Gesundheitsschädigungen durch die der Verordnung unterliegenden organischen Lösungsmittel (und alle Hauterkrankungen durch solche) alsbald zur Kenntnis der mit der Durchführung des Arbeitsschutzes befaßten Behörden gelangen und der sachverständigen Ursachenklärung und einem sachkundig geleiteten berufsgenossenschaftlichen Heilverfahren zugeführt werden.

Für den Gesundheitsschutz bedeutsam sind insbesondere auch die Bestimmungen des § 5 über die Übergangsrente; danach soll der Versicherungsträger einen Versicherten, falls bei einer Weiterbeschäftigung in dem Betrieb die Gefahr besteht, daß eine Berufskrankheit entsteht, wiederentsteht oder sich verschlimmern wird, zur Unterlassung dieser Beschäftigung anhalten und ihm zum Ausgleich einer hierdurch verursachten Minderung seines Verdienstes oder sonstiger wirtschaftlicher Nachteile eine Übergangsrente bis zur Hälfte der Vollrente oder ein Übergangsgeld bis zur Höhe des Betrags der halben Jahresvollrente gewähren. Im Sinne einer vorbeugenden dauernden Enthaltung von der schädlichen Beschäftigung liegt auch die Begriffsbestimmung der entschädigungspflichtigen Hauterkrankungen.

Zur vollen Auswirkung kommen diese wesentlich der Krankheitsverhütung dienenden Bestimmungen der Verordnung vor allem auch durch die den Berufsgenossenschaften zustehende Befugnis, im Rahmen der Unfall- und Krankheitsschutzvorschriften und ihrer allgemeinen Verpflichtung zur Aufsicht über den Unfall- und Gesundheitsschutz für die Beschäftigung mit den der Verordnung unterliegenden Stoffen auch ärztliche Einstellungsuntersuchungen und regelmäßige ärztliche Überwachung des Gesundheitszustandes der Arbeiter anzuordnen, eine Befugnis, von der in Lösungsmittel verwendenden Betrieben bisher schon vielfach Gebrauch gemacht worden ist.

Sachverzeichnis.

Auf den durch Fettdruck hervorgehobenen Seiten ist jeweils das betreffende Lösungsmittel ausführlicher besprochen.

Sachverzeichnis.